今 日 人 类 学 民 族 学 论 丛
Anthropology and Ethnology Today Series

中国人类学民族学研究会优秀论文集

（第一辑）

ZHONGGUO RENLEIXUE MINZUXUE YANJIUHUI YOUXIU LUNWENJI（DI YI JI）

黄忠彩◎主编

知识产权出版社
全国百佳图书出版单位

图书在版编目（CIP）数据

中国人类学民族学研究会优秀论文集. 第1辑/黄忠彩主编. —北京：知识产权出版社，2016.2

ISBN 978-7-5130-0348-3

Ⅰ.①中… Ⅱ.①黄… Ⅲ.①人类学—中国—文集②民族学—中国—文集 Ⅳ.①Q98-53②K28-53

中国版本图书馆CIP数据核字（2016）第024650号

责任编辑：石红华　纪萍萍　　**责任校对：**谷　洋

封面设计：张　冀　　**责任出版：**孙婷婷

中国人类学民族学研究会优秀论文集（第一辑）

黄忠彩　主编

出版发行：知识产权出版社有限责任公司	**网　　址：**http：//www.ipph.cn
社　　址：北京市海淀区西外太平庄55号	**天猫旗舰店：**http：//zscqcbs.tmall.com
责编电话：010-82000860转8130	**责编邮箱：**shihonghua@sina.com
发行电话：010-82000860转8101/8102	**发行传真：**010-82000893/82005070/82000270
印　　刷：北京中献拓方科技发展有限公司	**经　　销：**各大网上书店、新华书店及相关专业书店
开　　本：787mm×1092mm　1/16	**印　　张：**29
版　　次：2016年2月第1版	**印　　次：**2016年2月第1次印刷
字　　数：520千字	**定　　价：**88.00元

ISBN 978-7-5130-0348-3

目录

圣时与俗时：作为教友[1]和乡民的时间秩序*

曹　荣

（中国劳动关系学院）

伊利亚德认为宗教徒的时间并不是均质的、连绵不断的，而是存在着神圣时间的间隔。宗教徒的时间可划分为世俗时间和神圣时间，两种时间属性在本质上是不同的。神圣时间是可逆的，是“一种被显现出来的原初神话时间”，它能够在构成神圣时间的节日中定期恢复。世俗的时间则是普通的时间持续。对于时间的不同态度，足以把宗教徒和非宗教徒以及宗教徒区和非宗教徒区区分开来。[2] 从这个意义上说，乡村天主教信徒也有着两种时间的区分和体验。一种是标显信徒身份的宗教时间，以教会安排的制度化的时间秩序为框架，以教堂和圣母山等神圣空间为主要的仪式空间。对于神圣时间的体验构成了天主教信徒与非天主教村民的边界。另一种是传统乡土社会的时间秩序，以农耕周期和传统节庆为主要框架，以地域、村落、家庭为主要的仪式空间。相对于制度化的宗教时间而言，乡土社会的时间节律是世俗生活的时间，是与非天主教村民共享的时间，是乡村天主教信徒作为村民身份的时间秩序。乡村天主教信徒对于时间的“圣”与“俗”的划分与体验，是其身份认同的重要表现。

同时，乡村天主教信徒的神圣时间和世俗时间并非是截然分开、对立的，对于信徒来说，神圣时间和世俗时间交融于日常生活之中，构成了生活的韵律。正如一名教友所说：“我们教友过日子两头看，一边是农历，

---

❶ 在笔者所调查的北京门头沟地区，天主教信徒互称“教友”。

* 基金项目：本文系曹荣主持的国家社会科学基金青年项目“民俗学视域下的乡村基督教群体的日常生活研究”（12CZJ021）及北京市哲学社会科学规划项目“北京乡村基督教群体的信仰与生活研究”（11ZXC011）的阶段性成果。

❷ 参见米尔恰·伊利亚德：《神圣与世俗》，王建光译，华夏出版社2003年版，第33页。

一边是教里的历。到了哪个节，都不论，都得过。祖祖辈辈都是这样的。”世俗时间和神圣时间对于教友来说，既相区分，又统一于生活世界的整体中。

本文将通过对京西一个天主教信徒与非信徒杂居的村落的考察，探讨乡村天主教群体的时间秩序，解析教友对于时间的划分和体验，以及这种划分和体验对于教友身份认同的意义。

一、两分的村落：教友与“大教”

桑村是位于京西门头沟山区的一个天主教信徒与非信徒杂居的村落。从姓氏、家族与村落的关系来看，桑村是一个杂姓聚居的双主姓村。[1]根据2007年户口统计，桑村现有424户、776人，主要以张、杨两姓为主，占到本村人口的90%。“本地居”的姓氏还有高姓，共有5户人家。外来户有李姓1户、傅姓1户。由于主要姓氏的家谱、祖坟都在“文革”时毁没，村中主要家族的老人也都无法确切地说明村落形成于何时，但是直至今天村里还流传着张姓祖先张奔奔、杨姓祖先杨大脚表兄弟[2]从山西大槐树迁居于此的传说，并认为村落的主姓——张姓、杨姓和高姓[3]具有亲属关系，都是“一个根子来的”。

桑村村落略呈长方形，北高东低。从地形上看，桑村被天然地划分为南、北两个部分。北部是一个东、西、北三面环山的小盆地，只在南面有一个约三米宽的口子连接着南部的聚落。在这个口子的东边是一条干涸的水沟，叫做鹞子涧沟。在20世纪70年代以前，鹞子涧沟尚未干涸，溪水从西北的山谷流出后向东流淌，在村落南北交界的地方转向南边流去。因此，从地形上，桑村被天然地分成了以鹞子涧沟为界的两个聚落，而北部的小盆地就成了一个较为封闭的小聚落。村里人将北部的聚落称为“后桑村”、“后峪”、“后村”，将南边的聚落称为“前桑村”、“前峪”、“前

---

[1] 王铭铭根据村落与家族之间关系，将威海市183个村落划分为六种类型：纯姓村、强单主姓村、单主姓村、双主姓村、复主姓村、杂姓村。其中村落中有两个家族各占人口数20%到60%的为双主姓村。参见王铭铭：《村落姓氏与权力》，载《民俗研究》1999年第1期。

[2] 后桑村教友广民（男，1947年生，初中文化）曾写有《圣母护佑的地方》一文，说张、杨两姓先人是义兄弟关系。参见曹荣：《乡村天主教群体的信仰与生活——北京桑村天主教群体的考察》附录，北京师范大学2008年博士论文。在调查中，前、后桑村的老人绝大多数讲述张、杨二姓的关系时，都说是表兄弟关系。

[3] 据村民介绍，高姓的先祖原本姓张，后入赘外村高家，改姓高，在岳父岳母去世后又迁回村中。

村”。南、北两个聚落由一条南北走向的街道连接。前村的居民主要居住在村内主道的两旁，村口的过街楼是村落的入口处。

不仅在物理空间上呈现出二分的状况，桑村的信仰空间也一分为二，界线分明。后村的居民都是世代的天主教信徒，教堂和圣母山位于聚落的中央。而前村的居民绝大部分都是非天主教信徒，近年来虽然渐有少数的老人加入天主教，但是村落空间的整体格局并未发生实质性的变化。在1947年“土改”之前，前桑村还存在着药王庙、三教寺、五道庙等庙宇。因而，村落的物理空间和信仰空间呈现两分而立的状况。

在最初的调查时，当村民在表述“我们村”时，笔者总是很难分清他们究竟说的是作为自然村的前桑村、后桑村，还是作为行政村的桑村。渐渐地，笔者发觉，一般来说，后村的人在说到“我们村”时，通常指的是后桑村；前村人在说到“我们村”时，通常指的是前桑村；而村干部在谈到“我们村”时，则通常指作为一个行政村的桑村。但是，当我问到前村和后村究竟是否是一个村子的时候，却出现了截然不同的答案。有的村民告诉我，“我们压根就是一个村子，都是由姓张、姓杨的老祖宗来的，后来才分开的。”也有的村民告诉我，“我们压根就不是一个村子，他们信他们的，我们信我们的，‘土改’以后，我们才划为一个生产队。”很显然，第一种“压根”的回答是从血缘、亲缘关系来说的，认为两个聚落的人具有共同的祖先，是一个以共同血缘关系结成的村落共同体。这种认识也和现在的行政区划相一致。“后来才分开的”则说明，这两个聚落确实曾分开过，作为两个不同的共同体而存在。第二种“压根”的答案则相对复杂，既从信仰的角度、以信仰群体来划分村落，将村落分为两个相区别的信仰空间，又从历史上的行政区划来说明两个聚落结合成一个行政村的时间并不长。

村里人自然而然地将村落中的人群分为天主教信徒和非天主教信徒。天主教信徒之间互称教友，而不信天主教的村民则被统称为“大教的”。

二、作为村民的时间秩序：农耕周期与传统节庆

传统乡土社会的年度周期可分为生产性的和节庆性的两类。在具体的生活实践中，生产性的和节庆性的年度周期是不可分割的。两类年度周期具有一定的对应性，农耕生产与节庆活动的交错构成了一个生活时间的序

列。古老的中国节庆是季节性质的和乡村性质的。[1] 布尔迪厄（Pierre Bourdieu）的研究证明，在现代化以前，农业村落的时间不仅是一种抽象的认识论体系，它包括了不同的社会文化体系，将生产实践的年度周期与社会风格中的礼仪认同相结合。[2] 农耕周期和传统的节庆构成了乡土社会中各个群体共同的时间框架。对于桑村的教友和大教群体来说，农业生产与传统节庆时间是其共同的时间体验。

（一）农耕周期

以农耕为主的生产方式，深刻地影响了桑村人的生活节律，制约了山里人对于时间的体验和建构。对于“教友”和“大教”来说，农业生产时间是其时间体系的重要组成部分。

农业生产时间是按照自然的规律、农作物的律动来作出选择的。斋堂川在气候上属暖温带半湿润半干旱季风型，四季分明——春季干旱多风，夏季炎热多雨，秋季凉爽晴朗，冬季寒冷少雪。与平原地区相比，地势较高的斋堂川地区的春天要晚一个月，而秋天却早了一个月。不同的气候和不同的地理条件，在农业生产上产生了极大的差异：平原地区以粮食和蔬菜为主，一年可以两熟，而山区则大体以粮食和干果为主，通常是一年一熟。桑村位于深山区，山多耕地少，长期以来这里就是缺粮区。在老人们的记忆中，“大包干”之前，“糠菜半年粮”是山里人家常有的现象。村民眼中最好的土地是沿河岸边的水浇地。水浇地土层厚，平整且肥力大，灌溉条件好，因而是庄稼人的宝贝疙瘩地，讲究精耕细作，小麦之类的细粮也都较为集中地种植在水浇地里。山里最多的是山坡子地，是村民在山坡上开垦的梯田，土层较薄，很难蓄住水，粮食产量也非常少，一般以种植白薯、土豆、玉米为主。由于山里土地少且贫瘠，村民需要种植多种农作物以维持生活，其生产时间也就基本遵循各种农作物的播种、收获的周期。

村民从腊月二十五之后就不干活了，家家户户都要忙着过年。过年标志着新的一年周期的开始，也标志着万物复苏的开始。山里人家到了“破五”之后，也就是正月初六之后就开始干活。播种是春季最主要的农事活

---

[1] 参见葛兰言：《中国古代的节庆与歌谣》，赵丙祥、张宏明译，广西师范大学出版社，2005 年版，第 151 页。

[2] 参见 Pierre Bourdieu, 1997, Outline of a Theory of Practice, Cambridge University Press, pp. 97 – 108. 转引自王铭铭：《社区的历程：溪村汉人家族的个案研究》，天津人民出版社 1997 年版，第 56 页。

动。“破五”之后，村民最主要的活是修整梯田，为其后播种做准备。先是“抛畔子”，即将梯田里的荒草除掉，再压上土，点上火，弄上火道一烧来殉肥。这样能够使土层增厚十几厘米厚，土壤的肥力也就大了。农历二月山花开了以后就得马上春耕，开始种谷子（小米）。三月下旬到四月中旬种玉米、高粱。紧接着再种黑豆、黄豆。六月下锄，村民忙着在田间锄草施肥，一直要忙到八月中旬才能够挂锄。夏季是农闲的时候，农事并不多，村民一般趁着农闲的时候到附近的小煤窑找活干。通常是挖煤、拉煤的活，赚几个钱贴补家用。家家户户也趁着农闲的时候买煤，为过冬做准备。山里的冬天非常冷，需要生火烧炕来暖炕暖屋子，因此能够买到足够的煤是过好年的重要保障。老人们回忆新中国成立前，村里人一早赶着一板牲口（五头牲口）去小煤窑，直到天黑才驮到家。一般人家一板牲口驮来的煤已经够过一个冬天了。农闲的时候，也有编篓子到清水河拉鱼的。直到20世纪90年代，清水河的河水仍然非常丰沛，鱼和甲鱼都很多，桑村的捉鱼能手都会在这个时候大显身手。九月的收秋是村民一年当中最为忙碌的时候。在麦收之前要先“钢场”，即平整场院：先用水将场院泼湿，用铁齿耙子耙一遍；为了让场院更平整，还得铺一些花秸，用石碌碾上几次，等挑开花秸后场院就又平又硬了。割麦子的时候各家各户都起得很早，因为早晨的露水大，麦子潮，收割的时候不容易掉麦粒。收秋之后就是秋耕。小麦是越冬的作物，山里有“白露早寒露迟，秋分种麦正当时”的说法。种早了，麦苗生长快，容易被过早地冻死；种晚了气温低，生出的幼苗不分蘖，或者分蘖特别少。所以，到了秋分的时候，村里人都会抓紧时间忙着种小麦了。种麦子的时候先要整地：在地里施上农家肥，再进行翻耕、平整、搂畦、打埂、修夹渠。播种的时候，小的地块人工撒种，大的地块就得用耧撒种了。播种之后要用土掩埋，大块地用石磙子轧一遍，小块的地用脚就可以踩实，以防止土松透气把种子给风干了，出不了芽。初冬的时候，还得再给地里浇一次封冻水。谷子是春种秋收，一年一季。白薯是清明育秧，立夏栽种。玉米分春玉米和麦茬玉米。春玉米在谷雨后，芒种前种，白露成熟，不影响种冬小麦。麦茬玉米是指在麦子成熟收割前，在麦垄当中点种，俗称“套种”，一般两个多月就可以成熟，到了秋分时分不管成熟与否都开始收割，俗称“腾地”。霜降过后，是山里人腌咸菜的日子，据说腌早了咸菜会臭，晚了咸菜则生。此后便是农闲，一直到春节。这期间男人们多出门打短工，通常到门头沟的煤窑、采石场干活，腊月二十五之后才回来过年。在“大炼钢铁”运动之前，山里的树木还很多，野兔、野狼时有出没，留在村里的男人们便上山打猎，有的则去山上砍树；“教友”把核桃树、杏树砍了，做成风琴、小提琴，供教堂里大礼弥撒时伴奏用。村里的妇女则为准备过年而忙碌起来。

桑村的农业生产几乎都是以家户为单位，平时生产协作并不多。但是遇到大旱年景的时候，就要集中前、后桑村所有家庭的力量抗旱、争水。桑村的水浇地大多在清水河沿岸，有些地超出了桑村的地界，属于军响村。这一带修有水渠，灌溉条件好，是个“长流水”的好地。尤其是在下河的长崎，新中国成立前就有种植水稻和小麦的。因此，新中国成立前的时候，桑村的人就憋着劲攒钱买军响村的长崎好地。每发生旱灾时，往往都要与坐落在清水河岸边的军响村争水。这时常会引起两个村子村民之间的争斗。此时，前、后桑村会凝聚成一股力量，“大教”和天主教家庭的壮劳力都会自觉出力跟军响村争水，保护水源。我在军响村调查的时候，军响村人告诉我，“别看前、后桑村平时有些隔，可一旦争水的时候心比我们村还齐，横着呢。”前、后桑村与外村争水上的协作显示了“大教”群体与天主教群体作为一个村落共同体的意识，也体现了作为村民身份的认知。

（二）节庆周期

节庆时间的安排不同于农耕周期，农耕周期是自然条件对于农业生产制约的体现，节庆的安排则是在农耕周期基础上的生理和文化的适应。每一个节庆，都是年度周期中一个重要的节点，具有相应的意义，其间的仪式活动，协调了人与自然，人与神、鬼、祖先之间的关系。对于根植于乡土社会的天主教信徒来说，传统节庆当然是其时间制度的重要组成部分。但是传统节庆中的许多礼俗活动本身即具有浓厚的宗教色彩，娱人与酬神紧密交融在一起。这样，这些带有宗教色彩的礼俗活动及相关的禁忌，就构成了天主教信徒和非天主教信徒的象征性边界。

在传统节令中，春节是辞旧迎新的节日。在大年三十之前，就开始一些跨越旧年进入新年的仪式节奏。早在春节前的腊月，甚至早至农历十月，村里人就开始为过年做准备了。农历十月大雪卧羊，这是杀羊的季节，因为此后羊便日渐减膘了。[1] 腊月初八为“腊八节”，家家户户都要熬腊八粥。将碎米、红枣、花生米、红豆放在一起熬煮，煮好后全家人要聚在一起喝上几碗，邻里之间也要互相送上几碗。妇女们总是要评价一下，谁家的粥熬得好，熬得香。教友们也会给神父和修女送上几碗腊八粥。过

---

[1] 近年来，山区实行退耕还林政策，养羊被认为是一种破坏生态的行为，农民家中大多不再养羊。

了腊八，年味儿就渐渐浓起来。腊月十五之前，每家每户都要熬油、磨豆腐，碾坊的碾子总是不停地滚动着。从腊月十五开始，山里人家的每一天都几乎在为过年做着准备，村里流传着过年的歌谣：

> 到十五做豆腐，到十六拉猪肉，到十七杀公鸡，到十八把面发，到十九去剃头，到二十拜老师，二十一去赶集，二十二买年画，二十三糖棍粘，二十四写对子，二十五炸豆腐，二十六炖猪肉，二十七洗疢疾，二十八洗邋遢，二十九全都有，三十儿拜大神❶，年禧放鞭炮。

腊月二十三，过小年。对于“大教”人家来说是祭灶神的日子。人们对于灶神的信奉极为虔诚，认为他是上天派往各家各户的神灵。灶神神龛或者神像旁贴着“晨昏三叩首，早晚一炉香”的对联。过小年这一天，主妇们要进行扫除，买糖瓜、包饺子，目的是要粘住灶王爷的嘴，让他上天言好事。男人们则要把灶王的画像从墙上揭下来烧掉，等到年三十的时候再贴上新的灶王像。“教友”家庭过得则较为简单，主妇们在这一天主要就是要把院落、屋里打扫干净，中午家人聚在一起吃顿稍好的饭菜就行了。

大年三十在节庆体系中是最为重要的节日，这一天被认为是正式的年禧，送旧迎新的庆典集中在这一天进行。家庭成员在这一天要团聚迎接新年的到来。对于“大教”家庭来说，家庭团聚不仅意味着生者的团聚，还意味着子孙与祖先之间的团聚。大年三十晚上，各家要写亡书，请祖宗回来过年。“亡书”是子孙写给祖宗的信。书信的中央用红条或者刻板印一个红色长方格子，上面写着亡故亲人的名字，如“父亲□□□之灵”、“母亲□□□之灵”。有的人家甚至将前三四代亡故祖先的名字都写到书信上。亡书的信瓤最为讲究，一般人家都要请村内受教育较高的人来写。通常的格式是这样的：

> 佛追资
> 兹今月×××××××者之
> 辰思念　灵仪无伸荐净伏　众特诵往生净土　化神咒
> 化炼　冥资　用伸资荐故×者之灵　伏此索目化生道界
> 　　谨疏
> 　　　　　　　　×年×月×日

---

❶ “教友”过年不会“拜大神”，但前、后桑村传唱的歌谣都有“三十儿拜大神”的内容，后桑村的教友也是这么说的。

或者是：

请信奉

佛追资

兹今月×××××××之辰思念　灵仪无伸荐陈　伏凭×

众　特诵　往生净土神咒

化炼冥资　用伸资荐

××××灵伏

众因化生　道界谨疏

×年×月×日

现在，会写这类格式亡书的人已经不多，一般家里过年写的都比较简单，通常为：

故亡者之灵

祭奠之辰

孝子（或孙等）×××

亡书写好后，一般要放在堂屋正中的条案上。现在人们通常将亡书摆放在亡故亲人遗照的下方。亡书寓意通过书信已将祖先请到了家中过年。亡书前还要摆放上果品、糕点，并在其左右点上香烛，保持不灭，彻夜长燃。请到祖先后，全家人在吃饺子时，要将第一盘饺子供在亡书前，表示由祖先先享用。饺子的数量按照“神三鬼四”的说法，取四、六、八等双数。在祖先享用之后，全家人才开始吃年夜饭。饭后，有的人家还要在院中堆积大块的柴火点燃，称为“沤岁”，表示辞旧岁的意思。家中有病人的人家，还会在这一天将药方或者药罐丢弃。

后桑村教友家庭并无写亡书祭祖这样的活动。早上六点至七点半，教堂有春节大礼弥撒。在弥撒中，人们会在祈祷中加上新年的祈愿。瑞兰说，春节时候的祈愿就是要祈祷家庭平安，另一项重要的祈愿就是希望自己亡故的父母能够早升天堂。弥撒大礼中，教友要派出代表，代表堂区的教友给神父、修女、修士拜年，神父则代表修女、修士等神职人员给教友们拜年。大礼弥撒后，教友们各自回到家中，十点左右的时候开始包饺子吃，中午就不吃了，一直到“天一擦黑”（下午四点到五点）的时候吃晚饭，相当于年夜饭。这一顿饭尤其讲究全家人齐聚。神父留则在村中，与教友一起过春节。有的教友把神父请到家中吃年夜饭。过年期间，每家教友都会宴请神父，把他当作长辈一般尊重。春节大礼弥撒之后，一直到初五，教友们都不去教堂做晚课，都在家过年。

大年初一早晨，各家各户都要吃饺子，称为“煮饽饽”。饺子里面放着硬币，吃到有硬币的饺子预示着一年有好运。吃饭前，家里的晚辈要向长辈拜年，长辈会给晚辈压岁钱。“大教”家庭中，本家的晚辈到了长辈家中拜年，见到亡书要先在亡书前磕三个头。过年有民谣，“初一初二请老儿的，初三初四请小的”。大年初一这一天，家中无论有多少人，无论是否分家单过，都要团聚起来吃团圆饭。初二一早就要放鞭炮，对于“大教”家庭来说，这放鞭炮有祭神的意义；还要请长辈一起吃饭。初三、初四是接闺女回娘家。出嫁的姑娘有人来接极为体面，如果娘家人没来接，做媳妇的在婆家就很丢面子。新婚的夫妻也要在这两天串门子认亲戚，长辈们则要请晚辈到家中吃饭。初三晚上要吃饺子，“大教”家庭要在这一天“送亡书”，将三十晚上请来的祖先送走。晚上，全家人和祖先共进晚餐后，家中的晚辈将亡书放在一个小篮子中，提一壶饺子汤，朝祖坟的方向准备烧亡书；烧亡书之前要在地上画一个圈，留下一个缺口朝向祖坟的方向，然后才将亡书放在圈中焚烧；待亡书燃尽，再将饺子汤浇在纸灰上，村里人称之为“浇祖”。“教友”家庭则没有这样的习俗。初五为“破五”，晚上也要吃饺子，表示年已经过了。在初一到初五这些天，各家不得用生米做饭，年前就要将馒头蒸好，将糕做好，以后每餐只要加热一下就可以吃了。过了“破五”就可以用生米做饭了。“破五”以后，出嫁的闺女也可以到娘家久住一段时间，亲戚朋友之间可以相互宴请，前、后桑村连着至亲的人家也会相互请客。初一到初五是前、后桑村人家串门子最多的时候，这些日子后桑村的教友不需要到教堂里礼拜，串门子拜年成为最主要的事情。小辈到了长辈家中，无论是“大教”还是天主教的都要忙不迭地给老人磕头拜年，如果是至亲，少不了会得一份压岁钱。“破五”后，“大教”家庭可以扫地清扫垃圾。老人们认为“破五”之前会将财气一起扫掉，因此在此之前忌讳扫地。“教友”家庭则没有这样的禁忌。

初八吃过晚饭日落黄昏的时候，前、后桑村家家户户都要“点灯花”。“灯花”用纸做成，有灯座和灯头，有两寸多（约8厘米）长，蘸上油就可以点燃。据说过去各家要点上一百零八盏“灯花”。至于“点灯花”的意义，村民大多说不清，只是认为自古相传就是这样。初一到初八，“大教”家庭有以阴晴预示吉凶的习俗。初一为鸡日，初二为犬日，初三为猪日，初四为羊日，初五为牛日，初七为人日，初八为谷日。初七若是晴天，则预示人丁繁衍兴旺。

立春为打春节，这一天各家要做春饼，夹上豆芽菜吃，也有摊煎饼、烙大饼过打春节的。

正月十五是灯节。每逢正月十三到十五，无论“教友”还是“大教”人家门前都要挂灯，村中男女老幼点燃各式各样的灯走街串巷闹花灯。1957年之前，村里过灯节的时候还会请来戏班唱戏。灯节是前、后桑村共同参与的活动，游花灯的范围包括前、后桑村。人们手提着各式各样的灯，在前、后桑村游走，炫耀着手中的花灯。对于“大教”和“教友”来说，灯节无疑打破了平日鲜明的信仰空间界限。对于“教友”来说，灯节的节俗活动并不存在像清明、寒食节那样的禁忌符号。在灯节的时空中，“大教”和“教友”的交往是轻松的、随意的。虽然灯节并不是“大教”群体与“教友”集体欢腾❶，但这却至少是一种集体的愉悦。

对于前桑村“大教”家庭来说，正月是个充满禁忌的日子，在整个正月里，有着许多“妈妈礼儿”：正月里，妇女禁做针线活，初一不动针，动了得鸡瘟；初二动了针，养狗不护门；初三动了针，养猪得猪瘟；初四动了针，养羊难成群；初五动了针，养牛不耕耘；初六动了针，马会踢死人；初七动了针，一年人不顺；初八动了针，收成减少三分……二十四动了针，一年会头晕……整个正月不准剃头，山里有“正月剃头死舅舅”的说法。正月不适宜搬家，不适合糊窗户。这些天也不是“聘闺女”的日子。村里有“二月二动了针和麻，蝎子和蛐蜒可炕爬”的俗语。直到过了农历二月二，这些禁忌才逐渐减少。“教友”们也都知道这些“妈妈礼儿”，认为这些都是“瞎讲究”、“事情多”，“教友”家庭大多不讲究这些。

二月二为龙抬头，吃油炸油腥。油腥为龙角，吃面为龙须，吃饺子、吃烙饼为龙鳞，吃拨鱼为龙舌，吃炸糕为龙眼……这一天，人们要用小灰或白灰从门外撒到水缸周围，为引龙回。过去，“大教”家庭有的人家还会将12颗黄豆或者黑豆放入劈开的高粱秆中，沾水预测什么时候有雨，清明的时候取出来看，鼓胀起立的为雨月，干者为旱月。

三月清明节的时候，“大教”家庭一般在头两天上坟扫墓，送挂纸钱、浇祖、植树。“教友”家庭也进行扫墓，但不挂纸、不上供、不浇祖。四月祭药王，“大教”人家都会到药王庙里去烧香。药王庙会举行庙会，周围的小商贩会赶到这里摆摊，前桑村的人会集资请戏班过来唱戏。药王庙被占用后，四月到药王庙烧香和庙会活动就都没有了。五月五日端午节，“大教”人家家门前插艾草，贴红色吉祥葫芦，吃粽子，这一天出嫁的闺

❶ 参见埃米尔·涂尔干：《宗教生活的基本形式》，渠东、汲喆译，上海人民出版社2006年版，第206页。

女回娘家。对于“教友”来说，端午节这一天家家户户也吃粽子，不过门前并不挂艾草。当我问起原因时老人们说：“挂艾草、贴红葫芦都是‘大教’的事儿，他们说这能祛邪，我们天主教不迷信，不做这些。”夏至，各家各户要吃过水面。五月称为恶月，不糊窗、不迁居、不剃头。五月喜旱，六月喜雨，有民谚“有钱难买五月旱，六月连阴吃饱饭。”虽说五月喜旱，但是到了五月中旬都不下雨的话，旱灾可能就接踵而至了。“大教”的老人告诉我，五月十三是关老爷生日，关老爷要在这一天磨刀，一般大旱不过五月十三，因为五月十三关老爷磨刀怎么也会下点雨；要是不下，这一年就是个大旱年，人们就得向龙王爷求雨了。七月七为牛郎织女日，传说这一天在瓜架下、葡萄架下可以听到牛郎、织女低声地说话。老人们说，过去女孩子在这一天的半夜还会纫针求织女传艺。在七月七日前，将谷麦种在瓦盆里，作祭牵牛星之用。小女孩们在七月七日将水盛于盆中，放在太阳底下，然后向水里投小针，见盆底的针影来卜算女孩是否巧手。当然，如今这样的活动也不多见。老年“教友”回想年幼时也听人说过牛郎织女，家中也有这样的活动。

七月十五日被称为鬼节，“大教”家庭认为这一天夜里阴间鬼门大开，在这一天烧纸钱，亡魂可以直接收到。村里人也将七月十五日称为“哭节”，叫做“七月十五嚎丧”。家家户户拿着准备好的纸钱，到门口或路口处焚烧。烧时将纸钱放在地上，周围画一个圆圈，圆圈留一个口，朝着坟地的方向，然后将纸钱点燃，嘴里念叨着“××拾钱来”，并哭死去的亲人。如看到纸钱飞起，就说明亡魂已经把纸钱给收走了。不过现在“大教”的人也很少在这一天“嚎丧”，仅仅烧纸钱而已。“教友”家庭则无一过“哭节”的。

八月十五是中秋节。家家户户赏月，吃月饼、吃毛豆。教堂在这一天要举行中秋弥撒，教友和神父在教堂中互祝中秋快乐。九月九日重阳节，与端午节相似的是，出嫁的闺女在这一天要回娘家，送酒礼，孝顺父母。对于“大教”来说，九月的“妈妈礼儿”也不少。村中“大教”老人流传九月不糊窗，日落也不糊窗，以防把鬼也糊到了屋里；不拆洗被褥，恐怕犯了九女星，犯了九女星令人生女不生男。“教友”则认为这些“妈妈礼儿”是迷信说法，没有这些讲究。

十月初一，是“大教”家庭给亡人“送寒衣”的日子，用纸剪成衣服形状于门外择地或者坟地烧掉。在烧炕的日子里，各家从今天开始点火烧炕。“教友”家庭则无此习俗。

十一月冬至，山里有“冬至馄饨夏至面”的说法，这一天家家吃馄饨。十一月时候，河里已经开始结上厚冰，孩童开始“打蹭儿”（就是滑冰的意思）。冬至过后，山里人就又要忙着准备新年的到来。（见表 1）

表 1 “教友”家庭与“大教”家庭节庆习俗比较

岁时节日	节期	“大教”家庭节俗	“教友”家庭节俗	备注
过小年	腊月二十三	祭灶神，扫除，买糖瓜	扫除	
春节	年三十	写亡书、吃饺子、沤岁、贴对联、贴财神	春节大礼弥撒、吃饺子、沤岁、贴对联	教友贴对联，不贴财神，许多人家贴的对联都是教会发的
	年初一	煮饽饽，拜年（到本家亲戚家中拜年，要先给亡书磕头）	煮饽饽，拜年	
	年初二	放鞭炮祭神，请本家长辈吃饭	放鞭炮，请本家长辈吃饭	教友解释，这一天放鞭炮并没有祭神的意义，就是为了热闹
	年初三	吃饺子，送亡书	吃饺子	
	年初四	接闺女回家过年	接闺女回家过年	
	年初五（“破五”）	吃饺子送年，可以清扫垃圾	吃饺子送年	“大教”家庭忌过年期间扫地，恐将财扫走，“破五”后可以清扫垃圾。“教友”家庭无此禁忌
打春节	立春	吃春饼	吃春饼	
灯节	正月十五	门上挂灯，游花灯	门上挂灯，游花灯	这是前后桑村一起进行的节俗活动，游花灯的范围包括整个桑村
二月二	二月初二	吃油炸油腥	吃油炸油腥	
清明节		上坟，挂纸、浇祖、上供	上坟，洒圣水、念经，一些“教友”家庭只是带着孩子去坟上看看，认认坟头	
四月		祭药王，前桑村药王庙有庙会	无	
端午节	五月初五	挂艾草，吃粽子，出嫁的闺女回娘娘	吃粽子	
夏至		吃过水面	吃过水面	

续表

岁时节日	节期	大教家庭节俗	教友家庭节俗	备注
七月七	七月初七	女孩乞巧	女孩乞巧	
“哭节”	七月十五	又称为小鬼节，“七月十五嚎丧”，给亡人送纸钱	无	
中秋节	八月十五	赏月、吃月饼、吃毛豆	赏月、吃月饼、吃毛豆，教堂举行中秋弥撒	
重阳节	九月初九	出嫁的闺女回娘家，送酒礼	出嫁的闺女回娘家，送酒礼	
“送寒衣”	十月初一	送寒衣	无	
冬至		吃馄饨	吃馄饨	
腊八节	腊月初八	喝腊八粥，邻里间相互赠送腊八粥	喝腊八粥，邻里间相互赠送腊八粥	

（三）“去圣化”的传统节庆

从以上的比较我们可以看到：一方面，“教友”及“大教”家庭都共享亘古相传的节庆体系，“教友”家庭基本上遵循了传统节庆的时间框架，按照传统节庆的序列来安排一年的生活。作为村民的“教友”和“大教”人一起体验着伴随传统节庆周期运转带来的时间感知。但是另一方面我们也可以看到，节庆对于“大教”家庭与“教友”家庭来说具有不同的意义。对于“大教”家庭来说，节庆不仅是年度周期中的节点，也是沟通神与祖先的祭祀时间。从年终向新的一年过渡的春节，包含着两套仪式。其中一套是以“送灶神”与“请灶神”为仪式主线，腊月二十三送灶神“上天言好事”，正月初四再将灶神请回家中。送迎灶神的仪式犹如送迎一家之主，其象征意义是家庭的一体性。过年时还要取下旧的财神、门神纸马，换上新的财神、门神纸马，这也意味神也经历了向新的一年的过渡。另一套是以请祖先与送祖先为仪式主线，开始于大年三十晚上“写亡书”请祖先回家过年，结束于正月初三晚上“送亡书”将祖宗送走。大年三十到正月初三期间，亡书象征祖先，充当了祖先的牌位。人们会在亡书前供奉饺子及其他供品，象征着与祖先一起过年。同一家族的人来拜年时，要先给“亡书”磕头。这两套仪式都是以家庭为主要的仪式空间，将家庭与神灵、祖先联系在一起，完成年度的转换。清明节、七月十五“鬼节”、十月初一“送寒衣”则是家族成员共同祭祀祖先的祭期。尤其是在清明节期间，更加强调同一家族的人集聚一起给祖先上坟。四月药王庙会是对于村庙神灵的祭祀。

至于许多节庆及时间点中的禁忌，则基于传统乡土社会中人们对于人与自然、神灵关系的认知，尽管这种认知是不成体系的、碎片化的。因此，节庆及各时间点上的禁忌对于“大教”家庭来说具有一定的神圣性。联系渡边欣雄所说的“民俗宗教”❶，传统节庆亦可被视为民俗宗教的一种展现。而对于“教友”家庭来说，这些祭祖和祭神的仪式活动是与其信仰相背离的。“教友”们取消了祭祖、祭神的节俗活动，节日里的各种“妈妈礼儿”也被视为一种“迷信”、“瞎讲究”、“事儿多”的行为。从这种意义上说，节庆体系虽然是“教友”的时间框架的重要组成部分，但却是被去圣化的时间体系。对于节庆意义的不同体验，构成了“大教”群体与“教友”群体的边界。

三、作为教友的时间秩序：圣时与仪式

（一）瞻礼单中的宗教时间安排

在桑村，每一个“教友”家庭的墙上或卧室的门上都贴有瞻礼单。瞻礼单是“教友”的日历，与普通日历不同，瞻礼单不仅有农历和公历，还标有天主教一年中的宗教活动，包括活动的日期以及活动中神职人员所穿祭服的颜色。

瞻礼单是教会的礼仪日历。“教友”的宗教生活是按周期性变化模式的安排进行的，特别是根据瞻礼单来进行的。在每年的年末，“教友”都会到教堂的圣物室购买瞻礼单，这样就对新一年的宗教仪式、节日有所了解。

> 我们过节日要两边看，有二十四节气，有四大瞻礼，有圣母月、炼灵月、主日，什么都有。瞻礼单上都写着呢，就跟你们用的日历一样，比如说，一看瞻礼单就知道什么时候复活节快到了。❷

---

❶ 参见［日］渡边欣雄：《汉族的民俗宗教——社会人类学研究》，周星译，天津人民出版社1998年版，第3页。

❷ 访谈人：曹荣；信息提供人：玉珍（女，1923年生，小学文化）；访谈时间：2006年12月20日；访谈地点：后桑村玉珍家中。

正如“大教”家庭中的一般日历中有不同的岁时节令，如春夏秋冬，元旦、元宵、清明以及国家民族大事的纪念日等；在教会生活中，随着时间的进展，一年中也分为不同的礼仪时期、庆节以及不同的礼仪日等。教会称这一年的循环为礼仪年度，或简称为“礼仪年”。“但此礼仪年是以将临期第一主日开始，分为将临期、圣诞期、四旬期、复活期、常年期，并以常年期第三十四周作为结束。在此不同的时期中，除主日的庆祝外，又插入了不同的庆节与纪念日。由此种种成分而形成教会的所谓‘礼仪日历’。”❶

天主教的基本信条是：天主圣父化成天地，创造人类；天主圣子降生为人，救赎人类，并受难、复活、升天，世界末日将再次降临；天主圣神（即圣灵）圣化人类；教会为基督所创立，并有赦罪权；人的肉身将于世界末日复活，接受基督的审判——善人得享永福，恶人要受永苦。❷ 基督教的新年是以复活节节期为中心的，这个节期就是用来通过安排特定顺序的仪式以及布道、祈祷等活动再现了耶稣受难的各个阶段。在一个更大的周期里，在每周的周日，每个信徒都必须参加弥撒，这是对主的晚餐的纪念，如是往复。保罗·康纳顿在分析基督教仪式时精辟地写道：

> 基督教始于一个历史上的单线的系列事件，尤其是始于耶稣被钉死在十字架上的那个主要事件。……整个基督纪年都围绕这个逾越期，在仪式的先后排列中，在祈祷的内容里，在耶稣常常受难的各个阶段上，得到真切的表达，得到扼要的重复和重演。在年循环中包括一个周的循环，因为在每个星期日，善男善女们参加弥撒，纪念“最后的晚餐”。确实，没有什么祈祷和信仰活动不直接、间接地回顾历史上的耶稣；这个历史叙述达到细致入微。耶稣被钉死在十字架上这个事实，在每个十字架符号上得到象征；它本身是个浓缩的纪念，是一段栩栩如生的叙述，是对这个重要历史事实的召唤，是基督教的重要宗教信仰。❸

教友在天主教仪式中不断再现、重复耶稣所经历的历史。每一次仪式，都是信徒与耶稣的同在。天主教较为固定化的仪式进入乡村之后，神圣时间切入了村落时间秩序中，将原本纯一的村落时间分割成不连续的时

---

❶ 参见康志杰：《基督教的礼仪节日》，宗教文化出版社2000年版，第81页。

❷ 参见佟询：《基督教与北京教堂文化》，中央民族大学出版社1999年版，第11页。

❸ 参见保罗·康纳顿：《社会如何记忆》，纳日碧力戈译，上海人民出版社2000年版，第52～53页。

间。对于神圣时间的体验最为集中的表现在宗教节日的结构中。[1]

在天主教种类繁多的教仪节日中，瞻礼最为隆重。天主教主要礼日有四大瞻礼说和八个二等瞻礼说。四大瞻礼指耶稣复活瞻礼、圣神降临瞻礼、圣母升天瞻礼、耶稣圣诞瞻礼。八大瞻礼是指在以上四大瞻礼外，再加诸圣瞻礼、圣母无染原罪瞻礼、大圣若瑟瞻礼和耶稣升天瞻礼。后桑村天主教堂区信守四大瞻礼，最为注重四大瞻礼。每逢复活节、圣诞节、圣神降临节、圣母升天节，桑村天主教徒及周边村庄清水、煤窝、马栏、黄岭西、张家铺、军响、灵水、爨底下、火村等地教徒们聚集在后桑村天主教堂参礼。参加四大瞻礼是教友的本分。对于教友来说，只在四大瞻礼进堂望弥撒的教友并不是热心的教友；但是连四大瞻礼也不参加的教友，人们不仅认为他不热心，也认为他不守教友的本分，不配作为天主教信徒。因此，有些教友尽管平常不参加早晚课、不望弥撒，甚至主日也不来教堂做礼拜，但在四大瞻礼时都会到教堂参加活动。

相对于中国传统节日注重家庭团圆，强调亲缘关系，参加四大瞻礼的人则超出了血缘和地缘关系。它强调作为信仰共同体的教友群体通过参与共同的仪式，表达认同的特征。

瞻礼单通过周期性变化的模式安排来追念天主的各项奥迹，并使它持续存在并发挥效能，因而使教友接近奥迹，纪念天主的救世奥迹，并因此奥迹而以某种方式去生活。具体地说，“教会……在每年的过程中，规定一些日子，以神圣的纪念，庆祝其天上净配的救世大业。在每周称为主日的那一天，纪念主的复活；并且每年一次，在极隆重的逾越庆典中，纪念主的复活，以及他的荣福苦难。教会在一年的周期内揭示基督的全部奥迹，从降孕、诞生，直到升天、五旬节（圣神降临），以及等候着那光荣的希望，和主的再来”[2]。这样，四大瞻礼等纪念性仪式的进行不只是对主的单纯纪念，“所有的礼拜仪式，基督都会在场；所有的祷告和崇拜行为，都要上达基督。在圣餐礼中，基督把圣体、圣血奉献给了我们，这不只发生了唯一一次。每次信徒聚集起来领受圣餐，圣餐礼都从整体上得以维续”[3]。通过各个庆节、礼仪日的举行（弥撒、圣事等礼节），以圣事的方式重复进行的仪式操演使教徒们在生活中的每个阶段、每个重要事件都去

[1] 参见米尔恰·伊利亚德：《神圣与世俗》，王建光译，华夏出版社 2003 年版，第 45 页；斯伦特：《人与神：宗教生活的理解》，金泽、何其敏译，上海人民出版社 1991 年版，第 86 ~ 91 页。

[2] 参见天主教教会内部材料：《礼仪宪章》，第 102 页。

[3] 参见莫里斯·哈布瓦赫：《论集体记忆》，毕然、郭金华译，上海人民出版社 2002 年版，第 155 页。

纪念天主的恩德，进而怀着感恩的心赞颂天主，并说服自己以教义指导日常生活行为。这样，在反复进行的纪念仪式中被记忆下来的，就是一个天主教群体“被提请注意其支配性话语（master narrative）表现，并在其中讲述的认同特征”❶。在四大瞻礼中，又尤以圣诞节与复活节最为重要，这两个节日是对耶稣诞生、死亡及复活奥迹的纪念。后桑村的教友尤其重视圣诞瞻礼和复活瞻礼。

（二）“送弥撒”：沟通祖先的方式

尽管“大教”群体和“教友”群体长期生活在同一个地域中，但是对于“大教”群体来说，“教友”仍然是乡土社会中的他者、异类，游离于传统的伦理之外。前桑村的非天主教信徒经常跟我谈起他们不信天主教的原因，就在于“天主教的不认祖宗”，不给祖宗上供、挂纸。因此，在“大教”人的眼中，天主教信徒忘记了祖宗，断绝了与祖先之间的联系，也没有办法跟祖先联系。对于“大教”人的看法，一些“教友”告诉我：“这是瞎说，谁都有祖宗、父母，我们也纪念祖宗，可不是不要祖宗了。”对于“教友”来说，教堂内人与神的沟通已经融入到了村落生活之中，成为乡村天主教信徒的生活节律。但是“教友”并没有断绝与亡人、与祖先的沟通，他们通过向神父求弥撒，经由神父向亡人送去弥撒，亡人因而获得弥撒的形式，达成了与祖先的沟通。

“教友”在复活节期间和炼灵月的时候会集中给逝去的亲人炼灵求弥撒。复活节与清明的日期接近，而农历十月一“送寒衣”也恰恰是在炼灵月期间。玉珍老人做过这样的比照：

> “大教”人十月一（农历）的时候要给死人送衣服，天主教十一月份（公历）是炼灵月，堂里的弥撒都是亡者弥撒，都是给死人求大黑天弥撒。清明与复活节差不了几天，我们除了上坟，也要给死人送弥撒。道理都差不多。❷

在叙述弥撒的作用之前，我们先对于天主教中的“弥撒”做简要的阐释。弥撒是拉丁语 *missa* 的音译，弥撒圣祭是天主教最崇高之祭礼，基督的圣体、圣血在祭坛上经由祝圣而成为真正的祭祀，是十字架祭祀的重

---

❶ 参见保罗·康纳顿：《社会如何记忆》，纳日碧力戈译，上海人民出版社2000年版，第81页。

❷ 访谈人：曹荣；信息提供人：玉珍；访谈时间：2007年7月13日；访谈地点：后桑村润兰家中。

演，指的是基督教纪念耶稣牺牲的宗教仪式。[1] 教友平常使用的《圣教日课》中这样定义弥撒："弥撒这句话，是打发的意思。按圣师们的讲论，弥撒的意思很深奥。解说天主圣父把他的圣子耶稣打发到世上来，为作祭献。圣教会就用神父的手，在弥撒里，把耶稣献给天主圣父，就如从前耶稣在加尔瓦略山上，把自己献给天主，钉死在十字架上，是一样的献祭。"[2] 可见，弥撒本身是一种宗教的祭礼，是对耶稣受难神话的不断再现与重复。每一次弥撒祭礼都是一次人与神的同在。后桑村热心的教友每天都要到教堂里"望弥撒"，领取象征耶稣肉体的"圣体"。一般的教友则在主日望弥撒，被认为信仰"冷淡"的教友通常也会在"四大瞻礼"的时候到教堂里望弥撒。

在教友实际生活中，弥撒的意义却不止于此，不仅仅是人与神的同在与沟通，在其神圣性的背后还有其世俗性的功用。教友们认为可以借助神父弥撒中的仪式操演将弥撒"送"给死去的亲人或者送给生活中遇到困境的教友，教友们称之为"送弥撒"。教友请神父给亡人送弥撒的行为称为"求弥撒"。而亡者也可以得到弥撒。笔者在调查中发现，后桑村天主堂最常见的弥撒是平安弥撒和亡者弥撒，其中亡者弥撒又称大黑天弥撒。平安弥撒是通过神父给生者祈祷的弥撒，具体的形式是在弥撒圣祭中加上祈祷某人平安的意向。一些教友在亲友考试、生病、上战场、远游时，会到教堂中求平安弥撒。来后桑村教堂求平安弥撒的人并不多，数量最多的是求亡者弥撒，即为逝去的亲友求弥撒。2007 年 7 月 2 日到 7 月 30 日，来后桑村教堂求亡者弥撒的占所求弥撒意向的 85%，在复活节和炼灵月期间几乎所有求弥撒的人的意向都是亡者弥撒。

对于教友来说，亡者弥撒是沟通亡人的仪式，生者可以通过为亡人求弥撒，减轻亡人在炼狱中所受的苦，早日升上天堂。瑞兰曾跟我讲述过她对求亡者弥撒的理解。

问：给亡人求弥撒，对亡人有什么好处？

瑞兰：当然有好处。要是没有好处就不给她求了。人都有个灵魂，你知道吧？照"大教"的说法，他们不说是灵魂，他们说是魂灵。（他们会说）魂灵来了，魂灵走了。天主教就说灵魂。天主造人是先给你造的灵魂。我可是不会说，我瞎说。天主把你

---

[1] 参见麦格拉思：《基督教概论》，马树林、孙毅译，北京大学出版社 2003 年版，第371 页。

[2] 参见中国天主教教务委员会：《圣教日课》，1986 年版，第 22 页。

的灵魂收了去了，你就死了。你死了，天主给你的灵魂送回来，你就又活了。灵魂是天主的肖像。我也是听老人那会儿说的，天主捏了个泥人，吹了几口气就成了人了。这口气就是灵魂，天主收了你这口气，你就死了。给你送回来，你就活了。我们这天主教，生死都是天主决定的。天主照他的模样造的人。我也是听老人那会拉家来着，我姥爷那会儿拉家来着。神父讲道理的时候也说。

问：求弥撒的话，灵魂就得到了吗？

瑞兰：他不是死了吗？死了就是不能直接上的升天堂。这个人一辈子犯啥罪的都有。在世上犯了大罪，国家还不惩罚你？人死了，到了天主跟前。有功劳的上天堂，可是天主赦罪不赦罚。要是你犯小罪让你上炼狱，把你的罪炼没了。圣母，是我们天上的母亲，领着你升天堂。你要是下了地狱，犯了大罪，杀人啦，偷啦，抢啦，这些个大罪，天主就让你下地狱。下了地狱就出不来，这是永久的地狱。你要是升了天堂，你就是永久的福了。上炼狱了，你给他求台弥撒，他在炼狱里就可以免他炼狱的苦。他该三年。好些人给他求弥撒，今天也给他求弥撒，明儿个也给他求弥撒，求天主饶恕他，他就出来的早。该三年呢，他二年就出来了。要是没人管他，没人给他求弥撒，就得按照天主的意思，多少年就是多上年。就跟咱们在世上犯了罪，国家判你几年，你非得到了几年，你才能出来。不到那几年，你就出不来，这也是这样的。人要是有钱，托人给钱，他就蹲的日子少。你说是不是？❶

对比“大教”祭拜祖先的形式，我们可以发现这两者具有相似的结构。“大教”祭拜祖先是通过给祖先送去祭品，沟通祖先，满足祖先的要求。“教友”通过神父给祖先送弥撒，沟通祖先，帮助祖先早日升入天堂。对于“大教”来说，烧纸、挂纸、上供是子孙对于祖先应尽的义务，是孝的观念的表达。而对于“教友”来说，给死去的祖先求弥撒也是其本分。求弥撒的时间也与“大教”给祖先送供品的时间相对应。两者都要在周年、忌日进行相应的沟通亡人的仪式活动。“教友”将复活节与清明节相

❶ 访谈人：曹荣；信息提供人：润兰（女，1930 年生，小学文化）；访谈时间：2007 年 7 月 13 日；访谈地点：后桑村润兰家中。

对应，将十月初一“送寒衣”与炼灵月相对应，将这两个时段视为与祖先沟通的固定时间。因而“教友”纪念亡人仪式与“大教”具有一定同构性。“求弥撒—送弥撒—得弥撒”在仪式层面联系着生者与死者，沟通着祖先与子孙。对于“教友”来说，乡村天主教并未消除子孙与祖先之间的联系，为死去的祖先求弥撒承担了纪念祖先的功能。“大教”人从外部人的角度来看，天主教信徒不烧纸、不挂纸、不上供、不浇祖也就无法与祖先沟通，这种行为即是“不要祖宗，对祖宗不敬”。然而从“教友”内部人的视角来看，为死去的祖先求弥撒是其“本分”，送弥撒与“大教”的“送”具有相似的功能，都是为了祖先能够“得”，送弥撒的时间安排也与“大教”的“送”具有一定的对应性。因而，“教友”并不缺失恭敬祖先、纪念祖先的方式，祖先与子孙通过天主教的亡者弥撒关联在一起。送弥撒作为“教友”的本分，本质上也是“孝道”观念的表达。“送”的同构性与时间安排的比照，折射出身处乡土社会的“教友”在圣时和俗时的双重时间架构中，仍然遵循乡土社会的生活逻辑。

四、小　结

本文是对教友时间制度的阐释。对于生活在村落中的天主教信徒来说，其时间秩序由神圣时间与世俗时间构成。农耕周期与节庆周期构成了教友的村落生活时间，标显了教友作为村民的时间体验。在这一时间框架下，教友遵循着村落生活时间的韵律，以传统的农历为时间标准，完成着年度周期循环。这一时间框架基本上与“大教”人的时间框架是一致的，也都是以家庭、村落作为仪式的空间，强调了血缘关系和地缘关系。在这一共享的时间框架下，“大教”人与“教友”的群体边界是模糊的，交往互动频繁，通过农业生产的协作及共同组织、参与相关的节庆活动，血缘与地缘交错的村落共同体意识得以彰显。我们同样应该看到，尽管他们享有共同的时间框架，但是节庆对于两个群体的意义是不尽相同的。通过上文的分析和描述，传统节庆是民俗宗教的一种体现，其中的禁忌和相关的仪式与天主教信仰是相冲突的。“教友”一方面遵从了传统节庆基本的时间框架，另一方面又回避了与信仰冲突的节俗活动，或者将节俗去圣化，仅标示节点的“世俗”意义。因此，在由农耕周期及节庆周期构成的时间框架中，总体上体现了教友作为村民的身份认同和时间体验，但这种认同是在教友对其宗教徒身份的认知基础之上的。

教友的另一时间体验即是对于神圣时间的感知。神圣时间以宗教节日、仪式时间为主体，将教友从世俗的身份中拉出，完全以宗教属性表征自己的身份。在这一时间框架中，教友超出了地缘和血缘的关系，强调了作为宗教徒与神及宗教历史的同在。同时，教友的生命历程也是一个经由仪式圣化的过程，圣事赋予了教友天主教徒的属性。因而天主教的各种瞻礼、弥撒、圣事等仪式的典范性，及教友同一模式的仪式行为，不断地生产和再生产着群体边界的符号，强化了群体的“社会范畴化”[1]。

在仪式行为中，乡村天主教信徒是全面地享有着神圣时间。而在日常生活中，圣时和俗时既相区分，又共同构筑了生活的整体，成为生活节奏和韵律不可分割的组成部分。人们并不去刻意区分圣与俗、圣时与俗时，只强调两者之于生活的不同意义。对于许多教友来说，两者的交错与交融编织了一个有意义的生活世界。

总之，对于教友来说，作为村民的时间秩序与作为教友的时间秩序是一体两面的，它们统一于教友的整体生活之中，既反映了教友作为天主教徒的宗教属性，也反映了教友作为村落共同体一员的村民属性。

---

[1] 参见方文：《群体符号边界如何形成：以北京基督新教群体为例》，载《社会学研究》2005年第1期。

对西藏三岩麻风病患者丧葬方式的田野调查*

岳小国（三峡大学武陵研究院）
英　珍（四川省科学院康藏研究中心）

医疗史的研究显示，医疗与疾病并非单纯生物性的问题，疾病的文化意义不容忽视。医学人类学是用人类学的观点和方法，从生物学和社会文化的角度，对不同历史时期、不同地域人群的健康、疾病以及与医疗相关的认知和行为的研究，它还包括将人类学的知识用于解决健康、疾病、卫生保健等应用性的工作。❶

笔者在田野调查的基础上，以医学人类学的视角，探析藏族社会如何将当地的卫生、保健方式作为一种文化适应策略，应对生活中特殊的丧事活动——麻风病死亡者的处理，以维持社会的健康和秩序。

一、田野点概况

本文的田野点位于西藏自治区贡觉县的三岩区。三岩区隶属于昌都地区贡觉县，毗邻金沙江，与四川省白玉县隔江相望。三岩区下辖 6 个乡，45 个行政村，95 个自然村，总人口 11 892 人；总面积约 2 218 平方千米。❷ 然而，在这个不大的区域内却并存着九种以上的丧葬方式，如天葬、水葬、火葬、土葬、室内葬、树葬、瓮棺葬、塔葬、二次葬等。此外，当

---

* 本文系教育部人文社会科学研究青年项目“生命观视域中的藏族丧葬文化研究：对西藏贡觉县三岩区的田野调查”（10YJC850035），国家社科基金青年项目“藏彝走廊川藏交界地区多元化丧葬文化研究”（11CMZ017），以及三峡大学科学基金项目“清江流域土司文化的历史人类学研究”（KJ2010B044）的阶段性研究成果。

❶ 张有春：《医学人类学的社会文化视角》，载《民族研究》2009 年第 2 期。

❷ 数据来源：贡觉县政府统计资料。

地人还保留有石棺葬的历史记忆。三岩区堪称一个内涵丰富的“丧葬博物馆”，基本囊括了整个藏族地区全部主要的丧葬方式。不同的丧葬方式体现了当地人对死亡特有的认识与分类，如树葬、岩洞葬主要针对夭亡的婴幼儿，❶ 火葬的主要群体是那些意外身亡的年轻人，塔葬是高僧大德的选择。更为细致的划分还有：按死者年龄，70 岁以上的亡者一般选择室内葬❷；按死亡时间，夏秋季节死亡的人一般需要葬在室内一段时间；按死者所患的疾病，比如水肿病“秋擞”、癌症“占臻”亡者不能火葬，患尿路疾病亡者不能水葬，等等。按亡者所患疾病类型选择丧葬方式，不仅体现了三岩区社会群体特殊的信仰体系，而且蕴含着人们对疾病、卫生知识的认识和理解。本文的研究主题——当地人对传染性疾病麻风病亡者的处理即体现了这一思想。

二、三岩区社会群体关于麻风病病患的解释与治疗

麻风病在世界范围内曾是一种常见的慢性传染疾病，它由麻风杆菌引起，因接触而传播，主要侵害到人体皮肤和神经，患者多处发生溃疡。如果不治疗可引起皮肤、神经、四肢和眼部的永久性损害，并可导致残疾。❸

历史上麻风病分布广泛，西藏的麻风疫史也比较久远，据史料记载，这种疾病在西藏流行已有 1 400 多年的历史了。❹ 即便是在今天，由于地理环境及卫生条件等方面的原因，西藏麻风病的发病率仍远高于国内的平均水平。昌都地区是西藏麻风病的高发区，各县历年调查资料表明：麻风病在该地区流行极广，所辖 11 个县均发现有麻风病人。❺ 其中，三岩区所在的贡觉县是昌都地区麻风病的高发区。

麻风病，三岩区话称“热泡”，当地人解释说，人一旦患上该病，眉毛就要掉光，皮肤会变红，嘴巴变歪，眼睛变斜，脸上会长出许多大疙瘩，手和脚的关节也会慢慢断掉。而且，该疾病传染性很强，一经接触就

---

❶ 参见岳小国：《白玉树葬的人类学解析》，载《西藏研究》2008 年第 5 期；岳小国：《从树葬看西藏地方社会历史及文化》，载《北方民族大学学报》2009 年第 3 期；许韶明：《论三岩的树葬》，载《西藏研究》2008 年第 1 期。

❷ 岳小国：《再论康巴地区三岩藏人的居室葬》，载《中国藏学》2010 年第 3 期；坚赞才旦、岳小国：《论三岩藏族的壁葬及其社会控制》，载《2009 年任乃强与康藏研究学术研讨论文集》。

❸ 《中国大百科全书》（现代医学），中国大百科全书出版社 1958 年版，第 813 页。

❹ 张宏忠、尹波、白建斌：《西藏麻风病防治三十年》，载《西藏医药杂志》1996 年第 F10 期。

❺ 多吉江村：《西藏昌都地区麻风病流行与防治效果分析》，载《西藏科技》1995 年第 4 期。

有可能传染上。因此，三岩区老百姓最讨厌这种疾病了。[1] 关于麻风病的成因，一种观点认为，它主要是人们污染了圣水所遭致的惩罚。当地人将世界分为人、神、鬼、精灵等几类，朗神在天上，人住在中间，鲁神在地下。人们不敢得罪它们，否者就会遭遇厄运。其中，在水的源头处得罪了鲁神——“龙王爷”，就可能患上麻风病。比如，在清澈的泉水中洗手、洗衣服、清洗动物的内脏，以及拉屎、撒尿等，“龙王爷”一生气，这些人就遭了殃。人们在患病后身体会有一种特殊的感觉：像有东西从下体往上乱窜，肢体也有抽搐的迹象。

也有报道人解释说，一些人在山上滥砍乱伐，砍了那些不该砍的树，得罪了树神是他们患麻风病的主要原因。当地人一般都知道哪些地方的树木以及哪些种类的树木是不能砍的。随意砍伐的结果是：不仅得罪了周围的山神、水神，也同时得罪了树神。

上述解释实际上反映了同一种情况：人们把生病的原因归结为冒犯自然界神灵所招致的惩罚。从生态学方面分析：人们敬畏神山、圣水，由此而形成了一系列禁忌，这是对人与大自然共存关系的一种适应，打破了这种平衡关系，人类就会患病、死亡。它警示人们生活中应处理好与生态环境的关系。医学人类学文化解释理论强调优先探讨与医学和健康有关现象的意义，而不是其科学解释。持这种理论的医学人类学家认为，疾病不是一种实体，而是一种由文化建构的解释模型。[2] 从医学人类学的视角进行分析，一种病患观的医学体系与宗教和巫术有着密切的联系，是一种典型的人格化病患观，它把病患归之于超自然物，如鬼、神等的干涉性活动。病人实际上就是受害者。这些被认定的使人致病物往往都被人格化，即被想象成和人一样具有意志并按某种动机行事，是超人类力量。麻风病在三岩区被解释为人类得罪了自然界神灵的后果，麻风病患者是典型的受害者，而水源、树木则被人格化为超自然的力量。[3] 克莱门茨采用文化特质研究方法，把原始医学的病因概念分成巫术、违反禁忌、致病物体侵入、

---

[1] 调查时，部分报道人对该主题反应强烈，不愿多谈，甚至有报道人连麻风病的名称也不愿提起。

[2] Ann Mc Elroy, Patricia K. Townsend. *Medical Anthropology in Ecological Perspective* (Fourth Edition). West View Press, 2004, pp. 71 – 72.

[3] 岳小国：《金沙江上游三岩峡谷丧葬文化研究》，中山大学 2010 年博士学位论文，第 211 ~212 页。

鬼魂侵入及丧失灵魂等五类。❶ 显然，三岩区麻风病的成因可归结为违反了当地的禁忌。类似于破坏水源、滥砍乱伐这类禁忌和当地早期的苯教信仰关系密切。在三岩，和其他藏族地区一样，苯教崇拜的对象包括天地日月、雷电冰雹、山石草兽等各种自然物以及自然界的神灵和鬼魂，因而衍生出许多与之相关的禁忌来。

在调查中，藏医泽里登向笔者讲述了一件发生在他身边的事情：

> 2007 年，措拉村（小组）一位 50 多岁的老汉因患麻风病而去世。早在 2002 年，该老汉就患上了这种疾病。患病之前，有一次他在山上砍了一棵带香气的小树。回家后不久，他就感觉面部不舒服，接着脸颊开始脱皮、溃烂。家人判断他患上了麻风病。康翁寺的纽麦多吉活佛曾给该患者使用过一种特效药——从印度带回国内的，这种药可控制麻风病的传染。患者很快就康复了。但在 2007 年年初，他的（麻风）病复发后，这种药物已用完，该患者便无治了。❷

在人类学研究中，病患与文化密切关联，不同的族群和文化各具不同的病患观和病因理论。正如医学人类学的奠基人之一里弗斯（W. H. R. Rivers）所言，每种世界观会延伸出一套相关病因观念，从而也导致了不同的治疗方式。三岩区居民对麻风病的传染性给生命健康造成的威胁理解至深。麻风病的恐惧之处在于，如果一个人患上了该疾病，家人为他所做的一切治疗都将是徒劳，这种病在三岩区被视为“绝症”。即便如此，人们仍不愿意放弃治疗的努力。在过去，人们染上麻风病后常求助于宗教。宗教治疗的方式主要是举行念经仪式，虽然念经无法使患者得到康复，但它可以震住鲁神，使其不再继续危害，避免疾病的传播。

在现代医疗体系中，要控制和消灭麻风病，最根本的是要贯彻“积极防治，控制传染”的原则，执行“边调查、边隔离、边治疗”的做法，积极发现和控制传染病源，切断传染途径，进行有效的化学药物预防性治疗。而在传统的三岩区，由于受卫生条件及科教水平的限制，人们治疗麻风病的效果非常有限，但是从预防的角度看，三岩区居民无疑是成功的。笔者在调查中得知，在新中国成立前三岩区麻风病比较流行。然而奇怪的

❶ Forest Clements，“Primitive Concepts of Disease”，*University of California Publications in American Archeology and Ethnology*，Vol. 32：No. 2，1932.

❷ 报道人：泽里登，男，57 岁，藏医，三岩区罗麦乡人；访谈时间：2009 年 8 月 26 日。

是，当地人口并未因此出现大规模锐减的现象，资料显示，近百年来三岩区人口一直呈现出一种平稳的态势。这表明，当地人在应对或控制麻风病的传播上有一定的得力措施。笔者所得出的结论是：三岩区居民对待麻风病患者及其亡者有一种朴素的理念，那就是隔离以阻止疾病的传播。

他们的隔离措施分为两种：第一种是家中隔离。这种情况适合于初发病者，或是病情比较轻微的情况。当一个人被怀疑患上了麻风病后，人们会将他安置在室内的角落处，有条件的则将其安置在一个小房间内，吃穿用度均和家人分开；第二种叫石屋隔离，它通常发生在患者病情比较严重、对家人的健康产生威胁时。人们会在村外盖起一座小石屋，将患者移送过去，以减少彼此接触传播的机会。家人定期把粮食、生活用品等放在患者的门口，由患者自行取用。多数患者几年后便死在了石屋内，也有的患者体质比较好，适应能力强，可在石屋内存活长达数十年。待其离世后，石屋即废弃在荒郊野外。

三、对麻风病亡者的处理

麻风病患者对人们的影响和威胁不仅体现在生前——日常生活中的接触，在其死后，危险也同样存在，如果不采取合理的方式处理尸体，传染的威胁仍时时存在。

1. 弃室葬

在三岩区，人们防范麻风病最重要的手段之一是对患者进行石屋隔离。人死后房子便废弃在那里，任其自然倒塌，尸体也不再处理了。这种弃室葬的方式自然就切断了病源的传播。针对麻风病患者建造的临时性房屋，构造比较特殊。据康翁寺的纽麦多吉活佛介绍，麻风病患者在死亡前，人们要将他移至一个偏远的地方，在地上挖一个洞，上面盖一个小房子。患者死后，尸体就弃在房（洞）里，然后推倒房子。由于该疾病的传染性较强，亡者的超度仪式均在家中举行。纽麦多吉所讲的只是一种情况，多数情况下，人们并不需要推倒房屋，而是将其遗弃。在雄松乡缺所村，有一位70岁的老太太10年前患上了麻风病，2009年7月，当笔者在该乡调查时，听说她仍住在离村子约2 000米远的小石屋内，石屋在山脚下，旁边有一条溪流。她已在这个小屋居住十年以上了。家人每半月为她送一次食物。据说她的手指已经全断了。

同一年，笔者在敏都乡又了解到一则麻风病死亡的个案，而且弃室仍在。亡者是马觉村的一位老太太，2008年年底去世，享年84岁。她在

1997年时开始被怀疑患上了麻风病，于是家人便为她建了这个小石屋。石屋位于绍噶拉山的半山坡，2008年12月新完工的敏（都）雄（松）公路从石屋的上方约30米处经过。石屋距离山下的河谷约700米，离河谷内最近的村庄约1 500米。因为山坡太陡，在观察时，笔者只能侧蹲在距离石屋斜上方约5米的地方。石屋建在山坡（坡度约60度）的一小块平地上。行人如果想从公路上到达石屋须匍匐下行。屋子面朝北方，主体为石结构，高约1.5米，长约4米，宽3米。屋门高约1.2米，宽0.5米，被一块棉被做的帘子挡着。石屋正前方20米是一个高2.5米的木塔，周围挂着许多觉达。

在三岩区，对麻风病患者及亡者采取隔离措施，选择的是弃室葬的方式。石屋是一种隔离性质的住所，患者死后，小屋荒弃，或是推倒。在这种方式中，石屋承载着居住、隔离，以及装纳尸体、防止疾病扩散的功能。这也是地处高山峡谷三岩丧葬文化的一个特色。对麻风病患者的处理反映了当地人对这类重性传染疾病的认识，他们能够充分利用自然条件，以特有的“文化手段”来处理与解决生存、发展中遇到的难题。

弃室葬属室内葬的一种形式，古已有之。考古人员发现，早在新石器时代，人类就通过居室葬来表达不同的丧葬理念：当住屋内埋入特殊死者或是死者某个部位的骨骼后，该房屋仍被居住，通常反映出生者对死者亡灵的一种崇拜心理，具有特定的宗教含义；当房屋埋入死者后，该屋即遭废弃，则可能出于对死者亡灵的一种恐惧、防范心理，或其他特殊原因。❶在民族学资料中，也存在一些相关的实例：台湾南王卑南族的丧葬仪式中，对于横死者，不但不与祖先葬在一起，即使是室内葬，尸体也是从另一个入口进入，而且会废弃原住家，另居新屋。❷考古学与民族学材料表明，人们选择弃室葬是出于畏惧亡灵的考虑，因为在人们的观念中，特殊的或是不好的死亡，其灵魂是令人恐惧的。三岩地区对麻风病亡者所采取的弃室葬的形式和上述情况有一定区别：它需要为患者觅地建造新屋，人死屋弃。它所体现的恐惧心理，主要源于人们对麻风病这种“不治之症”的规避，是一种防范传染、自我保护的保健措施。

2. 土葬

在三岩区，对麻风病亡者的处理，人们除了采取弃室葬外，也有一些

---

❶ 杨虎、刘国祥：《兴隆洼文化居室葬俗及相关问题探讨》，载《考古》1997年第1期。

❷ 陈文德：《南王卑南族“人的观念”：从生命过程的观点分析》，载《人观、意义与社会》，台北“中央研究院”民族学研究所1993年版，第490页。

地方选择土葬的方式，它同样是为了阻止疾病的扩散或传播。土葬是藏族地区一种传统的丧葬方式，但在许多地方，它常常被视为是一种低贱的葬俗而受到贬斥，土葬通常针对的是一些特殊原因的亡者。比如，在西藏的山南地区，人们视土葬为最坏的一种葬俗。“土葬的对象一般是患有恶性传染病的人，如麻风、梅毒、炭疽病患者”。[1] 与三岩区邻近的芒康县，麻风病人死了，不能天葬，以免将疾病传染给了秃鹫，也不能水葬和火葬，只能选择土葬。土葬既表达了人们对这类死者的歧视，同时也遏制了疾病的传播。和其他藏族地区不同的是，三岩地区对土葬以及采取土葬的亡者并无贬斥、歧视之意，人们更多的是出于健康方面的考虑。

在三岩区的一些村落，麻风病亡者有专门的坟场——“渡垒”。八学村麻风病亡者的坟场叫“匡塞肖”。“匡塞肖”即“杏树下面”的意思。在当地，麻风病患者死后，他们的衣物连同尸体一起被运到“匡塞肖”深埋，封土后还要在上面压块大石头。“匡塞肖”坟场是以旁边的野杏树命名的。这棵杏树至少有150年的历史了，杏树结出的果实很苦涩，当地人从不采摘它，认为吃后会肚子痛。

“匡塞肖”在色麦村之南约1 500米，这里地势很低，与村庄的高度差约800米，它距周围最近的河流有600米。“匡塞肖”的正北是一块突兀的巨石，巨石的旁边是野杏树。石头和杏树位于坟场的正上方，远远望去，大半个坟场笼罩在树荫和巨石之下。“匡塞肖”坟场呈狭长形，面积约20平方米，周围全是带刺的荆棘丛。那里地势低洼，荆棘丛生，周围没有路，大白天也显得阴森恐怖，平时很少有人会路过此处。“匡塞肖”南面的山叫“芒普都”，不是神山，但北面的色麦山是座大神山。从“匡塞肖”坟场的选址来看，它很适合埋葬麻风病亡者：远离村庄，远离河流，地势低凹，而又人迹罕至，能够达到隔绝疾病传播的效果。

四、结　　语

在人类社会，死亡既是自然现象，又是文化现象，就后者来说，死及其安葬是制造出来的。不论什么葬俗，都可分为两部分：一为物质外壳，即尸体的处理方式；二为悼念仪式。马林诺夫斯基曾指出，对死者，人们往往具有复杂的感情，“一面是对于死者的爱，一面是对于尸体的反感……这两方

---

[1] 尕藏才旦、格桑本编：《天葬：藏族丧葬文化》，甘肃民族出版社2005年版，第97页。

面似乎是合而为一，互相乘除的”[1]。Watson 通过对广东汉人社会死亡文化进行调查研究后认为，尸体是一种很脏的东西，它甚至充满了污染和危险。死亡污染可分为两个层面：人死后，由亡灵散发的主动污染以及由腐烂的尸体所散发出来的消极污染。[2] 人类对尸体的恐惧是一种普遍现象，笔者从不同的视角对人类丧葬文化进行了解读：人们对“臭皮囊”的恐惧或是出于心理上的感知，或是出于文化意义上的污染隐喻。而从医学人类学的视角考察，人们对死亡、尸体的恐惧则缘于卫生、健康方面的考量。

在传统的三岩地区，人们无法、也无力根治麻风病，但从预防的角度看，三岩区居民无疑是成功的。站在 21 世纪健康医学的高度，去回顾和评价早期人类，乃至当前不发达地区对特殊疾病及与之相关的死亡的处理，我们不能不承认——他们特有的方式或方法充满了时代、地域文化特色，即便是在今天，仍具有科学、合理的成分。

---

[1] 马林诺夫斯基：《巫术科学宗教与神话》，李安宅译，中国民间文艺出版社 1986 年版，第 30 页。

[2] James L. Watson, “*Of Flesh and Bones*: *The mangement of Death Pollution in Cantonese Society*”, Death and the Re – generation of Life, Cambridge Press, 1982, pp. 184 – 186.

非物质文化遗产保护视野下的民间艺术及其传承*

田　阡

（西南大学历史文化学院）

一、作为文化概念的民间艺术

艺术是一个用途广泛却难以严格定义的概念。无论是专业的“艺术工作者”还是普通民众，谈起艺术来似乎都言之凿凿，但深究起来却又觉得颇为“暧昧”。的确，正规交响乐团演奏的宏大史诗巨作是音乐艺术作品，目不识丁的老农哼唱的小调不也是“艺术”吗？除了人们约定俗成的各类艺术门类，在日常生活中，人们说的“这个人说话有艺术”、这个人有“领导艺术”又是什么艺术？由是，人们不得不接受对“艺术”的如下定义：艺术是“一种文化现象，大多为满足主观与情感的需求，亦是日常生活进行娱乐的特殊方式。其根本在于不断创造新兴之美，借此宣泄内心的欲望与情绪，属浓缩化和夸张化的生活。文字、绘画、雕塑、建筑、音乐、舞蹈、戏剧、电影等任何可以表达美的行为或事物，皆属艺术”。由此定义出发，本文所讨论的“艺术”限定在文化的范畴之内。

艺术是一种文化现象，然而文化却又是一个似是而非的概念。自20世纪初以来，不少哲学家、历史学家和社会科学家一直努力，试图从各自学科的角度来界定文化的概念。然而，迄今为止仍没有获得一个公认的、令人

* 基金项目：教育部人文社会科学研究项目“龙河流域区域文化与族群关系研究”（批准号：08JA850005）；重庆市社会科学规划项目“武陵山区多元文化互动与族群关系研究”（批准号：2010YBRW61）；西南大学历史文化学院2011年招标项目“多元文化互动中的族群关系研究——以乌江流域为中心”（批准号：LSZD04）。

满意的定义。影响最为广泛和深远的是爱德华·泰勒（Edward Bernatt Tylor）在《原始文化》中作出的定义："文化，就其在民族志中的广义而言，是一个复合的整体，它包含知识、信仰、艺术、道德、法律、习俗和个人作为社会成员所必需的其他能力及习惯。"这一定义的关键是没有区分文化的层次，而是强调其整体性和社会性，因而获得了许多文化相对论者的赞同。在这一视角下，艺术就是文化这一复合整体中的一部分。

在整体性视角下，艺术的内涵获得了极大的丰富。根据表现手段和方式的不同，艺术可分为表演艺术、视觉艺术、造型艺术、视听艺术、语言艺术、综合艺术等。文化相对论的视角进一步扩大了艺术的外延，曾经为上层阶层和文化精英所忽略的"下里巴人"逐渐成为人们关注的焦点。针对学院派艺术、文人艺术的概念，"民间艺术"被提出来。民间艺术是劳动者为满足自己的生活和审美需求而创造的艺术，包括了民间工艺美术、民间音乐、民间舞蹈和戏曲等多种艺术形式。[1] 具体的民间工艺美术种类有：染织绣类的民间艺术，包括了印染、手工纺织、刺绣、织锦、缂丝等几大类别，中国传统的民间印染包括扎染、蜡染、蓝印花布和彩印花布；以捏、塑、堆、纳等方法为主制作的民间艺术品，其内容包括了泥塑、面塑、陶塑、糖塑、米粉捏制品、纸浆拍塑、琉璃和玻璃等造型艺术；以剪、刻、凿等方法为主制作的民间艺术品类，其内容包括了剪纸、刻纸、皮影、剪贴画、刻葫、木刻芦、铁画、石刻线画、瓷刻画等。再如中国春节前后用年画、剪纸、春联装饰环境，为孩子赶制服装，社火花会的戏具，庆贺元宵节的花灯纸扎；端午节悬挂的天师符、钟馗像、五毒服装饰件，龙舟彩船；中元节的荷花灯，中秋节的月饼花模、泥塑兔儿爷；结婚用的嫁衣、喜花、喜帐，祝贺幼儿百天和生日用的虎头帽、虎头鞋、长命锁、长命衣等也属于民间艺术范畴。少数民族民俗节日中歌舞集会中的服饰布置也用丰富的美术品点缀。还有藏传佛教供神的酥油花，傣族泼水节男女互赠的花荷包等。[2]

作为宝贵的文化财富，多样的民间艺术门类为许多艺术家提供了灵感，也引发了民俗学、人类学、民族学、语言学乃至哲学等学科学者的浓厚兴趣。根据马克思主义社会理论的解读，人类艺术以两大体系平行向前发展，一个是亿万劳动群众创造的民间艺术，这是人类本源艺术的发展延续；另一个是职业艺术家和画院学院的艺术，这是由前者派生的，由此形成人类两大艺术体系和两大文化艺术遗产。前者是从史前文化开始的亿万

---

[1] 中国民间艺术 http：//cn. chiculture. net/php/frame. php？ id =/cnsweb/html/20511。

[2] 殷丰泽：《从"民间"到民间艺术》，载《文艺争鸣》2010 年第 8 期。

劳动者创造的群体文化艺术遗产，后者是以个体出现的职业艺术家创造的文化艺术遗产，我们中华民族艺术的主体，就是由这两个部分和两个体系组成的。[1] 但是，尽管在理论上受到重视，但在社会实践中，民间艺术长期以来并没有得到充分的重视。以年画为例，著名的苏州桃花坞一块老板都没有保存下来；原在东南亚和台湾颇受欢迎的福建漳州年画到1988年存有一百来块旧版，但是由于没有艺人印刷及缺少专用的纸张原料，不能恢复生产；从明代万历年间就开始生产的河北武强县，从民间搜集到近万件年画古板，但它们都在“文革”中化为灰烬。[2] 这一情况直到20世纪80年代以后才得以改观。

近年来，对民间艺术的发掘整理工作得到了极大的进展，但同时使民间艺术的现状呈现出复杂的局面。一方面，政府主管部门、媒体以及社会公众对民间艺术给予了越来越多的关注，民间艺术本体的价值得到了肯定，各类民间艺术形式得到了发展；另一方面，由于社会转型时期商业因素对艺术领域的介入，民间艺术本身也在发生着嬗变，一些民间艺术的本真性受到了质疑，民间艺术经历着现代化过程的痛苦。

二、民间艺术的理想与现实

很多学者对民间艺术寄予了十分热切的理想。如有学者认为，民间艺术“制作技巧高超、构思奇巧、很少自然主义的模拟物象，而是善于以大胆想象和夸张表现强烈的感情，又常用于人们熟悉的寓意谐音的手法，通过优美的形象表达他们对美好生活的憧憬，具有积极乐观的态度；艺术上刚健清新、活泼淳朴，带有鲜明的浪漫主义色彩”。民间艺术的精神内涵十分丰富，民间艺术体现了实用美术的实用与美的辩证统一；民间艺术通常把现实生活中的生活需求和生命需要作为自己的审美理想，以自身的功利意愿和要求作为审美判断和审美选择的标准，将征服客观世界、改造世界和向往美好生活的愿望和理想诉诸审美形式，体现出“真善美”的特质；从民间艺术的存在形态来看，具有与现实生活重合的性质。[3]

然而，我们必须对民间艺术的现状具有清醒的认识。有学者在浙江东部的一个名叫“江湾”的小镇观察到，“在乡镇企业繁荣的同时，农村青

---

[1] 靳之林：《中国民间艺术的哲学基础》，载《美术研究》1988年第4期。

[2] 傅凌：《有待于发掘的宝藏——民间艺术》，载《望周刊》1986年第22期。

[3] 殷丰泽：《从“民间”到民间艺术》，载《文艺争鸣》2010年第8期。

壮人口大量涌向城市。昔日的耕田农民如今正忙于接受订货，组织加工，甚至招募从边远地区来的农民在家庭工厂里打工。从土地里拔出脚来的新式农民企业家，不但没有空闲，而且也没有心思来从事传统的民俗活动。另一方面，现代化的文化浪潮正在通过电视等传媒手段进入乡村的每个角落，在传统民艺赖以生存的小农经济急速解体和工业商品经济对传统市场的无情占领的同时，也使习惯的生活方式和价值观念发生了很大的变化，继而引起了审美观念的变化，许多民艺品被乡村新一代认为是过时、落后的东西而遭到冷遇”❶。这样的情况绝非偶然。进入21世纪以来，以美国为代表的西方世界所形成的物质主义及消费主义浪潮正在大众传媒的挟裹下蔓延全球，并被作为一种普世理念广为传播，从而使人们忽视了新技术及经济全球化所可能导致的诸多社会文化问题。❷

广为人们所熟悉的剪纸艺术集中体现了民间艺术的特质。民间剪纸起源于古人祭祖祈神的活动，根植于民间生活，是民俗文化的形象载体。剪纸作为流传于我国民间的一种传统艺术，亦称为平面“镂花艺术”，采用剪、刻、锉、撕与烫烙等创作技法，以玲珑剔透的纸感语言和强调影廓线条的艺术造型，形成了一种独特的民间艺术式样。其形式多样，题材广泛，内涵深厚，表现诙谐，表达了劳动人民趋利避邪等生存要求以及美化生活和祈福求安的美好愿望。过去，在中国传统乡村的民间艺术中，剪纸是最为常见的一种。由于它所使用的工具和材料最简单、最普遍，因此也最为普及。❸ 中国民间剪纸的创作者中有很多人并不掌握文字知识，靠着视觉想象、民间传说的媒介和传统艺术造型等非物质文化的递传，结合自身的智慧，常常利用语言文字的多音多义以及习俗中的象征含义的符号来进行创作，如“六（鹿）合（鹤）同春”、“年年有余（鱼）”等，这些特有的艺术语汇加之娴熟的技巧，形成了中国民间剪纸的特有民俗语言和强烈的主题思想，它反映了人们对美好生活的憧憬和祝愿。❹ 人们在剪纸时不断地激发着他们的联想，激发着创造的激情，精神向往的幻影通过剪刀的神力展现出来。不得不佩服剪纸艺人丰富和超群的想象力，他们使得我国的民间剪纸成为中国独有的艺术形式，并得以广泛的流传。❺

---

❶ 杭间、曹小鸥：《“移风易俗”后的中国民间艺术之路》，载《文艺研究》1997年第3期。

❷ 朱凌飞、王好：《艺术过程与社会变迁——对民族民间艺术的流变的人类学思考》，载《云南艺术学院学报》2009年第3期。

❸ 潘颖颖：《中国乡村民间剪纸艺术源流考略》，载《农业考古》2011年第1期。

❹ 朱晓红：《中国民间剪纸艺术的丰厚文化内涵》，载《农业考古》2011年第1期。

❺ 俞大丽：《民间剪纸艺术的“联想与幻想”》，载《文艺争鸣》2010年第24期。

尽管剪纸艺术的发展可谓繁盛，但同样存在着令人深思的问题。王会莹博士以扎实的田野工作考察了山西浮山剪纸创作群体，调查了浮山剪纸精英产生和分化的历程，发现一部分艺术精英在当代传媒、地方政府及商业化等因素的推动下再次掌握了民间艺术的话语权；而另一部分艺术精英，特别是植根于乡土的艺术精英，则在发展过程中失去了话语权。当下民间精英们话语权的崛起，可能带给地方民间艺术新的发展趋势——追求商品化，迎合大众口味，但是缺乏乡土味道，导致民间艺术风格和题材的千篇一律；民间艺术也会缺失最初的群众基础——乡民，脱离原来植根的土壤；同时还将改变民间大众的欣赏角度、审美取向、审美趣味。而保持乡土特色，富有地方特征的作品，却又恰恰是那些已经失去话语权的过往的民间精英们得心应手之作。[1] 王会莹博士一针见血的揭示出民间艺术在当代中国社会中令人深思的发展路径，即民间艺术在商品化进程中的两难境地。王会莹博士进一步指出，在民间艺术传承和发展中加强农村民间艺术接受主体的“文化自觉”，避免在市场经济条件下建设或复兴民间文化时只是为追求经济利益的最大化而盲目行动，忽略继承优秀的文化传统。否则，有的民间艺术种类可能就会失去来自艺术内部的原创力、深刻的文化内涵和淳朴的乡土韵味，它的发展道路也会前途未卜。只有民间接受主体做到“文化自觉”，自觉地认同民间文化的优秀成分并加以实践，我们的民间艺术才会迸发出强劲的生命力，才能薪火传承。[2]

三、非物质文化遗产保护视野下的民间艺术

实际上，民间艺术发展的困境绝不仅仅存在于中国，而是一个世界性的问题。1972 年联合国教科文组织在巴黎通过《保护世界文化和自然遗产公约》（以下简称《世界遗产公约》），从保护物质类遗产需要提出了“世界遗产”的概念。后来，鉴于物质类世界遗产之外还有许多非物质类遗产需要保护，于是提出非物质文化遗产的概念，这一概念先后有“民间文化”（1982 年联合国教科文组织下属的世界遗产委员会墨西哥会议文件）、“传统文化与民间创作（1989 年联合国教科文组织《关于保护传统文化与

---

[1] 王会莹：《民间艺术精英的分化及其话语权的崛起与失落——关于山西浮山剪纸创作群体现状的反思》，载《西北民族研究》2010 年第 2 期。

[2] 王会莹：《商品化趋势下的民间艺术现存状态研究》，载《西北民族大学学报》（哲学社会科学版）2007 年第 6 期。

民间创作的建议》)、“口头与非物质遗产”(1997 年联合国教科文组织《人类口头与非物质遗产杰作宣言》)等不同表述，最后才确定为“非物质文化遗产”名称。❶ 目前，对非物质文化的正式定义为：被各群体、团体、有时为个人视为其文化遗产的各种实践、表演、表现形式、知识和技能及其有关的工具、实物、工艺品和文化场所。各个群体和团体随着其所处环境、与自然界的相互关系和历史条件的变化不断使这种代代相传的非物质文化遗产得到创新，同时使他们自己具有一种认同感和历史感，从而促进了文化多样性和人类的创造力。在本公约中，只考虑符合现有的国际人权文件，各群体、团体和个人之间相互尊重的需要和顺应可持续发展的非物质文化遗产。❷

由此可见，民间艺术与非物质文化遗产保护存在着天然的联系。当然，“非物质文化遗产”这个概念的内涵要远远超过民间艺术，不过，对非物质文化遗产形态（不是类型，没有统一的标准）的阐释，实际上也是从保护实践角度而言的。这种把概念界定与实际操作联系过于紧密的做法，导致了非物质文化遗产概念各种缺陷的出现。❸ 面对复杂的非物质文化遗产定义，一些学者努力进行理论界定。如刘魁立认为：非物质文化遗产是指各族人民世代相承的、与民众生活密切相关的各种传统文化表现形式（如民俗活动、表演艺术、传统知识和技能，以及与之相关的器具、实物、手工制品等）和文化空间。❹ 这一定义便十分接近民间艺术的范畴，也得到了大多数民俗研究者的认可。

必须要指出的是，非物质文化遗产保护问题不是纯粹理论性的题目，更是一种有明确目的的社会实践活动。1989 年 10 月，联合国教科文组织第 25 届大会通过了保护民间创作的建议案。1999 年 11 月，第 30 届大会决定设立人类非物质和口头遗产代表作名录。2000 年 6 月，在联合国教科文组织巴黎总部，首次召开口头和非物质文化遗产代表作评委会议，正式发起设立“代表作名录”，并为会员国申报工作制定了《申报条例指南》。2001 年启动申报工作，第一批确定了 19 项代表作，其中亚洲占有 4 项，中国传统文化瑰宝、古老剧种——昆曲名列其中；两年后的 2003 年，又公布了第二批代表作，我国的古琴艺术榜上有名；2005 年新疆维吾尔族的木

---

❶ 宋俊华：《非物质文化遗产概念的诠释与重构》，载《学术研究》2006 年第 9 期。

❷ 宋俊华：《非物质文化遗产概念的诠释与重构》，载《学术研究》2006 年第 9 期。

❸ 宋俊华：《非物质文化遗产概念的诠释与重构》，载《学术研究》2006 年第 9 期。

❹ 刘魁立：《论全球化背景下的中国非物质文化遗产保护》，载《河南社会科学》2007 年第 1 期。

卡姆和蒙古族长调又列入名录。联合国教科文组织于2003年通过了《非物质文化遗产保护公约》。2004年9月，我国人大常委会批准了此项公约，我国成为此项国际性公约的发起国。这项国际公约目前已经生效。所有这些都引起了国人的普遍重视。在这种背景下，我国在非物质文化遗产保护方面也做了大量的工作。2003年成立中国非物质文化保护小组和专家委员会，开展了保护工程试点工作，组织各种形式的培训班，以文化部、国务院办公厅、国务院名义发布相关文件，对保护工作作出部署、提出相关要求。同时，布置申报第一批非物质文化遗产国家名录，并确定在全国范围内建立国家、省、市、县非物质文化遗产名录体系，对非物质文化遗产进行切实保护。2005年，国务院发布文件，确定设立文化遗产日。2006年6月9日，全国各地热烈庆祝了第一个文化遗产日。❶ 可以说，在非物质文化遗产保护的视野下，民间艺术的保护已经纳入了有序的发展轨道。

在非物质文化遗产保护实践活动的视野下，民间艺术被置于极高的位置。在现有的非物质文化遗产名录体系内，民间艺术占有较高的比例。更为重要的是，民间艺术的保护有了比较完善的理论依据。比如，对于何为"保护"，目前学界基本摒弃了把对象视为单纯的静止的存在、把"保护"理解为对这种存在的具体保存和维护，而是基于对非物质文化遗产的定义与特征的正确把握，将对象视为有生命的活态存在，认为"保护"的本质要义，在于维护和强化其内在生命，增进其自身"可持续发展"的能力。❷ 由此，对非物质文化遗产保护已经形成了一些原则，如刘魁立先生总结出六个原则：①各社区、各群体为适应他们所处的环境，为应对他们与自然和历史的互动，不断使这种代代相传的非物质文化遗产得到创新，同时也为他们自己提供了一种认同感和历史感，由此促进了文化的多样性和人类的创造力。②保护非物质文化遗产的整体性原则不仅是就空间向度而言的，也表现在时间向度上。③保护非物质文化遗产还面临一个关键性问题，即关注和尊重蕴含其中的文化价值观。④理论上的探讨自然还需要结合实际。⑤实际工作中除了协调保护者之间的利益之外，还要处理好文化遗产的创造者、拥有者和保护者之间的关系。⑥要特别关注中国多民族的历史与现状和对非物质文化遗产的影响。❸ 在这些原则性纲领的指导下，

---

❶ 刘魁立：《论全球化背景下的中国非物质文化遗产保护》，载《河南社会科学》2007年第1期。

❷ 贺学君：《关于非物质文化遗产保护的理论思考》，载《江西社会科学》2005年第2期。

❸ 刘魁立：《论全球化背景下的中国非物质文化遗产保护》，载《河南社会科学》2007年第1期。

民间艺术的保护和传承有了明确的目标和方向。

四、结 语

在全球化与现代化的视野下，我们必须对民间艺术的现状具有清醒的认识。诚如一些学者指出，现今社会，民间艺术及其生存的土壤发生了很大的变化，随着电视、印刷等技术的迅猛普及与提高，老百姓有更多的渠道满足其审美的需要，很多老的民间艺术生产基地都萎缩甚至消亡，民间艺术面临着不发展创新就没有出路的局面。[1] 但是，如何在创新中保持民间艺术特有的艺术价值却是一个棘手的问题。民间艺术商品化的过程中出现的问题，似乎是艺术发展过程中不可避免的。有学者沉痛地指出，改革开放后，发展经济成为中国社会的第一要务，对资本的追求改变着人们的生活方式、价值观念和伦理道德，民间艺术也不能幸免。目前的现实是，民间艺术的生产盲从于现代商品市场要求的流水线作业，艺术转化为谋生和发财致富的工具。随着资本渗入以及地方政府的参与，这一势头有增无减。有学者沉痛的指出：某一民间艺术之所以被选中进行打造，根本原因是它能带来经济效益及声誉，至少在打造和包装之初，包装者和被包装者的目的都是为了实现利益以及名誉最大化。在此意义上，民间艺术只是名利的工具与载体。换言之，转换之前的“物”如同“人”，是以人为准绳，人与物皆有灵动的魂，充满生机，是活态的，而转换后的“人”则如同“物”，是以物为基准，物与人皆生冷如木乃伊，僵硬而苍白。[2]

无论如何，保护民间艺术所承载的文化多样性已经成为全世界的共识。2005 年 10 月第 33 届联合国教科文组织大会上通过的《保护和促进文化表现形式多样性公约》中，“文化多样性”被定义为各群体和社会借以表现其文化的多种不同形式。这些表现形式在他们内部及其间传承。文化多样性不仅体现在人类文化遗产通过丰富多彩的文化表现形式来表达、弘扬和传承的多种方式，也体现在借助各种方式和技术进行的艺术创造、生产、传播、销售和消费的多种方式。文化多样性是人类社会的基本特征，也是人类文明进步的重要动力。

非物质文化遗产保护的理论与实践，使民间艺术的保护和传承有可能

---

[1] 祝群英：《论中国民间艺术的美学精神》，载《文艺评论》2010 年第 3 期。

[2] 岳永逸：《两个世纪初的想象——原生态与民间艺术的吊诡》，载《艺术理论》2010 年第 3 期。

顺利实现。对于民间艺术，我们应少一些急功近利的商业开发，多挖掘其文化内涵，而这一目标的实现，在于重新定位民间艺术传承的文化意义。民间文化植根于传统师徒形式的口传心授。传统的师徒关系仅次于父子关系，即俗谚所谓“生我者父母，教我者师傅”、“投师如投胎”。有的行业，一入师门，全由师傅管教，父母无权干预，甚至不能见面。建立如此重大的关系，自然需要隆重的风俗礼仪加以确认和保护。然而这一社会过程却遭到了人为的破坏，以至于人才凋敝，艺术传承人青黄不接，这正是民间艺术发展困境的关键之一。笔者相信，在非物质文化遗产保护的理论与实践的不断完善中，带徒传艺式的文化传承方式终会将民间文化发扬光大。

费孝通的“三区论”与王铭铭的“三圈说”的比照分析*

赵旭东　齐　钊

（中国人民大学人类学研究所）

作为我国著名的社会学家与人类学家，费孝通与属于舶来品的社会学与人类学在中国的发展有着诸多的联系。❷ 学术界对费孝通的研究始于西方，而发展于国内，❸ 并业已形成对费孝通的学术思想加以研究的一个全新领域，且有相当数量的研究成果产出，但遗憾的是，无论是从费孝通的具体作品入手，还是从对费孝通前后思想历程的比较入手，或者是从某一具体思想主题入手，❹ 抑或是从对费孝通进行传记研究入手，❺ 这些研究都

---

* 本文的写作受到中央高校基本科研业务“中国乡村社会重建过程中的风险与契机”专项资金资助，项目编号是2009JC08。

❷ 费孝通：《我对中国农民生活的认识过程》，载《中国农业大学学报》（社会科学版）2007年第1期。

❸ 丁元竹：《费孝通社区研究的理论与方法》，北京大学博士学位论文，1991年版，第9页。

❹ 丁元竹在其博士论文中，认为费孝通的《亲迎婚俗之研究》探讨的是“同一文化模式内部的分区域问题”，并将其与西方的“人类文化分布的研究”进行了比较，但是对于亲迎婚俗“三区”分布的现象本身并没有作出分析。参见丁元竹：《费孝通社区研究的理论与方法》，北京大学博士学位论文，第76～79页。

❺ 阿古什在其著作《费孝通传》中，对费孝通的《亲迎婚俗之研究》的内容进行了简短的概述，提供了该论文指导老师的信息，并将费孝通在该论文中所使用的材料与当时西方社会学与人类学研究所主张采取的材料进行了对比，但是没有提及亲迎婚俗的“三区”分布的现象，且未对之进行说明。参见［美］阿古什：《费孝通传》，董天民译，河南人民出版社2006年版，第26～27页。而张冠生在其著作《费孝通传》中，关于费孝通的《亲迎婚俗之研究》，他引用了1934年《社会学界》第8卷第155页的费孝通这篇学士论文的编者按语中的一部分话，为我们提供了指导过这篇论文的6位老师的信息，对论文内容只有一句话的概述，但却未对该论文中的学术思想进行分析与探讨。参见张冠生：《费孝通传》，群言出版社2000年版，第73～74页。

鲜有涉及对费孝通学士论文《亲迎婚俗之研究》[1] 的再考察与再分析，这种关注点的忽视与研究的不足无疑构成了费孝通研究中的一个薄弱环节，而此薄弱环节的存在，可能影响了我们对费孝通的认识。在本文中，我们将会看到对这篇学士论文忽视的一个例子。

一、“三区论”与“三圈说”

1933 年夏天，费孝通以论文《亲迎婚俗之研究》取得燕京大学社会学系学士学位。[2] 在这篇学士论文中，他通过对燕京大学图书馆所收集到的全国 15 个省 207 个地方的地方志书上关于亲迎婚俗的记载进行摘录、分类、整理、归纳与描点绘图，历经大约两年的时间，绘制而成近代亲迎婚俗地理分布图，并由此图发现了亲迎婚俗的“三区”分布的现象，即如费孝通所总结的亲迎婚俗分布情形，可略述如下。

（1）亲迎婚俗并未普及全国。（2）亲迎区、半亲迎区及不亲迎区同时存在。（3）亲迎区除少数零星区域外，俱相衔接形成一中原亲迎区。位置于直隶、山东、山西、河南、湖北、安徽诸省之全部或一部。不相衔接之零星区域，则散布于江苏、浙江、福建、广东、江西、广西及云南诸省，杂处于半亲迎及不亲迎区间。（4）半亲迎区多麇集于中原亲迎区之西北，分散于长江以南。（5）不亲迎区包括长江以南诸省，唯时有亲迎区及半亲迎区杂处其间。[3]

基于此发现，他在论文的第三章到第五章，分别从亲迎区域的形成及其与移民的关系、影响亲迎区域的地理和社会背景以及亲迎婚俗的传播角度进行了亲迎婚俗“三区论”的论述。

无独有偶的是，王铭铭在 71 年后同样提出了类似费孝通早年所提“三区论”的“三圈说”[4]，虽然未提及费孝通的“三区论”，但核心的指涉范围有着一种相似性。王铭铭是从另外一种路径上提出此“三圈说”

---

[1] 燕京大学社会学系的学士和硕士学位论文收藏于北京大学中心图书馆三层的学位论文阅览室，但是在其中我们没有发现费孝通的《亲迎婚俗之研究》的原件，所以，在开展此一研究的过程中，我们所阅读的是 1999 年由群言出版社出版的《费孝通文集》第 1 卷中所收录的费孝通的《亲迎婚俗之研究》一文。

[2] 李怡婷、赵旭东：《一个时代的中国乡村社会研究——1922—1955 年燕京大学社会学系毕业论文的再分析》，载《乡村中国评论》第 3 辑，山东人民出版社 2008 年版，第 293 页。

[3] 费孝通：《费孝通文集》第 1 卷，群言出版社 1999 年版，第 162 页。

[4] 这里所说的“71 年”，指的是从王铭铭在 2004 年 11 月 26 日由中央民族大学民族学与社会学学院举办的“寻找中国人类学的世界观”的讲座中正式提出其“三圈说”算起。

的。他在2004年11月26日由中央民族大学民族学与社会学学院举办的一场题为“寻找中国人类学的世界观”的学术讲座中，以反思其始于十年前写作，终于1997年由广西师范大学出版社出版的《社会人类学与中国研究》这本著作作为讲座的内容，对自己的研究、海外中国人类学研究以及中国人类学研究进行了一些诚恳的反思，试图寻找到他想要寻找的“中国人类学的世界观”。在这找寻的过程中，首先，他涉及了20世纪90年代以来的三本以历史学为中心的中国人类学研究著作，❶ 用以“从海外视野寻找中国人类学的世界观”。❷ 其次，他从追寻中国人类学的传统关怀中展开他的思考，先是回顾了自己的研究历程，“承认”了自己“年轻气盛”时对中国民族史研究条条框框所抱有的“逆反心理”的不合理之处和“简单化倾向问题”的严重性。然后，“珍惜”“中国人类学中传统的民族史研究”所蕴涵的资源给他的启发。❸ 在找到“依据‘五服’代表的那一‘同心方块体系’”后，王铭铭从梳理中国人类学史的角度重新思考和分析了中国人类学的范畴，他指出20世纪的中国人类学已不再是上述所谓的“同心方块体系”，而已受到西方“地球理论”与“国家理论”的深入影响。❹ 基于此判断，他将20世纪的中国人类学的具体研究对象分为了由内而外的三个“zones”：“核心区带”是以燕京—北大为代表的“北派人类学”占支配地位的“农村人文区位学民族志调查”；“中间区带”是新中国成立前“南派人类学”关注更多，20世纪30~40年代“北派”、“边政学”渐渐介入的少数民族研究；“外围区带”则是自20世纪20~30年代开始的“以李安宅为代表的部分中国人类学者对海外进行的研究”。❺

接着，他对这三个区带的人类学研究进行了比较，并揭示了自己的一些认识上的偏差——这种认识的偏差，使他在《社会人类学与中国研究》

---

❶ 这三本著作分别是从芝加哥大学历史系获得博士学位的何伟亚（JamesHevia）的《怀柔远人——马噶尔尼使华的中英礼仪冲突》、2001年由芝加哥大学出版社出版的霍斯泰特勒（Laura-Hostetler）的《清朝殖民事业：早期近代中国的民族志与制图》和在芝加哥大学取得人类学博士学位的齐托（AngelaZito）的《编撰者的目光与皇帝的身体：18世纪中国作为文本/表演的大祭礼》。参见王铭铭：《没有后门的教室——人类学随谈录》，中国人民大学出版社2006年版，第130~136页。

❷ 王铭铭：《没有后门的教室——人类学随谈录》，中国人民大学出版社2006年版，第127~136页。

❸ 王铭铭：《没有后门的教室——人类学随谈录》，中国人民大学出版社2006年版，第136页。

❹ 王铭铭：《没有后门的教室——人类学随谈录》，中国人民大学出版社2006年版，第137页。

❺ 王铭铭：《没有后门的教室——人类学随谈录》，中国人民大学出版社2006年版，第137~138页。

一书中没有提及中间区带的研究。由此看来，王铭铭其实已经意识到了《社会人类学与中国研究》一书的另外一种不足，而对这一不足的反思与弥补可谓成为其近几年来的重要工作之一。

虽然这里所提出的“三圈说”是针对三种中国人类学的研究而言的，但是后来王铭铭又明确指出了此“三圈说”的另一种所指和内涵，即“核心圈”指的是“汉族农村和民间文化”，“中间圈”指的是“今天所谓的少数民族地区”，而“外圈”则是指“所谓‘外国’”，从这里我们可以看出，王铭铭其实是指出了其“三圈说”所指涉的空间区域范围。❶ 而我们若从空间区域范围这个角度来比照着阅读费孝通的《亲迎婚俗之研究》的话，便可以发现两者之间的某种相似性，因为费孝通在该论文中所研究的空间地域范围恰恰包括了王铭铭在“三圈说”中所指涉的地域范围。❷ 但是，正如上面的论述，我们可以看出王铭铭在提出其“三圈说”时，并没有注意到费孝通在1933年的学士论文《亲迎婚俗之研究》。

二、“三圈说”的历史追溯与谱系建构

为了纠正其在上述所指出的自身认识上的偏差和弥补以往研究的不足，差不多在举办这场讲座的前后，王铭铭便开始了对其“三圈说”中的“中间圈”的关注与研究探讨，❸ 并于2008年出版了《中间圈——“藏彝走廊”与人类学的再构思》。这本文集可谓是其关于“中间圈”思考与研究的一个集中表达与展现。❹

在此书序言里，作者又为其“中间圈”的思考找寻到了本土的思想来源和历史的思索谱系，即费孝通写于1943年年初的《鸡足朝山记》一文和1947年出版的林耀华的《凉山彝家》。他认为在这两位前辈学者的“‘民族学的旧梦’里包含着某种值得再度言说的智慧”，这种智慧与他的想象之间有条因为20世纪50年代的“民族学巨变”而产生的鸿沟

❶ 王铭铭：《中间圈——“藏彝走廊”与人类学的再构思》，社会科学文献出版社2008年版，第53～55页。

❷ 费孝通：《费孝通文集》第1卷，群言出版社1999年版，第163～189页。

❸ 王铭铭：《中间圈——“藏彝走廊”与人类学的再构思》，社会科学文献出版社2008年版，第53页。

❹ 王铭铭指导的博士生杨清媚在其博士论文中似乎并未对王铭铭的“三圈说”进行知识社会学的反思与分析，亦未肯费笔墨于“三圈说”历史追溯与谱系建构的工作，而是直接套用王铭铭的“三圈说”来架构其博士论文的结构与框架。其博士论文已经出版，见杨清媚：《最后的绅士——以费孝通为个案的人类学史研究》，世界图书出版公司2010年版。

存在，且这两位学者主动或被动地参与了此条鸿沟的挖掘。这种在他看来可悲的地方，刺激了他在此书中将借助“藏彝走廊”这一关键词展开探讨。序言最后，作者解释了书名的意义并且指明了他在此书中想做的事情：

> 书取名“中间圈”，如书收录的文章将指出的，这概念，既与“中外”之间的地带有关（即与中国民族学惯常研究的某些介于“我与非我”之间的区域有关），又与费孝通在鸡足山上对于自身的“英美式”社会科学生涯流露出的反思有关。借中间圈，我将思考社会科学中诸如“社区”、“社会”、“文化”、“民族”、“国家”、“族群”等诸多政治—学术地理“单位”的局限性，将借助“关系主义民族学”对社会科学加以反思，将强调研究人、物、事的动态研究的特殊价值，将探索对于这一“民族学类型”有益的“非罗马神话式”—“非西方式”—社会科学的可能方式。副题有“藏彝走廊”与“人类学”两个概念，前者也来自费孝通，后者则无疑是指一门与民族学关系既暧昧又紧张的学科。[1]

可以再清楚不过地看出，王铭铭在这段提纲挈领的言说中，道明了其“中间圈”的概念既与中国的民族学研究有联系，又与费孝通的《鸡足朝山记》有关，且副标题“藏彝走廊”直接来自费孝通的概念表达。虽然如上述已提到的，在序言中起到引出主题作用的费孝通的《鸡足朝山记》与林耀华的《凉山彝家》，都被王铭铭纳入到了其对“中间圈”的本土思想来源的追溯和历史思索谱系的建构中，但本文限于研究主题，将不对林耀华的相关研究进行叙述，仅就与费孝通有关的论述展开思考与讨论。

通过历史的追溯，王铭铭认为“费孝通在鸡足山上对自身的‘英美式’社会科学生涯流露出的反思”刺激了他对“中间圈”的思考；前往作为“中间圈”之一部分抑或一种的“藏彝走廊”进行实地考察，其又将启发的文本聚焦于费孝通的“关于我国民族的识别问题”的发言。[2] 在后来的《“中间圈”——民族的人类学研究与文明史》一文中，其又提到费孝

---

[1] 王铭铭：《中间圈——“藏彝走廊”与人类学的再构思》，社会科学文献出版社 2008 年版，序：第 7 ~ 8 页。

[2] 王铭铭：《中间圈——“藏彝走廊”与人类学的再构思》，社会科学文献出版社 2008 年版，序：第 7 页；正文，第 1—33 页。

通在《简述我的民族研究经历与思考》一文中所表达的期待对他关注“中间圈”的重要启迪作用。[1]《费孝通与“桃花源”》则是从费孝通在1991年10月8日下午的“湘鄂川黔毗邻地区民委协作会第四届年会”上的讲话中获得论述的启示，并联系费孝通的《武陵行》展开论述。[2] 在《东南与西南——寻找“学术区”之间的纽带》一文中，其又明确以费孝通在《中华民族的多元一体格局》中的观点作为“中间圈”概念的依据。[3] 他对于其余的《差异与关联——从汉、藏、彝三个文本中的“生死观”看比较人类学》、《文明在周边——“藏彝走廊”、“中间圈”与关系主义民族学》、《从弗思的“遗憾”到中国研究的“余地”》以及《“中间圈”与罗马神话之外的社会科学》几篇文章的写作也都和费孝通的《简述我的民族研究经历与思考》、《中华民族的多元一体格局》、《关于我国的民族识别问题》、《重读〈江村经济·序言〉》、《人的研究在中国》、《新世纪·新问题·新挑战》等文章中的观点与论述建立了关联。[4] 显而易见，王铭铭通过历史追溯所联系到的费孝通的作品，最早的即是写于1943年年初的《鸡足朝山记》，其余的都是在这之后的研究与写作抑或是发言。

可以看出，王铭铭并不认为自己所提出的“三圈说”和“中间圈”这两个概念为自己的原创，而是努力寻找到刺激自己生发出这两个概念的学术资源，注重对这种学术资源的历史的追溯和谱系的建构。这些从他在提出“三圈说”之后的研究和论述中就可以看出，比如在《初入“藏彝走廊”记》中，他对刺激自己思考“中间圈”并前往“藏彝走廊”进行实地考察的费孝通的“藏彝走廊”的概念便进行了学术谱系的论述，指出了此一概念的“前身”。[5] 其他如这样的对自己所提出“三圈说”与“中间圈”概念的历史追溯与谱系建构几乎贯穿于《中间圈——“藏彝走廊”与人类学的再构思》的始终。我们亦可以看出，从最初提出“三圈说”时所

---

[1] 王铭铭：《中间圈——“藏彝走廊”与人类学的再构思》，社会科学文献出版社2008年版，第44～74页。

[2] 王铭铭：《中间圈——“藏彝走廊”与人类学的再构思》，社会科学文献出版社2008年版，第75～91页。

[3] 王铭铭：《中间圈——“藏彝走廊”与人类学的再构思》，社会科学文献出版社2008年版，第103页。

[4] 王铭铭：《中间圈——“藏彝走廊”与人类学的再构思》，社会科学文献出版社2008年版，第130、138、149、187、190、196、208、209、212、217、220～224、233、235、257页。

[5] 王铭铭：《中间圈——“藏彝走廊”与人类学的再构思》，社会科学文献出版社2008年版，第8页。

指出的“他者的眼光”的“陌生化”作用与“中国人类学中传统的民族学史研究”对其的教育和启发作用,[1] 到后来集中探讨与“三圈说”和“中间圈”相关的议题,王铭铭一直都在做对这两个概念的历史追溯与谱系建构的工作。

三、对费孝通的“三区论”的遗忘与忽视

王铭铭做这样的历史追溯与谱系建构,当然也有其自身的原因与目的,但是既然将这种历史追溯与谱系建构和费孝通联系起来,那么,在他已做的这些工作中,他却可能并没有注意到比上述诸篇费孝通的文章与发言稿更为重要且更为早期的一篇论文的价值,这便是费孝通的学士论文《亲迎婚俗之研究》。这里,我们将就这篇价值并未引起学界足够重视的学士论文中的亲迎“三区论”予以介绍和论说。

费孝通于1930年从东吴大学北上转学至燕京大学,就读于社会学系,在这里接触并认识了吴文藻、派克等老师。[2] 由于1931年秋天其在参加学生抗议日本侵占东北的示威游行活动中受寒病倒,转成肺炎,后住院一个多月治疗,由于请假超过校章规定的时间,不得不在燕京大学社会学系多读一年,直到1933年以其《亲迎婚俗之研究》获得学士学位。[3] 从当时的记载来看,这篇学士论文得到了吴文藻、顾颉刚、潘光旦、王佩铮、派克及史禄国六位老师的指导和批评,“五易其稿”而完成。[4]

这篇学士论文的正文共由六章构成,分别是第一章“亲迎婚俗之定义”、第二章“亲迎婚俗近代之地理分布”、第三章“亲迎区域之形成及其与移民之关系”、第四章“亲迎区域之地理及社会限制”、第五章“亲迎婚俗之传播”和第六章“亲迎婚俗起源之假设”,此外,另有题为“近代亲迎婚俗地理分布图所根据之材料”的附录附于正文之后。论文的结构框架如图1所示。

在论文第一章中,费孝通受到《仪礼》第二卷“士昏礼第二”中部分

---

[1] 王铭铭:《没有后门的教室——人类学随谈录》,中国人民大学出版社2006年版,第129、136～137页。

[2] 徐平等:《费孝通评传》,民族出版社2009年版,第26～32页。

[3] 费孝通:《费孝通文集》第15卷,群言出版社2001年版,第137页。

[4] 费孝通:《亲迎婚俗之研究》,载《社会学界》第8卷,燕京大学1934年版,第155页。

内容[1]和李景汉《定县社会概况调查》下册[2]第 380 ~ 381 页关于定县亲迎婚俗之记载的整整一段内容的启发，从中总结归纳出亲迎婚俗的原则，即其在本论文中对亲迎婚俗的定义。在第二章中，费孝通指明其基于此定义，通过对燕京大学图书馆所收集到的全国 15 个省份 207 个地方的地方志书上关于亲迎婚俗的记载进行摘录、分类、整理、归纳与描点绘图，历经大约两年的时间，终绘制而成近代亲迎婚俗地理分布图，并附于论文此章之中，以便能够让读者对亲迎婚俗在近代中国的分布情形有一个直观清晰的印象。[3]

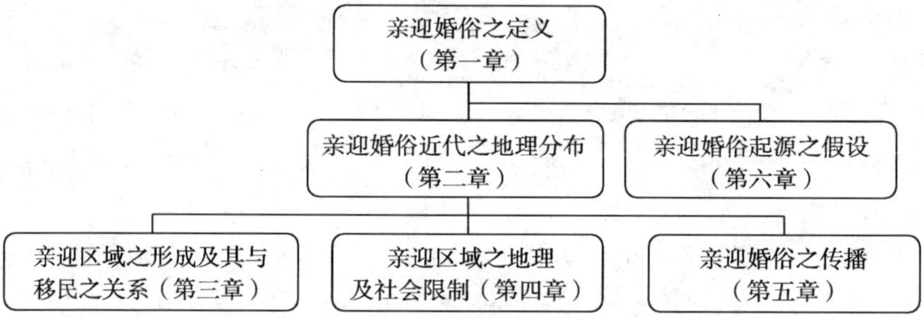

图 1　《亲迎婚俗之研究》结构框架

在这幅近代亲迎婚俗地理分布图的绘制中，作者并没有采取西方二元对立的观念对中国的近代亲迎婚俗的地理分布进行分类划区，而是以三分法对此一婚俗的近代地理分布进行了合乎地方志书所载内容的客观编置。从这幅近代亲迎婚俗地理分布图中我们可以清楚看到在中国疆域内，亲迎区、半亲迎区与不亲迎区同时存在，并且确实能够感受到三种亲迎区域错综交杂的多元性、丰富性和动态性。就此，费孝通在论文第二章末尾对这幅近代亲迎婚俗地理分布图进行了文字上的描述，与地图相互呼应。

而且，如上所述，在论文的附录部分，费孝通还将其按照三分法编置的"近代亲迎婚俗地理分布图所根据之材料"以先亲迎区，再半亲迎区，而后不亲迎区的顺序附于文末，以便让读者参考核实。[4]

---

[1] 费孝通所引用的《仪礼》是上海涵芬楼借长沙叶氏观古堂藏明徐氏仿宋本景行本，具体引用的内容是该版本第 2 卷"士昏礼第二"第 4 ~ 6 页与第 15 ~ 16 页上的两段内容。

[2] 现在我们可以看到的由上海人民出版社出版的李景汉的《定县社会概况调查》只有一册，这里提到"下册"是因为费孝通在写作《亲迎婚俗之研究》时参考的版本有下册一说。参见费孝通：《费孝通文集》第 1 卷，群言出版社 1999 年版，第 159 页。

[3] 费孝通：《费孝通文集》第 1 卷，群言出版社 1999 年版，第 157 ~ 161 页。

[4] 费孝通：《费孝通文集》第 1 卷，群言出版社 1999 年版，第 190 ~ 212 页。

显而易见，无论从费孝通所绘制的近代亲迎婚俗地理分布图抑或其对于此图的文字描述和介绍来看，还是从附于文末的“近代亲迎婚俗地理分布图所根据之材料”来观察，费孝通确确实实发现了亲迎婚俗的“三区”分布现象，而半亲迎区恰恰就是这“三区”中的“中间区”，并且随着文章脉络结构的展开与延续，借由亲迎婚俗“三区”的发现而有了论文所指出和研究的亲迎“三区”。因为，作者不仅发现了亲迎婚俗的“三区”分布现象并对其进行了文字的描述和说明，而且从论文第三章开始至第六章结束，作者依次对此亲迎婚俗“三区”的形成展开了与移民关系的论述，并对其形成的地理及社会背景进行了考察，而且就此亲迎“三区”中的“中间区”的形成采取了文化功能论与文化传播论相结合的解释，最后还讨论了亲迎婚俗的起源问题，提出了亲迎为母系社会转变为父系社会时的遗留风俗的假设。费孝通的整篇学士论文建立在亲迎婚俗定义的基础上，围绕近代亲迎婚俗地理分布图展开，并从多维度论述了亲迎的“三区论”。

单从费孝通的亲迎“三区论”与王铭铭的“三圈说”的名称上来看，似乎不太明了两者间的关系和可资比较的地方。但是，概略而论，首先，两者的分类都避免了西方的二元对立划分，皆采用了三分的做法；其次，从中国人类学角度可以看出，作为王铭铭“三圈说”之“核心圈”对汉族农村与民间文化的研究、“中心圈”对今日所谓少数民族地区的研究以及“外圈”中国学者对海外的人类学研究的三种研究区域都分别在费孝通的《亲迎婚俗之研究》中得到了关注与研究，具体包括论文中对中原诸省、东部沿海各省、西南的云南和广西两省以及北方通古斯地区人口移动、自然与社会环境以及文化传播的考察与分析；❶ 再者，虽然王铭铭在其后来的研究和讨论中指出了“中间圈”的“块状、带状”特征和模糊性与变动性的特点，但是“三圈说”的“形态学”界定总不及亲迎“三区论”本身所内含的开放性与流动性以及变动性特质。❷

可以概括地说，费孝通在《亲迎婚俗之研究》一文中的确形成了一种亲迎“三区论”，而此“三区论”比王铭铭提出的“三圈说”恰恰早了71年。但从目前的情况来看，王铭铭在对其“三圈说”以及“中间圈”进行历史追溯与谱系建构的过程中却并未关注到这一亲迎“三区论”，所以，

---

❶ 王铭铭：《中间圈——“藏彝走廊”与人类学的再构思》，社会科学文献出版社2008年版，第53～54页；费孝通：《费孝通文集》第1卷，群言出版社1999年版，第163～189页。

❷ 王铭铭：《中间圈——“藏彝走廊”与人类学的再构思》，社会科学文献出版社2008年版，第69、103、114页。

毋庸讳言，王铭铭既然有意识在做对其所提出的“三圈说”和“中间圈”进行与费孝通相联系的历史追溯和谱系建构的工作，那么他应该至少要回看到费孝通的这篇《亲迎婚俗之研究》，而绝非只看到其多次提及的费孝通完成学士论文十年之后的其他文章或发言。因为，这篇学士论文不仅仅是费孝通关于亲迎“三区论”的抽象思考或者想象，更是一种扎扎实实基于丰富材料的具体经验研究，所以，他的亲迎“三区论”不仅有经验事实的层面，而且提供给我们思考问题的一种新视野和心态。它本身可能涵盖了王铭铭“三圈说”以及“中间圈”想要表达的内涵。因而，王铭铭对费孝通《亲迎婚俗之研究》的遗忘与忽视对其而言不得不说是一种损失与遗憾。

四、费孝通的“三区论”与王铭铭的“三圈说”以及“中间圈”的比照分析

在《“中间圈”——民族的人类学研究与文明史》一文，王铭铭以引用1996年费孝通在《简述我的民族研究经历和思考》中对我国民族研究的回顾开篇，经过对人类学与民族学学科名称之力量消长历史的叙述，提出了“人类学民族研究定位何在”的问题，也正是为了解决民族学在国内学术界的尴尬处境问题以及人类学民族研究的定位问题，王铭铭努力从“中间圈”的研究中寻找方案与方法。[1] 这篇文章在王铭铭对于“中间圈”的思考与研究中具有一定的代表性。文章后半部分从人类学与民族学一并面临尴尬处境的问题出发，分析了民族学与人类学社会科学性之缺憾的大环境和演变路径，[2] 并指出：

> 民族学与人类学一道还面临着重建一种更大范围的“社会形态”的使命。中国的社会科学一方面缺乏将“落后”的西部中的社会当作社会来研究的习惯，另一方面也缺乏对中国整体社会进行思考的学者。在中间圈开展的民族学研究对于纠正其前一方面的错误有重要意义。可以认为，无论是海外汉学，还是中国主流社会科学，向来都没有把中国的中间圈当回事。施坚雅的区位理

[1] 王铭铭：《中间圈——“藏彝走廊”与人类学的再构思》，社会科学文献出版社2008年版，第44~66页。

[2] 王铭铭：《中间圈——“藏彝走廊”与人类学的再构思》，社会科学文献出版社2008年版，第66~68页。

> 论对于这一圈的排斥以及国内主流社会科学界的“东部中心主义”，都是这一问题的反映。将中间圈当成一系列社会来研究，能说明一个完整的“中国社会”何以不能不是“多元一体”的。如何使境内的核心圈与中间圈的研究得到并举，同时看到两个地带和元素对于整体中国社会构成的同等重要的作用，并看到寻找超越于二者的“凝聚力”的历史，是民族的人类学研究可以专注回答的问题。[1]

关于“凝聚力”，王铭铭提出了“文明”的解释和史禄国“民族单位”之间流动关系的解释，并着重指出：

> 研究中间圈，也便是研究在核心圈与中间圈二者之上的文明及在“民族单位”之间的互动过程……在近代国家疆界尚未完全形成的时代里，中间圈的上下、左右关系，因没有严格的疆界限制，而常常与外圈相交融……因而，其相互性与流动性极高……研究中间圈里活跃的上下关系、族群相互性及文化流动性，为局限于民族国家疆界的近代知识，打开了一扇窥见社会科学新诠释的窗户。[2]

现在，让我们来比照着看费孝通的《亲迎婚俗之研究》这篇论文。费孝通在文中一则没有将“落后”的社会不当作社会进行研究的缺憾，而且，我们在他那里也没有发现其对某个民族或某个地方“落后”的评价，当然也就更谈不上存在因视这种民族或地方“落后”而采取“歧视”或者另类对待的情况。二则，在文中除了没有收集到东三省和四川之材料的客观限制外，费孝通亦无对中国进行局部考察的弊端，其始终将中国作为一个整体来进行观察与思考。另外，无论是讨论亲迎婚俗的形成及其与移民之关系，还是考察影响亲迎区域分布的地理及社会背景，抑或是对亲迎“中间区”——半亲迎区的人类学文化功能论与文化传播论相杂糅的解释，都重点探讨了民族间、地域间的人口的互动、流动与文化的接触、冲突与传播的“事实”，易言之，这里的探讨一直关注的正是“相互性与流动性”的问题。费孝通不仅于论文第二章用移民的观点解释了陕西成为半亲迎区

---

[1] 王铭铭：《中间圈——“藏彝走廊”与人类学的再构思》，社会科学文献出版社 2008 年版，第 68 ~ 69 页。

[2] 王铭铭：《中间圈——“藏彝走廊”与人类学的再构思》，社会科学文献出版社 2008 年版，第 69 ~ 70 页。

的原因：陕西，山西一带之丧失亲迎婚俗而沦为半亲迎区者，亦由于华族之东移及南迁，与北部异族之侵入。此种势力于周代之初，业已开始，于姬姓氏族东殖图中已见端倪，降至晋代异族南侵益亟。❶ 而且他专辟第五章，用亲迎婚俗的功能与传播相结合的观点解释半亲迎区中“一社会中行亲迎者与不行亲迎者之分别，常与身份及财富之分别相符合。易言之，士大夫，缙绅，富家多亲迎；而平民“不行”的“特殊现象”。❷ 正如其在这章末尾的两段论证：

> 亲迎婚礼一旦成为儒家所提倡之礼教，亲迎之文载入经典及法令，于是亲迎获得新的功用及媒介而得以传播矣。其新功用即亲迎之足以表示社会身份是也。婿往亲迎，乃一手续问题，而非经济问题。故在亲迎区中，不论贫富并行亲迎，未闻因贫而无力亲迎者。有之惟在半亲迎区中。亲迎之所以成为经济问题，乃起于社会中一部分人用以表示其身份之故。在一本无亲迎婚俗之地，特殊阶级之士大夫及富者，借亲迎以示其身份之高贵，必设法保持此俗，不使其普遍通行；否则，人人亲迎，即失此功用矣。是故务求其繁费难举，使贫者不能效尤。于是吾人常见富者亲迎，贫者不亲迎之现象矣。
>
> 此种新功用乃亲迎婚俗传播之一大原因。且因其媒介乃文字之记载，故能超越地域之限制，而产生不相联接之半亲迎区。❸

而“对中间圈的上下、左右关系”的探讨，亦在第五章“亲迎婚俗之传播”中进行了集中的体现与解释：作者首先指出文化区域的扩张不一定非得依赖移民的道理，然后用文化功能论解释了文化传播的性质，并关注到了“左右关系”，接着针对亲迎“中间区”——半亲迎区之“一种特殊现象”提出了移民解释的局限，进而从分析亲迎婚俗发展的历史入手，看到了古代帝国与人民生活的上下互动关系，最后又以阐释亲迎婚俗得以在亲迎“中间区”传播的原因来同时关照“中间圈的上下、左右关系”。❹

而且，费孝通在这篇学士论文中也丝毫没有对人类学与民族学进行人为的二元区分。其不仅运用了人类学中文化传播论与文化功能论的解释，

---

❶ 费孝通：《费孝通文集》第1卷，群言出版社1999年版，第169页。

❷ 费孝通：《费孝通文集》第1卷，群言出版社1999年版，第178～179页。

❸ 费孝通：《费孝通文集》第1卷，群言出版社1999年版，第183～184页。

❹ 费孝通：《费孝通文集》第1卷，群言出版社1999年版，第159～189页；王铭铭：《中间圈——“藏彝走廊”与人类学的再构思》，社会科学文献出版社2008年版，第69～70页。

而且对关于古代中国商族、周族以及亚洲之满族、北方通古斯族、苗族、瑶族等民族史研究进行了借鉴和引用。其将两者结合起来共同构成了对近代亲迎婚俗地理分布状况的理解与解释。而上述所有的这些，却并未引起王铭铭的注意。

因而，仅就上文的这一比照阅读来看，王铭铭在《“中间圈”——民族的人类学研究与文明史》一文中的关怀与主张，早在70年前费孝通的《亲迎婚俗之研究》中已得到具体的经验研究的运用和实践。

此外，王铭铭在《初入“藏彝走廊”记》中指出的要研究藏彝走廊就要研究其“节骨眼”、“内部的组织形态”以及侧重关注其之外文明的“夹缝”的研究主张，在《茶及其“他者”》所作的对“中间圈”的“物化”材料的分析以及与“大历史”关系的探讨，在《费孝通与“桃花源”》中所彰显的应该对于民族历史以及与民族历史相关联的“大历史”采取重视的观点，在《差异与关联——从汉、藏、彝三个文本中的“生死观”看比较人类学》中对作为“中间圈”的西南地区与中原以及其他文明关系的关注，在《从弗思的“遗憾”到中国研究的“余地”》中所提到的对关系史动态研究应予以重视的观点，乃至在《“中间圈”与罗马神话之外的社会科学》中所讨论的罗马神话之外社会科学研究的可能的看法，都在费孝通《亲迎婚俗之研究》的六章中的某些章节或者全文中得到了有意无意的关照、注意、分析、讨论、研究和解释。[1]

王铭铭在《东南与西南——寻找“学术区”之间的纽带》一文中，以指出尚未被充分认识的“法尔顿主张的人类学再区域化”的“重大意义”和中国东南与西南两个“学术区”的研究成果值得学界认识与反思开始，联系到自己曾经召集的一系列人类学研习活动，然后分别基于对“东南的‘两条道路’”、“西南的一对关系”、“‘居’与‘游’”、“史记与‘东西通识’”的论述，而论证到“从东西分立到东西并接”的可能性与必要性，从而寻找到了东南与西南两个“‘学术区’之间的纽带”，即“反思地继承”两个“学术区”各自的传统，互相汲取养料，共同开展广泛的“‘关系结构’的具体历史思考”。[2] 王铭铭在此文中的讨论、关怀与主张，同样已在费孝通《亲迎婚俗之研究》中得到了具体经验研究的实践。在这篇学

---

[1] 王铭铭：《中间圈——“藏彝走廊”与人类学的再构思》，社会科学文献出版社2008年版，第1~43、75~91、116~147、193~258页；费孝通：《费孝通文集》第1卷，群言出版社1999年版，第157~189页。

[2] 王铭铭：《中间圈——“藏彝走廊”与人类学的再构思》，社会科学文献出版社2008年版，第92~115页。

士论文中，费孝通根本就没有如东南与西南那样的对中国进行二元划分，不论是地域方面还是亲迎婚俗的分布方面都是这样。换句话说，费孝通在文中所作的研究本身其实已经对二元对立的划分模式进行了消解与否定，抑或可以说在他那里已经存在了王铭铭所谓的东南与西南两个"'学术区'之间的纽带"，这种纽带的基础便是建立在对二元对立划分模式的消解与否定之上。其采用了三分法的做法，并从地域间与民族间人口的移动、影响这种移民的地理与社会环境以及亲迎婚俗的传播等方面做了具体的分析和研究，同样可以看出，这些分析与研究都关注了"'关系结构'的具体历史思考"。[1]

谈到"具体历史思考"，容易让我们想到王铭铭在提出"三圈说"时指出的自己侧重于对历史方面的关注，以及在后来开展的关于"三圈说"以及"中间圈"的论述中所惯常提倡的对"大历史"关注的强调。而所有这些，更加容易让人联想到费孝通的《亲迎婚俗之研究》，其在讨论亲迎区域的形成及其与移民的关系、影响亲迎区域分布的地理与社会背景和亲迎婚俗的传播以及亲迎婚俗的起源时，都一以贯之地对历史给予了充分的关注，而且让我们对藉由此研究所展现的"大历史"也有了清晰的印象。[2]但是具有反讽意味的是，惯于以自己关注历史以及"大历史"而表明其学术主张的王铭铭，却在对其所提出的"三圈说"与"中间圈"进行历史追溯与谱系建构时忽略了或者说遗忘了费孝通《亲迎婚俗之研究》这一具体历史；并且对这一具体历史的忽略与遗忘可能也从某个方面说明了他所乐于强调的对"大历史"进行关注的主张本身所暗含的危险与局限。

王铭铭在《文明在周边——"藏彝走廊"、"中间圈"与关系主义民族学》一文中，首先借由费孝通"藏彝走廊"的概念提出"文明在周边"这一与文明在中心不同的切入问题的方式；然后反思了"边疆"这一概念，指出"藏彝走廊"的价值所在正是其未将少数民族地区称为"边疆"；接着讨论了"古代印度—东南亚—中国连续统"以及"何为'中间圈'"的问题；最后，明确指出了"藏彝走廊"所昭示出来的"基于关系主义民

---

[1] 费孝通：《费孝通文集》第1卷，群言出版社1999年版，第159～189页；王铭铭：《中间圈——"藏彝走廊"与人类学的再构思》，社会科学文献出版社2008年版，第115页。

[2] 王铭铭：《没有后门的教室——人类学随谈录》，第131、140页；王铭铭：《中间圈——"藏彝走廊"与人类学的再构思》，社会科学文献出版社2008年版；费孝通：《费孝通文集》第1卷，群言出版社1999年版，第163～189页。

族学而重新构思人类学的可能”。[1] 这里的“文明在周边”在费孝通《亲迎婚俗之研究》第三章关于陕西和山西一带由亲迎区转变为半亲迎区的移民原因的解释中以及最后一章对亲迎婚俗起源的探索中得到了清晰呈现。[2] 而“关系主义民族学”则从第三章开始至第六章论述结束，贯穿于此论文的写作探讨之中。[3] 这些同时也用“事实”证明了王铭铭在《文明在周边——“藏彝走廊”、“中间圈”与关系主义民族学》一文中认为关系主义民族学与传播论有关系，但属于“北派”的费孝通的早期研究却采纳了功能论与结构——功能论理论与方法的观点的片面性与错误之处；而且，王铭铭在《“中间圈”与罗马神话之外的社会科学》一文中作出的“费孝通的社会科学，正式开始于大瑶山的少数民族研究”的判断在费孝通的《亲迎婚俗之研究》面前也显然立不住脚跟。仅就这两点的论述来看，王铭铭似乎也没有逃离目前学界对费孝通的“标准认识”。[4]

再回过头去看王铭铭提出“三圈说”与“中间圈”的背景与缘由，更让人感到遗憾和可惜。首先，他在题为“寻找中国人类学的世界观”的学术讲座中总结道：20 世纪 90 年代以前的人类学家在“强调学科综合时并没有找到合理的方法论结合点”。[5] 他根本没有看到费孝通在《亲迎婚俗之研究》中所作出的有益结合。费孝通的研究明显具有多学科综合的尝试，这里的原因至少与上文提及的指导他这篇学士论文的六位老师有关。其中的吴文藻、史禄国那时正在研究人类学，派克带来了人文区位学以及社区研究的雏形，潘光旦不但对人类学有所研究，同时更重要的是对中国国学与历史有着深入的研究，王佩铮则在东吴大学主讲中国文学。而当时的顾颉刚已经因其“层累地造成的中国古史”的观点、孟姜女故事的研究和《古史辨》（第一册）的出版而在学术界声名鹊起，专注于中国古史的辨伪与研究工作，同时于 1932 年在燕京大学与北京大学开设“中国古代地理沿革史”课程，给两校学生传播了历史地理学前身——沿革地理的一些理

---

[1] 王铭铭：《中间圈——“藏彝走廊”与人类学的再构思》，社会科学文献出版社 2008 年版，第 148 ~ 192 页。

[2] 费孝通：《费孝通文集》第 1 卷，群言出版社 1999 年版，第 169 ~ 170、184 ~ 189 页。

[3] 费孝通：《费孝通文集》第 1 卷，群言出版社 1999 年版，第 163 ~ 189 页。

[4] 王铭铭：《中间圈——“藏彝走廊”与人类学的再构思》，社会科学文献出版社 2008 年版，第 191、219 页。

[5] 王铭铭：《没有后门的教室——人类学随谈录》，中国人民大学出版社 2006 年版，第 135 页。

论与研究方法。[1]

另外，从论文中对多学科既有研究成果的引用，我们也可以看出费孝通当时对多学科所进行的综合。这些引用有中国古代典籍《仪礼》、《诗经》、《春秋经传集解》、《晋书》、《礼记》等，有王国维的《观堂集》，有蒋廷锡的《尚书地理今释》、余永梁的《易卦爻辞的时代及其作者》、谭其骧的《中国内地移民史——湖南篇》，也有李济的《中国民族的形成》(*The Formation of the Chinese People*)、史禄国的《北方通古斯的社会组织》(*Social Orga - nization of the Northern Tungus*)、《华南和广东省的人类学》(*Anthropology of Eastern Chi - na and Kwangtung Province*) 和《满族的社会组织》(*Social Organization of the Manchus*)，还有李景汉的《定县社会概况调查》，等等。[2]

最后，从阅读"非中国留学生"的海外中国人类学研究成果而开始、进而从中国人类学传统的民族学史研究中汲取资源的"三圈说"与"中间圈"提出的背景和缘由，又从一个侧面说明了王铭铭所倡导并亲身实践的重视"他者的眼光"的做法所可能造成的失误。[3] 因为，刺激他要"寻找中国人类学的世界观"的是他对上文所提到的三本海外"非中国留学生"所写的关于中国人类学的研究著作的关注、阅读与高度评价，即他所谓的"从海外视野寻找中国人类学的世界观"，后来，在这基础之上才做了对"中国人类学的传统关怀"的思考和探索。然而，这种从"他者的眼光"出发的思考与探索却丝毫没有关注到作为"我者"存在的费孝通的《亲迎婚俗之研究》中已经生成的亲迎"三区论"，这的确是一种失误。

五、小　　结

从上文的论述中我们可以发现，费孝通的《亲迎婚俗之研究》不但将人类学的文化功能论与文化传播论结合起来进行论述，而且基于对全国 15 个省份 207 个地方的地方志书上关于亲迎婚俗之记载的内容进行分类、整理与描点，绘制成近代亲迎婚俗地理分布图，并围绕此图，进而从中发现

---

[1] ［美］阿古什：《费孝通传》，董天民译，河南人民出版社 2006 年版，第 27 页；顾颉刚：《顾颉刚自述》，河南人民出版社 2005 年版，前言：第 1 ~ 2 页；洪治纲：《顾颉刚经典文存》，上海大学出版社 2003 年版，第 305 页。

[2] 费孝通：《费孝通文集》第 1 卷，群言出版社 1999 年版，第 157 ~ 189 页。

[3] 王铭铭：《没有后门的教室——人类学随谈录》，中国人民大学出版社 2006 年版，第 130 ~ 137 页。

了亲迎婚俗的“三区”分布的现象，且对此“三区”进行了分析、研究和解释，形成了亲迎“三区论”，这比王铭铭所提出的“三圈说”早了71年。

王铭铭在其提出“三圈说”之后逐渐补充、丰富此说的内容和研究，与此同时，对“中间圈”的探讨作为其中的一项重要工作，这些工作的一个汇总性的展现便是上文提到的由社会科学文献出版社于2008年出版的《中间圈——“藏彝走廊”与人类学的再构思》一书。在此书所收集的文章中，王铭铭在对其“三圈说”与“中间圈”进行历史追溯与谱系建构的过程中，将费孝通1943年的《鸡足朝山记》以及之后的数篇文章、发言等纳入到这一历史追溯与谱系建构的脉络与结构之中，但十分遗憾的是，他丝毫未曾注意到费孝通的《亲迎婚俗之研究》这篇学士论文。费孝通在文中所作的亲迎“三区论”研究其实已经用具体的经验研究运用且实践了诸多如上文所述的王铭铭在近些年来所主张和提倡的反思、对话与提升工作。

括而言之，我们可以看到一般意义上的对费孝通《亲迎婚俗之研究》的遗忘抑或是忽视，或者是对这篇论文价值的忽略，确已给我们后辈学人的研究造成了遗憾和损失。这亦从反面提醒我们，这篇学士论文确实蕴含了诸多值得我们当今学术界关注、研读和思考、分析的内容，而这些内容对今日的中国社会科学界或许有着重要的启发意义，因此，我们应该认真研读和学习此论文！

经济文化类型：从“原生态型”到“市场型”

——对中国少数民族城市移民的新探讨

张继焦

（中国社会科学院民族学与人类学研究所）

一、文献回顾：关于“经济文化类型”理论的有关探讨

（一）经济文化类型理论的来源和引进

经济文化类型理论，是 20 世纪 50 年代两位苏联学者——列文、切博克萨罗夫为了对世界民族进行语言谱系以外的分类而提出的一个分类体系概念。❶ 这一理论在中国取得的学术成果，就是由林耀华和切博克萨罗夫两位教授于 1958 年 8 月联手完成的《中国的经济文化类型》一文。这篇长达 3 万字的论文于 1961 年在苏联用俄文发表，日文版于 1965—1967 年在日本的《东亚民族学论文集》中连载。直到 1985 年这篇论文终于在国内公开用中文发表，❷ 此时博克萨罗夫教授已溘然长世，林耀华教授也已年过七旬。这一具有很大学术和应用潜力的理论成果因国际政治风云变幻和中苏交流中断，被束之高阁 20 余年，未能得到深入和推广。

（二）经济文化类型的定义

前苏联学者列文、切博克萨罗夫等将经济文化类型定义为“处于大致

❶ ［苏］列文、切博克萨罗夫：《经济文化类型与历史民族区》，叔于田译，载《民族问题译丛》（1956 年增刊，民族学专辑），民族出版社 1951 年版，第 30～40 页。

❷ 林耀华：《民族学研究》，中国社会科学出版社 1985 年版，第 104～142 页。

相同的社会经济发展水平和生活在相似的自然地理条件之下的各族人民，在历史上形成的经济文化相互联系的特点的综合体”。[1]

林耀华等学者将经济文化类型的定义发展为：“指居住在相似的生态环境之下，并有相同生计方式的各民族在历史上形成的具有共同经济和文化特点的综合体。”[2] 此修订主要表现在两个概念上：一是用“生态环境”概念取代“自然地理条件”，二是用“生计方式”概念来取代“社会经济发展水平”，并认为“生计方式”不仅能明确地标示出人类社会经济活动的方向，也能容纳下“社会经济发展水平”这一层含义。

（三）经济文化类型的应用和发展

20 世纪 80 年代，林耀华等一些学者重新重视对经济文化类型的探究。他们认为我国少数民族的经济文化类型及分布情况大体分以下三种。[3]

第一种类型组是采集渔猎型。主要分布于我国东北部的大小兴安岭和三江平原东北角地区。这一类型组包括两种经济文化类型：以鄂伦春族和和部分鄂温克族为代表的山林采集狩猎型和以赫哲族为代表的河谷采集渔捞型等。

第二种类型组是畜牧型。主要分布于我国东起大兴安岭西北麓，西到准噶尔盆地西缘，南到横断山脉中断的干旱、半干旱和高寒地带。这一类型组包括四种经济文化类型：以鄂温克族为代表的山林苔原畜牧型、以蒙古族为代表的高原戈壁草原游牧型、以哈萨克族为代表的盆地草原游牧型和以藏族为代表的高山草场畜牧型等。

第三种类型组是农耕型。广泛地分布于我国除采集渔猎和畜牧类型之外的辽阔地域及众多民族中。这一类型组包括六种经济文化类型：山林游耕型、山地耕牧型、山地耕猎型、丘陵稻作型、绿洲耕牧型和平原集约农耕型等。

林耀华于 1991 年发表了《中国少数民族的社会文化类型及其社会主义现代化过程》一文，将经济文化类型理论与社会发展阶段论相结合，用一个新的概念——“社会文化类型”来分析中国少数民族的社会主义现代化过程。[4] 可见，一直到 20 世纪 90 年代初期，林耀华作为中国民族学的

---

[1] ［苏］列文、切博克萨罗夫：《经济文化类型与历史民族区》，叔于田译，《民族问题译丛》（1956 年增刊，民族学专辑），民族出版社 1951 年版，第 30～40 页。

[2] 林耀华：《民族学通论》（修订版），中央民族大学出版社 1991 年版，第 86 页。

[3] 林耀华：《中国的经济文化类型》，载《民族学研究》，中国社会科学出版社 1985 年版，第 104～142 页。

[4] 见中国民族学学会编：《中国民族学》第十辑，民族出版社 1991 年版，第 15～36 页。

代表人物之一，在解释新的社会经济发展现象时，还在使用经济文化类型理论。

张海洋认为，经济文化类型理论的解释能力体现在应用中：用于世界民族分类，它形成一家之说，与语言谱系分类法相得益彰；用于探讨人类文化相似性和差异性的原因，它使人们看到生态环境对人类活动的深远影响；用于阐述中国文化，它揭示出中国（乃至东亚）文化多样性与一致性的并行不悖及相互作用。❶ 中国各民族先民为了适应中华大地复杂多样的生态环境以求生存，曾经发展出种种不同的生计方式和类型。

王建新认为，林耀华在引进、修正和利用经济文化类型理论的过程中，根据中国的客观条件，做了三方面的调整。首先，用生态环境代替自然条件，突出人与自然的互动，避免环境决定论的倾向；其次，为弥补忽视精神文化的不足，他强调经济文化类型应包括生态环境、生计方式、社会组织形式及制度、意识形态等内容；再次，加强类型化分析的综合性和合理性，导入体系、类型组、亚类型及分支等操作概念。❷

吴兴旺认为，经济文化类型概念本身就把经济与文化组合在了一起，并且，它也是目前民族学中唯一有此名称组合的理论；其次，是该理论把经济与文化当做一个“综合体”来看待，本身就包含了对经济与文化关系问题的一种认知。但是，该理论不但忽视文化对经济反作用的研究，而且在经济对文化的决定作用方面，也缺乏深入和思辨。它与同时期由美国学者斯图尔德（Julian Steward）于1955年倡导的“生态人类学”（亦称“文化生态学”）❸ 研究有许多相似之处，而它对经济与文化关系的剖析，则不及生态人类学的分析深入。❹

但是，李伟和杜生一两位却认为，林耀华的《中国的经济文化类型》一文严格意义上属于以生产方式作为主导因素的“中国经济文化区域划分”，而并非类型划分。从分类的角度看，前苏联学者所作的经济文化类型定义相对较则更科学和准确，且在实际应用中具有一定的可操作性。我国学者对该定义的修改，即运用“相似生态环境”取代“相似的自然地理条件”，用“相同生计方式”代替“近似的社会发展水平”，虽从字面表

---

❶ 张海洋：《中国的多元文化与中国人的认同》，民族出版社2006年版，第170页。

❷ 王建新：《宗教文化类型——中国民族学·人类学理论新探》，载《青海民族研究》2007年第4期。

❸ Steward, Julian. *Theory of Culture Change.* University of Illinois Press. 1955.

❹ 吴兴旺：《“两论”中的文化与经济的关系》，载《中国少数民族经济研究导论》，民族出版社2004年版，第70～72页。

意上较为合理，但因对其分类前提扩大了外延和缩小了内涵，使之在理解上较为困难，容易产生歧义。同时在应用过程中，操作难度较大，不能真正反映出地理环境与经济文化的耦合关系。❶

二、在城市移民研究中重构“经济文化类型”理论

（一）检讨“经济文化类型”理论在城市研究中的适用性

为了在城市研究中重构“经济文化类型”理论，我们需要检讨“经济文化类型”理论在城市移民研究中的适用性。

由林耀华和切博克萨罗夫两位教授提出的“经济文化类型”理论关注生态环境、生产生计与文化传统的关系。这种理论重视从发生学和文化生态学的角度认识区域文化，强调从社会经济发展状态入手分析文化的特征，较典型地表现出唯物主义文化论的学术倾向。其研究范式指明了通过对各民族生存环境的比较，对民族经济文化综合体进行区别、分类的研究思路，同时，它明确提出民族的文化特征取决于其经济发展方向，而经济发展方向又为其所居住的地理环境所制约，因此，形成了“地理环境—经济发展方向—文化特征”的概念框架等。这种理论和方法主要适用于比较简单的前工业社会。对于复杂的工业社会、都市社会，其理论便显得力不从心了。这种理论产生时的20世纪50年代也与当今的工业化、信息化时代不可同日而语了。它用“社会经济发展水平”来表述不同民族的生存和发展方式，过于笼统，无法深入细致地分析工业化、城市化、现代化等社会经济文化变迁的进程。它用“自然地理环境”来表述不同民族的生存和发展环境，过于静态和刻板，无法系统和动态地分析现代人群的生存和发展处境。至20世纪80年代，“经济文化类型”研究忽视精神文化的缺陷，渐为人们所意识到。有的学者在该理论中，加入了“社会组织形式及各种典章制度”、“意识形态（包括行为准则、道德规范、宗教信仰和思想观念等）”的分析要素，并在具体应用方面做了一些尝试。

“经济文化类型”理论和方法已经过时了，但是，我们可以借用“经济文化类型”的概念和研究思路，以及各种有关的移民研究理论，分析不同民族的移民在现代都市的工商业社会中“经济文化类型”发生的变化或

---

❶ 李伟、杜生一：《对经济文化类型理论的再认识》，载《兰州大学学报》（社会科学版）2002年第5期。

转型。换言之，我们可以在林耀华和切博克萨罗夫的“传统版”或“原生态型”的“经济文化类型”理论基础之上，发展出一套“现代版”或“市场型”的“经济文化类型”理论。

（二）研究范式的转变：对城市移民经济文化类型的思考

在以往的研究中，二分法是最为基本的分析框架。社会学和经济学出现了不少经典的分析模式，其基本观点是：其一，从传统发展到现代，是大势所趋和不可避免的，世界上的各种经济社会形态只不过是处在“传统—现代”两极之间的不同状态。其二，传统和现代在本质上是对立的。一个人或一个群体、一个民族在现代经济社会中必须抛弃自己的传统，否则一味地保持自己的传统特征，就会陷入各种不同的矛盾和冲突。比如，基于“传统—现代”二分法的人口学典型研究认为，随着时间的推移，来自传统文化的人必将“与过去决裂”，失去“特殊群体感”，并被统一地融入现代文化之中。又比如，沃斯（Wirth）曾提出“城市性”（Urbanism）的概念，帕克的继承人雷德菲尔德（R. Rede－field）曾提出“乡土—城市连续体（folk－urban－continuum）”。雷氏认为，在文化上可以分为以城市为中心的、反映都市知识、政治精英文化的上层“大传统（greattradition）”和在城市之外的、生长于村落共同体之中的乡间“小传统（little tradition）”，即“俗民文化（folk cul－ture）”。他们的这一研究取向被称为“wirth－Redfield”模式。

“传统—现代”二分法的基本思想被广泛地应用在了城市移民的研究之中，并具体表现为“对立—同化”分析模式。比如，托马斯（W. I. Thomas）和兹纳涅茨基（F. Znaniecki）合著的五卷本《在美国的波兰农民》，可以算是最先采用类似实证方法的研究著作；芝加哥学派的学者如帕克在研究移民和城市的关系时，不但强调了“传统社区”和“城市社区”的差别，还指出“城市环境的最终产物表现为，培养了各种新型人格”；[1] Kearney采用“对立—同化”二分法，于1986年曾明确指出人口从农村到城市的迁移就是一个原有人际关系解组、移民不断个人化、最后失去自己原有文化特征和社会关系的过程。[2]

城市移民研究中的“对立—同化”分析模式认为，在文化上，移民和

---

[1] ［美］R. E. 帕克等：《城市社会学》，宋俊岭等译，华夏出版社1987年版，第265、273页。

[2] Kearney，M. 1986. From the Invisible Hand to Visible Feet：Anthropological Studies of Migration and Development. in Annual Review of An－thropology，（15）：pp. 331－361.

自己所在的城市分别代表了传统和现代的两面，二者本质上是彼此对立和相互矛盾的。人口迁移的结果是：来自农村的移民如果要被城市接纳，他们就要与自己原来的传统农业社会一刀两断，让自身拥有的各种特征（如观念意识、信仰崇拜、风俗习惯、组织制度等）不断地解体和消亡，完全为城市文化所同化。

使用“对立—同化”分析模式并不能完全说明发生于不同类型的城市移民各种现象。于是，社会学家、人类学家等提出了“并存（co - existing）”分析模式，经济学家、政治学家等提出了“联结（articulation）”分析模式，从学术上反驳了简单的“同化假设”和“对立—同化”二分法的分析模式。比如，李培林针对传统的二元对立分析框架，提出了“连续谱”的概念。他指出，在我们已经习惯了的那些二元对立之间，事实上都存在着“连续谱”的真实世界，并非完全依赖于理想化的二元对立分析框架（如乡村和都市、传统与现代、私有企业和国有企业等），就可以解释的。❶

“并存”分析模式的理论基础主要是社会网络理论、文化相对论等。研究者发现，外来移民及其所代表的传统社会因素和现代城市因素是可以在一个大体系下共存而生和并行不悖的。余英时在谈到如何理解中国的“小传统”与“大传统”的区分时，强调了这两个传统之间的相互依存、相互交流的关系。笔者认为，乡土“小传统”与城市“大传统”不是对立的，而是互补的，也是递进的关系。迁移到城市就业或创业使越来越多的人不再只是生活在乡土“小传统”的里，而是生活在乡土“小传统”与城市“大传统”之间。

“联结”分析模式的理论基础主要是世界体系理论、“中心—边缘”依附理论、经济均衡移民理论、劳动市场分割理论、“嵌入”理论等。弗兰克（Andre Gunder Frank）、卡斯特尔（Mi - chael Castell）、维斯特（Raymond E. Weist）等指出，在世界体系中，来自中心（经济发达地区）的生产体系的扩展破坏了边缘（不发达地区）的传统经济结构和组织，造成了当地劳动力的失业或收益下降；同时，中心地区的发展又会对廉价劳动力产生越来越大的需求，致使大量人口从边缘地区流向中心地区。为什么边缘地带能够持续产生低廉的劳动力，而其价值却为中心地带所攫取？梅拉索克斯（ClaudeMeillassoux）在对法国的非洲劳工做了深入研究后指

---

❶ 李培林：《村落的终结》，商务印书馆2003年版；《巨变：村落的终结》，载《中国社会科学》2002年第1期。

出，世界上边缘地区和中心地区的真正分工是：边缘地带的作用主要是劳动力的生产和再生产，因为这些地方的经济是非市场化的，所以养活劳动力的费用和成本是很低的；当农村劳动力进入城市时，他们的身上其实带着大量的隐蔽价值。他们的价值通过中心地区的生产体系得以实现。但是，当这些移民年老体衰、劳动能力下降之后，他们又不得不回到自己的农村家乡。农村劳动力在生产和使用上存在的割裂，正是中心地带能够不断从边缘地带获取劳动力及其经济剩余的秘密所在。[1] 这些来自边缘地区的移民不仅为中心地区提供了廉价劳动力，降低了中心地区的劳动力价格，还在政治上使中心地区原有的工人阶级分解，从而更有利于居于中心地区的资本主义部门。这种人口流动还导致了边缘地带在意识形态上对于中心地区的依赖，并使边缘地区丧失了把握发展机会的意识和能力。

在上述的双重劳动市场理论的基础上，波特斯（AlejandroPortes）和巴赫（Robert Bach）提出了“三重市场需求理论”，也就是在双重市场之上增加“民族聚集区”因素。他们曾经运用强调社会关系网络的“嵌入性”理论对外来移民的聚居区进行分析，不同族裔的移民不但会在迁入发达国家之后形成自己的聚集区，聚集区之所以能有自己发达的经济，就是因为它的封闭性能使人们依赖于社区内独特的结构，从而拥有了丰富的“社会资源”及其经济圈，而且会对其来源地的人有特殊的吸引力和网络拉动力。比如，美国的唐人街从前确实曾经作为华人移民所居住的避难所，但是后来它已经演变成具有很大弹性和强大生命力的一种大型“民族聚集区”和民族经济区。中国“浙江村”作为一个温州商人聚集区，不但跨越了地理空间上的有形边界，也跨越了行政管理体系（中央政府、北京市政府、浙江省政府、温州市政府；工商管理系统、税务管理系统、城市管理系统、公共卫生管理系统等）、组织体系（政府机关、事业单位、国有企业、民营企业、党团组织、农村社区组织等）和身份体系（城里人与乡下人、农民与工人、干部与群众）等一系列的无形边界，形成了一套独特的服装市场运行机制和有活力的社会经济区域。这类事实也说明，我们的研究可以将“并存”分析模式和“联结”分析模式形成一种更为综合的分析模式——“并存—联结”分析模式。

可见，一个民族或一个群体的经济文化类型在城市中的转型不但是可能的，也是现实的。城市移民“聚集区”及其经济圈已经成为了现代和传

---

[1] Meillassoux, Claude, *Maidens*, *MealandMoney*: *Capitalism and the Domestic Community* (*Themes in The Social Sciences*). London: Cam－bridge University Press. 1981.

统、中心和边缘之间的联结体，它们在把具有不同社会形态、不同生产方式和不同阶层构成的农村和城市“联结”起来的同时，也在世界体系的“中心—边缘”之间生成了拥有自身特点的生存特征和发展模式，即在移居的城市中逐渐形成自己新的经济文化类型，或“大体系下的小社会”。对经济文化类型的研究范式面临着从二分法向多维度分析的转变。

（三）对“经济文化类型”的研究假设和分析模型

我们依据上文的经济文化类型理论、各种移民理论和方法，以“对立—同化”和“并存—联结”两种分析模式，从“经济生活”的“融入—依附”和“社会文化生活”的“自创—移植”两个维度，对城市移民的经济文化类型提出以下的研究假设和分析模型。

对中国的少数民族而言，尽管其原有的经济文化类型五花八门（如本研究里涉及的几个民族分别是：蒙古族的高原戈壁草原游牧型、藏族的高山草场畜牧型、朝鲜族的平原集约农耕型、傣族的丘陵稻作型、彝族和白族的山地耕牧型等），但是，他们的经济文化类型基本上都是基于居住地的生态环境而发展起来的“原生态”的经济文化类型。当少数民族从乡土社会迁移到城市里来谋生的时候，他们首先遇到的是如何适应城市市场的机遇和挑战，即他们对城市的就业、创业、经营、服务、居住、教育、语言、社会交往等各个方面的适应，或实现市场化的转型。概言之，各个少数民族的移民在城市中都面临着经济文化类型从“原生态型”向“市场型”的转型。

城市少数民族移民在经济文化类型上的转变形式，有可能出现如下的四种类型。

经济文化类型1：反映了这类城市移民逐渐融入城市的主流经济体系之中，并为城市原有的社会文化系统所同化。在城市体系中，这类移民由于人口数量少、从事的行业不集中、居住分散等原因，没有形成自己的聚居区和经济交往圈，因此，其自身的民族或地域传统文化特征不显著。

经济文化类型2：说明了这类城市移民虽然在城市经济中创建了自己的外向型经济模式，但是他们在社会文化生活方面却存在着逐渐被居住城市主流文化同化的可能性。

经济文化类型3：显示了这类城市移民在采购、生产、销售、服务等经济领域里的就业或创业行为，依附于或完全融入了所在城市的经济体系，他们的职业行为和经营活动是当地经济发展所必需的。但是，他们的社会文化生活既保留着自己的民族或地域传统文化特征，又积极吸收现代都市的各种新型文化元素，试图形成自己新的民族或地域文化。

经济文化类型4：这类城市移民有自己的居住和经营聚集区。这类移民在城市经济中创建了自己的外向型经济模式，但是，他们在社会文化生活方面，一方面具有相对封闭性和自己发展的独立空间，另一方面又表现为具有一定的兼容性，成为迁出地与迁入地之间、城市与乡村之间、传统与现代之间，甚至是城市与城市之间的“联结体”。二分法在他们的身上越来越不适用，他们在经济、社会身份、文化认同等方面具有多重性。

在上述的四种大类型中，每一种类型之下还可能划分出各种更细的小类型，还可能出现组合式的类型。

（四）本文依据的调查资料

本文的资料来源主要来自笔者主持的中国社科院重点课题——“城市少数民族流动人口与各民族散居化趋势”。该课题于2006年下半年正式立项，2008年上半年完成实地调查和数据处理工作。该课题的调查地点为：我国四个有一定代表性城市（如华北的呼和浩特、华东的青岛、华南的深圳、西南的昆明等城市，分别代表中国东、西、南、北四个区域）。问卷调查和入户深度访谈调查法是我们主要运用的两种方法。本文选用了该课题的有关调查资料，故不再一一注明出处。

三、影响“经济文化类型”转变的因素分析

由林耀华和切博克萨罗夫提出的“经济文化类型”的理论和方法，尽管无法说明少数民族城市移民的经济文化类型，但是，这个学说形成的“地理环境—经济发展方向—文化特征”的概念框架是有价值的。将城市移民与经济文化类型结合起来进行研究，在中国还是一个崭新的课题。我们尝试着参考各种移民理论和方法，丰富和发展“经济文化类型”学说，即以“生存环境—经济发展方向—文化特征”为思路，分析城市少数民族移民的经济文化类型从“原生态型”向“市场型”的转变，发展出一套适应市场经济条件的“经济文化类型”分析框架。

那么，我们就需要探讨：是什么原因导致了经济文化类型的转变？经济文化类型又是如何转型的？转变成了什么样子？我们大致可以找出四大类影响经济文化类型转变的因素，每一类因素里面还包含有各种具体的因素：

（一）移民自身的客观和主观因素

城市少数民族移民的经济文化类型的转变会受到其自身的迁移人口数量、原有的生计方式和经济实力、在城市从事行业的集中度、居住的聚集度、自身传统文化的深厚程度、宗教信仰、民族认同、社会网络、语言使用等各方面因素的影响。这类因素不但包括移民自身的客观因素，也包括其自身的主观因素。

移民自身在城市中的生计方式和经济实力是最为基础的因素。我们的调查显示，在6个民族中，朝鲜族、蒙古族、白族和回族等4个民族获得目前工作的首要途径是“自己应聘”（48.1%～60%），而彝族和傣族两个民族的受访者获得目前工作的首要途径是“朋友同事介绍”（26.7%～36.1%）。在6个民族中，傣族、回族、白族、彝族、蒙古族等5个民族受访者中月收入1 000元以下的低收入者占比较高，其中，傣族受访者的比例最高（50.0%）。朝鲜族受访者的收入水平相对较高一些，月收入3 001元及以上的占36.7%。

移民从事行业的集中度和居住的聚集度也非常重要，民族社会经济聚集区理论就是据此提出的。调查表明，在目前从事最多的行业方面，6个被调查民族中，蒙古族受访者的行业集中度最高（83.9%），其行业为“饮食服务业”；回族、白族和傣族3个民族的受访者的行业集中度也较高（64%～69%），其行业也是“饮食服务业”；朝鲜族受访者的行业集中度较低（23.5%），其行业为“生产制造业”。

我们的调查也显示，在6个民族中，彝族（63.9%）和回族（64.3%）两个民族的受访者在“私营企业”工作的比例高于白族、蒙古族、傣族3个民族的受访者，远高于朝鲜族受访者；朝鲜族受访者在“外资或合资企业”（35.4%）工作的受访者比例远高于其他5个民族的受访者；蒙古族受访者在“个体工商户”（46.0%）工作的比例高于其他5个民族的受访者。6个民族受访者在工作单位中的职位，排在第一的都是“企业普通员工”。蒙古族受访者除了当“企业普通员工”之外，还有一定比例的成为“个体工商户”（11.7%）；朝鲜族受访者除了当“企业普通员工”之外，还有一定比例的担任“企业中高层干部”（15.4%）、“企业基层干部”（14.1%）、“私营企业主”（14.1%）和“专业技术人员”（11.5%）等。我们对移民子女民族认知的调查表明，表示子女愿意承认自己是少数民族的，6个民族受访者的比例排序由高到低依次为：傣族（95.2%）第一，蒙古族（95.1%）第二，回族（94.0%）第三，朝鲜族（88.0%）第四，白族（87.9%）第五，彝族（70.6%）第六。表示子女愿意学习本民族语言的，6个民族受访者的比例排序由高到低依次为：蒙古族（96.3%）第一，朝鲜族（94.4%）第二，傣族（90.9%）第三，回族（85.3%）第四，白族（84.4%）第五，彝族（75.5%）第六。

（二）民族企业和民族企业家的作用

在影响经济文化类型形成的移民自身因素中，起最重要和实质性作用的是民族企业和民族企业家，他们集中体现了一个民族在城市中的生计方式和经济实力。在写本文的过程中，2009年5月16日上午笔者问沈林先生："如果用一种动物来比喻，中国的少数民族企业像什么？"沈林答道："蝴蝶。因为他们很弱小、很脆弱，人们通常把他们做成或看成'标本'。"笔者说："这是说到了一个方面，还有一个方面，就是蝴蝶会发生'蝶变'。"

陈国贲和张齐娥在《出路——新加坡华裔企业家的成长》中写道：移民并不是一个新的课题。但是，将移民与企业家精神联系起来，去认识随着时间的发展移民如何把自己改造为小商人、商人、企业家、实业家的过程却是相当新颖的。他们摆脱了原有的社会经济结构和被堵塞的机遇，得到了新的发展机遇，创造出了新的社会经济结构。[1]

陈国贲和张齐娥所研究的新加坡华裔企业家的成长过程，就是华人企业家从无到有、从小到大的"蝶变"。民族企业和民族企业家的成长不是没有基础的，他们具有一定的民族资源，即显著的文化特征、民族价值观、家庭、社区、社会关系网络等，这些特征和优点使他们在离开家乡之后在迁入地从事一些商业活动和企业经营。[2]

由此，我们类推出，中国少数民族移民在城市中要转变或创建本民族的经济文化类型。民族企业是一个社会组织形式，是转变或创建本民族经济文化类型的社会基础，没有这个结构性的实体作为依托，新的经济文化类型将无立足之地。在民族企业这个实实在在的社会组织中，企业家可以运用本民族自身显著的文化特征、民族价值观、家庭、社区、社会关系网络等民族资源，获得创业资本、廉价劳动力、商业信用等，谋求企业的创立和发展。进一步来看，一个民族的城市移民在转变或创建本民族经济文

[1] 参见陈国贲、张齐娥：《出路——新加坡华裔企业家的成长》，中国社会科学出版社1996年版，第386～387页。

[2] Aldrich, Howard & Roger Waldinger, "Ethnicity and Entrepreneurship", in Annual Review of Sociology, Vol. 16. 1990. pp. 111－135.

化类型的过程中，其民族企业的数量、经济实力和行业集中度等毫无疑问是转变或创建本民族经济文化类型的硬指标。相应地，其企业家的素质、数量、魄力、经济实力和社会影响力等，也是转变或创建本民族经济文化类型的关键因素。反过来看，如果一个民族的移民在城市中分散在各个行业中只是充当一般的劳工，没有创建起自己的民族企业，也没有出现本民族的企业家，这个民族在城市中又如何转变或创建本民族的经济文化类型呢？可惜的是，我们在本次调查中还没有形成这个清晰的思路，未开展系统的专题调研。因此，我们只能通过相关的调查数据和案例，推导一个民族经济文化类型的转变或创建的可能性。

（三）所在城市的经济社会文化环境

比如，所在城市的经济结构和行业发展状况是移民能否在经济文化类型上实现转变的基础，因为这与移民的就业和创业有直接关系。如果移民在该城市都没有什么就业和创业的机会，又何谈经济文化类型的转变呢？

我们的调查表明，在6个民族中，朝鲜族、蒙古族、白族和回族等4个民族获得目前工作的首要途径是“自己应聘”（48.1%～60%），而彝族和傣族的受访者获得目前工作的首要途径是“朋友同事介绍”（26.7%～36.1%）。

（四）政府的政策和制度因素

中国是政府主导型的国家，国家和地方的有关政策，如人口迁移政策、户籍管理制度、产业结构调整政策等，都会对城市少数民族移民经济文化类型的转变产生影响。在影响经济文化类型的因素中，这类因素是来自政府层面的外部约束性因素。

四、城市移民的经济文化类型：从“原生态型”到“市场型”

我国少数民族的自身发展本来就比较滞后，所以他们迁移到城市之后虽然出现了新的经济文化类型，但是严格来说，其经济文化类型的转变目前只是一种雏形，即还没有完全成型。在我们调查的几个少数民族中，比较明显地出现了经济文化类型从“原生态型”到“市场型”转变的有：青岛市朝鲜族移民的“依附—移植式”经济文化类型，呼和浩特市蒙古族移民的“创新—移植式”经济文化类型，昆明市会泽回族移民的“半自创半融入型”经济文化类型，深圳市和昆明市一些少数民族移民的“融入型”经济文化类型等。

（一）青岛市朝鲜族移民的“依附—移植式”经济文化类型

据调查，目前已有8 000多家韩国企业在青岛投资发展，近10万名韩国人长期工作、生活在青岛，青岛已成为韩国在中国投资最多的城市，同时也是韩国人居住最集中的中国城市。韩国是青岛最重要的经贸合作伙伴之一。因此，也有12万朝鲜族人从东北地区（以吉林延吉为主）迁移到这里的韩国企业中工作。我们的调查显示：朝鲜族受访者主要分布在“生产制造业”（23.5%）、“饮食服务业”（15.3%）和“商业贸易”（14.1%）等三大类行业中，就业范围广泛。青岛的朝鲜族是依附韩国企业在青岛投资而迁移到青岛来的，也主要是依托韩国企业而生存和发展的。

我们不能用二分法来看待青岛朝鲜族经济文化类型的转变。从朝鲜族与韩国企业的关系来看，他们的经济文化类型是依附式的；但是，从朝鲜族与当地政府和居民等的关系来看，他们的经济文化类型又是移植式的。因此，从发生学角度看，青岛市朝鲜族移民的经济文化类型可能是“依附—移植式”的。在青岛市，从政府政策、就业和经营、学校教育、宗教生活、居民社区社会、语言与传统文化传承等各个方面来看，朝鲜族在经济文化类型上虽然出现了新的雏形——“依附—移植式”经济文化类型，但目前还不能完全断言其真正的内容和形式。其中，最为根本的是，青岛的朝鲜族人绝大多数是韩国企业的职业经理人或普通员工，还没有出现大批的朝鲜族民族企业和民族企业家。又比如，在宗教方面，青岛朝鲜族只是韩国基督教组织的代言人或代理人，还没有形成自己独立运行的基督教组织。换言之，其实力和社会组织基础还不够强大，还不足以形成具有本民族特色的、新型的经济文化类型。

（二）呼和浩特市蒙古族移民的“创新—移植式”经济文化类型

近年来，呼和浩特不但借助得天独厚的天然牧场使乳业发展迅速，成为闻名遐迩的“乳都”。随着城市经济和城市建设的快速发展，有着鲜明特色的旅游业也快速增长，市区内餐饮场所众多（其中，有几条蒙餐街），蒙古族特色的商业和服务业的发展也非常迅猛，蒙古族工艺品店和草原土特产品店星罗棋布。由此，我们大约可以看到，在被誉为“青城”的呼和浩特，蒙古族移民正在逐渐地将草原上具有蒙古族特色的文化移植出来，并试图在现代城市中使蒙古族的物质和非物质文化资源商品化和市场化，建立起一种符合现代都市需求的蒙古族经济文化类型。比如，蒙古族的饮食与草原的生态环境、物产资源、文化特点、宗教信仰和生活习惯等有关。蒙古族经济文化类型从“原生态型”向“市场型”的转变，其推动力来自各级政府、企业家和消费者等。

呼和浩特市蒙古族的这种“移植式”经济文化类型的转变是否成功，主要看各级政府、企业家和消费者等的推动力是否强劲，看在迁移的过程中这种转型是否具有很好地符合市场需求的创新性，以及这个转变不会导致当地社会文化的抵触。因为，蒙古族的迁移虽然是从牧区到市区，两者虽然有差别，但是无论是牧区还是市区，都是蒙古族自己的文化地盘，两者不存在明显的文化差异。这样，在蒙古族迁移到城市的过程中，自然地就会把牧区和市区联系起来，即蒙古族经济文化类型在“移植”中，会将移民的来源地和流入地联系起来。

只有移植，没有创新，其经济文化类型必定难以发展。蒙古族离开牧场来到城市中，创新性地建立商业化的饮食服务、民族工艺品商贸等经济活动，蒙古族正在形成一套新的经济文化类型的雏形。呼和浩特市蒙古族移民“草原产品都市化和市场化”的经济文化类型是“创新—移植式”的。蒙古族移民在呼和浩特正在形成相对集中的经营聚集区。蒙古族的民族企业和民族企业家在城市经济中正在创建一种外向型的经济模式：一头是草原和牧场，另一头是外部更大的中国和国际市场。他们在社会文化生活方面，一方面具有相对的封闭性和自己的独立发展空间，另一方面又表现为具有一定的兼容性，成为迁出地与迁入地之间、城市与乡村之间、传统与现代之间，甚至是城市与城市之间的“联结体”。二分法在他们的身上越来越不适用，他们在经济、社会身份、文化认同等方面具有多重性。

（三）昆明市会泽回族移民的“半自创半融入型”经济文化类型

在昆明，有一个从会泽县新街乡迁来的回族群体，总人口 1 万多人，他们设立了 9 个养奶牛的基地，掌握着昆明 90% 的清真牛羊肉市场。其中，最大的两家回族企业分别由穆盛达和穆宏达掌控。2007 年 12 月 28 日上午，我们访问了穆宏达先生。他的企业掌握了昆明 60% ~70% 的屠宰牛交易市场。可见，在经济活动方面，回族移民在昆明市强占或创立了大部分的活牛羊交易和屠宰、牛羊肉市场等。故我们称其为“半自创”的经济活动。

他们虽然在城市经济中创建了自己的外向型经济模式，但是，在社会文化方面，他们使用汉语和汉字，存在着逐渐被居住城市主流文化同化的可能性，而且个别领头人物还是共产党员。如穆宏达的公司还建立了党支部，以加强党的领域。但是，由于他们是穆斯林，有自己的宗教信仰，有权保留自己的宗教信仰自由和参加宗教活动的权利，他们不可能被完全同化。因此，我们称其为“半融入”的社会文化生活。总之，昆明市回族移民“清真式”的经济文化类型是“半自创半融入型”的。

在昆明市，傣族和白族也在试图发展有本民族特色的餐饮业、民族歌舞、民族工艺和服饰等，这两个民族的经济文化类型在城市市场上的转型可能也是“半自创半融入型”的，但是，其自创的程度低于回族，而融入的程度高于回族。

（四）深圳市和昆明市一些少数民族移民的“融入型”经济文化类型

我们的调查还显示，在深圳市各个企业中就业的苗族、侗族、瑶族等，在昆明市就业的彝族、壮族、白族等，这些少数民族由于人口数量少、从事的行业不集中、居住分散等，没有形成自己强大的聚居区和经济交往圈，因此，其自身的民族或地域传统文化特征不显著，他们中很大一部分人有可能逐渐融入城市的主流经济体系之中，并为城市原有的社会文化系统所同化。

五、小　　结

“经济文化类型”变迁问题尚待进一步的探究。在上述的四种大类型中，我们从发生学的角度，简要地概述和分析了个别少数民族移民在城市中“经济文化类型”的转变。每一种类型之下可能划分出各种更细的小类型，或者还可能划分出其他组合的经济文化类型。这只是一种大胆的初步尝试，更为深入的探讨还要接着做下去。比如，城市少数民族移民的“碎片化”与“经济文化类型”有什么关系，他们的“经济文化类型”与来源地、迁入地分别有什么关系，他们的“原生态型”元素还剩多少，他们的“市场型”转变与原有经济文化有多大的关系，等等，都需要进一步的探究。一方面，经济文化类型的变迁是一个连续的过程。伍兹曾指出，变迁孕育变迁（change breeds change）。[1] 经济文化类型中某个部分（如生计方式、经济环境等）的变化必然引起其他部分的相应变化。[2] 一旦一个民族原有的经济生产体系、生计方式发生了改变，必将导致其相应的新的经济文化类型的形成。

在此，要强调的是少数民族的企业和企业家在形成本民族的经济文化

---

❶ ［美］克莱德·伍兹：《文化变迁》，施惟达译，云南教育出版社 1989 年版，第 41 页。

❷ ［美］科塔克：《文化人类学》，徐雨村译，麦格罗希尔出版社 2005 年版，第 84 页。

类型中的地位和作用。一个民族只有拥有一定数量的企业和企业家，才有可能在一些行业具有相当的实力，[1] 即形成本民族的产业聚集和民族经济，也才有可能形成本民族的经济文化类型。简言之，民族企业和民族企业家是形成本民族的经济文化类型最重要的经济基础。在“经济文化类型”的各个方面的变迁中，民族企业和民族企业家的出现是最值得关注的方面。

---

[1] 比如，纽约唐人街的大巴生意，显示了华人超越族群走向主流经济的过程。参见龙登高：《跨越市场的障碍：海外华商在国家、制度与文化之间》，科学出版社 2007 年版，第 57 ~ 78 页。

人类学影片的新特征：从影像化到学术化的再回归

邓卫荣

（中国社会科学院民族学与人类学研究所）

影视人类学（visual anthropology）作为一门交叉性学科，它是关于影像（视觉）手段与人类学研究互动关系的一门学科。结合史前文明和现代日新月异的视觉媒体世界，广义的影视（视觉）人类学研究范围应该包括：（1）图片、建筑、服饰、绘画、书法、影视等所有视觉表达领域，以及不同文化的视觉认知方式。持这一主张的学者有邓启耀、王海龙、鲍江等。（2）人类学影片的制作和影视表现规律。张江华、陈景源等大部分学者认同。（3）对视觉、影像资料的人类学分析。邓卫荣、刘静等认为对影像资料包括故事片等资料的人类学分析也应该纳入影视人类学研究领域。但是考察影视人类学词汇出现时的背景和学科理论的形成，狭义的影视人类学在《影视人类学概论》一书中认为，“影视人类学是以人类学研究中影视手段的应用方式及其表现形式为研究对象，探讨影视手段在人类文化研究中的功能、性质、应用规律，以及人类学片的特征、分类和制作方法的人类学分支学科”。[1] 而人类学影片主要是指应用影像手段在人类学研究中形成的人类学研究影像文本，人类学片不等同于影视人类学，但它是影视人类学最重要的实践活动和成果。

影视与人类学能结合成为一门学科，很大程度是由两者性质上的吻合而催生的：因为影视拍摄具有现场性，而人类学也是一门现场观察的学科。自摄像、摄影技术诞生以来，人类学就开始运用其进入到研究中。

在影视参与人类学研究以前，文字一直是人类学研究和表达的主要工

---

[1] 参见张江华、李德君、陈景源、杨光海、庞涛主编：《影视人类学概论》，社会科学文献出版社2000年版，第2页。

具。而电影有自己的一套叙述语汇、修辞和方法，有着与文字表达不同的特点，在人类学研究中两者的运用既互相独立，又相互联系、相互补充。简单的说，影像与文字在人类学研究中都是手段，他们之间的关系可以用相交圆表示，关于环境、人，进行时的、过程性的、现场的、全息的信息，影像表现优于文字表现，虽然“具象性很强的影视语言能够体现抽象的人类学分析，甚至具有解释人类文化现象的功能”❶，但研究中的历史考证和论证抽象的部分不是影像能完全表现和擅长表现的，他们各有优、劣势，因此，在人类学研究中要适当选择和运用。

影像与人类学研究的互动关系也经历了三个阶段：（1）影像作为帮助收集资料的人类学辅助工具阶段；（2）影像与人类学研究有机结合阶段；（3）影像与人类学研究相得益彰阶段。在人类学研究中，对影像语言的认识和把握能力、对人类学理论和方法的理解与运用，是造成两者互动不同程度的最主要原因，时间不是划分阶段的简单的线索，因为就是现在的学者，如果影视语言掌握得不好，也处于第一阶段。而19世纪50年代法国学者让·鲁什不仅很好的掌握了影视语言，还激发了影视语言在人类学研究中的“意外”收获，处在第三阶段。

一、历史上具有突破性意义的中外主要人类学影片实践分析

第一阶段：影像作为帮助收集资料的人类学辅助工具阶段

1895年春，对人类学兴致盎然的法国医生费利克斯－路易·勒尼奥（Félix－Louis Regnault）在一次西非民族志陈列展的现场，拍摄了一位制陶罐的沃洛夫妇女。该影片显示了沃洛夫人（Wolof）的制陶方法，即用一种浅的凹形底座，用一只手旋转它，同时用另一只手使底座上的黏土成形。勒尼奥认为，该方法显示出从根本不需任何转盘的制陶，到古代埃及、印度和希腊所用的在原始的水平转盘上制陶之间的过渡形式。他把他的试验整理成文，还从影片中挑出几幅轮廓素描，一同于1895年12月出版。该影片被美国影视人类学家保罗·霍金斯（Paul Hocking）认为是世界“第一部民族志电影”❷。勒尼奥主张将电影作为一种科学研究工具，一个类似于显微镜的观察工具，他坚信人类学家借助影片可以进行科学研

❶ 张辉：《用视听语言来揭示人类文化现象》，载《民族研究》2004年第4期。

❷ Emile De Brigard：TheHistory of Ethnographic Film，in Principles of Visual Anthropology，ed. PaulHocking，Walter de Gruyter&co，D－10785Berlin，1995.

究，并提出建立“正在消逝的人”的电影、录像档案或博物馆。初期的人类学家眼中，摄影机仅仅是一个记录文化的“人类学实验室”中的工具，影像是一种用于弥补文字无法及时、准确记录和保存“正在消逝世界”的手段。[1]在这个阶段，电影主要的功能还不能成为一种相对独立的研究工具，人类学家们留下的都是未经剪辑的影片素材（footage）。

中国最早将影视这一新的技术手段应用于中国的田野调查实践中的是民族学家凌纯声。凌纯声早年留学法国，师从法国社会年刊派的代表人物之一的莫斯。1933 年 5 月，中央研究院社会科学研究所研究员凌纯声、助理员丙逸夫和技术员勇士衡，对湘西南的苗、瑶等民族进行了为期 3 个月的考察。在他们的行李中，除了人类学研究的传统工具——纸和笔，还有照相机和电影摄影机，勇士衡专门负责照相和电影的拍摄。凌纯声等学者认为：“科学的目的在于求真，欲知苗族生活之真相，非借标本影片不足以表显。多方采购标本，及摄制影片，正所以求其真，而保存其文化之特质也。”[2]

对现在的大多数学者而言，由于没有掌握影视语言的表达方法，也还处于这一阶段。仪式和节日是人类学研究的主要传统内容，人类学影片一直也主要以拍仪式和节日为主。在人类学研究中，这样的纪录虽然只是资料，但仍旧是非常有意义的。

第二阶段：影像与人类学研究有机结合阶段

真正把电影作为一种研究手段而不仅仅是纪录工具应用到人类学田野工作中的，是格雷戈里·贝特森（Gregory Bateson）和玛格丽特·米德（Margaret Mead，1901—1978），他们成功地将电影和照片有机地运用到了人类学研究之中，对影视人类学的发展做出了重要贡献。

1936 年，贝特森和米德来到南太平洋上的一个岛屿——巴厘岛一起从事研究工作，他们的研究重点是文化与个人的关系。除了用文字记录下田野笔记，他们还“用摄影手段来弥补早期各自工作中的不足，例如生动的可视性图像可以使贝特森非人格化的抽象分析更加丰满；再比如纪实性的纪录片可以使米德对人类行为的广泛描写更加生动和深刻”[3]。巴厘的田野调查中，两位人类学家一共拍摄了 25 000 幅照片，22 000 英尺 16 毫米胶片。1942 年，他们发表了此次田野调查的成果《巴厘人的性格：一个照片

---

[1] 雷亮中：《人类学的影视表现：从保存到展现》，载《广西民族研究》2002 年第 4 期，第 17 页。

[2] 《中央研究院致石青阳签函》，中央研究院档案。

[3] ［美］卡尔·海德：《影视民族学》，田广、王红译，北京中央民族学院出版社 1989 年版，第 60 页。

的分析》（*Balinese Character*：*A Photographic Analysis*），书中包括了 100 个彩图插页，上面有 759 张照片，与相关主题相配地并列着，和文字一起成为研究成果的一部分。电影素材最后被剪成了《巴厘跳神与舞蹈》（*Trance and Dance in Bali*）、《巴厘与新几内亚的儿童竞争》（*Childhood Rivalry in Bali and New Guinea*）、《一个巴厘人的家庭》（*A Balinese Family*）、《一个新几内亚婴儿的出生》（*First Days in the Life of a New Guinea Baby*）等 6 部影片，并于 1950 年发行。这些影片不是简单地用影像把文字内容表现出来，事实上，它们表达了很多文字无法承载的内容，是研究成果中不可缺少的一个部分（不仅是形式上，更是内容上）。比如影片《卡贝的幼年》（*Karba's First Years*）纵向地研究了一个叫卡贝的小男孩从 7 个月一直到 3 岁的成长过程，通过这个例子，他们研究了儿童早期成长的几个关键发育期。贝特森和米德有意识地把电影用于人类学研究，用电影来表现形象化的运动，并从整体上表现复杂的场景间各种相互关系，这种运动和关系在电影中比在纯文字中要好表现得多。这样，他们对电影的运用就成了人类学的一个组成部分，与文字处于并列重要的地位，并弥补了文字材料的不足。

中华人民共和国成立后，随着少数民族地区社会改造运动的开展，社会形态的急遽变更，如何尽可能记录并保存各民族传统文化的原貌，满足当时政治需要，促使一批民族学家（人类学家）与影视工作者走到一起，承担起用电影技术参与民族调查，收集形象化资料的任务。这一在“抢救落后”的指示和口号下发起的拍摄工作从 1957 年一直持续到 1977 年左右。这期间共拍摄了 22 部被称为“少数民族社会历史科学纪录片”的影视作品。其中，按内容和性质可分为三类：第一类是以民族为单位，反映少数民族社会形态的综合性影视片，如《苦聪人》；第二类是反映家庭和婚姻形态的专题片，如《永宁纳西族的阿注婚姻》；第三类是反映少数民族文化艺术方面的专题片，如《苗族的工艺美术》。当时人类学影片制作原则经集体讨论定位如下：第一，少数民族科学纪录片的摄制是社会科学研究的一项重要任务，要与科学研究紧密结合；第二，要在深入调查研究的基础上，把拍摄重点放在即将消失或止在变化着的传统社会和文化方面，综合系统地记录下有关民族的经济结构、生产力和生产关系、政治组织与制度以及生活习俗、婚姻家庭、宗教信仰、文化艺术等面貌；第三，强调纪实性和科学性，要求电影艺术服从科学研究的要求，服从科学记录的真实性。[1] 我们可以看出这批人类学影片的制作处于第一和第二阶段的过渡，

---

[1] 雷亮中：《人类学的影视表现：从保存到展现》，载《广西民族研究》2002 年第 4 期。

影像主要还是作为人类学调查的纪录辅助工具，但可贵的是，影片的制作都有较为充分的人类学田野调查为前提，由人类学者写出拍摄脚本进行拍摄。据参加过《永宁纳西族的阿注婚姻》和《丽江纳西族的文化艺术》两部影片拍摄工作的詹承绪回忆，在拍摄《永宁纳西族的阿注婚姻》之前，学者们开展了大量的田野工作，“直接参加调查者即有 6 人，其他 5 位调查时间平均达半年之久，本人足足待了 11 个月。普查了 6 个乡中保存此种婚姻的近 400 个家庭，逐个访问了 1 700 多名 18 岁以上成年男女的婚姻状况，并作了详细记录。我们跑遍了大小村寨，深入到上百户家庭中去做客，仔细观察了他们实行阿注婚姻中的时间、环境和许多细微末节。”❶ 在田野调查的基础上，民族学工作者写出拍摄提纲或者脚本。根据这个提纲或者脚本，电影厂编导到实地采访，写出分镜头剧本和解说词，然后进入实际拍摄阶段。

在摄制组的构成上，“由电影厂派出拍摄人员及所需的器材设备；专业学术机构派出少量人在拍摄现场起着学术指导作用，以确保拍摄的科学性；当地县政府也派员，于现场起着保证拍摄工作的行政作用”❷。人类学家直接参与拍摄，确保了影片的科学性，使这批影片的人类学特性非常显著。

尽管有“论文化”表述的僵化特征，但目的性很明确，服务于科学研究、与研究初步有机结合是它的价值，它的学术价值依旧是大多数类似题材纪录片无法比拟的。

第三阶段：影像与人类学研究相得益彰阶段

人类学影片充分发挥影像独立性与能动性，注重影像与学术研究的互动与互趣，是人类学影片逐渐走向成熟的阶段。

这一阶段最早的作品应该算 1922 年罗伯特·弗拉哈迪（Robert Flaherty，1884—1951）拍摄放映的《北方的纳努克》（*Nanook of the North*），这部反映加拿大爱斯基摩人生活的影片获得了巨大成功，不仅受到了观众和评论家的赞美，也得到了学术界的认同，被认为是人类学电影的鼻祖。首先，这部影片是在爱斯基摩人的全面协作下完成的，弗拉哈迪将这一点视为他工作方法的核心。弗拉哈迪也极为看重爱斯基摩人的意见，在这里影像发挥了介入和帮助对拍摄对象的了解的作用。“每拍一组镜头就让他们看一

---

❶ 詹承绪：《深人调查研究是拍好人类学影视片的重要保证》，载《民族研究》1996 年第 2 期。

❷ 蔡家麒：《中国影视人类学 40 年回顾》，载《云南民族学院学报》（哲学社会科学版）1997 年第 4 期。

看，如果不满意，或者希望从不同的角度和距离重拍的话，就再拍一次。"[1] 影片制作完成后，爱斯基摩人也成为了第一批观众。在影像的帮助下，这种和当地人合作和分享的观点一直贯穿了弗拉哈迪以后的创作。另外，在以往的此类影片中，拍摄对象的面孔都是模糊的，拍摄者关注的是一种风俗或者一种工艺，只有群体，没有个体。弗拉哈迪突破了这种局限，他选择了一个具体的人——纳努克来担当影片的主角，这样的发挥影视叙述优势的方式不但没有减弱影片中的人类学信息，而且通过个体的具体生活，实现了在一个完整的结构中囊括一种文化的多个方面，并探索了它们之间的关系。这种类似于戏剧（或者故事片）的结构也更能吸引非专业的人类学影片观众。

苏联纪录片导演维尔托夫把摄影机比作人的眼睛，并且认为摄影机比人的眼睛更真实可信，主张带着摄影机深入被摄对象的世界摄取不同角度的真实生活。维尔托夫的代表作《持摄像机的人》（*The Man With the Movie Camera*，1929）是这一理论的集中体现。它没有剧本，没有布景，没有字幕，是对"电影眼"人工作方式的一次示范。影片从持摄像机的人拿着摄像机走出门口开始，讲述了通过电影眼睛即摄影机来记录现实社会的过程。记录的内容从城市的黎明、劳动人民白天的辛勤工作到人民工作后的休息与艺术实践。影片表面上是"电影眼"看到的内容——人民平凡生活的城市交响曲，而后面却讲述着"电影眼"如何记录生活，强调摄影机逐渐独立，甚至从人的控制中解放出来的实践。

维尔托夫的"电影眼"理论不仅影响了电影创作者，也影响了将影像用作研究工具的学者。20 世纪 50 年代早期，深受维尔托夫影响的法国人让·鲁什到非洲的法属殖民地拍摄了一些记录原住民生活的影片。鲁什严格按照"电影眼"的观念进行实践，这些影片无搬演、无导演、无剪辑（更准确地说应称作无操纵剪辑），以影像之独立精神便尽可能真实地纪录生活。但从 60 年代早期开始，他逐渐放弃了纯粹的维尔托夫形式，开始干预拍摄的场面，注重剪辑过程。弗拉哈迪在《北方的纳努克》中运用的"参与摄像机"（participant camera）、"反馈"（feedback）的思路给了他很大的启发。鲁什在这方面的代表作是《夏日纪事》（*Chronicle of a Summer*，1961），影片记录了法属殖民地阿尔及利亚人民争取民族独立战争一事，事件通过法国巴黎居民一天的日常生活和他们对阿尔及利亚战争的想法和

---

[1] ［美］埃里克·巴尔诺：《世界纪录电影史》，张德魁、冷铁铮译，北京中国电影出版社 1992 年版，第 33 页。

态度反映出来。这部影片表现手法新颖，拍摄者直接“介入”，与拍摄对象一起讨论问题，并将拍摄内容回放给拍摄对象，听取他们的反馈意见，而且这一部分也被拍摄下来，构成了影片的第二部分。鲁什确信电影的干预性具有“揭示我们所有人的虚构部分的能力，尽管很多人对此表示怀疑，但对我而言这正是一个人的最真实的部分”。摄影机能够刺激人们展现他们自己的虚构面貌，以及他们作为想象、幻想和神话的创造物的能力。在鲁什看来，《夏日纪事》绝不仅仅是一部纪录片，因为影片中的人们都被激发表现出了他们的虚构部分；同时，它又绝不是一部故事片，因为它所展现的虚构部分都是真实的。为了给观众一种导演绝非旁观者的印象，导演也可以介入拍摄过程，参与其所记录的事件或加以评论。

让·鲁什真实电影的创作思路，为进一步挖掘影片作为一种研究方法对人类学研究的介入、干预作了有益的探索。

人类学家罗宾森（Soctt S. Robinson）博士和学生用人类学影片记录墨西哥南部一个大型水利工程时，从影片制作到提出主张，实现了参与观察结合影视记录并最终达成社区与人事之主张，体现了应用人类学的原则。

庄孔韶教授拍摄的影片《虎日》，它的人类学意义在于提出并解决了一个更深层面的问题：影视人类学片在学术研究领域之外能否具有社会应用价值？1999 年，庄孔韶教授发现云南省宁蒗县跑马坪彝族嘉日家族利用家支民间仪式进行戒毒，由此开始介入公共卫生领域的人类学研究，这也是中国影视人类学首次成功参与到公共卫生实践领域的范例。在《虎日》的课题中，庄孔韶教授从学理性的仪式研究出发，通过人类学影视作品展示了民间仪式在戒毒工作中的作用。这是影视人类学的一项应用性成果，证明在科学的方法论之外，人类有可能以文化的力量、精神层面的办法作用于原本用医疗科技解决问题的领域。❶ 由于传统人类学研究对象大都地处“蛮荒”，许多研究对象没有自己的书写符号。因此，影视手段这种形象化的直观语言在人类学中作为文化展现的手段，不仅可以在人类学者与观看者之间建立一种直接的交流，其优势还在于能够跨越不同族群间语言和文字差异，将人类学知识反馈到那些“目不认丁”的研究对象中去，以实现“分享”的人类学理念。❷ “虎日仪式”场景中具有的文化空间使他

---

❶ 庄孔韶、杨洪林、富晓星：《小凉山彝族“虎日”民间戒毒行动和人类学的应用实践》，载《广西民族学院学报》2005 年第 2 期。

❷ 转引自［意］保罗·基奥齐：《民族志电影的起源》，载《影视人类学论文、译文和资料选编》，中国广播出版社 1995 年版，第 230 ~ 231 页。

们意识到，古老的习惯法和仪式唤起的族群力量仍是可以启用的重要文化资本。古老仪式从而重新点燃了意义之火。

人类学影片在教育、旅游、区域经济发展等方面都进行了有益的应用研究尝试。人类学影片亦可在营造社区文化、发展社区教育、参与公共事务等方面产生独特影响，从而增强社区内部团结、提高社区意识、公民意识、民主涵养；公共外交方面，人类学影片也具有不容置疑的说服力和影响力。

国内影视人类学学者郝跃骏也特别强调，“把人类学电影当成书面人类学的简单重复和翻版，视觉人类学学科的存在就将毫无意义”❶。遵循影视规律，发挥影视特长，展现它的美感和艺术性，发挥它对生活的介入、它的社会应用性等，这些都可以使其在人类学的研究中与人类学相得益彰。

二、近三十年中国人类学影片之实践

“文革”结束后，改革开放使人类学片的拍摄活动具有广泛的社会参与性特点，不仅是科研机构，高等院校、影视传媒和音像企业、个人等都加入到了人类学片的拍摄活动中。拍摄的题材也从关注社会整体综合性题材转向关注个体行为、心理以及大社会族群文化变迁关系等转变，从边缘社区到边缘与主流社区甚至都市社会转向。拍摄手法出现多样化、个人化风格。叙述风格，从如实记录的叙述电影到观察电影、直接电影、真实电影、个人反思式等多元风格转化。❷ 据不完全统计，这三十年来拍摄的人类学影片千余来部。但在这纷繁的表象下，什么才是人类学影片的真正内核？什么是它区别于纪录片的地方？本文认为，有必要对人类学的学科特点进行重新的认识。

（一）人类学学科的双重属性：既有人文性、又有社会科学性，是人文性和社会科学性高度结合的学科

根据我国现行的学术体制和学科分类，我们习惯于把所有的学科分为人文社会科学（文科）与自然科学（理工科）两大类，人文社会科学是人文学科和社会科学的总称。从某种意义上说，人文是与科学相对的东西。

---

❶ 参见郝跃骏：《人类学电影的信息传递方式》，载《西南民族大学学报》2004 年第 1 期。

❷ 陈景源、雷亮中：《中国影视人类学的历程》，收录于《文化之眸：国际人类学与民族学联合会第十六届大会影展》，云南大学出版社 2009 年版。

从西方古典时代以来，“humanities”主要包括哲学、史学、语言文学、艺术，等等，《简明不列颠百科全书》中文版将它翻译为“人文学科”而不是“人文科学”是较准确的。人文学科和社会科学是具有不同侧重点的，一般认为，人文学科，是以人类的精神世界及其沉淀的精神文化为对象的学科。社会科学则是一种以人类社会为研究对象的科学。人文学科主要研究人的观念、精神、情感和价值，即人的主观精神世界及其所积淀下来的精神文化，社会科学更多地则是研究客观的人类社会。前者常用意义分析和解释学的方法研究微观领域的精神文化现象，其涵覆的科学包括文、史、哲及其衍生出来的美学、宗教学、伦理学、文化学、艺术学等；后者则侧重于运用实证的方法来研究宏观的社会现象，其涵属的科学主要有经济学、社会学、政治学、法学等。然而，由于“人”与“社会”在本质上的一致性和不可分割性，也即瑞士学者让·皮亚杰所说的，尽管在理论上可以将人文学科与社会科学区别开来，而在实际中，“不可能对它们作出任何本质上的分别”，所谓的社会现象，主要“取决于人的一切特征”，而人文学科在这方面或那方面又都是社会性的，因而在实际生活中，人们往往是将它们作为一个整体加以讨论的。❶

从以上论述看，人类学是典型的人文社会科学，它具有人文和社会科学的双重属性。它既重视研究人的观念、精神、情感和价值，即人的主观精神世界及其所积淀下来的精神文化的解释性研究，也重视对社会现象的实证研究，前部分偏文化学，后部分偏社会学。

理解人类学以上的双重属性，对同样出于学术目的的人类学影片的制作却出现了两种不同的方向就不足为奇了。以下专门阐述。

（二）两种不同方向的实验

1. 人类学影片的“去文学化”、“去少数民族化”实验

由于影视这一学科更多的属于人文性的，因此影视片不管是纪实的还是虚构的，大多是表达一种人文关怀，表达关于生存意义的追问。而在2001年，由CCTV和阳光卫视联合制作《点击黄河》系列片的时候，总策划尹吉男老师特别谈到，关于黄河，所有的艺术作品感情的宣泄都已经足够了，很难再有新意，我们应该以问题意识关注黄河沿岸民众及他们的生计、生活、文化的现代化过程的变迁，作一组人类学、社会学意义上的片子。通常的人类学影片都是着眼于一个少数民族、一个小族群，或者一个

---

❶ http：//baike. baidu. com/view/1381144. htm.

小社区，集中描述人类学家关注的一个方面，内容集中，让人类学家能够在有限的篇幅内对某种文化进行“深描”——对于一部人类学影片，“深描”往往比“泛泛而谈”更有价值。但是，对于中华民族，一部人类学影片是很难全面地展现一个民族的生存和发展状态，多方面、多层次地展现是一种有效的策略，也是具有人类学价值的。面对时代的急剧变迁，中华民族的每个群体都承载着从传统走向现代的喜悦与痛苦，系列片《点击黄河》的每一集都选择了不同的文化族群，考察了此种文化中某最典型的方面，而这些独立的影片又分别成为一个整体的各个侧面，在同样的历史背景下，构建出中华民族当下的文化图景。也许由于尹吉男老师是中央美院人文学院院长的缘故，他就特别有意回避影片人文性、文学性的表达，特别强调影片的学术表达，认为可以实证的部分的内容才是真正具有学术价值的东西。他特别举一个例子，比如让你去电影院找一个人，描述说这个人个子很高，高是个人的感觉，人文性的，信息不准确，如果说这个人一米九，那就是实证的，容易准确找到这个人。因此他谈到影片要追求学术化，片名也一改惯常，要“去文学化”。每集影片都是以调查或反映的主题为主，例如《点击黄河》之《河曲民间娱乐篇》，考察山西河曲的民间娱乐方式的演变；《点击黄河》之《天尽头信息篇》，考察最偏僻的地方天尽头那里关于外界信息的获得及途径，等等。

《点击黄河》系列片突出的是人类学社会科学属性方面的内容，较回避人文方面的内容，这是尹老师认为人类学影片区别于一般纪录片最重要的方面。由于编导的人类学学术方法和素养不是几天几个月就能掌握的，在这一局限下，该系列片人类学信息的表达不是很到位、很理想，但关于人类学影片学术性的思考是很有实践价值的。

之后，“去少数民族化”的实践有中国社科院民族学所影视人类学室邓卫荣、陈景源制作的影片《械斗中的权威与社会控制观察》、张小敏制作的影片《国学在北京的传播——我爱太极》，这些影片就不是以少数民族文化特征为主，而是以关注和思考的主题为主。如果题材上有意地“去少数民族化”，某种程度上是一种自卑的表现，试图要证明什么，但不唯少数民族题材，根据主题为主，是另一种学术自觉的表现。

2.“不浪费的人类学”主张

庄孔韶老师的“不浪费的人类学”理论，强调人类学研究中的感受的整体性。他认为人类学的特有之处是发掘带有文化底色的人类本性和一个社会独有的组织形式及行事方式。发掘带有文化底色的人类本性也就是刚才我们论述的人类学的人文性，一个社会独有的组织形式及行事方式是人类学社会科学性的部分。庄孔韶老师认为，人们发现那些情感、象征、隐喻、直觉、信仰、认同等人类特性并不能完全由科学所解释。因此，人类学前辈们一直在探索着各种表达的可能性，诸如小说、自传、诗歌等表现形式都发挥着各自优势来表达人类社会丰富的文化形式。其中，人类学家发现可以透过镜头所建构的图像寻求对文化的另一种理解方式。同时，不同于文字，影像的描述、分析、交流和解释构成了一种独特的人类学表现方式。文字和影像之间的不可替代性，促使我们在对一个调查点的研究基础上同时采取文字和影像手段，建构对于文化的理解的价值。[1]

也由于影视这一学科更多的属于人文性的，人民大学人类学所的庄孔韶老师主张在“不浪费的人类学”原理下，人类学片更多发挥人文方面抒情、个性、感悟等方面的优势。从“不浪费的人类学”角度来说，影视与小说、自传、诗歌等一样，只是丰富了人类学研究中的感受的整体性，笔者并不认为这样的影视内容是人类学影片的内核。比起一贯从事影视制作的电影人，他们制作的人文性的影片已非常成熟，从“不浪费的人类学”拍摄的影片效果看，很多人往往并不能理解其中的人类学含义，却留下影片“抒情的幼稚”和“感慨的矫情”的印象，认为人类学影片还只是初级的纪录片。结合庄老师的背景和他深厚的人类学训练和素养，也许他在人类学的社会科学属性部分能很好地以文字表达，因此就特别强调影视在人类学的人文性部分、文化部分方面作贡献。

（三）人类学影片的内核

虽然人类学电影的表达是一个动态的概念，并不只有一种单一的模式。但抛开我们目前更多谈到的人类学影片发展趋势的多元化、个性化特征，抛开少数民族题材，人类学影片区别于一般纪录片的内核是什么？真实性（非虚构）、纪实性、充分的调查都是人类学影片和纪录片共同的特征。卜道提倡，影视人类学不仅应有以“事实”为依据结构简单、内容直白的民族志影视作品，还应该有以细致观察、深刻体察、感人的情节、细腻表现的作品以及具有分析力的研究性作品等从拍摄手法，到影片的叙述结构，从内容到形式多种类型的影视作品。[2] 我们不排斥、甚至是欢迎影像在人类学人文性部分的不同风格的表现，鼓励它的美感和韵味，但我们人类学影视作品应该更强调“科学性”，一般影视作品包括纪录片则更强

---

❶ 庄孔韶：《“虎日”的人类学发现与实践》，载《广西民族研究》2005年第2期。

❷ 卜道：《台湾的影视人类学》，载《影视人类学国际学术讨论会（北京）论文集》，四川民族出版社1998年版，第138页。

调人文性。人类学影片如何显示它实证部分的科学性？本文就以下两个方面进行论述。

1. 方法

人类学发展历程中，20 世纪 20 年代是一个重要的转折点。英国功能学派大师马林诺斯基和结构功能主义的布朗确立了整体论民族志，从而开创了人类学研究的新时代。这一传统民族志被认为是对具体社会现实的“唯一科学描述”，是“客观”的，是对“科学”的追求。[1] 具体说来，人类学整体论是指把人类及其赖以生存的社会文化当作一个整体来探讨各要素间的关系及互动形式。它主张既要关注共时性（横向）问题，也关注历时性（纵向）问题；既分析生物的、生理的因素，又分析社会的、文化的因素。它认为，每一个文化要素都不是孤立存在的，各种文化现象之间都存在着必然的联系。研究一种人类行为或者一种社会文化现象时，必须把它置于一个更大的社会文化框架中来考察，探讨与之相关联的诸因素，唯独如此，才能对该行为或该现象有全面而深刻的理解和合理的解释，也才能够了解整个文化系统。[2] 同样的整体论原理，不同的人学习和领悟起来效果是不同的，这种体悟和思考力需要多年的人类学的熏陶和浸染，具备如此分析问题的能力后，才能更好的考虑如何进行影像的表现。笔者认为，这是人类学影片的学术性的核心价值所在。

2. 题材

从学术的目的出发，应建立影像丛档案观念并实施之，因此人类学影片不再是简单的做一个片子，而是要建立田野调查点的立体的影像档案，自然包括调查点的方方面面。近些年，人类学影片纪录、关注的领域和题材不断扩大，拍摄题材由传统转向现实，由“抢救记录”转向“记录现实”，以“问题意识”转而关注社会文化变迁、族群和国家认同、民族政策问题、社会组织与社会控制等，研究具有现实意义的课题，欧美尤其对当今世界种种热点问题，比如高科技、战争问题、环境问题和民族问题表现出强烈的关注。但笔者认为，传统人类学题材仍旧是其安身立命之处，不可放弃或忽视，做好仪式、节日等传统题材的拍摄是人类学影片库的底色。

由陈景源、庞涛、邓卫荣共同参与的国情调查项目《民族地区农村纠

---

[1] 雷亮中：《人类学的影视表现：从保存到展现》，载《广西民族研究》2002 年第 4 期。

[2] 盘旋：《人类学视域下的电视纪录片创作》，中央民族大学博士学位论文，2011 年 3 月，第 90 页。

纷解决与秩序重建——以广西融水县永乐乡为个案研究》，完成影片拍摄500分钟，建立了关于调查点的立体影像资料库。题材包括自然环境，生产方式与生产关系，仪式民俗，村民纠纷等。其中村民纠纷拍摄了在村民小组、村民委解决的案例2件（兄弟间宅基地纠纷，影片30分钟）；在司法所调解的案例5件（村民小组出租林地给个体老板合同纠纷，影片32分钟；农户间租甘蔗地合同纠纷，影片37分钟；现场调解两农户间下水道纠纷，影片75分钟；现场调解两村庄地界纠纷，影片90分钟）；在派出所拍摄案例2件（排除学校安全隐患，纠纷隐患调查：其中遣送三无人员，影片30分钟；学校安全检查，影片36分钟）；村民小组、村民委、派出所、法院都涉及的纠纷1例（婚姻纠纷，影片30分钟）。以上基本都属于资料片，但都是非常重要和有价值的。

另外根据一械斗案件编辑出一部影片《械斗中的权威与社会控制观察》（64分钟），影片从一械斗案件的发生，探究村落社会多元权威与社会秩序的关系。这部影片就比较重视影片的结构、编辑等，注重人物情感、故事，该片荣获2010年中国广播电视协会纪录片专业委员会《纪录·中国》银奖，被评委会评论为“带来鲜明的学术创新精神”，这种对纪录片界看来的创新，实际就是我们熟悉的人类学的整体论方法在械斗案件分析中的发挥。片中因为林地纠纷而发生的两个村庄的械斗案件，在老人眼中可能是因为当年土改结下的仇恨，地主后代的报复；而对于大多数村民来说，是否争到纠纷地意味着经济收入的改变和村庄的尊严。影片展现了穿插其中的多元权威：宗族权威、行政权威（包括职能部门、乡镇干部、村干部等）、司法权威、武力权威、长老权威、村头权威、庙神权威，以及这些权威是如何互动并影响社会秩序的。该片突破仅就法律条款谈纠纷的局限，不仅关注纠纷双方是如何运用有利于自己的话语和资源进行博弈的，更注重对纠纷背后社会文化背景和变迁整体的观察，揭示社会秩序重建背后多元的社会力量。片中在考察内生的村规民约对村民仍旧有着重要影响力方面，我们看到互助的乡村生活仍然是村民主要的社会生活，独立的村户是很难生存下去的，这不仅因为集体所有的土地制度，农活也需要大量人力物力，另外单个农户的基本生产、生活（例如耕地不被破坏、自由用水电等）安全保障仍然是很低的，红白喜事更是互助生活中还不清的人情往来。农民更多还是作为村中的一员——“村民”才能很好地生存下去，因此出现本片中村民不想参加械斗又不得不去的现象，没有作为独立公民的自由选择，这是由他们现实的生活决定的，这种村民身份与公民身份的抵牾在该案件中表现得尤为突出。正是重视事件相关因素的关联性，影片专门就有一个段落讲“互助的乡村生活”，拍摄了村民砍甘蔗、建新房之间的互相“背工”（换工），拍摄了白事中的规模等，这种事件不同因素关联性的关照就是人类学整体论方法的运用。与影片资料库同等重要的，课题组写了文字论述报告10万字。

佛教说，不忘“初心”。对于影视人类学来说，就是无论学科如何发展，不要丢掉自己最初的理念，不要丢掉自己的根本——“科学性”。中国著名纪录片人陈邙也说过，我们往往因为走得太远，而忘了最初的方向。

影视人类学学者队伍的真正形成是人类学影片能展现核心竞争力的重要保证。调查研究、拍摄采访、剪辑合成等工作往往均由一人担任，这种人类学者与影视工作者的完全融合，最大限度地避免了原来职业影视工作者与人类学者因关注点、兴趣点、表现点不在同一层面所带来的互相不理解等种种问题，避免了外来人的大量出现对被拍对象的干扰，保证了所拍影片的科学属性及合适的影像表现的完成。

中国社会科学院民族学所影视人类学研究室陈景源、庞涛制作的关于彝族习惯法的影片《祖先留下的规矩》，是一部把学术性和影像结合得较成熟的一部影片，在2009年第十六届世界人类学民族学大会影视展演中获优秀影片大奖。《祖先留下的规矩》关注的是彝族习惯法案例及其独特的实施者“德古”。在与现行国家法律的比较中，“德古”兼有“判案”与“辩护”人的身份，而在实际案件中更主要的是充当调解人进行“说和”。与现行法律不同，彝族习惯法案例不只解决方式不同，而且许多案例形成也极异于其他民族，显示出独特的本民族文化特点。《祖先留下的规矩》就选择了彝族“死给”案来展现其独特的文化特征。在外文化看来：法律、规矩、或是公众道德心理倾向决定了案件胜负，而在彝族以“死给对方”来取得道义上的制高点，进而取得终极胜利。影片显示了作为彝族习惯法，它存在的合理意义，通过德古的反复调停，最后达成矛盾双方关系的满意解决，对双方这是一种可持续发展的关系模式，而不是法院法律解决一般所造成的反目为仇。它是一种文化的解决，成本低廉而有效。

总之，事实上，对电影样式和类型的选择不是随意的，而是拍摄者对人类学原理和影视方法的运用，拍摄者、被拍摄者与摄像机三者的关系，以及机缘（包括经费和与拍摄记录的人物、事件本身的发展）等多种因素互动的结果。

对于经费少、影视技术不熟练的学者来说，能拿起相机、摄像机进行简单纪录拍摄，比如调查点的环境、建筑、家居，日常生活及主要经济生活，节日、仪式以及口述等都可以记录，作为研究资料素材就很好，相当于语言的造句阶段。对于有一定影视经验的学者，在造句的基础上，可以就某一研究主题再做一部影片，把事情阐述清楚，相当于说明文。对于熟练运用影视手段的人类学学者来说，在说明文的基础上表现诗意、韵味，影片就像一篇散文了。

纪录片越来越多的再现拍摄，越来越多的三维、3D 制作，越来越多的制作经费，倒也催生了低成本制作的人类学影片不是靠技术、金钱而是靠思考力的核心竞争力的挖掘。坚持和挖掘人类学影片自己的特色，坚持自己的学术思考和学术表达，随着时间和作品的积累，它定会翻开自己新的篇章。

中央研究院“研究提高民族素质案”之始末*

——兼述中央研究院体质人类学研究所筹备之流产

杜　靖

（中国科学院　古脊椎动物与古人类研究所）

笔者在《1895—1950 年间的中国体质人类学研究与教学活动述略》[1]一文中提到，1943 年蒋介石曾经致电中央研究院院长朱家骅（字骝先）研究提高民族素质一案。由于拙作是对横跨半个世纪之久的中国体质人类学发展状况的回顾，因而当时只对这段案情做了一个简短说明，至于蒋介石在什么情境下饬令中央研究院研究这一问题，及其如何具体开展和结局之命运，皆未曾详细介绍与分析。这一事件直接引发了中央研究院体质人类学研究所的筹备与运作，对于整个中国人类学发展史来说是一桩非常重要的学科公案，甚至在未来也为我们发展中国人类学提供了一个想象空间。故有必要对其详加介绍与分析。

2009 年 10 月 13～17 日，笔者重进中国第二历史档案馆查阅中央研究院的相关档案。又，2010 年 7 月 20～24 日，笔者前往复旦大学档案馆查阅了吴定良的个人专档。本文就是在这两次阅档以及此前工作基础上对以上两事件的说明。具体包括：研究提高民族素质案的原因、具体内容、开展过程、中央研究院体质人类学研究所的筹备情况，以及中央研究院体质人类学研究所筹备处与研究提高民族素质案的关系等。

一、研究提高民族素质案的时代背景

研究提高民族素质案是在特定的历史情境下发生的，具体包括社会政

* 基金项目：第四十五批中国博士后科学基金资助项目“中国古人类学发展史”（项目编号：20090450579）。

治因素和由此引发的学术关怀。

南京沦陷以后，国民政府西迁至重庆。中国中东部地区已不能再作为抗战资源的主要动员地，国民政府不得不倚重西南作为后方。国民党在八届五中全会上提出了边疆施政纲要，其中说："设置边政研究机关，敦请专家，收集资料，研究计划边疆建设问题，以贡献政府参考，并以提倡边疆建设之兴趣。"[2]当时吴文藻就任中国边政学会的理事兼研究主任[2]221。这种情况催生了中国当时的民族学或文化人类学主要从事边政研究，但边政研究主要涉及文化、经济、政治与社会等问题，对于战争所需要的人力资源（兵力）等的研究却并不擅长。随着中央研究院等研究机构的西迁，体质人类学也获得了一个发展的契机。

数年的对日作战，除了少数的如台儿庄战役之胜利外，大部分战役国民政府军都输给了日军，接连丢掉了东北、华北、华东和华中的大片国土。这有可能使得蒋介石认为，中国军人体质不如日军，因而有必要提高或增强中华民族的素质。因而，欲了解中央研究院研究提高民族素质案必须首先放在这一特定历史背景下来理解。

除此以外，似应将这一事件置于近代以来的中国社会转型之大背景下来加以透观。19 世纪中期以来，中国全面遭遇西方文化冲击，在两次中英战争、八国联军入侵和中日战争失败的情况下，使得中国开始思考其中的原因。为了救亡图存，中国在近代开展了洋务运动等实业革命，以及一系列社会政治制度改革。同时，在殖民者对"东亚病夫"的嘲笑声中，一些有志之士开始讨论提高中华民族的素质。如，鲁迅等主张从文化上改造民族素质，去除民族的劣根性。

相应地，在中国自然科学界内部也对民族素质改造进行了大量相关研究。由于本文聚焦于利用档案来复原"中央研究院研究提高民族素质案"和中央研究院体质人类学研究所筹备处的诞生与运作之历史过程，故就自然科学界有关此方面的研究仅举数端于下。

在体质上较早主张改进人种的学者应该是陈映璜。陈氏在 1918 年的《人类学》著作里面就专设一章来讨论"人种之改良问题"[3]。后来，潘光旦（尽管潘主要从事社会科学研究，但早年在德国却有着系统的体质人类学训练）则比较重视生理改良（从遗传和体质等角度）对改造民族素质的意义。他认为，中华民族存在先天不足，在健康方面有"四大病象"，即"体格的柔韧化"、"科学头脑的缺乏"、"组织能力的薄弱"和"自私自利的畸形发展"，要整体改良"民族卫生"，增多民族中的优秀分子，淘汰其不良分子。[4]

在生物学意义上主张改善民族素质的人当属张君俊用功最勤，且最为持久。他自民国八年（1919年）起就着手研究民族体质问题，先后发表了一系列作品。如，《中国民族之改造》（1935年，上海）、《战后应否迁都西安——西北建设与民族改造》（1940年，西安）、《中国建军与学生营养》（1942年，重庆）、《民族素质之改造》（1943年，重庆；1944年，上海）、《华族素质之检讨》（1943年，重庆）、《首都地位与民族再造》（1944年，重庆）、《民族健康与营养环境》（1945年，重庆；1947年，上海）。这些作品大多是抗战期间在重庆印刷的。其基本观点是：任一民族如欲保持其优秀地位，必须注意其生物基础、营养环境、文化环境及地理环境诸条件而予以适当配合。❶

在以上诸背景下，张君俊草拟了一份“增进民族健康计划”呈递给国民党当局，❷ 引起了蒋介石的高度重视。该案的提出，在学术上可谓水到渠成。

二、研究提高民族素质案的具体内容和各相关研究机构对任务的确认

那么，这份“研究提高民族素质案”的具体内容是什么呢？今把蒋介石的电报原文录下：

> 中央研究院朱院长骝先兄勋鉴：查提高民族素质为国家建设之前提。我国民族素质，与并世列强相比较，显形落后，亟应以科学方法做多方面之研究。查民族素质决定之条件，共有四端：一为“生物基础”，包括（子）生物遗传、（丑）血缘与人才之关系、（寅）望族家谱之分析、（卯）人类选种之方法等；二为“营养环境”，包括（子）各地膳食之调查、（丑）各地食物及水土之化验、（寅）维他命B与民族智力、（卯）钙质与民族身长体重等；三为“文化环境”，包括（子）文化与民族素质之关系、（丑）中国文化如何影响民族素质、（寅）何种文化最利于民族素质之改进等；四为“地理环境”，包括（子）民族素质与地理环境之关系、（丑）南北地理环境优劣之研究、（寅）如何作地理环

---

❶ 中华民国教育部：《民族体质改进研究会议记录》，1944年（档案编号：中国历史第二档案馆393.2124）。

❷ 中华民国教育部：《民族体质改进研究会议记录》，1944年（档案编号：中国历史第二档案馆393.2124）。

境之调整等。以上各项问题，皆应即交有关各学术机关，如，中央研究院之动植物研究所、历史语言社会科学研究所、中英庚款会之中国地理研究所，及中国科学社之生物研究所等，分别注重民族改造之有关题材，从事研究，以资改进。除营养问题另交卫生署研究外，希即分别转知各该机关照办为要。中正午元侯秘。

中华民国三十二年七月十三日❶

这份电报由国民政府军事委员会代电。标点即由本文作者据原电报稿句读推敲而添加。显然，在蒋介石眼里，当年的民族素质问题涉及了生物基础、营养环境、文化环境和地理环境四个方面的问题。还可以进一步概括为两个维度，即自然因素和社会文化因素。但这里的“素质”主要指的是“体质”。中央研究院历史语言研究所（简称史语所，以下同）解释为：“素质者，即由父母血统遗传之特性，俗所谓禀赋是也。素质之为善为恶犹自见先天者居多，其受文化环境与教育之影响者甚少。”❷

蒋介石的电令下达以后，在具体分工上如何呢？

1929年叶企孙成为清华大学的核心领导人物之一，以后曾以校务委员会主席和代校长名义主持过校务。抗战爆发后，他在西南联大任教。1941年9月至1943年8月，叶企孙赴重庆任中央研究院总干事。蒋介石的这份来电先由叶企孙看过，当时由沙孟海（1941年6月在重庆经陈布雷推荐，在蒋介石侍从室二处任职，从事应酬笔墨文字）处转达代电。叶企孙于1943年7月22日在给沙孟海的回函中说：“（除）五个研究所外，弟当在昆明约集西南联大之潘光旦、陈席山、汤佩松等诸教授详细商讨代电中各项目，并拟出几个确实能着手研究之专题，以便呈报。”❸ 而当时潘光旦尚在安顺演讲。

中央研究院总办事处于1943年8月12日，以总字第0812.1号电报下达了通知，要求各所（包括中央研究院史语所、社会学所、动植物研究所，以及中国地理研究所、中国科学社生物研究所和清华大学等单位）结合自己情况落实相关研究项目和内容，然后就研究计划和内容进行汇报。❹

---

❶ 蒋中正：“侍秘总字第18440号”电报，1943年（档案编号：中国历史第二档案馆393.2124）。

❷ 中央研究院史语所：“总字第0165号”公函及附件，1944年2月15日（档案编号：中国历史第二档案馆393.1373）。

❸ 叶启孙：“给沙孟海回函”，1943年（档案编号：中国历史第二档案馆393.2124）。

❹ 中央研究院总干事处：“总字第1224.3号”公函，1943年（档案编号：中国历史第二档案馆393.2124）。

1943年8月16日动植物研究所给中央研究院总办事处回电，选中了第一端中的"生物基础"的前三项，即"生物遗传、血缘与人才之关系、望族家谱之分析"。而且，还要跟中国科学社生物研究所商讨后再确定各自的分工范围。[1] 中央研究院总办事处第122422号电报催促动植物研究所进展情况。1943年12月27日，动植物研究所回复中央研究院总办事处，正在进行"望族与人才之关系"一项研究，但还没有什么结果。[2]

1943年8月28日，中国地理研究所回函中央研究院，已指派人员研究"民族素质与地理环境之关系"。[3]

在接到1943年12月24日中央研究院"总字1224.3号"公函（该函催问"提高民族素质研究事项"）后，中国科学社生物研究所于1943年12月31日复函。其答复情况有如下几条：第一，中国科学社生物研究所已会同中国地理研究所商讨，但并没有产生具体计划；第二，与史语所吴定良私人通函商议，认为短期内恐难竣事，暂拟汇集一些论文印成专刊来响应（原文用"副"）"委座倡导之厚意"；第三，中国科学社生物研究所卢于道拟先用过去研究结果，就"中国人脑之研究"、"中国青年之身心类型研究材料"草就论文付梓。其基本观点分别是：中国人大脑皮质之显微构造与西洋人比较并无差别；中国青年在身体方面多运动型及瘦长型，在心理方面多外向型。[4]

1944年元月5日中央研究院社会科学研究所回复年前即1943年中央研究院总办事处12月份之催促函。在这份回函中，社会科学所觉得研究提高民族素质与他们的学术研究有一定的距离。具体相关回函是："……，近经本所对此问题慎重考虑后，觉文化环境地理环境均极复杂，其于民族素质之影响极为微妙，测验匪易。本所仅可于研究社会经济、行政各种制度或问题时，评骘其优劣，以视其对于民生之影响，至于民生为何影响民族素质，则犹有待生物学之研究，本所无法直接从事探讨。"[5]

---

[1] 中央研究院动植物研究所："总第619号"电报，1943年8月16日（档案编号：中国历史第二档案馆393.2124）。

[2] 中央研究院动植物研究所："代电总办事处"，1943年12月27日（档案编号：中国历史第二档案馆393.2124）。

[3] 中国地理研究所："总字第667号"公函，1943年（档案编号：中国历史第二档案馆393.2124）。

[4] 中国科学社生物研究所："总字第1096号"公函，1943年（档案编号：中国历史第二档案馆393.2124）。

[5] 中央研究院社会科学研究所："总字第0014号"公函，1944年（档案编号：中国历史第二档案馆393.2124）。

1944年元月22日，中央研究院总干事处又发总字第0122.2号函催促史语所，希望就“委座”所饬“研究提高民族素质案”之初步研究计划尽快回函说明。[1] 1944年2月15日，史语所在回复电文的附件中认识到：“提高民族素质为人类学与优生学者之主要职务。”考虑到当时史语所内之现有仪器、书籍、设备等条件，就“委座”所示提高民族素质之“生物基础”所涉及的四类问题的性质、重要性及其短期内可以担任的工作进行了汇报。第一，人类遗传研究为素质改良之基本问题，然而当年在国内却尚未开始研究，考虑到工作条件，史语所决定暂时以川南各县为范围、以学校儿童及其家庭为调查对象，开展“普通体质之遗传”、“几种变态体质之研究与其遗传”、“各宗族血液血型之类别与其遗传”、“低能儿童生理与心理之变态及其遗传问题”、“犯罪性之分析与其遗传问题”、“癫狂生理与心理变态之分析与其遗传”、“双生子之研究与其遗传”、“天才生之研究及与祖先之关系”等八个方面的问题。第二，在“血缘与人才关系”方面，他们赞成“杂交”，反对“近亲结婚”，认为：善的素质多因移民与各族杂婚关系而增加数量，恶的素质乃系血族或近族结婚之关系所导致。他们注意到，汉人社会里的女系“表兄妹婚”与边疆地区的近亲结婚均较普遍，这对于后代智力与体力均有莫大之影响，因而急应进行系统调查，就近亲结婚与远亲结婚的后果作一比较，权衡利害，以作人民选择婚姻的标准。具体要开展的内容有“各宗族杂婚与素质改进之关系”、“移民与人种改进之关系”、“近亲缔婚与后嗣品质之关系”、“边疆宗族血族或近族缔婚之结果与其流弊”、“早婚与子女品质之关系”等五个问题。第三，在“望族家谱之分析”中，他们较为注重家谱，因为里面包含了“同族各个人之出生与死亡年月、子女出生与死亡数目及著名人物之事业与著作”等内容，当然也存在不记录女系资料的缺陷。他们打算在各图书馆收集望族族谱资料，拟从事“各望族著名人物功业之分析及与遗传之关系”、“家族素质之保全问题”、“历代平均人寿之变迁”、“各民族生命表之编制”、“各民族儿童死亡率之比较”、“婚姻年龄与繁殖率之关系”、“异族混合时代之现象”等七个方面内容的研究。第四，在“人类选种之方法”方面，当时各国所采用的主要有积极方法与消极方法两种：前者指的是通过提高男女配偶之选择标准以增加优秀分子之生殖率，后者乃对于社会低劣分子实行近婚隔离或消灭生殖机能等方法。鉴于当时人种改良的科学知识对国内民众尚未

---

[1] 中央研究院总干事处：“总字第0122.2号”公函，1944年（档案编号：中国历史第二档案馆393.2124）。

普及之状况，该所拟先提倡积极方法。为此，需先期开展调查与研究，然后作为实施优生政策之参考，内容包括“各种消极优生方法之抽样实验”、“各社会阶级繁殖率之比较”、“生育节制与优秀分子生殖率之关系”、“抗战与优秀分子生殖率之关系”四个方面。此外，史语所也意识到文化人类学者所关心的自然及文化环境对人类素质的影响，尽管这两个因素在短期内难以对人类遗传发生作用。针对本院地理研究所和社会科学研究所分别负责这两个问题的情况，史语所“史学组”也打算随时跟进以作“文化比较”研究，探索中国“国民性”的各种问题，并讨论这些因素对于人种选择之影响。约略数端：“历代民族精神之改变”、“各派思想各类宗教如何影响人种选择”、“各时代人民之生活方式”、“魏晋以后文武分途之影响”、“征兵募兵制”五方面内容。[1]

上述表明：在1943年7月13日至1944年2月15日这段时间里，“研究提高民族素质案”一事最初由蒋介石下达命令给中央研究院，然后由中央研究院牵头交相关研究机构进一步研讨和落实各自的研究任务和计划。其中，史语所是主力军，其所拟研究内容和计划最为详细可行。

在各相关研究机构意见基础上，接下来的任务就是等待对其加以汇总，提出一份明确的分工研究计划，联合各方面论证并审查之，以便统一协调开展具体的研究工作。

三、中央研究院体质人类学研究所筹备及工作开展情况

1924年孙中山北上，倡设中央学术院为全国最高学术研究机关。1927年国民政府定都南京，聘派蔡元培等筹备中央研究院。1928年6月9日中央研究院正式成立。[2] 在总院筹备的同时，与本案研究有关的两个重要研究所也开始筹备。1927年冬筹设社会科学研究所，1928年3月正式成立，1934年与中华教育文化基金董事会在北平所设立的社会调查所合并，初分民族学、社会学、经济学和法制学四组（蔡元培为民族学组第一任组长，林惠祥1929年为民族学组专任研究员）。[3] 1928年春于广州筹备史语所，

---

[1] 中央研究院史语所，“总字第0165号”公函之“附件”及“附记”，1944年（档案编号：中国历史第二档案馆393.2124）。

[2] 朱家骅：《国立中央研究院概况：民国十七年六月至三十七年六月》“序”，1948年（档案编号：中国历史第二档案馆393.2—0024）。

[3] 中央研究院：《国立中央研究院概况：民国十七年六月至三十七年六月》，1948年（档案编号：中国历史第二档案馆393.2—0024），第261、229页。

同年10月正式成立。初分三组：一为史学组，二为语言学组，三为考古学组（根据该所章程，先后设过八个小组，其中第七组为人类学与民物学组。[1] 伊始，人类学与民物学组没有聘请到合适人选做主任，暂由俄国人史禄国担任组长。1929年5月史语所迁到北平，考古学、人类学、民物学归属丙组，李济任组长[2]）。1934年社会学研究所的民族学组（其研究范围包括体质及文化方面）移归史语所为第四组（主要是体质人类学部分移入）。[3]

1934年，遵照刚担任中央研究院秘书长的丁文江博士建议，研究所新设了一个人类学组，并聘请就学于卡尔·皮尔逊（KarlPearson，1857—1936年）生物测量学实验室的吴定良主持该组的工作。吴定良是江苏金坛人，1916年考入江苏扬州省立第五师范学校，1920年毕业后又考入南京高等师范学堂教育心理系。1924年大学毕业留校任助教。1926年8月赴美国哥伦比亚大学，在心理学系攻读统计学。次年转学到伦敦大学生物统计学实验室，继续攻读统计学，师从英国生物统计学派创始人、著名统计学家与人类学家卡尔·皮尔逊教授。该实验室源自英国优生学领导人高顿（Francis Galton，1822—1911年）。生物统计学实验室的早期主持人有卡尔·皮尔逊和费舍尔（Ronald Fisher，1890—1962年），后者也是一位杰出的生物统计学家。学习期间，吴定良就发表了《相关率显著性查表》和《相关系数计算法》等多篇统计学论文，深得卡尔·皮尔逊教授和师兄们的欣赏。1928年他顺利获得统计学博士学位。由于他建立了眉间凸度与面骨扁平度的研究方法，1930年经英国统计学家耶尔（G. U. Yule）教授介绍，被选举为“国际统计学社”社员。1929年《泰晤士报》报道了北京猿人头盖骨化石被发现的消息。吴定良甚为激动，并暗下决心钻研人类学。在申请到中华教育文化基金董事会研究补助费后，他继续留在英国跟随皮尔逊学习人类学。他与导师皮尔逊、著名人类学学家莫兰特（G. M. Morant）合作，有时是独立研究，在英国著名杂志 *Biometrika* 和 *Philosophical Transaction and Proceed - ings of Royal Society*，以及剑桥大学的 *Philosophical*

---

[1] 我在《1895—1950年间的中国体质人类学研究与教学活动述略》一文中把“人类学与民族学组”写成了“人类学组和民族学组”。本来是一组，因文字输入有误，变成两组。给读者造成了误识，在此予以更正并向广大读者致歉。

[2] 中央研究院：《国立中央研究院筹备处经过与组织》，载《国立中央研究院十七年度总报告》，中央研究院总办事处印1929年版。

[3] 中央研究院：《国立中央研究院概况：民国十七年六月至三十七年六月》，1948年（档案编号：中国历史第二档案馆393. 2—0024），第8页。

*Magazine*上先后发表了《人体内特有骨骼的形态测量学特点的进一步调查》、《对人的面部骨骼扁平度的生物统计学研究》、《依据头盖骨的尺寸对亚洲人种的初步分类》等统计学和人类学方面论文50余篇，以优异成绩再添人类学博士学位。1934年经牛津大学人类学教授梅耶斯（J. J. Myers）推荐而加入了“国际人类学社”，并在当年参加了在伦敦举行的“国际人类学社”年会。1934年夏天，吴定良到瑞士楚列须大学从事埃及9世纪头骨研究，发表了《对埃及九世纪七十一个头骨的研究》。[5]22~24

这个组的工作范围虽包括人类学各不同方面的研究，但分派给吴定良的直接任务则是研究考古组在野外收集并迅速积累起来的商代人骨[6]。1935年夏吴定良应中央研究院院长蔡元培之邀，回国任中央研究院史语所人类学组主任兼研究员。同年，吴汝康高中毕业后到史语所人类学组吴定良手下任计算员。[5]24 吴定良在1940年出版的《国立中央研究院历史语言研究所人类学集刊》第二卷上发表了《殷代与近代颅骨容量之计算公式》、《中国人额骨中缝及颅骨测量之关系》、《测定颏孔前后位置之指数》（与颜訚合著）等著作。但更主要的工作是常年在少数民族地区从事体质调查。如，1941年6月至1942年9月中央研究院派吴定良等赴黔、甘、新等省考察人体体质及相关文化。❶

在吴定良、颜訚等人工作以及史语所人类学组设置之基础上，恰逢蒋介石“研究提高民族素质案”电令之下达，他们遂萌生了欲办中央研究院体质人类学研究所的想法。因为，只有成立一个独立的研究所才能完成蒋介石所交办的任务，并发展中国体质人类学。

1944年4月，中央研究院依据该院评议会第二次年会决议案，将史语所下的人类学组独立出来，成立了体质人类学研究所筹备处。❷ 然后，经呈奉国民政府“本年度五月二十五日渝文字第七一八号指令，准予备案”❸。但时逢抗战，欲办一个研究所是极其艰难的。

1944年11月15日，朱家骅给蒋介石的一封电报草稿中，一方面汇报“研究提高民族素质案”的进展情况，一方面要求增加研究经费，同时请示是否让吴定良就研究提高民族素质一事向蒋面陈。兹将这份送达蒋介石

---

❶ 中央研究院：《中央研究院派吴定良等赴黔、甘、新等省考察人体体质文化有关文书》，1941年6月—1942年9月（档案编号：中国历史第二档案馆393.2152）。

❷ 吴定良：《中央研究院体质人类学研究所两年筹备情形之经过》，1944年（档案编号：中国历史第二档案馆393.2632）。

❸ 中央研究院体质人类学研究所筹备处：“（33）乙总字第0602.1号”文件，1933年6月2日（档案编号：中国历史第二档案馆393.0—2503）。

的公函全文公诸如下：

案查去年七月奉钧座三十二年七月十三日侍秘字总第一八四四零号午元代电，为提高民族素质一案，分别项目，提示问题，饬即转知有关部门详事研究，以资改进等因，当经遵电分别转知本院动植物研究所、历史语言研究所，暨社会科学研究所，中英庚款会之中国地理研究所，及中国科学社之生物研究所等遵照办理在案。提高民族素质之研究为人类学方面之主要任务，本院历史语言研究所原设有人类学一组，并已注意研究此项问题，唯自抗战军兴以来，经费数目及增购设备均受不可避免之限制，致此项工作仅能择要进行，未能充分发展。此次既奉交办，自应加强工作，冀有以仰副钧座之期望，但原有之规模太小，设备未充，实难负荷此重大之使命。爰拟依照国民政府修正公布之本院组织法，将历史语言研究所之人类学组分出，成立体质人类学研究所筹备处。经提出本院详议会年会通过，并经呈奉，核准备案。一俟设备充实，即正式设所。在筹备期间，加强研究人员，利用原有设备，一切研究工作仍照事继续进行，并已就“生物遗传”、“血缘与人才之关系”、“望族家谱之分析”及“人类选种方法”等问题，更分细目，着手研究。据该处吴主任定良面称，该处现有之设备，故可勉强应付工作计划所列研究事项之需，但为了遵照钧电提示之各项题目一一进行有效之研究，仪器、图书之添置势不可缓。此种仪器、图书均为国内所无，又不得不求诸海外，估计购置研究遗传与优生问题之仪器约需美金肆万元，研究民族生理病理与心理等问题之仪器约需美金叁万元，各种参考书籍等需美金约叁万元，共需美金拾万元。本院经费为数有限，除支付经常用项外，此项设备费既无从挹注。拟请转请政府特准拨发，以利工作等情。查该主任所称确属实情。该主任为目前国内有名之人类学专家，并系本党同志，前在历史语言研究所内主持人类学方面之研究，成绩优良，深得国内外学术界之重视，倘蒙核准，发给上述之设备用费，必可缩短筹备期间，早日正式成所，获有更为良好之表现。可否请钧座特赐召见？俾该主任得详陈一切，面请指示？

所有拟请核拨研究提高民族素质各专题设备用费及召见体质人类学研究所筹备处吴主任定良各缘由，是否有当？理合具文呈请鉴核，批示祇遵。

谨呈主席蒋❶

朱〇〇谨呈

三日后，即11月18日，对这份电报又略加修改，将“一俟设备充实，即正式设所”改写为“该筹备处已于本年四月正式成立”；将购置研究遗传与优生问题之仪器约需美金“肆万元”改为“约值国币捌拾万元”；将“研究民族生理病理与心理等问题之仪器约需美金叁万元”改为“约值国币陆拾万元”；将“各种参考书籍等需美金约叁万元”改为“约值国币陆拾万元”；将“共需美金拾万元”一句删除，亦未添写一句“共需国币贰佰万元”的字样。在“一一进行有效之研究”后添写“期获最后之成果”一句。改写后的电报稿之结尾处（即从“现时所能购求之参考书籍约值国币陆拾万元”至“理合具文呈请鉴核”）有较大调整，具体是：“倘蒙政府特准拨发此贰佰万元之设备费，即可诚为规模较为完备之体质人类学研究所。为□（该字暂不能确认）缩短筹备期间早日正式成所起见，可否能为呈请核示等情。查现在抗战期内，用费浩繁，国家之负担已不为不重，又何敢率为额外之请求，致增财政方面之支出？唯该主任所称全系实情，仪器图书之扩充确为开展研究工作之基础所请是否可行?”其他地方虽有个别文字变动，基本意思不变，故未一一指明。

修改后的文稿，在语气上更加婉转，且将吴定良面陈蒋介石一事删除。但修改稿并无正式文件编号，亦无中央研究院印章和院长朱骝先签字。而这三项在11月15日稿上均有出现，故本文详录11月15日稿。

国民政府军事委员会于1945年1月18日以侍秘字第25932号电报致函教育部：

一月十二日高字第一七一二号呈民族素质改进研究办法可唯照办。至关于此项研究经费希暂就各研究机关原预算内匀支，俟著有成绩或有特殊需要时再行酌核补助可也。❷

笔者未能找到教育部的高字第1712号函。但从中不难发现，教育部此

---

❶ 朱家骅：“中央研究院总字第1115.6号”公函，1944年11月18日（档案编号：中国历史第二档案馆393.2124）。

❷ 中华民国教育部：“高字第05768号”公函，1945年2月6日（档案编号：中国历史第二档案馆393.2124）。案：“高字第05768号”公函发于1945年2月6日，可中国历史第二档案馆因内容相近而归在393.2124号档案“中央研究院提高民族素质案”中，封面题写时间为“一九四三年八月至一九四四年十月”，此有误。本文还有其他类似情况不再一一说明，读者可自辨明之。

前曾经于1945年1月12日以高字第1712号函形式，将民族素质改进研究计划、办法和经费等问题报告给国民政府军事委员会。可是，军事委员会并没有拨钱给他们。

实际上，1944年教育部就过问改进民族素质案了。1944年12月11日，教育部组织各有关机关团体及各专家就“民族体质改进研究计划草案”在重庆进行了详细研讨。教育部在1945年2月6日给中央研究院的电函中说：

> ……关于民族素质改进研究一案，本部曾于三十三年十月二十六日在渝召集各有关机关团体及各专家予以详细研讨。
>
> 贵院人类学研究所及动植物研究所均派代表出席该项会议。相应随函检送该项会议记录四份及本部原拟民族体质改进研究计划草案一份。即希查照转知该所等将各有关研究问题即行着手研究，并将研究计划先行开送过部，以便统筹办理为荷。此致
>
> 部长　朱家骅❶

至于先前由中央研究院具体牵头负责，为什么此时却由教育部来出面，笔者未能找到相关档案给予说明。不过，笔者推测，首先与朱家骅个人有关。1931年12月朱家骅调任国民政府行政院教育部任部长，1932年连任教育部长（以后任中央研究院总干事），1934年4月又任中英庚款董事会董事长，1944年再任教育部部长，1945年4月又连任教育部部长。继蔡元培之后，朱家骅自1940年9月至1950年10月一直担任中央研究院院长。由于这种复杂的工作阅历，当然也是一种便利，使得改进民族素质一事交由他负责。其次，由于涉及中央研究院以外的其他单位，以教育部出面召集更为合适。当然，这尚需具体的档案发掘来印证。

那么，这个筹备处是如何具体开办的呢？其人员组织结构又当如何？都做了哪些工作呢？

在办公条件方面，中央研究院并没有指定或代觅所址，一切均由吴定良个人来筹办。当时是在南溪李庄，❷筹备处临时租了一处张姓房产（原为四川省立宜宾中学临时校址）。房子多数已腐朽，门窗户壁业已残缺倾颓。吴定良四处筹挪资金，甚至将个人薪津也垫支进去，先行购买木料。

---

❶ 中华民国教育部：“高字第05768号”公函，1945年2月6日（档案编号：中国历史第二档案馆393.2124）。

❷ 中央研究院史语所于1938年秋迁至昆明北郊之龙泉镇。1940年8月复奉命迁向四川，是年底到达南溪县李庄。

大约花费了 6 个月时间，始将 4 间实验室、2 间办公室、9 间职员宿舍修理完毕，并且添置了 100 多件家具。

从 1944 年 12 月份领粮表中可以看出，当时的体质人类学研究所筹备处计有 12 人，分别是专任研究员兼筹备处主任吴定良，副研究员颜訚，助理研究员史济招、王志曾，助理员陈凤梧、杨希枚，技师刘冠生、廖伯梅，技佐陈文永、师伦禄、谢据林，事务员李运昌。❶ 其时，还有吴汝康。1940 年夏，吴汝康学成归国重返史语所，在人类学组做研究实习员。1942 年至 1944 年吴定良受聘贵州大学，任文理学院院长，吴汝康追随吴定良至贵州大学社会学任讲师，教授了两年人类学课程。[5]53~55、63~64 应该说明，此时的吴定良和吴汝康身份仍在中央研究院，去贵州大学只不过是兼职。所以，1944 年史语所从昆明前往四川南溪李庄时，吴汝康也随行，并任体质人类学筹备处的助理研究员，负责协助吴定良安排一切筹备工作。[5]64~67

在图书购置方面，本来毫无基础，自成立后设法采购必备的中英文书籍。其中，中文资料尽量少购，仅百余册。英文方面一是向中英科学合作馆索取了人类学、优生学杂志四五种，一是订购英美专业杂志五六种和书籍五六百册。当时弄到外汇是极其困难的，吴定良在重庆利用个人关系向战时生产局及中央银行多方设法购买，最后大约只得到 12 000 美元和 1 600英镑。

在仪器方面，当时由史语所分出后，仅有 2 架显微镜、1 架双眼镜、3 架计算机，其他仪器未转入。另外，卫生署和红十字会捐赠了几种仪器。至于其余的，则由筹备处用木料或金属仿制若干种以应急需。

在标本采集方面，于李庄附近及宋嘴荒地发掘义冢共得近代颅骨与体骨两组，约百余具。

在研究人员训练方面，由于当年所聘助理员及研究助理员多半来自生物学和医学，对人类学未深得门径，故在工作之余，由吴定良开设人类学概要和统计学概要，以及教授测量技术，加以培训。使得其中 3 人能够担任活体测量和儿童发育测量、3 人能够研究血型、2 人能够测量骨骼。因而，两年筹备期间，完成了 4 篇调查论文，2 篇正在撰写，还有 2 篇正收集资料。

在学术成果方面，筹备期间吴定良完成 4 篇论文并送至国外科学杂志发表，国内已编就《人类学集刊外篇》两册（其中一册已印刷，另一册编

---

❶ 中央研究院：“中央研究院体质人类学研究所人事、办公费、生活费等文书”，1944 年（档案编号：中国历史第二档案馆 393.0—2503）。

好待付印）。[1] 另外，当时征兵验兵标准也交由该筹备处负责。比如，对于飞行员与驾驶员的体质指标检测，涉及四肢、体质强弱、皮肤、呼吸、心脏、静脉病、嗳气、吐泻、肾脏、疝气、花柳病、脑、脊髓、神经疼、末梢神经偏疼、眼花、恶心、精神、神经衰弱、色盲等内容。体质人类学筹备处在1944年11月份的《全国知识青年志愿从军征集办法》中所规定的体质标准有“身长一百五十二公分以上”、“体重四十六公斤以上”、“胸围七十六公分以上”、“五官四肢及肺脏正常”、“无重砂眼、痔疾及精神病”等5项指标。[2]

鉴于吴定良氏在抗战期间所取得的成就，国民政府于1946年向其颁发了“胜利勋章”一枚：

勋章证书

国民政府为吴定良在抗战期间著有勋绩，特颁给胜利勋章。

此证

国民政府主席　蒋中正

中华民国三十五年一月一日

国民政府典玺官　徐静之[3]

在中日战争时局下，不论从办公条件、研究经费，还是研究队伍等各方面看，体质人类学筹备处的工作开展是极其艰难的，尽管当时国民政府给予支持。

四、“民族体质改进研究计划草案”与民族体质改进研究会议

当年民族体质改进研究会议的地点设在重庆教育部大礼堂内，具体时间是1943年10月26日上午10时至12时，出席团体代表有中国卫生教育社洪式闾代表、中国心理生理研究所童第周代表、社会部民族健康运动委员会叶毅代表、行政院民食改进委员会陈世昌代表、社会部谢征孚和刘崇龄代表。另外，个人出席有陈果夫、赖延、吴南轩、洪式闾、欧阳翥、吴功贤、吴蕴瑞、张君俊、江良规、王复旦、吴定良、戴天右、王成发（代

---

[1] 吴定良：《国立中央研究院体质人类学研究所两年筹备情形之经过》，1946年（档案编号：中国历史第二档案馆393.2632）。

[2] 国民政府军事委员会：《全国知识青年志愿从军征集办法》，1944年（档案编号：中国历史第二档案馆393.0—2503）。

[3] 复旦大学：“干部档案·吴定良卷”，（档案编号：No.479），正本·5类·3号。

表吴宪出席)、郝更生、萧忠国（代表程登科出席）、吴俊开、吴正华、韩庆濂。教育部次长赖延作会议主席。大会首先由赖延作报告，说明为什么召开这个会议以及召集本会议的经过。然后，陈果夫和张君俊分别作大会发言。陈国夫谈论的是对民族健康问题的关心，张君俊介绍了自己多年来致力于研究民族体质问题以及向当局呈递“增进民族健康计划”及建议而被采纳一事。

大会发言之后，安排了分组讨论。第一组讨论“体质（包括遗传优生）问题”，吴定良和欧阳翥为召集人，参加人员有张君俊、戴天右、欧阳翥、童第周、吴南轩、刘崇龄；第二组讨论“生理（包括卫生营养）问题”，陈果夫、吴宪（王成发代表）为召集人，参加人员有洪式闾、吴功贤、吴正华、陈世昌；第三组讨论“体格训练问题”，吴运瑞和江良规作为召集人，参加人员有郝更生、萧忠国、叶毅、江良规、王复旦、程登科（萧忠国代）。会上临时动议：第一，建议教育部设立民族素质改进研究委员会；第二，“民族体质研究”以改称“民族素质研究”较为适当。

现把三个小组对于教育部所提“民族体质改进研究计划草案”讨论的结果分别列下：

第一组：遗传与优生

(1) 关于优生政策实施方案之研究者，决议：原则通过消极与积极并重。

(2) 关于各区域人民体质标准（体格与智力）之研究者，决议：由中央研究院人类学研究所、中大生物系与心理系、中国心理生理研究所、中央卫生实验院和私立民族改进研究所负责研究。

(3) 关于国内各地人民结婚后其子女身心健康之研究者。

(4) 关于不同民族婚生子女体力与智力之研究者，决议：将此两项合并到第 2 项中。

(5) 关于生物与遗传之研究者，决议：改为“人类遗传之研究”，由中央研究院人类学研究所、中大生物系、中国心理生理研究所、西南联大社会学系、浙大生物系、民族改进研究所担任研究任务。

(6) 关于血缘与人才之研究者。

(7) 关于望族家谱之分析者。

(8) 关于人类选种之方法者，此后三项合并到第 5 项中。

第二组：卫生与营养

(1) 关于全民卫生教育实施方案之研究者。

（2）关于树立卫生教育机构以普及妇婴及儿童教育、营养教育与健康生活教育者。

（3）关于大量培育医药技术人才以完成公医制度以保障全民健康者，决议：以上三项请教育部与卫生署暨其他有关□（该字因纸张腐烂莫辨）卫文化团体商讨进行。

（4）关于树立定期全民体格检查制度以求切合实际之研究者，决议：请教育部商由卫生署主持办理。

（5）关于调查各地价廉质美之日常食品以期拟定合于民族健康之食谱者，决议：请中央卫生实验院主持并请其他有关机关进行调查研究。

（6）关于各地食物及水土之化验者，决议：关于各地食物分析请中央卫生实验院卫生营养实验所负责研究，关于水土化验请中央农业试验所负责办理。

（7）关于食物与民族智力之研究者，决议：由教育部指定各学校暨心理生理营养研究机关试验测定其相关程度。

（8）关于研究并测定中国国民营养需要标准者，决议：请政府指定或成立研究机关专责进行。

（9）关于地方性营养缺乏病与寄生虫病问题之研究者，决议：请中国预防医药研究所、各大学寄生虫研究学部暨卫生署中央卫生实验院研究。

（10）关于民族体质改进者，决议：由各大学学系研究部门及研究团体分别进行研究，其结果汇由教育部组织民族体质改进委员会综合整理。

第三组：体格训练

（1）关于全民体格锻炼实施方案之研究者，决议：由教育部拟定全民体育训练纲要，使全国国民均有普遍受体育训练的机会，该项计划需与义务教育、兵役制度相配合。其全部训练分三个年龄段实施：①6～12岁在校儿童，加强小学体育训练，未入学者则由社教机关施以体育学训练；②12～18岁中学生根据部颁中学体育实施方案实施体育训练，并加强学校童子军活动，未升学者参加社会童子军训练及社教机关主办之体育活动；③18～20岁兵役阶段，成年以后普遍实施社会体育，由教育部三民主义青年团、中国童子军总会兵役部等机关共同负责筹划。

（2）关于不同地带人体发育之比较研究者，决议：先就川、滇、黔三省之小学、中学举办体高、体重、胸围、肺量等有关身体发育项目加以测量及统计，以后再研究其他地区上项工作。由教育部体育委员会及中央研究院人类学研究所共同负责研究。

(3) 关于男女各年龄身长体重之正常比例研究者，决议：由教育部体育委员会中华体育学会及全国体育师资训练机关与有关团体分别测量。先测量10万人，并加以统计。

(4) 关于幼童与青年体格之缺点及矫正方法者，决议：青年部分已研究有结果，幼童部分仍由中华体育学会同中央卫生实验院继续研究。

(5) 关于营养与运动功能之研究者，决议：归入第二组中讨论。

(6) 关于男女体格体能之差异及其适宜之运动的研究者，决议：由中央大学体育系先就解剖、生理、情绪及社会地位四种差异加以研究，然后研究适宜运动项目与方式。

(7) 关于工作持久力之训练方法者，决议：改为“运动与工作效能之研究”。由西北师范学院先就工厂工作、空军驾驶及海陆军三方面研究。球类、国术、田径运动项目对于工作效能之影响。

(8) 关于体力训练与技巧训练研究者。

(9) 关于太极拳对于体格训练之功能者，决议：两项取消。

由上述讨论可以了解国民政府教育部的“民族体质改进研究计划草案”。但关于这份计划草案的拟定者，由于未能找到相关档案暂时尚不能确定（比较后发现，教育部的草案是在张君俊“增进民族健康计划”基础上进行起草的）。显然，这个民族体质改进研究会议目的在于，由国民政府相关行政部门、各大学院校有关学系及研究学部有关研究学术机关及专家来表决这份草案，以及提出更加具体的研究计划来。

国民政府教育部“民族体质改进研究计划草案”的最后是一份关于上述研究“进行步骤”的说明，共三点。第一点上段已经阐明；第二点是教育部打算呈请行政院对研究作出成就的大学院校、研究机构及专家拨款给予补助；第三点交代了由教育部学术审议委员会负责审议各大学院校、研究机构及专家之研究计划及研究结果。

本小节系根据“民族体质改进研究会议记录”和“民族体质改进研究计划草案”两份档案[1]撰述。不论就其意义，还是就出席的单位和个人，以及涉及的诸多学科而言，“民族体质改进研究会议”都是百年中国现代人类学史上一件非常重要的事情，甚至其意义不止于人类学一域，如体育、营养、卫生、地理，等等。

---

[1] 沈灌群、叶佩华：《民族体质改进研究会议记录》，1944年10月26日（档案编号：中国历史第二档案馆393.2124）。

五、中央研究院体质人类学研究所的流产与反思

中日战争结束后，正当吴定良等继续为筹建中央研究院体质人类学所而努力的时候，却迎来该所是否应该继续建立的问题。

1946 年 1 月竺可桢等所作出的评议是：停止体质人类学研究所筹备处业务❶。当时竺可桢等接受谁或哪个机构的命令对此事作出评估，尚未找到具体的档案材料给予落实。不过，笔者推测，不外教育部和中央研究院两个机构，但国民政府教育部的可能性极大，原因是上文已经表明，此一段时间，教育部接管了研究增进民族素质案。

那么，为何要停止体质人类学所的筹备呢？《国立中央研究院概况：民国十七年六月至三十七年六月》说："1946 年夏，因经费不充，发展困难，体质人类学研究所暂停筹备，器材仍交给史语所接收。"❷ 向史语所移交标本仪器以及有关殷墟骨骼研究资料的时间是 1947 年，由杨希枚具体负责。[7]

1946 年秋，吴定良离开了中央研究院，接受竺可桢邀请前往浙江大学史地系担任教授，开设普通人类学和统计学课程。1947 年春，史地所增设人类学组，吴定良任组长。1947 年秋，浙江大学人类学系建立，吴定良任系主任。1948 年 1 月该系师生成立人类学学会。1949 年年初，吴定良在浙江大学建立人类学研究所，并任所长。[2]303

我们从上文的资料看，该所筹备期间的确遭遇经费困扰。吴定良说：

> 时值抗战期间，图书、仪器均感缺乏，而所获经费为数甚微。三十三年度本处开辟费仅 10 万元，三十四年度增至 90 万元，仍为本院各单位经费最少者。两年以还，惨淡经营，不遗余力，规模粗具，不幸奉命停办，致使前功尽弃，以往心血悉付东流，诚科学界莫大之损失，亦良个人所深引为痛心者也。❸

然而，就在上述所引同一份文献中，吴定良披露该所停办的原因似另

---

❶ 竺可桢："关于停止体质人类学研究所筹备处业务函"，1946 年（档案编号：中国历史第二档案馆 393. 01—1585）。

❷ 中央研究院：《国立中央研究院概况：民国十七年六月至三十七年六月》，1948 年（档案编号：中国历史第二档案馆 393. 2—0024），第 8 页。

❸ 吴定良：《国立中央研究院体质人类学研究所两年筹备情形之经过》，1946 年（档案编号：中国历史第二档案馆 393. 2632）。

有隐情：

> 两年以来，耗尽心血，力图发展，抚衷自问，实无负于本院。而流言中伤，谤毁交至，射影含沙，无所不用其极。良诚百思莫解。是非曲直，有心人当能明了也。❶

1947年吴定良辞去了中央研究院的工作。然而，究竟因为什么大家对吴定良产生了流言蜚语？多年来，笔者追查这段公案，终于找到一些线索。其中一条线索是由李济提供的：

> 日本人从卢沟桥开始发动了第二次世界大战，这批材料的大半都遭到损毁；所幸的是，仍有足够数量的头骨和其他体骨顺利地运往西南，可供充分研究商代中国人民的体质特征。研究所的人都知道吴定良博士是一位有能力的生物测量学家；他对这批殷墟材料连续工作了十多年，配备了战争期间用钱所能买到的最好仪器和他所需要的技术修理和抄写助手，尤其是彼此友好而热情的工作环境。研究所考古组的成员完成了发现和全部采集工作，并担负了全部的保管和运输任务，将这批极有价值的材料毫无保留地交到他的手里，并相信他能完全胜任这项在现代科学史上也是绝无仅有的工作。可是到1947年，在他的朋友和同事们期待了13年之后，他在只有他自己最清楚的原因下辞离中央研究院，并断然拒绝《中国考古学报告集》主编发表他的研究结果！一直到现在，又过了6年之后，也还没有人知道他究竟有没有过发表他的结果的打算，即便有过这种想法，在台湾也没有人知道。[8]

从李济的这段文字里隐约可以猜到，当年大家对吴定良在安阳商代人骨上的研究工作存有不满意❷。也许正是这种不满意才导致了大家并不支持他建立一个体质人类学研究所。1951年李济在一篇纪念傅斯年的文章中说：“最重要的研究项目为整理安阳出土的殷商时代的人骨，这一课题直到1947年吴定良先生辞职时，尚未缴卷，实在是中国科学研究的一大遗憾。”[9]

---

❶ 吴定良：《国立中央研究院体质人类学研究所两年筹备情形之经过》，1946年（档案编号：中国历史第二档案馆393.2632）。

❷ 安阳侯家庄的人骨材料后来随史语所被运到台湾。无意中在骨骼标本中发现了吴定良的几本笔记，里面记录了161具侯家庄头骨的一些测量数据。之后李济将其整理予以发表（参见李济著，潘其风、韩康信译，杨希枚校：《安阳侯家庄商代墓葬人头骨的一些测量特征》一文）。

另一条线索则是由吴定良本人于1950年后提供的，涉及人际关系问题，认为吴定良离开史语所是受傅斯年“逼迫”所致❶。具体有两段材料对此有详细披露。

> 材料一：
>
> ……反动派朱家骅听任其心腹傅斯年的话，对人类学研究所横加阻碍（人类学研究所系抗战期间，该院评议会通过成立，傅斯年坚决反对，未得逞，遂怀恨在心）。摧残科学，排斥异己，并藉口编缩，停办了人类学研究所。❷
>
> 材料二：
>
> ……那时鉴于史语所所长，傅逆斯年对于他的平行科目，大事扩充，其他科目，视如装饰品，诸事掣肘，难于发展。胜利前两年，我拼命企图分出来，单独设所。事前曾和别位接近傅逆的评议员说好成所的理由，自己并在事前预备好一篇演讲稿。评议会开会时，傅逆主张设室，我就立起来说明设所的理由，当经全体评议员通过，傅逆认为大失面子，怀恨在心。这时我心中却很高兴，多年的欲望居然如愿。当时我想脱离傅逆的肘腋，是为了提倡人类学，同时也是受了名心的鼓动。……当时认为我（案：吴定良写检查材料时可能漏掉一个“在”字）史语所的地位，就人类学说，并不比其他所长学术地位低，为什么不能和他们并列？傅斯年想克扣公粮，我就跑到粮食部托留英同学帮忙；他不给经费，我就自己向红十字会友人请求帮忙，给我些设备；他控制经费，我就托伪院长代为设法；他把伪院长代我向军事委员会请款的计划粉碎了，我就托重庆市长向电影院募款，拼命与恶势力奋斗。终因没有政治势力，遭到傅斯年假造罪状，把我两年来的经费的一些根基全部收回，整个垮台，并把全部设备，拿到台湾去。❸

从吴定良的上述“交代”中可以看出，他与傅斯年的确存在着很深的

---

❶ 《高等学校教师调查表》（吴定良），见复旦大学“干部档案·吴定良”卷（档案编号：No.479），正本·4类·9号，1952年8月8日。

❷ 吴定良：《思想改造材料》，复旦大学“干部档案·吴定良”卷（档案编号：No.479），正本·5类·5号，1956年6月14日。

❸ 吴定良：《思想检查材料》，复旦大学“干部档案·吴定良”卷（档案编号：No.479），正本·10类·3号，1952年。

矛盾，而这些矛盾也导致了人类学研究所的流产。除了个人人际关系因素外，我觉得傅斯年之所以反对单独建人类学研究所，恐怕与他对人类学学科地位的理解有关。史语所最初引进吴定良的目的在于专心致力于安阳殷墟人骨之研究，服务于史语所的考古学。据王道还研究，1934—1935 年的两次殷墟发掘获得了一大批人骨需要分析，李济由于担任安阳殷墟发掘的总主持人而无法分身，于是就聘吴定良进史语所第四组主持体质人类学研究。而吴定良进入史语所后所发表的论文，则多偏重技术性的讨论，没有充分利用殷墟出土的材料。[10]这种对人类学学科地位的设想、安排与吴定良对人类学学科地位的理解存有出入。

总结上文，自近代以来，由于中国的积弱积贫致使在遭遇外敌的情形下，中国文化处于被压抑的地位，遂使得有识之士力倡改进中国民族素质。中日战争爆发，国民政府作西南迁移，为了动员战争资源，蒋介石高度重视国民素质改进问题，希望借助增强人民体质等来打败日本人，赢得战争的胜利。蒋遂饬令中央研究院（后来教育部也介入）等研究机关就“提高民族素质”一事着手进行研究。其涉及生物基础、营养环境、文化环境和地理环境四个方面的问题。这反映了当时人们对体质人类学的全面理解，以及对体质人类学之价值的认识。应该说，蒋介石及其国民政府具有一种颇为超迈的科学眼光。

中央研究院体质人类学研究所筹备处应运而生。在吴定良等人的努力下，经两年惨淡经营，致使规模初具。然而，由于战争问题，国民政府无暇将更多精力用于中国的科学事业发展，加之资金短缺，以及人际关系等其他因素，致使筹备了两年多的体质人类学研究所最终流产。

致　谢

初稿完成后，我的导师吴新智院士通篇阅读并提出了详细的修改计划，在此表示感谢。评审专家对拙稿提出了许多有价值的线索和建议，使得文章在修改后更加坚实有力。编辑部转来审稿专家意见后，我第一时间联系中央研究院史语所王道还先生，王先生利用来大陆参加学术研讨会契机将其大作及时赠予我，使得拙作得以修改补充，甚为感动。最后感谢中国历史第二档案馆和复旦大学档案馆的帮助。

参考文献

[1] 杜靖. 1895—1950 年间的中国体质人类学研究与教学活动述略［J］. 人类学学

报，2008，27（2）：182－190.

［2］王建民. 中国民族学史［M］. 上卷. 昆明：云南教育出版社，1997.

［3］陈映璜. 人类学［M］. 第6版. 北京：商务印书馆，1923：236－247.

［4］潘光旦. 潘光旦文集［M］. 潘乃穆，潘乃和编. 第3卷. 北京：北京大学出版社，1995：37－50.

［5］李路阳. 吴汝康传［M］. 上海：上海科技教育出版社，2004.

［6］Li Chi. Notes on some metrical characters of calvaria of the Shang dynasty excavated from Houchiachuang，Anyang［M］//中国社会科学院历史研究所，中国社会科学院考古研究所. 安阳殷墟头骨研究（考古学专刊甲种第十九号）. 北京：文物出版社，1985：139－148.

［7］杨希枚. 整理殷墟人体骨骼之经过［M］//中国社会科学院历史研究所，中国社会科学院考古研究所. 安阳殷墟头骨研究（考古学专刊甲种第十九号）. 北京：文物出版社，1985：45－48.

［8］李济. 安阳侯家庄商代墓葬人头骨的一些测量特征［M］//潘其风，韩康信译. 杨希枚校. 中国社会科学院历史研究所，中国社会科学院考古研究所. 安阳殷墟头骨研究（考古学专刊甲种第十九号）. 北京：文物出版社，1985. 132－138.

［9］李济. 傅孟真先生领导的历史语言研究所［M］//傅所长纪念特刊. 台北："中央研究院"，1951：11－19.

［10］王道还. 史语所的体质人类学家［M］//新学术之路（中央研究院历史语言研究所七十周年纪念文集）. 台北："中央研究院"历史语言研究所，1998：163－187.

宗教认同与区域、民族认同

——论20世纪藏彝走廊西部边缘基督教的发展与认同变迁

高志英

（云南大学　西南边疆研究中心）

本文通过对20世纪以来藏彝走廊西部边缘傈僳、怒、独龙等族的民族认同与区域认同、宗教认同的交融关系进行梳理，说明宗教认同、区域认同和民族认同是在场景变动中不断加以重新塑造的。

一、区域认同的滥觞

傈僳族、怒族、独龙族的神话传说是其民族文化中的重要组成部分，作为一种历史记忆，在凝聚民族认同及维持民族边界中的作用十分重要。值得注意的是，傈僳族、怒族、独龙族具有共同的历史记忆，而且所有关于民族亲缘关系的神话中，都不约而同地将三个民族排列在一起，讲述洪水过后兄妹成婚，生育九男九女各自成婚，分别养育了傈僳、怒、独龙等族的祖先，而且往往是三族的同源近亲关系排序在前。[1]“非正式口述史的生产，既是我们在日常生活中描述人类行为的基本活动，也是全部社会记忆的一个特征。”[2]从神话的角度分析，同源于氐羌系统的傈僳族、怒族、独龙族历史记忆的相互联系，体现了区域性的共同历史记忆被建构和延续的过程。

至迟在元代，从乌蛮系统中分化出来的怒族与独龙族先民就已经繁衍生息于怒江中上游地区。“怒江江边……土族则另是一种怒子民族。……怒子是一种江边低地的居民，人数实在不多；怒子因住居这段怒江边而得名。乐观估计，总共不能超过一千户。”[3]傈僳族迁入怒江的时间要晚于怒族、独龙族先民。“怒子散居一二区，原系土著。傈僳则散住三四区，傈傈族、怒族、独龙族神话传说是其民族文化中区，系由上帕及沧江边移来。”[4]95 “距今三百多年前，傈僳族在纳西族及藏族的排挤下，不断从金沙江流域迁入怒江地区，结果征服了这里，成为怒江的统治者。他们强占怒族的土地，强迫怒族向他们纳贡，并经常抢掳怒族充当奴隶。”[5]5 傈僳族统治者同样对独龙族进行压迫。“上下（独龙）江与江尾，又均有所谓骨尸钱粮者（傈言俄普骨牙）。缘傈僳到处抢劫，亦到处贸易，然无不凶横霸道，倘被人殴死，或即病死，傈又集众往其所死一带地方，抢劫烧杀，累月连年，迄无休息，不得已与之讲和，愿上骨尸钱粮。于是议定某项若干，村村寨寨、家家户户，每年照上一份。各村上此钱粮，有多至五六期者。”[6] 可见，傈僳族西迁藏彝走廊西部边缘后，取得了区域权力格局中的优势地位。

政治地位的强弱与文化的影响力是相辅相成的。“至于俅子（独龙族）、怒子（怒族）二族（被傈僳）所统治，而发生同化之关系。查知子罗（碧江）、上帕（福贡）二设治局之傈僳，为怒子、俅子村落之伙头、排首甲长等职，管理赋税及一切行政事项，所以俅人、怒人每有事务必与傈僳协商，其接触时间比较为多。有诉讼者，求傈僳头目排解之；有疾病者，必请傈僳‘尼扒’禳除之。于无形之中，该怒、俅二族，已直隶于傈僳之下也。——此系傈僳族文化较俅人、怒人为高，而怒人、俅人又被傈僳同化也。”[7] 福贡县“现在怒族的风俗习惯、宗教信仰与傈僳族相近，彼此交往都用傈僳话”。贡山县“怒人慢慢受到傈僳影响，有的人甚至只会说傈僳话”[8]12~13。由于傈僳族的强势，贡山、福贡、碧江的怒族聚居区从怒江河谷退缩到山区、半山区，尚未搬迁走的掩盖原有民族身份，强调自己就是傈僳族，并说“根根是怒族，现在变成傈僳族了”。究其原因，除了人口数量上的优势之外，傈僳族在原居地金沙江流域接受纳西文化与汉文化较多，在区域内文化相互接触与交换中，其文化的强势地位较明显，形成了怒与俅等民族对傈僳文化的趋同传统。

共同的族源、相近的自然社会环境，使傈僳族、怒族、独龙族具有相似的区域文化特征。20 世纪初，“腾中（高黎贡山一带）夷人，别之为两大种：山居不洁，信鬼嗜杀，无文字，用木刻记事者，傈僳种也。而野人、浪傈、怒子（怒族）、俅人（独龙族），虽其名称不同，实皆傈僳种也。且其风俗习惯、嗜好、性情不同者十之二三，同者十之七八。余故曰：野人、浪傈、怒、俅，皆傈僳同种者也”[9]。傈僳、怒、独龙三族不仅同源，且被认为都属于“傈僳种”，主要原因是其文化特征极为相似：居住山区，崇拜鬼神，没有本民族文字，以木刻记事。20 世纪 40 年代初，

“贡山夷民，原有五种，曰古宗，曰喇嘛，曰怒子，曰傈僳，曰曲子（独龙族）。名虽五种，其实风俗习惯，无甚差别，非如他属之种族，可以显然区别也”[10]。基于共同历史记忆的亲近感和同族源、近地缘关系所产生的文化一致性或相似性，加之自明嘉靖年间傈僳族西迁藏彝走廊西部边缘后在政治上的强势地位、文化上的强大影响力，在文化互动和交往中构成了一种不等量的交换关系，使得藏彝走廊西部边缘各族呈现出逐渐向傈僳文化趋同的区域文化一致性特征。

在宗教信仰方面，藏彝走廊西部边缘各族也具有区域内相互交融、但傈僳族宗教文化对区域内其他民族影响为主的特征。“上帕怒、傈，并无宗教，唯信祭鬼。”[4]62 在鬼神分类上，傈僳族对怒族的影响很明显。如“尼午”鬼原是傈僳族所信奉的鬼灵，而福贡怒族也同样信奉[5]112。傈僳、怒的巫文化也相互交融。“怒、傈有巫一种，怒语名为泥扒（傈僳语，巫师），有病不医药，概信泥扒。以竹签卦卜之。”[4]94 因此，藏彝走廊西部边缘多民族传统宗教区域一致性与民族差异性兼具的特征，正是其宗教文化相互影响、相互交融的基础。

总之，这种以傈僳族文化为核心的区域文化特征，以动态变化的形式不断融汇其他民族文化的发展过程，并成为诸民族间相互认同存在、发展和重构的基础。

二、认同传统的因循与强化

20 世纪 20 年代，外国传教士曾经亲自前往藏彝走廊西部边缘地带传教，但却遭到当地民众的抵制。原因一是“外国人都是长胡子蓝眼睛，与我们不相像，所以我们不信教”的排斥心理[5]20，二是语言隔阂对传教造成的障碍。

美国传教士贝文华牧师于 1928 年在六库蚂蝗箐、马鹿塘村传教，并打算在马鹿塘村盖房子长期居住传教，但却因不是同族同教而遭到六库土司段竹铭的阻挠，段说：“不允许你在我们地方建房传教。”当西方传教士最初“进到泸水县的托纪村传教时，遇到了语言上的麻烦，因为当时居住在怒江的傈僳族，多数不懂汉话，平常只能用纯粹的傈僳语进行对话”[11]。这种语言障碍在对怒族、独龙族传教时也同样存在。而另一方面，只要过了傈僳语言关，在这些民族中传教也就不存在语言障碍了。由此，自 1922 年以来，外国传教士在耿马、腾冲、龙陵等傈僳族居住区培训多年的傈僳族教牧人员就派上用场了。而且他们所到之处颇受欢迎，不少传教士是被傈僳族同胞主动邀请而去的，这正说明同族同语言在先期传教中的重要影响。大约 1927 年，从木城坡派出的旺友毕等傈僳族教牧人员到泸水传教时，被原碧江县匹河乡❶达罗村嫁到此地的傈僳族人波亚章及儿子邀约到达罗传教，途径碧江尼普罗、干本、色德、哈古独、普乐等傈僳族、怒族村寨，基督教在这些村寨产生了初步影响。之后，这些傈僳族传教士又被到这些村寨走亲戚的托基、金秀谷、达罗、里吾底等村的傈僳族、怒族分别约请到自己村寨传教[12]185。这些傈僳族传教士不负西方传教士所望，努力开拓，使基督教得以在泸水、碧江的傈僳族、怒族村寨顺利传播。在向福贡、贡山的傈僳族、怒族、独龙族中传播基督教过程中，傈僳族或会说傈僳语的纳西族、汉族传教士同样充当了传教“马前卒”的角色。在福贡最初传播基督教的是纳西族传教士阿夫贾、汉族传教士杨雨楼，他们都因会讲傈僳语而淡化了当地民众对异教与异族传教士的排斥心理。傈僳族传教士在中缅边界的独龙族中传播基督教也同样没有被独龙族排斥。而西方传教士先期从龙陵、耿马所派遣的传教士全是傈僳族，从维西派遣的则会讲傈僳语，他们接着在当地培养的大多是本民族特别是傈僳族教牧人员，传教中皆使用傈僳语、傈僳文。显然，基督教传播之初，外国传教士与傈僳族传教士在藏彝走廊西部边缘两种截然不同的机遇与成效，说明了与文化相同或相近、语言相通的傈僳族传教士在传播基督教中起到了沟通傈僳族民族与外国传教士的桥梁作用。

在这些傈僳族传教士开启了进入藏彝走廊西部边缘传播基督教的大门之后，外国传教士自己也努力学习藏彝走廊西部边缘通用语言——傈僳语，并且大都起了傈僳族名字之后纷纷亲自前往传教，“为了接近傈僳同胞，一一起了傈僳姓名”[8]23。如按照傈僳语，傅能仁叫“阿益桑”（排行老三的牧师），杨志英叫“阿益达马扒”（最大尊贵的牧师），杨思慧叫“阿益达玛扒”（最尊贵的牧师），伊丽莎白叫“阿子达马扒”（大姐牧师）等[12]101~102。这些有着傈僳名字、讲着傈僳话的外国传教士在傈僳族教牧人员开拓的传教区内得以顺利进驻并立足。可见，西方传教士在面对障碍时，意识到了藏彝走廊西部边缘各族对于傈僳文化的认同这一历史传统，并且在传教过程中不遗余力地加以适应。其后，在西方传教士以及龙陵、耿马、腾冲、维西等地派遣傈僳族与会傈僳语的纳西族、汉族传教士，以及在本地培养的傈僳族与会讲傈僳语的怒族、独龙族教牧人员的共同努力下，基督教在藏彝走廊西部边缘迅速发展。藏彝走廊西部边缘的基督教，

---

❶ 1986 年撤销碧江县建制，原隶属于碧江县的架科底、子里甲、匹河三乡归福贡县管辖。

因外国传教士分属于不同的教会，因而其传播范围分属不同教会。据统计，1949年，泸水县有基督教徒3 800人，属于内地会，以傈僳族教徒为主；碧江有教徒6 184人，属于内地会，以傈僳族、怒族教徒为主；福贡县有教徒8 759人，分别属于基督会与神召会，主要是傈僳族、怒族；贡山县有教徒2 913人，属于基督会，主要是傈僳族、怒族和独龙族教徒。[12]79推究基督教在藏彝走廊西部边缘发展迅速的原因，主要是基督教"解释了傈僳族社会面对社会分化和阶级分化的迷惘和惶惑，满足了傈僳族社会由村社分散独立的生存模式向国家总体生存模式过渡的信仰要求"[13]，因而传教士的到来颇受傈僳族、怒族、独龙族民众欢迎。通过使用傈僳语、傈僳文传教，传教士利用以傈僳族文化为核心的区域文化认同传统资源，避免了排斥心理，并为藏彝走廊西部边缘地带各族群中基督教认同的建立奠定了基础[14]87。

20世纪80年代起，随着民族宗教政策的落实，基督教在藏彝走廊西部边缘的傈僳族、怒族、独龙族中恢复发展，并在20世纪末曾经一度出现基督教发展热[15]。据怒江州宗教局统计，1992年怒江州基督教信徒达78 013人，1995年达80 876人，主要以傈僳族、怒族、独龙族为主，占全州傈僳族、怒族、独龙族总人口262 692人的31%。近30年来，基督教在藏彝走廊西部边缘恢复并快速发展的过程中，在原来就有信教群众基础的傈僳族、怒族、独龙族村寨中民众自发恢复了旧有传统，傈僳族教牧人员以及本地本族教牧人员也进行了很大的努力。值得注意的是，这一过程中依然是用傈僳语、傈僳文传教，重建基督教信仰。因此，尽管有诸多新的因素介入，但上述情况在某种程度上仍然是历史上藏彝走廊西部边缘各族对傈僳族文化认同的因循。

三、区域文化认同的重构

宗教是一种文化，对宗教的认同，即是对其宗教文化的认同。一般来讲，区域文化与民族文化既相互联系，又相互区别。有时一种民族文化内部因为分布广泛而包含着多种区域文化，有时一种区域文化又会涵盖多种民族文化。就藏彝走廊西部边缘而言，区域文化融合了该区域内的多种民族文化，而且在融合发展过程中往往以傈僳族民族传统文化为主流。因此，在一定意义上，对区域文化的认同，就是对傈僳文化的认同。在藏彝走廊西部边缘基督教传播、变迁与发展中，同样存在对该区域内以"傈僳化"了的基督教文化的认同。基督教文化认同表现在以下四个方面。

1. 共同使用傈僳文作为宗教及文化知识获取媒介

基督教传入之前，维西傈僳族农民汪忍波于1924年至1941年间创造了傈僳文字，并编写成一本《傈僳语文》，大体按音韵编排成291句顺口溜以便学习记忆和流传，但是流传范围十分有限，并没有发展成被广泛使用的民族文字。怒族、独龙族皆无本民族文字。“自耶稣教传入怒江后，英国传教士傅能仁等才创傈僳字，宣传宗教。傈僳族、怒族‘瓦枯扒’（传道员）识此种文字者，用其写信、记账，年深日久，读者渐多，今天的傈僳族、怒族的‘瓦枯扒’很少有不识此种文字者。傈僳文字用拉丁字母拼音，子音十一，母音二十九，外国传教士制有此种文字的铅字，现用此种文字出版书籍，怒江有精装本《赞美诗》二百八十九首，《福音精华》、《福音问答》、《卫生课本》等书。”[8]29这些注音文字，以音对字，笔画简单，适应了当地民众的认知方式，易记易学，掌握方便，一般学习两三个月就能读能写，受到人们欢迎，成为基督教的符号，扩大了教会的影响。至今，傈僳族、怒族、独龙族教堂诵经、唱诗皆一直使用傈僳语言文字，懂得傈僳文字与懂得《圣经》、《赞美诗》是相同意思，甚至与信仰基督教是相同含义。“是以怒人、俅人，以种种之关系，有学习傈僳语之必要；而怒人、俅人亦多通傈僳语，以便互相沟通文化。所以傅能仁所译之傈僳文《新旧约全书》可以在怒人、俅人社区传教；俅人、怒人能读傈僳文之《圣经》者，因能通傈僳语也。”[8]8傈僳文字的创制为基督教在藏彝走廊西部边缘的传播创造了条件。“圣经及赞美诗都有译本，一般都会读，教徒常整日在教堂内读经唱诗。教会在福贡虽然未设有学校，实际教会代替了学校。非教徒也有很多人懂傈僳文字。”[16]1101以傈僳文字为载体的《赞美诗》、《福音精华》、《福音问答》等已经成为“基督教化”的傈僳族文化的新内容，并被傈僳族、怒族、独龙族民众共同认同。

2. 重构与分享共同的基督教历史记忆

西方传教士在藏彝走廊西部传播基督教过程中，规定的“十诫”有“除了上帝、耶稣、圣灵之外，不再信仰别神”[12]47，“不准讲述祖先历史传说”[12]77。关于神鬼崇拜来源的创世神话与关于祖先崇拜的祖先历史传说是民族历史记忆的重要组成部分，共为氐羌系统民族的傈僳族、怒族、独龙族一直分享着有关共同族源的历史传说和相似宗教信仰的神话传说，基督教“十诫”中的规定切断了教徒们原有的区域历史记忆的链条。

在民族、区域历史记忆出现断层的同时，基督教的传入再次重构、替代并强化了区域性历史记忆，在藏彝走廊西部边缘出现了以傈僳语讲述，以傈僳文记录的《圣经》故事为主要内容的新的区域历史记忆：

“天地和人、动物、植物、日、月、星星，都是上帝创造的，人们要崇拜上帝，信奉耶稣基督即是基督教。因耶稣基督是上帝的儿子。”[12]80 其结果，要么以基督教历史记忆取代原有民族历史记忆，要么与原有历史记忆相拼接，形成新的区域历史记忆，构建出具有浓厚地方特征的新的历史记忆。基督教传入后，藏彝走廊西部边缘各族教徒族群历史记忆的弱化，以及用傈僳文、傈僳语传播的基督教历史记忆的共同建构和分享，可以说是历史上以傈僳文化为核心的区域历史记忆的强化和另一种形式的延续。

3. 重构与分享共同的“基督教化”的宗教生活方式

在基督教传入之前，藏彝走廊西部边缘各族信仰“万物有灵”的自然崇拜。基督教传入后，传教士宣讲：“上帝是万能之神，信仰上帝，有病不必杀牲祭鬼，祷告上帝就会好。上帝帮助我们，生活会好起来。”[12]81 加之免费看病施药以及“十诫”中讲究卫生的要求，疾病自然减少，以杀牲祭鬼为主要内容的传统宗教逐渐减少。

尽管傈僳族、怒族、独龙族在经济文化各方面相互影响相互渗透，也存在着超越民族边界的区域认同，但毕竟分别属于三个不同的民族共同体，其文化、习俗有一定的差异。基督教传入后，重新构建了共同的“基督教化”的宗教生活方式。基督教徒的宗教生活，日有祷告，周有礼拜，月有晚会，年有“三大节日”，活动频繁。每个节日为期三天，由教会选择在某个教堂里举行，周围教堂的傈僳族、怒族教徒前往参加。节日活动的内容有：“马扒❶讲演《圣经》竞赛；老人、儿童、妇女唱《赞美诗》竞赛；教徒背诵《圣经》章节竞赛；举行集体祈祷；进行文娱体育活动和收集教徒献礼等。”[16]1080 当地“青年男女被认字、唱歌、礼物、集会所吸引而信教，有若干集会能找到消遣的场所”[16]30。

基督教的传入，不仅使傈僳族、怒族、独龙族基督教徒有了共同的宗教节日礼俗、共同的宗教生活，“基督教化”的宗教生活习俗被各族教徒乃至非教徒共同认同，更使人们的宇宙观、道德观、价值观、人生观、时间观、空间观等文化观念发生转换，使宗教认同和文化认同交织在一起。

4. 重构与分享共同的“基督教化”的世俗生活方式

藏彝走廊西部边缘各族的烟酒嗜好及买卖婚姻等习俗耗费极大。但基督教“诫令中规定的不吸烟、不饮酒，以及除了上帝不信奉其他鬼神（即

❶ “马扒”为傈僳语，汉语的意思为“牧师”。

不祭祀鬼神)、结婚不准吃财礼等，明显是针对当时傈僳族、怒族社会中相当普遍和浪费性极大的旧俗。改变旧俗以迎合人心，促进了基督教的传播”[16]1082。结果，“基督教对彼等发生之影响可谓甚大。其日常生活中之衣服已较前整洁，食时必祈祷上帝，住处亦较为整洁；因传教士常来之故，房中原日供奉家神之位置也改悬耶苏、玛利亚之像或其他圣经故事。星期休息并作礼拜，过复活节、圣诞节，取消原有之各种鬼神的祭祀、信仰，改变其婚丧仪式，保持诚实习惯，服从传教士”[7]64。由此，传教士和教徒心目中共同认同的“文明”风尚逐渐融入傈僳族、怒族、独龙族教徒乃至非教徒的世俗生活中，成为民族文化和区域文化的一部分，使民族认同、区域认同与基督教文化认同相互渗透。

四、结论：多种认同的相互交织

如上所述，自20世纪基督教传播和发展以来，基督教文化融入傈僳族传统文化之中，从而使宗教认同与民族认同紧密联系、互相影响。一方面在丰富和重构傈僳族文化的基础上，延续了历史上藏彝走廊西部边缘诸族对以傈僳文化为核心的区域认同的传统。另一方面又使彼此间存在着文化差异的诸民族在对“傈僳化”的基督教信仰和文化的认同上重新找到了一定的共同性。尽管民族认同依然存在，但各族民众在宗教信仰、宗教生活和世俗生活方面逐渐出现了“基督教化”。

基督教在藏彝走廊西部边缘的传播，历史上在政治、文化较为强势的傈僳族最先受到影响，再由其聚居区域扩展到怒族、独龙族聚居区，傈僳族在宗教上也逐渐占据了优势地位，因而这种“基督教化”首先是经过傈僳化或本土化了的基督教。在民族间关系的调适和重建中，此区域傈僳族、怒族、独龙族“基督教化”的过程，延续、加速和强化了傈僳族文化对怒族、独龙族文化的影响，并在区域文化认同的协调下显现出各民族间文化更加接近的趋势。这正是在政治、经济、文化诸方面长期处于不同地位的三个民族在民族认同、区域认同和宗教认同中显示出来的差异性、复杂性的表现。这是中国边疆多民族杂居地区在不断变换的场景中的多个少数民族在区域认同的一致性和民族认同的差异性的纠葛中，在一定程度上以基督教取代地方性传统宗教的过程中所体现出来的特性，由此无疑将丰富我们对群体认同的动态性和场景性的认识，使我们从另一个角度认识到宗教认同、区域认同和民族认同是在场景变动中不断加以重新塑造的。

参考文献

[1] 高志英．藏彝走廊西部边缘民族关系与文化变迁研究［M］．北京：民族出版社，2009：127．

[2] 保罗·康纳顿．社会如何记忆［M］．纳日碧力戈，译．上海：上海人民出版社，2000：9．

[3] 严德一．怒江边的怒子［M］//李绍明、程贤敏．西南民族研究论文集．成都：四川大学出版社，1991：315．

[4] 纂修云南上帕沿边志［M］//怒江州志办公室．怒江旧志．六库：怒江州民族印刷厂，1998．

[5] 云南省编委会．怒族社会历史调查［M］．昆明：云南人民出版社，1981．

[6] 夏瑚．怒俅边隘详情［M］//方国瑜．云南史料丛刊：第12卷．昆明：云南大学出版社，2000：150．

[7] 西南民族学院图书馆．云南傈僳族及贡山、福贡社会调查报告［M］．成都：西南民族学院图书馆，1986：9．

[8] 云南省编辑组．中央访问团第二分团云南民族情况汇集（上）［M］．昆明：云南民族出版社，1986．

[9] 李根源．滇西兵要界务图注（卷二）［M］//方国瑜．云南史料丛刊：第10卷．昆明：云南大学出版社，2001：807．

[10] 征集菖蒲桶沿边志［M］//怒江州志办公室．怒江旧志．六库：怒江州民族印刷厂，1998：130．

[11] 胡学才．基督教在傈僳族地区的传播过程［J］．怒江方志，1990（4）．

[12] 朱发德．滇西基督教史（内部资料）［M］．昆明：云南民族印刷厂：怒新出（2007）准印字第20号，2003．

[13] 任新民．试论基督教在怒江地区傈僳族社会变迁中的整合功能［J］．思想战线，1999（5）．

[14] 高志英．宗教认同与民族认同的互动．西南边疆民族研究［M］．昆明：云南大学出版社，2009：87．

[15] 高志英．云南福贡县上帕镇傈僳族、怒族基督教状况［M］//北美基督教协会．基督教与中国美国．（美国）恩福基金会，2007：142．

[16] 李道生．福贡基督教传播史略［M］//怒江文史资料选辑：下卷．芒市：德宏民族出版社，1994．

维吾尔族女性早婚现象的人类学分析*

冯雪红

（北方民族大学学报编辑部）

埃及、西班牙、印度等世界上很多国家的女性都有早婚现象。在当今印度，早婚风俗仍然在印度教教徒中流行。就我国而言，早婚是传统中国农业社会的一个普遍现象。民国初年（1912 年），新疆少数民族也存在早婚习俗，尤以维吾尔族为甚。维吾尔族女性的早婚现象不仅是一种现实存在，而且为研究者所关注。有学者认为，维吾尔族女性早婚最深刻的根源是经济原因。❶ 为了比较客观地认识维吾尔族女性早婚问题，笔者以新疆喀什地区 S 县一个维吾尔族村落——阿村❷为个案，于 2007 年 5 月 ~6 月、2008 年 7 月 ~9 月前往阿村，对维吾尔族女性的婚龄观和早婚问题等进行了田野调查。阿村是一个传统的绿洲农耕社区，下辖 8 个村民小组，总计 406 户，1 725 人，村里的人基本靠农业维持生计。本文在人类学整体关怀前提下，以女性为视角，全面、立体地考察了维吾尔族女性早婚相关问题，进而描述和阐释当代维吾尔族女性婚姻状况，旨在为民族地区国家婚姻政策的执行提供一定的借鉴。

一、维吾尔族女性的婚龄观和初婚年龄

早婚是一个相对的概念。所谓早婚，不同的国家在不同的历史时期有不同的界定。在我国，女性早婚，理论上系指女性不到法定婚龄而结婚。1950 年，我国第一次颁布的《婚姻法》规定，结婚年龄，男不得早于 20

---

* 基金项目：国家社会科学基金项目“和谐社会建设中维吾尔族妇女婚姻与妇女发展研究——以南疆喀什地区为例”（08XMZ006）。

❶ 曹红：《维吾尔族生活方式——由传统到现代的转型》，中央民族大学出版社 1999 年版，第 146 页。

❷ “阿村”乃一学名，出于田野伦理要求，将该村真实名称隐去。

周岁，女不得早于18周岁。1981年实施的《婚姻法》将初婚年龄提高，男不得早于22周岁，女不得早于20周岁。显然，在两次婚姻法中，18周岁和20周岁是女子结婚的最低年龄，又称为法定婚龄或婚姻适龄。与这两次《婚姻法》相适应的新疆《关于执行〈婚姻法〉的补充规定》规定，少数民族结婚年龄下限为女16周岁、男18周岁和女18周岁、男20周岁。未达这个年龄而结婚者，即为早婚。由于早婚行为违反了法律的规定，亦认定为无效。据此，在1950—1981年，维吾尔族女子不满16周岁结婚的，1981年之后不满18周岁结婚的，均为早婚。本文所谓的早婚采取法律意义上的界定，因此，衡量女性早婚的一个重要而且直观的指标就是女性的初婚年龄。

有一位14岁结婚的维吾尔族中年妇女，当我问她“您怎么这么小结婚”时，她说：“当时有一种说法，‘好女不等到十六七嫁’。”按她的年龄，她结婚的时间应该是1982年，阿村妇女的初婚年龄未必都在十六七岁以下，但“好女不等到十六七嫁”似乎是维吾尔族社会对女性初婚年龄约定俗成，从中透露出维吾尔族女性的婚龄观。

初婚年龄是指一个人第一次结婚时的年龄，它是婚姻文明程度的一个重要标志，初婚年龄的高低也是社会发达程度的写照。研究显示，在落后地区，初婚年龄一般较低，而在发达或较为发达地区，初婚年龄则相对较高。女性平均初婚年龄是指女性第一次结婚时的平均年龄。古今中外，对初婚年龄都有规定，或依据法律政策，或依社会习俗，对某一国家或某一地区人口群体第一次结婚的年龄作出最低限定。

从抽样调查统计结果看，阿村妇女各年龄段平均初婚年龄均未达到当时法定婚龄，平均初婚年龄最小的为65岁以上年龄段人群，最大的为29岁及以下年龄段人群。其他年龄段平均初婚年龄在14~16岁，基本没有明显的变化。20世纪90年代中期以后，女性的初婚年龄才明显递增。（见表1）

表1　阿村妇女初婚年龄抽样调查统计（2008年9月）

年龄段（岁）	人数（人）	占被调查妇女比例	平均初婚年龄（岁）	最小初婚年龄（岁）
65以上	5	4.81%	13.2	9
60~64	11	10.58%	15.5	13
55~59	9	8.65%	15.8	14
50~54	13	12.5%	15.9	15
45~49	13	12.5%	15.9	11

续表

年龄段（岁）	人数（人）	占被调查妇女比例	平均初婚年龄（岁）	最小初婚年龄（岁）
40～44	15	14.42%	15.1	13
35～39	22	21.15%	14.6	12
30～34	8	7.69%	15.8	13
29 及以下	8	7.69%	17.3	14

过去，结婚年龄普遍较小。按照当地妇女的解释，她们的初婚年龄在当时都不算小，虽大多不足法定婚龄，但在她们看来却并非早婚。我们可以通过下面的访谈资料了解当地妇女的观念：

“我 14 岁结婚，自己没觉得早，那时都那样，不结婚别人会说三道四，现在不管多晚结婚，大家都习惯了”（47 岁）；“我 14 岁结婚，在我们村里，如果一个女的到了结婚年龄还没结婚，别人就会小瞧我们”（37 岁）；“我 14 岁结婚，以前 15 岁不结婚，别人就说这个女孩没人要了，现在二十一二岁结婚，大家都能理解”（35 岁）；“我 15 岁结婚，当时情况都那样，我还算比较晚，一般十三四岁结婚”（44 岁）；“我 15 岁结婚，不然乡里乡亲，那么大了还没结婚，别人会说可能是没人要了”（60 岁）；“我 16 岁结婚，到那个年龄都得结婚，到谈婚论嫁的年龄了”（50 岁）；“家里穷，我 17 岁结婚，当时算比较晚”（55 岁）；“14 岁结婚，15 岁生孩子，这在当时很正常，现在什么时候找到合适的人，什么时候结婚”（45 岁）。

显然，从阿村妇女的初婚年龄看，她们普遍倾向于早婚，很多不满十六七岁结婚的妇女，在回首初婚时的酸甜苦辣之后，大都觉得自己当初结婚年龄太小。通过对 67 位女性的抽样调查统计，她们认为理想的结婚年龄应该是：女性平均初婚年龄为 19.4 岁，男性为 21.9 岁，比照原始访谈资料，她们期望的初婚年龄有所增长。

二、维吾尔族女性多样化的早婚原因

从主位视角看，维吾尔族女性之所以早婚，婚姻观念是主要原因，“好女不等到十六七嫁”，这一对初婚年龄的规约长期影响着她们的思想观念与行为。在当时的她们看来，临近十六七岁，即到了谈婚论嫁的年龄，不然亲邻的各种议论和猜测就会不断出现。

从客位视角看，维吾尔族女性早婚有以下一些原因。

1. 宗教教义潜移默化的影响

从田野工作得知，村落社区的文化因子、父母的观念抑或男性的观念都程度不同地左右和影响着女性的观念，对于具有虔敬、浓重的宗教意识的阿村女性来说，宗教的规约在她们的生活中无疑发挥着重要作用。按伊斯兰教教义规定，男满 12 岁、女满 9 岁即成人，并须承担起成人对宗教所负的各种义务。美国学者约瑟夫·布雷多克在他所著的《婚床——世界婚俗》一书中也指出，伊斯兰教认为女孩子天生羸弱，无力保护自己，早早出嫁可以避免婚前失贞。在受访女性中，结婚年龄最小的即为 9 岁。可见宗教教义对女性早婚的影响。

2. 历史原因

关于维吾尔族的初婚年龄，史料记载，在清代“男人过十四五即娶，女至十一二即嫁”❶，至民国初年结婚年龄略有提高，“男子为十五六岁，女子则十二三岁”❷，20 世纪 30 年代“男多十七八，女多十四五，旧有十三龄者，今已日渐减少”❸，20 世纪 40 年代，疏附县的维吾尔族学生代表依敏江声称：“现在普通情形，男子二十四岁，女子十六岁是结婚标准年龄。”❹ 1930—1934 年出生的维吾尔族妇女平均初婚年龄为 16.34 岁。❺ 总体来看，维吾尔族女性在历史上就有早婚现象，随着时代推进，女性的初婚年龄逐渐上升，趋向法定婚龄。概而视之，维吾尔族女性的早婚是有历史渊源的。

3. 经济原因

从政治经济背景看，包产到户后，阿村乡民的生活水平才逐步得到改善。包产到户前，村里的经济生活水平普遍低下，正如大多数村民所说：“那时，人都穷得很。”尽管很多女性强调：“再穷也养得起自己的孩子，早婚与穷没有关系。”但还是有一些女性表露：“以前女的十四五岁就结婚，现在经济条件好了，什么时候找到合适的人，什么时候结婚，养得起。”“我妈就像下崽子一样，一年生一个，一年生一个，可能是我们家太穷了，那么小就把我出嫁了。”“那时吃都吃不饱，家里想着把我嫁了就少

---

❶ ［清］吴丰培：《新疆回部志》（卷二）：风俗第八。

❷ 曾问吾：《中国经营西域史》，新疆维吾尔自治区地方志总编室发行，1986 年版，第 628 页。

❸ 陈赓雅：《西北视察记》，甘肃人民出版社 2002 年版，第 260 页。

❹ 陈纪滢：《新疆鸟瞰》，商务印书馆 1943 年版，第 125 页。

❺ 高尔生、杨娟：《中国少数民族妇女生殖健康状况分析》，载《人口研究》1995 年第 7 期；梁海峡：《民国新疆维吾尔族初婚年龄研究》，载《吕梁高等专科学校学报》2007 年第 3 期。

一张嘴，自己不愿意嫁，太小没办法，必须得听父母的话，就结婚了。”“那时肚子都吃不饱，孩子养不起，可能就是那个原因，我 14 岁就结婚了。”“这里都那样，小学一毕业，不上学了，父母就把我们嫁出去，家里生活困难。”一位 50 岁的男子说：“过去太贫困，孩子到十二三岁，肚子大了要吃饭，穿的衣服也大了，为了减轻负担，快快把女儿嫁出去，减少开销。”某种程度上可以说，在生活水平普遍低下的时期，减轻家庭经济负担是女性早婚的原因之一。

4. 文化程度

过去，村里的人文化程度相对较低，认识水平有限，囿于强烈的贞节观，通常在月经初潮前就让女儿出嫁，避免婚前失贞，亦保家人脸面。40 岁的 NRGL 说：“那时在农村普遍时兴早婚，越小结婚越好，谁家女儿小小的就有人娶，父母脸上有光，超过 15 岁还没结婚，别人说闲话，‘你家女儿没人要了’，要在还没来过月经时结婚，别人要知道你来月经了就在外面造谣，‘她没结婚就来月经了，肯定和别人有不正当的关系’。”70 岁的 BHTH 说：“早婚，家里穷不是主要原因，主要是父母害怕女孩年龄大了和男的有不好的现象，过去没来月经（指月经初潮）就出嫁，要是来月经才出嫁，对方知道了就说你的女儿不是纯女孩[1]。现在上学，初中、高中毕业，男的女的都知道多大来月经，在学校老师也讲呢！以前农民没文化，不知道。”过去，女孩子普遍小学毕业就不再继续上学，有人来说媒，父母看着差不多，就把女儿出嫁了，这在一定程度上催生了早婚现象。

5. 执法不严

一位中年妇女说：“20 年前，我们村里没什么义务教育，结婚没什么限制，发放结婚证的地方一去就能领上，现在不到 18 岁领不上证。”现在还有一个不成文的规定，没有初中毕业证，也不能领结婚证。另有一妇女说：“当时领结婚证不是特别严，去基本能领上，最近十几年严了。”据说，过去很多人户口本上的年龄比实际年龄大，当时办户口比较麻烦，入户口时多报一两岁，孩子大，给的粮食多。因此，入户口时把女孩的年龄报大一两岁，或结婚时不到法定婚龄，“走后门”领结婚证的现象时有发生，政府相关部门未能严格履行其应尽的监督职能。在我国开始提倡晚婚时，执法不严，无疑助长了阿村女性的早婚。

6. 其他原因

40 岁的 TSGTHT 13 岁结婚，她说：“姐姐结婚十几年没生，怕姐姐离

---

[1] 当地普遍称处女为纯女孩。

婚，父母让我嫁给姐夫的弟弟，这样就可以保住两个家庭。”39 岁的 PTG 说：“当时外婆年龄已很大了，又有病，生前想看到孙女结婚，所以，我 14 岁就结婚了。”可见，追溯维吾尔族妇女早婚的根源，我们在看到其普遍性的同时，也应看到其特殊性。

其实，我国彝族、侗族、回族等很多少数民族都有早婚习俗。有论者指出，侗族盛行早婚的原因大致为：（1）早婚是侗族的传统婚俗。孩子长到十一二岁，父母就开始考虑子女的婚事，如果十七八岁的男女，特别是女孩尚未完婚，就要遭人说长道短，受人嫌弃。（2）“行歌坐月”的恋爱方式催生了少男少女早婚的愿望。（3）实施农业生产责任制以后，许多人因为家里缺少劳动力而早早给孩子完婚，女方需要找个女婿来帮干重农活。（4）大批适龄青少年弃学归耕。（5）婚姻法的宣传工作和婚姻登记工作未得到重视，结婚的青年男女很少到乡政府去登记。[1] 而回族女性早婚的原因大体为：（1）生存条件和经济原因。对一个贫困家庭来说，女孩早婚可得到一笔高额聘礼，缓和家庭经济压力，还可以为女孩弟弟娶媳妇积攒一点储蓄。（2）观念因素。早早有人来提亲，说明女儿比较出色，父母教管得好。（3）文化因素。能有一手“好茶饭、好针钱、好教门”，是回族女孩必备的女德。这里的家长认为女孩子读不读书无所谓，迟早是要嫁人的。女孩子不念书，就得准备嫁人。宁夏南部山区同心县回族村落，女孩十六七岁出嫁是普遍现象，十八九岁还不出嫁，就会遭到其他人的非议。[2]

显然，维吾尔族女性早婚的动因与侗族和回族女性既有相似之处，又有差异。她们都受到本民族观念的影响，到一定年龄不结婚，就遭人非议，只是习俗中婚龄的下限略有不同，以维吾尔族女性为低；执法不严是一个共同的原因；受教育程度低甚至不接受学校教育为早婚创造了便利条件，但由这个因素导致各民族女性早婚的出发点有所不同；同样有经济原因，发挥的效力却截然不同。不可忽视的是，早婚都受到难以割裂的民族传统文化和习俗的惯性作用影响。

三、维吾尔族女性早婚带来的问题

随着我国《婚姻法》的颁布，早婚成为是一种违法行为。为了解维吾

[1] 胡敏：《试谈三江侗族青年早婚原因影响及其对策》，载《广西民族研究》1987 年第 1 期。

[2] 杨志新：《宁夏南部山区回族妇女早婚习俗调查与分析》，载《青海民族研究》2004 年第 1 期。

尔族女性早婚带来的问题，笔者对阿村50名早婚女性进行了深度访谈，现择其要者归类总结如下。

1. “结婚太早，小孩养小孩，不知道咋带孩子。”

案例1：62岁，小学4年级（指受教育程度，下同），13岁结婚，配偶21岁❶。“结婚太早，影响身体发育，小孩养小孩，不知道咋带孩子。第一次结婚，嫌我不生育——erim（丈夫）说得最多，第二次结婚，过了一两年，我才来月经。”

案例2：53岁，小学文化，14岁结婚，配偶18岁。“小小结婚，第一年结婚，第二年就生娃娃，小小生娃娃，娃娃也不会带，所以死掉的娃娃多得很。”

案例3：32岁，小学文化，16岁结婚，配偶25岁。“太早结婚，太早怀孩子，太早生孩子。年龄太小，生孩子生不下来，痛苦得很，生了孩子，不会带孩子，婆婆不高兴，男人家亲戚也不高兴。我曾考上了乌鲁木齐艺术学校，收到录取通知时，我已结婚3个月了。”

以上类似早婚案例有7个，占被访女性的14%。由于每个人遭受早婚带来不幸的后果不同，因此早婚引发的问题也是同中有异。由于早婚，过早的为人妻、为人母，在以农业为主要生计方式的村落社会，女性丧失进一步发展的机会在所难免。不仅女性初婚年龄小，她们初婚时配偶的年龄最大也不过25岁，并非组建家庭的最佳年龄段。我国最早的医学名著《黄帝内经》谈道：“三十日壮，有室。”认为男子到了30岁身体发育才完全成熟、强壮，这时成家立室才好。古人王吉上书汉宣帝，力陈“世俗嫁娶太早，未知为人父母之道而有子，是以教化不明而多夭”。梁启超的《禁早婚议》更是指出早婚之害：“害于养生”，“害于传种”，“害于养蒙”，“害于修学”，“害于国计”。❷ 根据科学测定，一个人长到20至25岁人体骨骼钙化过程才能完成。一般女性在20岁以前虽然身体的各重要器官已逐步发育成熟，但骨骼要到23岁以后才能完全钙化，若过早地怀孕生育，胎儿会与仍在发育的母亲争夺营养，使母婴双方都不能健康生长。16~20岁，是每个人社会化过程中最重要最关键的阶段，过早地钻进生儿育女的樊篱，不能自立自强，容易形成被动和依附心理，对女性来说，根本谈不上全面发展。晚婚晚育有益于女性成才，已为许多人的实践所证实。早婚早育影响着下一代的素质。常言道：“母亲是孩子的第一任教

---

❶ 指女性初婚时丈夫的年龄，下同。

❷ 李稚：《论晚婚》，载《南方人口》1988年第1期。

师。”女性早婚，身心发育不成熟，素质明显过低，担负不起教育下一代的责任。❶

2. “太早结婚，太早生孩子，容易得妇科病。”

案例4：55岁，初中文化，14岁结婚，配偶17岁。“太早结婚，太早生孩子，生小孩难产，生不下来，浑身疼，容易得妇科病。”

案例5：40岁，初中文化，13岁结婚，配偶婚龄未详。“不管你多大，只要结婚了，就成一个大人了，不管轻重，啥活都干，容易得妇科病。结婚后，我7年没生，去医院检查，医生说子宫没发育好，现在我还有宫颈炎。”

案例6：36岁，小学文化，14岁结婚，配偶19岁。“太小结婚，不会做家务，不会干农活，患了4年的妇科病，一天到晚没办法，最后才有小孩。”

案例7：37岁，小学文化，14岁结婚，配偶27岁。“我现在才明白，结婚早，生孩子早，感觉老得快，老是得妇科病，到医院很多次，治了很长时间，才把环带上。”

案例8：64岁，小学4年级，14岁结婚，配偶20岁。“结婚太早，不会做饭，下身也疼，很痛苦。结婚那天晚上我就不行了，下身疼得很，一个礼拜都疼，起不来了。婆婆对我好，最后婆婆给炒羊肝子吃才好了。”

案例9：30岁，小学文化，16岁结婚，不知道配偶多大，只记得他年龄挺大的。“结婚太早，坏处太多了，落的一身病不说，那时我得了一场病，白带增多，月经来了流个不止，有一次，流了15天，经常晕过去，不省人事。就在这15天，别人都说我活不了了，啥法子都用过，后来去医院打吊针、吃药，终于治好了。我可能命大，就那一场病到现在都有影响，活干多了容易疲劳。当时邻居都怪我妈，‘让她这么早结婚，才会这样’。”

案例10：48岁，初中文化，16岁结婚，配偶23岁。“今年嫁了，明年该生了，在不合适的年龄结婚，又在不合适的年龄生孩子，带不好娃娃，再没有比这不好的影响了。太早结婚，这个病那个病，妇科病一大堆，一步一步走向死亡。”

以上类似早婚案例有10个，占被访女性的20%。早婚易患妇科病是她们共同的体验。由于每个人结婚年龄、自身体质、家庭环境、保健措施等不尽相同，她们的妇科病种类、病情及并发症和其他连带问题也因人而

❶ 朱莲芳：《农村早婚现象的成因、危害及对策》，载《中国妇女管理干部学院》1991年第2期。

异。但由于共同的早婚经历，她们的体验和感受则大同小异。从年龄特征看，男性普遍偏大，较女性相对成熟。婚姻生活的性质决定了女性得妇科病是不可避免的，但早婚增加了患妇科病的概率，不但影响健康，有时甚至会危及生命。女性早婚，容易产生妇科病，这已为众多研究所证实。据不少医院调查统计，宫颈癌的发病率早婚者比晚婚者要高出3~7倍，尤其是18岁以前结婚的可达20倍。[1] 医学科学界普遍认为，妇女生育的最佳年龄为25~29岁。这时所生的孩子体重、体质、智能最优；产妇的身体损伤和死亡率则能减少和降低。[2] 早婚影响女性健康，从理论与现实层面看，这都值得我们关注与深思。

3. "结婚时小，不知道什么叫夫妻生活，特别害怕夫妻生活。"

案例11：27岁，初中文化，17岁结婚，配偶25岁。"第一次结婚时小，不懂事，想念父母，不想在那儿住。那时，好多事都不懂，不知道什么叫夫妻生活，特别害怕夫妻生活，不懂夫妻生活，所以会影响夫妻关系。"

案例12：73岁，小学文化，9岁结婚，配偶18岁。"太早结婚，容易生特别多的娃，身体变得特别虚弱，一下子就垮下来了。结婚后，我五六年没下地干活，也没出过远门，害怕和erim（丈夫）住一块儿，别人问这是你啥人，我就说'这是我哥哥'。有两年，我都是和婆婆在一块儿睡，和erim（丈夫）没睡过，两年后才和他睡。"

案例13：50岁，小学，15岁结婚，配偶22岁。"我跟第一个男人结婚后老躲着他，在婆婆家没有哪个地方让我习惯过。太早结婚，啥也不懂，根本过不了日子，就像摘没熟的果子难吃苦涩一样。和他生活了3个月，就开始往娘家跑。"

案例14：38岁，小学文化，14岁结婚，配偶18岁。"太小结婚，太小生孩子，痛苦的事多了去了，不适应，和他呆了五六个月，经常往娘家跑，他们派人来接，如果和erim（丈夫）吵架了，公婆一块来接，基本上是侍侯erim（丈夫），不能让他满意。"

案例15：35岁，小学文化，15岁结婚，配偶21岁。"那时都那么早结婚，每个人头上都要经历'那个事'（性生活），刚开始不习惯，后来就慢慢习惯了。太小了，侍侯男人的'那些事'（性生活），根本应付不了。"

---

[1] 朱莲芳：《农村早婚现象的成因、危害及对策》，载《中国妇女管理干部学院》1991年第2期。

[2] 张天路：《早婚早育危害大》，载《中国民族》1991年第8期。

案例16：37岁，初中文化，16岁结婚，配偶22岁。“太小，不会过日子，不懂得怎样和男人过生活，只要男人经常提出那种要求（性生活），我就哭，很伤心，以为女人结婚可能就是这个样子，男人提出要求，我满足不了，狠哭，回去和妈妈吵架，‘你为什么把我小小就嫁人了？受那个苦，和我一样大的女孩还在上学呢’。”

以上类似早婚案例有6个，占被访女性的12%。结合原始访谈资料，由于早婚，“不懂、不习惯性生活”是她们的共识，有的甚至害怕性生活。早婚女性对夫妻生活的不适应、躲避、惧怕历历在目，因为这个原因，“经常往娘家跑”是访谈中一种比较普遍的叙述。因个体差异，每个人面对夫妻生活的表现、反应、感受、对策和认识迥异。福柯在《性史》一书中写道：“我们身体的能量不能被其他的能量所摧毁，这对我们的健康是至关重要的。首先，任何人都不应该经常不断地性交；再则，性活动对寒性的、湿性的、忧郁的以及肥胖的人较为合适，对瘦的人最不合适；一生中有些阶段，性交是比较有害的，如老年人以及从童年时期向青年时期过渡的人。总的来说，妇女是寒性和湿性的，男人则是干性和热性的，两性的性关系的活跃期是不同的，女人最适宜在夏季进行性交，男人性欲最强的时候却是在冬天。对性行为，并不是依据一个死限来断言是正当的还是不正当的，而是认为性行为置于个人与世界、性格与气候、身体素质与季节特性的交叉点上，是一种多少有些弊端的活动，因此应该多少加以限制。性实践须谨慎，三思而行。”[1] 显然，无论从养生法抑或年龄特征看，对于早婚女性，性生活对她们的危害都是极为严重的。

4. “结婚太早，不懂过日子，家就维持不下去。”

案例17：38岁，小学文化，17岁结婚，配偶21岁。“结婚太早，双方不懂感情，不懂过日子，家就维持不下去。”

案例18：50岁，小学文化，15岁结婚，配偶17岁。“太小结婚，啥也不懂。他家烧的柴也没有，吃的粮也没有，我受不了，跑到娘家来了，跟他离婚。”

以上类似早婚案例有3个，占被访女性的6%。这类女性共同的认识是早婚导致离婚。太小结婚，阅历有限，夫妻不懂感情，不懂得怎样生活，更不会处理婚姻家庭中的日常琐事；较之配偶，女性大都年龄偏小，受不了委屈，从而导致离婚的发生。这在当时是正常现象，不仅限于上述案例。“初婚年龄越低，离婚率越高。也就是说，初婚年龄越小，夫妻离

---

[1] ［法］米歇尔·福柯：《性史》，姬旭升译，青海人民出版社1999年版，第247～250页。

婚的危险性就大。这在家庭社会学领域已经是一个被普遍接受的命题。”❶

5. “结婚太早，各个方面压力都很大。”

案例19：36岁，小学文化，13岁结婚，配偶23岁。“结婚后和他最多住了15天，经常跑娘家，最后离婚了。那时很小，很多事都不懂，就是‘那些事’（性生活），我特别不喜欢我erim（丈夫）。结婚太早，各个方面压力都很大，女孩十七八岁以后结婚才懂得互相珍惜。”

案例20：小学文化，32岁，15岁结婚，配偶18岁。“小小结婚，小小生孩子，不会带孩子，孩子一哭闹，两个人就吵架。”

案例21：40岁，小学文化，15岁结婚，配偶20岁。“婚后想念父母，那时小，不懂生活是什么，希望永远和父母在一起。太小，生孩子时很困难，对身体不好；也不了解对方，合不来，吵架时不会让步；不会做家务。”

案例22：48岁，小学2年级，17岁结婚，配偶20多岁。“太早结婚，太早生孩子，不会带孩子，还得妇科病。我做的事情公婆看不惯，不怎么会做家务，经常和公婆发生矛盾。”

案例23：39岁，小学文化，14岁结婚，配偶17岁。“结婚太早，会得一些妇科病。十四五岁就结婚，过一年要生孩子，带孩子也是个问题。因为都太年轻，特别容易斗嘴，彼此不知道珍惜，夫妻不适应。”

案例24：66岁，小学3年级，10岁结婚，配偶20岁。“结婚3年来月经，生过一个孩子，死了，再没生。结婚时，我比较小，erim（丈夫）性格暴躁，动不动就打我。当时刚去，不会做家务，婆婆老骂我，一跟婆婆闹矛盾，erim（丈夫）就打我。女的太小结婚，丈夫亲近太多，对女的身体不好，长大了就不存在这些问题。”

案例25：44岁，小学文化，13岁结婚，配偶24岁。“不怎么会做家务，生了孩子，不知道怎么带，有时和公婆的关系很难处理。”

案例26：35岁，小学文化，17岁结婚，配偶20多岁。“太早结婚，小孩生小孩，和你一样长大，太早步入社会，婆婆也不体贴我，在男人家待了6个月，在娘家待了2个月，就离婚了。”

案例27：40岁，小学文化，14岁结婚，配偶18岁。“太小，不知道怎么侍候公婆，怎么讨公婆欢心，不知道怎么侍候男人，没过多久，日子就没法过了。太小结婚，对女人身体不好，越大越明白这个道理。”

---

❶ ［日］野野山久也：《美国的离婚再婚和同居》，杜大宁、路侃、催智友编译，新华出版社1989年版，第63页。

案例28：38岁，小学文化，16岁结婚，配偶30岁。“太早结婚，坏处说都说不完，彼此不了解，那时领结婚证时才见面，现在先沟通一个月才结婚，这样就不会离婚，好好过日子。男人好了，可以好好过，碰上男人不好，打你骂你，只有遭罪的份。”

案例29：28岁，初中文化，14岁结婚，配偶21岁。“对女人身体不好，容易得这个病那个病，不会带娃娃，日子过不长久就要离婚，离过一次婚，对生活、对以后的日子就会失去信心，就没有对生活的那种向往，对再婚有一种抵触情绪。”

案例30：55岁，不识字，14岁结婚，配偶年龄未详。“太小结婚，对女人身体不好，容易得妇科病；早生孩子，小孩子都带不起来，还要照顾一家老小，根本顾不过来。”

案例31：35岁，小学文化，15岁结婚，配偶25岁。“太早结婚，家务活、自己不想干的事，erim（丈夫）和公婆都逼着干，‘像牢房里的犯人，时刻想着逃跑’，还是晚点结婚好。”

案例32：25岁，小学文化，15岁结婚，配偶20岁。“太小结婚，生小孩时太难受了；有了孩子，不会带孩子。和婆婆有点不和，婆婆老嫌弃我家务做得不好，老和我过不去。现在15岁的女孩还在上学，看上去小小的，和她们比起来，感觉自己结婚太早了。”

以上类似早婚案例有24个，占被访女性的48%。前述案例中，早婚带来的问题在案例19到案例32中再次被一些女性述及，除此之外，与前述案例不同的是，这类案例中女性所述早婚带来的问题更为复杂多样，“结婚太早，从各个方面压力都很大”是对这一状况的代表性陈述。按照维吾尔族传统的从夫居，女性婚后一般和公公婆婆住在一起，择偶方式决定了她们第一次结婚时大多领结婚证时双方才见第一面，大概从1995年开始兴起婚前见面的习惯。婚后突然到一个陌生的家庭生活，面对陌生的丈夫，面对一个陌生的大家庭，对于年幼因而尚不成熟的女性，她们既要承担繁重的家务，又要应付扑面而来的夫妻关系、婆媳关系等新的家庭关系，妇科病、难产、早育、夫妻不和、婆媳矛盾等一系列问题接踵而至。最让她们心有所悸的是早婚女性初婚后对性生活的恐惧，诚惶诚恐的她们，面对婚后生活的多重压力，往往很难适应和承受。由于种种因素的综合影响，一如案例29所述：“日子过不长久就要离婚，离过一次婚，对生活、对以后的日子就会失去信心，就没有对生活的那种向往，对再婚有一种抵触情绪。”早婚所致问题在有痛苦经历的早婚女性的叙说中都有体现。

我们还可以从下面这位男子的现身说法中体验早婚带来的问题：

“女的过早结婚，带来的危害多。十四五岁结婚，容易得妇科病。太小，怀孕生孩子生不下来，有很大危险。或者孩子生下来，政府要求带环、刮宫，易得妇科病。我大女儿16岁结婚，是1990年结婚的，大队书记的儿子看上我女儿，走后门领的结婚证，17岁生孩子，三天三夜生不下来，差点死了，医院的医生骂我：‘女儿是不是你亲生的?’我说：‘是我亲生的。’……当时自己太年轻了，那么小就把女儿嫁了，我特别后悔，心疼自己的女儿，孩子最后总算平安生下了。从那件事情后，我的思想改变比较大。不管男女，结婚太早，除了得妇科病，男的又瘦又小，精神不好，容易得痴呆症，忘性大，脑子反应慢，女孩也是脸色黄黄的，精神不好，看上去也是傻呆呆的样子。以后三个女儿，别人早早提亲，我都没同意，最小的也是18岁结婚，最大的20多岁结婚。现在政策好了，早婚几乎没有，想结婚非得去领结婚证，看身份证。现在想早婚很难，再加上人的思想观念也改变了。”

四、结　论

“太早结婚，就像摘没熟的果子难吃苦涩一样。”案例13所述对我们有深刻启示。不言而喻，早婚对于女性百害而无一利。面对阿村女性普遍早婚所带来的问题以及女性在人口生产、计划生育中的特殊作用，我们提倡女性晚婚晚育，但这并不意味着女性过于晚婚晚育，而是应该在合适的年龄结婚，在合适的年龄生孩子，在合适的年龄过人们通常都要经历的婚姻生活。正如古德在《家庭》一书中所析：“人们普遍认为，婚龄对婚姻解体有着间接的影响，而各种文化的合适年龄各不相同。过早或过晚结婚都显得异常，其原因是多方面的。在西方，早婚往往是因为女方已经怀孕，双方迫于家庭压力而匆忙完婚。总之，早婚或晚婚都不如正常婚姻那么稳定。”❶

我们从早婚给阿村女性带来的问题已经看到，女性是早婚最大的受害者。女性早婚，首先使她们有可能丧失进一步接受教育及提升和发展自己的机会。毕竟结婚后受到更多新的家庭关系的制约，在有利于自身发展的机会到来时，不可能抛却婚姻，走进学堂，或别有选择。尤其对乡村维吾尔族女性，更不可能作出有悖常规的抉择，而婚后女性发展的制约因素不仅不可预测，与婚前相比，也已是两个完全不同的世界，由于受婚姻家庭

---

❶ ［美］W. 古德：《家庭》，魏章玲译，社会科学文献出版社1986年版，第225页。

的牵掣，哪怕有再多的梦想或追求，也不可能无所顾忌，我行我素。其次，过早的为人妻、为人母、为人儿媳，多重的家庭角色和生活压力尚且难以应付和承受，更勿奢谈女性发展。最后，正处于身心发育年龄的女性，过早地走向婚姻，不仅有损女性的身心健康，不利于女性自身发展，也影响到下一代的人口质量，对个人和社会都有负面影响。此外，早婚不利于婚姻的稳定，这种不稳定的婚姻秩序，给维吾尔族女性的发展增添了诸多不稳定因素。从田野图像看，维吾尔族早婚女性对早婚的切肤之痛深有感触。阿村女性的早婚现象向我们昭示，早婚的危害和晚婚的好处已为越来越多的维吾尔族女性接受与认同。

器官移植病人的后移植生活：一项身体研究[*]

余成普

（中山大学社会学与人类学学院）

如果身体真真切切是一台机器，它将不会衰老、多变，也不会死去。而所有身体的组成“零件”都是可以被修改、矫正的，损耗后还可以被替换成性能更加完善的零件。就像钟表一样，身体显示时间，却不受时间的影响。身体将会成为时间的见证，因其中立而不被伤害，也不再是时间的受害者。许多研究与越来越多的实际操作都潜藏着这种幻想。与之相伴的，还有愈演愈烈的对死亡的否定和对安全的执着。

——大卫·勒布雷东（2010：97）

一、引　　言

尽管在古代中国就有扁鹊为病人互换心脏的传说，古欧洲也有类似的记载，但这些只是对器官移植❶的幻想，并未真正付诸实践。直到 18 世纪

＊ 本文的基本观点曾在中山大学“千禾学术午餐会”上称述，与会的各位同事提出了批评建议；在论文的选题和写作过程中，清华大学的景军教授，中山大学的周大鸣、麻国庆、张应强、凌莉、李若建等教授，香港中文大学的刘德辉教授、皇家墨尔本理工大学的 Eleanor Holroyd 教授以及学友苏春艳、吕鹏、胡兵、周如南等博士给予了诸多帮助；笔者的调查引荐者和被调查对象为鲜活的个案材料做出了重要贡献。在此一并致谢。本文属国家社科基金青年项目（10CSH032）、中国博士后科学基金特别资助金（201003381）、广东省哲学社会科学规划项目（09H－06）的相关研究成果。

❶ 按照中国《人体器官移植条例》（2007）的定义，所谓器官移植，是指摘取人体器官捐献人具有特定功能的心脏、肺脏、肝脏、肾脏或者胰腺等器官的全部或者部分，将其植入接受人身体以代替其病损器官的过程。人体细胞和角膜、骨髓等人体组织移植以及目前处于试验阶段的动物器官（如基因猪）用于人体的移植不在本文讨论范围之内。

才有器官移植的动物实验出现，但由于当时对免疫排异反应[1]等医学知识一无所知，导致移植物存活时间很短。1936 年苏联科学家沃罗诺伊（Voronov）开展的肾移植，尽管没有成功，却开启了人类历史上对人体进行器官移植的临床先河。1954 年，美国医生默瑞（Joseph E. Murray）实施的同卵双生兄弟间的肾移植是移植史上首次获得长期有功能存活的案例（夏穗生等，2009：6～7；刘勇等，2001：57；李书隽，2001：2～4）。随着血管吻合技术、移植物保存技术以及免疫抑制药物的发明和应用，20 世纪 60 年代以后，器官移植才真正发展起来。从技术和伦理角度考虑，目前除了全脑没有移植外，人体的其他器官几乎都有移植的案例，尤以肝脏移植、肾脏移植、心脏移植、胰腺移植等为常见。以肝脏移植为例，截至 2007 年，全球肝脏移植已达 190 000 例。美国每年肝移植例数超过 5 000 例。据中国肝移植注册网[2]统计，从 1993 年 1 月 1 日至 2011 年 5 月 18 日，中国肝移植登记例数为 20 028 例。中国目前每年完成肝移植例数达到3 000例，已成为仅次于美国的第二大肝脏移植大国（黄洁夫，2008：1）。

在医学界，器官移植已被称为是 20 世纪医学领域最伟大的成就之一，也被誉为 21 世纪的“医学之巅”，涌现出有关器官移植患者“身体、心理和精神状态均处于正常，成为一个正常的健康人”、“身体健康，身心和社会、家庭生活处于正常状态”、“得到治愈”的可喜报道和研究（夏穗生等，2009：7，11～12）。但正如凯塞尔（Cassell，1993：33）警示我们的，我们不应该“惊叹”这项医学技术而遮蔽了我们觉察这项技术所带来的道德难题以及其他社会和文化困境的能力。首先，器官的稀缺及其所带来的高额医药费、器官买卖等问题成为这项技术面临的最大瓶颈（Joralemon，1995；Scheper - Hughes，1998；Sharp，2000；Shimazono，2007）。其次，移植技术所带来的文化和伦理冲突，如有关脑死亡、身体完整性等的论争自移植技术发端之初，就从来没有停息过（Ohunki - Tierney，1994；Hogle，1996；Ikels，1997；Daar & Marshall，1998；Alden & Cheung，2000；勒布雷东，2010）。另外一个最为根本且往往被忽视的问题是，移植究竟给患者带来了什么？他们的后移植生活（post - transplant life）果如

---

[1] 人体存在的免疫能力可以对其进入体内的外来器官加以识别、控制、摧毁和消灭，导致移植物损坏，这个过程在医学临床上称为免疫排斥反应。20 世纪 60 年代应用的免疫抑制药物旨在降低移植者的自身免疫力，以使得新器官与患者“和平相处”。

[2] https：//www. cltr. org/. 美国的器官共享网（www. unos. org）也有大量的器官移植数据。

医学界所宣称的那样“正常”吗？对这个问题的回答将有助于我们正视这项医疗新技术，也在一定程度上检视了移植所带来的前两项问题。

笔者将首先分析器官移植技术之所以付诸实践的认识论基础，或者是哲学基础，这是本文论争的起点。然后对器官移植的人文社会科学研究的既有成果作出批判性的回顾，在此基础上提出迈向器官移植的人类学研究的基本框架。接下来，结合访谈和观察的资料描述器官（肝脏）移植病人的后移植生活。这项研究将表明，无论是就身体的生物存在性，还是就身体的社会文化存在性，基于身体机械观下的器官移植技术都不可能取得“治愈”的效果，它在重构身体部件的同时，也在重构（毋宁说破坏）着身体与文化、身体与社会之间的既有关系。因为并发症的高发生率——作为身体整体性/系统性的生物体现——依然是移植不可避免的技术难题；移植者不仅要面临持续的生理排异，还要应对“文化排异”（culture rejection）；移植者不仅要面对高额的医疗费用，还要因身体的限制压缩自己的社会空间，且挣扎于疾病的隐喻之中。正如欧阳洁（2007：71）所比拟的，“如果把整个对器官移植的讲述看作一首乐曲，那么自始至终都是一种悲愤、凄凉的基调，远没有医学技术进步带来的振奋人心的欢快”。

二、迈向器官移植的人类学：整体观下的身体研究

已有的研究表明，器官移植技术的哲学基础或者说认识论基础在于笛卡尔的身心二元论和身体机械观（Marshall，1992；Sharp，1995、2000；Crowley，1999；笛卡尔，1998、2005）。这一学说将精神/灵魂/心灵交与宗教，身体交与自然科学，这一方面放开了科学家的手脚，使他们把身体当作一台可以拆分和重组的机器来对待，使其可以自由地追求一种医学研究所表现出来的纯物质性的思考，促进了现代西方医学的发展，尤其是外科手术的发展（斯特拉桑，1999：5～7；西佩－休斯、罗克，2010：11；陈立胜，2002：13）。器官移植技术正是基于外科手术的理念，并分享了现代西方医学的基本预设：医生只关注患病的身体，疾病被看成是由致病器官引起的。那么，去除有病的器官，并用移植技术替代它就成为必然的结果（Ohunki－Tierney，1994：236）。但另一方面，正如斯特拉桑（1999：3）提醒我们的，在生物医学快速发展的同时，我们却忘记或者有意忽视了人作为精神性的存在。因为无论就历史还是就跨文化而言，以笛

卡尔范式为出发点都是武断的[1]。器官移植并非仅仅是移植技术本身，伦理的、法律的、心理的、社会的、文化的因素都牵连其中。因而，器官移植也不仅仅限于现代医学的探讨，也需要其他学科的参与。

国外有关器官移植的人文社会科学研究（这里暂不考虑移植的纯医学研究）更多地集中在以下视角：一是生命伦理学（bioethics）的讨论。这类研究反思了器官移植及捐赠中的伦理学问题，如捐赠者的知情同意、死囚器官获取的伦理困境、器官有偿供给对伦理道德的冲击等（Ikels，1997；Taylor，2005；Price，2006；etc.）。二是法学的角度，多集中于对脑死亡立法的论争和呼吁以及器官移植引起的法律冲突等（Stickel，1967；Price，2000；etc.）。三是心理学研究，主要是对公众有关移植的KAP（知识—态度—行为实践）调查，关注器官捐赠和移植后的心理适应等问题（Perkins，1987；Radecki et al，1997；etc.）。国内也有大量器官移植的法学和伦理学研究，即对脑死亡立法的论争、器官捐赠中的法律问题以及移植所带来的伦理困境的探讨（唐媛，2008；张永平等，2002；宋儒亮，2008；等等），尚缺乏其他学科介入和参与。

上述不同学科的讨论已经表明了器官移植并非是单纯的医学技术问题，而是存在伦理争议、法律困境以及其他的心理和社会管理问题。医学伦理学家被赋予去揭示医学实践中的困境和危险，但他们的著述很少有关于病人或医学专家的集体信念和经历的民族志细节（Sharp，1995：359）。心理学者注重个体的心理问题干预，而并未继续找寻这些心理适应问题的背后致因。法学家在脑死亡立法、移植纠纷方面提出了人权保护或是做出种种呼吁，但一些根本的问题，如人们如何看待“死亡”？死亡的文化意义何在？中国迟迟未能实行脑死亡标准背后根源是什么？中国器官捐赠率为什么较低，这反映了怎样的社会和文化环境？器官移植对受体和捐赠人（及其亲属）究竟意味着什么？人们如何看待身体构件，以及更为根本的，如何看待“人”本身？移植者的身体体验如何？等等，这些问题不仅仅需要思辨和学理的分析，更需要细致入微的田野调查资料。人类学对文化的敏感性和洞察力以及所倡导的田野调查方法，为回答上述问题（当然包括本文研究的移植者的后移植生活）提供了理论和方法的准备。

---

[1] 比如，一些传统社会的疾病治疗就不是“头痛医头、脚痛医脚”，而是从宇宙、自然以及社会关系中寻找疾病的致因以及治疗的手段。这在人类学经典研究的安达曼岛人（拉德克利夫－布朗，2005）、恩登布人（特纳，2006）、阿赞德人（普里查德，2006）的求医问药中都有体现，这在讲究系统平衡的传统中医里也体现的淋漓尽致（Scheper－Hughes & Lock，1987；西佩－休斯、罗克，2010）。

相对于其他学科的庞杂研究，人类学在器官移植以及相关的生物医学研究方面却长期处于缺席状态，明显是一个后来者。究其原因，主要在于这门学科的基本旨趣和方法论限制。

其一，我们知道，人类学更多的是在非西方社会做研究[1]，而器官移植发端于西方发达国家，作为一项高端技术，最先也仅仅在西方发达国家的医院开展，这自然逃过了人类学家的视界。与之相关的，移植技术作为“科学”的代表，往往被认为是“不受文化限制的”，具有普适性。于是，人类学家对于“生物医学作为民族医学”（Casper et al.，1996：523），作为一个具有特定文化基础，也会引起文化冲击（culture shock）的研究还是一个后来者。

其二，如果将器官移植纳入人类学的研究范畴，那自然是落入医学人类学的关怀之中。作为应用人类学的一个分支，医学人类学的真正发展在于“二战”后的国际卫生运动（张有春，2009b：58）。一些实践导向的医学人类学家更主要的是致力于用人类学的视角去服务于第三世界的公共卫生，而非——至少在起初——深深地参与理论探讨，更缺乏批判思维。于是，当越来越多的人类学家转向西方生物医学时，发现最大的困难在于没有合适的理论框架（Casper et al，1996：524~525），这无形中拖累了医学人类学对生物医学以及器官移植的学术研究。

其三，受田野资料的限制，至少在中国大陆是这样。目前有关移植的大量社科文献更多集中在伦理学、法学和心理学，这些文献只是进行学理的探讨和呼吁，而缺乏经验的观察和个案的分析（仅有的一些个案也限于媒体的报道）。而以参与观察和深入访谈为基本方法的人类学却对田野资料的要求尤为苛刻。由于一些众所周知的原因，器官移植，尤其关乎器官来源的研究成为了学术的敏感地带。这给实地的调查进入以及论文的出版带来了障碍。据笔者的搜索，中国大陆以田野资料为基础的器官移植的人类学/社会学研究仅限于一篇硕士学位论文（欧阳洁，2007），且她的调查进程也尤为艰难，访谈个案也很有限。正因如此，在下文，笔者将较为详细地介绍自己那似乎难以复制的、幸运的调查进入过程。

尽管如此，自20世纪90年代中期以来，器官移植所伴生的诸多具有人类学想象力的问题还是被一些西方人类学家关照到了。首先，基于西方文化理念的器官移植技术，一经推广到其他的非西方国家，立刻产生了文

---

[1] 尽管“二战”后以发达国家为调查区域的人类学著作增多，但人类学的总体偏好依然在非西方的“原始”简单社会。

化冲击。一些国家（如日本、德国、中国等），尽管他们具有采用移植技术的财力和技术能力，但这里的人们仍然对这项新的医学技术保持着抗拒。他们的拒绝或不情愿部分是因为器官移植技术的文化基础是深深地嵌入于文艺复兴与启蒙运动的传统中，而这与其他国家的文化传统（如身体的完整性、死亡的文化和社会意义、器官本身所携带的符号意义等）是分离的。因而，这些人类学者断言，技术的推广如果缺乏对那里文化的深刻理解，一切努力都将遭遇挫折甚至失败（Ohunki - Tierney，1994；Daar et al.，1998；Alden et al.，2000；Hogle，1996；Ikels，1997）。

其次，对器官移植的批判性分析，这以西佩 - 休斯（Scheper - Hughes）为代表人物。她通过对非洲、巴西、印度等地的调查指出，肇始于移植的器官买卖、活体捐赠，导致了人与人、女人与男人、年轻人与老年人、穷人与富人之间，甚至国家与国家之间的不平等，器官移植乃是牺牲的暴力，活体的捐赠更是“礼物的暴政”（tyranny of the gift）（Scheper - Hughes，1996，1998，2000，2007；Shimazono，2007；Sharp，2000）。西佩 - 休斯通过多点民族志的方法，从政治经济学的角度分析了器官的全球流动，不仅对在全球化下的人类学研究方法有突出贡献，正如下文所言的，她还弥补了过去医学人类学批判和理论反思的空缺。

再次，对移植者身体体验的研究。在《器官移植作为一种转变的体验：人类学对重塑自我的洞察》一文中，沙朴（Sharp，1995）通过民族志的资料分析指出，移植者对个人的认同贯穿于一系列的过程：准备移植、接受生命的礼物、学习客体化器官、在否定专业的修辞话语中重建自我、应对身体残缺以及处理捐赠者试图建立长久亲属关系的问题。在这里，移植者身上的新器官，作为“物”，具有了社会生命。身体体验是移植者后移植生活的重要方面，沙朴的这篇论文是目前发表的少有的这方面的成果之一。但这篇论文更多的是用民族志材料，从社会心理学的角度分析了移植者的心理适应和身份认同问题，而这背后的文化根源似乎并没有得到很好的关注。

另外，对器官捐赠的意识形态研究。器官短缺成为全球性问题，为扩大器官来源，基本存在两种意识形态作为动员的策略。一是礼物捐赠和利他主义，即器官捐赠作为生命的赠予（gift of life），是最高的美德或利他主义的行为。当然捐赠的器官是不是人类学传统的互惠礼物依然存在着论争。二是财产权意识形态，将身体及其部分看成可以自由处理的财产，认为基于礼物赠予的模式不能满足器官移植的需要，某些经济刺激是必需的（Ohunki - Tierney，1994；Joralemon，1995；Sharp，1995）。

上述器官移植的人类学研究，如果我们将其回溯到根本性的人类学关键词，那就是对身体的研究（身体的生与死、身体的切割与修补、身体的体验与认同以及身体的权利等）。器官的捐赠和移植，毋宁说是对身体的调整和变换，所产生的一切文化意义和社会后果都降落到身体这一最根本性的问题上来。有关身体[1]的认知图式或者框架成为分析器官移植的一把钥匙。

笛卡尔的身心二元论将心灵交给了神学宗教，将身体交给了自然科学（医学），至此，生物学意义上的身体研究成为医学或临床解剖学的关注点。但恰如斯特拉桑（1999：3）所评价的，“人们以往经常引用法国哲学家笛卡尔本人和受到笛卡尔影响的著作，以他对灵魂和身体在类型上的绝对差异作为研究的前提。尽管从欧洲知识史的角度看，这是一种有益的观点，因而要想理解置身于各种欧洲传统中的学者如何探讨一系列世界文化的概念，这也是一种重要的手段。而另一方面，有必要认识到，无论就历史还是就跨文化而言，以笛卡尔范式为出发点都是武断的”。事实上，对于个体和群体而言，身体既是一个环境（自然的一部分），又是自我的中介（文化的一部分）。身体决定性地处于世界的自然秩序和世界的文化安排结果之间的人类结合点上，它既是自然的，也是文化和社会的（特纳，2000：99）。比如，我们的基本生理需求，吃、喝、性，等等，无不在文化的规范性下进行，稍有不慎，就会受到文化的排挤和惩罚。尽管身体是带有特殊生理学[2]特点的客体并因此屈从于衰老和腐烂的自然过程，它却绝不仅仅是一个物质客体，作为被体现的意识，身体充满了象征意义（特纳，2000：118）。

在推动身体研究的整体论思潮中，西佩 - 休斯和罗克（Scheper - Hughes & Lock）功不可没。1987 年两位合作发表的《精神性的身体：医学人类学未来研究导论》成为了身体人类学具有研究范式的一篇论文。两位作者指出，由于这种认识论传统（笛卡尔的身心二元论）是一个文化和历史的构造，而非普适性地共享，所以医学人类学的研究就需要悬置我们通常的信念和文化承诺。身体同时是一种物质性和象征性的人造物，既是

---

[1] 有关身体研究的评论性和综述性论著请参考 Frank，1990；拉波特、奥弗林，2009；郑震，2003、2009；郑丹丹，2007；陈立胜，2002；杜丽红，2009；汪民安、陈永国，2011。鉴于本文的理论旨趣和对话点，下文仅仅梳理几篇重要的整体观身体研究文献。

[2] 马国良等的译著《身体与社会》（2000）中将此处翻译为“心理学”（psychology），笔者认为此处可能为“physiology”，应翻译为“生理学”，这样可能更符合前后文的语义逻辑。鉴于尚未找到 1996 年的原版著作，此处仅为笔者的初步判断。

自然产物又是文化产物，并牢牢地固定在特定的历史时刻。为此，他们考察了三种分离且相互重叠的分析单位，同时也代表了三种不同的理论路径和认识论的身体，即现象学的个体身体、结构主义和象征主义的社会身体以及后结构主义的身体政治（Scheper－Hughes et al.，1987；西佩－休斯、罗克，2010）。西佩－休斯和罗克激发了社会思想中的整体论。以致在医学人类学里，精神性的身体的图画现在已经代替了笛卡尔的分离主义的思想图式（斯特拉桑，1999：80）。

秉承西佩－休斯和罗克的理论遗产，后来学者也尝试从不同角度展示身体的多个面向，以体现作为整体的身体。希林（2010）认为，既有的身体研究有两种取向：一是自然主义的身体观[1]，以身体的生物性来说明社会结构，个人的意向、行动和潜力是由生理和基因决定的，把身体看成是社会意义和社会关系的生成器；二是社会建构论的身体观，认为身体在一定程度上被社会形塑、约束甚至创造，指出赋予身体的那些特征和意义，以及不同人群的身体之间存在的界限，主张身体并不是社会的基础，而是社会的产物。莫斯（2008）有关身体技术的研究，道格拉斯（2008）有关身体象征和社会结构的考察，福柯（2001、2005、2010）有关权力、话语与身体的观点，特纳（2000）有关身体秩序的阐释都表达了社会建构论的身体观。希林旨在弥合上述两种取向的鸿沟，主张身体作为兼具生物性和社会性的现象。人的“自然”属性并不是与社会彻底分离，而是社会关系和文化活动的必要前提。身体本身依然充当着社会关系的基础，不能被化约为社会关系的某种表达。他的工作态身体、运动态身体、音乐态身体、社交态身体以及技术态身体的多层面研究即是主张身体的生物属性和社会文化社会属性整体观点的体现（希林，2010）。弗兰克（Frank，1990）的医学化的身体（the medicalized body）、性的身体（the sexual body）、被规训的身体（the disciplined body）、说话的身体（the talking body）的划分，奥尼尔（2010）的世界态身体、社会态身体、政治态身体、消费态身体和医疗态身体，都表达了同样的整合身体不同面向的努力。

借鉴上述研究的基本理路，本文中笔者所谓整体观下的身体研究包括以下三层意思：一是身体内各个器官相互关联，处于整体之中，即部分与

---

[1] 特纳在《身体问题：社会理论的新近发展》一文中，将既有的身体视角总结为基础主义框架（相当于这里的自然主义身体观）和反基础主义框架（相当于希林所言的社会建构的身体观）（请见汪民安、陈永国，2011：3～28）。

整体的平衡和系统关系；二是身体作为生物性和社会文化性的双重存在，即个体的身体苦痛和体验与有关身体和器官的文化隐喻和社会意义勾连在一起，共同构成了移植者的生活世界；三是传统和现代的因素并非分离，而是相互交织和碰撞，共同发生在移植者的身体上。接下来，笔者将以在G市S医院[1]的调查为例，通过肝脏移植病人[2]的后移植生活的描述，展示基于身体机械论的器官移植技术在中国人身体上的遭遇，以及它所造成的社会文化后果。

三、肝脏移植病人的后移植生活

（一）调查进入

正如前文所言，对于这个稍显敏感的主题，调查进入是最为艰难的一步。笔者的调查点最终确定在G市的S医院。S医院始建于20世纪70年代早期，是一家三级甲等综合性医院。2003年，S医院成立了肝脏移植中心，该中心同时为省器官移植中心的依托单位，同年肝脏移植学科被列为省“十五”医学重点学科，也是该院的龙头学科。这从它那宏伟气派的“肝病大楼”即可略见一斑。肝病大楼始建于2005年，共16层，其中有4层楼与肝脏移植相关，包括3楼的移植门诊、4楼的移植重症监护室（ICU）、5楼和6楼的移植手术室和普通病房。之所以选择S医院，那也差不多是“误打误撞”下的结果。

事实上，当初在博士学位论文的选题上，笔者也曾考虑到研究器官移植，但迫于事实和想象的“敏感”而换成了研究血液捐赠。2010年笔者所申请的器官移植的几个项目相继获得批准，说明了这方面研究的必要性，这对笔者来说，即是幸喜，自然也是压力。困境依然是如何获得调查资料，尤其是器官移植者的资料。在动员熟人资源几经失败之下，笔者尝试了几乎是当下最直接的“笨办法”。首先，查找到G市具有器官移

---

[1] 出于伦理的考虑，本人所涉及的调查地点和被调查对象均为化名。

[2] 之所以研究肝脏移植，而非其他移植，一来是如下文所言的调查进入考虑，二来是研究的现实意义考虑。我国是乙肝高发国家，乙肝表面抗原携带者占全国人口的10%以上，携带病毒者有10%会发展为慢性活动性肝炎，部分患者会转为肝硬化或肝癌，我国每年约有32万名肝癌患者，因此终末期良性和恶性肝病将成为我国长期面临的艰巨任务（黄洁夫，2007a：1011）。作为终末期良性和恶性肝病的首选医疗方式的肝脏移植必然成为当下以及未来发展最快、也是面临问题最多的一个移植分支。

植资质[1]的医院，然后通过所在医院的网页，逐一查阅各位专家的信息。最后，经过筛查后，共有18位移植专家在网页上留有信箱。就这样，笔者给他们分别发了邮件，介绍了笔者的研究，寻求他们的调查许可和帮助。让笔者意外的是，仅仅在一周左右的时间里，已经有5位移植专家给了我回复；其中S医院的Y医生还约了我面谈。这样，2010年9月9日，在S医院肝病大楼5楼的办公室里，笔者按约定的时间见到了Y医生：我呈上了我的研究计划和访谈提纲，介绍了我的基本设想；或许我的普通话带有明显的家乡口音，当他问我籍贯时，我们才发现，原来我们来自同一个县市。就这样，笔者的第一个移植访谈，在遥远的G市，居然是用家乡话完成的，自然顺利地获得了调查的许可和帮助。这是多么幸运的、难以复制的调查进入过程啊！

从2010年9月至2011年1月，隔三差五[2]，在S医院的肝脏门诊科室里，笔者访谈了值班医生和护士，观察了医患之间的互动；待移植病人（或家属）知情同意后，笔者将其带入较为安静的候诊大厅[3]，开展了对他们的访谈。截至行文时，笔者共访谈了32位肝移植病人（家属）、4位移植医生、2位护士。

（二）肝脏移植病人的后移植生活

首先需要强调的是，笔者所描述的肝脏移植病人的后移植生活，并非在于颠覆被医学界奉之为神奇的医学技术；移植后的生活，相对于患者当初痛不欲生、命丧一线的悲惨境况来说，已经要改善很多，这也是部分患者稍显乐观的原因。但移植，笔者的分析将表明，它并没有治愈患者的身

---

[1] 根据《人体器官移植条例》（2007）等相关法律法规的规定，医疗机构开展器官移植手术必须具备一定的条件，才能取得卫生部颁发的移植资质证书。省级以上人民政府卫生主管部门应当定期组织专家根据器官移植手术成功率、植入的人体器官和术后患者的长期存活率等指标，对医疗机构的器官移植临床应用能力进行评估，从而决定是否保留其移植资质。2010年10月，卫生部公布了新的一批器官移植资质名单，全国具有器官移植资质的医疗机构共163家，由于一些不太确定的原因，S医院的移植资格暂时被取消，但这并没有妨碍笔者的调查，因为笔者的调查对象主要是移植后的病人，他们还是需要来这里定期或不定期的复查。

[2] 在S医院，每周一、三、五上午才是抽血化验的时间，所以大部分移植病人会选择在这个时间来复查和开药。因而，笔者的调查主要也是在这个时间完成的。

[3] 对于调查情境的选择很重要，尤其是对移植病人的调查。笔者的调查是将移植病人从门诊室请出到候诊大厅完成的。这样做，一来可以避免打扰医生为其他病人看病，二来有利于被访者在无人打扰的环境下陈述。目前笔者的一位学生也在同一家医院做移植者调查，但向笔者汇报的访谈都很简短（被访者多以“是”、“好”、“没问题”等只言片语回答访谈问题）。后来才发现，原来这位学生是在诊室让被访者面对医生、护士以及其他移植病人的情况下完成访谈的，这自然影响到访谈的效果。

体，恢复患者的健康。因为无论是从身体的生物面向来说，还是从身体及其器官的社会文化面向来看，移植者依然处于一个无法被治愈的状态，依然终身携带着病人的身份，依然面对着因移植而破坏的生活世界。接下来，笔者将从身体的四个面向展现移植者的后移植生活。

1. 抗拒的身体

上文曾提及，早期的移植实验之所以失败，主要是因为没有很好的解决生理排异的问题。生理排异是器官移植面临的首要问题，因为当外物进入身体后，身体自身的免疫功能就会对移植物产生“攻击”，严重的会使移植物丢失，病人死亡。所谓的免疫抑制剂，就是降低人体的免疫功能，使得新的移植物能够顺利进入新主人身体，达到“和平共处”的目的。对于急性排异来说，药物治疗常有效，但慢性排异反应几乎是不可逆转的，终身服用免疫抑制药物成为移植病人的无奈选择。

中国肝移植注册网2006年公布的数据显示，我国肝移植病人一年的生存率为80.5%，5年的生存率为65.9%，在大的肝移植中心，围手术期[1]死亡率已降至5%以下，这说明我国的肝移植技术已经到达了国际先进水平（黄洁夫，2008：3～4）。但移植并没有想象的那么简单和顺利，在更换“零件”的同时，也带来了诸多的连锁反应——并发症，它们中的一种或几种将伴随着移植者的余生，成为持久的身体苦痛。表1是肝移植术后早期和晚期部分并发症的发生率。

表1　肝移植术后早期和晚期部分并发症的发生率

术后早期并发症		术后晚期并发症	
并发症名称	发生概率	并发症名称	发生概率
腹腔出血	9.0%～19.2%	糖尿病	7%～31%
胆道并发症（胆瘘和胆管狭窄等）	6%～34%	高脂血症	16%～43%
肝动脉血栓	成人1.6%～6.7%；儿童12%～30%	高尿酸血症	25.5%～47%
肝动脉狭窄	1.4%～5.3%	骨病（骨质疏松等）	10%～60%

[1] 围手术期是指外科手术病人从住院之日起，到术后出院为止的期限。我国肝移植的围手术期是指从医生确定受体并着手进行术前准备时起，直到术后出院止，通常为2～4周（马庆久，2005：88）。

续表

术后早期并发症		术后晚期并发症	
并发症名称	发生概率	并发症名称	发生概率
门静脉并发症	成人0.6%~3%；儿童8%~22%	胆道并发症	6%~34%
移植物功能异常	无功能0.6%~22% 功能不良15%~30%	慢性肾功能不全	10%~27%
		高血压	80%
		恶性肿瘤	5%~20%

资料来源：根据黄洁夫（2008：531~590）的数据整理。

表1中的术后早期并发症多由于肝源本身和移植手术造成的，而晚期并发症则主要来自于免疫抑制剂药物的毒副作用和手术本身。术后早期并发症和晚期并发症的共同特点之一在于它们的发生并非是小概率事件，而是具有极高的发生可能性。在笔者访谈的30余位移植患者中，几乎都诉说了这种和那样的并发症。一位67岁的官先生2008年因肝硬化做了移植手术，他这样诉说移植后的身体体验：

(20）08年做了（手术）后，过一年后，胆道堵塞，住了几次院，又重新吻合。具体的说，人的红细胞过了一段时间后死亡，转化为胆汁，通过胆道。不知道为什么，（我的胆道）堵了。住（院）了一个多月，不能自然复原。就像塑料管一样，两边剪断，重新接，但左胆管还是堵塞。还有一个袋子（医用袋将胆汁从体外导出，袋子放在体外）。（假如）重新吻合，又打开（身体），又是一个大手术，得不偿失啊，犯不着。现在很不方便，一年多了，自己洗澡，都很难。3个月换一次（袋子），换一次要1万多元。我总是很小心，以怕它感染，洗澡之类的，怕进水，拿毛巾什么东西捂住。

他继而抱怨道：

那些东西引起高血压、血糖高、肾功能衰竭，那你做移植干什么呢？好了这些，坏了那些。你修好了这扇门，那扇门又坏了。每天都吃降压片。肌酐（测量肾功能的指标）都超过标准，大量地吃护肾的药。还有抗病毒的，30多元一粒。现在每个月吃药要4 000多元。呕吐、发烧都要注意，这次住院又花了1万多，就因为感染。（2010年11月3日，官先生）

这个案例不仅显示出病人对病理的娴熟解释（所谓“久病成良医”），同样反应了他手术后因并发症而导致的糟糕的生活质量。他因手术和药物导致的并发症不仅包括胆道堵塞，还有高血压、肾功能损伤等。其他个案还显示了“骨头坏死”、“皮肤总是痒”、“出现了糖尿病”等手术后连锁反应。

移植所导致的并发症，医学界经常将其归为移植技术还没有完全成熟。但在笔者看来，秉承身体机械论的器官移植技术将不可避免地会出现“修好了这扇门，那扇门又坏了”的窘境。因为笛卡尔的身体机械观更多的考虑是身体部件的拆解，而不是它们之间的联系。而身体真真切切的是一个系统的、难以分割的整体，每个器官的健康状况则取决于它和其他器官之间的关系，牵一发而动全身（西佩－休斯、罗克，2010：11）。并发症，只不过是整体的身体在遭遇人为的分解和重组后在身体上的必然反应：打开身体的一个缺口，移去功能残缺的器官，移入新的健全的器官，本身就破坏了身体的系统性，遭遇了身体本身免疫力的防御；免疫抑制剂降低了身体的免疫力，以使得新的移植物被接纳，但因免疫力的低下，身体成为经常被病菌攻击的目标，同时它还破坏了其他的与之相关的器官和组织，引起了肾功能损伤、高血压等疾病。正如医学家自己所意识到的，器官移植是一项“反天然、反生理”的技术（黄洁夫，2008：726）。因而，与其说身体是一台零散的、各自为政的机器，还不如说身体是一个整合的、相互牵制的机体。这或许正是笛卡尔理论留给我们的遗产：一方面促进了现代医学的发展，另一方面又使得现代医学囿于早已埋下的困境之中。

其实，身体的生理抗拒已经成为移植医学研究的焦点之一。相比之下，移植后患者的另一种排异反应，即文化的排异（culture rejection）（Joralemon，1995）却被移植工作者忽视了。移植物并非仅仅是毫无象征意义的“物”，它还承载着价值和幻想，是他人的一部分身体，携带了他人的身份属性（年龄❶、性别、职业等）。因此，摘除自己的器官，移植上别人的器官，这不仅是在肉体上打开了一个缺口，更是在深层次上触及了病人的价值观及其存在的理由（勒布雷东，2010：278）。以下笔者通过刘女士的“梦”来说明身体的文化抗拒。

刘女士是在丈夫的陪伴下前来复查的，苍白的面容尽显疾病对她的折磨。当笔者提出要对她访谈时，她显得有些惊恐，生怕见到生人似的。在其丈夫的鼓励下，她最终答应了访谈要求。她是2008年年底完成移植手术

---

❶ 对移植物主人“年龄”的想象在笔者的访谈个案中表现的也很明显。有年老的移植者因为“肝源非常年轻”而沾沾自喜；也有移植者因得知“肝源不好，主要是太老”，而宁愿再等下一个肝源。在这些个案里，肝脏携带了它原先主人的年龄属性，成为判断其质量好坏的标志之一。

的，至访谈时已一年有余。从她当天的化验单来看，她的恢复情况并不是很理想，肝功能还没有回到正常的指标范围内。所以叹气、长时间的沉默成为这次访谈过程中很重要的环节。

说到当初移植的决策时，她说，她那时已经处于昏迷状态了，所有的决定都是他丈夫做的，手术前的签字也是他丈夫完成的。当她醒来时，已经在重症监护室（ICU）了。她丈夫接过话茬，告诉笔者，移植时她才43岁，他们还有一个小孩上初中，不忍心看到她这么年轻，假如不移植，就面临着生命危险，小孩也就没有了母亲。考虑到家里的经济环境还能支撑手术和医药费用，就做主请求医生帮她联系肝源，完成了手术。

刘女士很感谢他丈夫的付出。她说如果没有她丈夫，现在她就不可能接受笔者的访谈了。但她自己也很明白，她恢复得并不好，除了化验单的或高或低的警示外，她说她总感觉身上痒，为此而倍受折磨。她咨询了她的主治医生，医生建议去找皮肤科医生，但至今还是没有得到很好的治疗（笔者估计大概是服用免疫抑制剂后的副作用）。说到手术后生活方式的改变，她提及了自己睡眠问题。

我的睡觉很不好。现在好了一些。刚开始时，总是做梦，各种各样的梦，有的记得，有的忘记了。晚上做梦，白天就精神不好。休息不好，对我的恢复有影响。（沉默）有一段时间，我总梦见鬼缠身，有鬼找我。我老公就说我，疑神疑鬼的，说我胆子小。可能是因为这个（指移植肝）吧。你也知道的。（2010年10月15日，刘女士）

他老公插话道：

你别听她瞎说，哪有什么鬼。那么多人做手术，也没听说有什么鬼。你就是整天没事在那瞎想。不瞒你说，她还叫我去找人帮她驱鬼。我是一辈子不信鬼的。也不想去找。看到她每天都那样，也没办法。就找人做了事。花掉了一些冤枉钱。（2010年10月15日，周先生）

怎么会不管用呢！做了后，我就没怎么梦见了啊。现在也好了很多了。（2010年10月15日，刘女士）

刘女士的梦和随之的驱鬼行为首先基于这样的一个事实，即我国95%以上供肝来源于被执行死刑的严重刑事犯罪分子的自愿捐献（黄洁夫，2007a：1011），中国的活体捐赠稀少。据中国肝移植注册网的数据，从1993年1月1日至2011年5月18日，中国肝移植登记例数为20 028例，其中活体肝移植例数为1 475例，占7.4%（这其中是否包括活体买卖器官的情况以及占多大的比重，我们不得而知）。死刑犯捐赠的器官成为移植主要来源还可以从另一份数据（黄洁夫，2008：743）中得到说明，见

图 1。

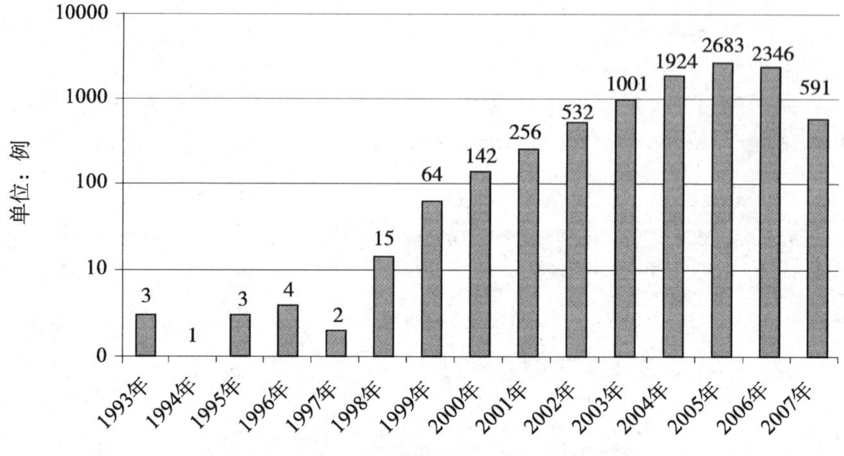

图 1　1993—2007 年我国肝移植病例数

图 1 显示出，1993—1997 年我国肝移植病例数还寥寥无几，从 1998—2006 年，移植病例数大幅度上升，这段时间成为我国肝移植的蓬勃发展时期。但到 2007 年，病例数从 2006 年的 2 346 例陡降到 591 例。降幅之大，似乎难以解释。事实上，这与当年我国的一项有关死刑犯的法律规定改变不无关系，即死刑复核权收回到最高人民法院。这导致的直接结果就是当年判定并执行死刑人数的骤减。这样，我们就明白了为什么 2007 年器官移植例数急剧减少的原因，至少是部分的原因。❶ 至于死刑犯捐赠的伦理问题以及活体捐赠是否存在买卖黑市的问题，则属另一个亟须讨论的话题。

刘女士很清楚，她的器官并非是活体捐赠的。因为活体捐赠按照《人体器官移植条例》（2007）的规定，只限于以下三种情况：活体器官的接受人限于活体器官捐献人的配偶，直系血亲或者三代以内旁系血亲，或者有证据证明与活体器官捐献人存在因帮扶等形成亲情关系的人员。❷ 所以，

❶ 另外可能的原因是，2007 年我国实行了《人体器官移植条例》，限制了活体器官移植的范围，并在同年下发了《卫生部办公厅关于境外人员申请人体器官移植有关问题的通知》，限制了曾经一度在国内兴盛的旅游移植（Transplant Tourism）。

❷ 为了防止不法分子钻该法律空子而进行活体器官的买卖，2009 年卫生部下发了《卫生部关于规范活体器官移植的若干规定》，对上述三种活体捐赠的情况做了进一步的限定。首先，配偶仅限于结婚 3 年以上或者婚后已育有子女的（以防止通过骗婚或假结婚以达到买卖器官的目的）；其次，直系血亲或者三代以内旁系血亲的情况没变；最后，因帮扶等形成的亲情关系仅限于父母和养子女之间的关系、继父母与继子女之间的关系。

尽管医生没有告诉她器官的确切来源，她也能猜想移植到她身上的新肝极有可能来自于一个死囚犯的肝脏。这就是说，“死人”一部分的器官进入了她的身体，变成了“鬼”缠绕着她，让她不得安宁。我们且不说驱鬼仪式是否真的奏效，但从心理安慰这一层面来讲，确实是起到作用了。驱鬼仪式后，她不再感觉有鬼缠身、也甚少梦见鬼的情况说明了这一点。

若进一步考察，刘女士梦见身体有鬼与中国人对死亡本质的理解相关。在中国大多数民族中，死亡并非像生物医学认为的那种意味着生命的消失，而可能是生命的另一种存在形式。《说文》所言，“鬼，人所归为鬼”。中国由于受到儒、道、佛等不同宗教和学说的影响，形成了比较复杂的鬼魂观和生死观。儒家较为重视现实生活，不轻易谈死，但亦认为死亡是人的生命完整过程的重要一环。如《礼记·祭义》中也指出，“众生必死，死必归土，此之谓鬼”。儒家认为对于鬼魂需要以礼敬之，祭祀成为儒教礼仪的主要部分（李申，2007）。道家强调顺其自然和修行成道，在道家这里，鬼和神两个分割的领域连接起来（陶伟，2007）。死亡在佛教那里则变得阴森、恐怖。在佛教看来，死并不是人生的终结，只是暂时告别人生，因为生死是轮回的。今日的生，乃是上一世死去的再生，今世的死到来世还会生，人死后可以有天、人、阿修罗、畜生、饿鬼、地狱的六道轮回。如果人没有达到觉悟成佛的境地，其生死便会永无终期地轮回（徐宗良，1995）。在佛教看来，人在世和去世其身体—心灵/灵魂关系是不同的。活人的身心是统一的，而死后[1]则表现为分离，肉身化为泥土，灵魂脱离人的身体，变成鬼魂。这与笛卡尔所认为的活人的身心二元论不同。[2]

上述不同学说均在当下中国人的实践和观念中有所体现。祭祀行为、善有善报、恶有恶报的观念、对死亡和鬼魂的恐惧等依然成为人们观念和行为的一部分。而相信一些人（如事故、自杀、死刑等）死后变成厉鬼的文化传统不仅造成了移植者的心理困扰，实际上也是与器官移植的科学理念相违背的，因为在移植专家看来，这些意外死亡的人的器官可能更加健康，质量更好（Ikels，1997）。

在移植者的身体上，我们看到了传统的文化力量和现代的科学力量的较量。身体成为它们竞争的场域。一方面，病人和家属都相信“科学”，

---

[1] 人在睡梦中也被理解为灵魂与肉身的分离。

[2] 有关东方（中国）身心观与西方身心观的差异研究，较为代表性的著作有：汤浅泰雄，1990；杨儒宾，1993；周与沉，2005；黄俊杰，2002；等。

认为科学是挽救其生命的唯一途径；但另一方面，有关身体和器官的文化想象又形影相随。当然，竞争的结果可能是科学的力量占据了上风，因为面对生与死的选择，面对生活质量的或许提高，移植病人的文化排斥相对于生理排斥的终身性要短很多。但有关身体的传统文化认知可能是潜藏在身体里的，当一切恢复良好时，它不会犯上作乱，但当身体出现异样时，这个力量又可能重新抬头起来。在上述颇具矛盾的身体体验中，我们看到的不是单一的文化在身体上的折射，相反，可能是多重力量的交汇和角逐。产生于17世纪欧洲的现代性所带来的科学的至高无上，传统由专门知识所代替等制度效应，已经弥散到世界各地（吉登斯，2000）。在这股力量里，身体被去魅化了，它不再变成被宗教束缚的产物，而被比作一台机械，看成是科学研究的对象。现代医学家秉承了身体的现代观，但在中国的普通民众里，传统（儒释道文化）似乎并没有完全被专业的权威知识所取代，它依然在人们的心智里占有了一席之地。

2. 被管理的身体

如果说身体的抗拒表现了身体的主体性，那么在另一面，身体又处于监督管理之下，成为被规训的对象。移植者并非像其他的普通病人一样，能够轻易地抹去病人的身份，重新回到既有的社会生活中去扮演他们原先扮演的社会角色。尽管常人也面临着这样那样的不自在，或者如福柯（2010）所言的“毛细血管般的”权力规训，与之相比，移植者面临的首先是持续的医学规训。在“健康”、“康复”等名义下，移植者的身体被终身地纳入到现代医学的管理之中，其病态的身体和病人的身份在这种规训中被不断地再生产出来。

首先，对于移植者来说，移植后他们需要面对的是每天定时地吃药，而且是终身的吃药（有的还需要注射）。这些纷繁复杂的药品，最主要的就是免抑制剂药物。由于要将身体的免疫力控制在合适的程度，所以吃药成为这些病人每天的必须事项。这就意味着，吃药太多或太密集，药品的毒副作用会太大；但药吃的太少，或两次吃药间隔时间太长，又达不到抗排异的效果。从时间上说，一般要12个小时吃一次药。多数病人是早上6点或7点吃一次，晚上6点或7点再吃一次。术后一年左右的病人，闹铃就成为随身的必需，而对术后几年的病人来说，定时吃药已经成为他们身体反应的一部分，或者说有了身体的习性，他们已经形成了吃药的“生物钟”。以下两个案描述了患者吃药和对终身吃药的理解情况：

现在吃普乐可复（一种进口的抗排异药物，又称HK506），医生说提前两个小时不能吃东西，我就没吃了，一点水都没喝。吃药过一个小时才能吃东西，所以晚上7点才能吃饭。早上就定个闹钟，6点吃药。吃完再睡下觉，6点半散步半个小时。(2010年10月15日，潘先生)

我们对肝移植了解不多。我当时想，做了肝移植后，所有的问题都没有了。我就是这么想，我不了解肝移植的详细情况。我家属，弟弟，女儿都说，要相信教授，齐教授、李教授他们。他们说要做，我们就同意做。说老实话，我以为做了肝移植，就什么问题就没有了。我还没了解到，做了肝移植后，还要吃药，每个月要打针。以为一切都好了。现在是终身吃药。(2010年10月13日，赖先生)

在上述的几个个案里，我们已经很明显地看到，福柯（2010：169）所言的时间表的三个主要方法——规定节奏、安排活动、调节重复周期，都在移植病人的后移植生活里体现。在规定的、几乎是精确的时间内，移植病人们日复一日地重复着他们的例行事项。与其他常人的时间表不同，它是围绕着药物开展的。身体也在药物的调节下运转，药物成为身体的必需。有的病人哪怕是忘记了一次吃药，或者不确定是否吃药了，也要联系医生请求他们的帮助。

其次，对于移植病人来说，定期或不定期的复查是他们术后的例行事项，因此他们很难脱离与医院和医生的关系。一般来说，移植第一年，病人需要每1个月复查一次；第二年，可以每2~3月复查一次；而后可以半年复查一次。在平时觉得身体有异常时，也要及时到医院检查。这也是我在医院访谈的几个月时间里经常碰见先前的被访者的原因。在S医院，由于医院是在每周一、三、五三天上午抽血化验，所以这三天的上午前来复查的人就很多，其他时间寥寥。在复查中，检验指标的数字高低成为医生和病人讨论的焦点，医生也会根据这个复查结果来为移植者调整药物用量。以下是69岁的张女士告诉我她最近的复查情况：

肝功能，降下来，2天后，我来复查，有一项，以前是100多，就正常了，有一项降到一半。再隔一个礼拜，再复查，原来225，降到114，再来复查，降到60。我后天还来做B超，来抽血。(2010年11月1日，张女士)

张女士是2009年5月做的移植手术，由于2010年外出旅游，回来觉得身体异样，就连续几次的去检查。和她一样，很多病人已经能自己阅读和判断那满是符号和数字的化验单，而数字的升降就意味着他们身体状态的变化，他们会为突然的指标升高而焦虑不堪，不停地问医生怎么办，也会为数字的平稳而欣喜，和笔者分享他们移植后较好的生活质量。所以，在一定程度上说，他们是活在数字里的。

身体及其物件，在现代医学下不再是一个功能复杂、难以厘清、难以陈述的混沌对象，而是变成如特纳（2000：97）所言的“可以精确计算的客体”。医生所学习的，就是在混沌、模糊的身体状态中，看出特定的结构（古德，2010：110），实现身体质与量的精确性。于是，指标及其相应的参考区间就成为身体状态很重要的判断依据。相比之下，病人的其他陈述都变得多余，或者是混淆视听。医生与病人的对话也聚焦于指标和数字，数字的升降成为疾病变化的指针。相应地，病人及其家属如果还是一味地强调自己的身体感受，而不把目光转向化验单上的数字，那么就和医生无法交流了。因此，更准确地说，病人是在现代医学和医生的诱导下活在数字里的。否则，他们就无共同语言，所谓的医患沟通也徒有其表。

现在我们谈谈身体被管理的社会后果。正如沙朴（Sharp，2000：290）所说的，健康允许身体从“意识和行动中消失”，而痛苦和残疾经常伴随着“对身体的高度主题化”。也就是说，在我们健康无恙时，我们似乎很少关注身体的存在，它像是在意识和行动中消失一般，而在我们痛苦和疾病中，身体就凸现出来了。拥有一副身体，既具有互动性，也有其约束性（希林，2010：21）。比起那些青春焕发、身体健全的人，移植者更会觉得受到自己身体的约束。以下几个案叙述说明了这一点：

现在每天吃药，就很麻烦，我就不怎么喜欢和大家一起吃饭，人家都是6点就吃晚饭了，我6点吃药，7点才能吃饭。和他们出去，那些朋友都知道我，就等我。那些同事都知道我，到7点才叫饭。朋友都知道。吃什么菜就没什么要求。辣的我以前很喜欢，我现在就不怎么吃。现在和朋友在一起，不能喝酒，我自己感觉很尴尬。(2010年10月15日，潘先生)

以前喝酒，但不厉害，在家里一般不喝。现在哪能喝啊。现在和朋友聚会啊，现在都很难了，那里油水太多。生活单调，没事就看电视，上网看，网上什么东西都有，就不看有色的东西，很无聊。(2010年11月3日，官先生)

变化就大了。很多运动都不能做了。不能做太激烈的运动了。我以前都很喜欢打篮球的，现在不行的。我刚才上去问医生，早上能不能慢跑，她说可以，反正你感觉不是很累，就行了。我早上5点钟就起来，去散散步，晚上早睡。打篮球就不敢打了。(2010年10月25日，卢先生)

移植后的生活方式已与之前迥然不同，纷繁复杂的要求陈列在病人身体的记忆里。对于肝移植者来说，他们不能吃过于油腻的、辛辣的食物，代之的是清淡的营养餐；他们不能喝酒，即使没有医生提醒，他们也知道，喝酒伤肝，偶尔的放纵也让他们担心不已；他们需要多休息，不能熬夜，朋友间的彻夜长谈已属不可能；因为害怕感染疾病，他们尽量去人少的地方，看电视、上网成为一些病人每日的选择；因为担心家人感染肝炎，即使在家人已经有抗体的情况下，他们也要求与家人分餐、不共用碗筷。在一次次的活动受限下，他们越来越感觉自己和常人不同。病态的身体和病人的身份在身体的管理过程中得到不断的暗示，也被不断地再生产出来。

通常，身体运动会不断地拓展社会空间，但病患则意味着可能的活动范围受到限制，病人的空间感压缩了。空间，在这些病人看来，不是代表可能的活动范围，而是作为要面临的可能性的限制（图姆斯，2000：79）。身体作为社交性进食（和其他活动）的源泉（希林，2011：162），已经大大缩减了移植者的社会空间，因而孤独成为移植病人的普遍心态。这也成为笔者顺利访谈的原因之一：大部分病人并没有因为时间紧张而拒绝我的访谈，相反，他们认为整个访谈是一次愉快的社会互动，以至于还有被访者在回家后主动联系我的情况。对移植病人的访谈也让笔者深切地体会到，访谈并非仅仅是获得我们想要的信息，也是一次交流和分享。

凡此种种，移植带给病人的，并非是痊愈的惊喜，而是终身的吃药（打针）、年复一年的检查、不堪一击的躯体以及那不可忘却的伤痛。一经成为移植者，在“健康”、“康复”等医学话语下，他们的身体就处于医生和家人的监督和管理之下，或者内化为自我的管理。在管理的背后，潜藏着病人空间感的压缩以及随之的孤独感的增加，原有的社会交往圈因身体的管理变得松散，甚至崩溃。病人履行着他们作为病人的社会角色，与医生和家人配合，寻求康复，但这一切带给他们的，并非是实现了其康复的权利，相反，在持续的被管理之中，他们的病态身体及其病人身份被不断地再生产出来，身体处于无法被治愈的状态。用勒布雷东（2010：280）的话说，这或许就是“活着需要付出的代价”。

3. 隐喻的身体

已有的研究表明，在一些文化里，身体的各个器官本身就具有超越其生物性的符号意义，比如肾脏代表生殖能力、心脏代表人的善与恶，所以人们会有超越移植物本身的文化想象（Ohunki－Tierney，1994；Joralemon，1995；Scheper－Hughes et al，1987；Ikels，1997；勒布雷东，2010；欧阳洁，2007）。在笔者的访谈对象中，人们对肝也有诸多的隐喻和想象。我们先看72岁的郭先生诉说他移植后身体出现的神奇变化：

我的白内障，要开刀，肝移植后，自然消失了。我原来准备开刀。有没有关系，不知道，但后来好了。原来我不喝酒，肝移植后想喝酒。我现在不敢喝，医生说不能喝。我原来不抽烟不喝酒，生活很简单。肝移植后，我老婆喝酒，我以前闻到酒味，我就讨厌，现在，我老婆喝酒，我闻到都想喝，但我能控制。眼的视力，原来是0.8和1.2。肝移植不到一年，我左眼恢复到1.5，右眼1.2。现在又过了五六年，差一点。没有老化。我看报纸都可以啊。(2010年10月8日，郭先生)

我无法判断老人移植后眼睛变化（白内障和视力）是否与移植本身的技术相关，但有一点是肯定的，即老人认为肝与目是联系在一起的。据他介绍，他是67岁时移植了一个53岁捐赠者的肝，“肝源非常年轻”。在这个个案里，年轻健康的肝意味着会带来好视力和眼病的消失。这与传统中医所认为的肝主目不无关系。中医所谓肝与西医之肝有差异，前者主要是个抽象概念，主要是从功能上讲的：肝主疏泄，能调节人的情志活动，主目，协助脾胃消化等。而后者是一个解剖学概念。《素问·五脏生成篇》有言：“肝受血而能视，足受血而能步，掌受血而能握，指受血而能摄。”(转引袁钟等，1999：1238～1239)，这虽然旨在突出血的功能，但亦可见肝与目之关联。可能正是基于此中医理念，老人有移植后眼睛变好的事实或想象。或许在专业医生看来，中西医的差异是显著的，但在普通病人眼里，疗效才是最为关键的考量，或者说在他们的理念里，所谓泾渭分明、科学与非科学之争的中西医可能是相容的，共同作用于他们的身体上。

对于移植者来说，普遍存在的是因为肝病的隐喻所带来的社会的隔离。肝病，如果按照西医的划分，有病毒性肝病和非病毒性肝病，前者如甲肝、乙肝、丙肝等，具有传染性，后者如酒精肝、肝癌等，不具有传染性。由于肝病大多具有难治愈、慢性化的特征，这给它徒增了很多的神秘性，给人们带来恐惧感。尽管医学专家一再强调，日常的接触，比如握手、进食等不会传播肝病，但肝病，尤其是乙肝患者，在社会交往、婚姻、求职等方面还遭遇诸多的歧视。更为可怕的是，人们对肝病的恐惧和排斥还有泛化的倾向，即那些本身不具有传染性的非病毒性肝病，也一并纳入了人们的恐惧之中，视为危险的对象，避而远之。因为这些疾病代表着不可治愈，代表着死亡的临近，以及代表了不洁净和污染。正如桑塔格(2003：7）所言的，任何一种被作为神秘之物加以对待并确实令人大感恐怖的疾病，即使事实上不具有传染性，也会被感到在道德上具有传染性。无论是患者自身还是他人，对强加在肝病上的这些隐喻，事实上反映了我们对死亡的阴郁态度以及我们对疾病的憎恶心理。

这里，笔者通过一个个案来说明因肝病而引起的家庭内部的日常生活的隔离。孙先生63岁，虽然家住农村，但却是中国某百强县的农村，家境富足，手术费用并非是其考虑的因素，村集体还能给其报销每年5万元的医疗费用。2003年检查时发现肝出现问题，2004年已经转化为肝硬化，当年，孙先生完成了移植手术。手术后，在餐饮方面与家人隔离起来。

家里一起吃，但还是分开一点。清淡一点。我有我吃的，他们有他们吃的。我是一个病人，我也不想我的太太，我的孩子，以后呢，得我这个病。从卫生说，分开，怕传染。我问了，这个传染不大，但还是自己注意一下。(2010年10月13日，孙先生)

孙先生的个案说明，尽管医生告诉他，他的肝病并没有多大的传染性，但为了安全起见，他还是选择了与家人分餐，这样避免了传染的可能性。在其他的个案里，也有移植后新的移植物获得了乙肝抗体，但移植后的肝依然被想象为像被摘除的肝一样，认为是受污染之物，成为家庭内隔离的原因。

现在我们来谈移植的隐喻。移植就是摘除身体原有的某一损坏器官，用其他功能健全的他者的器官来替代的过程。这是一个高技术含量的手术过程。正如前文所言，移植物并非仅仅是毫无象征意义的“物”，它还承载着价值和幻想，是他人的一部分身体，携带了他人的身份属性（年龄、性别、职业等）。因此，摘除自己的器官，移植上别人的器官，这不仅是在肉体上打开了一个缺口，更是在深层次上触及了病人的价值观及其存在的理由（勒布雷东，2010：278）。在前文，笔者主要强调了因这种文化想象所导致的文化排斥。这里，笔者将从另一个角度说明移植所带来的隐喻：至少在一部分病人那里，它意味着身体完整性的破坏，或者说移植者被认为是“不完整的人”。一位五十几岁的被访者，肝移植手术已6年，向笔者叙述他移植后的身体体验：

我以前总感觉自己缺点什么，又多了点什么，又说不清，反正心里不是滋味。觉得自己不正常了。我就去问医生，为什么会这样，医生说可能是移植物的排斥反应吧。我也问了其他的朋友，都是做过移植的，他们有的有，有的没有。说让我慢慢适应就行了。我现在其实也没什么思想负担了，也想开了，反正比以前好多了。这个，毕竟不是自己的，自己要注意就行，好好保养啊。让它安安心心地住在里面，别给我惹麻烦。其实，病人移植后，最担心的就是复发，怕出现这个问题、那个问题，都很麻烦。这又不是一般的小病，吃点药就行。还得要注意的，最近几年它都很听话

的。(2010 年 11 月 29 日，唐先生)

在唐先生看来，移植物并非是“我的”，依然在他的言说里，用“毕竟不是自己的”来表示，移植物并未进入他身体的系统，成为主体性的一部分，而依然具有图姆斯（2000：85）所言的“隐匿性和异己性存在”，保持了与自己的疏离感。

我们再深究一下就会发现，唐先生所谓身体的异样（缺少什么，又多了什么）实质上表明了移植手术还触动了他深度隐藏的有关身体的价值观，即对身体完整性的诉求，以及身体遭遇破坏后而引起的不安和紧张。身体完整性是传统儒家学说的产物。儒家经典《孝经·开宗明义章》：“身体发肤，受之父母，不敢毁伤，孝之始也。”所以对身体完整性的追求成为中国孝文化的一部分，是孝之基础。身体完整性还是灵魂再生的一个条件。器官的植入意味着身体的分离，破坏了自身的完整性，成为他身体不适背后的文化基础。

疾病并非单纯是病菌的侵入身体或者器质性的病变，一些符号意义也附加在疾病之上，正如桑塔格（2003）所表达的，疾病的生物性事实可能转化为一种道德批判。对于移植者来说，虽然不像艾滋病、麻风病等传染病患者那样遭遇歧视性的话语，但同样面临着“风凉话”、“误解”和“偏见”。移植往往意味着“事业的或人生的失败”、“背运”、“倒霉”。接下来，笔者将通过几个个案说明隐喻导致的对病情的公开或隐瞒。

谢先生是广西的一位私企老板，2005 年 8 月 28 日做的移植手术，在谈到当时求医经过时，他说：

我去北京 203（笔者注：可能是解放军第 302 医院，解放军第 203 医院并不在北京）医院，我自己去的，不给别人知道嘛。我那里（家乡）熟人太多了，不想让人知道我做过手术。现在亲戚也不知道，家里人知道。朋友一般不知道。有知道的，不敢说。肯定想，为什么现在这么老实呢，以前那么 high。也不参加聚会了。哎呀，我本身是有一点名气的，外边的风凉话也多，反正给他知道，有什么用，花也不是花他的钱，也没得到社会的帮助，也没必要啊。倒霉啊，很背的，所以不给别人知道的。现在谁也看不出来（做了手术），我声音洪亮，讲话也讲得高，钱也没问题，财产那么多。(2010 年 10 月 27 日，谢先生)

这个个案说明，尽管我们不知道其他人是否如此看待这类病人，但病人自己却选择了将移植看成是人生或事业的失败，预示着他将不能像先前那样在事业上打拼，做出完善的人生计划，疾病使其灰心、打碎了他长久的计划安排，一切变得短暂起来，且因生命的短暂带来恐惧心理。患病意味着受难，其实，令人深为恐惧的倒不是受难，而是这种受难使人丢脸（桑塔格，2003：111）。因为疾病成为了堕落的证据，也成为了道德批判的对象，给病人带来污名（事实上的或自我想象的）。于是，为了避免这种污名的强加，像戈夫曼（2009）所言的，信息控制，或者说隐瞒、"装"（passing）成为了他们的选择。

当然，并非所有的病人都选择了隐瞒病情，相反，一些病人还主动地告诉了他或她的亲戚朋友，在他们看来，疾病恰好成为保护他们的工具。或许这正是帕森斯所谓"病人角色"中病人的第一项权利：病人具有免除"正常的"社会角色的权利（科克汉姆，2000：146～147）。张女士的谈话充分表明了这一点：

病情，亲戚当然知道。我有些朋友，我都告诉他们了，没有忌讳的，怕什么呢。反正他们知道了，他们还给我保护。要不不告诉他们，他们也怀疑啊，你这个不能吃，那也不能吃。他们知道了，我说不能吃这个，他们也就理解了。（2011 年 11 月 1 日，张女士）

张女士和前述的个案不同，她也希望过常人的日子，但疾病所造成的生活不便却很难忽视，与其采取像上面的谢先生那样隐瞒自己的病情，让自己处于尴尬和谨慎的状态中，还不如告知亲朋好友，这样，她因疾病而需要的特殊要求也就顺其自然，不会成为不合适了。

疾病和随之的移植已经使身体本身不堪重负，但作为一个社会的以及被意义之网所缠绕的患者来说，他们还要承受着因疾病和手术带来的符号压力和差别化对待。无论是那些因担心"风凉话"而隐瞒病情的移植者，还是主动公开病情而获得了"病人"般特殊对待的移植者，他们都把自己与"常人"分离开来，过着移植者特有的生活。

4. 全球化下的身体[1]

相对于那些苦苦等待，最后不得不绝望死去的病人来说，获得移植的病人是幸运的。但移植不仅是器官源的排队与筛选，也是一次社会的筛选。因为，没有强大的经济实力的话，即使完成了移植手术，也很难延续移植后的持续不断的高额花费。从笔者的访谈个案来说，在 G 市，肝移植的手术费用大约在 30 万～50 万元（根据肝源的质量、紧缺程度等不同而变化）。手术后的花费，第一年 10 万～15 万元，第二年 5 万～8 万元，然

[1] 这里实际上还要讨论"旅游移植"，即病人违背他国的法律法规（多以旅游为幌子），在他国通过器官买卖或其他形式获得器官完成移植的行为。中国自 2007 年后禁止了这种移植形式，笔者目前只获得一些二手资料，而无实际的访谈材料，所以本文暂时不对其讨论。

后逐渐减少维持在每月5 000元左右的水平。赖先生2007年10月做完手术，他向我道出了移植花费情况：

当时住院45万，后来出院后，3个月，我又第二次住院，肝脏排异，发烧、感冒，又花了6万多。总共花了50万。自己家10多万，还是靠亲戚、朋友，大姐借一点，一个人借1~2万。我女儿又从公司里面借了20多万。他们都很支持。（2010年10月13日，赖先生）

虽然一些个案表示了移植花费并非是主要的困难，因为他们已经做好了金钱上的准备。但依然有一些个案，在经过移植后的大开销后，面临着基本生活的窘境。更为艰难的是，他们多半在移植后辞去了先前的工作，或者只是从事清闲的低收入的工作。44岁的福建潘先生以前是一家海鲜酒楼的二把手，生活富裕。2007年以来，做了两次移植手术，花掉了100多万元，现在每个月的药费依然要4 000多元。他告诉我：

现在就没什么钱了，我这次还问医生，有没有便宜的药，他说现在没有。现在经济不行了。以前还是赚钱，现在这种压力，就不能赚钱，现在还向小孩要钱。3个月花费2万。开始刚出院一个月就要1.7万。现在慢慢减下来了，一个月5 000元。小孩现在都快成家了，他们自己做生意有点钱，我都不敢拿他们的。他们也愿意给。我说钱不够，我女儿就拿2 000元。我没留下什么给他们，还向他们拿钱，我心里也不怎么舒服，他们自己也有自己的事。（2010年10月15日，潘先生）

器官移植的手术费用是一次性的，而手术后的药物支持，尤其是免疫抑制药物则是长期持续的。普乐可复因其副作用相对较小等优势成为笔者的访谈病人的首选药物。1毫克×50粒的一盒普乐可复，在中国的售价为1 200~1 500元不等，平均每粒药需要30元左右。这样，对于一个一天需要吃3~4毫克的病人来说，不包括其他的费用，仅仅是免疫抑制药物，每天就需要上百元，而这在术后第一年吃得更多。因而我们需要对免疫抑制剂市场做出一番考察。

据统计，2006年中国免疫抑制剂市场销售额为14.75亿元，2007年达15.99亿元，2008年为18.31亿元，2009年已经上升为22.38亿元（廖国平，2010-09-20：第A02版）。这表明，2007年市场销售额相对2006年增长8.41%，而2008年相对于2007年增长14.51%，到了2009年，突增22.23%。4年的复合增长率达到15.05%。无怪乎有药品经济人士分析称：免疫抑制剂将是一座“金矿”，并且是“垄断性金矿”（彭蕴亮，2006）。表2表明了这种垄断性。

表2　2009年中国市场主要免疫抑制剂产品销售额❶

产品名	厂家	2009年销售额（人民币/亿元）
骁悉	罗氏制药	7
赛可平+新赛斯平	中美华东制药	2.8
普乐可复	安斯泰来制药	6
新山地明（环孢素）	诺华制药	2.5
合计		18.3

2009年，免疫抑制剂在中国市场规模达22.38亿元，上述数据表明，其中罗氏制药（总部瑞士）、中美华东制药（合资）、安斯泰来制药（总部日本）和诺华制药（总部瑞士）的产品占据中国市场份额的81.8%。虽然目前中国市场上有上百家免疫抑制剂药物，但此四家企业，尤其是外资企业就占据了大半个江山，足见外资企业的绝对垄断地位。这些大型制药企业不仅是在中国占据市场，已然成为全球性的药物公司。以日本安斯泰来公司为例，它1993年开发上市免疫抑制剂普乐可复以来，普乐可复目前已经在全球80个国家销售❷。

但笔者必须要强调的是，一些国产药在国内还是有一定的优势，即价格优势，它的价格几乎只有进口药的一半左右。虽然具有可能的高副作用，但也会成为一些经济条件不怎么优越的病人的无奈选择。54岁的刘先生，经营一家小杂货店，家中3个小孩，其中1个还在读书。2008年，他做了移植手术，到现在花费已经80多万元。在谈到吃药选择时他说：

现在我吃药都吃便宜一点的，没办法，长期吃药啊，都是国产药。不是最好的药，要便宜一半左右。现在吃药200多（元）每天。现在生意也不好做。我是很困难了。不吃也不行。我们做手术之前，医生都说过要长期吃药，但我家里人说，能活一天就一天，有钱就用完，没钱去找钱吃药，不行，就给房子卖掉。借了很多钱啊。没有钱，生命很快就结束了，没药就不行了。自己儿女赚钱，他们也要生活啊。当时我说不医了，医好了也没用啊。你天天吃药，一个废人也没用啊，你又不能赚钱啊，但家人都坚持让我做。(2010年11月1日，刘先生)

面临着国产药事实上的高毒副作用，刘先生在权衡价格的基础上还是

---

❶ 根据"廖国平，2010-09-20：第A02版"数据整理。

❷ 详见安斯泰来公司简介 http://www.astellas.com.cn/html/cn/show.asp?ClassID=45&ContentID=67&LvID=1。

选择了国产的免疫抑制药物。通过他的诉说，我们也能深切地体会到，移植病人的生活质量乃至生命是紧紧地与后期药品联系着的，他们身体的排异反应、他们的并发症的发生率也是和药物的选择勾连在一起。如果说移植手术本身，在一定程度上是一次社会经济地位的筛选，那么他们的后移植生活同样伴随着社会的再筛选。

全球药物市场依然被发达国家的公司所垄断，发达国家在生产移植技术的同时，也生产了其他的配套产品。移植就是一条跨越国界的经济链条，在这条链条中，医学专家、药品公司、中介公司、病人或家属、捐赠者等都被深深地卷入其中。病人几乎没有多少选择余地，按照医生和医药公司的劝说调整自己的生活方式，服用那些“全球热卖”的药品，在这个过程中，地方化的病人与大洋彼岸的其他移植病人共享了部分的移植经验，成为全球移植产业的“服务对象”。器官移植下的个体身体体验与苦痛，通过手术刀和药品，深深地卷入到全球化的医疗技术和药物市场之中。

四、总结与讨论

在以身体为关键词呈现了移植者后移植生活的四个方面后（当然，他们的生活远比笔者所抽离出来的内容丰富），笔者想到了该总结一下全文的基本观点和旨趣了。本文以器官移植病人的后移植生活为分析对象，事实上是想再现一个具体的、较为完整的身体图景，以回应作为器官移植之文化基础的身心二元论和身体机械观。笔者的分析表明，肇始于西方国家的器官移植技术，并非不受文化限制的、被共享的科学系统，而是根植于特定的文化前提和认识论基础，并镶嵌在具体的历史背景之中。而这一文化基础与身体本身与其他非西方国家的智识系统可能是背离的。这是器官移植在其他非西方国家（即使在西方国家也并没被完全认同）遭遇尴尬，至少在引入当初陷入困境的根本原因。笔者要表达的是，在西医霸权以及科学至上的今天，中国人的文化观念可能是混合的，既有对科学的执信，也有对传统的迷恋。

笔者的分析还表明了身体是作为生物性和社会文化性的双重存在。器官移植者不仅存在着身体的生物适应性问题，还存在着诸多的文化和社会适应性问题；身体不仅是作为医学凝视和管理的对象，同时还赋含隐喻和文化想象；移植者的身体不仅是地方化的医疗产物，它还与全球化的身体流动和药物市场勾连在一起。在这些过程中，身体的生物性和文化社会性交叉在一起，作为科学的身体和作为人文的身体也纠缠难分（尽管笔者为了分析的方便将它们分开叙述）。这个更加不确定的、也是模糊的状态恰恰显示了将身体等同于机械的不可能性。器官移植技术治疗的仅仅是生物性身体。但无论是从生物身体本身，还是从社会和文化上讲，移植并不能恢复一个人的健康。移植只是在治疗，而非治愈，这在肝病等慢性病中更为突出。因为，正如图姆斯（2000：3）所言的，对于慢性病而言，疾病侵扰的不仅仅是一个生物学身体，还必然引起家庭、工作和其他的社会关系的骚乱不安，而病患的意义也是与特定的文化背景和个人的价值观紧密地联系在一起。图 2 似乎能更清晰地表明本文的理论构架。

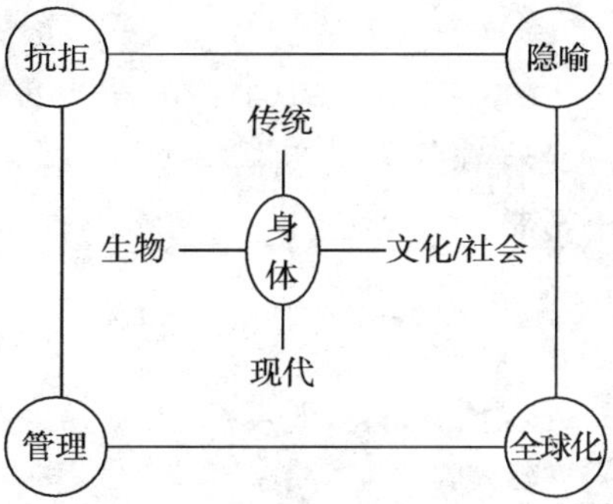

图 2　本文的理论构架

在本文结尾，笔者还想就人类学的方法论和视角问题做一点讨论。整体观（holism）是人类学所倡导的基本视角，在这一视角下，有关微观与中观、宏观之间的穿梭，即试图把握人们在其中行动和经验的更大的背景和框架的研究成为学科发展的基本定向（拉斯特，2008：58）。但另一面，人类学所研究的“人”作为生物性和文化性共同存在的主张则日趋式微。在早期的中国人类学研究中，人类学家非常注重体质（生物）人类学和文化（社会）人类学的综合。我们经常以为费孝通是偏社会学取向的人类学家，但其早期在导师史禄国那里学习的体质人类学方法，被认为是其“踏入人类学的第一步”、“这项基础训练一直影响到我一生的学术工作”（费孝通，2010，第十四卷：335～337）。费孝通后来的诸多著述也同样体现了人的生物性和文化性/社会性的双重存在[1]。另一位中国村落研究的先驱葛学溥（2006）也在 1923 年亲自去广东凤凰村做体质测量，以弥补凤凰村既有的文化和社会资料的不足。但随着学科和研究方向的划分，越来越

[1] 如《分析中华民族人种成分的方法和尝试》、《体质研究和社会选择》、《生育制度》、《与医学心理学者谈社会学》等（详见费孝通，2010）。

多的人类学研究呈现出人的生物性和文化性的分裂，体质人类学偏向人的生物性方面，而文化人类学则转向人的社会文化理解。在医学（身体）人类学的发展历程中，明显占据主导地位的是社会文化取向的医学人类学，而非生物文化取向的医学人类学（张有春，2009a，2009b）。但医学人类学的生物文化视角，作为整体观下的分析框架，恰恰为解决人类学对“人”的人为分裂问题与公共卫生的实践问题做出贡献。近年来的一些研究已经凸显了这一整体观视角的优势。比如庄孔韶（2005，2006，2007）对“虎日”戒毒、艾滋病防治、临终关怀的研究都体现了科学主义（生物性）和人文主义（文化性）互补的优势。因而，正如高斯密（2000：7）所倡导的，我们必须把生物和文化两个半偶族维持成一体，才能既看到人们行为中的生物学动机又看到其文化动机，只有这样才能为解决生活中不断增加的各种难题做出贡献。

参考文献

[1] 奥尼尔．身体五态［M］．李康，译．北京：北京大学出版社，2010.
[2] 布迪厄．实践感［M］．蒋梓骅，译．南京：译林出版社，2003.
[3] 陈立胜．身体：作为一种思维的范式［J］．东方论坛，2002（2）.
[4] 道格拉斯．洁净与危险［M］．黄剑波等，译．北京：民族出版社，2008.
[5] 笛卡尔．第一哲学沉思集［M］．庞景仁，译．北京：商务印书馆，1998.
[6] 笛卡尔．谈谈方法［M］．王太庆，译，北京：商务印书馆，2005.
[7] 杜丽红．西方身体史研究述评［J］．史学理论研究，2009（3）.
[8] 费孝通．费孝通文集［M］．呼和浩特：内蒙古人民出版社，2010.
[9] 冯珠娣，汪民安．日常生活、身体、政治［J］．社会学研究》2004（1）.
[10] 福柯．临床医学的诞生［M］．刘北成，译．南京：译林出版社，2001.
[11] 福柯．性经验史［M］．佘碧平，译．上海：上海世纪出版集团，2005.
[12] 福柯．规训与惩罚［M］．刘北成，杨远婴，译．北京：生活·读书·新知三联书店，2010.
[13] 高斯密．论人类学诸学科的整体性［J］．张海洋，译．中央民族大学学报：哲学社会科学版，2000（6）.
[14] 戈夫曼．污名：受损身份管理札记［M］．宋立宏，译．北京：商务印书馆，2009.
[15] 葛学溥．华南的乡村生活——广东凤凰村的家族主义社会学研究［M］．周大鸣，译．北京：知识产权出版社，2006.
[16] 古德．医学、理性与经验——一个人类学的视角［M］．吕文江等，译．北京：北京大学出版社，2010.
[17] 黄洁夫．我国肝移植的现状及前景［J］．中华外科杂志，2007a（15）.
[18] 黄洁夫．中国大陆肝移植的伦理和立法［J］．中华外科杂志，2007b（5）.

[19] 黄洁夫．中国肝脏移植［M］．北京：人民卫生出版社，2008.
[20] 黄俊杰．中国思想史中的“身体观”研究的新视野［J］．现代哲学，2002（3）.
[21] 黄卫华．我国死刑复核程序的历史沿革及其趋势预测［J］．求索，2010（12）.
[22] 吉登斯．现代性的后果［M］．田禾，译．南京：译林出版社，2000.
[23] 凯博文．苦痛与疾病的社会根源［M］．郭金华，译．上海：三联书店，2008.
[24] 科克汉姆．医学社会学［M］．杨辉等，译．北京：华夏出版社，2000.
[25] 拉波特，奥弗林．社会文化人类学的关键概念［M］．鲍雯妍，张亚辉，译．北京：华夏出版社，2009.
[26] 拉德克利夫－布朗．安达曼岛人［M］．梁粤，译．桂林：广西师范大学出版社，2005.
[27] 拉斯特．人类学的邀请［M］．王媛，徐默，译．北京：北京大学出版社，2008.
[28] 勒布雷东．人类的身体史与现代性［M］．王圆圆，译．上海：上海文艺出版社，2010.
[29] 李申．儒教的鬼神观念和祭祀原则［J］．复旦学报：社会科学版，2007（4）.
[30] 李书隽．器官移植医学的发展［J］．北京大学学报：医学版，2001（1）.
[31] 廖国平．免疫抑制剂市场增长加速［N］．中国医药报，2010－09－02（A02）.
[32] 刘勇，黄焱．器官移植发展简史和限制［J］．中华医史杂志，2001（1）.
[33] 罗伯特·汉．疾病与治疗：人类学怎么看［M］．千禾，译．上海：东方出版中心，2010.
[34] 马庆久．同种异体肝移植的围手术期处理［J］．中国现代手术学杂志，2005（2）.
[35] 梅洛－庞蒂．知觉现象学［M］．姜志辉，译．北京：商务印书馆，2005.
[36] 莫斯．人类学与社会学五讲［M］．林宗锦，译．桂林：广西师范大学出版社，2008.
[37] 欧阳洁．肾脏移植，身体与文化［D］．中山大学人类学系硕士学位论文.
[38] 彭蕴亮．免疫抑制剂：垄断性“金矿”［N］．医药经济报，2006－4－7（4）.
[39] 普里查德．阿赞德人的巫术、神谕和魔法［M］．覃俐俐，译．北京：商务印书馆，2006.
[40] 桑塔格．疾病的隐喻［M］．程薇，译．上海译文出版社，2003.
[41] 斯特拉桑．身体思想［M］．王业伟，赵国新，译．沈阳：春风文艺出版社，1999.
[42] 宋儒亮．脑死亡与器官移植：关联、争议与立法［M］．北京：法律出版社，2008.
[43] 汤浅泰雄．灵肉探微：神秘的东方身心观［M］．马超等，编译．北京：中国友谊出版公司，1990.
[44] 唐媛．器官移植的伦理研究［D］．中南大学博士论文.
[45] 陶伟．神仙与鬼神［D］．兰州大学硕士论文.
[46] 特纳．身体与社会［M］．马海良，赵国新，译．沈阳：春风文艺出版社，2000.

[47] 特纳．象征之林［M］．赵玉燕等，译．北京：商务印书馆，2006.
[48] 图姆斯．病患的意义［M］．邱鸿钟等，译．青岛：青岛出版社，2000.
[49] 汪民安，陈永国．后身体：文化、权力和生命政治学［M］．长春：吉林人民出版社，2011.
[50] 王太庆．笛卡尔生平及其哲学［M］//笛卡尔：谈谈方法．王太庆，译．北京：商务印书馆，2005.
[51] 西佩－休斯，罗克．心性的身体：医学人类学未来的研究引论［J］．罗文宏，黄剑波，张有春，译．思想战线，2010（6）.
[52] 希林．身体与社会理论［M］．李康，译．北京：北京大学出版社，2010.
[53] 希林．文化、技术与社会中的身体［M］．李康，译．北京：北京大学出版社，2011.
[54] 夏穗生，等．器官移植学［M］．上海：上海科学技术出版社，2009.
[55] 徐宗良．略论中国传统死亡观［J］．中国医学伦理学，1995（6）.
[56] 杨儒宾．中国古代思想中的气论及身体观［M］．台湾：巨流图书公司，1993.
[57] 袁钟，等．中医辞海·上册［M］．北京：中国医药科技出版社，1999.
[58] 张永平，等．我国器官移植的现状与伦理学思考［J］．中国医学伦理学，2002（5）.
[59] 张有春．医学人类学的生物文化视角［J］．中央民族大学学报：哲学社会科学版，2009a（2）.
[60] 张有春．医学人类学的社会文化视角［J］．民族研究，2009a（2）.
[61] 郑丹丹．身体的社会形塑与相别象征［J］．社会学研究，2007（2）.
[62] 郑震．论身体［J］．社会学研究，2003（1）.
[63] 郑震．身体：当代西方社会理论的新视角［J］．社会学研究，2009（6）.
[64] 周与沉．身体：思想与修行［M］．北京：中国社会科学出版社，2005.
[65] 庄孔韶．“虎日”的人类学发现与实践［J］．广西民族研究，2005（2）.
[66] 庄孔韶．中国艾滋病防治研究和人类学整体论原则实践［J］．二十一世纪（香港），2006（12）.
[67] 庄孔韶．现代医院临终关怀实践过程的文化检视［J］．社会科学，2007（9）.
[68] Alden, D. L. & Cheung, A. H. S., 2000, “Organ Donation and Culture: A Comparison of Asian American and European American Beliefs, Attitudes, and Behaviors,” *Journal of Applied Social Psychology*, Vol. 30, Iss. 2.
[69] Ben－David, O. B., 2005, *Organ Donation and Transplantation: Body Organs as an Exchangeable Social－Culture Resource*, Westport, Connecticut: Praeger Publishers.
[70] Biggins, S. W. et al., 2009, “Transplant tourism to China: the impact on domestic patient－care decisions,” *Clin Transplant*, Vol. 23, Iss. 6.
[71] Bowman, K. W. et al., 2003, “Culture, Brain Death, and Transplantation,” *Progress in Transplantation*, Vol. 13, No. 3.

[72] Budiani - Saberi, D. A. & Delmonico, F. L. , 2008, "Organ Trafficking and Transplant Tourism: A Commentary on the Global Realities," *American Journal of Transplantation*, Vol. 8, Iss. 5.

[73] Casper, M. J. & Koenig, B. A. 1996, "Reconfiguring Nature and Culture: Intersections of Medical Anthropology and Technoscience Studies". *Medical Anthropology Quarterly*, Vol. 10, Iss. 4.

[74] Cassell, E. J. 1993, "The Sorcerer' s Broom: Medicine' s Rampant Technology." *Hastings Center Report*, Vol, 23, No. 6.

[75] Crowley, M. 1999, "Culture, Class and Bodily Meaning: An Ethnographic Study of Organ Transplantation in Mexico". *Political and Legal Anthropology Review*, Vol. 22, Iss. 2.

[76] Daar, A. S & Marshall, P. 1998, "Culture and Psychology in Organ Transplantation". *World Health Forum*, Vol. 19.

[77] Evans, R. W. 2008, "Ethnocentrism Is an Unacceptable Rationale for Health Care Policy: A Critique of Transplant Tourism Position Statements". *American Journal of Transplantation*, Vol. 8, Iss. 6.

[78] Frank, A. W. 1990, "Bringing Bodies Back in: A Decade Review". *Theory, Culture & Society*, Vol. 7, No. 1.

[79] Harrison, T. 1999. "Globalization and the Trade in Human Body Parts". *Canadian Review of Sciology*, Vol. 36, Iss. 1.

[80] Healy, K. 2004, "Altrusim as an Organizational Problem: The Case of Organ Procurement". *American Sociological Review*, Vol. 69, No. 3.

[81] Hogle, L. F. 1996, "Transforming 'Body Parts' into Therapeutic Tools: A Report from Germany". *Medical Anthropology Quarterly*, Vol. 10, Iss. 4.

[82] Ikels, C. 1997, "Ethical Issues in Organ Procurement in Chinese Societies". *The China Journal*, No. 38.

[83] Joralemon, D. 1995, "Organ Wars: The Battle for Body Parts". *Medical Anthropology Quarterly*, Vol. 9, Iss. 3.

[84] Kaufman, S. R. & Morgan, L. M. 2005, "The Anthropology of the Beginnings and Ends of Life". *The Annual Review of Anthropology*, Vol, 34.

[85] Lock, M. 1993, "Cultivating the Body: Anthropology and Epistemologies of Bodily Practice and Knowledge". *The Annual Review of Anthropology*, Vol. 22.

[86] Lock, M. 1995, "Transcending Mortality: Organ Transplants and the Practice of Contradictions". *Medical Anthropology Quarterly*, Vol. 9, Iss. 3.

[87] Lock, M. 1996, "Death in Technological Time: Locating the End of Meaningful Life". *Medical Anthropology Quarterly*, Vol. 10, No. 4.

[88] Marshall, P. A. 1992, "Anthropology and Bioethics". *Medical Anthropology Quarter-*

ly, Vol. 6, Iss. 1.

[89] Ohnuki – Tierney, E. 1994, "Brain Death and Organ Transplantation: Cultural Bases of Medical Technology". *Current Anthropology*, Vol. 35, No. 3.

[90] Perkins, K. A. 1987, "The shortage of cadaver donor organs for transplantation: Can psychology help?" *American Psychologist*, Vol. 42. Iss. 10.

[91] Price, D, 2000, *Legal and Ethical Aspects of organ transplantation.* Cambridge University Press.

[92] Price, D. 2006, *Organ and Tissue Transplantation.* Ashgate Publishing Limited.

[93] Radecki, C. M & Jaccard, J. 1997, "Psychological aspects of organ donation: A critical review and synthesis of individual and next – of – kin donation decisions." *Health Psychology*, Vol. 16, Iss. 2.

[94] Scheper – Hughes, N. & Lock, M. M. 1987, "The Mindful Body: A Prolegomenon to Future Work in Medical Anthropology". *Medical Anthropology Quarterly*, Vol. 1, Iss. 1.

[95] Scheper – Hughes, N. 1996, "Theft of Life: The Globalization of Organ Stealing Rumors". *Anthropology Today*, Vol. 12, No. 3.

[96] Scheper – Hughes, N. 1998, "Truth and Rumor on the Organ Trail". *Nature History*, Vol. 107, Oct.

[97] Scheper – Hughes, N. 2000, "The Global Traffic in Human Organs". *Current Anthropology*, Vol. 41, No. 2.

[98] Scheper – Hughes, N. 2007, "The Tyranny of the Gift: Sacrificial Violence in Living Donor Transplants." *American Journal of Transplantation*, Vol. 7, Iss. 3.

[99] Sharp, L. A. 1995, "Organ Transplantation as a Transformative Experience: Anthropological Insights into the Restructuring of the Self". *Medical Anthropology Quarterly*, Vol. 9, Iss. 3.

[100] Sharp, L. A. 2000, "The Commodification of the Body and Its Parts". *Annual Review of Anthropology*, Vol. 29.

[101] Sharp, L. A. 2001, "Commodified Kin: Death, Mourning, and Competing Claims on the Bodies of Organ Donors in the United States." *American Anthropologist*, Vol. 103, Iss. 1.

[102] Shimazono, Y. 2007, "The State of the International Organ Trade: A Provisional Picture Based on Integration of Available Information". *Bulletin of the World Health Organization*, Vol. 85, No. 12.

[103] Stickel, D. L. 1967, "Organ Transplantation in Medical and Legal Perspectives". *Law and Contemporary Problem*, Vol. 32, No. 4.

[104] Taylor, J. S. 2005, *Stakes and Kidneys: Why Markets in Human Body Parts are Morally Imperative.* Ashgate Publishing Limited.

多元文化产权纠纷解决机制研究*

田 艳

（中央民族大学教育学院）

多元文化既包括受现代知识产权制度保护的现代文化，也包括传统文化，易发生产权纠纷的主要是传统文化领域。传统文化产权，通俗地讲，就是指传统社区对其传统文化所享有的司法意义上的产权，这里的传统文化既包括传统社区所拥有的物质文化遗产，也包括属于该社区的非物质文化遗产，但是以无形的非物质文化遗产为主。❶ 新制度经济学的理论认为，如果一项制度安排能激励人们将资源和努力更有效地配置于生产性活动，就能促进经济增长，激励人们最优地使用他们的财产。产权是最重要的制度之一，产权是个人或组织的一组受保护的权利，它们使所有者能通过收购、使用、抵押和转让资产的方式持有或处置某些资产，并占有在这些资产的运用中所产生的效益。❷ 目前，传统文化被认为处于“公有领域”，恰恰缺少产权制度的保护，进而造成保护与开发中的混乱状态。我国法学界已经认识到这一问题的紧迫性以及它对传统文化保护与发展的影响，很多学者在探讨。本文从实践中发生的各种多元文化产权纠纷入手，来探讨其可能的解决机制。

一、多元文化产权纠纷的类型

（一）不同民族之间的传统文化产权纠纷

不同民族之间的少数民族传统文化产权纠纷，简言之，就是某一项少

---

* 该文是中央高校基本科研业务费专项资金资助项目“少数民族传统文化开发中的利益补偿制度研究”的阶段性成果之一。

❶ 参见田艳：《无形财产权家族的新成员》，载《法学杂志》2010 年第 4 期。

❷ ［德］柯武刚、史漫飞：《制度经济学——社会秩序与公共政策》，韩朝华译，商务印书馆 2000 年版，第 212 页。

数民族的传统文化，是归属于甲少数民族还是乙少数民族而产生的纠纷。随着依托于少数民族传统文化的民族旅游的快速发展，对少数民族传统文化进行开发能带来巨大的经济利益，在我国各地发生了很多不同民族之间的少数民族传统文化产权的纠纷。

试举一例。湘西土家族傍山依水而居，到处可见“吊脚楼”，湘西苗族多居山顶，形成规模较大的“山寨”村落，两个民族比肩而居，在建筑风格方面相互影响，苗族有人居住吊脚楼，土家族有人建山寨。过去谁也不会追问“吊脚楼”或者“山寨”是哪个民族发明创造的，至今谁也回答不了“吊脚楼”或者“山寨”最初是由谁修建的。可是自从20世纪80年代以来，“吊脚楼”和“山寨”具有了旅游开发价值，人们便将它们提升到引人自豪的民族文化的高度来看待，两个民族的文化精英们即开始为“吊脚楼”和“山寨”的民族文化的归属争论起来了。❶“吊脚楼”和“山寨”这两种建筑样式是少数民族的物质消费生活方式的重要组成部分，对这两种建筑样式的争议就是对少数民族民族产权的争夺。在很多情况下，谁掌控传统文化的使用权谁就能从中获得巨大的经济利益，这在近些年来逐渐升温的非物质文化遗产旅游热以及民族旅游热中清楚地显现出来，各民族觉醒的文化权利意识的确在市场经济环境中发生某些冲突，如何正确处理这些冲突便成为摆在我们面前的时代课题。

同其他任何少数民族一样，由于其传统文化及所处社会环境的复杂性，对传统文化的保护与开发必然“仁者见仁，智者见智”，大家对“传统文化应如何保护与发展”还没有完全达成共识，尚需要在实践中进一步探索。针对这一主题，以黑龙江省同江市街津口赫哲族民族乡渔业村为例，以年龄层次、家庭结构、产业发展等因素为区分标准，在2006年的7月份笔者对该村20%的村民进行了入户访谈。入户访谈的第四个问题就是“您认为汉族人可以从事本民族文化方面的旅游活动吗?”接受访谈的19户中，有11户认为“不可以，并且他们心理非常不舒服”；有1户认为“不归我们管”，显得很无奈，其实也是反对；有7户认为“可以，为了民族团结、发展民族文化需要其他民族帮助、本民族有的人不喜欢等”。对于以上及类似以上的情况，当地人认为是一种“假冒行为”，如果不是赫哲族人在经营，不应使用“赫哲”或“赫哲族”字样，侵犯了赫哲族的合法权益，应该制止。尤其是在民族风情园内，这种行为更应该制止，否

---

❶ 该案例摘自朱兴文：《权利冲突论》，中国法制出版社2004年版，第196页。在此向朱兴文老师表示感谢。

则，为什么叫“赫哲族民族风情园”呢？赫哲族人认为，十多年以来，国家对当地的投入有四五千万元，但没有使赫哲族人从中获得应得的利益，相反，其他人却使用赫哲族的传统文化去发财，赫哲族文化没有给本民族的人带来好处而使其他人从中获利，应出台保护赫哲族民族文化的民族政策。[1] 这样的权利冲突在很多民族地区甚至同一民族内部均时有发生，一旦发生，几乎没有什么好的解决办法。

目前，在我国的多数民族地区，都是动员社会一切积极因素共同参与到少数民族传统文化保护的事业中来，允许其他民族的成员来从事少数民族相关文化制品的经营与开发，而没有赋予少数民族以独占经营权。原因是多方面的，在目前的法律体系中，当少数民族的相关文化制品成为一项文化产业的时候，我们只能遵守市场经济中的“经济自由”原则，而不能在市场进入方面给予特别的保护。而且在赫哲族中也同样缺少善于经营以及有一定资本的人员。在民族法制快速发展并走向成熟的今天，“是否应该赋予少数民族对其传统文化的独占开发权”是一个值得深入探讨的问题。

（二）同一民族内部不同群体之间的传统文化产权纠纷

在这种类型的纠纷中比较有代表性的一个案例是“成吉思汗陵的旅游开发”，成吉思汗陵园的各种祭祀活动，每年要进行30多次，其中有4次是四时大祭典，分别在每年农历的三月二十一、五月十五、九月十二、十月初三进行。成陵祭奠有着古老的传统祭奠程序，如祭天、敬献花束、敬献哈达、敬献鲜奶、祭灯、祭酒、献羊背子等。有固定祭词，同时还要朗诵《出征歌》和《苏力德歌》，以表达蒙古族人民群众对成吉思汗的无限敬仰和怀念之情。在祭奠仪式之后，除举行摔跤、射箭、赛马活动之外，还举办那达慕大会，演出民族歌舞，开展物资交流活动。500户达尔哈特人的后代认为只能由他们来搞这项旅游，历史上他们一直就是为成吉思汗守灵的，达尔哈特人是蒙古族的一个支系，历史上他们为成吉思汗守灵的故事也可谓家喻户晓，他们的任务是专门管理成陵的守护和祭奠事宜，他们按照成吉思汗遗训，永远不担任任何官职，也不负担官差徭役。达尔哈特的行政机构、组织状况、生产方式等和当地蒙古族群众有着明显的区别。一般蒙古人是以传统畜牧业进行生产活动，而达尔哈特人除了在成陵周围的草原上进行一部分畜牧业生产外，他们的生活来源要来自参加祭奠

[1] 该材料来源于笔者2006年7月在同江市所做的调查。

成陵的蒙古人的施舍。其他蒙古族人则认为成吉思汗是整个蒙古族的英雄，是全民族文化不可缺少的一部分。因此，整个蒙古族的人都可以从事成吉思汗陵的旅游开发。这就引起了相当大的争论。目前，成吉思汗的祭典仍由达尔哈特人主持，成吉思汗陵园周围的旅游开发则由管理部门承包给商户经营。但是今天达尔哈特人已经达到5 000多人，只有30户达尔哈特人专门从事成吉思汗陵的守陵和祭祀活动。❶ 2001年5月23日，鄂尔多斯市委、市政府经过多方面研究决定，确立该市东联集团为成陵旅游开发区之业主单位。东联集团注册资金3 000万元，注册成立了内蒙古成陵旅游有限责任公司。该公司历经三年，一期投资3.4亿元建设了旅游区，旅游区艺术团精心编排的以《圣地古韵》为代表的一系列反映成吉思汗文化、蒙古族历史文化、鄂尔多斯文化的精品文艺节目。旅游区2005年的营业额达到1 230万元，2006年突破2 000万元。可是，到目前为止，内蒙古成陵旅游有限责任公司的旅游区和成吉思汗陵园区之间还有阻挡人和车直接通行的栅栏障碍。❷

（三）少数民族文化传承人与该民族之间的传统文化产权纠纷

台湾南部高山族有一个阿美人的群体，非常喜欢唱山歌，有一对原住民郭××夫妇特别喜欢唱《老人饮酒歌》，唱得非常好，在那一带很有名。1988年，郭××受法国文化之家邀请到法国演唱。法国人听了他的歌非常感动，于是盛情邀请他到录音室把这些歌录制保存下来。这首歌不仅法国人喜欢，德国人、美国人也喜欢。1993年，德国谜乐团在他们的一首歌中撷取了《饮酒欢乐歌》的原音，大受欢迎，创下了数百万张碟的惊人销售数量。但遗憾的是，没有任何人知道这美丽的旋律竟来自台湾阿美族的郭英男。1996年，亚特兰大奥运会主体曲选用了德国Enigma乐团的《回归纯真》，当乐曲响起的时候，高山族的村民们就从电视里听到了，一听，这不是郭××的歌吗？他们就很欣喜地跑到他家里，表示祝贺，说：你的歌唱得好啊，到国际奥运会上给我们争光了。都觉得是一种莫大的荣耀。郭××夫妇当时就懵了，感觉不对啊，后来七想八想，才猛然发觉：这首歌的旋律，就是自己1988年在法国录下的《老人饮酒歌》——Enigma乐团撷取了郭××的原音，填上了歌词，就变成了自己的《回归纯真》。等

❶ 该材料引自2007年3月27日对著名蒙古族作家阿云嘎先生的访谈记录，张文香老师翻译，在此一并表示感谢。

❷ 奇海林、张志华：《鄂尔多斯成吉思汗陵的旅游开发》，载《民族、自治与发展：中国民族区域自治制度研究》，法律出版社2008年版，第100～101页。

到郭××发现时，距离《回归纯真》首发已经3年，唱片已经卖出上百万张。开始村民们都觉得是他们的荣耀，高山族的民歌走向奥运会，走向世界了。后来，郭××才想到：他们采用我的曲子和声音怎么也不通知我一声啊，这不是剽窃吗？于是，村民鼓励郭××夫妇同他们打官司，讨回公道。1996年，在台湾唱片界友人协助下，郭××夫妇对国际奥委会、EMI公司等提出侵权诉讼。经历三年的波折，这场国际诉讼终于在1999年7月2日达成和解，美国EMI公司派代表来台，颁赠白金唱片给郭××夫妇，奥委会主席萨马兰奇也以自己的名义写一封道歉函给郭氏夫妇，当时，这场官司在国际上非常有名。最后，郭××夫妇还是打赢了官司，得到了一大笔款子，可以不用种田，足够他们下半辈子的生活。❶

刘江彬评论说，郭××一案反映出，先进工业国家与原住民族之间的冲突，不仅仅在于非物质文化遗产的取得及运用，商业化后的庞大利益分配、权利归属才是后续的一大问题，也凸显了现行法律规范的不足之处。原住民歌很长时间都被娱乐观光化，他们很悲哀。郭××对Enigma的诉讼和奥运会的侧面鼓励，让台湾原住民音乐开始被全世界范围关注，台湾唱片公司也开始觉醒，他们把原住民集合起来，投入资金做“自己土地上的歌”，让民歌走向商业化走向大众。作为参与郭××一案的法律专家、台湾政治大学知识产权研究所副教授孙元钊随后补充说到，郭××夫妇得到补偿后，那些村民族人们觉得不对劲了：这首歌曲不是我们阿美族人的吗？怎么变成你的了，还发了一大笔财？于是族人们又开始不高兴了，在台湾阿美族内部又产生了新的纷争：《饮酒欢乐歌》的权属究竟属于郭××还是属于整个台湾阿美族？权属关系不厘清，保护又从何谈起？❷

类似的例子在世界各国都屡见不鲜，少数民族的文化权益保障问题进入人们的视野并引起广泛的重视，与前述这些事件的频繁发生有很大的关系。少数民族传统文化应归属于整个少数民族还是传承人？少数民族应该享有哪些文化权益？传承人又应该享有哪些权益？这些权益的主体是谁？少数民族的文化权益与他们的生存状态和未来发展之间是什么关系？少数民族的文化权益与公民文化权益乃至整个国家的文化安全具有怎样的联系？他们应该受到什么样的保护？我们应该采取什么样的方式去保护他们的传统文化及文化权益？……这一系列的问题不能不引起每一个人的深

---

❶ 该案例摘自阎喜琴：《论民俗旅游对旅游地民俗文化的“污染”与防治》，载《贵州民族研究》2006年第1期。

❷ http://www.ihchina.cn/inc/detail.jsp? info_ id=367，访问时间2010年5月20日。

思，也是本文写作的起因之一。

二、多元文化产权纠纷的成因分析

（一）制度原因

1. 传统文化产权制度的缺失

当前，中国各民族的传统文化在多元文化背景下仍然保持着相对的独立，具有明显的分割性，虽然各民族文化也互相影响和渗透，但仅仅只是限定在量的范围内，在多民族混居地区，各民族之间的权利行使完全依据自觉地约束来达到平衡，只要某一个民族的权利在扩张，那么原有的和谐和平衡便会被破坏，[1] 这与和谐社会的理念相背离。但任何事情都是发展变化的，我们必须针对新出现的问题进行制度创新，从而达到新的和谐与平衡。根据世界知识产权组织的归纳，传统社区、原住民在传统文化表达形式的保护问题上有以下几种诉求：一是保护传统文学艺术表达的相关产品和手工艺品，制止未经授权复制、改编、传播、表演和其他类似行为的发生；二是防止对前述主体精神上的侮辱性、贬损性和冒犯性使用传统文化表现形式；三是防止对其来源和真实性的虚假、误导性声明或不承认来源；四是防止未经当地社会、原住民的同意对传统标记和符号进行注册商标等使用。[2]

此外，不同民族之间或同一民族内部不同群体之间文化权利冲突的重要原因，是中国历来的产权制度缺失现象在少数民族传统文化领域的一个体现，也就是少数民族传统文化产权的边界不明确导致的权利主体不明确。我们应对少数民族“对个人进行文化艺术创造所产生的精神上和物质上的利益享有受保护权”（《经济、社会和文化权利国际公约》第 15 条第 3 款）这一文化权利做扩大解释，使这一权利的主体包括少数民族集体在内，将文化产权的概念包含在其中，这对解决不同少数民族之间文化权利的冲突尤其是民间文学艺术表达方面的冲突非常必要。

2. 现行知识产权制度在传统文化保护方面的不足

（1）著作权制度在传统文化保护方面的不足。既然涉及传统文化的知识产权法保护，而要取得知识产权法的保护，首先受保护的对象应该是符

---

[1] 朱兴文：《权利冲突论》，中国法制出版社 2004 年版，第 196 页。

[2] WIPO Secretariat. Intellectual Property Needs and Expression of Traditional Knowledge Holders: WIPO Report on Fact-Finding Mission on Intellectual Property and Traditional Knowledge (1998 - 1999).

合知识产权法要求的作品或发明，那么，传统文化是否符合这些要求呢？如果传统文化无法与知识产权法的保护对象相契合，则用知识产权制度来保护传统文化就存在着诸多的不足。我们先来探讨著作权法在传统文化保护方面的不足，主要集中在以下几个方面：

首先，著作权法意义上的作品有特定的作者，而传统文化的创作者通常是某一群体、社团或民族，而不是某一个或某几个特定的人，或者即便是曾经由某一个人所创作，但在代代相传的过程中，又加入了社区或民族中其他人的改造和创新，创作主体变得无法判断。这是传统文化与著作权法意义上的作品的最大区别，也正是这一区别，为用著作权法保护传统文化制造了一个难题，简单地讲，传统文化的创作主体无法确定，或者说应视为集体创作。

其次，著作权法保护的作品是已经创作完成的作品，而传统文化是由某一社区或民族的整体或部分人创作，并随着历史的演进而不断的创新和发展，这也是传统文化的生命力之所在。这种永远处于变动之中的传统文化，它超越了知识产权保护所关注的个人智力成果范围，显然是与著作权法意义上的作品是有区别的，也正是由于传统文化的这一特点，对它的保护应是没有期限的，也就是永远保护。此外，传统文化产权保护的范围除了智力成果之外还包括客观存在的具体之物。

最后，所有的传统文化都会反映一个群落的传统文化特征，反映其文化价值趋向，具有传统艺术遗产特征，而著作权法意义上的作品或专利法上的发明却未必如此。

（2）专利制度在传统文化保护方面的不足。在探讨了著作权制度与传统文化产权的关系之后，我们再探讨一下利用专利制度保护传统文化存在的众多缺陷。

第一，专利制度主要是对创新的激励机制，若将传统文化纳入专利权的范畴，那么其必须满足专利制度所要求的条件：有完成发明的日期、一个或多个发明人的身份、相关产品的限定参数及有限的保护期，等等。但是，传统文化的保护制度是无法遵循上述原则的。

第二，在对传统文化予以同样知识产权保护的条件下，农民可能在更高收入的吸引下放弃种植传统农作物而只种植高产的现代品种，结果反而会造成对生物多样性的严重损害。这说明，将传统文化作为新型知识产权予以保护，有可能减少而不是促进这种文化的应用。

第三，专利权要求其客体具有新颖性和创造性。从历史的视角看，传统文化是具有创新性的，这些创新有的符合现代知识产权的要求，有的不符合现代知识产权的要求，尤其缺少专业的技术数据，因而多数传统文化是无法适用专利权来进行保护，更何况有些传统文化是排斥刻意的创新行为的，因为其会破坏传统文化的真实性。

第四，如果传统文化的拥有者不能保存他们的土地、传统文化和生活方式，那么即使建立了保护传统文化的知识产权保护模式，仍然不足以防止传统文化的消失。对传统社区之生存空间的破坏，使得传统文化的持有者不能像以前那样生活，并最终使他们完全消亡。事实上，过分强调在传统文化之上享有知识产权，可能会使立法者的注意力从真正危及传统知识保存的因素上转移开。这些因素包括：占有或使用土地的安全性、资源的控制、对传统文化的尊重，等等。

（3）整体知识产权模式的不足。著名知识产权专家唐广良教授认为，在讨论保护遗传资源与传统知识及其利益分享问题时，“正统的知识产权”保护制度显然已不合适；必须创建一种全新的制度，或者在知识产权制度中创建一个特殊的分支，以满足这些特殊资源保护的特别要求。其中“正统的知识产权”是唐教授自创的一个概念，指的就是我们在一般意义上理解的知识产权。[1] 因而，从权利的性质上看，知识产权的核心价值在于界定人们因智力成果及相关成就所产生的各种利益关系，保护知识产权人在确定时限内的私权。而传统文化产权的无形要素已处于“公有领域”，它的保护对象是某民族或某社区集体创作的成果。我国台湾学者王美心也指出，文化资产表现形式的多样性，也让传统知识产权体制在保护创作与发明、促进社会福祉的意义无法以既有体制直接套用。文化资产在知识产权的保护下，到底以或专利或著作权或商标的哪种机制来保护较为恰当也尚未有完整一致的看法。在知识产权领域中，法律人、专利从业人员与发明人在跨领域的沟通上已经是很大的挑战，毕竟专利的领域在长期的多方努力，已经累积相当可观的资讯与共识。然而在文化资产领域的知识产权管理可能是因为文化多样性及个别文化之独特性，尚有待更多投入，才能让目前从事文化资产保护或文化资产相关企业的文化人对于如何让文化资产的知识产权应用融入既有系统且能让文化人接受。[2]

有学者认为，现行的知识产权法是西方社会对文化的价值观所创设的制度，此制度在不同社会是否能如同其在西方社会一样达到其促进社会创

---

[1] 唐广良：《遗传资源、传统知识及民间文学艺术表达国际保护概述》，载《知识产权文丛》（第8卷），中国方正出版社2002年版，第16页。

[2] 王美心：《文化资产之知识产权保护与文物交易》，载《文化资产保存学刊》第6期。

造力的目的，实在有待实证研究，不能以其已为国际社会普遍接受而视为当然。如果各国斟酌权衡觉得必须给予传统知识或传统文化财产权或其他方式保护，可以不受现行知识产权法理论原则的拘束，自行发展创设全新的法理。如果基于政策决定给予财产权，给予何种财产权则必须考虑到界定权利、防卫权利以及交易权利的成本与给予权利所能创设的利益。❶ 虽然此种观点稍有些激进，但其基本观点笔者还是赞同的，我们不必拘泥于现行的知识产权制度，完全可以根据传统文化保护的实践需要来创设新的法律制度。

（二）社会原因

尽管政府和民间都在传统文化保护方面进行了不懈的努力，但我国传统文化保护特别是少数民族的传统文化保护的状况仍然不容乐观，进而产生了很多传统文化产权方面的纠纷，原因各地基本相似，概括起来主要有以下几个方面。❷

（1）民族地区经济发展的价值考量。很多民族地区当前面临的主要问题仍然是经济发展问题，改善当地少数民族落后的经济状态，而大力发展民族旅游或乡村旅游就成为这些地区经济发展的主要甚至唯一方式，进而对少数民族传统文化产权的争夺就成为理所当然的，从政府到百姓看重的都是其背后的经济利益。

（2）少数民族传统文化传承人的地位不明确。少数民族传统文化传承方式落后和低效，使得大量传统文化产品在继承和发展上无法获得相应的社会支持，加之缺乏政府相关部门和机构的支持和保护措施，一旦老艺人去世，很多传统技艺便成为绝技。因而，保护少数民族传统文化传承人就成为传统文化保护工作的重中之重，但是，传承人与其所属群体在少数民族文化保护中的关系如何？他们各自都拥有哪些法律上的权利？他们之间的纠纷该如何解决？这些都是当前立法的空白，一旦发生纠纷几乎没有好的解决办法。

（3）少数民族传统文化的“庸俗化”。经济方式的改变和单纯对经济利益的追求，使少数民族传统文化的相当一部分形态从其历史和传统中剥离出来，成为纯粹的工艺或表演，已不再负载其原生形态所蕴涵的诸多历

---

❶ 郑中人：《传统知识或传统表现形式权利化的研究》，载《知识产权年刊》（2007 年号），北京大学出版社 2008 年版，第 142 页。

❷ 参见谢彬如等：《文化艺术生态保护与民族地区社会发展》，贵州民族出版社 2004 年版，第 65 ~66 页。

史文化信息。而且这些表演经常把几个少数民族的传统文化糅合在一起，使人们无法分清它究竟是哪个民族的传统文化，即少数民族传统文化的“庸俗化”，发生相关的纠纷也难以解决。

有些民族文化的产权很难判断。数千年来，各个民族相邻而居，在政治环境较宽松的时期，相互往来，有时甚至相互通婚，各民族的传统文化相互影响，有时还发生融合，很难判别它们最先是由哪个民族创造的。而且人的本性中是有相同的价值追求存在的，人类社会的发展是有规律的，即使两个不同民族的群体，历史上从未有过文化上的联系，也可以发现他们在许多方面具有相同或相似的内容，这可以从民族史和民族学（人类学）的许多研究中得到证实。

三、现有制度资源对多元文化产权纠纷解决的适用

文化产权的纠纷解决可能有多种不同的方式，从国家正式的纠纷解决制度到民间传统的非正式的纠纷解决制度，都可以适用，毕竟该项权利的客体来自于民间，生长于民间，可能民间传统的纠纷解决方式更契合传统文化产权的本质。当然，只要能科学合理地解决纠纷，对传统文化的长远发展有利。

（一）司法中的纠纷解决方式

下面的这个案例是通过司法程序解决传统文化产权纠纷的典型案例，由于我国缺乏传统文化产权方面的相关立法，法院是通过合同纠纷来审理这起纠纷的，但其背后凸显出来的是因传统文化的产权而引发的利益分配问题。

1993 年，云南省政府将西双版纳州勐海县的曼短佛寺列为第四批省级重点文物保护单位。为了弘扬民族文化，加强对外交流，将佛寺、旅游融为一体进行开发建设，1994 年 10 月 26 日，在征得云南省文物处和勐海县文物行政主管部门同意，当地的一名商人和曼短村签订了《云南省重点文物保护单位曼短佛寺部分空地开发合同》，合同中约定：曼短村将属于佛寺管辖范围内重点文物保护范围外的 6.5 亩（约 0.43 公顷）空地交该商人开发使用 40 年，每年交纳土地使用承包费 8 000 元。合同由主管单位勐海县文化局鉴证，勐海县公证处公证，该商人成立、组建了“曼短旅游村管理处”。后来双方又签订了两次补充协议，来协调双方的利益关系，其中包括将租金由原定的 8 000 元提高到 2 万元。

但在合同执行不到二年时，双方因为承租方口头承诺的条件没有兑现，特别是当初租金的约定远远低于该商人实际经营中的收益，使曼短村的村民凭着其朴素的公平正义观认为，对方利用自己的传统文化赚取了大量的收益，而村民自身却没能从中获得公平的收益。因而双方发生冲突，致使承租方的经营无法继续进行，并造成人身和财产损失，双方诉至法院。最后法院判决解除双方所签订的经济合同，并且曼短村村民集体应赔偿该商人的前期固定资产投入、违约金、医疗费以及诉讼费共计45万元。❶

值得一提的是曼短佛寺后来的命运，在该案判决之后，曼短佛寺由另一个老板经营3年左右，收入还不错，约定3年共支付村里租金10万元，实际上也没有完全兑现。后来村里自己经营了一年多，收入10多万元。后来由于附近景真寨的八角亭把游客都抢过去了，县旅游局也取消了该景点，结果到2001年，曼短佛寺的旅游已经处于实际上的停顿状态，一直到现在。❷ 显而易见，最初承包经营的老板与村民可以说是两败俱伤，简单概括是“双输”的结果，其背后的原因值得我们深思。该案是通过司法程序进行解决的为数不多的传统文化产权纠纷之一，当地法院严格地执行现行法律的相关规定，自然没有考虑到曼短村村民的传统文化产权，他们的文化利益在现有法律的框架内无法受到保护，依据合同的约定，赔偿承包商的各种损失也是自然的了。

（二）行政手段中的纠纷解决方式

行政手段，是国家通过行政机构，采取带强制性的行政命令、指示、规定等措施，来调节和管理经济的手段。行政手段在现实生活中还是很常见的，比如工商局的检查、税务局的查税、政府的命令，等等。在我国的基层社会中，有很多冲突和纠纷都是政府通过行政手段来解决的，传统文化产权方面的纠纷也不例外。

在西双版纳傣族园案例中，十多年来采用的是“公司＋农户”的经营模式，在利益分配问题上的纠纷伴随着傣族园经营的始终，主要是当地傣族群众进行门票分成的要求没有得到满足。由于傣族园公司与当地村民因传统文化产权纠纷而引起矛盾升级，当地政府也通过行政手段进行积极的协调，目前，在利益分配问题上双方正在实行或拟实行如下措施：第一，

---

❶ 勐海县人民法院民事判决书（1996）海法经初字第59号。

❷ 曼短佛寺的后续经营情况来源于笔者2009年7月在当地所做的访谈。

翻新补助。2004年，傣族园公司出台了《傣族园景区杆栏式建筑保护管理规定》，对盖新房或扩建时盖傣家竹楼的村民给予每平方米12元到30元不等的补助。后来在执行过程中统一为符合前述条件的，每户补助4 000元。第二，土地补偿。从2010年起，傣族园公司支付给5个村寨每年每村2万元的土地补偿，以后每10年按基数递增25%。第三，维修补助。目前傣族园公司正与5个村寨协商每户每年补助2 000元用于竹楼的维修。第四，门票补偿费。目前傣族园公司正与5个村寨协商，由公司每年分给每户一定数量的门票，村民可以送给亲朋好友，也可以通过转让或出售获得一定的利益，相当于是公司让利于村民。但这些措施相对于村民们的合理诉求还有相当的距离，村民认为傣族园公司自己也承认傣族园最大的卖点是傣家竹楼、世代生活在傣族园里的村民及其创造并保存发展的传统文化、傣族人的传统生活方式，既然景区有价值的资源都属村民所有，那么村民就应该参与门票分成。[1] 我们不得不承认，村民们的要求是完全合理的。由于传统文化产权制度在我国法律中没有得到确认，村民们的合理主张没有法律的支持，当地政府只能通过协调双方的眼前利益与长远利益，来妥善处理双方的利益纠纷。

（三）习惯法中的纠纷解决方式

少数民族习惯法是指在少数民族长期的生产与生活过程中逐渐形成的，用来分配他们之间的权利义务，并且依靠少数民族内部特定的权威和组织来保证实施的一套行为规范。这种行为规范是一种地方性知识，也是一种“准法律”。[2] 所谓的“地方性知识”，不是指任何特定的、具有地方特征的知识，而是一种新型的知识观念。社会学家吉尔兹将区域化特点显著的政府政策、文化背景等特殊信息环境称为“地方性知识”。“地方性知识”是区域决策分析的首要因素，当“地方性知识”和区域决策行为发生冲突时，决策行为的区域化被迫终止。由于少数民族的文化是少数民族的存在之本，是其社会生活中最重要的组成部分之一，因而，尽管在少数民族习惯法最初形成时很少有甚至并没有明确的权利观念，但事实上，少数民族习惯法中大量存在着少数民族传统文化产权方面的相关内容。

下面是发生在2004年1～2月云南省临沧市临翔区下某乡两个自然村关于一块“仙石”的纠纷事件，这是一个依照习惯法中的规范来解决传统

---

[1] 该材料来源于笔者2009年7月在傣族园所做的调查。

[2] ［美］克利福德·吉尔兹：《地方性知识》，王海龙、张家瑄译，中央编译出版社2000年版，第266页。

文化产权纠纷的案例。

2004年1月该乡下A村村民把B村境内一块传说是有“仙气”的石头抬到A村村口，以获好运。B村村民知道此事后情绪激动，很快结群成队，当夜就到A村索要“仙石”。在争吵中A村村民打伤了B村村民，于是导致两个自然村出现群众情绪激动，若处理不当就会导致两村大规模械斗。当地政府及相关部门介入此案后，首先在所有权权属上进行确认，认为“仙石”所有权确属B村。对此两村都没有争议，问题是应如何把“仙石”抬回原处，B村提出A村应举行仪式，并在A村抬回的路上要放鞭炮。这一要求A村村民不能接受，因为按照本地民间信仰，这将对A村产生不利影响。同时“仙石”本应由A村村民抬回放回原处。但当地政府担心，若A村村民在抬“仙石”回去的路上出现“仙石”损坏等问题，纠纷将更为激化。最后选择由相邻的C村村民来抬，因为C村与B村相近，且有共同利益，但在此纠纷中没有卷入，同时满足A村的要求，在抬“仙石”出A村时不放鞭炮，但A村得杀猪请客向B村道歉。[1]

A村和B村因为“仙石”的产权问题发生了纠纷，当地政府介入后，首先对“仙石”进行了确权；如果按现代国家法的观念，认为这块石头价值很小或者没有价值，处理这种纠纷是浪费国家行政机关的人力和物力，而“轻视”这类纠纷，那么就会引起很严重的后果。当然，此纠纷最后得到顺利解决的根本原因在于灵活运用了国家法与习惯法，解决程序上也认可了习惯法中的一些纠纷解决方式。

四、多元文化产权纠纷解决机制的完善措施

（一）借鉴原住民传统纠纷解决方式

我国台湾地区在2002年发生了飞鼠部落事件，可以说是传统文化产权方面的一个引人注目的事件。2002年3月11日，位于新竹县尖石乡新乐村的泰雅族飞鼠部落里的一位青年，擅自打破数十年来对外沉默的部落共识，私自对新闻界公布飞鼠部落传统领域里神木群的位置；而此事经传播媒体大幅报道后，连日来招引大量窥视神木的外来人潮。飞鼠部落的长老经集体商议后一致担忧：神木的曝光将成为一场生态灾难；未经规范的人

---

[1] 胡兴东：《西南少数民族地区多元化纠纷解决机制的构建》，载《云南社会科学》2007年第4期。

潮将打乱部落的生活。于是，隔天，飞鼠部落发布长老会商决议并严正宣布：鸟嘴山神木群与鸳鸯谷瀑布皆位处飞鼠部落传统领域内，根据联合国少数民族宪章、陈水扁与原住民签订的条约[1]，飞鼠部落拥有完整的自然主权；在未经飞鼠部落完整规划前，飞鼠部落传统领域即日起封山。这样短短的两点宣告，却无比严肃地挑战了台湾地区社会习以为常的观念、生态及原住民政策；甚至直接严格检验台湾地区“宪法”对于原住民族所抱持的精神。

尖山乡神木群和瀑布一地属于国有林地，归林务局管辖；且当地有乡公所、警察局等公权力机构，封山的决定权应在政府，而非当地民间组织。然而，飞鼠部落却召开原住民族传统的部落长老会议，并在经过12位部落长老的共同决议之后宣告封山。所有的部落长老对自己祖先、族人所生存的传统领域是非常清楚的。在深入考虑外来游客所带来的生态破坏、消费与外来资本所带来的冲击之后，飞鼠部落以行动让民众深刻了解到：如果政府无力保护神木群，只能放任外来因素破坏当地生态，若原住民再不行动，一旦环境生存受到严重伤害，要再挽回就来不及了。对飞鼠部落而言，封山其实是自救。这个原住民传统组织的宣告，让政府哑口无言；正是因为政府政策和公权力部门无力保护当地神木群与生态系，这个宣告才取得了社会所认可的正当性；而原住民部落组织的角色，对当地生态与文化所采取的保育维护的态度，更使传统领域和自然主权与政府领土权力的冲突，获得广大的社会民意支持。[2] 然而，由于终究缺乏实务上的法律依据，封山二字只能诉诸部落工作团队的自动巡山和柔性劝导；但也正因为如此，林务局无法强迫飞鼠部落非开放不可，毕竟该部落并非强制封山，而只是采取柔性劝导的方式，以保护神木群。[3]

在《1989年土著和部落民族公约》中有一些关于原住民传统纠纷解决机制的规定。其第8条规定：首先，在对有关民族实施国家的法律和法规时，应当适当考虑他们自身的习惯和习惯法。其次，当与国家法律制度所规定的基本权利或国际上众所公认的人权不相矛盾时，这些民族应有权保

---

[1] 陈水扁签署立约《原住民与“台湾政府”新伙伴关系》规定：一、承认台湾原住民族之自然主权；二、推动原住民自治；三、与台湾原住民族缔结土地条约；四、恢复原住民族部落及山川传统名称；五、恢复部落及民族传统领域土地；六、恢复传统自然资源之使用，促进民族自主发展；七、原住民国会议员回归民族代表。

[2] 《飞鼠部落“封山”启示录》，载《中国时报》2002年3月17日。

[3] 刘江彬、陈俊铭：《原住民族无形文化遗产之法律保护与管理》，载《知识产权年刊》（2007年号），北京大学出版社2008年版，第40～41页。

留本民族的习惯和各类制度。在必要的时候，应该确立某种程序，以解决实施这一原则过程中可能出现的冲突。《2007年联合国土著人权利宣言》第33条规定：土著人有权根据国际上承认的人权标准促进、发展和维护其机构体制及其独特的司法习俗、传统、程序和惯例。虽然该公约和宣言并不适用于我国，但其精神实质和合理内核值得我们借鉴。在飞鼠部落事件中，当地政府对这些民间习俗与习惯法有着深刻的了解，并尊重当地社区的传统文化，进而使这个纠纷得到妥善的处理。

（二）引入传统文化产权的集体管理制度

事实上，由于一个作品是“原创”还是“改编”不仅关系到作者名誉上的满足感，还影响到作者应得的收入，正如“乌苏里船歌”案所表露出来的，改编者经常回避甚至忽略这一事实。我国的相关规章对如何平衡原作者和改编者之间的利益是有相关规定的，根据国家版权局1999年发布的《出版文字作品报酬规定》第9条：原创作品的版税率为3%至10%，演绎作品的版税率为1%至7%；出版者出版演绎作品，除合同另有约定或原作品已进入公有领域之外，出版者还应取得原作品著作权人的授权，并按原创作品版税标准向原作品的著作权人支付报酬。1993年版权局发布的《录音法定许可付酬标准暂行规定》第5条规定：使用改编作品进行录音，依第3条和第4条的规定确定具体报酬后，向作品的著作权人支付70%，向原作品著作权人支付30%；原作品已超过著作权保护期或不适用著作权法的，只按上述比例向被录制作品的著作权人付酬。但是，前述两个规章中都有“已进入公有领域除外”的排除条款，按照现在的知识产权法，我国的传统文化多数都已经进入公有领域，是无法在前述两个规章的框架内进行利益分享的。相反，如果我们能够在法律上确认传统文化产权制度，那么传统社区至少要获得30%左右的预期利润，这将极大地激发传统社区保护其传统文化的积极性与热情，也是促进民族地区与传统社区加快发展的重要契机，值得国家立法部门从战略发展的角度来重视这一制度的创设与实施。

根据我国很多传统社区的实际情况，可以考虑由依法成立的类似“传统文化协会”的集体管理组织对传统文化补偿进行集体管理。它的职责与著作权集体管理组织的职权类似，主要包括：（1）与使用者订立传统文化产权或者与传统文化产权相关的权利许可使用合同；（2）向使用者收取使用费；（3）向传统文化产权人转付使用费；（4）进行涉及传统文化产权或者与传统文化产权有关的权利的诉讼、仲裁等。由于我国传统文化的数量众多，进而无法成立类似著作权集体管理组织会员大会这样的权力机构。

所以，对传统文化补偿的集体管理组织的监督就显得尤为重要，这就要求“传统文化协会”在签订合同时，事先商请所在社区，通过当地的社区组织或者社区代表大会履行相关的民主决策手续，或者由有关专家与当地社区代表通过“一事一议”的方式进行民主决策，然后做出相关决定。同时还有必要将其每一个转让合同都向社会公众进行公示，接受公众的监督。

（三）促进传统社区对传统文化产权纠纷解决的有效参与

少数民族的参与权在很多国际法律文件中得到认可。1994 年《欧洲少数民族保护框架公约》第 15 条规定：“各缔约国应创造必要的条件，让属于少数民族的人有效地参与文化、社会和经济生活以及公共事务，特别是涉及自身的事务。”《少数人权利宣言》进一步拓展了有效参与的含义：属于少数群体的人有权以与国家法律不相抵触的方式切实参加国家一级和适当时区域一级关于其所属少数群体或其所居住区域的决定。有效参与决策的意义不仅在于可使少数人权利内容更为充实，更在于参与过程本身使少数人获得以其观点影响决策的机会。包括少数人在内的全社会都能参与到决策过程中的事实将会使民众产生信任感，而这种信任是维持和平而民主的社会所不可或缺的。参与的核心要义是要被包容，其不单是指在决策过程中提出实质建议的机会，同时也指所提建议得以产生切实影响。

对于如何促进少数民族的有效参与，进而保障他们的传统文化，《关于少数人有效参与公共生活的隆德建议书》提供了一些可供选择的形式，主要有：增加少数人代表并设立提高他们影响的选举制度，如少数人在立法机构中的特别代表制；增加少数人利益在相关部门中得到关注的机制，如少数人在行政机构及各级法院中的职位的配备，以及在任何的咨询机构和其他高层机构中职位的配备；采取特殊措施，保障少数人以自己的语言参与行政管理或国家公务的制度；建立咨询机构，以便在政府主管部门和少数人之间建立对话渠道，在程序设置上，对于直接影响到特定少数民族利益的事务的决策时，规定相应的咨询程序或赋予否决权。

在少数民族参与国家事务的管理方面，中国规定了一系列的制度和措施。目前比较完善的是少数民族在国家权力机构中的特别代表制度，在全国和地方各级人大中都对少数民族代表的参政议政规定了具体的保障措施。其他的具体制度还需要根据新形势下对参与方式的不同要求来进行完善。比如，少数民族有权按其自身意愿通过自己决定的程序充分参与制订对其可能有影响的立法或行政措施。国家在通过和执行这种措施之前，应事先征得有关少数民族的自由和知情的同意。同时，要符合安德鲁·亚克兰先生设计的公共参与真实性的基本原则：(1) 包容性。公众参与的参加人要包括所有现存利益相关人和将要被某个决策影响的利益相关人，这些人包括老人、妇女、少数派以及社会活动家等难召集的社会群体。(2) 透明、公开。确保提供给所有的利益相关人所有的信息，并告知他们哪些部分的信息缺失或尚不确定，告知他们通过公众参与能够产生什么样的影响，公众能影响什么、不能影响什么以及接下来的步骤将会怎样。(3) 尊重允诺。对利益相关人和纳税人保持尊重，给予他们适当的优先权和资源，向他们证明即便是了解和采纳与既存观点相矛盾的意见也是尽力而为。(4) 可达性。给所有人提供不同的方式，确保人们不会因语言、文化或机会等原因被排除在参与之外。(5) 有责性。在参与程序结束后尽快向参与者提供一份明确的说明，告知其参与意见是否对结果产生了影响、如何影响以及产生影响的原因。确保接下来的诸如决策或执行计划的反馈路径保持顺畅。(6) 代表性。公众参与的组织者必须有一种理念，即决策者提出的观点是能够被改进的，如果观点本身就是错误的，要相信其能被改正。那些参与和被咨询的人应该能够感觉到：政府会认真地对待他们的心声，有些事情是可能被改变的。(7) 相互学习。鼓励公众参与的组织者和参与者彼此学习和借鉴，这意味着程序要尽量保持交互性和增量性，以便构建一个互相理解、互相尊重的关系网络。(8) 有效性。从一开始就筹划如何使参与程序发挥更大功效。[1]

---

[1] 蔡定剑主编：《公众参与：欧洲的制度和经验》，法律出版社2009年版，第20～21页。

传承与维系：现代化语境下少数民族传统法文化的发展

潘志成

（贵州民族大学法学院）

放眼世界，不同文化形态相互渗透、交融，预示人类文化将在一个新的层面超越当前所面临的分裂和冲突，一次空前的文化整合呼之欲出。今日的少数民族社会也不例外，随着封闭状态的终结，民族社会与外界的联系日益密切，其社会成员的价值观、文化观正在不断地发生着新的变革。这一方面对民族文化包括法文化的发展构成了强大的压力，另一方面也为其发展提供了难得的机遇。因为它开拓了人们的文化视野，能够用一种全新的目光环顾世界，审视自身的民族文化；并且通过比较，加深了对本民族文化的认识，以便采取相应对策推进民族文化的发展。各少数民族的法文化在这一大趋势中必须适应国家统一法制和商品经济、民主政治等新的因素，不断做出自我调整，从而才能在民族社会的变革中发挥积极作用。

一、现代化视野下少数民族传统法文化的发展

现代化的概念是美国学者1951年提出来的，用来描述从农业社会向工业社会的转变。1958年，美国学者丹尼尔·勒纳在《传统社会的消失》一书中提出了两种相对立的社会观，即传统社会与现代社会。所谓“现代化”，就是一个国家由传统社会向现代社会的过渡，社会中现代性因素由少到多，直至覆盖整个社会生活的历史进程❶。因此，现代化实质上是人类社会及其各个层面由传统向现代转型的世界性的历史变革进程，是一个

---

❶ ［美］吉尔伯特·罗兹曼：《中国的现代化》，江苏人民出版社2003年版，第4页。

漫长和历史发展和变迁的进程。这一进程具有世界性，不管各个民族的发展道路如何，它都要自觉或不自觉地被纳入一个新的社会发展秩序轨道中。[1] 我国是一个后发、外源型的现代化国家，现代化这一历史命题是我们无论如何都回避不了的。就我国民族地区来说，西部大开发是国家推动民族地区现代化的一个重要举措。在当代社会，现代化已经是全球范围内不以人的意志为转移的昭然事实，现代化成了人们思想、行为的标准和主要价值取向。

在这样一种现代化运动的背景下，我国各少数民族的民族传统文化（这其中当然也包括法文化）面临着巨大的挑战和难以为继的困境。关于少数民族传统法文化在当代的种种困境，笔者在前文已经有较多的论述；此处需要探讨的是，面对种种困境和挑战，少数民族传统法文化应当如何来应对。当然，解决了这个问题，对少数民族传统文化的其他领域也是同样具有借鉴意义的。综观目前的社会舆论和学界观点，人们在这一系列问题上的认识可大致分为三种[2]，下文笔者将逐一进行分析。

1. 彻底摒弃论

这种看法认为，既然民族社会是后发展的落后的社会，其文化也是落后的，是与现代化的要求不相吻合的，甚至是社会落后的根源，应当予以彻底革除更新，以给现代文明让路。具体到法文化领域，有学者指出，要摒弃传统习惯法的影响。要求彻底摒弃少数民族传统文化的看法显然是错误的，传统并不都是应抛弃的历史包袱，也包含属于现代和未来的合理成分，现代化离不开传统的肥沃土壤。民族文化作为一个民族长久的历史积淀，其存在是有其内在合理性的，在现代社会中同样显示了恒久的生命力，并不是外力可以任意改变的，这在前文已有论述，同时也可以说成是当今社会的共识。

2. “原汁原味”论

第二种观点恰好与第一种相反，主要存在于部分民族文化研究者中。他们强调所谓“原汁原味”的民族文化，注重少数民族文化的历史价值，要求民族文化不要有丝毫的改变。这种观点也存在于其他人群之中，他们把民族文化、民族的生活方式作为城市生活的调剂品和差异体验对象，希望原汁原味地保留民族文化。

此种观点显然也是错误的。古往今来，文化的交融互动一直是其发展

[1] 孙立平：《全球性现代化进程的阶段性及其特征》，载《社会学研究》1991 年第 1 期。

[2] 施惟达：《现代化语境中的民族文化》，载《云南社会科学》2003 年第 3 期。

的强大动力，民族文化本就是在长期的历史发展过程中逐渐形成的，而且毫无疑问还要不断发展下去，绝不可能定格在某个历史发展阶段上，我们无法阻挡也不应阻挡。民族文化虽然不仅是单个民族的遗产，更是整个人类文明的遗产，但其首要的价值和意义仍然是对文化主体而言的。对学者而言，一些“原汁原味”的文化事象可以为其提供描述原生状态的对象，但对一个民族而言，却没有任何义务为学者的研究而保留这种生活状态。具体到法文化领域，我国西南边陲的一些少数民族地区近现代的生活状态确实可以为我们提供研究人类早期法起源和发展的研究资料，例如神明裁判、血族复仇，等等，但我们无法要求这些民族为研究者的研究之便而自拒于现代法治之外。同样，我们更没有理由要求少数民族为了他者的“差异体验”而停滞自己的发展步伐。

3. 文化资源论

文化资源论认为，少数民族的传统文化是一种资源，更具体地说是旅游开发的资源，应该充分挖掘利用，为发展民族经济服务，也即所谓“文化搭台，经济唱戏”。

当然，民族文化是一种资源，这种提法本身并没有任何问题，笔者也认为应当把民族文化的发展与文化产业紧密结合起来。因为文化的发展不仅需要学者的努力，同时更需要把民众纳入到文化的传承活动中，培养民族文化传承的主体。民众能否参与到这种传承活动中，关键是看文化传承能否提高人们的生活水平，如果文化发展无法达到这个目的，那么所谓民族文化的发展也只能是研究者的一厢情愿罢了。事实上，通过民族文化产业化的实践，我们也看到了，这一做法在某种程度上对于少数民族恢复民族记忆、增强民族意识、构建族群认同起到了积极的作用。但与此同时，这种做法的背后隐藏着深刻的问题：文化资源论的目的并不是为了发展民族文化，民族文化只是一种手段，是一种为经济发展服务的手段，因而真实的、有价值的民族文化常常被阉割、肢解，造成民族文化的虚假化、破碎化、表浅化。并且，更为严重的问题是，民族文化的最主要价值成了发展经济的手段，从而“割裂文化与主体的联系，把最表象的东西抽取出来，与文化主体的生活联系割断，这样的文化是表演的文化，缺少生命力的文化，甚至是伪文化”，使民族文化失去了存在下去的土壤和条件。[1]

我国是一个统一的多民族国家，各少数民族由于所处的生态环境、历史发展的不同，其民族文化也存在着巨大的差异，加之民族文化与政治、

---

[1] 施惟达：《现代化语境中的民族文化》，载《云南社会科学》2003 年第 3 期。

经济、宗教等问题有着密切的联系，所以关注特定区域内少数民族文化的发展就显得特别重要，有着非同一般的意义。在我国现代化的进程中，对少数民族的传统文化简单地全盘否定或者肯定、甚至以保守的态度要求原汁原味地保留，这些做法都是不可取的。之所以在这一问题上会产生这样或那样的错误认识，根本原因在于我们是站在文化他者的立场上看待民族文化的发展，我们认可或否认的都是民族文化对他者的价值，至于文化主体者自身的需要和感受，我们则很少去触及。在这个基础上得出来的种种结论就不足为奇了，但这样的结论是脱离了文化主体的生活，这种孤立地对待民族文化的做法又有何意义呢？文化人类学中以博厄斯为代表的美国历史学派主张放弃欧洲中心主义，持一种价值取向上的“多元立场”，主张种族平等并提出文化相对主义思想，认为每一种文化都有其独创性和充分的价值，每个文化都有自己的价值标准，一切文化的价值都是相对的，因此对文化的评价应该采用它所属的价值体系而非外来的或某一种统一的标准。[1] 同样的道理，对文化的发展，我们也应当采用文化主体自己的标准，或者说根据文化主体者自身的愿望来选择，但是很遗憾，我们在做这种决策时往往越俎代庖，简单地把自己的想法强加给民族文化的主体者，以自己的需要代替他人的需要。

任何一个社会群体都有其独特性，很难彻底抛弃在独特历史环境下形成的法文化，且不论长期形成的文化心理积淀更深，更不易变；如果无视民族地区的法文化传统，不尊重客观实际情况，一味地加以否定，反而会激化矛盾，效果适得其反。即便是在“全球化”已经成为某些学者的元叙事类型的今天，我们也应看到，全球化、现代化并非是同质化，“差异是发展的动力，多样性是创造性的前提条件”[2]。即便是我们眼中的西方世界，其现代化的方式也有差异，例如哈贝马斯的欧洲现代化理论就不同于美国的现代化，他反对新自由主义思想，强调平等和个体的普遍主义，认为这是欧洲现代性的主要成就。[3] 我国的各少数民族的文化、经济、生活方式和发展水平都不尽相同，不可能走上同质化发展的道路。我们很难想像，未来56个民族的同胞们，甚至是全世界的人们竟有着毫无二致的法律文化，这样的法文化必然是无味的、缺乏创新精神的。法文化，乃至于民

---

[1] 参见黄淑娉、龚佩华：《文化人类学理论方法研究》，广东高等教育出版社1998年版，第166页，第203～206页。

[2] ［德］赖特·特茨拉夫：《全球化压力下的世界文化》，吴志成、韦苏译，江西人民出版社2001年版，第27页。

[3] ［德］哈贝马斯：《欧洲是否需要一部宪法》，曹卫东译，载《读书》2002年第5期。

族文化，应该是各式各样丰富多彩的。正是这些各式各样丰富多彩的文化，构成了世界的丰富性和人类生活的多样性。而在另一方面，发展是人类的共同动力，人类永不会满足现状，少数民族法文化必须革故鼎新，显示出勃勃生机和活力，推动经济社会的发展，不能过分强调其民族性、原生性，否则会导致民族地区法制建设的退步和某些陋习的死灰复燃。

二、法文化现代化与民族法文化的发展

（一）法文化的现代化与民族法文化的现代化

法文化的现代化是现代化的一个重要层面，它既是文化现代化的组成部分，也是社会现代化的重要内容。特别是因为法作为重要的社会控制方式在现代社会的作用尤其突出，从而使得法文化的现代化在整个现代化进程中有着至关重要的地位。法文化现代化一直是我国法学界研究的热点问题，学者们对法文化现代化的概念、理论、标准乃至实现途径等诸多问题提出了诸多看法，颇受关注，笔者仅就其中与少数民族法文化的发展相关的内容作一探讨。

1. 传统与现代

传统与现代的关系，这是任何一位研究法文化近现代化的学者都始终无法回避的问题。清末的法制变革，通常被看作是我国法律近代化或现代化的开端。这场法律变革运动，是在我国传统法文化与西方近代法文化冲突的背景下发生的，其实质就是将中国传统法律文化转变为近代法律文化。[1] 直到今天，这一法文化现代化的路程仍没有走完，以致关于传统法文化与现代法文化的讨论[2]始终没有定论。习见之论，以自然经济和封建皇权政治为其产生土壤的传统法文化，其主要内容与现代社会的要求是不相适应，甚至是截然对立的，已经成为当代法制建设最重要的障碍因素之一。

笔者以为，这样的错误认识既反映了论者自身的短视和文化自卑心理，同时也是研究者对“传统”与“现代”概念的误读所致。什么是现代化，或者说现代化所要达致的“现代性”究竟指的是什么？当代西方著名的马克思主义理论家詹姆逊认为：“现代性不是一个概念，既不是哲学的

---

[1] 参见曹全来：《西方法、中国法与法律现代化》，中央编译出版社 2005 年版，第 4 页。

[2] 在某种程度上，这种传统与现代的冲突又往往被本土与西化的冲突这一范畴来代替。

概念，也不是别的概念，它是一种叙事类型。在这种情况下，我们希望放弃对现代性进行概念陈述的徒劳努力。”[1] 也就是说，什么是现代化，这一问题并不可能有一个简单明了的答案，每一个民族都有其特殊的现代化问题。“现代化则并不是在价值取向方面必须以西方文化为依归。以前的人，把‘西化’和‘现代化’简单地等同起来，显然是一个错误。”[2] 普通的文化如此，法文化更应如此。陈弘毅教授将现代法的精神和价值取向归纳为八个向度，及自主性、法治原则、产权原则、人权原则、开放社会性、沟通理性、传统性、世界和平原则[3]，可见传统性也正是现代法律文化的一个重要要求。西方法律文化是当今世界主流的法律文化，这是一个不容置疑的事实。我国法律文化建设固然应当向西方学习，这是毋庸置疑的问题，但是在这一过程中，我们不应对自己的法文化传统妄自菲薄，同时也不应以西方的法文化作为法文化建设的目标和价值指归。法国学者勒内·达维德说得好：“在法的问题上其实并无真理可言，每一个国家依照各自的传统自定制度与规范是适当的。”[4]

什么是“传统”？费孝通先生讲：“传统是社会所累积的经验。”传统并不是静止的、一成不变的精神规定，不是停留在历史时空中的遗产，而是有生命的，是肇始于过去融透于现在直达未来的。甚至从文化生成的意义上讲，传统“既包含古代又涵盖现代，同时又吸纳外来文化并将其同化或与之结合不断产生新质的生生不已的生成过程。……处于当前状态的我们，也在建构着传统。传统既是在内在的传承中生成的，又是在开放和交往中生成的”[5]。从这个意义上讲，我们的法文化有过去的传统，又有现代的传统，在法文化现代化的问题上，我们学习西方现代法治文明的成果，用以丰富和完善本民族的法文化，并不意味着我们就一定会被西化。人类学家拉尔夫·林顿认为，文化经由借用而来的东西占任何文化内容的90%以上，[6] 我们需要解决的只是如何将这些吸收的外来文化成果转化为本民族文化的问题。

如果说学者们在我国法文化现代化的问题上尚能有清醒的认识，那么

---

[1] ［美］弗雷德里克·詹姆逊、王丽亚：《对现代性的反思》，载《文学评论》2003年第1期。

[2] 余英时：《中国思想传统的现代诠释》，江苏人民出版社1989年版，第50~51页。

[3] 陈弘毅：《法治、启蒙与现代法的精神》，中国政法大学出版社1998年版，第1~20页。

[4] ［法］勒内·达维德：《当代主要法律体系》（序），上海译文出版社1984年版，第2页。

[5] 王建疆：《反思全球化背景下的“传统”和“话语霸权”》，载《学术月刊》2006年第11期。

[6] Wiliam A. Haviland “Anthropology”, Holt Rinehart and Winston, 1982, ch23.

关照到少数民族法文化的发展问题上，即使是强调尊重本民族文化传统的人们也往往会陷入文化他者的误区。关于我国少数民族法文化在当代是否需要发展，又应当如何处理法文化传统与现代法文化关系的问题，笔者在上一节中已有论述，此处需要指出的是，法文化现代化只是我们解决一系列社会生活问题的手段，而并非是目的。因此在少数民族法文化现代化的问题上，我们评判的价值标准应当是各少数民族的现实问题。我们不否认少数民族法文化的现代化需要大量地借鉴和吸收现代法文化的成果，但是这种吸收和借鉴的目的在于解决这一特定少数民族的现实需要问题，那么首先就会面临着不同文化的碰撞和结合问题。由于不同民族、不同法文化之间的历史性和现实性差异，那么这种碰撞和结合只能是在不同水平、不同层面上的结合，而不可能是一方覆盖、取代甚至消灭另一方的单项活动。结合的前提在于特定民族的现实需要，正是这种现实的需要才产生了民族法文化的发展和现代化。也正是基于这样的原因，有学者把当今多民族国家里少数民族的现代化（当然也包括少数民族法文化的现代化）称为第三种现代化，以区别于人们通常所说的原发型和后发型的两种现代化。这种第三种现代化的范畴，强调突出了少数民族现代化的特殊性，也充分尊重了少数民族的特殊历史文化，尊重他们对民族生活方式的选择，从而有利于全面促进多民族国家现代化进程的实现。❶

2. *少数民族法文化现代化与社会发展*

法学研究方法与社会学研究方法的结合，这是近年法学研究领域和社会学研究领域都普遍存在的现象，由此还产生了法社会学这一门新兴的学科。同时，即使是在一般人看来只会在故纸堆中寻找只言片语的法律史学界，也掀起了以社会学的视角研究法文化问题的热点。通过研究，学者们多认为法律文化的发达乃是社会繁荣强盛的基础，其中尤以古希腊、古罗马以及今天的西方社会为突出之证明，因此格外希望当代中国能够迅速建立起现代的法治文明，以全面推动社会的发展。这一看法似乎无须推敲，但是理性的研究者还是清醒地意识到：这，不过又是一个误区。❷

“社会”是一个有着复杂结构的系统，法文化也是这个复杂系统中的一部分。所谓“社会发展”，是对社会进步的描述，或者说只是社会系统内部结构正向变动的结果。从这个意义上讲，法文化与社会发展并非是系

---

❶ 高丙中主编：《现代化与民族生活方式的变迁》，天津人民出版社 1997 年版，第 41 ~ 43 页。

❷ 秦国荣：《论中国法制现代化过程中的几个重大关系》，载《山东社会科学》2000 年第 5 期。

统内结构与结构的关系，而是结构与结构变动结果的关系，也就是说这既是联动的又是因果性的。无疑，法文化是因，社会发展是果，社会发展需要借助于法文化的正向变动（亦即现代化）。但同时，绝不能忽略的是，社会是一个复杂的结构系统，最终决定社会发展的是整个系统结构的变动，法文化作为整个系统的一个结构项，其对社会发展的作用只能是影响性的，而不是决定性的。如果按照木桶原理，一个木桶盛水量的多少并不是由木桶壁中最高的那一块来决定，而是由最矮的那一块来决定的。最后，还要注意的是，社会发展虽不是社会系统内的结构项，但事实上它对系统结构有着直接的反作用，一定的法文化促进社会发展，而社会发展同时又要求建设相应的法文化。❶

在我国法文化现代化的问题上，有相当多的学者沉迷于日本走后发型现代化终获成功的事例，将法制变革当成是推动社会发展的手段。事实上，学者们光看到了变法，并没有注意明治维新时期，日本也对整个经济、文化、教育等都进行了相当彻底的变革，并且这些领域的变革程度绝不亚于法律领域的变革。❷ 而在少数民族传统法文化的发展问题上，我们尤应有此种认识。法文化的现代化不是一蹴而就的，我们不能不顾民族社会的发展需要，一味地将我们认为现代的、先进的文明强加给民族社区，认为这样做很快就会带动民族社会的极大发展。事实证明，这样的做法也是行不通的。前文已及，清雍正年间在西南民族地区大规模地推行改土归流，地方官员认为少数民族的风俗习惯法是“狉獉草昧之风”，“实系恶习，尤属大干法纪”，苦心孤诣，强制推行自认为文明的礼义教化和法律制度。这种态度与当下某些人的看法是何其相似，但结果却并不如人意。其屡遭失败的根源之一即在于没有基于相应的社会生活条件来进行。这样的法律在现实生活中几乎形同废纸，没有起到任何作用。这种功利性的法制变革除了留下失败的惨痛教训外，对整个社会几乎没有带来任何实质性的影响与触动。现代法文化和法治文明是在一国社会发展和内部结构变迁过程中缓慢生长起来的，并不是依靠理想主义者大刀阔斧地改革就可以一蹴而就的，因此少数民族法文化的现代化切忌急功近利，否则恐有事倍功半、欲速不达之虞。此外，在法文化的现代化之同时，尤应关注民族社会政治、经济、文化等社会结构项的建设，如此才能为法文化的现代化和民

❶ 张中秋：《法律文化与社会发展》，载《光明日报》2003 年 8 月 26 日 B4 版“理论周刊”。

❷ ［美］斯塔夫里亚诺斯：《全球分裂——第三世界的历史进程》（上），商务印书馆 1993 年版，第 313 ~ 376 页。

族社会的发展进步提供恒久和可靠的源动力和保证。

3. 少数民族法文化现代化的不同层面

我们知道，法文化是一个宏观的范畴，既体现在作为显性的法律制度的结构之中（即显性结构），同时也体现在作为隐性的法律意识形态之中（即隐性结构）。一般认为，法文化的现代化既包括法律制度的现代化、法律规范的现代化、法律组织机构的现代化和法律设施的现代化，同时还包括法律心理的现代化，法律意识、法律价值观念的现代化，以及法律思想体系的现代化。[1] 按照“文化堕距”理论，由相互依赖的各部分组成的文化在发生变迁时，总是物质文化的变迁速度快于非物质文化；就非物质文化的变迁来看，制度、风俗的变迁较快，而价值观念的变迁往往迟滞。[2] 因此，相对来讲，在法文化诸要素的现代化中，法律意识、法律价值观念以及法律思想体系的现代化，是一个较法文化的显性结构的变化而言更为复杂的内容。

近代中国法制变革之所以如此艰难坎坷、举步维艰，重要的原因之一就是现代法律意识一直未能在中国占主导地位。[3] 近代以降，对中国固有法的改革始终没有停息过，今天我们已经初步建立起了一整套的法律文化体系，虽然这一体系并不完善，法律制度现代化的过程还很漫长，但从整体上看，法文化隐性结构要素的现代化更为重要。法律文化显性结构的现代化可以通过法律改革包括法律移植的方式逐步实现，而法律文化隐性结构的现代化，则需要经历一个相当艰难和漫长的时期。有研究者指出，“中国固然制定了不少的法律，但人的实际上的价值观念与现行法律是有差距的，而且，情况往往是，制度是现代化或近于现代化的，意识则是传统的或更近于传统的”[4]，从而造成了法文化显性结构与隐性结构严重分离的现状。因此，现代法律意识能否在全社会牢固确立，这决定着我国法文化现代化能否顺利实现。

在少数民族法文化的发展这一问题上，民族法律观念和法律心理的现代化问题更具有特殊性。或有学者认为，随着近现代以来国家统一法制在民族地区的实施，除了在藏、蒙、彝、羌等少数几个民族地区习惯法还偶见踪迹之外，少数民族的传统法文化在绝大多数民族地区已经逐渐淡出了

---

[1] 刘作翔：《法律文化理论》，商务印书馆 1999 年版，第 281 ~ 282 页。

[2] 郑杭生主编：《社会学概论新修》，中国人民大学出版社 2003 年版，第 68 页。

[3] 秦国荣：《论中国法制现代化过程中的几个重大关系》，载《山东社会科学》2000 年第 5 期。

[4] 梁治平等：《新波斯人信札》，贵州人民出版社 1988 年版，第 101 页。

人们的生活，让位给现代法律制度，成了历史的法[1]，所以根本谈不上什么当代发展的问题，需要解决的只是如何在少数民族地区确立现代法治意识、适应国家统一的现代法文化[2]的问题。这种说法显然是无视法律文化隐性要素的特性所造成的。诚然，在绝大多数民族地区，显性结构层面的传统法文化已经不再具有规范现实的意义，但是作为法文化隐性结构层面的民族法观念和法心理，这一少数民族传统文化孕育的产物，它在许多方面体现了少数民族独特的气质和心理，体现了其特有的世界观、生活方式和文化的内在底蕴。这就注定了此种法文化不可能随着显性层面的消亡而归于沉寂，其隐性层面的要素在很长时期内仍然存在，其发挥的作用和影响也是不容忽视的。一个民族的人民只有从心理、态度和行为上与现代法文化发展的历史进程相互协调，才能真正实现法文化的现代化。在现阶段的我国民族社会，之所以会出现少数民族传统法文化与现代法制的种种冲突，实质上就是现代法律文化的显性层面与少数民族传统法文化隐性层面的抵牾。这种传统与现代二元结构的现状，要伴随着现代化的进程经过文化整合，才能逐步解决。否则，将会对法律秩序产生较大的冲击和影响。就这个层面而言，少数民族法文化在当代社会的发展更是我国法文化现代化的客观需要。因此，少数民族法观念和法心理的当代发展问题同样也是我国民族地区法制建设的当务之急。

强调少数民族法观念和法心理的发展，并不是说少数民族法文化的当代发展只需要在这一层面进行。如果持这样的看法，仍然是笔者前文所批驳的彻底摒弃论，那只能得出在彻底摒弃少数民族传统法观念、法心理的基础上建立统一的、无差别的现代法文化的结论。笔者以为，少数民族传统法观念和法心理的发展，仍应当以特定民族的现实需要为出发点，尊重少数民族群体的自我选择，并不一定要（当然也没有可能）强自为历史文化千差万别的各少数民族构建统一的法律文化隐性结构。此外还应注意的是，少数民族传统法文化显性层面的各要素也应当纳入到少数民族传统法文化的发展之中。当然，关于这一层面的传统法文化发展，更多地是在我国民族法体系的逐步完善过程中解决。

---

[1] 参见文格：《静态习惯法与现代法及现代社会》，载《藏族部落习惯法专论》，青海人民出版社2002年版，第23页。

[2] 有研究者指出："与特色鲜明的中国传统法律文化有别，当下我国的法律文化是一成分复杂的复合体，包含着源于西方的现代法律文化、中国传统法律文化和在中国革命与建设实践中形成的法律文化诸要素。"（参见张中秋：《略论法律文化与社会发展》）

（二）少数民族法文化现代化的动因和目标

变化是“文化”的永恒主题，虽然在少数民族社会中，历史上曾经因为生产生活方式的自给自足形成了自闭型的文化形态，但自闭并不意味着文化发展的停滞，从前文关于少数民族法文化的历史发展来看，其法文化的变迁仍是有迹可寻的。而近现代以来，随着封闭状态的逐步打破，少数民族与外界社会的交往增多，其固有文化与其他民族的文化发生了强烈的碰撞，文化的迅速变迁自然就在所难免。

改革开放以来，这种文化碰撞和变迁显得更为强烈，在少数民族地区开发、经济发展这样的大环境、大背景的辐射和影响下，少数民族传统法文化的变迁可以说是颠覆性的。如果说在上个世纪中期之前，少数民族传统法文化是在外部文化的冲击和国家统一法制实施的压力之下，不得不不断作出调整，这种调整还带有一些被动的无奈和失落之感的话；那么在此后，随着改革开放和西部大开发的推行，传统法文化的变迁更多的是一种主动姿态，是法文化主体在面对本民族经济水平的落后状态时萌生的变革渴望。当然，此外还有诸如交通条件改变、受教育水平提高等诸多因素的影响。以交通条件的影响为例，1984 年贵州省荔波县县志整理委员会编纂的《荔波县志稿》有这样的评述：“（瑶麓瑶族）住交通便利之地者，富摹仿性；住交通阻塞之地者，富保守性。富摹仿性者逐日更新；富保守性者常时守旧。历年既久，竟形成种种不同现象。然在若干年前，初无二致也。至种族间之优劣，系以文化为标准；而文化之是否昌盛则以交通与教育为转移。”[1] 由此可见交通、教育等条件的改善对少数民族文化变迁的影响。

建设社会主义法治国家、构建民族地区的和谐社会这一系列我国当前社会发展和政治生活中的重要议题，对少数民族传统法文化的当代发展也提出了相应的要求。其重要性在前文已经有了较多的论述，此不再赘述。同时，法文化作为少数民族文化的一项重要内容，实现民族文化的现代化是少数民族文化传承发展的趋势，少数民族法文化也不例外。因此，虽然少数民族法文化在当代面临着巨大的挑战，但同时也为少数民族的传统法文化的当代发展提供了极大的机遇。可以说，少数民族法文化的现代化与过去几千年来的发展有着本质的不同。至于这种变迁究竟会达致一个什么样的结果，笔者以为，这个问题就如同我们要问中国的现代化将是一个什

---

[1] 荔波县县志整理委员会：《荔波县志稿》（卷二·氏族志），1984 年版，第 6 ~7 页。

么样的结果一样，并不可能有一个简单明了的答案。我国有55个少数民族，每一个民族内部还有着文化差异、经济发展不平衡的各个支系，可以说都有其各自的特殊性，因此绝不可能给每个民族的传统法文化的现代化作出硬性的规定。但尽管如此，在现代法治文明的背景下，似乎仍有一些共同的发展特性（或曰目标）可循。

1. 民族特性与时代需要的统一

“各民族的文化，因其民族性而呈现有别于其他民族的文化特质，又依其时代性而融汇成人类文化的共性特征。……民族性体现了一个民族的文化自身发展的特殊性，代表一定的民族文化传承积淀与特定地域文明的特点，表现为该民族的民族精神和文化类型。时代性则体现人类文化在一定历史时期的共同特征，反映文化发展由低向高的发展方向和文化之间传播、交融与相互渗透、相互影响的关系，表现为人类文化发展阶段的标识和特定的文化类型所展示的时代风貌与精神。”[1] 作为少数民族在社会历史发展过程中创造的并经时代传承的文明成果，少数民族法文化的现代化必须要体现其民族特性，这是其本质特征所在。法文化的发展，不能脱离滋养这种法文化的生态环境而另起炉灶，这也是保持民族身份属性的基本要求。但同时，民族性也存在于时代性之中，不存在绝对独立的民族性。少数民族法文化的现代化就是要求立足于时代需要，立足于全球意识的高度，创建一种符合少数民族现实生活环境和民族特点的发展，在这个目标下不断阐释、建构自己的民族法文化，这也是少数民族法文化在当代社会继续发展的生命力所在。

2. 包容与选择的一致

所谓“包容与选择的一致”，既指的是法文化现代化所要达到的目标，同时也是法文化现代化的方式。谈到包容，人们想到的多是少数民族法文化与其他民族法文化的兼容并蓄，吸纳其他文化的优秀成果。当然，包容也还有求同存异、和而不同之意，并不一定要强求一致。包容意味着在承认其他文化的基础上，认同其积极的一面，所以少数民族法文化的现代化是要在继往开来与传播互感的法文化整合中兼融涵括、多元共生。实质上，包容不仅发生在同一时代不同主体的文化之间，还发生在文化新旧交替之时。在民族法文化现代化的过程中，要有传统法文化对新型法文化的包容，才能使有利于民族发展的新型法文化发展壮大；而当民族地区的现代法文化发展壮大成主流法文化之后，对传统法文化当中的精髓也要包

[1] 叶坦：《论民族文化的发展特性与动力》，载《思想战线》2000年第5期。

容，才能使民族意识和民族精神永远传承下来。值得注意的是，新旧法文化的包容有着更为复杂的含义，文化发展是一个新陈代谢的过程，并不能简单地用落后、进步这两个概念将新旧文化截然分开，毕竟进步与落后是相对的，精华和糟粕也往往杂陈，这些概念都受到评判主体的制约，受到某一时代价值取向和评判参照系的制约，所以无法绝然判定这些交汇复合的内容。[1] 也正因此，使文化的包容有了更为重要的意义。

选择是与包容相辅相成的概念，是法文化包容的必然结果，它既包括对其他文化的吸收和排斥，同时也包括对自有传统文化的吸收和排斥。只有在文化包容的观念和状态下，才可以实现文化的选择，而选择的结果则使得文化更具有包容性。而选择的标准，仍然是民族主体的现实需要，而且只能是自我选择。在全球化的语境下，无论是发展经济，还是建设法治国家，都是取决于民族和国家生存发展的迫切内在需要，而不是基于某种理论的逻辑延伸。当然，民族法文化如何发展，也只能基于法文化主体当下的现实需要，而不是在传统和现代国家法制之间的简单对立和抉择。

三、少数民族法文化现代化的途径

“民族特性与时代需要的统一”，“包容与选择的一致”，这些既是少数民族法文化现代化的目标，也是在法文化现代化进程中所要贯彻的原则。那么，仍需要解决的问题是，这样的现代化需要我们通过什么样的途径去实现。这个问题不仅显得更为重要，同时也更为复杂。

美国人类学家默多克（G. P. Murdock）列举出六点给文化带来变化的因素，这也可以被看作是文化变迁的几种主要途径，它们分别是：

（1）革新（发明）：由社会的某一成员创始的新的反应方式。

（2）借用（传播）：采用从其他社会的成员模仿而来的新的方式。

（3）内部的传播：新的方式，从发明者或借用者扩散到他所在的其他成员，即该社会的容纳。

（4）统合：新的方式适应文化的脉络以及已有的方式为适应新的因素而做出的调整。

（5）选择性排除：曾经在某一社会内流行一时的文化方式，因与其他方式相替换或者不再能够满足需要而最终归于消灭。

（6）社会化（教育）：在某一社会内向下一代传授文化方式。

---

[1] 叶坦：《论民族文化的发展特性与动力》，载《思想战线》2000 年第 5 期。

在这一社会过程中，很少有准确的再现。[1] 我国是一个多民族的国家，各少数民族的发展情况极不平衡，其法文化的发展水平也不一样，有的民族如藏族、彝族、羌族、苗族、侗族、蒙古族等少数民族由于人口众多、居住相对集中，且又长期处于相对封闭的状态，所以其法文化至今仍保留着较鲜明的民族特色，其内部仍然存在着革新因素；而其他一些民族，或是由于长期处于中央王朝或外民族土司的统治下，受中原文化或是其他民族文化影响较大，自身的法文化特色不鲜明，甚至带有较多的汉文化印记，其内部不容易产生变革的因素，能够引发文化变迁的创新和发明等因素都不易出现。此外，因为经济、教育、地理交通等条件的不同，各少数民族地区的法文化变迁状态也不一致，例如自然地理条件差的民族地区，经济生产方式转型的开发程度低，法文化生态保存完整，传统法文化资源丰富；相反的则是经济生产开发程度高，其法文化变迁在接受其他民族传播方面很显著，甚至多是直接借用其他民族的法文化。这些各自发展不同的法文化，在其现代化过程中也应体现出非均衡性特点，不宜强求步调一致。当然，虽然法文化的变迁有各自的特色，但是从总体上而言，我国各少数民族法文化的现代化走的都是一条从传统法文化到现代法文化的道路，且法文化现代化的目标是一致的，因此法文化的现代化仍将呈现出一些普同化的途径。

（一）主体性发展道路

任何文化的发展，都必须基于文化主体的自我选择和创造，也只有文化的主体才是这种文化传承和发展的主要力量，因此在少数民族法文化现代化过程中，必须充分发挥少数民族自身在传承民族法文化方面的积极性和主动性，这就是我们所说的主体性发展道路。

主体性原理有三个要点：人作为主体是能动的；以人本身为目的；人类通过异化和扬弃异化来实现主体的自由。首先，少数民族法文化的现代化不能漠视和压抑文化主体的能动性和创造力，应当强调少数民族群体及个人的积极参与和自我主导，强调文化不能脱离其“母体”，离开了孕育它的主体，少数民族法文化的生命力必将逐渐消退，乃至最终消失。其次，法文化现代化是基于法文化主体的现实需要，而不是源自于任何外人的想法和意志。最后，少数民族法文化现代化需要积极与其他文化交流、

---

[1] 转引自［日］石川荣吉：《现代文化人类学》，周星等译，中国国际广播出版社 1988 年版，第 8 页。

摄取和整合，但吸收他者是发展，继承自我才是根本，只有两者的有机结合，民族法文化的传承和发展才是有生命力的。

随着民族地区经济发展水平和少数民族群众受教育水平的提高，以及民族地区开放程度的提升，少数民族群众的文化视野扩大，发展需要增强，使他们逐步认识到发展民族法文化、实现民族法文化变迁的重要性，并从自身利益出发，自觉适应现代社会的经济发展和社会生活方式，改变一些传统、落后的法文化内容，选择有利于时代发展和本民族需要的法文化，从而显示了法文化变迁的主动性、自觉性和积极性。

（二）指导性变迁道路

指导性变迁指的是个人或群体主动地、有目的地介入另一个民族的技术、社会和思想的习俗[1]。作为一种技术或观念习俗的引进，指导性变迁是当今应用人类学的一种重要手段。指导性变迁主要包括技术和观念习俗引进两类，在各少数民族法文化现代化过程中都普遍适用。例如，在少数民族聚居地区推广新型村规民约，在地方政府或学术机构指导下参与村民委员会的选举，这些都属于指导性变迁的范畴。特别是对于一些相对弱小的民族，这些民族较为封闭，没有自己的文字，同时规模较小，所以很难在内部产生变革的因素，且在与外部法文化的接触和碰撞中，缺乏自主的选择性机能，或是不自觉地排斥外部法文化，或是无意识地简单模仿复制，此时指导性变迁就显得格外重要，甚至可以说是这些民族法文化现代化的最主要途径。

在指导性变迁这一途径中，示范性指导是重要的方式之一。所谓“示范性”，系指一个在短期内很快可以表现出与传统方式有着明显差异的结果性行为。某个人通过正常的法律途径获取了应得的合法权益，这件事的结果与人们习以为常的传统处理方式相比能带来更多的好处；或是在某个群体中建立一种新的法律关系，从而给这个群体带来了更多的利益，那么简单的比较和判断之后，随之而来的就是纷纷仿效。在当代社会，由于民族地区交通、教育条件的逐步改善，到外面的世界去工作、学习的人越来越多，他们在外面潜移默化地接受了其他民族的某些文化因素并带回到本民族居地，无形中他们成为文化传播的媒介和桥梁，本身也起着示范作用，[2] 这样

---

[1] ［美］克莱德·M. 伍兹：《文化变迁》，何瑞福译，河北人民出版社1989年版，第142～143页。

[2] 彭兆荣等：《文化特例：黔南瑶麓社区的人类学研究》，贵州人民出版社1997年版，第254页。

的事例在民族地区已越来越多，从而在婚姻、家庭、继承等领域给民族地区法文化的发展带来了新的因素。

从理论上讲，指导性行为或示范性指导行为所引起的反应通常有三种：（1）良性反应，即接受者感受到指导性观念或行为能给他们带来实际利益而又急切需要，同时又使他们在观念上容易认同且具体实施时较为简便；（2）中性反应，接受者不能感到指导性观念或行为给他们带来明显的好处或坏处，他们在反应中采取一种漠然的态度；（3）恶性反应，接受者认为指导性观念或行为只能带来恶果，或与传统观念明显发生冲突，通常他们采取整体性抵触态度或激烈性反抗行为。因此，一个指导性变迁的计划，要经过细致的调查，更应对该计划实施效果及接受者的反应做认真的预测。[1]

一个社会的变迁取决于两种力量的作用，主体性发展是内部力量的变革方式，而指导性变迁则是外部力量的方式，是在其他民族文化作用下引起的变化。作为我国少数民族法文化现代化的两条主要途径，主体性发展与指导性变迁并不矛盾，也不是非此即彼的两条道路，而是并行不悖的；这两种途径在任何一个少数民族法文化现代化的过程中都存在着，只是因为各民族具体情况的不同而有所侧重。因此，在强调主体性发展的同时绝不能忽视指导性变迁的作用；重视指导性变迁，更不能忽略主体性发展的原则。例如云南金平的苦聪人，1958年前还处于游耕父系公社时期，各级政府为消除苦聪人的贫困状态，长年持续不断地进行救济，先后多次将苦聪人搬出老林，迁到山下过定居生活，可以说这是一种政府主导型的变迁模式；但这种变迁方式并非是顺利的，苦聪人在这种变迁方式中出现了不适应，变迁主体角色缺失，他们多次返回老林，不愿过定居生活，同时苦聪人对救济产生了依赖，导致内部自主发展动力不足。由此可见，在指导性变迁中，如果得不到变迁主体的积极支持和配合，变迁是不能顺利进行的。[2] 又如在民族地区推广新型村规民约的做法，因为村规民约与少数民族历史上的村社习惯法有共通之处，它们都是由群众民主协商、共同制定且与生产生活密切相关的地方性规则，形式易被少数民族群众接受，规约本身也能得到有效地维护，因此通过推广新型村规民约引进部分现代法文

[1] 彭兆荣等：《文化特例：黔南瑶麓社区的人类学研究》，贵州人民出版社1997年版，第266～267页。

[2] 赵建伟：《贫困与发展——苦聪人指导变迁的人类学研究》，载《广西民族学院学报》（哲学社会科学版）2005年第12期。

化的内容，这是一种行之有效的指导性变迁方法。但是要注意的是，文化的传播是在一个特定时空中发生的，任何特定群体都会依据族群、社区的需要去选择、接受文化变迁的内容，因此推行什么样的新型村规民约，很大程度上还要尊重文化主体的需要，指导性变迁方式只有与主体性发展需要相结合，唤醒变迁主体的文化自觉和意识自觉，才能使文化发展得以延续。同时，文化主体的需要又带有很大的地域性、民族性、时代性差别。因此，我们不能只以我们自身的法文化标准制定出一则所谓的“社会主义新型村规民约”，然后不分各民族文化背景的差异，试图统一推行这样的村规民约。那么这样的做法并不是我们主张的指导性变迁方式，而只是一种以某一个民族文化为中心对他民族进行的“强制性变迁”，甚至是文化同化，其所引起的通常只能是恶性反应。

中国特色城市少数民族服务管理体系建设的实践与思考

——以广东城市民族工作为中心*

陈晓毅

（广东省民族宗教研究院）

城市民族工作，是指以城市少数民族问题为主要对象的民族工作以及与城市功能相联系的民族工作，❶ 其重要性在城市化进程中日益凸显。经长期探索实践，我国建立了城市民族工作领导体系，构建了社会管理组织网络，制定了社会管理基本法律法规，初步形成“党委领导、政府负责、社会协同、公众参与”的社会管理格局。这一格局与我国国情和社会主义制度总体适应，但随着社会转型的进一步深化，各种新情况新问题层出不穷，亟须建立并完善中国特色城市少数民族服务管理体系，从根本上解决城市民族服务管理领域存在的问题。❷ 2007 年 2 月 27 日，国务院颁布《少数民族事业“十一五”规划》，“民族事务服务体系建设工程”是其重点工程之一，对促进各民族共同团结进步、共同繁荣发展意义重大。各地积极探索为少数民族服务的形式和载体，初步构建起各具特色的民族事务服

---

* 本文系 2010 年度国家社会科学基金项目“少数民族农村富余劳动力异地就业问题研究”（项目编号：10BMZ054）的阶段性成果。本文由《中国特色城市少数民族服务管理体系的实践与思考——广东城市民族工作情况调研报告》改写而成；该报告于 2012 年 12 月获国家民委社会科学研究优秀成果奖二等奖。

❶ 沈林、张继焦、杜宇、金春子：《中国城市民族工作的理论与实践》，民族出版社 2001 年版，第 3 页。

❷ 王成高、张勇：《民族事务服务体系建设须加快推进》、《我国的民族事务服务体系模式》，载《中国民族报》2010 年 9 月 3 日，第 6 版。

务体系。部分文章论及这一论题[1]，但均为高光亮点扫描式的描述和对比，学术界深入剖析的个案研究力作迄今未见。

为进一步提高广东省城市民族工作管理服务水平，维护城市少数民族合法权益，将党的民族政策和国家法律法规落到实处，广东省政协民族宗教委员会办公室组织“广东省城市民族工作情况”调研组[2]，于2012年5月至10月对广东省城市民族工作进行调研，要求各地级市按照调研提纲上报书面材料，并组织省政协委员和专家学者对部分地级以上市（广州、深圳、东莞、佛山、中山、珠海、江门、清远、韶关等）进行实地走访和座谈。座谈会人员由各地级以上的市政协、国安、公安、民族宗教、教育、工商、城管等部门人员和少数民族代表组成。下面我们利用调研中获得的资料，查阅广东省民族宗教委近年来关于城市民族工作的档案，参考2011年和2012年珠三角城市民族工作联席会议的部分汇报材料，结合笔者多年从事民族研究掌握的调研资料和学术文献，描述广东省城市民族人口基本情况及特点、城市民族工作的现状，分析存在的问题，提出对策建议和城市民族工作的“四化”（社会化、社区化、信息化、法治化）改进方向及其主要措施，希望对广东省和全国其他城市的民族工作有所裨益，希望对构建中国特色城市少数民族服务管理体系有所帮助。

一、广东省城市少数民族人口变动趋势

2010年第六次全国人口普查的数据显示，广东全省有少数民族2 064 954人。其中1/5左右是世居广东的少数民族，主要是瑶族、壮族、回族、满族和畲族（广东世居少数民族中满族和回族主要生活在在广州和肇庆，瑶族、壮族、畲族主要生活在粤北、粤东、粤西的农村地区），其他绝大部分是改革开放后自外省进入的，而且主要是在经济发达的城市务工经商，这是广东省城市民族工作的主要对象。30年来，广东省少数民族

[1] 昌家立：《新时期我国城市民族工作模式新探》（《中国民族报》2006年7月21日，第6版）中论述城市民族工作的武汉模式、北京模式和上海模式。本刊编辑部《城市民族工作模式大展示》（《中国民族》2006年第9期）一文中，除前述三者之外还提到广州模式、深圳模式和南京模式。王成高、张勇《我国的民族事务服务体系模式》（《中国民族报》2010年9月3日，第6版）一文中提到牛街模式、上海模式、广东模式、武汉模式和南宁模式。

[2] “我省城市民族工作情况”调研组于2012年5月成立，广东省政协副主席唐国忠任顾问，广东省民族宗教研究院院长马建钊和省政协民族宗教委副主任廖迪娜（女）任组长，参与调研的有省政协民族宗教委相关人员，多位省政协常委和委员以及省民族宗教研究院的多位专家学者。

人口数量的变动趋势主要体现在以下四个方面。

（一）30 年来广东省少数民族，尤其是城市少数民族人口数量持续快速增长，是全国吸纳外省少数民族人数最多的省级行政区

据第一次至第六次人口普查数据可知，1953 年至 2010 年广东省少数民族人口数、少数民族占总人口比例一直呈增长态势，尤其是改革开放以来的 30 年。1982 年至 2000 年广东省少数民族人口数量持续快速增长，虽在 2000 年至 2010 年增速有所放缓，但少数民族人口增长的绝对数量仍然令人瞩目（见表 1）。

表 1　历次全国人口普查广东省人口民族构成简表❶

普查年份	总人口（单位）	汉族			少数民族		
		人口数（单位）	占总人口比例（%）	年均增长率（%）	人口数（单位）	占总人口比例（%）	年均增长率（%）
1953	2 978. 31	2 972. 84	99. 82	—	5. 47	0. 18	—
1964	3 697. 71	3 688. 86	99. 76	1. 98	8. 85	0. 24	4. 47
1982	5 363. 19	5 344. 98	99. 66	2. 08	18. 21	0. 34	4. 09
1990	6 282. 92	6 247. 87	99. 44	1. 97	35. 05	0. 56	8. 53
2000	8 642. 17	8 518. 75	98. 57	3. 05	123. 42	1. 43	12. 96
2010	10 430. 31	10 223. 97	98. 02	1. 84	206. 34	1. 98	5. 27

据表 1 数据计算，1982 年至 1990 年广东省少数民族人口增长到 192. 48%（同期汉族人口增长到 116. 89%），1990 年至 2000 年增长到 352. 13%（同期汉族人口增长到 136. 35%），2000 年至 2010 年增长到 167. 19%（同期汉族人口增长到 120. 02%）。由此观之，30 年来广东省少数民族人口总体呈现出快速增长态势，但现在这种增长趋势已逐渐回落。1982 年至 1990 年广东省少数民族人口增长了约 17 万人，1990 年至 2000 年增长了约 88 万人，2000 年至 2010 年增长了约 83 万人。由此可见，尽管增速有所降低，但因广东省少数民族人口基数已今非昔比，因此少数民

❶ 广东省第六次全国人口普查领导小组办公室编：《广东省第六次全国人口普查快速汇总主要数据》，内部资料，2011 年 8 月印发，第 9 页。表中 2000 年数据与国家统计局人口和社会科技统计司、国家民族事务委员会经济发展司编《2000 年人口普查中国民族人口资料》（北京，民族出版社，2003 年）稍有出入，2010 年数据与国务院人口普查办公室、国家统计局人口和就业统计司编《中国 2010 年人口普查资料》（北京，中国统计出版社，2012 年）稍有出入，但不影响本文主要观点，特此说明。

族人口绝对数量的增长也极为可观。

全国吸收外省少数民族人口数量可与广东珠三角地区相提并论的是长三角地区，而长三角地区少数民族人口增长最为快速的是浙江省。1990 年“四普”浙江少数民族约为 21 万人，2000 年“五普”约为 40 万人，2010 年“六普”约为 121 万人。1990 年至 2010 年，浙江省少数民族增长了约 100 万人，同期广东省少数民族增长了约 171 万，因此可以说，广东省是全国吸收外省少数民族人口最多的省级行政区。❶

表 2 显示，广东城市少数民族人口为 1 410 508 人，约占全省少数民族总人口的 68.31%。若加上“镇”人口，则约占广东省少数民族总人口的 80.06%，超过八成。与此相应的是，城市民族工作已成为广东省民族工作的主要方面。

表 2　2010 年广东省少数民族空间分布统计简表❷

生活地区	城市	镇	乡村	合计
广东省少数民族人口（单位：人）	1 410 508	242 616	411 830	2 064 954
占全省少数民族人口总数的比例	68.31%	11.75%	19.94%	100%

（二）非穆斯林少数民族人口一直是主流，而信仰伊斯兰教的少数民族人口增长引人注目

广东省少数民族中，非穆斯林人口一直都占绝大多数。从表 1 和表 3 可知，1982 年“三普”时广东省少数民族人口为 18.21 万人（不含现海南省），信仰伊斯兰教少数民族共 6 778 人，非穆斯林少数民族占广东省少数民族人口总数的 96.28%；1990 年“四普”时，广东少数民族人口为 35.05 万人，信仰伊斯兰教少数民族人口 9 154 人，非穆斯林少数民族占广东省少数民族总人口 97.39%；2000 年“五普”时，广东少数民族人口为 1 269 137 人❸，信仰伊斯兰教少数民族人口为 28 727 人，非穆斯林少数民

❶ 此段“四普”、“五普”数据均来源于国务院人口普查办公室，国家统计局、人口社会和科技统计司编：《2000 年第五次全国人口普查主要数据》，中国统计出版社 2001 年版。“六普”数据来源于国务院人口普查办公室、国家统计局人口和就业统计司编：《中国 2010 年人口普查资料》（上册）中国统计出版社 2012 年版，第 35 ~ 54 页。

❷ 本表数据据国务院人口普查办公室、国家统计局人口和就业统计司编《中国 2010 年人口普查资料》（中国统计出版社 2012 年版）上册第 55 ~ 114 页的相关数据计算而得。

❸ 表 1 中 2000 年广东少数民族人数为 123.42 万人，这是广东省统计局的数字。但国家统计局人口和社会科技统计司、国家民族事务委员会经济发展司编《2000 年人口普查中国民族人口资料》（民族出版社 2003 年版）中，这数字为 1 269 137 人。此处采用权威性更高的后一个数字进行计算。

族占广东省少数民族人口总数的97.73%；2010年“六普”时，广东少数民族人口为2 067 321人，信仰伊斯兰教少数民族人口为58 234人，非穆斯林少数民族占广东省少数民族人口总数的97.18%。由此可见，1982年至2000年，广东省少数民族人口中非穆斯林人口所占比例持续上升，在2000年至2010年，信仰伊斯兰教少数民族人口在全省少数民族总人口中所占比例才微微有所回升。

由表3来看，1982年至1990年广东省信仰伊斯兰教的少数民族人口增长135.05%（同期非穆斯林少数民族人口长194.63%），1990年至2000年增长313.81%（同期非穆斯林少数民族人口长363.41%），2000年至2010年增长202.71%（同期非穆斯林的少数民族人口长161.97%），可见30年来广东省信仰伊斯兰教的少数民族人口总体呈现出快速增长态势，但现在增速已逐渐回落，但增速在近十年来已超过非穆斯林少数民族；1982年至1990年广东省信仰伊斯兰教的少数民族人口增长了2 376人，1990年至2000年增长了19 573人，2000年至2010年增长了29 507人，可见30年来广东省信仰伊斯兰教少数民族人口总体呈现出快速增长态势，人口绝对数量的增长趋势仍然强劲。20世纪90年代中期以来，珠三角区的中国籍穆斯林呈现出如下六个特点：世居与非世居并存，非世居已成主体；精英与平民并存，平民问题凸显；“大杂居”“小聚居”并存，小聚居渐成主导；分散性与群体性并存，群体性占据主导；固定性与流动性并存，流动性相对凸显；信仰的同一性与族群的多样性并存，回族占据主导。[1] 时至今日，这些特点越来越凸显。

表3　第三次至第六次全国人口普查信仰伊斯兰教少数民族人口数量统计简表[2]

民族成分	人口数（单位：人）			
	1982年	1990年	2000年	2010年
回族	6 756	8 845	25 307	45 073
维吾尔族	12	253	3 057	6 438
哈萨克族	0	6	46	4 602
撒拉族	4	6	89	823
柯尔克孜族	0	25	15	577

[1] 陈晓毅：《珠江三角洲中国籍穆斯林的文化适应》，载《文化多样性背景下的宗教和谐》，知识产权出版社2012年版，第184～222页。该文以《珠江三角洲中国籍穆斯林文化适应问题研究》为题，于2009年6月获国家民委社会科学研究成果奖调研报告二等奖。

[2] 数据来源：第三次至第六次全国人口普查资料。

续表

民族成分	人口数（单位：人）			
	1982年	1990年	2000年	2010年
东乡族	1	15	61	403
塔吉克族	0	0	95	165
乌孜别克族	4	2	42	73
塔塔尔族	0	0	10	55
保安族	1	2	5	25
总计	6 778	9 154	28 727	58 234
信仰伊斯兰教少数民族人口增速		135.05%	313.81%	202.71%

（三）广东省少数民族人口空间分布呈现进一步向珠三角城市集聚的态势

2000年至2010年，珠三角地区9个城市的少数民族人口都呈现大幅增长的现象。其中增速最快的是东莞市，达到105.10%，其次是惠州市，达到102.06%，即使增速最慢的珠海市也达到52.66%。珠三角地区少数民族人口基数庞大，增速虽赶不上省内其他部分城市，但增长的绝对数量却远远超过其他区域。从人口绝对数量上看，这10年间少数民族人口增加最多的是深圳市，达211 141人，其次是东莞市，达207 947人。珠三角地区9个城市少数民族人口总数在2000年“五普”统计数字为906 639人，占全省少数民族人口总数的71.44%；2010年“六普”统计数字为1 715 349人，占全省少数民族人口的82.97%。由此可见，珠三角地区少数民族人口占全省少数民族总数的比例上升了11.53%。此期间，全省少数民族增加了798 184人，珠三角地区增加了808 710人，珠三角地区少数民族人口增加数字超过全省增加的总数，显现出全省少数民族人口往珠三角地区进一步积聚的趋势。

2000年至2010年，粤北地区少数民族人口数量稳中略升，变动不大。韶关市增加了1 210人，增速为2.61%；清远市增加了6 098人，增速为4.03%。此区域为广东世居民族瑶族和壮族的主要聚居地，外来少数民族增加不明显，城市少数民族也主要是以这两个民族为主。

2000年至2010年，粤东地区少数民族人口数量有增有减。汕头市增加了342.89%，潮州市增加了198.05%，揭阳市增加了25.91%，其中汕头市、潮州市是2000年至2010年广东省少数民族人口增速最快的两个城市，但是由于其基数低，因而绝对人数都还只有2万余人。粤东地区汕尾市少数民族人口变动和其他三个市相反，不升反降，10 年间增长率为 -31.04%。粤东北地区的梅州市少数民族人数也有减少，增长率为 -27.07%。

2000 年至 2010 年，粤西地区 4 个城市的少数民族人口数量都呈现下降趋势。这 10 年间湛江市少数民族人口增速为 -18.29%，茂名市为 -55.71%，阳江市为 -19.58%，云浮市为 -19.59%，其中茂名市为此期间广东省少数民族人口减少最快的城市。此区域少数民族人口基数小，人口流动对其增速影响明显（见表 4）。

表 4　2000 年、2010 年广东省少数民族人口比较❶　（单位：人）

省　市	2000 年少数民族人口	2010 年少数民族人口	10 年来的增长率
广东省	1 269 137	2 067 321	62.89%
广州市	138 873	212 874	53.29%
韶关市	46 444	47 654	2.61%
深圳市	225 845	436 987	93.49%
珠海市	25 474	38 889	52.66%
汕头市	4 665	20 661	342.89%
佛山市	148 576	259 945	74.96%
江门市	51 784	90 771	75.29%
湛江市	42 589	34 799	-18.29%
茂名市	36 224	16 043	-55.71%
肇庆市	19 643	38 488	95.94%
惠州市	54 774	110 676	102.06%
梅州市	2 867	2 091	-27.07%
汕尾市	4 878	3 364	-31.04%
河源市	11 906	17 812	49.61%
阳江市	19 793	15 917	-19.58%
清远市	151 246	157 344	4.03%
东莞市	198 201	406 148	105.10%
中山市	63 112	120 571	91.04%
潮州市	7 226	21 537	198.05%
揭阳市	6 097	7 677	25.91%
云浮市	8 920	7 173	-19.59%

❶ 2000 年数据来源于国家统计局人口和社会科技统计司、国家民族事务委员会经济发展司编《2000 年人口普查中国民族人口资料》（民族出版社 2003 年版）；2010 年数据来源于国务院人口普查办公室、国家统计局人口和就业统计司编《中国 2010 年人口普查资料》（中国统计出版社 2012 年版）。

近两年来，随着广东省珠三角地区“双转移”（产业转移和劳动力）战略的实施和深入，东西两翼和粤北山区引进劳动力密集型产业的地方已出现外来少数民族人口数量增加的情况。未来几年，随着广东省委、省政府对粤北和东西两翼城市进行扩容提质战略的深入，这些区域的城市外来少数民族也会出现一定程度的增长。

（四）近两年来城市少数民族人口数量、少数民族非户籍人口数量及增速持续快速上升

通过比较2010年“六普”数据和本次调研获得的数据可以看出，广东省少数民族总人口数、信仰伊斯兰教的10个少数民族人口数和民族成分数都呈现上升趋势（见表5）。

表5　第六次全国人口普查广东省21地级以上市常住人口数量和民族成分数量统计简表❶

（单位：人）

市　别	总人口	少数民族总人口	少数民族占总人口百分比	信仰伊斯兰教少数民族人口	信仰伊斯兰教少数民族占该市少数民族总人口百分比	民族成分数量（个）
广州市	12 701 948	212 874	1.68%	16 223	7.62%	55
韶关市	2 826 246	47 654	1.69%	345	0.72%	42
深圳市	10 358 381	436 987	4.22%	15 530	3.55%	56
珠海市	1 562 530	38 889	2.49%	2 481	6.38%	53
汕头市	5 389 328	20661	0.38%	573	2.77%	50
佛山市	7 197 394	259 945	3.61%	3 278	1.26%	53
江门市	4 450 703	90 771	2.04%	1 158	1.28%	46
湛江市	6 994 832	34 799	0.50%	354	1.02%	46
茂名市	5 817 494	16 043	0.28%	231	1.44%	51
肇庆市	3 916 467	38 488	0.98%	1 528	3.97%	48
惠州市	4 598 402	110 676	2.41%	1 834	1.66%	54
梅州市	4 238 461	2091	0.05%	47	2.25%	33
汕尾市	2 935 469	3 364	0.11%	43	1.28%	32
河源市	2 950 195	17 812	0.60%	132	0.74%	40

❶　数据来源：除“总人口”一栏照搬外，表中其余数据根据广东省统计局提供的第六次全国人口普查数据计算而得。第六次全国人口普查使用的常住人口＝户口在本辖区人也在本辖区居住＋户口在本辖区之外但在户口登记地居住半年以上的人＋户口待定（无户口和口袋户口）＋户口在本辖区但离开本辖区半年以下的人。

续表

市　别	总人口	少数民族总人口	少数民族占总人口百分比	信仰伊斯兰教少数民族人口	信仰伊斯兰教少数民族占该市少数民族总人口百分比	民族成分数量（个）
阳江市	2 421 748	15 917	0. 66%	123	0. 77%	33
清远市	3 698 412	157 344	4. 25%	642	0. 41%	48
东莞市	8 220 207	406 148	4. 94%	9 301	2. 29%	56
中山市	3 121 275	120 571	3. 86%	3 653	3. 03%	51
潮州市	2 669 466	21 537	0. 81%	189	0. 88%	40
揭阳市	5 884 347	7 677	1. 00%	491	6. 40%	40
云浮市	2 367 154	7 173	0. 30%	78	1. 09%	33
全省合计	104 320 459	2 067 321	1. 98%	58 234	2. 82%	56

以2010年11月1日零时为标准时点的第六次全国人口普查数据显示，广东省聚齐了56个民族的城市有两个：深圳[1]和东莞。众所周知，第六次全国人口普查使用的是常住人口概念，指在本辖区居住半年以上的人和户口在本辖区但离开本辖区半年以下的人，没有统计在本辖区居住半年以下的人口。因此，本次调研中，广东各地政府统计上来的少数民族人口数量与“六普”数据有一定差距，有的差距还相当大（见表6）。

表6　2012年广东省城市少数民族人口数量统计简表[2]　（单位：人）

市　别	少数民族人口数量	城市少数民族人口数量	非户籍少数民族人口数量	信仰伊斯兰教少数民族人口数量	民族成分数量（个）
广州市	630 000	约600 000	约500 000	20 000	56
深圳市	950 000	950 000	899 100	20 000	56
东莞市	406 148	406148	约380 000	10 000	56
佛山市	413 157	413 157	394 915	约5 000	53
珠海市	60 791	60 791	42 652	3 186	50
江门市	105 600	80 000	70 400	1 500	46

❶ 2002年9月18日，56个民族中仅缺的珞巴族落户深圳，深圳因此成为继北京之后全国第二个聚齐56个民族的城市。参见李燕晨：《深圳城市现代化进程中的民族问题》，载《南方论丛》2002年第2期。

❷ 此表数据根据2012年广东省政协民族宗教委“广东省城市民族工作情况”调研组在调研中收集的资料综合统计而来。

续表

市　别	少数民族人口数量	城市少数民族人口数量	非户籍少数民族人口数量	信仰伊斯兰教少数民族人口数量	民族成分数量（个）
中山市	104 904	104 904	97 598	996	44
肇庆市	40 000	20 000	3 000	1 377	46
惠州市	100 000	91 000	16 000	2 000	54
韶关市	约 55 000	约 9 000	7 000	500	43
清远市	约 200 000	约 20 000	约 10 000	1 000	48
梅州市	约 2000	较少	约 1 000	约 50	约 20
河源市	24 755	5 021	5 021	110	49
汕头市	20 493	15 000	12 000	600	50
汕尾市	4 000	3 000	2 500	50	32
揭阳市	6 948	5 000	3 123	500	38
潮州市	21 537	15 000	12 000	200	40
阳江市	35 086	20 000	15 467	200	39
茂名市	约 60 000	40 000	35 000	300	50
云浮市	11 000	5 000	4 000	100	33
湛江市	4 550	4 550	800	400	33
总计	3 255 969	2 952 571	2 510 576	68069	

表 6 显示，2010 年至 2012 年广东省少数民族人口增长极为快速。2012 年广东省少数民族人口总数为 325 万多人，城市少数民族人口为 295 万余人，城市非户籍少数民族人口为 251 万余人，信仰伊斯兰教少数民族近 7 万人。广东省出现第三个聚齐了 56 个民族的城市：广州。

二、广东城市民族工作主要做法及其存在问题

推进和谐民族关系健康发展，是当前我国城市民族工作面临的一个重要课题。全国各地在总结新形势下城市民族工作特点和规律的基础上，积极探索并逐步形成各具特色的工作模式，为中国特色城市少数民族服务管理体系的建立和完善作出重要贡献。“广东模式”是当代中国城市民族工作中极为突出的一种，然而既有文献中对广东模式的论述都浅尝辄止、语焉不详。

(一) 城市民族工作的广东模式及其主要做法

广东模式主要以建立健全城市民族工作的六个机制为重点，构建和完善针对城市少数民族人员的服务管理体系。

一是建立城市民族工作领导机制。历届广东省委、省政府高度重视城市民族工作，并采取有效措施，加强对城市民族工作的领导。2007 年以来，省委书记多次主持省委常委会议，专题研究、部署城市民族工作，强调加强对外来少数民族人口服务和管理工作新机制的建设。省长多次主持省政府常务会议，专题研究包括加强城市民族工作领导机制等方面重大问题。2004 年，广东省委办公厅、省政府办公厅转发省民族宗教委《关于加强广东省城市民族工作的意见》，对做好新形势下的广东城市民族工作提出具体要求，明确提出要加强对城市民族工作领导。按照要求，省及各地级以上市相继成立民族宗教工作协调小组。在新一轮机构改革中，省及各有关市民族工作部门力量得到加强。广东省民族宗教委增设民族工作二处，专门负责城市民族工作，集中力量做好城市外来少数民族服务和管理工作。鉴于外来少数民族越来越多的实际情况，中共广东省委、广东省人民政府于 2011 年出台关于进一步做好广东省城市民族工作的意见，就完善城市民族工作领导机制、做好城市民族工作做出明确规定。

二是建立城市民族工作社会化管理机制。广东各地结合实际，健全城市民族工作社会化管理机制，把管理寓于服务之中，推进城市民族工作社会化进程。与相关部门协作，建立社区管理机制，以社区为工作着力点，以出租屋管理服务中心为依托，对少数民族流动人员实施动态服务管理。广东省 18 个地级以上市相继成立民族宗教工作协调领导小组，形成党委统一领导，统战、民族部门牵头协调，各有关部门各司其职、密切配合、共同做好城市民族工作的部门联动格局。同时，广东省统筹社会资源力量，为做好城市民族工作服务。如广州、深圳、珠海、中山、肇庆的少数民族社团组织，都采取多种形式，积极开展民族工作。另外，广东省民族宗教工作部门通过在各级各类学校开设民族政策法规知识课程、举办全省少数民族文艺会演和民族团结进步摄影展、创建民族团结进步模范社区和民族团结进步教育基地、组织广东民族艺术团开展巡回演出等形式，推进民族团结进步创建活动，推动民族团结进步事业广泛深入开展。

三是建立沟通协调机制。广东省民族宗教委与输出到广东省少数民族人员较多的广西、四川、云南、新疆、甘肃、青海等 10 省区政府驻粤（穗）办事处每年定期举行座谈会，加强省际民族工作交流与合作；同时，还建立珠三角城市民族工作联席会议制度，每年不定期召开会议，交流经验，分析研究新情况、新问题，提出对策和措施。各地、各有关部门也加强与少数民族输出地政府之间的联系协调。如深圳市民族宗教局与新疆、青海民委签署协议，由两省区每年各派1名少数民族干部来深挂职，协助做好对少数民族流动人员的服务和管理。佛山市与青海省海东地区行署、新疆乌鲁木齐市、哈密地区及和田地区行署建立联系机制，双方互派联络员，负责两地之间的联系沟通，共同做好相关工作。

四是建立困难帮扶机制。广东省认真贯彻落实党和国家民族法规和民族政策，切实维护少数民族合法权益。针对城市少数民族特别是信仰伊斯兰教的10个少数民族反映最突出的“入口”（清真饮食）、“入土”（殡葬）、“入院”（看病治疗）、“入寺”（宗教活动）以及子女入学“五入”问题，广东省采取一系列有效措施予以解决。广州、深圳、肇庆市都建立回民墓地，深圳市规划7 000平方米新建清真寺，佛山、东莞、中山等市设立临时宗教活动点等，较好地解决少数民族群众在城市生活中遇到的实际问题。在清真饮食生产经营方面，各地通过整治无证照经营专项工作，为少数民族办理各种合法证照，并在税收减免等方面给予照顾。同时，珠三角地区各市基层民族工作部门通过争取街道计生办、社区医疗机构的支持，为少数民族流动人口提供计生、医疗保健咨询服务。为解决少数民族群众看病难、收费贵以及市内没有专门的民族医院和门诊部的问题，深圳市还成立全省首家具有少数民族特色的医疗机构——南山区普济门诊部“民族优诊中心”，对少数民族群众采取非赢利收费以及每年享受一次免费体检等优惠措施。佛山市在结核病防治规划中，也把外来少数民族人员列入免费查治范围。

五是建立矛盾纠纷应急处理机制。广东省民族宗教委根据形势发展变化，结合广东省实际，及时制订和不断完善涉及民族宗教方面突发事件应急预案。省民族宗教委协调外来少数民族人口较多的珠三角地区9个城市民宗部门，建立珠三角城市民族工作联席会议制度，在防范和处置民族方面突发事件中发挥了重要作用。同时，全省民族宗教部门加强与公安、国安等部门的沟通联系，加大对重点地区、重点部位的排查和防范工作力度，及时消除涉及民族因素的矛盾隐患，努力把各种苗头性、倾向性问题解决在基层，解决在萌芽状态。韶关“6·26”事件和新疆“7·5”事件发生后，广东省民族宗教部门按照中央和省的部署，积极有效开展工作，为维护社会稳定做出贡献，获国家民委和省委、省政府的充分肯定。

六是建立民族工作目标责任考核机制。广东省各地在建立健全民族工作目标责任考核制度方面进行了许多有益探索。东莞等市率先将民族工作列入乡镇党政领导班子考核内容，取得良好效果。广东省民族宗教委按照省委决定，在总结全省各地经验的基础上，会同省委组织部制订全省民族工作目标责任考核办法，明确各级党政领导班子和主要领导的责任，确保民族工作责任到位、措施到位。

当然，城市民族工作部门会根据实际情况不断完善工作机制，随着新情况新问题的出现，新机制也会应运而生。

（二）广东省城市民族工作中存在的主要问题

上述城市民族工作的广东模式中，忽略了以下三个方面的问题，如解决不好，将严重影响到广东省城市民族工作的成效。

一是城市少数民族人口信息不清，各部门、各单位数据差异较大。对人口数量、民族成分、来源、特性、从业情况、空间分布等基本情况只有一个大概认识，由于少数民族人口居住分散、主动接受管理的意识不强、流动性大、信息变化快，因而少数民族流动人口的真正情况难于掌握。由于少数民族流动人口的特点，对流动人员的建档登记工作一时还无法做到及时准确。目前对少数民族流动人员的登记也只局限于有固定租住地和经营地的少数民族；对那些无固定租住地和经营地，以及在建筑工地等从事打工的少数民族人员很难做到底数清、情况明，给管理工作带来很大难度。比如，信仰伊斯兰教的10个少数民族人口在广东省少数民族人口中相对较少，但统计结果也大相径庭（见表7）。

表7　第六次全国人口普查广东省21地级以上市信仰伊斯兰教少数民族人口统计简表[1]

（单位：人）

地区	常住人口										
	回族	维吾尔族	哈萨克族	东乡族	柯尔克孜族	撒拉族	塔吉克族	乌孜别克族	保安族	塔塔尔族	合计
广州市	14 032	1 456	409	179	29	81	5	12	9	11	16 223
韶关市	297	40	1	1		5	1				345
深圳市	13 189	1 096	639	86	21	467	12	6	4	10	15 530
珠海市	1 892	319	190	11	5	24	16	22	1	1	2 481
汕头市	392	52	68	3	2	34	9			13	573
佛山市	2 889	222	93	44	9	13	1	1	5	1	3 278

[1] 数据来源：此表数据根据广东省统计局提供的第六次全国人口普查数据计算而得。

续表

地区	常住人口										
	回族	维吾尔族	哈萨克族	东乡族	柯尔克孜族	撒拉族	塔吉克族	乌孜别克族	保安族	塔塔尔族	合计
江门市	793	262	83		1	9	4			6	1 158
湛江市	234	36	77	1	2	3		1			354
茂名市	188	18	15		5	2	1	1		1	231
肇庆市	783	198	525	3	7	6	2	1		3	1 528
惠州市	1 592	98	33	11	38	44	8	6		4	1 834
梅州市	32	14			1						47
汕尾市	38	4							1		43
河源市	120	5	6						1		132
阳江市	89	28		6							123
清远市	426	76	118	2	2	15		1		2	642
东莞市	6 267	2 334	101	47	452	88	3	4	3	2	9 301
中山市	1 511	142	1 844	9	3	28	102	13	1		3 653
潮州市	141	12	31			2	1	2			189
揭阳市	116	13	356			2		3		1	491
云浮市	52	13	13								78
广东省	45 073	6 438	4 602	403	577	823	165	73	25	55	58 234
在穆斯林十民族中所占比例	77.40%	11.06%	7.90%	0.69%	0.99%	1.41%	0.28%	0.13%	0.04%	0.09%	100%

从表7的“六普”数据可知，2010年10月底广东省信仰伊斯兰教的少数民族人口为58 234人。然而，广东省伊斯兰教协会的调查结果认为，截至2011年12月6日，广东省穆斯林人口为182 082人，扣除外籍穆斯林30 075人，中国籍穆斯林就有152 007人（有些地方未把在广东的内地新疆班学生统计进来）[1]。这两个数据差距可谓相当之大，后者几乎为前者的

[1] 张志湘：《共处和谐社会　共建幸福广东——关于广东省穆斯林状况的调查》，载《广东穆斯林通讯》2012年第2期。

三倍，如果分别以这两个数据为依据开展工作，那么方针、手段、措施肯定有所不同。

二是民族工作机构建设滞后于城市民族工作的实际需要。根据2010年10月底的“六普”数据，广东省少数民族常住人口已达206余万人。根据本次调研数据统计，加上在广东省生活半年以下的流动人口数量，目前广东省少数民族人口已达300余万人。可以说，广东省不仅是民族工作大省，还是少数民族人口大省。但是，由于世居少数民族人数少等历史原因，广东省各级民族宗教事务部门的工作力量一直比较弱；随着大量少数民族涌入广东省，城市民族工作任务陡然繁重，使得各级民族工作机构建设跟不上现实形势发展的窘境愈发凸显。

广州市民族宗教事务局认为，该市少数民族人口多，且有不断增长的态势，民族工作涉及面广，与改革发展稳定大局密切相关，任务重压力大，但全市各级民族工作机构力量薄弱，不足以担当重任。该市民族宗教局只有1个民族处4个编制，各区（县级市）民族宗教局干部平均不足2人，各街镇普遍缺乏懂民族政策、熟悉民族工作的基层干部。同时，全市现有14个民族团体普遍处于“三无”（无专职工作人员、无活动经费、无办公活动经费）状态，社会功能弱化，未能充分发挥参与社会服务管理的作用，成为当前进一步拓展城市民族工作的“软肋”。

深圳市民族宗教事务局认为，民族工作范围广，涉及方方面面，不单是民族工作部门的工作，而是全社会的工作，是影响全局的工作。新形势下民族事务部门的工作职责不断深化和延伸，远远超出“三定”方案范围，但目前深圳市各级民族工作机构的人力资源、工作条件和担负的任务、面临的形势之间相当不匹配、不适应。

广州、深圳这样经济发达的城市的民族工作部门建设相对较好，其他各市的情况则等而下之。目前广东省部分地市的民族宗教工作部门机构建设亟待进一步加强，人员队伍、办公经费、交通工具、应对突发事件的手段都与实际需求有较大差距。比如云浮市的5个县（市、区）民族宗教局局长由统战部副部长兼任，与统战部合署办公，仅有1至2个工作人员，且办公条件普遍较差、经费不足，难以保证正常工作和应对突发事件。

三是绝大多数街镇、社区的城市少数民族服务管理体系尚未建立或尚未健全，隐患较大。首先，绝大部分街镇、社区的城市民族工作服务管理体系尚未建立或尚未完善，未能将少数民族服务管理工作纳入基层服务管理的大网络系统，存在较大隐患。近几年经过加强社区民族工作和开展民族团结进步创建活动，基层城市民族工作能力有一定提高，但发展很不均衡，绝大部分的街镇仍然缺乏健全的民族工作机制和服务设施，未能完全与基层的服务管理网络系统对接，绝大部分社区、单位、企业、学校的民族工作还相当薄弱，隐患较多。绝大部分少数民族人口集中，街道、社区、企业、学校尚未建立健全工作例会、学习联谊、交友访问、帮困服务、信访接待、宣传教育、专职干部管理等制度，尚未建立民族工作组织机构、未建立健全民族工作基础台账、未开展民族团结进步活动。其次，绝大部分街镇、社区尚未建立或尚未完善少数民族流动人口信息采集机制和数据库。目前，广东省各级民族宗教事务部门与人口统计部门、公安部门在建立横向协调机制后交流有所加强，但还不够深入。在街镇、社区层面未能定期汇总和交流少数民族人口相关数据信息，未能实现信息共享与动态管理；对于少数民族人员密集的社区、工厂、学校，各级民族宗教部门尚未能及时掌握少数民族流动人员的数量、民族成分、来源地、就业、生活、工作等情况。2011 年年底，国家民委把深圳市列为全国 12 个少数民族流动人口服务管理体系建设试点城市之一❶。广东省是否能以此为契机，建立自下而上的城市少数民族信息数据采集机制和数据库，及时掌握少数民族流动人员生产生活情况及主要动向，将会对广东省今后城市民族工作的成效产生重大影响。最后，绝大多数少数民族人口集中的街道、社区的民族工作力量薄弱。由于历史、行业、乡情、宗教信仰等原因，某些街道、社区少数民族人员较为集中，涉及少数民族的矛盾纠纷、案件事件也较多，但未能配备或建立起一支与实际需要相适应的城市民族工作队伍，尚未建立矛盾纠纷排查调处机制，使得在这些街道、社区搭建城市少数民族服务平台、增加城市少数民族服务设施、创新城市少数民族服务的举措、完善城市少数民族管理机制都沦为一句空话。

三、广东省城市民族工作对策建议

做好城市民族工作是新形势下民族工作的一个新课题。贾庆林同志指出，广东在为流动少数民族群众服务和管理方面取得积极成效，要进一步加强依法管理的力度，建立健全各项管理机制和制度，有效解决城市民族工作中出现的新问题、新矛盾，努力形成各族人民大团结的良好局面。

---

❶ 《关于增加城市少数民族流动人口服务管理体系建设试点工作单位的通知》（民办发〔2011〕102 号）。

（一）分门别类，细化城市民族服务管理体系的层级要求

对于民族人口的数量、结构等情况不同的各类城市、各类社区，各级城市民族工作部门应制订分门别类的指导性工作要求和措施。众所周知，广东省21个地级以上市的情况各不相同，区域性差别非常大。对所有城市的民族工作使用同一种要求，存在很大困难，且效果不佳。如前所述，广东省城市民族服务管理体系建立在6个机制上，这些机制的落实和贯彻在省级有统一要求，但在各地级以上市层面就已出现较大差异，到县级、街镇和社区其差别就如同天壤。因此，在上述6个机制的基础上，结合各地情况再进行层级性设计，将会更加适合广东省城市民族工作的实际。我们认为，广东省城市民族工作大致上可以分为三个层级：珠三角地区的城市民族工作；粤北山区的城市民族工作；粤东、粤西的城市民族工作。这三个层级的城市民族服务管理体系，应当有不同的要求。

珠三角地区9个城市面对的城市民族工作情况比较相似，且跨区域性现象日益凸显，广东省突破地市以上级行政区域限制，于2009年建立珠三角城市民族工作联席会议制度，在整合地方力量、强化省内城市民族工作区域合作方面取得令人瞩目的成绩。这个区域经济发达，外来少数民族数量多、结构复杂，穆斯林人口数量也较大，因而应当建立健全城市民族服务管理体系，保障少数民族合法权益，对穆斯林“三入”（入寺、入口、入土）难题要根据实际情况有计划有步骤地加以解决。这方面的具体对策已在两篇拙文中论及，[1] 相同建议此处不予重复，只根据形势发展强调不同之处。从穆斯林服务管理方面考察，珠三角城市可以细分为三个层级：广、深、莞为第一层级（肇庆、珠海为特例）；中山、佛山为第二层级；江门、惠州为第三层级。对广州、深圳、东莞等穆斯林人数已经上万的第一层级城市来说，应当尽早建立清真寺、伊斯兰教协会、穆斯林坟场，当然也可通过跨区域合作方式来解决。肇庆历史上曾经为广东省世居穆斯林的主要聚居地之一，珠海是经济特区且毗邻澳门，情况都比较特殊，是穆斯林服务管理体系第一层级城市的特例。对于穆斯林人口在3 000人以上的第二层级城市，如中山、佛山，如条件成熟，应尽早建立伊斯兰教协会，并根据《广东省民族宗教事务委员会关于集体宗教活动临时地点的认可办法》之规定，批准、备案成熟的临时聚礼点。对于穆斯林人数在一两

---

[1] 陈晓毅：《珠江三角洲中国籍穆斯林的文化适应》，载《文化多样性背景下的宗教和谐》，知识产权出版社2012年版，第184～222页。陈晓毅：《都市流动穆斯林文化适应问题及其解决之道——基于问卷调查的广州个案实证研究》，载《青海民族研究》2010年第3期。

千人的第三层级城市，如江门、惠州，建立伊斯兰教协会尚无必要，但应当酌情批准成熟的伊斯兰教临时聚礼点。

粤北为广东省世居瑶族和壮族集中的地域，其城市民族工作与珠三角情况有所不同。清远市、韶关市以及下属的各县（市、区）城市里都有一定比例的世居瑶族和世居壮族居住，在外来少数民族还不是很多的情况下，这部分少数民族是该区域城市民族工作的主体。但随着双转移战略的实施和深入，外省少数民族进入粤北城市务工经商将会呈现持续的增长态势，因此城市民族工作需要及早准备、未雨绸缪。这些城市一般都还没有建立伊斯兰教协会、清真寺、穆斯林坟场的必要，部分地方可能会有建立临时聚礼点的需求，需根据实际情况酌情处理。

粤东和粤西的情况比较相似，因为这两个区域的世居少数民族都很少，外来少数民族人数也不是很多，因而城市民族工作压力相对较轻。但是，由于外来少数民族人单势孤，在这些地方生活的文化压力更大，对异文化压力会更加敏感，因而处理涉及民族因素的矛盾纠纷时尤须谨慎。信仰伊斯兰教少数民族群体的民族工作于第二层级相似。

当然，城市民族工作不仅只是信仰伊斯兰教少数民族的服务管理工作，还涉及方方面面，这不是本调研报告能够解决的问题，需要省民族宗教事务委员会牵头、各地民族宗教局参与制定出合乎各地实际情况的、分层级的城市民族服务管理体系。随着城市化的进程和人口迁移的具体情况，城市民族服务管理体系的各层级之间会出现变动，因而在层级与层级之间，尤其是低层级对高层级的学习、交流不可缺少。

（二）千方百计，全面推进民族团结进步创建工作

民族团结进步创建工作是由中央宣传部、中央统战部、国家民委联合发起的全国性全局性民族工作，对国家长治久安有极为重要的意义。广东省外来少数民族人口增长迅猛，导致多方不适应现象突出，加之内外环境复杂，使得创新城市民族团结进步工作显得极为迫切。

首先，要建立健全促进民族团结进步的工作机制。在民族团结进步创建活动中，要把握时代特征、突出地区特点、体现民族特色，出实招、重实绩、求实效，切实建立和完善组织领导、协调配合、困难帮扶、宣传教育、目标考核、监督检查、矛盾纠纷排查调处、表彰激励等工作机制，使民族团结进步创建活动规范化。

其次，调动各方力量，参与民族团结进步创建活动。省委组织部、省民族宗教委等联合下发通知，将党的民族理论、民族政策法规等纳入全省各级党校（行政学院）的教学和考核内容，加强对党政领导干部的宣传教育。省民族宗教委联合省教育厅转发《关于在中小学切实抓好民族团结教育工作的通知》等3个文件，推动民族团结教育“三进”（进学校、进教材、进课堂）。广州市采取“四进”（进教材、进课堂、进课题、进脑袋）、“五抓”（抓师资队伍培训、抓营造校园民族团结氛围、抓开展丰富多彩课外活动、抓民族团结教育先进典型、抓结合民族班开展教育）措施，推动民族团结教育进校园。

再次，充分发挥民族团结教育基地和民族团结进步模范社区的宣传教育功能。适时评选和表彰各级民族团结进步模范人物、模范单位、模范企业、模范团体和模范社区，以点带面，引导和推动民族团结进步事业健康发展。加强民族团结教育基地和民族团结进步模范社区的建设，以基地和社区为平台开展丰富多彩的宣传教育活动，整合资源，促进民族团结进步创建活动的深入开展。要全省统筹规划，合理布局，建立一批有影响、有特色、有成效的民族团结进步教育基地，把广州市光塔街、深圳市“中国民俗文化村”、江门市雅图仕印刷有限公司等打造成有全国影响力的民族团结进步教育基地和模范社区。

最后，要千方百计促进少数民族融入城市主流社会。改革开放以来我国规模空前的人口迁移，是促进我国各民族团结进步的绝佳机会，“各地区、各层面的民族交往无论在规模上还是在深度上都进入了一个全新的历史时期”[1]。广东是吸收外省少数民族人口最多的省份，各少数民族在广东都积极调整自身适应城市的工作和生活。[2] 各职能部门应发扬全心全意为人民服务的精神，采取有效措施，引导和促进少数民族在城市里的文化适应，减少移民文化与本地文化接触的阵痛。充分调动各界，尤其是教育部门和各类培训机构的力量，开展和加强企业内少数民族员工的汉语和就业技能的免费培训，提高少数民族人员在东部城市的就业竞争力，促进少数民族劳动力的跨地域流动和顺利融入广东省城市主流生活。通过政府赞助和社会募捐等形式成立“少数民族就业与发展基金”，对西藏、新疆等文化差距大的少数民族在广东省就业和创业提供帮助。对开设清真拉面店的信仰伊斯兰教的少数民族，要在保证市场公平的基础上，充分利用民族政策，为他们在办理证照、减免税负、降低门槛等方面予以适当照顾。根据

---

[1] 马戎：《关于当前中国城市民族关系的几点思考》，载《西北民族研究》2009年第1期。

[2] 陈晓毅、马建钊主编：《中国少数民族的移动与适应——基于广东的研究》，民族出版社2007年版。

广东省广州、深圳、珠海、江门等地承接的内地新疆高中班和内地西藏中职班学生的实际情况，抓好预科班教学，尊重学生意愿，将部分或全部新疆班和西藏班学生插入本地学生班混合上课；承接地旅游部门要积极支持配合，免除门票，利用内地新疆班、西藏班学生参观访问本地风景名胜的机会开展民族团结进步教育活动。积极探索企业民族工作模式，尝试在尊重少数民族员工意愿的情况下，加强集体招录的少数民族员工与汉族员工之间的互动交流，在生产线上、在日常活动中多搭建交流平台和创造交流机会，促进民族之间的相互理解和认同，夯实民族团结进步的民间基础。

（三）多措并举，切实加强民族工作机构建设

鉴于城市少数民族人数急剧增加，民族工作机构建设和城市民族工作实际需要之间出现越来越大的差距，开展相关工作的人力、财力、物力相对不足的现实，我们认为可以从以下三个方面解决这一难题。

首先，各地要根据实际情况，增加城市民族事务机构的工作人员（行政编制或事业编制）、办公活动经费。今后广东省社会建设过程中，要将城市民族事务纳入制度设计层面给予通盘考虑，根据少数民族人口流动的实际情况适当增加民族事务部门的人员编制和办公活动经费，使之与实际工作的需要相适应。如果增加行政编制比较困难的，可以考虑增加事业编制，以解决人手紧缺的问题。

其次，采取各种措施，改善民族工作机构的人员结构，提高应对城市民族工作的能力和效率。工作任务重的县（市、区）要配备相应数量的、符合实际需要的少数民族干部，以便于同外来少数民族流动人口沟通联系，做好服务管理工作。给民族工作干部队伍中配备高素质干部，或者通过聘请专家、购买服务等方式，解决城市民族工作中碰到的难点、热点问题。

第三，各地要根据实际情况，适当增设民族类社会团体并在活动经费上予以支持，使之为各级民族事务机构分担任务和压力。民族类社会团体是活动在党政民族事务机构和少数民族之间的一股民间工作力量。在民族工作机构力不从心的情况下，可以通过增设民族类社会团体和增加现有民族类社会团体活动能力的办法来增强城市民族工作力量。这一方面要求各地要根据实际需要适当批准成立民族类社会团体，另一方面各地要相应地增加民族类社会团体的经费投入，改变其“三无”状态，使之发挥应有的作用。

四、中国特色城市少数民族服务管理体系的“四化”改进方向及其主要措施

2011年2月19日，胡锦涛同志在“省部级主要领导干部社会管理及其创新专题研讨会”上所作的报告中指出，要紧紧围绕全面建设小康社会的总目标，牢牢把握最大限度激发社会活力、最大限度增加和谐因素、最大限度减少不和谐因素的总要求，扎扎实实提高社会管理科学化水平，建设中国特色社会主义社会管理体系。[1] 在“两个共同”、“三个离不开”和“五个维护”的总体要求下，借鉴全国各地城市民族工作的做法，结合广东省实际情况，我们在这里提出中国特色城市少数民族服务管理体系的“四化”（社会化、社区化、信息化和法制化）改进方向，并将解决广东省乃至我国城市民族工作问题的主要措施蕴于其中，希望对建设中国特色城市少数民族服务管理体系有所助益。

（一）大力推进城市民族工作社会化及其主要措施

城市民族工作牵涉面广，问题复杂，民族工作部门独力难支，因此民族工作社会化成为广东省城市民族工作的必然选择。民族工作社会化，就是要积极争取社会各方面力量支持民族工作，参与民族工作，使民族工作从以“部门推进”为主，转变为以“社会推进”为主，使民族工作方式从传统单一的部门化，向系统的社会化转变，以充分发挥民族事务部门的服务、协调、综合职能。广东省要认清当前社会公共管理和社会建设发展大趋势，大力推进民族工作社会化步伐，增进城市民族之间的平等相待和友好共处。在大部制格局下，广东省要结合各地社会管理实际，着手搭建以县（市、区）级民族宗教局为主管和督导，政府各部门各负其责，街道（社区）为基层抓手和载体，社工及少数民族社会团体共同参与的工作机制和综合平台。

首先，健全社会化管理机制。一要政府职能部门共同参与，分工协作。各地要按照属地管理、分级负责、谁主管谁负责的原则，建立公安、人力资源社会保障、工商、城管、教育、民政、民族宗教、卫生、环保、食品药品监管等部门共同参与、共同负责的工作协调机制，推进城市少数

[1] 李章军：《扎扎实实提高社会管理科学化水平，建设中国特色社会主义社会管理体系》，来源网站：人民网，http：//politics. people. com. cn/GB/1024/13959222. html. 上传时间：2011年2月20日零时。

民族人员社会化管理。二要输出地与输入地政府有关部门有效联络协调，“双管”齐下。将政府推动、政策引导和市场调节结合起来，通过地区协作、属地管理、源头协助，加强与外来少数民族人员输出地政府有关部门及其驻粤机构的联络协调。三要各单位各部门通力合作及时排查调处涉及少数民族的矛盾纠纷。完善应急预案，落实属地管理责任，积极防范和妥善处理涉及外来少数民族人员的各种矛盾纠纷和突发性事件。珠江三角洲地区各市要继续探索联席会议制度等工作机制，整合资源，增强互动，提高防范和处理矛盾纠纷的针对性和有效性。

其次，健全社会化服务机制。（1）发挥政府职能部门的主导作用。政府职能部门对本辖区各民族的主要诉求要有总体把握，针对性地制订出行之有效的工作方案，并积极联系协调相关部门及时落实。广东省委、省政府指导推动各地创新城市民族工作机制，采取措施帮助外来少数民族解决子女入学、就医、就业服务等方面的实际困难，帮助信仰伊斯兰教的10个少数民族解决殡葬、清真饮食、过宗教生活等特殊生活需要问题。为穆斯林经营清真拉面店办理证照开通绿色通道、减免税费、送服务上门。各地方要从实际出发，通过划定摊位或地段的特殊办法，解决少数民族人员摆卖与城市管理之间的矛盾。各地要探索将少数民族服务事项纳入社区服务范围，帮助外来少数民族更好地融入社区生活。（2）发挥民族类社会组织的桥梁作用。民族类社会团体是党和政府联系少数民族群众的桥梁纽带，活跃在少数民族群众和政府部门之间，反映诉求、服务群众、协调关系、化解矛盾等方面发挥着不可替代的作用。成立社区少数民族人士联谊组、少数民族之家、民族文体活动组、外来少数民族联合会等，及时吸收少数民族流动人员中有影响号召力、有管理能力的代表人士作为成员，通过他们来引导少数民族流动人员加强自我教育和自我管理。组织丰富多彩的群众活动，广泛吸纳分布在不同经济社会组织和处于流动状态的少数民族积极参与。结合街道、社区的工作，依托社区服务中心和活动场所，如橱窗、市民学校、互联网、文化馆站、文化广场等活动阵地，利用“联手”、“互帮”、“共建”等形式，开展民族工作，实现社区资源共有共享、利益互助。成员大部分信仰宗教的少数民族，要充分发挥民族商会、宗教团体、宗教活动场所的作用。（3）发挥少数民族代表人士的积极作用。充分发挥少数民族代表人士的优势，支持和协助他们为社区建设提供各种服务。建立少数民族志愿者队伍，聘请有专长的少数民族成员为社区特约服务员，提供法律、医疗、教育、文化等方面的咨询和培训，引导他们积极参与社区公益事业和福利事业建设。成员大部分信仰宗教的少数民族，要充分发挥教职人员在建设社会主义和谐社会中的积极作用。

第三，健全社会化监督机制。加强责任考核制度，把城市民族工作作为党政领导干部考核的重要内容，纳入社会治安综合治理和平安建设范畴，列为县（市、区）、镇（街道）、村（居）委会民族宗教工作目标任务，建立责任追究制度，加强检查考核。对发生民族方面重大问题的地区和部门要依法依规追究责任。对城市民族工作设立具体的考核办法和考核指标，将其纳入各级干部的考核之中，纳入社会治安的考核范围，推动各地依法管理民族事务。将城市民族工作分解到各级部门，再由上级民族工作职能部门进行监督检查，有效解决各级民族宗教事务局人手不足的棘手问题。

（二）着力推进城市民族工作社区化及其主要措施

社区是指聚居在一定地域范围内的人们所组成的社会生活共同体。社区是城市的细胞，是城市最基本的组成部分。城市民族工作社区化，是指在党和政府的领导下，依靠社区力量，利用社区资源，宣传落实党的民族政策，维护少数民族的合法权益，促进社区民族和谐，从而提高社区各民族生活水平和生活质量的工作思路。这要求我们进一步加强和完善社区少数民族服务管理体系，把人力、财力、物力更多投到社区，努力夯实基层组织、壮大基层力量、整合基层资源、强化基础工作，强化社区对城市少数民族的管理和服务功能。

首先，健全社区民族工作管理机制。少数民族人员相对集中的街道、社区、学校、企业要建立民族工作管理、联络机制。一要建立社区民族工作管理的组织网络。建立健全社区民族工作网络，是做好社区民族工作的组织保证。街道要成立由分管书记或主任任组长，街道专（兼）职民族工作干部、相关科（室）负责人和驻辖区有关单位领导参加的民族工作领导小组，对辖区内的民族工作进行统一协调和部署。社区要成立由社区党组织或社区居委会负责人任组长，社区专职工作者和居民区内有关单位负责人为成员的民族工作协调小组，可聘请热心民族工作的少数民族成员为民族工作联络员。民族工作重点街道和社区要有人专门负责民族工作。重视社区民族工作骨干的发现和培养，为少数民族骨干发挥作用提供机会和舞台。二要加强调查研究，对重点、热点、难点问题要提前研判，并做好各种应急方案。根据不断变化的社区情况，加强对民族工作的研究，掌握新情况、把握新特点、解决新问题、总结新经验。建立民族工作档案，建立少数民族、来粤流动人口中的少数民族人员基本情况名册和代表人物库，了解、掌握情况，搞好动态管理。每季度或半年召开会议，学习党的民族政策，研究社区民族工作，分析社区民族工作形势，解决社区民族工作的重点问题。及时向少数民族代表人士通报本地区重要工作和重大举措，并认真听取少数民族代表人士的意见。每年至少通报一次，为他们知情出力创造条件。

其次，健全社区民族工作服务机制。少数民族人员居住相对集中的街道、社区要建立民族工作指导、联络机制，把少数民族纳入社区服务范围，完善服务功能，及时帮助少数民族群众解决生产生活方面的困难。(1) 利用媒介，广泛宣传。利用报刊杂志、宣讲报告、学习辅导、互联网站等载体，在社区开展党的民族知识和政策及有关法律法规、民族团结进步的宣传教育，使各族人民群众牢固树立“汉族离不开少数民族、少数民族离不开汉族、各少数民族之间也相互离不开”的思想，提高社区各族居民对民族工作重要性的认识，在全社会形成自觉维护民族团结、促进社会发展的良好氛围。定期对民族工作干部进行宣传教育，学习、宣传有关民族宗教方面的方针政策、法律法规，不断提高工作水平。每年至少要集中学习宣传一次。(2) “双向”服务，优势互补。发挥街道民族工作领导小组和社区民族工作协调小组的作用，认真贯彻执行少数民族权益保障政策、法规，依法维护少数民族合法权益。尊重少数民族风俗习惯，满足其特殊生活需求。要坚持双向服务原则，即社区资源为少数民族服务，少数民族资源为社区服务的思想。一方面，要为少数民族群众知情、参与和监督创造条件，想方设法提供帮困、再就业、技术培训等服务，真心实意地办实事、做好事；另一方面，充分调动少数民族服务社区的积极性、创造性，鼓励和支持其发挥自身优势，为社区发展出谋划策。(3) 融洽关系，丰富活动。按照属地管理原则，发挥社区组织的作用，积极预防和妥善处置本地区由于民族、宗教问题引发的事件。开展民族团结进步楼（院）等创建活动，开展健康向上、丰富多彩的民族文化体育活动，不断满足各族群众日益增长的精神文化需求和促进身心的全面发展。逢年过节，特别是重大民族节日，组织社区少数民族代表人士开展联谊活动，有计划组织参观学习活动，促进交流，增进共识。民族工作干部要分层次与少数民族重点对象结对子、交朋友，定期走访慰问。(4) 职业社工，增强效能。职业化社工拥有专业知识，工作效率高；发生矛盾、冲突时，社工的第三方身份和专业知识，常常能起到很好的化解作用。通过民族工作社会化，政府由直接管理转变为间接管理，由微观管理转变为宏观管理，为少数民族群众提供更有针对性的服务。①街道、乡镇通过招聘社工专业大学生的方式，充实基层民族工作力量，做实基层民族工作项目；②通过政府购买服务，采取管、办、评三者分离形式，以标准化、专业化、项目化、职业化、本土化的管理方式，吸纳社会专业团体参与服务民族工作，拓展少数民族群众的诉求渠道，提升服务少数民族群众的水平。

第三，推进社区民族工作考核机制。在各级民族宗教工作领导小组的综合协调下，根据少数民族在社区内的绝对数量、相对数量和民族关系等实际情况，把涉及少数民族群众服务管理的内容和要求具体化、目标化、量化，作为社区综合治理的考核内容，确保各项城市民族工作职责和任务落到实处。对发生民族方面重大问题的社区要依法依规追究社区主要领导的责任，并责令及时整改。推进城市民族工作社区化考核机制，能够使工作关口前移，将涉及少数民族的纠纷、矛盾和案（事）件解决在萌芽状态。

（三）尽早推进城市民族工作信息化及其主要措施

当前城市民族工作涉及的管理要素日趋增多，难度不断增大，单靠传统管理手段难以奏效。因此，建立全面覆盖、动态跟踪、联通共享、功能齐全的城市少数民族服务管理综合信息系统，构建城市民族工作信息化平台，提高新形势下城市少数民族服务管理的信息化水平，已成为创新城市民族工作的主要发展方向之一。

首先，加强信息化管理，建立完善信息化平台。调查中，民族事务部门普遍感到信息不畅，各地如同信息孤岛，不能有效整合相关信息，使得相关城市民族工作显得盲目而随意。近年来，随着以网络为代表的新技术日趋普及，信息化对政府部门的要求越来越高，建立舆情监测机制、开展网上舆论引导、及时通报处理突发事件等在民族工作中发挥着越来越重要的作用。民族宗教工作因其工作特殊性，关系着民族的团结和睦、社会的和谐稳定，这就要求民族宗教部门要加快信息化进程。建议在依法、规范前提下，依托公安信息网络中心等网络系统，建立省级民族宗教信息网络平台，以开展舆情监测、舆论引导和处理突发事件，切实维护社会稳定。加强信息化网络，尤其是省级的民族工作信息网络，这个在技术上应该不难，因为省级有公安网络作为依托，关键是部门与部门之间体制机制的协调问题；建议省政府牵头，整合相关部门的信息资源，建设并完善横向到边、纵向到底的城市民族工作信息平台。计生网络、社保网络、教育网络都可以利用起来，整合资源，将信息化水平提升到一个新的平台，使民族工作做到有的放矢。在少数民族人口比较集中的社区、学校、企业，依托人口服务管理工作机制，及时准确地掌握辖区内少数民族（常住、暂住人口）的户数、人数、族别、政治面貌、家庭构成、流出地、到来时间、从事职业、工作单位和经济状况等基本情况，做好辖区民族工作的计划、总结、工作信息、工作制度的记录、大事记、音像图片资料等基础台帐的收集、整理、归档工作，并实现数字化管理。

其次，破解体制难题，摆脱民族工作信息困境。改革开放以来，尤其是双转移带来人的转移，少数民族人口还将大量涌入广东，流动人口的信息在广东省不同地区的掌握程度有很大区别。总体上而言，外来少数民族与当地少数民族可以和谐共处，但偶尔会发生涉及少数民族的矛盾纠纷和案件事件，如果处理失当则会演变为大事件，影响民族关系，因此作为民族工作的职能部门和有较多少数民族人员居住的社区和就业的企事业单位，诸多信息需要及时沟通。韶关“6·26”事件是警钟，其根本原因就在于沟通机制不畅，信息掌握不全面不及时，未能对可能出现的新问题早作防范。宗教信仰需要有场所作为依托，城市管理者如何适应人口流动的变化，提供场所满足其需求，都需要掌握第一手的少数民族流动人口基本信息。国内外形势复杂，敌对势力利用宗教进行渗透等情况各地都有，但各地掌握的信息不均衡，处理手段大相径庭，因而容易被别有用心的人钻空子。建议省委、省政府依托现有信息网络资源，借中央加强和完善流动人口和特殊人群管理和服务、建立覆盖全国人口的国家人口基础信息库、建立健全实有人口动态管理机制、完善特殊人群管理和服务政策的东风，以省民族宗教事务委员会大力建设民族宗教信息数据库为契机，打破行业信息壁垒，加快省公安厅、省综治委、省统计局、省人口计生委、省教育厅、省工商局等单位关涉少数民族人口信息资源的整合，建立信息网络平台，实现关于民族、宗教的信息共享。

第三，健全调查研究机制，及时预判新情况新问题。各地外来流动人口管理机构和统计部门要会同民族工作部门定期对本地区少数民族人员变动及经济社会特征等情况进行调查，建立城市少数民族数据库、资料库，及时分析工作形势，提出对策建议。各地政府职能部门要加强与高校、研究机构的合作，通过课题委托、专家聘任等方式吸引人类学、民族学、社会学的专家学者对城市民族工作问题进行深入研究，对新情况新问题进行预警性研判并提出应对建议，确保做到未雨绸缪、防患未然。

（四）全力推进城市民族工作法治化及其主要措施

城市民族工作是社会建设的有机组成部分。在依法治国的背景下，城市民族事务法治化是必然选择。1993 年 9 月 15 日，《城市民族工作条例》经国务院批准正式颁布实施，标志着我国城市民族工作步入法治化、规范化的轨道。

首先，加强立法修法工作，建立完善的城市民族工作法制体系。当前我国民族立法工作中尚存在五方面问题：民族立法工作不平衡，且严重滞后；民族法律体系不配套，法与法之间衔接难；变通权行使远未到位；自治法规地方特色和民族特色不明显，针对性和操作性不强；立法技术、法律规范和立法程序不完备，缺乏法的科学性、权威性和强制性。[1] 具体到城市民族工作立法领域也存在问题，主要表现在三个方面：一是立法层次较低，最高为法规；二是现行法规在内容规定上存在不足；三是城市民族工作法规操作性不强。由于城市民族问题的复杂性，全国和地方的民族法规规章和规范性文件的条款普遍存在原则规定多、过于笼统而缺少可操作性的现象。民族事务部门应在充分调查研究基础上，向立法机关提供切实可行的建议；对一些原则性较强的法规或规章的条文，应通过依法制定实施细则、给予立法或行政解释等途径，使其具有可操作性。

近些年，中央和省级政府根据城市民族工作的发展变化，先后出台一批指导性文件和法规，对新时期城市民族工作赋予丰富内涵，提出更高要求。但是，随着形势变化，各地级以上市面对城市化进程中的新情况新问题，在结合本地实际制定具有地方特色的城市民族工作政策文件和地方法规方面显得相对滞后。各地要针对城市民族工作热点、难点、重点问题，及时制定和完善相关法规制度，推动城市民族团结进步事业的创新发展。为保护少数民族合法权益，1993 年国务院颁布《城市民族工作条例》，之后全国各省、直辖市、自治区相继出台配套性的地方性法规、规章。2002 年国家民委、公安部、国家旅游局、国家工商行政管理总局联合发出《关于纠正极少数宾馆饭店旅店拒绝少数民族人员入住行为的通知》，2008 年 4 月 23 日国务院办公厅发出《国务院办公厅关于严格执行党和国家民族政策有关问题的通知》。这“一个条例”、“两个通知”提到各类服务不得歧视少数民族群众，各类宾馆、商店、餐馆不得拒绝少数民族入住、购物和餐饮，各类交通工具不得拒载少数民族群众。但是，条例和通知在效力上低于法律，内容和措施方面也存在明显的局限性和不足之处。总体上来说，《城市民族工作条例》的内容抽象，操作性不强，很难有效保障城市

[1] 陈洪波、王光萍：《当前我国民族立法工作中存在的主要问题、成因及对策研究》，载《民族研究》2001 年第 2 期。

少数民族合法权益，在处理民族问题、协调民族关系时也缺乏足够的法律强制力。[1] 为适应新形势下城市民族工作的需要，减少民族案（事）件的发生，建议加快该条例的修订步伐和《城市少数民族权益保护法》的立法进度。

广东省在城市民族工作法制化进程中有自身贡献。《广东省散居少数民族权益保障条例》（共28条）于1997年12月1日广东省第八届人民代表大会常务委员会第三十二次会议通过，1998年1月2日广东省第八届人民代表大会常务委员会公告第174号公布，自公布之日起施行。全省各主要城市都制定了涉及民族因素突发性事件的应急预案。广东省委、省政府一贯重视城市民族工作，2004年和2011年对城市民族工作发出重要指导性文件：《中共广东省委办公厅、广东省人民政府办公厅转发省民族宗教事务委员会〈关于做好广东省城市民族工作的意见〉的通知》，《中共广东省委、广东省人民政府关于进一步做好城市民族工作的意见》。2011年以来，全省各市根据省委、省政府的意见，结合自身实际情况，制订并实施进一步做好城市民族工作的实施意见，使广东省城市民族工作进一步走向深入。

其次，坚持依法处理涉及少数民族的案（事）件，切实保障少数民族合法权益。处理涉及少数民族的矛盾纠纷问题时，要坚持法律面前人人平等的原则，严格依法办事，是什么问题就按什么问题处理。既要依法维护少数民族当事人的合法权益，又要坚决打击一切利用少数民族身份从事的违法活动和分裂活动。既要坚持依法办事，又要考虑民族政策和民族感情、风俗习惯等因素，努力实现法律效果、社会效果和政治效果的统一。

加强城市民族工作执法力度、增强执法水平，要做到以下三点：一是健全执法机构，明确执法机构的行政主体地位；二是增加工作人员，确保有足够的执法人员；三是提高执法者依法行政、依法管理的素质和能力。如果上述城市民族工作的社会化、社区化、信息化都做到的话，那么法制化的这三方面要求可谓水到渠成，因为执法机构、执法队伍都是现成的，急需解决的就是对执法者进行城市民族工作法规、规章的培训。在这方面，各级民族事务部门可发挥自身所长，通过加强对执法者的学法、用法、执法教育和培训，提高执法者的法制意识和执法水平，使其依法管理而又不滥用职权。所以，城市民族工作部门尤其是执法者应该增强依法行

---

[1] 阿布都外力·依米提：《新疆少数民族流动人口在内地城市务工经商及其权益保护问题研究》，载《西北民族研究》2011年第2期。

政意识，加强自身建设，在依法行政的过程中做到行政行为主体合法、内容合法、使用法律正确、符合法定程序。

近年来，广东省涉及少数民族因素的矛盾纠纷、案件事件时有发生。处理过程中要坚持“是什么问题就按什么问题处理”的原则，依法依规调处判决。要积极劝解疏导少数民族人员合法反映诉求，对弱势少数民族群体提供法律援助，对恶意挑拨矛盾、滋事闹事的人员坚决予以打击，逐步纠正一些单位（部门）“花钱买平安”的不正常现象。对恶意破坏公共设施、扰乱公共秩序等违法犯罪行为，不论是哪个民族，都要依法严肃处理，才能起到“打击小部分，震慑一部分、教育一部分”的效果，从而维护法律的尊严。

参考文献

[1] 阿布都外力·依米提．新疆少数民族流动人口在内地城市务工经商及其权益保护问题研究［J］．西北民族研究，2011（2）．

[2] 本刊编辑部．城市民族工作模式大展示［J］．中国民族，2006（9）．

[3] 昌家立．新时期我国城市民族工作模式新探［N］．中国民族报，2006－7－21（6）．

[4] 陈洪波，王光萍．当前我国民族立法工作中存在的主要问题、成因及对策研究［J］．民族研究，2001（2）．

[5] 陈晓毅，马建钊．中国少数民族的移动与适应——基于广东的研究［M］．北京：民族出版社，2007．

[6] 陈晓毅．都市流动穆斯林文化适应问题及其解决之道——基于问卷调查的广州个案实证研究［J］．青海民族研究，2010（3）．

[7] 陈晓毅．珠江三角洲中国籍穆斯林的文化适应［M］//何星亮，郭宏珍．文化多样性背景下的宗教和谐．北京：知识产权出版社，2012：184－222．

[8] 广东省第六次全国人口普查领导小组办公室编．广东省第六次全国人口普查快速汇总主要数据［J］．内部资料，2011－8．

[9] 广东省统计局、广东省人口普查办公室编．广东省2010年人口普查资料［M］．北京：中国统计出版社，2012．

[10] 国家统计局人口统计司、国家民族事务委员会经济司编．中国民族人口资料（1990人口普查数据）［M］．北京：民族出版社，1994．

[11] 国家统计局人口和社会科技统计司、国家民族事务委员会经济发展司编．2000年人口普查中国民族人口资料［M］．北京：民族出版社，2003．

[12] 国务院办公厅印发．少数民族事业“十一五”规划，2007年2月27日。网站：中国网；网址：http：//www.china.com.cn/policy/txt/2007－03/09/content_9252653.htm。上传时间：2007年3月9日。

[13] 国务院人口普查办公室、国家统计局人口和就业统计司编．中国 2010 年人口普查资料［M］．北京：中国统计出版社，2012．

[14] 李燕晨．深圳城市现代化进程中的民族问题［J］．南方论丛，2002（2）．

[15] 李章军．扎扎实实提高社会管理科学化水平，建设中国特色社会主义社会管理体系，来源网站：人民网；网址：http：//politics. people. com. cn/GB/1024/13959222. html；上传时间：2011 年 2 月 20 日 0 时。

[16] 马戎．关于当前中国城市民族关系的几点思考［J］．西北民族研究，2009（1）．

[17] 王成高，张勇．我国的民族事务服务体系模式［N］．中国民族报，2010－9－3（6）．

[18] 王成高，张勇．民族事务服务体系建设须加快推进［N］．中国民族报，2010－9－3（6）．

[19] 张志湘．共处和谐社会　共建幸福广东——关于广东省穆斯林状况的调查［J］．广东穆斯林通讯，2012（2）．

市场经济与怒族社会生计转型

——以怒江峡谷秋那桶村为例*

温士贤

（广东省民族宗教研究院）

一、问题的提出

人类群体的经济生活是人类学研究的传统领域，人类学家很早就关注到初民社会的生产、交易、分配、市场和全球化等方面的内容，并以学科的文化整体观构成对西方经济学理论的批评。大量的民族志研究表明，人类社会的经济组织原则是多样的，每个社会群体都会根据他们所处的生态环境和历史传统创生出一套经济组织原则。卡尔·波兰尼（Karl Polanyi）将19世纪之前的人类社会经济组织原则划分为互惠、再分配和家计三种，并认为，为自己需要而生产的家计原则"注定要在历史上扮演重要角色"[1]。可以说，家计经济是前工业社会的重要生存法则。然而，自19世纪以来，市场经济大行其道，尽管如布罗代尔（Fernand Braudel）所说，"这种趋向竞争的市场经济不能覆盖全部经济"[2]，但家计经济却无可避免地走向了衰落和瓦解。在市场经济的冲击下，一些少数民族群体无法再维持自给自足的生存状态，他们的生存面临着巨大的压力和挑战，甚至生存危机已经摆在一些民族面前。那些自给自足的弱小群体如何应对外部世界的迅速变迁？他们的家计经济在市场经济的冲击下会做出怎样的反应？这是值得我们研究和关注的问题。

已有的研究表明，在市场化的生存语境下，少数民族群体并没有固守

* 基金项目：国家社会科学基金项目"少数民族农村富余劳动力异地就业问题研究"（项目编号：10BMZ054）；国家民委项目"西部省际结合部民族地区的内发型发展研究"（项目编号：2012－GM－038）。

传统的家计经济，而是运用各种策略参与到市场活动中来。黄应贵对台湾东埔社布农人的研究发现，布农人通过将“农业商业化”的方式接纳了资本主义市场经济。[3]秦红增、韦茂繁、王逍等人的研究表明，少数民族群体借助相关扶持政策，通过发展现代种养业，实现由家计经济转向市场经济的转型。[4]而对生存于怒江峡谷深处的怒族社会来说，他们缺乏发展市场经济的有利条件，同时地方政府也不具备相应的财力对其进行扶持，在这种情况下，他们又将如何应对市场经济带来的挑战。基于这一背景，本文选取怒江峡谷深处的一个怒族村落——秋那桶村进行田野研究，以期从中发现怒族社会在市场化进程中遭遇的生存困境以及他们的应对策略，进而可以对当前的市场经济行为做出一定的反思。

二、峡谷环境中的家计经济

历史上，怒江峡谷曾是一个笼罩着死亡阴影的神秘峡谷。险峻的峡谷，奔腾的怒江，特别是浓烈的瘴气，使得内地的汉族人对怒江峡谷一直心存恐惧。在美国旅行家盖洛（William Edgar Geil）看来：“自威尼斯旅行家马克·波罗的时代以来，人们对这一险峻的山谷就一直心存恐惧，使它变成了邪恶的代名词。”[5]然而，怒族人却世代生存于此，他们将险恶的怒江峡谷视作生存的乐土，并利用峡谷中的各种资源维系着自身的生存发展。本文所调查的秋那桶村地处云南省贡山独龙族怒族自治县境内，隶属于该县的丙中洛乡。秋那桶村是怒江峡谷最北端的一个村落，北部与西藏察隅县的察瓦龙乡接境。该村下辖 10 个村民小组，❶ 共有人口 295 户、1 274人，平均每个村民小组 100 余人，户数不足 30 户，其中，绝大多数人口为怒族（有少量的藏族和傈僳族人口）。怒江峡谷中的村落面貌与马克思描述的 19 世纪法国农村状况非常类似：“每一个农户差不多都是自足自给的，都是直接生产自己的大部分消费品，因而他们取得生活资料多半是靠与自然交换，而不是靠与社会交往。”[6]可以说，怒江峡谷中的每个村落、每个家庭都近乎是一个自给自足的经济实体，他们竭力从其依存的生态环境中获取生活资料，进而发展出一套自给自足的家计经济体系。

1. 作为生存基础的混合农耕体系

怒族社会在20 世纪初由刀耕火种过度到定居农耕，可以说，土地是他

❶ 此十个小组为：青那组、嘎干塘组、初岗组、贡卡组、那恰洛组、尼打当组、石普组、雾里一组、雾里二组和碧旺组。

们生存的根基。秋那桶村的10个村民小组共有耕地3 494亩，平均每户约为11.8亩。村民将他们的土地分为牛犁地与锄挖地两种类型，牛犁地即为可以用耕牛犁作的土地，那些海拔较高、地势陡峭、无法用耕牛犁作的土地为锄挖地。实际上，秋那桶村民的土地大部分为锄挖地，牛犁地仅限于村落附近的一些平坦土地。为最大限度地利用土地和光热资源，人们在不同类型的土地上采取了不同的种植制度。

在牛耕地上，人们采取了苞谷—小麦复种的种植制度。在4~5月春小麦收获后即开始播种苞谷，到秋季的9~10月间即可收获苞谷，待到10月底播种小麦，又开始新一轮的循环。牛耕地土壤肥沃，作物产量也相对较高，苞谷亩产在1 000斤（500公斤）左右，小麦的亩产有400斤（200公斤）左右。可以说，秋那桶村民的粮食收获大部分来源于牛犁地。锄挖地土壤贫瘠，加之气温较低，难以维持一年两熟的复种制度，而是实行苞谷—小麦（或青稞、蚕豆）—荞麦两年三熟的种植制度，即第一年种植苞谷、小麦（或青稞、蚕豆），次年4~5月小麦（或青稞、蚕豆）收获后，待到7月底种植荞麦，依此循环。锄挖地虽然产量低，但大面积的播种也能带来不错的收成。通过对农业种植制度的合理安排，有限的土地资源得到了充分的利用，其粮食产量也获得大幅提高。

对秋那桶村民来说，农产品的生产并不是为了出售，而是为了养活人口和牲畜。村民们所收获的粮食除酿制水酒外，大部分是用来喂养猪、牛等家畜。实际上，在封闭的峡谷环境中，农产品的出售并非易事。因此，村民们选择了将农产品在家庭内部就地转化，即通过饲养猪、牛等牲畜，将剩余的粮食转化为人们所需的肉类蛋白和农业生产所需的肥力与畜力。在秋那桶，人们对牲畜的饲养极为重视，几乎每家都养有猪和牛。笔者在2009年调查统计，秋那桶村的青那组、嘎干塘组、初岗组、贡卡组四个村民小组140余户共养猪692头，平均每户养猪约为5头；养牛718头，平均每户约为5.1头。养猪不仅是为了获取肉食，更重要的是为了获取农家肥。在每年的1月和8月，村民要往猪圈中添加大量的草木枝叶，枝叶与牲畜粪便混杂在一起，经过几个月的发酵便成了农业生产所需的农家肥。猪圈成为农田肥料的来源地，在村民眼中，猪圈就是一个小型的肥料加工厂。正是由于农家肥的大量使用，才使得土地损耗的肥力得到及时补充。与猪相比，牛的积肥作用是次要的。然而，和农事活动最为密切的家畜便是牛，犁翻土地和播种都需要耕牛来牵引。可以说，牛已成为秋那桶村农业生产中不可或缺的动力。

孟德拉斯（Henri Mendras）在分析法国农民时指出："杰出农民的全

部艺术在于能够尽可能地发挥种植业和饲养业的作用，把他们并入进同一个系统，这个系统可以最大限度地利用每一类生产中在别人看来的副产品，并通过各种精巧的计算，使人们在恶劣气候和收成不均的情况下具有生活保障。”[7]秋那桶村民正在娴熟地运用着这项生产技术，如果以孟德拉斯“杰出农民”的标准来衡量秋那桶村民的话，那么无疑他们都可以被称作“杰出农民”。

2. 作为生计补充的乡村手工业

在传统怒族社会，每户家庭都力图做到自给自足，因为对他们来说，缺少现金购买商品是一种生活的常态。同时，由于乡村市场发育不健全，人们也无法及时地从市场上获取他们所需的物品。费孝通先生曾指出，传统的中国农民大多是身兼农夫与工人的双重身份，除了进行农事活动外，“每个自给单位，家庭、村落，或是庄园，必须经营着一些基本工业，不论如何简单，用来满足他们生活上的需要”[8]。实际上，市场和商品在怒江峡谷中的出现是晚近的事情，为了满足基本的生存需求，村民们在相对闭塞的峡谷环境中发展出编织、纺织等手工技艺。

对于怒族社会的编织与纺织技艺，历史文献中多有记载。清乾隆年间余庆远在《维西闻见录》中记载：“怒子，居怒江内……人精为竹器，织红文麻布，麽些不远千里往购之。”怒族男子擅长编织，怒族妇女则擅长纺织。村民们日常使用的背篓、簸箕、囤篓、竹筛等器具，均是由村民自己编织。而妇女们的纺线织布活动不仅对个体家庭，甚至对整个怒族社会的生存发展都曾起过重要的作用。在20世纪50年代以前，怒江峡谷中物资匮乏，人们所需衣物及铺盖均是由妇女纺线织布制作而成。在以前，“从绩麻、捻线到做成一条裙子，需二百多个小时的劳动。妇女们不论走路、舂米，都手不离麻。整年辛苦劳动，一家人还很难都穿上一件麻布衣”[9]。可以说，一家人的冷暖全系于妇女之手。随着市场经济的扩张，大量商品涌入怒江峡谷，现在人们的衣服、被褥几乎全是从市场上购买。虽然妇女们还是像惯常一样，每到农闲季节就纺线织布，但这更多的是对传统惯习的一种延续，而非生活之必需。

这些传统的手工制品不仅满足了自身的生存需求，同时村民们也以此与外界进行交换，获取他们所不能生产的物品。除了编织竹器和纺织麻布外，秋那桶村民以前也曾制作一些简单实用的木器。直到20世纪90年代，村民自制的木勺、木碗、木桶、木量筒等器具仍在大量使用。但在此后短短的十余年间，这些曾普遍使用的木器便迅速消失，取而代之的是从市场上买来的各种瓷碗、铝盆、铁盆和塑料桶等器具。面对市场上丰富的现代商品，村民们很快放弃了自己的手工技艺与手工制品。市场经济的演进在无形中将生产与生活、生产者与消费者、生活方式与生存环境剥离开来，自给自足的家计经济逐渐被打破。也许正如卡尔·波兰尼所预料到的，“最后，经济的自给自足仅仅是一个既存的封闭群体的附属特征而已”[1]。现在，村民们的大部分生计活动都要围绕市场来展开，并通过市场来获取必要的生存资料。

3. *以物易物的地方交易体系*

从村落内部来看，怒江峡谷中的每个村落都是一个自给的小社区，他们可以在与世隔绝的封闭环境中生存下来，但实际上他们的生活并未完全达到自足的状态。在物资短缺时，他们不得不与周边的村落和民族进行交易，以换取维生物资。

秋那桶村民每到粮食短缺之时，就要背着自己制作的麻绳和麻布，沿怒江茶马古道进入到西藏的察瓦龙境内，与松塔和龙普的村民换取粮食。察瓦龙境内的松塔和龙普是两个怒族村落，在地缘上与秋那桶邻近。松塔人擅长编织箩箩，龙普人则擅长烧制陶器。遇到饥荒之时，松塔和龙普的村民也会背着他们制作的箩箩、陶器到秋那桶换取粮食。现在秋那桶村民使用的箩箩多是前几年与松塔村民交换所得，一般来说，一个箩箩可以换到 30 斤（15 公斤）粮食。龙普人制作的陶器在秋那桶非常受欢迎，一个大陶罐可以换 50 ~ 60 斤（25 ~ 30 公斤）粮食，一个陶锅则可以换 10 多斤（5 公斤左右）粮食。有些察瓦龙人则是从西藏盐井背盐巴下来跟秋那桶村民换粮食，通常 1 升盐巴可以换取 4 ~ 5 升粮食。

从察瓦龙到秋那桶一路翻山越岭，松塔、龙普的村民背着箩箩、陶器过去换粮食颇为艰辛。秋那桶村民对他们十分同情：“以前粮食少，我们自己都不够吃，他们来换粮食我们还是会换给他们。他们需要荞子，我们需要箩箩、陶罐，我们上去换粮食他们也会换给我们，大家相互照应嘛。”可以说，正是这种互通有无、相互照应的以物易物行为，才使他们能够渡过饥馑。

直到十几年前，秋那桶与察瓦龙之间的以物易物活动仍很频繁。随着交通的改善和经济的发展，这种以物易物的地方交易体系最终走向瓦解。面对社会的巨大变迁，一些老人不禁感叹道：“现在松塔人富了，松茸菌一有价格，人们全都去找松茸，编箩箩的也少了。龙普人的陶罐也没有以前的好，现在龙普年轻人做的陶罐不结实也不好看。现在国家生产的水桶多、口袋多，价格也便宜，箩箩、陶罐这些东西都不用了，也没人去换了。”

三、市场魅惑下的现代消费

在国家力量和市场经济的合力推动下，怒江峡谷早已不再是封闭、孤立的化外之地。市场经济诱使人们走出自我消费性生产，原本自给自足的秋那桶村民被裹挟至一个高度市场化的社会体系之中。自给自足的家计经济可以避免对市场造成依赖，那么，为什么那些有着自给自足经济体系的民族要参与到市场活动中去呢？美国人类学家里卡多·戈多伊（Ricardo Godoy）等人从内部推力和外部拉力两方面进行了分析。在推力方面，内部人口压力、外人入侵可能是土著居民参与市场经济的原因；在拉力方面，提高食物的消费水平、减少食物消费的不稳定性和外部商品的诱惑，促使土著居民参与到市场活动中来。[10]这种分析框架与我国少数民族的境遇颇为吻合，对怒族社会来说，正是由于内部物质匮乏与外界商品诱惑的双重动因，才促使他们参与到市场活动中来。

1. 衣食消费的市场化

随着经济社会的发展，食不果腹、衣不蔽体的生活已离人们远去。在基本的维生需求得到满足后，人们又产生了新的、更高的要求。现在，秋那桶村民对市场上的商品有着强烈的消费欲望，他们日常所需的生活用品几乎都要从市场上购买。以衣物消费来说，在20年前，村民所穿衣物尚是自己纺织的麻布衣物，现在市场上的各种衣物将其取而代之。一些老年妇女还在穿着怒族的传统服饰，但这些传统服饰也多是从市场上购买。各式胶鞋成了人们登山、劳作的最好装备。在丙中洛商店中一双胶鞋价格在15元左右，一年中每人都要穿坏5~6双胶鞋。年轻人则喜欢穿着时尚的牛仔裤、T恤衫、运动鞋、皮鞋等服饰，从他们的衣着打扮已很难看出他们是遥远边疆的少数民族。

在市场经济的影响下，秋那桶村民的饮食结构也发生了巨大的改变。在自给自足的家计经济中，村民们的食物主要是自己生产的包谷、小麦、荞麦等作物，肉食来源则是他们自己腌制的琵琶肉。现在，从市场上购买的大米成为秋那桶村民的主食，而他们自己种植的粮食则是用来酿酒和饲养牲畜。秋那桶村民回忆到：以前主要是吃包谷饭、吃荞子饭，大米饭是一点都没有，有的人家连苞谷都吃不起，要和蕨菜揉在一起做粑粑吃。以前买大米要粮票，只有干部才有一点，不是干部的话，大米一粒都见不到。到过年时我们要背上荞子到丙中洛去换一点稻谷，稻谷换回来后再自己舂。现在人们都是买大米吃，家家都是吃大米饭，特别是小娃娃们挑食的很，只吃大米饭，苞谷饭是一口都不吃。

饮食结构的不经意转变，给人们的生活增添了一笔不小的经济开支。就一般的四口之家来说，一个月内至少要消费掉50斤（25公斤）大米，人口较多的家庭则消费的更多。在丙中洛市场上，一袋50斤的大米价格在100元左右。我们可以简单的算出这笔账，即一个普通家庭每年在大米上的消费约为1 200元，这对普通家庭来说是笔不小的开支。市场经济的发展在无形中摧毁了秋那桶村民自给自足的食物供给体系。在西敏司（Sidney W. Mintz）看来："现代饮食模式演化的一个关键特征就是劳动者们乐于加倍努力地工作，为了能挣到更多的钱——从而消费更多。一种新的商业精神察觉到了劳动者们这种欣然就范的特点，而把这视为是一种值得鼓励并能加以利用的精神品质。"[11]的确，秋那桶村民就是这样欣然就范的，饮食结构的改变使他们更深地卷入到市场体系之中。

2. 由"虚假"到"真实"的现代消费

市场和市场上的商品不断改变着人们的生活方式和生活理念，村民们也越来越深刻地认识到那张单薄的纸币上所承载的价值。在市场经济的刺激下，村民们的物质需求也随之增长。除了在衣食方面的基本生存需要外，电视机、录音机、洗衣机、手机等现代商品，也竞相成为人们消费的对象。

进入市场经济体系的年轻人，在有了现金收入之后，经常购买手机、摩托车等象征身份与地位的商品。2006年，秋那桶的村组公路刚刚修通，村里的一些年轻人就迫不及待地购买了摩托车。对许多年轻人来说，摩托车对他们来说并没有实际的用途，购买摩托车更多的是为了追求时尚和显示自己的经济能力。在普通村民眼中，"只有那些有钱人、在外面工作的人才买的起"，购买一辆摩托车可能要花费一个家庭一年甚至几年的积蓄。有些年轻人为了面子跟亲戚借钱也要买摩托车。村民LZY跟笔者讲到他侄子为买摩托车向他借钱的经历：我们村这几个年轻人有了摩托车更是疯了起来，到晚上一两点钟还有摩托车嘟嘟响，一会儿下去一会儿上来。我那个侄子看到别人买了摩托车坐不住了，也想买，想买还没钱，于是就跟我来借钱。我跟他说买摩托车有什么用，用得到买才行。他说要做生意，收松茸菌、收药材。为跟我借钱，他来我家跑了三道，最后不得不借给他1 000块钱。钱借给了他，他花两千多元买了一辆二手车回来，可没几天车就坏了，下去修又花了三四百块钱，最后连修车的钱都没有，又来跟我借。现在那辆破车就在家里放起，生意没做成车也不能骑。

市场上琳琅满目的现代商品深深地吸引着大山中的年轻人。在2009年的时候，手机信号尚未覆盖秋那桶，即便如此，村里的年轻人绝大多数都有了手机。这些年轻人一闲下来就摆弄手机，走路时用手机播放音乐。村里时尚的年轻姑娘更是喜欢走路时戴着耳机，听着MP3，年轻人不断地以这些所谓的“现代”商品来武装自己。现在的怒族人，与他们“原始”、“落后”的形象渐行渐远。市场上大量诱人的商品使人们分不清哪些是真实的需要，哪些是虚假的需要。赫伯特·马尔库塞（Herbert Marcuse）曾批评道：“现行的大多数需要，诸如休息、娱乐、按广告宣传来处世和消费、爱和恨别人之所爱和所恨，都属于虚假的需要这一范畴之列。”[12]这些虚假的需要是在外界影响和支配下产生的，但随着时间的推移，人们会把这种虚假的需要转化成一种真实的需要。最后，人们不得不为各种真实的或虚假的需要而努力工作。

市场经济的发展为村民们带来了丰裕的产品和便捷的生活，但同时也给他们的生活带来前所未有的压力。“在自给自足的经济中，货币不是每天都要用的。现在，情况不同了，‘手里必须总是握着钱包’。为了购买家庭和经营的必需品，农民必须出售东西，不管价格是好是坏。”[7]这为村民们的生计带来新的困境，乡村生活的市场化，迫使村民必须改变传统自给自足的家计经济，必须通过各种方式去“找钱”。❶ 现在，“找钱”成为人们每天都要思考的事情。

四、市场环境中的生存策略

通过细心地经营土地和牲畜，秋那桶村民获得了充足的粮食供给。但在市场化的社会环境中，人们需要的是更多的现金，而不是更多的粮食。秋那桶村民清醒地认识到，农业生产无法给他们带来直接的现金收益。因此，他们放弃了从农业系统中寻求摆脱生存危机的可能性，而是向农业体系之外去寻找新的“找钱”机会。山地中的各种资源再次成为他们谋求生存的选择方案，通过将山地资源商品化，人们获得了参与市场的机会。与此同时，村里的一些年轻人则义无反顾地走出大山，进入到城市工业体系中谋求生存。

1. 山地资源的商品化

挖药材是秋那桶村民一项主要的“找钱”活动。挖药材可以持续大半

---

❶ “找钱”是当地人常用的一个词汇，它基本涵盖一切能获得现金收入的手段。在秋那桶，人们的现金收入不是通过工作“挣”到或通过经商“赚”到，而主要是在大山中采挖药材、菌子等土特产用于出售。“找钱”一词更能贴切地描述出他们获取现金的方式。

年，从春季草木复苏可以一直挖到秋季收获之前。春季的二三月，村民们便开始在山脚潮湿地带采挖一种叫续断的药材。续断的收购价格不高，每斤5角左右，多是妇女和孩子采挖。续断的价格虽低，但在村落附近山脚河边就能采挖，多的话一天可以挖50多斤，少的也能挖20多斤，其获利在20~30元，对妇女和孩子来讲是笔不错的收入。进入五六月，村民们开始在附近的山上采挖白芨，新采挖下来的白芨可卖5元一斤的价格，顺利的话一天可采挖到30~40斤的白芨。夏季是采挖黄连、贝母、雪莲等名贵药材的高峰期，每到这个季节，村里的年轻男子几乎全部跑到山上挖药材，背上工具、粮食、睡袋、塑料布，一去就是几个星期甚至一两个月。

挖药材给每户村民带来的收入从几百元到数千元不等，这对贫困的秋那桶村民来说是一笔非常可观的现金收入。然而，我们必须看到，挖药材是项极其艰辛的劳动，风餐露宿、攀岩附葛，有时甚至要付出生命的代价。在过度采挖之下，大山中的各种药材资源日渐枯竭。村民们也已意识到药材资源的日渐匮乏，“在以前砍火山地的时候，什么药材都不值钱，那时候山上药材到处都是。这几年药材贵了，黄连、贝母、白芨这些药材都快挖绝了”。市场经济把所有资源都转换为可以交易的商品，人与自然之间的生态秩序被市场法则所打破，对生态资源的可持续利用最终臣服于市场的逐利性。可以说，黄连等药材一直是联系怒族人与外部世界的重要媒介。但到今天，联系峡谷内外的山地资源已逐渐枯竭，长此以往，生活于峡谷中的人们将失去与市场角逐的最后筹码。

与挖药材大体同期进行的另一项“找钱”活动是找菌子，找菌子为家庭带来的现金收入仅次于挖药材。怒江山地菌类资源丰富，松茸菌、羊肚菌、牛杆菌、羊杆菌、石木耳、黄木耳等菌类均有出产。以前，这些菌类仅是作为村民们日常食物的补充，很少用于出售。近年来，在市场需求的刺激下，怒江峡谷中各种菌类的价格迅速走高，村民将找菌子作为一项重要的“找钱”活动。

受市场的操控，各种菌子的收购价格极不稳定。随着菌类产量进入高峰期，其价格则会迅速下跌。以松茸菌为例：2009年6月最初收购时是300元一斤，但那时候松茸菌极少，用村民的话说，“老板都是骗人的，我们从没卖过那个价格，那时候松茸菌找都找不到，等松茸菌多了他们就把价格降下来”。到7月初的时候松茸菌还能卖到100元一斤，但到了7月中旬，松茸菌的产量进入高峰期，其价格下跌到了30元一斤，到7月底8月初松茸菌产量最多的时候价格则跌到了10元一斤。采摘来的菌子必须及时出售，否则很快就会腐烂变质，这就意味着人们在市场面前完全失去了讨价还价的能力。

市场这只看不见的手，在支配着人们的行动。可以说，菌类的采集和出售完全是在市场的操控下进行的，人们不知道这些产品如何被转手，最终以什么价格被出售，也不知道这些产品将销往何方。秋那桶村民所面对的是一个“失控的世界”，[13]村民们对外部世界，对菌类的市场行情完全无法掌控，而只能任由市场推来搡去。即便价格再低，他们还是会义无反顾地跑入大山之中去寻找各种菌子，因为他们清楚地知道，这是他们仅有的几种“找钱”途径之一，错过了它，以后一年的生活就会陷入困顿。

2. 文化资源的开发与利用

与自然资源一样，独特的民族文化资源也可以开发利用并转化为经济利益，一些村民学会利用他们的文化资源来改善自己的生存状态。怒江峡谷是“三江并流”世界自然遗产的核心区域，当地政府把旅游业作为发展地方经济的重点产业。秋那桶村地处怒江峡谷深处，是贡山县发展旅游业的重点村落，政府推动的旅游开发为当地村民带来了一些新的“找钱”途径。2008 年，贡山县旅游局支持有条件的村民开办家庭旅馆，并为他们提供消毒柜、碗筷、被褥等开办旅馆所用的一些物品。头脑灵活的村民抓住了这一机会，利用政府提供的优惠政策开办了家庭旅馆。

家庭旅馆的开办为村民开辟了新的“找钱”途径，但它所带来的收入并不稳定。在春节、“五一”、“十一”等节假日，游客蜂拥而至，家庭旅馆的客房无法满足游客需求。而到了淡季，可能一两个月都接待不到几个游客，家庭旅馆有相当长的一段时间是闲置的。即便如此，开办旅馆的家庭每年也能从中赚到几千元到几万元。除旅游业所带来的直接经济收益外，一些村民与游客建立起联系，他们有时会利用这种关系来寻求帮助。秋那桶村的几个大学生，读书期间都曾受到过游客不同程度的资助。

但从旅游业中受益的毕竟还只是少数家庭，在当地村民看来，“能开办旅馆的，都是那些有钱的，并且他们都有亲戚在县里当官”。对大多数村民来说，他们只能远远地看着游客的到来与离去，而无法分享到旅游业所带来的利益。随着旅游业的发展，村落中的一些矛盾也凸显出来。从旅游业中获利的村民很快变得富裕起来，而大多数村民则无法分享旅游业带来的利益。经济收入的不平等，触及了他们“自采集时代演化而来的关于公平的伦理信念”[14]。几户开旅馆的人家为拉拢客源，在私下也产生了一些矛盾，原本和谐简单的人际关系，开始变得逐渐复杂起来。

3. 进入工业体系谋求生存

与生于大山、长于大山的祖辈们不同，近几年，秋那桶越来越多的年轻人走出峡谷，进入城市的工厂中打工。从贫穷落后的怒江峡谷来到繁华的现代都市，他们与世界经济体系的联系更为紧密，从而也被更深层次地整合到现代工业体系中来。然而，有限的工资收入，枯燥的工厂生活，打破了他们最初的美好想象。用他们的话来说："每天工作都是重重复复，上班、吃饭、下班，只能过一天算一天！"虽然身处繁华的都市之中，但对这些外来打工者来说，他们只能栖身于单调的工厂宿舍，而无法真正融入到城市社会中去。

秋那桶村民 LXM 在 2012 年 3 月来到广东珠海打工。在此之前，她曾在昆明做过餐厅服务员，每月工资 1 000 多元，嫌工资太低，于是辞掉昆明的工作来到珠海。LXM 所在的工厂是一家日资企业，她在工厂的流水线上做质检员。这家工厂实行底薪加加班费的工资计算方式，工资底薪是 1 400 元，加班费是每小时 12 元。据 LXM 讲，她每个月的工资有 3 000 元左右，也就是说，有 1 600 元的工资是加班赚来的，每个月加班时间要超过 100 小时。LXM 跟笔者抱怨到："现在的工资虽然比在昆明高，但这份工作太辛苦，几乎每天都要加班，不加班就赚不到钱。"工厂要求员工们早上 7 点钟就要起床，起床后要做早操，8 点钟准时上班。为了多睡一会儿，她们经常不吃早餐，起床之后就匆匆忙忙去上班。中午只有 50 分钟的吃饭时间，吃完午饭后继续工作。下午 5 点钟下班，晚上 7 点钟继续加班。"下班后，第一时间就去冲凉，不然，懒在床上就不想动，很快就会睡着了！"

这是现代工厂中打工者的普遍生存状态。在有着精细分工的现代工业生产体系中，个体只能在生产线上从事简单、枯燥、重复的工作。涂尔干（Emile Durkheim）对工业社会中的分工体系做出强烈的批判："在生活的流动性不断增加的同时，文明也带来了更多的一致性，它强迫人类去从事单调而冗长的劳动。各种环境和各种需求可以促使野蛮人从事不同的劳作，但文明人则要委身于一种工作，而且永远是同一种工作，是一种灵活性更小，限制更多的工作。"[15]在外出打工之前，他们认为，"外面工作再怎么辛苦也要比在家里轻松"，但经过几个月的打工生活之后，被激情和幻象所充斥的头脑开始冷却下来。工业生产和农业劳作有着本质的不同，工业生产是一种单调的、缺乏变化的劳动，而且必须要紧跟机器的节奏。而农业劳作则可由劳动者自己掌控，高兴时可以多做一点，劳累时可以少做一点。在这个意义上来说，工厂中的"现代"生活并没有给他们带来更多的生存乐趣，相反，它使这些打工者的生存基础变得越来越不稳定。

外出打工成为秋那桶村年轻人在现代世界体系中谋求生存的重要途径，头脑灵活的年轻人大多愿意外出打工，而留在村里干农活被认为是没有出息的表现。当然，这些外出打工的年轻人都很清醒地认识到，他们并没有机会能够落脚城市，早晚有一天他们都要回到自己的家乡。但毕竟，年青的一代已有能力走出大山，并且这些年轻人已经开始思考自己家乡和民族的未来发展与出路。

五、结果与讨论

对处于生存边缘的秋那桶村民来说，他们生存选择的首要标准是收获的可靠性与稳定性，而不是按照市场的利益最大化原则来安排生计。实际上，在环境闭塞、交通不便、市场交易成本极高的山地环境中，村民失去了经济学利益最大化的计算机会。他们所能做到的，唯有利用当地生态资源，最大限度地实现生活的自给自足。而今天，市场经济侵入到怒江山地中，并逐渐改变了人们的生产生活方式。市场经济为秋那桶村民提供了新的“找钱”机会和更丰富的物质消费，但与此同时，也将他们卷入到市场经济的不确定性之中。固守自给自足的家计经济还是顺应市场经济去“找钱”？这是人们将要认真思考的问题。

从秋那桶村民的生存实践来看，他们一方面在悉心地经营着他们的田地和牲畜，努力维持着自给自足的家计经济；另一方面他们并没有一成不变地固守着农耕生活，而是对市场活动抱有极大的热情。在市场的驱使下他们走进大山去挖药材、采菌子，寻找一切可资出售的资源，积极参与到市场交易体系中来。就目前来看，自给自足的家计经济现在仍是他们的生存基础，但市场经济在他们生产生活中的地位却变得越来越重要。每一种生计模式都给人类群体带来生的希望，但每一种生计模式也都带有其特有的矛盾。在原有的家计经济中，经常要面临着力求自足与实际匮乏的困境；而市场经济在某种程度上能够弥补他们生活的匮乏，但同时也消解了他们令人羡慕的独立性。我们必须认识到，市场经济只是一种经济组织原则，而不是人类生存的唯一选择。同时，我们也不能简单地将家计经济视为一种“落后”的经济形式，它对维系人们的生存发展仍起着至关重要的作用。从家计经济向市场经济的转变并不是件容易的事情，在这一过程中存在着巨大的风险和挑战，甚至有可能丧失人们安身立命的文化根基。因此，任何促使少数民族群体向市场经济转变的行为都要采取审慎的态度，尽量减轻他们在社会转型过程中所承受的文化阵痛。

参考文献

[1] 卡尔·波兰尼．大转变：我们时代的政治与经济起源［M］．冯钢，刘阳，译．杭州：浙江人民出版社，2007：46.

[2] 布罗代尔．15~18 世纪的物质文明、经济和资本主义（第二卷）［M］．顾良，译．北京：生活·读书·新知三联书店，1993：231.

[3] 黄应贵．"现代化"下文化传统的再创造（1945—1999）［M］．台北：中央研究院民族学研究所，2012：67-84.

[4] 秦红增，韦茂繁．瑶族村寨的生计转型与文化变迁［M］．北京：民族出版社，2008；王逍．走向市场：一个浙南畲族村落的经济变迁图像［M］．北京：中国社会科学出版社，2010.

[5] 威廉·埃德加·盖洛．扬子江上的美国人——从上海经华中到缅甸的旅行记录（1903）［M］．晏奎，等译．济南：山东画报出版社，2008：248.

[6] 卡尔·马克思．马克思恩格斯全集（第 8 卷）［M］．北京：人民出版社，1965：217.

[7] 孟德拉斯．农民的终结［M］．李培林，译．北京：社会科学文献出版社，2010：47.

[8] 费孝通．云南三村（〈易村手工业〉序）［M］．北京：社会科学文献出版社，2006：198.

[9]《民族问题五种丛书》云南省编纂委员会编．怒族社会历史调查［M］．昆明：云南人民出版社，1981：6.

[10] Ricardo Godoy，Victoria Reyes-García，Tomás Huanca，et al，Why do subsistence-level people join the market economy? Testing hypotheses of push and pull determinants in Bolivian Amazonia［J］．in *Journal of anthropological research*，Vol. 61，No. 2（summer，2005）：157-158.

[11] 西敏司．甜与权力——糖在近代历史上的地位［M］．王超，朱健刚，译．北京：商务印书馆，2010：177.

[12] 赫伯特·马尔库塞．单向度的人——发达工业社会意识形态研究［M］．刘继，译．上海：上海世纪出版集团，2010：6.

[13] 安东尼·吉登斯．失控的世界——全球化如何重塑我们的生活［M］．周红云，译．南昌：江西人民出版社，2001：5-6.

[14] Ricardo A. Godoy，Michael Gurven，Elizabeth Byron，2004. Do markets worsen economic inequalities? Kuznets in the Bush［J］．in *Human Ecology*，Vol. 32，No. 3：340.

[15] 埃米尔·涂尔干．社会分工论［M］．渠东，译．北京：生活·读书·新知三联书店，2008：198.

注：本文发表于《广西民族大学学报》，2014 年第 1 期。

走进社区“新”时代

——城镇化过程中岛屿社会边缘群体的生活

区　缵

（三亚学院）

海南岛是环南中国海区域的重要组成部分，岛屿的族群与文化具有非常丰富的多样性。[1] 其北望大陆，南下东南亚，互相连接构成一个天然的有机整体。不管是历史时期还是在现代社会，岛上的不同族群及其文化都带有深深的大陆文化与海洋文化的混合烙印。它与其周边岛屿是南岭走廊的族群进入南中国海的重要路径，成为中国与东南亚社会联系的重要枢纽，因而，岛屿社会的研究在中国人类学、民族学的学术版图上有着极其重要的地位。

本文主要研究我国在推进城镇化过程中，岛屿社会边缘群体的生活发生了怎样的变迁，以及对岛屿社会的文化多样性有何影响。

一、岛屿社会的城镇化过程

海南岛历史上一向被视为化外之地，自唐宋以降，中央官员受贬谪，最远至天涯，即今天的三亚市。苏轼就是一个非常著名的例子。天高皇帝远，兼之岛上黎、苗、疍、回、汉诸多族群杂居，海南岛的社会文化自成一体系，其与大陆的隔离（isolation），决定着岛上不同族群生存的地理位置，同时也就决定了人们迁移的程度、方式、途径等，还能决定文化传播的程度和方式，[2] 兼之受海洋文化的影响，使得让岛屿社会长期处于一个

[1] 麻国庆：《文化、族群与社会：环南中国海区域研究发凡》，载《民族研究》2012 年第 2 期。

[2] 于长江：《从理想到实证——芝加哥学派的心路历程》，天津古籍出版社 2006 年版，第 204 页。

相对封闭的空间。

近一百年来，中央政府有三次大规模开发海南的计划。第一次是1927—1937年，当时民国政府的黄金发展十年，宋子文还亲赴海岛参与制定发展计划，西沙群岛都列入开发范围，可惜由于抗战开始而中断。第二次是1988年，海南岛脱离广东省独立建省，并成为最早的四个经济特区之一。但由于走私汽车、楼市泡沫等事件层出不断，在经济上一直没有太大的突破。第三次是2008年年底，国家出台推进海南建设成为国际旅游岛的意见，到目前还在飞速发展中，但结果如何，一时还未能判断。

海南岛与大陆隔琼州海峡，相距仅22公里，全岛面积32 198平方公里，形状蛋圆，尖端指向东北。岛上有两座高峰，一是中央略偏西南的鹦哥岭，一是南部的五指山，形成了岛屿的尖端，向西南延伸，又形成了岛屿西南半部的山岭地区。❶ 因此，海南岛根据地理位置分南北两部城市群，北部是海口市，南部是三亚市。这是海南岛仅有的两个地级市，三亚同时是国家推进国际旅游城市的最主要地区之一。在海南岛建设国际旅游岛过程中，主要推进的是旅游业和房地产业。从岛屿东线的县市开拓，文昌、万宁、陵水到岛中腹地的保亭、五指山都在大力开发旅游业和房地产业。在海岸边的居民纷纷被迁离，把土地腾出来让位于开发商。通过产业化的推动，旅游业推动当地城镇化水平迅速提高，截至2011年，全省城镇化率已经达到50%。❷

岛屿社会正在发生转型，正在从一个封闭的空间走向开放的空间。在城镇化过程中，大部分城市都会面对一个问题，就是旧城改造。旧城改造不仅是城市在发展过程中更新的一个阶段，更是原有居民社会空间重构的一个过程。因此，城镇化中的旧城改造必然会造成当地社会变迁，甚至成为社会问题爆发的一个引索。这个问题比较关键：在城市化过程中如何保障内部空间重构与平衡社会文化和谐，从而构建一个公平的城市社会空间?

二、三亚城市空间的重构

三亚的定位是建设国际旅游城市，在推进城镇化方面更是不遗余力，在海南岛屿社会中非常典型。

三亚位于东经109.5°，北纬18.2°，面积1 919.58平方公里，是中国

❶ 梁钊韬：《梁钊韬民族学人类学研究文集》，民族出版社1994年版，第98页。

❷ 单憬岗、谢曦：《海南城镇化率提高到50》，载《海南日报》2011年2月21日，第059版。

南部边疆唯一的热带海滨城市。2012 年全市常住人口 72.2 万人，2012 年的生产总值达 330.75 亿元，人均生产总值约为 9 114 美元，城镇居民可支配收入为 23 295 元。[1] 三亚是琼南地区重要的港口城市，与海口互为海南省两个重要的经济枢纽，经济支柱主要为旅游业和房地产业。

随着城市发展的转型与升级，三亚开始了新一轮的城镇化建设，提出了旧城改造、三港分离等项目规划。一般来说，城市发展主要有两个方向，一为外部空间拓展，一位内部空间重构。由于三亚地貌为丘陵，北部是山区，而城市最重要的资源是海岸的土地，因此，市中心沿海区域的空间重构才是关键所在。于是，地处三亚河出海口的三亚港及周边区域成为旧城改造的重点区域。

三亚港古称“临川港”，自古以来是南中国著名的盐渔港，至清雍正六年（1728 年）改名为三亚港。1939 年 2 月，日本侵占海南后，将三亚港用作军港，直到 1945 年 8 月。1950 年之后，三亚港恢复修建。1953 年，三亚港改为商港，担负起琼东和琼南海上客货运的主要任务。1980 年后，三亚港吸引了来自粤、桂、港、澳、台的渔船在此交易、补给和避风停靠，逐渐发展成为三亚市集客运、货运、渔港、旅游一体的综合性港口。

三亚港的腹地位于三亚市区中心，同时也是外地移民上岸的聚居地。最早移居三亚港的应该是广东、广西和福建的渔民，还间杂着少量的东方、乐东、儋州等地移民，他们以港为家，靠港谋生。据政府部门统计，平时在三亚港停泊的渔船有 1 000 艘左右，而在热带风暴期间可达到 2 000 艘，此外还有交通船、加油船、运输船几百艘。众多船只挤在港口停泊、加冰、补给、买卖，渔港、商港混用，货运、客运并行。政府部门表示，由于船只的数量超过了港口的容纳量，三亚港内码头不但泊位缺乏，水域污染还越来越严重。

早在 1995 年，市政府就谋划中心渔港项目建设，决定把中心渔港项目从三亚港搬迁至六道湾地区，建设一个功能齐全的渔港。直到 2006 年，港口建设的“三港分离”方案[2]才得以初步确定。2006 年 10 月，六道湾中

---

[1] 《2012 年三亚市国民经济和社会发展统计公报》，三亚市统计局，网址：http：//www.systats.gov.cn/ndtjgb_ page.php? xuh =2879. 2013 年 3 月 13 日。

[2] 所谓“三港分离”计划，即三亚港现有港区重点发展客运和旅游运输，国际客运港从三亚河口迁至白排人工岛，建设成中国南方和东南亚地区海上客运中心和国际游船接待基地；货运港搬至南山，建成区域性的货运枢纽和重要的南海油气开发服务基地；渔港从三亚河口迁至崖州湾。

心渔港项目动工建设。由于国家军事战略需要，不得不对六道湾港址土地利用规划进行调整，六道湾中心渔港项目于2007年8月停建。2008年8月，三亚市中心渔港项目重新选址崖城镇崖州湾宁远河河口，于2009年12月重启建设。这个渔港项目投资极大，最初是民营资本注入8亿元，后来追加到将近15亿元。它的目标远大，要建成一个“生产作业、后勤补给、加工、防灾减灾、休闲渔业及旅游服务等功能于一体的综合型渔港”❶。

根据三亚城市发展的战略目标，新渔港的建设将彻底改变三亚港现有的面貌，将极大推动三亚及周边地区海洋渔业经济的发展。“三港分离”后，三亚港现有港区的客运任务将被分流成两部分，一部分分流到现在的凤凰岛客运码头，主要承担海南东部旅游船以及出入境邮轮的停靠；另一部分分流到南山货运港区，承担着海南西部旅游圈的游船及部分邮轮的停靠。随着凤凰岛的国际客运港和南山码头的货运港陆续建成并交付使用，崖州中心渔港码头的建设进度已然成为“三港分离”能否最终实现的关键。

相对于客运港、货运港，渔港的搬迁无疑是难度最大的。三亚河口是天然良港，不仅汇集了本地渔民（主要是疍家人），还聚集了省内其他县市的大量渔民在此生产作业。水产码头的搬迁，对渔港内的渔民影响很大。更主要的是，渔港的搬迁涉及三亚河口西岸的水居巷旧城改造项目，水居巷是渔港腹地的主要居民住宅区，位于三亚市旧城区南部，用地拆迁范围为“东至三亚西河，西至建港路，南至三亚港入口，北至榆亚大道”。涉及拆迁面积26万平方米，单位及居民约1 600户，人口约6 000人。

三亚渔港在三亚城市发展的地位十分重要（见图1），三亚河口区域的旧城改造主要分A、B两区域。A区域已建成河口东岸的时代海岸，B区域即是河口西岸的水居巷时代海岸，是一排整齐划一的现代化高楼，河边上停靠着现代化的豪华游艇。而河口西岸上和附近的榆港社区还是低矮破旧的砖瓦平楼，岸边停靠的多是疍家人和外地县市渔民的渔船和渡船。一河之隔，两岸风光迥然不同。在三亚城镇化和国际化的进程中，对政府来说，三亚河西岸的旧城改造已是刻不容缓。

---

❶ 雷思琦：“三亚斥资15亿建设崖州中心渔港”，海南省财政厅，2012年4月19日，来源：http：//mof. hainan. gov. cn/news/read. php？ID＝153708.

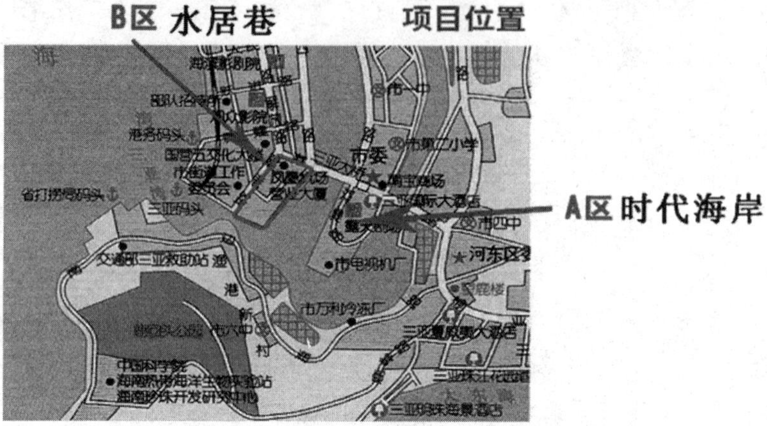

图1　三亚渔港在城市发展中的位置

三、从城镇化到边缘化：以三亚疍家人为例

三亚渔港从生产性港口转型为旅游性港口，政府提出了响亮的口号“全球最成熟的游艇港”、“三亚：进入游艇社区新时代”。这些口号让人直观感受到，三亚的城市规划已经进入了一个新阶段。但是，在三亚日渐光鲜的背后，却产生了不少社会问题。

三亚市立足于国际旅游岛建设规划的长远发展，引进了很多外来资本和人才，以推动当地经济发展。在此过程中，地方政府、开发商、当地居民之间的利益错综复杂，让一些处于城市边缘的群体陷入生活的两难境地。比如三亚河口水居巷的疍家人即为非常典型的一例。

像鸿州时代海岸打出的标语一样“三亚：进入游艇社区新时代”，每次看到这条标语，对照在调查过程中的发现，笔者不禁要问：这到底是谁的社区新时代？

（一）从浮家泛宅到安土重迁

水居巷，地如其名，即为水上居民的巷子，是三亚疍家人聚集地之一。海南的疍家出现不会晚于北宋，当年苏轼被谪贬，责授琼州别驾，移到昌化军安置时，就曾称当地是黎蜑杂居。后来得到朝廷命令，要昌化军移回廉州（今广东湛江）居住，过海乘坐的就是疍家船。临行前，曾写信给秦观，说道“余蜑船多不堪”。自宋以后，海南疍家在古文献记载出现的次数就多了起来。例如，宋代陈师道在《后山丛谈》提到：“二广居山谷间不隶州县，谓之徭人，舟居谓之蜑人，岛上谓之黎人。”赵汝适在《诸蕃志》提到：“属邑五：琼山、澄迈、临高、文昌、乐会，皆有市舶，于舶舟中分三等，上等为舶，中等为包头，下等名蜑船。……民与黎蜑杂居，其俗质野而畏怯，不喜为盗。”元代贡师泰有诗曰：“黎人满溜槟榔水，疍户齐分牡蛎田。”王仕熙有诗句：“明日买山栽薯蓣，早春荷锸剪芙蓉。客来疍浦寻蓑笠，黄蔑穿鱼酒正浓。”[1]

1950年以前，三亚疍家人沿海逐鱼为生，以船为家，居无定所。靠海吃饭，渔获无常，生产工具简陋，且鱼类不易保存，故疍家人也没固定资产，在日占海南岛时期，日军禁止出海捕鱼，生活更是难以为继。1950年后，当时管辖三亚地区的崖县人民政府组织渔民成立渔业互助组，开始了合作化时代，先后成立初级渔业合作社、高级渔业合作社、人民公社。1952—1953年，当时广东省民族事务委员会为了了解广东省沿海和内河疍家的历史与现状，掌握他们是否具备成为少数民族的条件而进行调查，基于“名从主人”和“尊重本民族意愿”的原则，中央统战部听取了疍家人自己的意见。当时，疍家人多数不愿意政府把他们划为少数民族，强烈要求政府允许并帮助他们迁到陆地居住，可以享受到与陆地居民同等待遇。[2]虽然当时并没有对海南的疍家人进行社会调查，但其时海南岛隶属广东省，根据统一的决定，海南的疍家人自然划为了汉族，官方一般称为“水上居民”。20世纪六七十年代，当时的南海公社动员疍家人上岸居住，有些老人起初还不愿意，觉得在船上住惯了。最终，疍家人上岸，在三亚河口附近盖起了疍家棚，即现在的水居巷和南海巷。最初的建筑是水上居民常见的寮棚和水栏，以木为桩，临水而建，棚内或栏内的布置跟船上一样，故老一辈人都把该地称之为“疍家棚”。疍家棚成为疍家人从水居到陆居的过渡居住形态。

自此以后，疍家人在三亚河口的岸边定居。虽然上岸了，疍家人多数依然过着捕鱼为生的日子。他们俨然是“两栖”生活，上船出海，下船入宅。随着三亚城市的发展，水居巷所处的位置由原来的海边小渔村，一跃成为市中心地带。周边莅临三亚大桥，出门就是第一市场，这里成为三亚游客必到之处。虽然近年来近海捕捞渔业资源日渐枯竭，很多疍家人不得不转产转业，但居住在水居巷的人们享受着市中心发展配套的设施和福利，生活悠然自得。三亚渔港就近在咫尺，每天都会进行海鲜交易，疍家

---

[1] 黄家华：《崖城从前》，海南出版社2007年版，第14页。

[2] 广东省民族研究所编：《广东疍民社会调查》，中山大学出版社2001年版。

人就算不打渔也可以到市场里打散工，以维持一般生计。疍家人居住在水居巷，出门就是市场，工作在渔港，已经形成了固定的生活模式，自然不愿意搬离。

1. 政府、开发商与疍家人的博弈

政府不能正视疍家人的生存生活问题，鸿洲置业开发商只在乎经济利益，疍家人投诉无门，被迫搬迁。根本问题是土地问题，疍家人不能理解的是，他们世世代代住在此地，凭什么说搬就搬。主要凸显的还是社会公平问题。在城镇化过程中，政府的社会管理能力的高低直接影响底层群体是否能获得社会公平。其实，三亚的城镇化已是不可阻挡的潮流，但是否就能因此以剥夺了底层社会发展的权利为代价呢？当地一位年逾六十的阿婆诉苦："我们这边的居民主要是几十年前由水居上岸的水上人，我们世代居住于此，上岸前，我们在三亚港附近的水上，上岸后我们住在现在这间房子，我从小就住在这，我们的房子都有土地证、房产证的。现在政府要我们搬迁，但是赔很少钱，根本不够，这样一点都不合理。"

在水居巷居民的讲述中，他们最不满意的就是赔款安置问题。在他们看来，政府的赔偿如何不合理呢？水居巷宅邸205亩（约14万平方米），拟拆迁建筑面积26万平方米。旧建筑容积率1.89，涉及单位及居民约1 600户（按产权证分户），人口约6 000人，其中企事业单位23家，企业办小学两家等。❶

政府拆迁代理人为海南鸿洲置业集团股份有限公司。该公司按照三亚市人民政府〔2005〕138号文件制定了拆迁补偿安置方案。❷ 房屋拆迁采用货币补偿与安置相结合的方式。由海南鸿洲置业集团股份有限公司提供3 095元/平方米安置房补偿款与60元/平方米的实际安置房物业维修基金（按实际安置房面积计算），再由被拆迁人按1 900元/平方米向提供安置住房的海南鸿洲置业集团股份有限公司购买。被拆迁人可按协议向鸿洲置业自愿选购安置房，选购面积指标分为三类：旧房为混合结构按1∶1的比例选购；旧房为框架结构按1∶1.2的比例选购；旧房为简易砖木结构按1∶0.6的比例选购。其中，非居民居住的公建、商铺不能选购安置房源，都是采取货币补偿。而私自将住宅改为经营用途的、不按商铺面进行补偿，只能凭营业

❶ 《水居巷居民拆迁手册》："水居巷旧城改造项目拆迁补偿方案"。

❷ 搬迁规划安置点有三处，南边海安置点、红沙安置点与荔枝沟同心家园安置点。南边海与红沙安置点主要面向水居巷原住居民，居民可自行选择。荔枝沟面向港务局以及国资委下属三亚免税商品公司、三亚第二百货公司、三亚外轮供应公司、三亚第二纺织公司四家单位。

执照以及纳税票享受停工停业损失补偿。而安置房的产权证办证税费由居民自己承担缴纳，安置房里的天然气、有线电视、电话网络等设施皆由居民自己承担。这使得在搬迁过程中，居民的经济负担骤然加重（见图2）。

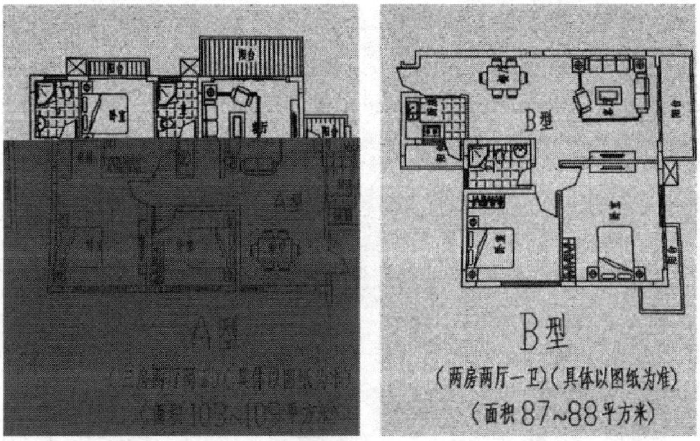

图2　水居巷安置房典型套型图 A、B 型

据水居巷搬迁指挥部李姓工作人员介绍，水居巷的居民认为按照政府2005年的文件进行补偿安置，文件年限距今已七八年，远不能满足现在的市场需求。他们担心一旦搬迁，持有的土地无法换取同等的价值，他们的直接利益受到损害。按照政府制订的赔偿方案，如果落到实处，对水居巷的居民来讲还是相对合理的。但是为什么水居巷居民还是怨声载道呢？其中，主要原因在于政府说的跟做的不一致。

第一，赔偿方案不透明。水居巷叶老伯说："赔款哪有那么多？政府只是叫我们搬，都不给什么搬迁费、安置费、人口费，他们说你们不搬也得搬。搬迁手册他们都收起来不发放，我手上这本还是捡来的。"在调查过程中，每一户居民对赔偿方案的说法都有所出入，不少居民从未见过所谓的搬迁手册。

第二，评估机制不合理。水居巷的梁某某说，"我这里的房子是很久以前航运公司分的，当时的房子很差，是我们的老人用辛苦钱盖起来的。政府量我们的房子面积一次比一次小，从160多平方米到150多平方米，到现在还量得140多平方米，难道我们的房子还会变小？"❶ 在丈量房屋面积时，丈量面积一般会比居民认为的实际面积要少十几平方米。

第三，补偿标准不一致。因为赔偿方案不透明，导致居民在搬迁过程

---

❶ 访谈人：段翼泽；被访谈人：梁某某；访谈时间：2012年4月28日。

中不能维护自身的实际权益。很多居民不明白到底怎样补偿，一听到自己要花1900元/平方米购买新房，就非常排斥，更何况搬迁新房还需要搬迁费、装修费等。搬迁费也不固定，如果跟拆迁办关系好就能多给点。很多家庭算下来，搬迁连保本都谈不上，还需要花一大笔钱。

2. 搬迁中的底层社会困境

三亚市政府的政策推动，市场经济的快速发展，使得疍民社会群体发生了阶层分化。少数疍民承包了渔船、冷冻厂、制冰厂或者搞鱼货收购转卖，生活较为富裕，盖起了新楼，甚至搬到别处买楼居住。但大部分疍家人缺少文化，也没有资金，只能从事一些体力活，做船员，做冷冻厂、制冰厂的雇工，或者在航运公司上班，没有能力盖小楼，仍然住着上辈人盖成的砖瓦房。

在政府看来，渔港的搬离是整体规划，可以逐步实现，但居民的搬迁却须加速，这中间有开发商的推动。水居巷B地块上居住的几乎都是当年上岸定居的疍家人。水居巷旧城改造工程的推进，分一、二期分别进行。一期已经完成，即现在三亚桥边的渔人码头和歌厅KTV区域。二期进行得尤其缓慢，受到了疍家人的强烈抵制，主要是开发商和政府的赔偿和安置方案不能被他们接受，原因如下：

第一，搬迁后生存机会的弱化。首先要面对的是生存成本问题。政府的安置并不是原地回迁，因为鸿洲开发商要实现建成游艇港的目标，根本不可能原址回迁。安置地址主要是对岸南边海的景山花园、红沙的碧海家园和荔枝沟的同心花园，这是政府对旧城改造项目统一安置房。疍家人害怕搬迁后无法谋生。景山花园在对岸山上，碧海家园、同心花园在他们看来就是郊区，他们极不乐意从市中心搬到他们认为的农村。疍家人本来是靠海为生，这样把他们迁至远离海边的区域，他们原本的生存技能发挥不了用场，很难生存。虽然很多疍家人不再打鱼，但他们可以做一些基础性的服务行业工作，比如清洁工、搬运工等，但这些工作只有在市中心繁华的地区才容易找到，搬离后也就失去了就业的机会。还有，自建房子能解决子女住房问题，在原来楼层的基础上可以加盖，但搬进了公寓房则不同，两者的投入差有数十倍。

第二，搬迁后生活成本的增加。疍家人原本居住的水居巷多是自建房，以低层与多层为主，布局规则性差，属于典型的沿道路布置且见缝插针式的建筑。房屋缺乏统一规划，显得凌乱拥挤，光照通风条件不好。楼房间间距小，室内采光较差，多为暗厅。各种因素导致早期建造的房屋质量不断下降，居民也不注意修缮和保护，许多房屋严重损坏和老化。搬迁的房子都是统一建造的公寓楼，干净明亮，但疍家人并不买账，因为搬离了市中心，出行很麻烦。现在是出门就是市场，很方便。搬迁后，出门来回都要坐公交车，不仅费时而且费钱。他们算了一笔账，出一趟门来回就是6～8元钱，一个月下来要增加两三百元的交通费，这对于一个每月收入仅有一两千元的疍家人来讲是一笔不小的开销。更毋论搬进公寓楼需要缴纳的物业管理费了。住在水居巷，还能在家门口摆个小摊或者租房子给外地来打散工的人。

第三，搬迁后依附于渔港的底层社会群体将无法谋生。三亚渔港里各种有关渔业的冷冻厂、制冰厂、海盐店、渔具店、修理店等服务设施都要面临拆迁与改变，而与此相联系的三轮板车工、厂店雇工、临时加工者、个体收购商等社会底层群体也将面临重新择业难题。

3. 消极的社会心态逐渐形成

现在的水居巷，社区里弥漫着一种十分不安的情绪，整个巷里没有安全感可言。有的老人回忆当年：“我们这些疍家佬，很早就在这里住了。那边的渔港都是我们挖出来的，以前都是山，岸就只有一点。都是我们用炮炸出来的，有的还被炸掉手，都是为了更好地抓鱼。现在政府要开发做游艇港，我们这些人应该也有股份，他们没有给我们一分钱呢。”疍家人当年以一种当家主人的心态去开拓渔港，而如今却被迫搬离，这种情感的落差让他们更悲叹现实的残酷。

更让当地人胆战心惊的是，政府为了使居民搬迁，还动用了强制手段。

个案一：

> 杨阿婆今年84岁，住在水居巷。原来的楼房有五层高，四代同堂。据杨阿婆回忆：2011年3月28日凌晨四点，拆迁办出动许多人围在屋外，挖土机直接开进拆房子。杨阿婆一家人从梦中被抬出家门，眼见五层楼屋轰然倒下，争执过程中还被打伤。儿子、女儿、儿媳妇大喊“救命”，却没人理会。打电话110叫警察，警察不来，120只派来一辆车。亲戚朋友在外边进不来，只有眼睁睁地看着房子被拆。杨阿婆的儿女只好搬到外面租房子住，她自己一人留在已经残破的家中，印象最深的是杨阿婆轻抚被房子漏风吹乱的白发，指着毛主席像说：“还是以前阿公说得对，一代二代三代都不怕，就怕四代五代变质。现在就是第五代了，果然变质了。从以往不拿群众一针一线，到现在让群众鸡飞狗走。我

活了那么多年，也算是经历了三代，包括国民党、日本仔、共产党，以前从未遇到一个政府让我无家可归，现在遇到了。”❶

个案二：

桂某，水居巷门牌号：新号025、旧号0809。他一共有五个儿子和两个女儿。与老四、老五、老六一起住，老四有两女一子。老五有一子一女，老六有两个儿子。一家是十来口人住在自建的三层楼房里，总面积达四百多平方米。2012年12月7日，政府和鸿州开发公司，执法局、水上派出所、防暴队一起出动，强拆了桂家三层楼的二、三层，并造成15 000元现金失窃。起初，鸿洲公司还愿意跟桂某家商谈，说是给三套A户型102平方米的房子，并给予桂某家楼房第一层5万元装修费，但二、三层则不给装修费。桂某不肯，自己四百多平方米的房子，补偿少了约一百平方米，还得自己掏两套房的装修费。双方谈不拢，鸿洲的方案经常变，桂某认为赔偿不合理。后来干脆不谈，在拆旁边房子时，故意让挖机在桂某楼房的墙壁破了个洞。桂某到居委会投诉，要求赔偿损失。居委会说，这不是他们拆的，让他找鸿洲公司。鸿洲公司说，我只负责开发，拆迁的事宜归三亚执法局管。三亚执法局说，我以为你们跟鸿洲公司签好了协议才动拆的，那得找开发商讨说法。这样互相推诿，以至于桂某感叹：“鸿洲（开发商）就是政府。”❷

这两个个案非常具有代表性，政府与开发商的联合导致居民的愤怒、恐惧、不安、无奈等情绪无限滋生。在这一轮旧城改造浪潮中，他们本来是城中心的居民，被迫置换到市郊各处，居民的对立态度越来越明显，却又显得无能为力。

（二）从传统捕捞到现代化生产

疍家人历来以捕鱼为业，但由于船小技弱，大多数在近海作业。疍家人一向以单一生产为主，且冷藏技术不够，捕鱼的区域一直受到限制，收入很受影响。

1. 渔业发展的现状

近海渔业资源的日渐枯竭，已经满足不了渔业发展的需要，也使得疍

---

❶ 访谈人：区缵；被访谈人：杨阿婆；访谈时间：2012年11月4日。

❷ 访谈人：区缵；被访谈人：桂某；访谈时间：2012年12月17日。

家人面临生计上的困境，要么转产转业，要么升级产业。由于三亚的渔业生产科技较弱，渔船在生产设备、水产品加工技术水平等方面尚处于落后状态，渔船大多只能停留在80米等深线内的岛礁渔场作业，造成浅水区渔业资源过度捕捞。而若要远洋捕捞则会受到多方面的限制：

第一，来自我国对于海洋捕捞的政策性控制。自1999年开始，农业部先后提出海洋捕捞产量“零增长”和“负增长”的目标，对海洋捕捞强度实行了严格的控制。2002年开始，为减缓新的海洋制度实施对我国海洋渔业造成的影响，国家实施了海洋捕捞渔民转产转业工程，引导渔民缩减渔船数量。从2010年起，更是将休渔期由原来为期两个月改为两个半月。

第二，三亚的渔业生产科技的力量不足。据疍家人说：由于船上的保鲜技术不过关，无论去哪里捕鱼，无论抓到多少鱼，出海一周之内必须返回。

第三，没有完善的后勤保障基地。由于目前没有建设西、中、南沙渔业补给基地，加上西、中、南沙渔业服务船少，造成了后勤补给、供水、供冰等各项服务远跟不上生产需要，严重制约远洋捕捞的发展。

2. *政府推动渔港转型*

三亚渔港的搬离，即是政府考虑如何解决渔民问题，推进市中心区域发展的重大措施。这迫使疍家人转行转业。为了将三亚打造成一流的国际热带海滨旅游城市，政府下了很大的决心，并在此过程中做足准备工作。比如在2011年5月9日，开始了由三亚市多部门组成的三亚港综合整治领导小组对三亚港进行综合整治行动，对港区的临时码头、供油船舶、交通营运船舶、外港籍渔船等进行集中整治。政府的目标很明确，“集中整治行动改善三亚港环境”，“针对三亚港以及两河口岸长期以来存在的安全隐患、环境污染、非法营运等现象进行专项整治，以改变目前三亚港‘景观差、卫生差、安全隐患大’的现状”❶。除此之外，三亚市政府还要着手淘汰小、旧渔船。政府的理由有二：一是由于近海渔业资源面临枯竭，小、旧渔船缺乏生存竞争力；二是大量小、旧渔船的存在严重污染了三亚港的环境并且影响了城市的形象。❷ 据市政府介绍，在淘汰小旧渔船方面，省、市两级都给予财政资金补贴，鼓励渔民造大船。“造一艘80吨以上的大

---

❶ 李坤：“三亚港开展综合整治行动　逐步淘汰小旧渔船”，三亚新闻网，2011年5月9日，来源：http：//news. chnsy. net/htm/2011816/2379. htm.

❷ “三亚将打击非法临时码头清理淘汰小、旧渔船”，中国水产门户网，2011年5月6日，来源 http：//www. bbwfish. com/article. asp？ artid = 114579.

船，省财政补贴10万元、市财政补贴20万元。”通过这种形式鼓励渔民造大船，发展远洋捕捞；同时，三亚市政府财政支持远洋捕捞企业的发展，渔民可以加入这些远洋捕捞企业，摆脱目前“小打小闹”的现状；另外，渔民还可以通过三亚市政府免费提供的技能培训，转入游艇产业、休闲渔业等其他行业。

这样的措施表明，小、旧渔船一定要迁出三亚港，政府也做好了未来的安排，“建成后年渔货卸港量12万吨，能满足1 200艘大、中、小型渔船停泊、避风和补给，可为转产转业渔民提供2 000～2 500个就业机会”❶；或者由政府财政支持、金融机构贷款，鼓励三亚渔民“造大船、闯深海、捕大鱼、赚大钱”，榆港社区和南海社区有能力的疍家人建立合作组织出洋远海捕鱼。❷ 三亚海榆渔民专业合作社即为较为成功的一例。❸ 也就是说，政府将尽可能地推动渔港转型，但问题是，政府的措施能解决三亚港搬迁后疍家人面临的生存问题吗？

3. 疍家人谋求职业多元化

国际旅游岛的建设带动了旅游市场的蓬勃发展，登岛游客对海鲜产品的需求量骤增，为渔业生产提供了广阔的市场。从目前来看，三亚渔港与市中心的第一市场形成了产—供—销完整的产业链，疍家人将出海捕获的鱼类海鲜就地贩卖给收购海鲜的酒店或购买海鲜的游客，酒店加工供游客消费，或游客购买后到第一市场的海鲜加工店进行加工品尝。这样的产业链对三亚渔港腹地的市场经济有很强的辐射和推动。现在渔港的疍家人大部分以零售为主，渔港搬迁后，疍家人将不失去交易场所，而第一市场缺乏直接的海鲜供应，海鲜零售可能不复存在。

这批疍家人一般拥有中小型渔船，每天打渔售卖，资金周转仅以日算。上面提及的由政府提供的资金贷款造大船的政策只适用于富裕的渔民，对于这批中小型渔船或者打散工的渔民之出路，政府只是笼统地一笔带过，显然是不够的。鸿洲公司提出优先录用当地人的优惠政策，同时也提出安置小区靠近海岸，可以维持渔业生产。但录取的年龄结构以青壮年男性为主，且这部分男性的技术要求较高，只能解决一小部分疍家人的就

---

❶ 蔡炳先：“货运客运渔业”三港分离“促三亚东西两翼齐飞”，《三亚晨报》，2012年4月20日，来源：http：//hi. people. com. cn/sanya/n/2012/0420/c231196－16962716. html.

❷ “最大的外海捕捞队伍——三亚钢船重扬风帆”，2011年2月25日，来源：http：//news. 0898. net/2011/02/25/635281. html.

❸ 三亚海榆合作社官方网：http：//www. syyuye. com/Aboutus. asp？Title =% B9% AB% CB% BE% BC% F2% BD% E9.

业问题。

面临着三亚渔港的搬迁和功能的转变，还有一个更为严峻的问题摆在面前，那就是疍家人的社会保障问题。有人总结了我国渔民社会保障体系的现状：渔区尚无类似城市的最低生活保障制度；广大渔民赖以生存的生产条件正在恶化，面临的风险不断增加；渔业生产成本上升，渔民可支配收入急剧减少；渔民的老龄化趋势加重，老年渔民尚无基本生活保障。❶这些问题都体现在三亚渔民社会中。一旦三亚港搬迁后，就有更多的疍家人将陷入“捕捞无海、养殖无水、种田无地、转业无门、低保无份”的困境，这绝不是危言耸听。

围绕着三亚渔港的搬迁，如何安置才能使得疍家人顺利转行转业，同样是摆在政府面前的一大难题。

四、总结与讨论：谁的新时代？

水居巷的疍家人因为三亚城市发展而面临着居所搬迁和生计转型等问题，他们到底是城镇化发展的受惠者还是受害者，现在尚不能急于下结论。但明显的是，在这一轮国际旅游城市的建设中，城市拆迁是一个城市物质空间的重构过程，这个过程不可避免，本来政府应该以城市社会管理者的身份来构建一个公平的城市社会空间，但由于政府所扮演角色的错位和偏差，导致社会秩序出现暂时的混乱，使疍家人陷入一种极度“边缘化”的困境。

图3是疍家人生活变迁的示意简图，历史上疍家人是生计方式决定居所，现在是居所影响生计方式，在如何发展的问题上，几乎没有自主决定权——居所远离市中心，生计处在失业状态。

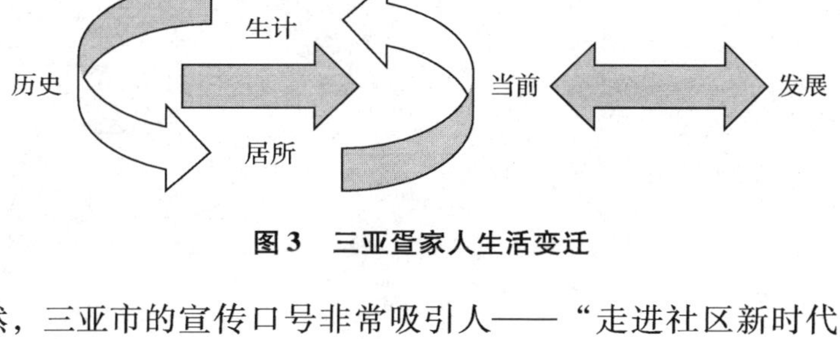

图3　三亚疍家人生活变迁

诚然，三亚市的宣传口号非常吸引人——“走进社区新时代”，但反

❶ 王建友：《论海洋社区渔民的社会保障问题》，载《当代经济》2008年第2期。

映出一个不争的事实：这样的“发展”并不是作为三亚本地人的疍民所希企的，至少并非是他们能接受的社区新时代。在发展问题上，政府更多是专注于城市整体的规划，却忽略了个人的生活，只见森林不见树木。政府朝着这个目标前进，投入了非常多的公共资源，以便引入投资加快发展，这是城市发展的必由之路。但政府掌握着公共产品的供给与公共政策的制定，不能不考虑一个社会公平的问题。城市的发展最好能避免以牺牲当地人的目前生活质量为代价，以少数人的利益换取所谓城市的发展不足取，当地人是城市的主体，他们的社会心态折射出这座城市的发展前景。而三亚旅游城市规划，让三亚疍家人陷入了物理空间的远离与社会空间的疏离。三亚要建设国际旅游城市，以旅游经济促进城市发展，这自然是一件好事。以目前来看，在旅游开发中注重当地人的合理利益，当是重中之重。一座没有温情的旅游城市，绝不是我们所要走进的社区新时代。

呼图壁康家石门子岩画辨析

张　莉

（昌吉学院初等教育学院）

新疆自古以来就是多民族的聚居之地，这里是“丝绸之路”的必经之地，也是波斯、印度、希腊、中国四大古国文明的荟萃之地。新疆以天山山脉为界，将其分为南疆、北疆两大片区，自古以来南疆与北疆发展各具形态，古代北疆生活在这里的先民们以游牧民族居多，南疆则以绿洲农耕民族居多。呼图壁县位于新疆北部天山山脉的中段，自1958年至今属昌吉所管辖。昌吉是古代西域的咽喉之地，是“丝绸之路”新北道通往亚欧各国的必经之地，它位于亚洲的中心地带。

呼图壁康家石门子就坐落于昌吉的东面，它西与玛纳斯相接，南与和静县交界，北可到达古尔班通古特大沙漠的中心地带。在西汉以前，呼图壁曾是塞种、大月氏等民族游牧生活之地。这里地势南高北低，山高坡陡，沟谷纵横，天山山脉上常年冰雪覆盖，形成了天然的固体水库。这里多戈壁、沙漠，气候干旱、少雨，属于温带大陆性气候，具有冬季寒冷且持续时间长、夏季炎热但昼夜温差大的气候特点。自古以来生活在这里的人们就有抗严寒、耐酷暑的顽强毅力。坐落在这里的康家石门子岩画，是约3400年前天山古代先民们为祭天祈神进行巫术祭祀活动的见证。它反映了新疆原始社会后期人们的生活与意识形态，在远古时期人们主要是以物质生产和人口生产为其主要生活方式，该岩画从人类学的角度去看，它反映出远古先民们将打猎、祭祀、生殖崇拜为其主要表现内容，而这些行为方式在进行的过程中是以远古先民们最初的舞蹈表现的。

在康家石门子岩画中，不仅有表现人们崇尚生殖崇拜的图案，还有很多不同动势的舞蹈图案，这些图案所表现的姿态与动势有其相似之处，如双膝微屈，同时又各具特色，如手的动势与脚的动势有所差异，继而给我们从事舞蹈工作的人们以很多的启示。新疆少数民族舞蹈动势、姿态与此岩画之间的关系如何？它的存在对现在新疆少数民族舞蹈动势的发展起了什么作用？本文以康家石门子岩画为基础研究对象，通过该岩画让我们辨析出维吾尔族舞蹈动势形态之源，哈萨克族舞蹈的动势形态之源，还有柯尔克孜舞蹈的动势形态之源。

2013年7月15日，笔者对康家石门子天山岩画进行了实地考查，从一个舞蹈工作者的角度去看此岩画，对岩画中各种动势姿态的造型中流露出不同民族的舞蹈动律，不禁想随之而舞。

一、辨析之一——维吾尔族舞蹈之源

新疆与沿海地区相比略显得偏僻，但在古代它是东西方文化的荟萃之地，是亚洲大陆最繁忙的交通要道，来往过客、游牧民族使得这里的人种居多，大多数则成为今后居住生存在这里的先民。

在康家石门子岩画中，我们可以看到生活在这里的先民们的生活状态和最初对生存需要的种种意识形态。如岩画中有大量曲臂肘五指张开的动作，有的双臂弯曲做一上一下动作，有的双手同时向上做曲臂肘动作。从岩画的动势中我们可以感受到，在当时那种恶劣的生存环境下，人们对物质生产与人口生产的急需与渴望，人们寄太阳以希望，对太阳的图腾崇拜在该岩画中表现得尤为突出。岩画中刻画的人物都是头小、肩宽、腰细、四肢较长，且头上插有两根状似骨头的饰物，这表明那时的人们已具有了最初的形体审美意识。根据他们以狩猎为主要物质生产方式，可以推断出生活在这里的远古先民们是逐水草而居的游牧民族。

现今生活在这里的维吾尔族曾是一个多源的民族，其族源可以追溯到很久以前游牧于这里的远古先民们。直到公元744年，漠北的回鹘汗国分裂后，他们各奔东西，且与其他民族融合。自西迁以后，维吾尔族的由最初的游牧生产方式转变为以农业为主的生产方式。维吾尔族先民在原始时期有对太阳的崇拜观念，他们以为自然界日月的位置移动与变化可以预兆着人们的祸福，同时自然界日月位置的移动可以指引他们狩猎、游牧，这种解不开的神秘感引领他们对太阳进行祈福。至今生活在这块沃土上的维吾尔族仍留有对自然崇拜的遗俗。他们长期生活在这里，顽强地与大自然做斗争，为了扎根于这片广袤的土地，他们抵御重重困难，顽强地生存下来。

在图1中，展现在我们面前的画面是：远古先民排成一排，双腿并拢，双膝微屈，右手高左手低、一上一旁打开，有明显的动势感。从远古人们的膝部动作可以感受到它似曾相识，该动势在今维吾尔族舞蹈动律中随处可见，此动势也是区别于其他民族舞蹈的最显著特点——“微颤”。“微颤”是在维吾尔族民间舞蹈中极具特色的动律，在舞蹈的过程中瞬间微颤，使得动作舒展、优美。此动势的出现表明，微颤动律在远古先民时期就已出现，同时从这幅图片可以证明维吾尔族先民曾在这个时期出现在该地区，并且已形成了自己最初的舞蹈动律。再看该图片中人物上肢的姿势——右手高左手低，此动势与今维吾尔族舞蹈中插腰托花帽的姿态极为相似。这幅图是四个人在一起的动势姿态，可推测出生活在远古时代的人们在进行祭祀活动舞蹈时已形成了组舞的舞蹈表现方式，他们三五人一组围在一起祭祀舞蹈，表达自己对生活的美好祝福。

图1

在图2中，可以清晰地看到正中间人物的动势：他双臂向上伸起，双手有向上托起的姿态，双腿并拢膝盖松弛微屈，有准备向前或向后迈步的动势。此动势我们可以和现在维吾尔族舞蹈中双托手原地踏点的动势相比较，岩画中的动势与姿态和双托手原地踏点位动势相吻合。该动势可将上肢保持不动，下肢做原地踏点或前进步或后退步，膝盖在动作转换的过程中始终用微颤来衔接。根据这幅图片我们可以推测出，那个时期的先民们在祭祀舞蹈时脚下已有简单的进退步、踏点步和后踢步了，人们在舞蹈时用脚下简单的步伐变化和膝头有规律的颤动表达出自己喜悦的心情。

图2

在图3中，从左向右第一个人的形态是上身直立，双手平开，小臂向内收回，双腿并拢，双膝微屈的动势。该动作在维吾尔舞蹈中也可以看到，我们把它称为“双托胸位”，该动势在维吾尔族舞蹈赛乃姆中常出现，此动作脚下可以与三步一踢相配合，还可以在舞蹈开始或结束时以造型的方式展现在我们面前，可以根据需要将它处理为流动动势或静止动势。

图3

对以上三幅图分析之后，我们更加明确了维吾尔族舞蹈动势“颤”形成的原因，它与长年生活在这里的远古先民们的生活方式是息息相关的，远古先民们曾以游牧为生，后为了维持生存而进行捕猎生活，常年与大山为伴，不再随着气候的变化而到处迁徙，而是靠人顽强的毅力生存下来。在这样沟谷纵横的地带常年生息，形成了他们在舞蹈过程中双膝“微颤”的动势姿态，为了行走平稳，脚下会有略将腿抬高的动势，这样在日常生活中才能行走平稳，即而在舞蹈中该动势则显现的更加突出，“微颤”的动势则贯穿于舞蹈动势始终。

二、辨析之二——哈萨克舞蹈之源

康家石门子岩画镌刻着古代猎牧民族上万年的生活，在图4中，展示在我们面前的是羊角的图案纹路，这里看似简单的岩画，往往反映出丰富的文化内涵。在这些岩画上记录着原始先民们的生活足迹，展示出他们的民族性格、民族心理和民族精神。在这幅图片中看到的羊角侧面图案，可以看出在远古时期动物与生活在这里的人们的生活、生产息息相关，同时也可以知道远古先民们对动物的敬重与依赖心理，也体现了生活在这里的游牧民族对羊的眷恋与喜爱，羊在游牧民族的心目中有着举足轻重的作用。

图4

早期生活在这里的游牧民族除了维吾尔族还有哈萨克族，哈萨克族是生活在这里的古老民族，同时也是最早有文字记载的游牧民族。哈萨克族最早的族源是在《史记》和《汉书》中记载的乌孙、塞种等人种。“哈萨克”有“广袤草原自由迁徙的勇敢、自由的人们”之意，从名称的意义可以看出，这个民族是个典型的逐水草而居的游牧民族。沿天山一带自古就是乌孙、塞种人、康居人的发祥之地，生活在这里的哈萨克族们将天山山脉称为“延伸很远的宝山”，是勇士在这里立鼎之地，也是放牧聚息的地方，故此可以看出哈萨克族们自古以来繁衍生息在这里。哈萨克族的生活方式中还留有氏族部落的组织形式。呼图壁康家石门子岩画中出现的羊角图案则证明了，这里曾居住过喜欢游牧的哈萨克族先民们；在他们的日常生活中流传着这样一句谚语“人群是靠牲畜来生存的”，这句谚语反映出哈萨克人们长期逐水草而游牧的生活方式是长期以来形成的，在他们的思想意识里，对牲畜的依赖是任何东西都不可替代的。在去往康家石门子的一路上，可以看到这里到处依山而居着哈萨克族牧民，到处都能见到他们放牧的身影，因这里常年气候干燥，夏季酷热，雨量少，生活在这块沃土上的哈萨克族牧民们都会有春、夏、秋、冬四季草场，不同季节里的草场都会有适合牲畜吃的各类草和灌木。羊和牛成了哈萨克族牧民的主要生活依靠。哈萨克族牧民们由于生活的需要，对太阳和月亮都特别崇拜，因生活的需要，所以常观察太阳、月亮的运行方式，以更好地掌握动物转场的时节。

在康家石门子岩画中可以看到，远古先民们在面带微笑的翩翩起舞。图5中以左二、左三为代表，他们双膝微屈，身体的重心向左、向右倾倒，一脚实，一脚虚，双手在体侧成一左一右上下摆动的姿态。从该岩画的动

势中我们可以感受到，哈萨克族牧民的远古先民们已有了最初的舞蹈节奏：2/4 拍，“× × | × × | ”，并用舞蹈的方式祭祀祈神。在现在的哈萨克舞蹈中可以看到和该造型姿态相似的动势“踏点步”，继而可以判定哈萨克族先民们在远古时期就具有了该民族的舞蹈韵律，从岩画的动势形态及面部表情可以判断出先民们在舞蹈时欢快的心情。

图 5

踏点步在哈萨克族舞蹈中是较常用的基础步伐，在舞蹈的过程中身体重心要左右转换，第一拍重心向右倾倒，脚下则成右脚实、左脚虚的姿态；双膝在动作的过程中微屈，双手以祭祀太阳为其主要动作，五指张开，曲臂肘上下摆动，双腿左右交替倾倒重心。这个动势造型在今天的哈萨克舞蹈元素中经常可以见到，如图 6 所示。该步伐可以左右移动，步伐多用于队形变换成双人交换位置时使用，双手在体侧做左右交替掏手绕腕的动作。在图 5 的中远古先民的头有向左右倾倒的动势，这与哈萨克舞蹈中头的动势有其相似之处，可推测在远古时期，生活在这里的哈萨克先民们在舞蹈的过程中就出现了头、手、脚同时舞动的过程。

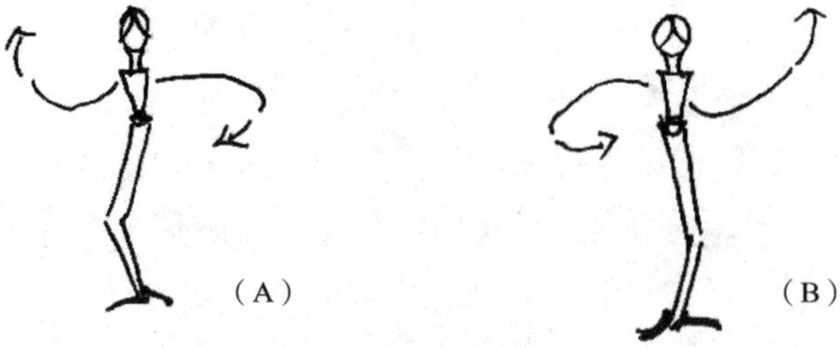

图 6

如图7所示，岩画中人物的双手一上一下转动，双腿微屈，该动作姿态和哈萨克舞蹈动势图解（见图8）较为相似。此动作在哈萨克族舞蹈独舞、双人舞中运用较多，可两人相对而跳，也可三人并排向一个方向进行舞蹈；在强拍时抬起、弱拍时低下，在舞蹈的过程中应根据情绪的不同来处理头的摆动速度；脚下踏点步，一脚全脚掌落于地面，一脚半脚掌着地，脚与头的摆动相一致；双手在身体的上方与下方一上一下进行里绕腕动作。

图7

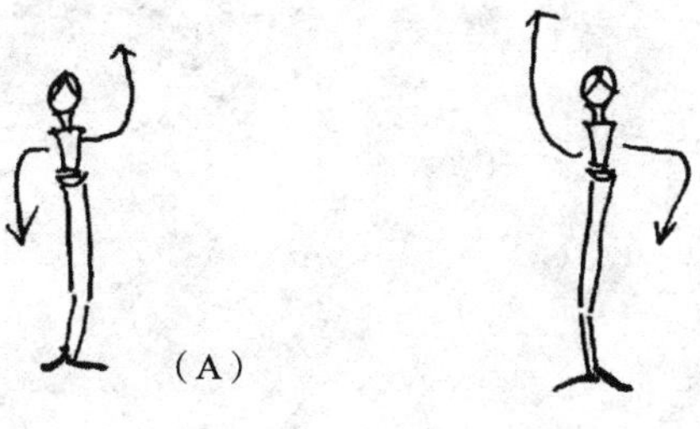

（A）　（B）

图8

如图9所示，岩画中的人物腿部动势有较明显的变化，此图中人物腿的动势成弓箭步，身体重心略向前倾，双手在体侧一上一下动势。此动势在哈萨克族舞蹈《黑走马》中可见到，这个动作常常是两两对舞，双手在体前做一前一旁交替穿手耸肩的动作。在舞蹈的过程中间对舞的两个人可以自由交换位置，再继续反复原动作，脚步动势可根据需要前后移重心。“黑走马”在哈萨克舞蹈当中是较为典型和广泛运用的舞蹈动势，在哈萨克牧民们举行各种活动时，人们会很自然地围成圈对舞，它是哈萨克族牧民们生活中必不可少的娱乐活动之一。

图 9

在图 10 中，岩画中的远古先民双腿并拢，以膝微屈、双手一前一旁的姿态展现在我们面前。如图 11 所示，这个岩画中的动势与哈萨克族舞蹈“六位手”动势基本相同，哈萨克族舞蹈在做此舞蹈动势时头、手会有节奏地同时摆动，头在舞蹈时会顺着手的方向去快速摆动。脚下动势可原地进行，也可以错步的方式向前动起来。

图 10

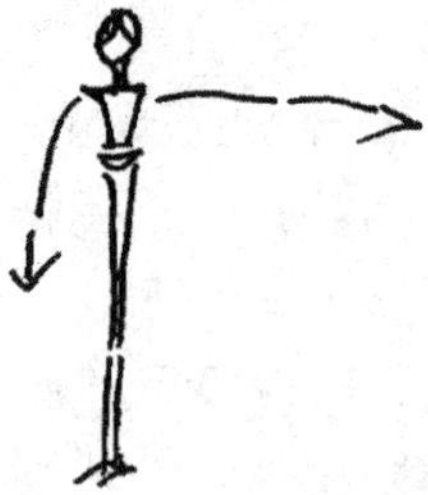

图 11

在对以上四幅岩画进行分析之后我们可以看出，哈萨克族先民们曾在这里生活，他们最初的舞蹈动势踏点步是在先民们放牧打猎的日常生活中逐渐形成的。“里绕腕”手势是哈萨克族先民们在愉悦开心时的动作表现，同时该动作也体现出哈萨克族人们开朗乐观、勤劳质朴的性格特征。

三、辨析之三——柯尔克孜族舞蹈之源

由于新疆所处地理位置的特殊性，使得居住在这里的民族居多，柯尔克孜族也曾是生活在这片土地上的游牧民族。在图12中，有一人的双手手指向内旋转动，双腿微屈，双脚成踏点步姿态。这个舞蹈动势与柯尔克孜舞蹈中的动势姿态相似，该舞蹈动作在运动的过程中身体向左右倾倒，前半拍时右脚向右迈一步，后半拍时将左脚靠于右脚旁，前脚掌着地，反之做反面动作。此动作可连续进行，同时在做该动作的过程中脚可向前、向后、向左、向右以不同的方向进行迈步舞蹈；双手随脚的流动过程五指张开，由小指开始依次向掌心内旋，这是柯尔克孜舞蹈中的元素动作。这幅图上出现了此动势图案，表明柯尔克孜族的远古先民曾在这里生活居住过，这幅图展示了他们的生活足迹。

图12

在对以上岩画动势分析之后我们可以基本了解到，柯尔克孜舞蹈动势“五指内旋绕腕”的动作是和该民族人们勤劳乐观热爱生活的生存方式分不开的。脚下动势“靠点步”的出现和他们常年游牧于天山草场，并时常往返于大山之间进行捕猎放牧的生活有关，既而形成了柯尔克孜族舞蹈脚下动势，其一起一伏、左右倾倒转换重心是为保持身体的平衡。

结　语

从岩画的形式上可看出，维吾尔族舞蹈动势“颤”、哈萨克舞蹈动势“踏点步”、柯尔克孜舞蹈动势“靠点步”，都与他们的生存环境、生活方式息息相关。常年居住在这里的维吾尔族、哈萨克族、柯尔克孜族先民为了生存抵御各种困难，他们不怕严寒酷暑，游牧于天山山脉之间，故此形成了这些民族舞蹈动势中膝盖微屈“颤”的动势或重心左右倾倒的动势姿态，由此可判断出：生活在这里的先民们创造了新疆地区少数民族舞蹈的最初动势形态，它是形成新疆地区少数民族舞蹈动势的渊与源。故此可知，岩画上的舞蹈形态动势与当今新疆地区各少数民族舞蹈有着一脉相承的关系，既而可以看出其舞蹈源远流传及强大的生命力，同时它能流传千年是与生活在这里的先民们勇敢、顽强、乐观、进取的精神分不开的，而这也是它在当代社会仍在发挥极大作用的价值与意义之所在。

承德地区满族舞蹈现状及发展构想

蒋小娟　宋函颖

（河北民族师范学院；北京舞蹈学院）

艺术来源于生活，满族的音乐舞蹈是满族先民渔猎生活的艺术表现。由于满族人在历史上迅速实现了文化的跨越，社会生活与观念形态也随之有了巨大变化，满族人的民俗文化又具有与其他民族相融和的特点，也有与时俱进的个性。对于传统艺术文化而言，本着“先继承，后发展”的原则，发展是对艺术文化的最好保护。越是与时代同步，有鲜明时代感的艺术文化其生命力、感染力也就越强。当然，发展并不意味抛弃传统，在发展演变的扬弃过程中，精华总会被保留、被强化而糟粕应当被淘汰。满族的舞蹈也是如此，随着时代的变迁而不断发展变化。因而，发展承德地区满族舞蹈尤为重要。

一、承德地区满族舞蹈发展现状

（一）原生态民间舞蹈

“蝴蝶舞”是花会中“三官圣会”里的一档技艺性较强的满族民间舞蹈，距今已有300年历史。“蝴蝶舞”作为民间传统的表演项目，曾先后参加过河北省少数民族体育运动会的开幕式等活动，获全国“最佳原生态奖”。改革开放初期，丰宁县文化局派专人深入八间房村，对“蝴蝶舞”的动作、表演、伴奏进行了细致的挖掘、整理之后，开始在全国各地进行表演。经过多年的不断提高，逐步成为丰宁乃至河北省的文化品牌，多次参加国家级比赛并获奖，在全国引起很大的反响，并被列入第一批省级非物质文化遗产项目。

“二贵摔跤”兴盛于清末至中华民国期间，新中国成立后，很快得到普及与发展，“文化大革命”期间又几近灭亡，党的十一届三中全会后、特别是1984年以来，经过隆化县文化部门的挖掘、整理、提高，“二贵摔跤”逐渐成为隆化乃至河北省的文化品牌，多次在国家级各类比赛中获奖，在全国引起了很大反响。承德的“二贵摔跤”不仅得到了继承和发展，还曾在第一届国际民间艺术节、全国首届单（双、三）人舞蹈大赛等国家级比赛中获奖。中央新闻电影制片厂专门拍摄了纪录片“二贵摔跤”，并通过国际频道在东南亚等150多个国家播放。2008年8月2日在天安门广场进行的全国奥运文化艺术展演，同全国各地不同民族、不同风格的150余个艺术珍品亮相于天安门广场。“满族二贵摔跤”被列为国家级非物质文化遗产保护项目并成为国内外知名的精品节目。

（二）旅游舞蹈

承德的旅游文化以康乾盛世的盛清文化为主体内容。这里的宫廷音乐舞蹈较之北京紫禁城更加活泼，更有多民族的特点。在民族融和的大背景下，即使律例严谨的宫廷舞蹈也不可避免地发生一些变化。其中重要内容之一就是将满族人的礼仪、习俗融汇到宫廷音乐舞蹈中来，其中的朝贺、祭祀大典，文武大臣与嫔妃们拜见的礼仪，宫女们的宫灯礼仪，太平鼓表演，都体现了浓郁的满族民俗。宫廷舞蹈时隔一二百年，有些节目形式已濒临失传的境地，因此挖掘、保护、传承、发展承德满族舞蹈尤为重要。从1985年开始，承德舞蹈工作者着手对承德清代宫廷舞蹈进行挖掘整理，推出了一台清朝宫廷赐宴赏乐大型乐舞——《清宫宴乐舞》。1990年参加了全国第一届旅游文化艺术节，以演出场次最多、时间最长、效果最好、收入最高获得最佳组织奖和最佳演出奖。可见，《清宫宴乐舞》在传承和弘扬清代宫廷乐舞文化中扮演了重要的角色。在承德举办的历届避暑山庄艺术节和“避暑山庄肇建300年”的大型庆典活动中，满族宫廷舞蹈是不可缺少的重要素材。

作为宫廷舞蹈的代表作——《喜起舞》，是由满族的“庆隆舞”发展变化而来的。舞者着吉服、挎佩刀，相见行匆吉礼，跨马射箭的姿式，踏步踢腿的步伐，都能见到当年“庆隆舞”的影子。满族人特殊的礼仪风俗与舞蹈动律，汇成了我们最好的素材，也是我们编创的舞蹈有别于沈阳与北京方面的重要因素。

（三）再现宗教舞蹈

从承德保留下来并收入《中国民歌集成河北卷》中代表“萨满音乐”的《排神曲》、《排大腔》和《哭丧调》等三首歌乐曲，体现了“萨满”对承德民间文艺活动的深远影响。近年来，承德地区在弘扬民族文化、发展民族教育、不断深入挖掘整理满族民间舞蹈素材方面取得了可喜成就。满族腰铃舞《满乡欢歌》由卞留念老师作曲，曲调既有原始的萨满动律节奏，又融入了现代音乐技术，并结合了满语唱词，使其变化发展。由笔者参与创作编排的满族腰铃舞《满乡欢歌》，是取材于萨满原始祭祀性的舞蹈素材，在原始萨满舞蹈基础上推陈出新，既保留了原始萨满的民族韵律，还融和了鲜明的时代精神。满族腰铃舞《满乡欢歌》参加了第八届全国校园春节联欢晚会演出，春节期间在中央电视台播出，并获2008年魅力校园金奖，得到了专家和评委、观众们的高度赞扬。此节目已成为承德保留节目，在传统节日和重大活动中都能欣赏到民族师院学生的精彩表演。

承德普宁寺是世界文化遗产，有北方最大的金漆木佛，是北方最大的佛教活动场所。承德市政府为推动承德旅游文化的发展，特邀请我国著名舞蹈编导、中央民族大学马跃教授总策划，精心打造、量身定做了一台以承德满族文化和佛教文化为底蕴，以清朝历史事件为背景，体现皇家至高无上的气派与浓重的佛教文化艺术氛围的大型佛乐舞蹈——《四海普宁》。从更深层次挖掘藏传佛教文化的神秘感，展示满族舞蹈文化与佛教文化相结合的博大精深，再现了清朝皇帝为巩固边疆、平定准格尔叛乱、维护祖国统一、巩固中央政权的壮举。用艺术的手法向观众再现了清代乾隆年间这一特定时期的国家强盛、民族和睦的辉煌历史，表现了各民族人民的和谐统一。

二、承德地区满族舞蹈发展构想

（一）保护非物质文化遗产

我国是历史悠久的文明古国，拥有丰富多彩的文化遗产。非物质文化遗产是文化遗产的重要组成部分，是我国历史的见证和中华文化的重要载体，蕴含着中华民族特有的精神价值、思维方式、想象力和文化意识，体现着中华民族的生命力和创造力。保护好非物质文化遗产，对于继承和发扬民族优秀文化传统、增进民族团结和维护国家统一、增强民族自信心和凝聚力、促进社会主义精神文明建设具有深远意义。因此，保护和发展承德地区满族民间舞蹈，可采取以下方式。

博物馆保护方式：满族文化遗产应该更多的在博物馆中实现其文化价值，这也是其他民族保护非物质文化遗产普遍采取的方式。为此，承德避暑山庄博物馆应更多的收藏整理地方的非物质文化遗产资料，不仅展示出土或民间收藏的物质文化遗产，更重要的是保护一些面临失传的非物质文化遗产，使其保存下来。

家庭传承方式：一些个体技艺类的非物质文化遗产的传承，用家庭传承的方式是最有效的。这些技艺大多带有一定的家族特色，是一个家族文化的象征，往往传内不传外，外人很难介入。因此，家庭传承是这些非物质文化遗产传承保护最可靠的途径。政府可以对这些传承人给予鼓励，促进他们将本家族的绝技发展下去。

（二）开发旅游舞蹈

随着全国旅游文化的繁荣，旅游类舞蹈随之兴起，这其中不乏高水准、高品质的大制作。使观众能在欣赏舞蹈和风情的同时更为直接、生动地了解民族、地域特色与历史，感悟当地更深层的文化气韵。由此可见，旅游产品与文化创意相结合的舞蹈产业化道路，将会随着国内旅游的不断升温而继续获得更大的发展空间。这是最受地方政府和市场欢迎的一种保护方式。承德作为旅游文化名城，整理当地特色的满族舞蹈并将其搬上舞台，不但能促进旅游经济的发展，更推广了满族文化，提高了满族人民的民族意识和民族自豪感，从而也保护、传承了满族舞蹈。

避暑山庄是我国现存最大的皇家园林之一，可根据避暑山庄地方特色，编排具有皇家风范、满族风情的民俗舞蹈，在原有的避暑山庄宫廷乐舞——《清宫宴乐舞》的基础上，根据时代发展融入现代元素，进行重新整合创作，既保留原有的满族宫廷舞蹈风格，又符合现代审美特征，为本地旅游文化注入新鲜血液。通过旅游舞蹈让更多人了解传承满族舞蹈的必要性，并使满族舞蹈繁荣发展，创造优秀满族舞蹈作品。潜移默化、寓教于乐让越来越多的人们观看到满族舞蹈，以画面中那些优美舞姿、丰富的情感来传达对美的感受，来激发更多人对满族舞蹈的兴趣。

城市的建设与发展，离不开文化的推波助澜。承德在建设精致独特、典雅生态、宜居宜游的国际旅游城市的同时，把满族舞蹈推向旅游市场，既为城市建设增添了一道亮丽风景，也为满族舞蹈的发展搭建了平台。随着全国旅游文化的繁荣，出现了不少高水准、高品质的旅游舞蹈作品，使观众能在欣赏舞蹈和感受风情的同时，更为直观、形象地了解民族特色与文化内涵。承德避暑山庄及“外八庙”为满族舞蹈的创造与发展提供了广阔空间，在这里满族舞蹈能够成为承德市民族文化产业中最直接、最亮彩的表现形式。承德作为旅游文化名城，将具有当地特色的满族舞蹈融入到旅游文化中，使满族舞蹈文化与经济发展有机地结合起来，进一步推广了满族地域文化的内涵，提高了满族人民的民族意识和民族自豪感。

自1998年河北民族师范学院音乐系就与外八庙管理处建立了稳固的社会实践基地，至今共同创作编排了具有历史文化背景和地方特色的宗教民族歌舞，并成立了《普陀之光》歌舞团，参加演出的演职人员均为我院学生，在旅游旺季每天演出供中外游客观赏。

原创原作大型佛乐舞蹈《四海普宁》，自2003年公演至今已演出一千多场，受到了国家、省、市各级领导和中外游客的高度好评。现如今大型佛乐舞蹈《四海普宁》已经成为河北省旅游文化精品项目。普宁寺与我院建立了长期的社会实践基地，在校生参与演出，毕业后有的留团就业。近些年来承德市推出几台具有地域特色的原创舞蹈，如《清宫宴乐舞》、《满族风情》、《山庄春秋》、《盛世山庄》、《真情草原》、《紫塞和风》都与我院建立了长期的合作关系。这种合作方式已经成为承德市高校社会实践与地方文化产业长期合作的典范。既提升了高校的文化传承职能，又搭建了地方产业、学生就业平台。

2011年承德市最新推出大型实景演出《鼎盛王朝·康熙大典》，是全球首部以皇家文化为主题，演绎康熙大帝传奇经历的大型户外实景演出，我院有300名学生参与演出；另外一部是大型原创多媒体皇家歌舞诗《帝苑梦华》，均借鉴了地方文化产业与高校合作的这种模式。近几年来我院注重地方舞蹈综合型人才培养，优秀的毕业生已担任《帝苑梦华》业务团长，《四海普宁》团长、《鼎盛王朝·康熙大典》专职舞蹈教师等职务，对地方文化产业发展起着举足轻重的作用。

（三）原始艺术再创造

挖掘整理现有成果，发展满族宫廷舞蹈。通过相关文献资料，如《避暑山庄宫廷音乐》主编钱树信、《清宫庆隆舞初探》主编爱新觉罗瀛生、《乾隆艺苑揽胜》主编王玫罡等，开展非物质文化遗产珍贵实物资料征集工作。对人类优秀精神遗产的继承和世界先进文化的汲取，是舞蹈不可或缺的内容。

对于满族宫廷舞蹈的发展，笔者认为：成立相关研究组织机构，加强对满族文艺形成及发展、音乐和舞蹈的专项研究，在分析现有文献基础上，编著有关理论著作，更好的指导实践。如研究《清宫庆隆舞初探》，在掌握其舞蹈的形式、动作、形态、风格的基础上，编排、创作新的舞蹈。还要抢救王玫罡先生遗稿，这些遗稿是先生一生心血的凝聚，也是承德满族文化艺术的瑰宝。可由政府出资有偿使用或以王先生名义出版，也可以出资收购书稿，供大家研究。通过这些遗稿可为发展、创作满族舞蹈提供丰富的资料。现如今已成立了承德清音研究会、承德满族音乐舞蹈研究室等，抓紧对满族舞蹈文化遗产的抢救；先辈们已对民族民间舞蹈进行了“集成”和“编制”，专门对满族舞蹈进行研究。只有这样才能使更多美丽的舞蹈留在后人的视野中，使满族舞蹈鲜活起来，传承、发展下去。寻找、提取满族舞蹈的基本形态和动律，使它具有鲜明的满族舞蹈风格，在深入探索研究的基础上，建立起一套具有本民族舞蹈特色的教学内容及传承体系，使之成为像蒙、藏等民族舞蹈那样的既有影响又有特色的舞蹈文化教育体系。

（四）创新发展满族舞蹈

创新是一个民族的灵魂，纵览先人给我们留下的众多满族文化遗产，无一不是在不断演变和发展中延续，这既是艺术发展的规律，也是艺术生存的需要。

首先，满族舞蹈创新应当注重传统。例如，“萨满舞”虽然带有一定封建迷信色彩，但是它的节奏、体态、动律等肢体语言具有一定研究价值。舞蹈是人类最早发生的艺术。当人类还没有语言的时候舞蹈就产生了，肢体的活动是人类的本能之一。任何一种有意味的体态或动作，都可以视为舞蹈艺术的最初形态。没有传统就无所谓继承，没有继承就无所谓创新，背离了传统，创新就成了无源之水、无本之木。

其次，舞蹈的创新应当注重生活。“生活是艺术的源泉”，这句话是任何一个艺术工作者都耳熟能详的，但真正做起来却不那么容易。在满族民族舞蹈的创新过程中，技法与动作总归是服从于民族精神和气质的。

最后，繁荣满族舞蹈要大胆创新。艺术的生命在于创新，民族舞蹈的生命也在于创新。没有创新，就没有艺术。如果一味的强调民族风格，在“原汁原味”的借口下将民族舞蹈粗粗陋陋地搬上舞台，或者是简单地模拟和调整作品的外型，都不会给人们视觉上以新鲜感，更引不起人们心灵上的共鸣，就会陷入老一套、一般化的局面。如果忽略了当今人们的审美变化及时代的变化，民族舞蹈的表现就不能适应日新月异发展的社会变化和满足人们审美的要求。所以满族舞蹈要创新、要升华、要发展。

参考文献

[1] 王玫罡．乾隆艺苑览胜［M］．哈尔滨：北方文艺出版社，1992.
[2] 承德满族经济文化发展促进会编．承德满族［M］．吉林：吉林大学出版社，2009.
[3] 周大明．河北舞蹈史［M］．北京：科学出版社，2009.

明清王朝控制南岭走廊的途径研究

——以湖南省江华县上伍堡平地瑶族为例*

陈敬胜

（中山大学社会学与人类学学院）

上伍堡位于南岭走廊之萌渚岭姑婆山脉北麓，系旧时文明之岭北与野蛮落后之岭南的重要地理分界线，也是瑶族的主要聚集地之一。最早关注平地瑶族的官方史书是明朝万历年间的《江华县志》，里面有“三宿俱在上五堡，乃平地瑶也”的记载。此后，明王朝的《九嶷山志》、清代康熙年间的《永州府志》，对上伍堡平地瑶族的行踪和文化特色有了更详细的记载。“三宿俱在上五堡，乃平地瑶也。洪武初年瑶老李东仂等共十七户三百余名，本县申祥院道招抚下山附属大同乡分立三十六户，每年纳粮一百八十石免当差听调征剿，今生聚数千人把守梅子隘春头源里松草王等处贼岗出入。”❶ 据此来看，上伍堡平地瑶已归依王朝，文化特征是以户为单位进行纳粮，但免差役；听从政府的调征；守御通往西粤的隘口，保一方平安。本文力图在田野调查的基础上，参阅有关史籍，从经济、社会组织、文化教育等方面分析明清王朝是如何对地处南岭民族走廊上的平地瑶族进行控制的。

一、允许垦荒，推行轻税免役

在“民家人”看来，平地瑶族区分于过山瑶族的主要标尺，就是平地瑶族居住在平地和谷底，拥有一定量的耕地。平地瑶族拥有土地的方式，一是垦荒，二是买卖。定居之前的游耕生计模式决定了他们无法累积众多

---

* 本文为2012年度国家社科基金一般项目“瑶族‘盘王大歌’的社会文化学研究”（编号：12BMZ060）的阶段性成果。

❶ （明）蒋鐄：《九嶷山志》卷二，明万历刻本。

的财富，因此垦荒就成了他们拥有土地的主要方式。据《上伍堡三宿总册底引》记载，洪武初年（1368 年），上伍堡平地瑶就以“宿”为单位开始了有秩序的丈量土地，造册领田：“一宿奉富四具领石圳、栎头峒田，只税五亩——奉子俫名下另领田，一处井田，蕉栎洞，荒田、熟田均未踏勘丈量，内有二百五十坵，只税八十亩；二宿唐养仂名下共领田一千二百八十坵，只税七十八亩，其余免税；三宿李冬仂名下共领田五处土名平栎洞、泽水洞、火烧洞、白洞里、据木塘只税二百四十九亩……”，“居住之年就开垦荒地二百三十六亩。到公元 1448 年，上伍堡之荒地基本上开垦完毕”。❶ 明初，统治者在上伍堡施行的是轻税免役的经济政策，“二户名下共领田一千二百八十坵，只税七十八亩，其余免税；三户李东仂一千二百零二坵荒田未税”❷。可见，纳税对平地瑶族来说只是象征性的，此举符合瑶族耕山耕地不纳税的传统文化心理，得到了他们热烈地拥护和支持。

明王朝之所以给予平地瑶一定量的土地，推行轻税免役政策，原因是多种多样的。按照民间保留的文献解释是：

> “江华县，古冯乘地也。原有七乡三十四里，八百余户，遭狄都指挥使过杀人民，田地抛荒，银钱粮俱无。洪武二年设江华县，至二十八年有蒋子槽，俱奏江华县死绝五百余家，学田民米八百一拾七担九斗五升。连荒抛旧地——有民蒋复春、唐斗享、奉富四、唐养仂、李东仂等，俱奏江华县上伍堡每时行却，荒田未种。”❸

据此记载，明初统治者允许平地瑶族垦荒耕种的主要原因是，元末狄都指挥使过杀人民，使得江华县死绝五百余户，造成大量田地抛荒的同时，也致使国库空虚。明王朝建立之初国力尚弱，尚不能完全掌控南岭这一片远离政治中心的蛮荒之地，对于以苗瑶族为主体的南岭走廊无法进行有效控制。大藤峡瑶乱之初，西粤地方官曾向洪武大帝请求出兵剿杀，朱元璋却说：“大抵驭蛮夷之道，惟当安近以来之，不可因恶以累善，非实有左验，不宜捕戮。”❹ 因此，在广大瑶区不得不采取温和的招抚政策。据《上五堡总户粮册底引》记录，平地瑶族定居上伍堡后，多次表达了入籍

---

❶ 李克勇：《盘王青史》（未刊稿）。

❷ 李克勇：《盘王青史》（未刊稿）。

❸ 《上伍堡三宿总册底引》（未刊稿），此册子成文于民国十一年，作者不明，主要记载了上伍堡平地瑶垦荒土地，入籍纳税等事项，现保存在涛圩镇汉冲村退休干部奉兴朝家中。

❹ 《明太宗实录》卷三十。

的愿望，在当地民人蒋复春以及军人唐斗享的多次奏请下，才最终入籍，成为明王朝的一员。“宣德二年（1427 年）八月二十，奉富四、唐养仂、李东仂右领壹拾柒户等，奏告诛征按抚，设立上伍堡三条九隘拨徭把守，与民蒋复春、唐斗享合立户籍。”❶ 温和的民族政策不仅缓和了元朝统治者带来的紧张民族矛盾，促进了南岭山区社会经济的发展，也在一定程度上充实了明朝的国库。

二、持械守隘，戍守边疆

从地理位置上看，上伍堡自古以来就是湖南乃至中原各省进入西粤的主要通道，地理位置非常重要。据奉、唐、李等姓的族谱记载，平地瑶族居住上伍堡之前曾经在广西的富川、钟山，湖南的江永等地居住，他们沿着湘桂之间的隘口频繁流动。之后，也有部分平地瑶回到这些地方落户。定居上伍堡后，他们主要职责之一就是防范富川的“六寨”瑶族，贺州的罗溪、罗旧瑶族和广东的八排瑶族，也就是守“三条九隘”。按照民间的说法，就是“上伍堡平地瑶族有三条九隘九源，各守各的隘，各守各的源”。上伍堡平地瑶族为何要在通往湘桂的天然通道处守御隘口与自己的同胞为敌呢？无论是在田野调查过程中还是在查阅平地瑶族的地方性文献时，笔者都没有听到湘桂瑶族之间的纷争故事，相反，听到的只是与西粤瑶族之间割不断理还乱的情感联系，他们不但语言相通，习俗相近甚至还互为联婚。我们无法知道平地瑶族的守隘职责在多大程度上起到了作用，但有一点可以肯定，王朝政府赋予平地瑶族的守瑶功能，至少在一定程度上遏制了平地瑶族与过山瑶族为伍。明朝时期过山瑶族的几次起义，平地瑶族都没有参与。由于守隘的需要，地方统治者除允许平地瑶族拥有一定量的土地，“输田赋”外，就是让他们拥有武器成为民间军事力量——平时耕山种地，战时参与战争。隆庆年间，他们率瑶民随官兵到锦田攻打流寇，解救了被围困的十八个寨子。

平地瑶族成年男子不仅全民皆“兵”，还掌握了制造枪炮的技术。笔者在做田野时听红泥塘瑶寨的一位唐姓老人说：“听老辈人讲，过去，我们村有很多能人和匠人，打铁、造火铳、做木工的都有。我们使用的火铳都是自己造的。”平地瑶族拥有军事力量的目的有二：一是自我防御，当受到外来力量侵略时，他们会奋勇自卫。二是听从地方官员的调遣，对过

---

❶ 见于《上伍堡三宿总册底引》。

山瑶以及周边苗族保持震慑力，最终目的是确保王朝的政治势力向该地区渗透与控制，保护边疆的稳定。

尽管平地瑶族拥有了自己的武装力量，但并不意味着他们已经被主流民族完全认同。在地方官员以及民家人看来，平地瑶族仍旧"非我族类、其心必异"，"蛮性"依然。至今为止，当地民家人仍旧叫他们"瑶牯老"、"瑶牯仔"，刻板印象始终如一。事实上不管是中央王朝还是地方官员，对平地瑶族都没有放心过，他们赋予平地瑶族某些权力的同时仍旧保持高度警戒。上伍堡平地瑶族居住在湘桂古驿道的交界处，南接西粤北控长沙，地理位置十分险要。为对南岭走廊的苗瑶等少数民族保持足够的震慑力，不管是明王朝还是清王朝，都在这一带设置军事机构，层层布防。往北五公里，是"涛圩巡检司"所在地。这里有上下两个军营。"涛圩巡检司"往东一公里是"三门寨"，这是一个明末驻军后裔建立起来的单姓村落，其视野开阔，地理位置重要，可攻可守。再往北五公里是另外一个军营，叫白芒营，此军营附近散居着少数平地瑶族，都是从上伍堡搬迁过去的。再往北八十公里，就是更大的军事机构——宁远卫，该卫有驻军八千零六名。康熙九年（1670 年），清政府在永州设立左、中、右三营，其中左营设置在江华，在涛圩设立把总，并征用瑶兵"以瑶制瑶"。赵金龙起义后左营移驻锦田。由此可见，王朝政府从来就没有放松对平地瑶的警惕。

三、设立千户长，加强社会控制

瑶族是个迁徙性民族，民间组织并不完善，其历史进程中出现了溪、峒、油锅、瑶目等带有原始公社性质的民间组织。黄钰先生认为，在桂北一带，"瑶目由瑶长和村老推荐任免，任期一般 3～5 年。村老是各村寨中为人正直、办事公正、有能力，为群众拥戴的长老，是瑶族中的自然领袖，村老为一村之长，负责主持村寨的日常工作，调解村民纠纷，并代表村寨协助瑶长处理各种事物，为瑶长出谋划策。房老是同姓共房的族长，由房族亲属推举族中德高望重的长者担任，主要负责处理房内纠纷、婚姻、财产继承等日常事物。"❶

明初统治者鉴于自身实力的有限，对于平地瑶族，在保持适当压力的同时，主要以怀柔为主，在社会组织上的变化就是对瑶族传统的社会组织

❶ 黄钰、黄方平：《国际瑶族概述》，广西民族出版社 1993 年版，第 38～39 页。

进行改革，使之纳入整个王朝的统治机构中。据《上伍堡三宿总户册底引》记载，三宿共有千长十七个，三头户分别是奉、唐、李三姓头人。在平地瑶族民间记忆中，明清时代的千长也叫“千户长”。把瑶族的首领称做带有军事性质的“千户长”，在瑶族社会组织中并不多见，这也体现了平地瑶的双重身份。在统治者看来，一方面，他们是“非我族类其心必异”的蛮夷；另一方面，又具有了“文明”的属性，甚至成为守卫边疆的军事力量。与上伍堡平地瑶相似的是，同属平地瑶族类的江永四大民瑶的首领也被称为“千长”。江永扶灵瑶民间保留的一份民间文书《扶灵瑶统计》对平地瑶族瑶长的产生过程和职责做了详细的记录，其文为：

“朔厥瑶自明开创，原因两广毗连，强寇骚扰，上宪设立瑶役籍，近隘防堵各瑶，官给军械，以御强寇，把守隘口，获民耕种，民得安身。各瑶俱立瑶目管理地方，为国守土纳粮免差，时恤瑶人辛勤守御，各瑶常获功报，每属赏赐花红银两。后因瑶目多人难专其责，于是设立千长一名以总其事，统管瑶目，共勷厥理地方，排难解纷，奉公守法。国朝定鼎不易，其名康熙间，千长，练总、瑶总，瑶头、瑶长，迭易名号，官贤良方正，才能廉明者举赉名报院，另加饬谕委任，诸事给匾奖赏，上下各官每以人员循礼相待，并无刻薄。世事变迁，官情匪薄由恐后日瑶目难当一瑶，两村分立五户，钱粮大而人多者一二姓为一户，钱粮少而人稀者四五姓为一户，各户一役三年，周而复始，不许推辞。”❶

就《扶灵瑶统计》来看，千户长产生的原因是传统瑶目过多且失去威信力，各自为政，难以履行职责，不符合地方政要的要求。目的在于对平地瑶族进行统治，纳入王朝管理之范畴，因而只有那些“贤良方正”，“廉明者”才能按程序予以委任重用。笔者在田野调查过程中，根据地方文化精英的叙述，对千户长的职责进行了梳理整理，主要有：

（1）国家粮饷不交者，将其田拿出给他人耕种。

（2）杀人者偿命或者出脚迹（将其一家赶出村），民愤极大的，在大石碑前，召集三宿民众大会将犯人用砍牛刀将之斩首示众。

（3）放火烧山烧屋者，没收其家产，赔偿损失。

---

❶ 《扶灵瑶统计》（未刊稿），该书由光绪年间扶灵瑶瑶长编撰而成，内容包括扶灵瑶的来历、田土变更以及明清时期的文书。

（4）强奸妇女的，杀其家牛羊。通奸者，女方家人可砸男方东西，男方要登门道歉。

（5）作风败坏的出嫁女，男方可以将其出卖。没有经过明媒正娶的妇女，不得在父母家生育小孩，否则，一旦发现，村人杀其家猪牛，还要其为村人请法师给村里人安龙。

（6）偷盗财物加倍赔偿，抓住后被打伤，除老人小孩残疾人外，一律不问罪。

（7）外籍人到本堡居住，须负担居住地祭祀庙宇的香火钱，本族人带田土迁往外地居住的必须负担原住地的祭祀寺庙钱。

（8）如遇外族人来犯，一经族人鸣锣通报，必须立即到指定地点集合参与抵抗，否则按通匪者论处。

从上述八项职责来看，千户长基本上履行了地方性行政长官的职责，在纳税当差，维护社会秩序，执行瑶族习惯法方面具有重要作用。王朝政府通过“千户长”的设置实现了政治势力向平地瑶族社会的渗透与控制。“千户长”位置重要，职责烦琐，但并非专职，他们与其他瑶族成员一样以纳税户为单位参与生产，平等地参加各种文化实践；平时以纳税户为单位进行封闭管理，各自为政，但涉及各自的宿，或者是整个三宿的利益时，就由各自的千户长或者三头户长牵头进行共同协商。这种集传统的“瑶老”制和“千户长”制于一体的社会组织符合平地瑶族的实际和王朝政府的需要，有利于保持边疆大局的稳定。

有清以来，“千户长”制被逐步废除，在平地瑶族地区设立“瑶外委”，其首领叫“瑶长”。清朝的“瑶长”与明朝的“千户长”除了称呼上的不一样，并无实质上的区别，都是集官方和民间使命于一身的瑶族领袖。清朝道光二十六年（1846 年）的《永明县志》载：“每瑶立长以总之，目以佐之，小争则长与目听汀，大事则讼于官。”❶ 瑶长的设立与职责与“千户长”大体类似。在上伍堡平地瑶做调查时，地方精英会告诉你，过去他们的领导叫千户长，甚至会拿出家中保留的《上伍堡三宿总册底引》用来佐证。

民国时期，国民党政府在全国各地行推行保甲制度，上伍堡平地瑶地区也不例外。据平地瑶族老人介绍，那些保长、甲长基本上也是由千户长的后裔当任。在瑶区最具影响力的还是那些“千户长”的后代。在他们看来，保长们只是履行民国政府的纳税、完粮、征兵职责。内部处理各自的

---

❶（光绪）《永明县志》卷一。

土地纠纷、刑事案件、涉外关系以及婚约的标尺都是沿用“千户长”时期的“旧例”，即传统习惯法。这种“半官方半民间”性质的“千户长”制度架通了平地瑶族与地方统治阶级之间的桥梁，为王朝政府在上伍堡的实际统治打下了基础。

四、兴教化，推行学校教育

平地瑶族离开深山老林，定居平地，从游耕到农耕后，其文化并没有发生实际上的改变。为真正把平地瑶纳入到王朝统治之中，除了土地的恩赐、武装的震慑、政治组织的延伸外，就是进行文化的教化，用儒家的伦理规范平地瑶族的行为。主要体现就是设立学校，推行科举考试。景泰六年（1451 年），经过三个千户长商量，每宿试办一个村塾。一个村塾安排十五名学童入学。四十四户每户有一名学生念书。老师为三头领。从十月初一开学，读到第二年春耕大忙止（农历四月初）约为八个月。农忙季节小孩带小孩，有利于生产，此村塾因在冬季办学又叫冬学。每个学生供给老师一百斤同禾，油、盐一斤，米一斗。每个学生招待一天吃饭。冬学办了十年，共培养了四百二十个学生，十五名优秀教师。县政府奖励了三头领白银十两五钱。成化年间的 1460 年，冬学改为正规私塾。❶

经过不断的学校教育，上伍堡平地瑶族的文明文化程度有了改善。康熙年间的《永州府志》称：“三代以前永处荒服，汉以后稍被声教，唐宋犹以处谪迁，岂非瑶峒基错，叛服不常，文告阻隔乎？考其制驭之法，惟宋为详，而明加以抚绥，革面从风，瑶人亦吾人矣。倘渐摩日深，并其名可不比存，要之德礼政刑兼施并举，世固无不可化之人也。忧乐同民者能无意乎？”康熙皇帝除了在平地瑶族地区推行教育外，还恩准平地瑶族学童参加科举考试。“康熙五十四年题准四十三年议准湖南各府州县熟苗童生许同民籍应试，其取进名数即入该县额。”❷

上伍堡三宿书院的设立更是把平地瑶族的学校教育提升到了一个前所未有的高度。据现存的四方碑记载，三宿书院兴建于乾隆三十八年（1773 年）。由旦久宿旦久村的奉有纬向永州府的庞知府请命兴办。兴办过程中，由于司事者“耗蚀经费”，以及庞知府调离永州而停建。在三头户长的不懈努力下，三宿书院得到了继任者的支持，遂于乾隆四十年（1775 年）建

---

❶ 李克勇：《盘王青史》（未刊稿）。

❷ （康熙）《永州府志》二十四卷，日本藏中国罕见地方志丛刊。

成。书院呈四合院形，有自修室、师长室、授课室、寝室等十二间房。瑶民捐给书院学田八十三亩，书院将其租给瑶民耕种，年收谷一百二十石，设人专管，供学童读书应试之用。学习的主要内容是儒家经典《四书》、《五经》，成绩优异者参加县邑秀才的考试。

教育的推行，尽管没有根本改变平地瑶族被歧视的尴尬地位，但也引起了王朝政府的重视，为平地瑶族培养了一批地方精英。据牛路村李姓族谱记载，该村清代有廪生、庠生一十九人，其中大部分是三宿书院的学生。“平地瑶则多读书，能文之士，近年应童试者百余员，考列多高等。雍正壬子、乾隆丙午两科，先后中乡试额，实自来楚省瑶籍所未有。”[1] 从上述文献记载我们可以得知，明清王朝不遗余力地在平地瑶族地区推行文化教育是成功的。

上伍堡平地瑶族居于萌渚岭山脉的隘口处，是“文明”之中原与“野蛮”之两粤的地理分界线，相对于中原来说，他们是“边缘”，就两粤而言他们又成了“中心”。鉴于上伍堡平地瑶族这种双重身份，以及地理、文化上的重要性，明清以来，历代王朝统治者便以“抚瑶”代替了“剿瑶”。策略上的转变不仅维护了南岭边疆的秩序，也给平地瑶族自身的发展带来了空间。平地瑶族在守御两粤瑶族的同时，通过不断地与中原文化对接，而形成了自己独特的族群文化。

---

[1] （康熙）《永州府志》二十四卷，日本藏中国罕见地方志丛刊。

文化变迁与社区发展*

——基于河西走廊若干少数民族移民社区的调查

王海飞

（兰州大学西北少数民族研究中心）

20世纪90年代以来，伴随国家西部大开发政策实施，西部社会经济实现快速发展。与此同时，西部地区生态问题日益凸显，引起政府和学界高度关注。西部地区多为少数民族聚居区，围绕其中的生态文明建设、民族文化变迁、文化适应与和谐民族社会构建等问题也成为学界研究焦点。河西走廊属于干旱、半干旱气候，石羊河、黑河、疏勒河三大内陆河流域分布其中。因特殊地理位置，这一区域在中国西北生态系统中具有重要意义。区域内由东南向西北分布有藏族、撒拉族、东乡族、保安族、蒙古族、裕固族、哈萨克族等世居民族。其中多个民族从20世纪90年代至今持续进行较大规模的生态移民和牧民定居工程，移民地域涵盖高山环境恶化地区和草原牧区沙漠化较严重地区。本文田野点涉及河西走廊中段的肃南裕固族自治县及走廊西段的阿克塞哈萨克族自治县，两个区域分别处于黑河流域及疏勒河流域。

一、牧民生态移民与定居

近十多年来黑河流域上游湿地草原生态恶化，下游地表水间歇性断流，地下水位快速下降。肃南裕固族自治县地处上中游，经济社会生态可持续发展面临严重威胁。20世纪90年代起借鉴其他地区的生态治理经验，

* 本文系中国社会科学院第53批中国博士后科学基金资助项目阶段性成果（项目号：2013M530100）；兰州大学中央高校基本科研业务费专项资金资助项目《西部民族地区社会稳定研究》阶段性成果（项目号：14LZUJBWZD004）；国家社会科学基金项目《河西走廊少数民族移民定居中的生态文明建设》阶段性成果（项目号：14BMZ096）。

这里的裕固族陆续开始进行生态移民和牧民定居。移民定居有两种主要形式：就地定居和异地定居。两种搬迁定居模式都对传统的民族文化产生巨大的冲击和消解作用，也都形成了新的民族社区。区别是就地定居沿袭了原来的熟人社会，成员之间原有的联系基本没有中断，也没有增加新的成员；而异地搬迁形成的新社区在生计方式剧烈转型的基础还存在其他需适应的方面，如全新的社区环境、全新的社区成员构成、全新的生活方式、全新的人际交往模式等。我们选取异地搬迁模式中具有典型意义的肃南县明花乡 SHHZ 村和阿克塞县民族新村进行具体论述。

20 世纪 90 年代下半期，肃南县明花乡草原建起了国家农业综合开发区，很多裕固族、藏族、汉族等从自治县内黑河上、中游迁到这里，形成 3 个移民村，其中 SHHZ 村居民是从（原）莲花乡迁移到这里的。搬迁定居给裕固族社会带来的变化非常深刻，移民从原来生活了几十代的熟悉牧区离开，放弃辈辈相传的生计方式，搬到陌生的地方，身份从牧民变成农民或半农半牧民，无论从每个人的家庭结构还是心理结构来说，都会引起不小的震动。同时，因为长距离搬家对于个人家庭财力的消耗，使他们的经济生活也面临着新的挑战。最早搬迁的基本都是年轻人，许多人是分家以后来的，缺乏经济基础，加之建设房屋购买土地、生产资料等耗资较大；最重要的是原来的牧民身份一夜之间变成了农民，但是根本不会种地，很多人第一年到 SHHZ 村开始种地时，一年下来全家人收入不到 2 000 元，其中一大部分还是靠挖芨芨草挣来的，经济相当拮据。“刚搬迁过来时，甚至有一些家庭的孩子因经济原因而辍学。”[1]

阿克塞哈萨克族自治县处于河西走廊内另一内陆河——疏勒河流域，是以哈萨克族为主的少数民族自治县，境内分布着哈、汉、回、藏、维吾尔、蒙古、东乡、撒拉、土族等 11 个民族。其移民搬迁过程可分为零散迁入、县城搬迁和生态移民工程三个阶段。

第一阶段是早期的零散迁入，1936 年至 1939 年，新疆巴里的哈萨克族曾先后分四批共三万余人离开新疆，途经马鬃山、安西游移入甘，游牧于酒泉南部的祁连山、托赖、玉门鱼儿红、敦煌南山、疏勒河两岸。20 世纪 60 年代起陆续迁入部分汉族农民发展农业：1960 年 3 月从武威农村移民 118 户、550 人，同年 5 月从上海等地移民 80 多户、453 人，11 月又迁入武威农民工 21 户、101 人到安南坝落户，1970 年从武威、敦煌等地移民

---

[1] 新吉乐图主编：《生态移民——来自中日两国学者对中国生态环境的考察》，内蒙古大学出版社 2005 年版，第 97 页。

160多户、350多人。[1] 这一时期的移民不在本文考察范围之内，仅作为当地背景，故不赘述。

第二阶段是1998年县城从海拔2 600多米的博罗转井镇搬到海拔1 500米的红柳湾镇。博罗转井镇是1954年阿克塞哈萨克族自治区（县级）成立时首府所在地，坐落在当金山北坡，长草沟口西南两公里的冲积洪积坡地。地形倾斜，南高北低，面积约2万平方公里。[2] 博罗转井镇地势高寒，无霜期极短，不适合农作物生长。当地居民饮水含有高浓度铀、钍等放射性元素，超过国家饮用水卫生标准6～8倍。省、地、县先后投资300余万元进行净化治理，但问题仍无法根本解决，成为县城居民肿瘤发病率高的重要原因。另外该地地处阿尔金山地震断裂带，具有发生8级地震的背景，据国家地震局提供的资料显示，县城附近断裂带宽度达4 000米，在这种地质结构上不宜发展与建设城市；同时这一区域属鼠疫源地区，是全国重点监测的22个重点疫区之一。由于这些问题和困难的存在，1998年县政府驻地整体搬迁至红柳湾镇，共计1 106户、4 539人。

第三阶段是生态移民政策实施阶段。阿克塞县受内陆气候因素的影响，草场降水量逐年稀少，分布不均，常年受到风沙的侵袭，全县草场普遍不同程度退化、盐碱化，如海子地区草场牧草高度由80年代的30～50厘米下降到15～30厘米，植被覆盖下降了30%。[3] 2003年起，利用国家生态移民项目，将散居到山区、草原上的牧民集中到红柳湾镇定居，实行退牧还草工程以及生态移民下的易地搬迁项目。2005年完成和平乡安南坝地区173户、518人整体搬迁到红柳湾镇。2006年度易地扶贫搬迁项目迁出区涉及阿克旗乡（原和平乡），辖3个牧农业行政村，其中，东格列克村41户、134人，阿克旗村76户、231人，安南坝村37户、115人，共计154户、480人，整体搬迁到红柳湾镇民族新村。2009年阿克旗乡易地扶贫搬迁试点工程将阿克旗乡多坝沟村全村总人口158户、589人，整体搬迁到红柳湾镇民族新村安置。[4]

---

[1] 阿克塞哈萨克族自治县概况编写组编：《阿克塞哈萨克族自治县概况》，民族出版社2008年版，第47页。

[2] 阿克塞哈萨克族自治县地方志编纂委员会：《阿克塞哈萨克族自治县志》，甘肃人民出版社1993年版，第58页。

[3] 数据由阿克塞哈萨克族自治县牧农局提供。

[4] 数据由阿克塞县政府提供。

二、移民定居后的新社区

在外人来看，游牧、帐篷似乎显得很有诗意，但是对裕固族人而言，从帐篷到房屋，这是生活质量的一大提升。以 SHHZ 村社区为例，进入社区，布局整齐，笔直宽阔的街道呈东西走向，长约二三公里。两旁是裕固族群众居住的房屋，户户比邻相连，街道上有商店、电话服务所等，虽然还不能与城市的社区基础建设相比，却也是充满了生气。房屋由住户出资，政府补贴 8 000 ~ 12 000 元，统一建设成土木和砖木结合的房屋，即用土胚、麦草泥、白杨木、砖为原料的长方形住房。各户都有院墙，统一修建安装大门，院门朝南开，坐在院内透过大门就可以看到远处的祁连山。院子一般分为前院和后院，前院为居住区，地面用水泥铺就；房间均为砖木结构，有客厅、卧室、厨房，客厅内有沙发、茶几等陈设，卧室内通常修建有满间大炕。后院主要用于摆放杂草、麦秆，停放农机具，另外还有自家饲养的各种牲畜的圈棚，例如羊圈和厕所，为土木结构。后院也有大门，供拖拉机等农机车辆出入。

因为经济的快速发展，更多的家用电器进入新的民族社区。步入社区人家，一般室内都可以看到放置有电视机、收录机、电话，生活较富裕的人家还有电冰箱、家庭影院，来客、节庆和喜庆日子，人们欢聚一起，拿着“卡拉 OK”话筒，引吭高歌美好的生活。厨房中一般没有原来的土炉子，而是从城市买的电磁炉，或者是液化气炉子。部分社区居民已经开始使用暖气。

阿克塞民族新村是一个典型的、完全由生态移民和定居后的牧民组成的新型城镇居民社区，在我们的文化变迁研究中有很重要的典型意义。民族新村 2003 年开始建设，总占地面积 40 万平方米，分团结、民主、和平、建设、多坝沟、城关六个小区。现入住农牧民 610 户、3 100 人，其中 90% 是牧民家庭，占全县农牧民人口总数的 90%。社区的人口中，40% 是哈萨克族，其他民族共占 60%。户均占地面积 300 平方米，户均住房面积 120 平方米，社区还修建有健身广场、卫生院、司法所、文化活动中心、廉租住房和养老院。完成了上下水工程、门面改建、硬化、绿化、美化等工程，整个民族新村街道整齐，门面统一，庭院各具特色，人居环境恬静、温馨、和谐，基础设施配套，功能齐全。大多数家庭分为两部分，老人、孩子因存在医疗和教育的需求在民族新村定居，青壮年劳力则在牧业一线放牧。

三、移民定居后的民族文化变迁表现

游牧民族传统的生活安静祥和，在祁连山涓涓细流的滋养之下，人畜兴旺。每天清晨，由雪水冲开的浓香奶茶开始了他们一天的生活。喝完茶，他们走出帐篷，赶着牛群、羊群，向着太阳，扬起牧鞭，放牧收获。但在今天看来，这一切已越来越远了。从祖先的生活变成今天的生活用了不到一百年的时间，尤其在近十多年来，发生在他们生活中的变化快速而剧烈。今天河西走廊的牧民住在由政府统一规划、设计、施工并给予一定补贴的定居点上，房子和所有内地汉族农村没有什么两样——屋后是围栏草场，或是自家方田，或是舍饲羊圈；门前是宽阔的柏油马路，院子里则停放着“三码子”和摩托车；室内的装修、陈设和各种电器，处处都显示着一些“现代化”的意味。在明花乡 SHHZ 村一次群体访谈中，笔者问了大家一个指向不是很清晰的问题：您觉得自己现在的生活离现代化的生活有多远？得到的答案相似程度较高，众人看法基本一致：“我们离传统的游牧生活越来越远了，我们今天过的生活差不多就算是现代化的生活了。”[1] 通过调查，可以将变迁归结为以下几个方面。

（一）快速适应新的生计方式

作为游牧民族，群众对于农业种植技术基本不懂，但移民定居后，为了生计，则不得不开始新的学习。农业种植方面的技术通过各种渠道进入到这些牧人的知识结构中。进入农业生产方式以后，不光是生产技术对社区成员提出挑战，在更多的社会生活方面，如观念、喜好和行为都在发生变化。有两个重要表现方面：一是商业文化在新环境下有了新的表现，并且深入人心；二是相比较游牧经济中的个体生产状态，大家更加注重合作，在生产中合作观念加强。生态移民区域开始大力实施退牧还草工程，遏制草原生态恶化趋势。如 2004 年以来对河西走廊西部祁丰等 3 乡 9 村已严重退化的 40 万亩草地实施禁牧，对中度退化的 80 万亩草地实施休牧。目前禁牧区植被覆盖度提高了 5 ~ 8 个百分点，休牧区草原植被覆盖度提高了 5 ~ 10 个百分点，牧草绝对高度提高了 8 ~ 12 厘米。[2] 2005 年肃南县实行草场禁牧 40 万亩、休牧 80 万亩。当年底，禁牧、休牧区内的牧草高度

---

[1] 摘自调查笔记。

[2] 《甘肃肃南草原生态得到恢复》，甘肃农业信息网，2006 – 08 – 15。

平均提高60%，草场总覆盖度提高20%，牧草产量增加了10%～25%。❶

就生活而言，定居无疑要比四季游牧舒适，但目前河西走廊所进行的大规模“定居”工程是否科学、完善，确是有必要进一步深入探讨的问题。如调查中有群众反映，新的定居点距离老房子太远，反而给生活造成了不便，等等。另外在学界对这一问题也有一些不同的意见，如迈丽莎在对肃南明花乡移民定居经过调查后认为，“传统的牧业并不是不适合市场经济，而是市场经济还不健全”❷。裕固族学者贺卫光经过调查后也认为“定居”无疑是一种“理性选择”，但由于定居问题的复杂性，使理性的选择导致了一些非理性的结果，如一些地区牧民定居后反而破坏了草原生态平衡，开荒后又放弃土地而再度游牧，定居后的农业化（种植业）以及人口外流、原来社会组织与社会结构的解体等社会问题。原因在于忽视了定居过程中生产方式的变革以及社会的转型，因为定居过程也是一个社会转型的过程，定居虽然首先是一种个体家庭行为，但其方式的选择却关系到整个民族的未来发展。❸

（二）迎合主流文化，积极吸收以汉族文化为主的其他文化

按照价值体系和社会势力的差异，我们可以将文化区分为主流文化、亚文化和反文化。主流文化是以政权做基础，经社会发展长期造就，反映当前的思想潮流和社会生活风尚。当主流文化对一个时期产生主要影响、代表主要趋势的时候就是主流文化，主流文化是代表权力支配关系的文化，在文化系统中起主导作用。主流文化是当前的思想潮流和社会生活风尚。❹ 在长期的历史过程中，民族地区各民族文化之间的融合是一个长期而缓慢的过程，但现在情况发生变化——没有本民族文字的少数民族在潮水般的外来文化冲击下，与以汉族为主的其他民族间的互动突然变得剧烈、频繁和广泛，外来的、先进的传播技术手段更在深度和广度上促进着文化整合的进行。

新的民族社区因其所具有的集中传播的环境，已经被报纸、广播、电视、网络等大众传媒及其他文化传播渠道越来越严密包围，以汉族文化为主的其他文化广为传播，进入社区生活，并渗透于各个角落，其传播理念

---

❶ 《退牧还草——肃南着力遏制草原生态恶化趋势》，载《甘肃日报》2006年6月8日。

❷ 新吉乐图主编：《生态移民——来自中日两国学者对中国生态环境的考察》，内蒙古大学出版社2005年版，第104页。

❸ 贺卫光：《甘肃牧区牧民定居与草原生态环境保护》，载《西北民族大学学报》2003年第5期。

❹ 李忠、石文典：《文化同化与冲突下的民族认同与民族偏见》，载《社会心理科学》2007年第5、6期。

与传播价值、传播内容与传播方式以外部生活环境为背景，展现普世的文化环境、生活内容、行为规范及价值标准，这样在传播过程中传者和受者从自身出发，根据自己的经验和价值观念重新界定和认识这些外来的其他文化；人们不仅估价和确定这些文化的价值，对之进行解读和诠释，而且还会增殖，并赋予这些文化内容新的意义。这些文化内容在改变民族文化生活的同时，也改变着民族传统的民间文艺和民族习俗，明显带有一定的文化移入和文化影响色彩，在悄然消解着民族传统文化，一些珍贵的民族文化资源如民族音乐、歌舞、戏剧、雕塑和一些民族仪式濒临灭亡。

当今社会的主流价值标准是团结稳定，和谐发展，民主自由，平等富裕，举止文明，婚姻自主等。这些世界观、人生观和价值观以及包含着较为鲜明的特定时代的道德标准，已经以强大的渗透力辐射到民族地区的各个角落，被接受、赞同和实践。在移民定居后新的民族社区中，各种文化传播渠道因大量外来文化的有效传播而拥有广泛的受众群体，又因受众对其产生的依赖程度，这些文化传播渠道成为主流意识形态整合、统一价值观推广的最有效工具。包括大众传媒在内的所有文化传播渠道所传递的信息，反映着社会生活的最新状况，包含着特定时代的道德标准、社会价值观等精神文化因素，透露出信息制造者的思想、意愿和理想。当这些内容通过强有力的政府组织、广播影视媒介、社会文化机构或人与人之间的话语表达来传递，并以“和风细雨”、“隐性的霸权”等方式渗透到民族社区的各个角落，对受众群体的价值观念产生潜移默化的影响。这种影响的积极意义很明显：如对现代化的观念、国家法律的观念、民族团结的观念的认同大为加强，农牧民群众的价值取向有了明显改变。不可否认，今天少数民族的思想道德价值观日渐与我国当代主流社会价值观趋同一致。

（三）附合大众媒介导向，追求流行文化

新的移民社区因为集中的媒介传播环境，各种大众媒介的传播导向决定了社区成员的文化追求方向。例如游牧民族是以歌舞见长于历史的，传统歌舞是民族文化最核心的内容之一，但是今天广播影视媒介所传播的流行音乐和流行歌舞打破了这一局面。卡拉 OK 话筒、光碟取代了星空下、草原上、篝火边的如泣如诉，最时尚的流行歌曲在新的民族社区中飘荡弥散。裕固族学者钟进文在肃南裕固族自治县调查后，描述在裕固族地区的一场慰问演出中：唱歌跳舞的绝大多数是裕固族姑娘，然而却没有看到一个裕固族传统歌舞节目。在此之前，裕固族自治县举办首届歌手大奖赛，比赛头等奖被一位模仿港台歌星的牧羊姑娘夺走。这些情况也说明了流行文化在民族社区新文化构建中对传统民间文化艺术冲击的力度。

（四）广泛使用汉语言，民族语言退化

今天民族社区中的交流基本都是以汉语言进行的，对少数民族语言有着很大的冲击。笔者在调查中发现，在社区成员中，60岁以上的老人大多数对汉语的掌握并不是非常流利，尤其是年长的女性，掌握的汉语仅仅能够做简单的日常沟通，与周围人的对话绝大部分以本民族语言完成。而50岁以下的农牧民对汉语的掌握程度很高，同时，本民族语言依然是非常熟悉的母语。20岁以下的孩子的情况则大为不同，孩子在家里看电视学习的全部是汉语，到学校以后老师讲课也全部使用汉语，同学之间的对话也全部是汉语，家庭对话也会习惯性的选择使用汉语。

（五）追求现代生活，传统民族习俗式微

民族习俗文化，是民族群体中民族成员共同约定俗成的、具有特定内涵的群体规范，是少数民族传统文化的重要组成部分。按照杨建新先生的观点，民族习俗文化属于少数民族传统文化中的行为文化，表现为显性的，[1] 所以更易于反映少数民族传统文化的变迁。民族习俗都是随着民族的形成发展而逐步建立起来的，往往在较大程度上发挥着规范社会、维护民族传统道德的功用，原本具有相对的稳定性。但在今天，已经很难看到身着民族服装的人了，只有在举办大规模的旅游节、招商节等庆典活动时才可以看到传统服装，而诸如此类的庆典活动其出发点多是对“外”的，并没有多少对本民族传统文化观照的意味，更多的成分是为了迎合外部世界对本民族的“文化想象”而做出的“典型景观”，其目的是发展旅游，促进收入。还有饮食习俗，新社区中的人们因为生活环境和生计方式的改变，一日三餐的内容与形式已与汉族人没什么两样。再如婚嫁习俗的改变，婚礼上所有程序基本上和其他汉族地区农村结婚的仪式没有太多的不同。其他如传统丧葬习俗、成人礼等仪式，也在长时间外来文化的传播下因裕固族人生活观念的变化而几乎消失殆尽。

（六）道德规范与行为规范由“互相看”到“向外看”

在传统文化构建的秩序下的乡土社会结构中，民族成员间有一整套细密的行为规范需要遵守，这些规范在一个相对封闭的群体中将会贯穿每一个成员的一生，对民族群体内部有着较强的约束力。各民族行为规范与方式形成具有生存地域、生活方式以及民族性格、民族心理等主客观方面的

---

[1] 杨建新：《中国少数民族通论》，民族出版社2005年版，第101页。

原因，同时由于民族群体的共同遵从而具有较强的稳定性，成员之间的互相审视和评价构成民族内部的向心力，在传统文化的框架下对他人行为的褒贬和对自我的约束反过来促进了民族的凝聚。但随着定居后在新社区受外来文化传播的影响，建立在各民族群体成员认可与遵从基础之上的行为规范已呈现出明显的渐变特征，外来文化的传播作为一种崭新的和特殊的社会力量，在强势经济力量的推动作用下，对由传统文化构建的秩序明显起到了消解作用。民族成员间原有的“互相看”丧失了其存在的基础和意义，取而代之的是每一位成员都积极地“向外看”，寻找新的道德规范、行为规范，以延续某种新的秩序。新的社区社会开放度加大，外部世界带有“普世意义”的纷杂的文化环境、行为规范及价值标准大量进入。

（七）文化多元化与同质化倾向并存

在现代社会的传媒环境中，文化多元化无疑是一个主流方向，因传播主体和传播方式的多样，客观上造就了文化传播内容的多元化。但多元化仅仅是就传播者、传播渠道和传播内容而言，对于传播的接受者来说，接受到的是外部世界单向传播的同类型的普同文化，这就又使他们今天的文化产生出同质化倾向。文化同质化倾向即文化的同一化、共同化或一体化倾向，放在民族文化语境下，指在经济全球化背景下，各民族、各地区在长期的文化互动、交流中逐步整合成一个具有共同价值取向的文化模式，并以此对文化传播受众产生心理和行为等方面的影响。社区中通过各种传播渠道传播的各种的外来文化，在本质上是强势经济的文化表现，贴着统一的现代工业文明的标签。多种文化间的“互文本”现象、“克隆”现象普及，甚至像“瘟疫”般流行。民族文化原本是各具特色、丰富多彩的，但在相互交流和碰撞中就会有弱势文化对强势文化的归化，或是强势文化对弱势文化的压制，最终产生以强势文化为主导的、千人一面的“新”文化，这是在文化联系的规模、程度和深度愈来愈扩展的社会环境下必然出现的结果，也是民族文化在吸收外来文化过程中必经的阶段。我们可以理解“同质化”倾向是因为在文化发展中所有民族有了越来越多的共同问题，要求各民族面对这些共同问题去寻找答案，但并不意味着这些问题只有一个答案，相反，只有使各民族文化价值、思维观念得到自我繁荣发展的空间，才是真正解决问题的答案。文化是一个民族的最根本内涵，同质化的倾向发展到一定程度会影响本民族的文化发展。在民族社区文化建构中，面对杂沓纷至的外来文化，还应该存在比较、选择和批判的空间，坚持文化多元化的基本立场，维护民族文化独特性、多样性。防止民族文化同质化倾向，是民族文化发展的应有规律。

四、新民族社区建构过程中的几个问题

（一）社区成员关系呈现出的变化趋势

阿克塞县牧民传统的社会关系主要是以血缘和地缘关系为主的社会交往，牧民交往的对象、范围较为狭窄。阿克塞县的哈萨克族牧民本身是被迫从新疆迁过来的，刚迁来时生活十分窘迫，彼此互相扶持发展，民族内部关系很好，有较强的凝聚力。一位民族新村社区的哈姓哈萨克族老人说："我们家是20世纪30年代从新疆巴里坤迁来的，当时我们哈萨克族在新疆受到别人的排挤，是在新疆那边过不下去了，就举家迁过来了，当时阿克塞地区的草原还是属于蒙古人的，我们祖先合力赶走了蒙古人，当时内部都很团结，过来时人生地不熟，不团结就会受欺负，不团结就过不下去，所以我们哈萨克族向来很团结。"从定居开始，民族新村社区牧民在社会交往方式、民族间的交往关系等方面都发生了很大变化，这些变化有积极的方面，但也存在问题。哈萨克族牧民和汉族牧民在定居点的空间距离拉近了，但是日常交往和沟通的频率却降低了，与此同时发生的是哈萨克族和汉族在各自民族内部交流机会增多了。成员间关系趋于工具理性化、复杂化。

作为牧民，民族间的交往与接触受限于空间中的人口密度，接触的频率本来就相对较低。受限于草原稀少的人口密度，使得民族间的交往没有选择性，而突出的是随机性，民族成分与民族认同对交往选择的影响是很小的。定居之后各乡各村的牧民集中起来居住，从牧民变成雇主，从在牧场亲历劳动到定居，使得原本分散的哈萨克族和汉族在交往对象的选择上有了更大的余地。哈萨克族的牧民会选择更容易交流、有共同生活习惯、共同宗教信仰的本民族交往对象，同样汉族居民在交往对象上也倾向于和汉族交往，民族认同开始体现。之前很多年各民族群众在共同生产中建立的民族间的联系纽带消失了，取而代之的是本民族之间交流机会的增多，以及民族认同感的加强。

作者在调查之后也发现，民族村内部的哈汉村民间的交流平日里的确不多。按照村民的说法，只有在汉族的传统节日和哈萨克族的宗教节日时，村民之间才会相互拜访，其余时间里，村民的交往对象往往是本民族的村民家庭。在作入户调查的过程中也曾见到主人家有客人来串门儿，但

不管是哈萨克族家庭还是汉族家庭，来访者也全部是同民族村民，没有出现过其他民族来访者。

（二）新社区家庭结构的变化

家庭是一个民族基本的构成单位，安东尼·吉登斯在《社会学》一书中将家庭概念界定为“家庭就是直接由亲属关系联接起来的一群人，其成年成员负责照料孩子”[1]。家庭结构是指家庭成员的构成及其相互作用、相互影响的状态，以及由这种状态而形成的相对稳定的联系模式和类型结构，而这些类型结构主要根据家庭所拥有的代际结构、婚姻状况以及亲属关系等因素来进行分类。

一个民族中的家庭结构是认识和理解这个民族的一项重要指标。家庭作为特定的社会历史范畴，随着社会的发展一直处于动态的演变过程中，而家庭结构变迁是人口、社会经济、思想观念、文化、政策等多方面动因综合作用的结果。具体到裕固族地区，变化首先是人口增长速度减慢。1982 年第三次全国人口普查时裕固族总人口达 10 227 人，距上次人口普查有 18 年，增长率达 81.8‰，年平均增长率为 33.8‰，增长速度很快。1990 年第四次人口普查时为 11 801 人，8 年增加了 1 574 人，年增长率 18.1‰，大大低于整个少数民族 35.8‰的增长率；[2] 到 2007 年，肃南县全县人口出生率 9.29‰，增长率仅 4.47‰。[3] 今天，夫妻双方年龄在 45 岁以下的裕固族家庭基本只有一个孩子，笔者走访过的所有家庭也都明确表示不愿意生二胎，这种现象反映出他们愿意在这一问题上与城市居民趋同。

其次是裕固族社区中小家庭逐渐增多。在裕固族的传统社会中，“家庭”意味着几代同堂、以老人为核心全家人共同劳作的田园牧歌式的生活状况。随着社会经济发展，稳定的“大家庭”结构呈现分解趋势。主要表现为两种情况，一是大量裕固族年轻人通过外出读书或工作离开大家庭，在城市中组建自己的小家庭，家中只留下老人。另一种情况是年轻人愿意享受集中定居后交通便捷、信息畅通、生活便利等条件，积极搬迁到新居中开始新生活，而老年人不愿放弃生活了一辈子的老房子和草场，继续在老家守着牛羊，过着传统的放牧生活。我们调查明花乡 SHHZ 村时对人口结构做了记录，全村共有人口 287 人，而 65 岁以上的老年人只有 18 人。

---

[1] 安东尼·吉登斯：《社会学》（第四版），赵旭东、齐心、王兵、马戎、阎书昌等译，北京大学出版社 2004 年版，第 165 页。

[2] 杨琰、杨小通：《甘肃裕固族人口发展研究》，载《民族研究》1998 年第 4 期。

[3] 中共肃南县委、县人民政府：《肃南县人口与计划生育工作情况汇报》，2007 年 10 月 25 日。

从1999年起陆续从牧区搬迁到这里的家庭大多数都是年轻夫妻，家里的老人则留在了牧区。

在阿克塞也出现同样的调查结果。哈萨克族传统的家庭是实行父系家长制，家庭成员由一夫一妻及其未成年子女组成，“大房子”是传统的家庭结构模式。在家庭中由一对已婚夫妇承担主要赡养责任，其他的兄弟姐妹承担次要赡养责任，所有人开一个灶（即在一起吃饭）；未婚的兄弟姐妹与父母及承担主要赡养责任的已婚夫妇一起居住，其他已婚的兄弟姐妹可单独居住，但仍然会跟父母一起吃饭，以便于兄弟之间协作放牧。家庭规模一般较大，家庭成员数量较多。在民族新村定居后，家庭结构开始转变，哈萨克族家庭大部分将草场和羊群承包出去，不再放牧，放牧的都是雇工，所以大家庭协作放牧已丧失其必要性。另外牧场现在的补贴是按户补贴的，如有三兄弟没分家只能获得一份补贴，而分了家之后可获得三份补贴。经济利益决定民族新村社区牧民从协作放牧的大家庭逐渐走向分家，转变为以夫妻为主轴的核心家庭，以获取更大的经济效益。民族新村中，一部分牧民的老人和孩子在县城居住，而年轻人到草场放牧，长期居住在草场，导致一家人长期形成两地分居的格局。

（三）人口比例与就业比例

阿克塞总体上的汉族人口和以哈萨克族为代表的少数民族的人口比例接近7:3，[1] 但是在干部人数上表现出来的情况是少数民族干部多、汉族干部少，干部中的民族成分比例与人口数比例正好相反，有的时候甚至达到少数民族干部占七成，汉族干部仅占三成。由此导致的问题就是汉族毕业生考取工作的竞争压力相对哈萨克族要大得多，找到满意工作的机会也相对少得多，这就必然导致在竞争过程中发生一些矛盾，并对整体民族关系产生影响。在学生就学、升学方面也显现出同样问题，虽然采取按民族成分分别录取政策，但是整个地区学生升学的总名额是有限制的，也就是说，相比较非民族地区的中考，当地的汉族学生的受教育机会减少了。具体来说，由于汉族学生在以汉语水平决定学习能力高低程度方面的优势没法体现出来，在升学方面就表现为汉族学生之间的竞争压力加大。就业方面的竞争在外出求学归来的大学生中也普遍存在，阿克塞地处西北欠发达地区，相比东部沿海城市的优越环境，适应能力更强的阿克塞籍汉族大学

---

[1] 2000年第五次全国人口普查结果显示，阿克塞地区汉族和少数民族人口比例分别为67.2%和32.76%。整理自阿克塞县志编撰委员会编：《阿克塞哈萨克族自治县志》（1988—2002），敦煌文艺出版社2004年版。

毕业生更愿意选择在外地工作就业，而阿克塞自身的干部招考政策无形中增大的回乡就业压力更进一步促使大量高校毕业生主动或被动放弃回阿克塞就业的打算。而以民族成分为导向的干部比例政策也导致大量汉族人才外流。国家对阿克塞这类民族地区在教育方面的照顾目的，是希望本地生源学成之后回到家乡、建设家乡，但在实际中没有起到应有之效用。

升学与就业过程中的族际竞争和不调和体现了民族关系发展的新情况，而就业之后的工作之中汉族与哈萨克族之间表现出更多的是交流与合作。正如生计方式的转变和定居割断了传统牧民之间的族际联系与互动，职业转型后的阿克塞各族群众又在新的工作中寻求到了接触与交流的机会。民族新村社区管理委员会是民族新村的日常管理机构，在社区管理委员会的工作人员中，汉族干部和哈萨克族干部的比例基本符合阿克塞整体水平。在他们的工作中笔者发现，由于是处理民族地区尤其是牧民定居后所在民族新村的日常事物工作，汉族和哈萨克族干部的配合工作相当重要。工作中汉族干部和哈萨克族干部相互配合，使得在和不同民族群众的交流过程中语言不再成为障碍。在处理居民纠纷、利益矛盾的时候也需要充分发挥各自民族干部和工作人员的作用。工作之中你离不开我、我离不开你，客观上加强了民族之间的交流与合作，使得民族之间的交往成为一种必然要求。

维吾尔族人口发展变迁初探*

李　洁
（兰州大学西北少数民族研究中心）

人口发展是族群发展的主体。对于民族地区来说，民族人口的发展关系到少数民族族群发展、民族地区的发展与现代化水平的提升。维吾尔族人口自1949年以来有了较大程度的增长，尤其是改革开放之后，无论在人口数量上，还是人口质量方面，均有快速提升。本文将基于第五次和第六次人口普查资料及相关统计数据，探讨2000—2010年期间维吾尔族人口的发展变迁。

一、维吾尔族人口数量

（一）人口数量的增长

维吾尔族人口数量自1949年以来有了快速的发展（见表1），2000年第五次人口普查时为839.94万人，至2010年第六次人口普查时已达1 006.93万人，成为继“六普”之前人口已过千万的壮、满两个民族之后新增的两个人口过千万的少数民族之一。就中国55个少数民族而言，在人口数量发展上，维吾尔族已进入一个全新的层面。

就人口增长速度而言，维吾尔族人口增长率在“二普”时为10.69%，“三普”时高达49.23%，“四普”为20.85%，“五普”为16.55%，“六普”为19.88%，总体保持着较高的人口增长率，这既与维吾尔族的传统生育观密切联系，也得益于新疆医疗卫生水平的日益提高。

* 基金项目：兰州大学2013年度“中央高校基本科研业务费专项资金”重点项目“维吾尔族流动人口研究”。

表1 中国六次人口普查的全国维吾尔族人口数量[1] （单位：万人）

时间 / 人口	"一普" 1953年	"二普" 1964年	"三普" 1982年	"四普" 1990年	"五普" 2000年	"六普" 2010年
维吾尔族	361.05	399.63	596.35	720.70	839.94	1 006.93

（二）新疆维吾尔族人口的比重

就新疆维吾尔族人口占新疆总人口的比重而言，六次人口普查数据显示的比重分别为75.42%、54.9%%、45.53%%、[2] 47.45%、[3] 45.21%[4]及45.84%。[5] 经历了20世纪50年代以后较长一段时期的大规模人口迁入，至1982年"三普"时，新疆维吾尔族人口占全疆总人口的比例降至50%以下，并自此基本维持这一比例。"五普"至"六普"期间，维吾尔族人口所占比例出现小幅度上升，其中，维吾尔族人口自然增长率较高是主要因素，此外也与部分汉族常住人口返迁内地有关。

因此，在维吾尔族人口数量发展变化方面，2000—2010年十年间呈现出以下特点：（1）人口的绝对数量增长出现一次质的飞跃；（2）人口增长率一直保持较高水平；（3）新疆维吾尔族人口占新疆总人口的比重在相对稳定中略有增加。

二、维吾尔族人口分布

（一）疆内人口分布

就新疆维吾尔自治区的维吾尔族人口分布来看，依然呈现出南多北少的分布格局，维吾尔族人口仍主要聚居在南疆绿洲。

根据第五次人口普查数据显示，新疆维吾尔族人口为834.56万人，其

[1] 国家统计局和社会科技统计司、国家民族事务委员会经济发展司编：《2000年人口普查中国民族人口资料》，民族出版社2003年版，第2～3页。国务院人口普查办公室、国家统计局人口和就业统计司编：《中国2010年人口普查资料》，中国统计出版社2012年版，第37页。

[2] 国家统计局、人口统计司、公安局编：《中华人民共和国人口统计资料汇编1949—1985》，中国财政经济出版社1988年版，第972页。

[3] 国务院人口普查办公室、国家统计局人口统计司编：《中国1990年人口普查资料》，中国统计出版社1993年版，第301页。

[4] 国家统计局和社会科技统计司、国家民族事务委员会经济发展司编：《2000年人口普查中国民族人口资料》，民族出版社2003年版，第6页。

[5] 国务院人口普查办公室、国家统计局人口和就业统计司编：《中国2010年人口普查资料》，中国统计出版社2012年版，第37页。

中南疆五地州的维吾尔族人口占全疆维吾尔族人口的81.86%；[1] 南疆地区除巴音郭楞蒙古自治州和克孜勒苏柯尔克孜自治州外，其他三地区（阿克苏、喀什、和田）的维吾尔族人口均超过百万，也是新疆15个地、州、市中仅有的维吾尔族人口超过百万的几个区域。相比之下，北疆各区域分布的维吾尔族人口中，仅伊犁地区、吐鲁番地区和乌鲁木齐市三个区域的维吾尔族人口达到十万以上。在疆内维吾尔族人口分布格局中，南疆及其区域内三个地区的维吾尔族人口数量优势由此可见。

到第六次人口普查时，全国的维吾尔族人口已过千万，而新疆维吾尔自治区的维吾尔族人口也已过千万，达到1 000.13万人。[2] 由于《中国2010年人口普查资料》中暂无新疆维吾尔自治区的分地区民族人口数据，我们仅就《新疆统计年鉴2012》中的数据加以分析。就年鉴资料所反映的2011年人口数据来看，新疆维吾尔族总人口为1 037.04万人，其中南疆五地州的维吾尔族人口占全疆维吾尔族人口的81.32%，[3] 相较“五普”时的比例略有减少；南疆地区维吾尔族人口超过百万的区域依旧为阿克苏、喀什、和田三地区，同时也仍是新疆各地州维吾尔族人口超百万的区域。而北疆各区域分布的维吾尔族人口中，除“五普”时伊犁地区、吐鲁番地区和乌鲁木齐市三个区域的维吾尔族人口已达十万以上外，2011年的数据显示，哈密地区的维吾尔族人口也已超过十万。总体上，2011年新疆各地州的维吾尔族人口与“五普”数据相比，除阿勒泰地区人口有所减少外，其他各地州维吾尔族人口均有所增长。而在疆内维吾尔族人口分布格局中，南疆及其区域内三地区的维吾尔族人口数量在所占比重和绝对数量上均依然占据绝对优势。

（二）内地人口分布

2000—2010年两次人口普查期间，维吾尔族人口除以新疆维吾尔族自治区作为主要分布区且人口占绝大多数外，还分布在内地的31个省、自治区、直辖市，分布范围较广泛。

就人口数量而言，“五普”时内地维吾尔族人口为5.38万人，占全国

---

[1] 国家统计局和社会科技统计司、国家民族事务委员会经济发展司编：《2000年人口普查中国民族人口资料》，民族出版社2003年版，第687～689页。

[2] 国务院人口普查办公室、国家统计局人口和就业统计司编：《中国2010年人口普查资料》，中国统计出版社2012年版，第37页。

[3] 新疆维吾尔族自治区统计局编：《新疆统计年鉴2012》，中国统计出版社2012年版，第104、106、108、110页。

维吾尔族总人口的0.64%；[1] 到“六普”时，内地维吾尔族人口为6.8万人，与“五普”时内地维吾尔族人口相比，增长了26.4%，而占全国维吾尔族总人口的比例也上升至0.68%。[2] 这表明：一方面，十年间进入内地的维吾尔族人口在数量上有所增长，增长比率较高，除了内地原有维吾尔族人口的自然增长外，一定程度上反映了内地社会发展对新疆维吾尔族人口的吸引力；而另一方面，虽然十年间内地维吾尔族人口出现较高的增长率，但高增长率建立在原有维吾尔族人口基数极小的基础上，现有内地维吾尔族人口绝对数量仍较少，绝大多数的维吾尔族人口依然固着于新疆本地。农业人口占绝大多数的维吾尔族人内在的安土重迁的传统观念，传统维吾尔族文化与内地主流文化的异质性，以及部分维吾尔族个体民众存在的受教育水平相对落后与技能水平的单一性等，均限制了新疆维吾尔族人口向内地的流动。

就分布区域而言，截至“六普”，维吾尔族人口在4 000人以上的省区有北京、上海、浙江、湖南、广东、江苏、山东等7省市，其中北京、湖南、广东的维吾尔族人口均达到6 000人以上；而维吾尔族人口在1 000人以下的有河北、山西、内蒙古、黑龙江、安徽、江西、海南、贵州、西藏、青海、宁夏等11省区，其中海南、西藏、青海3省区的维吾尔族人口低于500人。[3] 由此可见，就内地维吾尔族人口的整体分布趋势来看，维吾尔族人口更倾向于移入首都和东南沿海经济发达省区，而选择移入边疆民族地区的则极少。笔者认为，这种选择与流入地区的经济社会发展有关，也与这些区域的开放性，尤其是文化上的兼容并蓄密切相关。

另外，随着维吾尔族自身人口发展、维吾尔族传统社会的发展变迁以及内地各省市经济社会的发展变化，内地维吾尔族人口的分布在“五普”与“六普”期间也出现了一些变化。表2和表3为两次人口普查数据所显示的内地部分区域维吾尔族人口分布情况，笔者将其分为两类：[4]

---

[1] 国家统计局和社会科技统计司、国家民族事务委员会经济发展司编：《2000年人口普查中国民族人口资料》，民族出版社2003年版，第6页。

[2] 国务院人口普查办公室、国家统计局人口和就业统计司编：《中国2010年人口普查资料》，中国统计出版社2012年版，第37页。

[3] 国务院人口普查办公室、国家统计局人口和就业统计司编：《中国2010年人口普查资料》，中国统计出版社2012年版，第37页。

[4] 国家统计局和社会科技统计司、国家民族事务委员会经济发展司编：《2000年人口普查中国民族人口资料》，民族出版社2003年版，第6页。国务院人口普查办公室、国家统计局人口和就业统计司编：《中国2010年人口普查资料》，中国统计出版社2012年版，第37页。

表 2　维吾尔族人口大幅增加的区域　　（单位：人）

	北京	天津	上海	江苏	浙江	山东	湖北	广东	宁夏
“五普”	3 129	974	1 701	2 213	785	2 386	1 457	3 057	312
“六普”	6 975	2 170	5 254	4 367	5 377	4 635	2 577	6 438	613

表 3　维吾尔族人口大幅减少的区域　　（单位：人）

	河北	山西	内蒙古	安徽	贵州	西藏	青海
“五普”	1 785	1 084	1 259	1 733	1 149	701	431
“六普”	864	670	658	710	548	205	209

根据两次人口普查资料，笔者发现，2000—2010 年十年间内地维吾尔族人口数量有大幅度增加的地区有北京、天津、上海、江苏、浙江、山东、湖北、广东、宁夏等 9 省区市，而这些省区市绝大多数也是目前维吾尔族人口的绝对数量在全国除新疆外占据优势的地区。其中浙江省维吾尔族人口十年间增长了近 6 倍，上海市维吾尔族人口增长了 2 倍，其余 7 个省区市增幅在 1 倍左右，维吾尔族人口数量均有较大幅度的增加。这些维吾尔族人口大幅增加的地区，多为东南沿海经济发达省区，印证了迁入地的巨大拉力在人口迁移与流动中的作用，即区域经济发达及第三产业的迅猛发展，为迁移人口提供了更多的就业渠道，由此也吸引了大量的维吾尔族人口迁移。

表 3 显示，2000—2010 年十年间内地维吾尔族人口数量大幅度减少的地区有河北、山西、内蒙古、安徽、贵州、西藏、青海等 7 省区，而这些省区绝大多数也是目前维吾尔族人口在 1 000 人以下的地区。其中西藏维吾尔族人口减少了 71%，其余各省区降幅在 38% ~59% 之间。这些维吾尔族人口大幅减少的地区多为边疆民族地区，与经济不发达地区基本重合，对于维吾尔族迁移人口来说，拉力严重不足。

两次人口普查期间内地维吾尔族人口分布的发展变化，很大程度上表明，经济发达地区或第三产业发展迅速的区域，能够为外来人口提供更多的就业机会，而内地部分发展迅猛的区域其文化的开放性与包容性是促使少数民族人口迁移的重要原因之一。因而，内地区域的经济发展、第三产业的开拓及文化的包容性是吸引边疆民族地区少数民族人口流入的重要因素；与之相应的是，疆内维吾尔族人口的流动选择及意愿，同样也与疆内第三产业的发展密切相关。

总之，就维吾尔族人口分布来看，疆内的维吾尔族人口分布以南疆为主，其中在南疆阿克苏、喀什、和田三地州一直占据人口数量的绝对优势；疆外的维吾尔族人口分布趋向于东南沿海发达省区，这与当地所提供的就业机会与文化包容性密不可分。

除此之外，在族群发展视域下，族群的受教育水平与行业水平也是衡量族群发展的重要指标。

三、维吾尔族人口受教育水平

（一）整体受教育水平

2000 年“五普”时，维吾尔族 6 岁及 6 岁以上受教育人口为 663.74 万人，占 6 岁及 6 岁以上人口的 88.33%；2010 年“六普”时，维吾尔族 6 岁及 6 岁以上受教育人口为 859.88 万人，占 6 岁及 6 岁以上人口的 96.49%，受教育比例增加了 8.16%。[1] 两次人口普查期间，维吾尔族人口的受教育普及率有了较大程度的提高，一定程度上显示了维吾尔族人口素质及族群发展水平的提高。

（二）学历结构差异

2000 年“五普”时，6 岁及 6 岁以上维吾尔族适学人口中，未上学人口为 66.33 万人，占适学人口的 8.83%；完成义务教育人口为 583.68 万人，占适学人口的 77.68%；大学及以上人口为 20.6 万人，占适学人口的 2.74%，其中研究生 962 人，占 0.01%。到 2010 年“六普”时，6 岁及 6 岁以上适学人口中，未上学人口为 31.24 万人，占适学人口的 3.5%；完成义务教育人口为 744.66 万人，占适学人口的 83.56%；大学及以上人口为 56.56 万人，占适学人口的 6.35%，其中研究生 4 566 人，占 0.05%。[2]

从统计数据及对比可以看出，一方面，在绝对数量上，十年间维吾尔族适学人口中的未上过学人口与仅有小学文化程度人口数量大幅减少，初中、高中、大学及以上人口均有大幅增加；在比例上，除未上学人口所占

[1] 国家统计局和社会科技统计司、国家民族事务委员会经济发展司编：《2000 年人口普查中国民族人口资料》，民族出版社 2003 年版，第 128 ~ 131 页。国务院人口普查办公室、国家统计局人口和就业统计司编：《中国 2010 年人口普查资料》，中国统计出版社 2012 年版，第 259 ~ 261 页。

[2] 国家统计局和社会科技统计司、国家民族事务委员会经济发展司编：《2000 年人口普查中国民族人口资料》，民族出版社 2003 年版，第 128 ~ 131 页。国务院人口普查办公室、国家统计局人口和就业统计司编：《中国 2010 年人口普查资料》，中国统计出版社 2012 年版，第 259 ~ 261 页。

比例下降3.33%外，其余各阶段人口占适学人口比例均有所提高。以上表明，十年间维吾尔族人口的受教育水平在各阶段均有一定程度的提高。另一方面，通过两次人口普查数据的比例我们发现，维吾尔族适学人口中以义务教育为主，高等教育所占比例及绝对数量均不高，尤其研究生的人口数量较少，反映出维吾尔族人口的高等教育水平、高层次人才的培养还有待提升。我们将以上数据与“六普”时汉族适学人口相关数据进行比较，发现汉族适学人口中的未上学人口与完成义务教育人口所占比例均不及维吾尔族人口相对应的数据，但汉族适学人口中大学及以上人口占9.74%，其中研究生占0.35%，❶ 这两项高等教育相关数据均高于维吾尔族人口相关数据。两个民族人口受教育水平的对比，一方面显示了自1949年后中国政府对少数民族人口教育扶持及普及的巨大成就，另一方面则表明当前维吾尔族高等教育还须进一步加强。

基于上述数据，我们认为，维吾尔族教育在十年间有了较大程度的提高，尤其是义务教育在维吾尔族人口中的普及，对于维吾尔族群体受教育水平的提高有较大推动作用。但在现有教育基础和水平上，仍需要在维吾尔族人口的高等教育方面加大力度，以促进维吾尔族高层次人才的产出。“教育是影响后来的职业地位、收入和生活方式的关键因素。”❷ 高等教育在维吾尔族人口中的逐渐推广，势必对维吾尔族的族群发展，乃至边疆安全与稳定产生积极影响。

（三）性别差异

“五普”时，维吾尔族男性适学人口为382.24万人，其中未上过学的人口为31.56万人，占8.26%；完成义务教育的人口为298万人，占77.96%；大学及以上人口为10.93万人，占2.86%，其中研究生647人，占0.02%。维吾尔族女性适学人口为369.17万人，其中未上过学的人口为34.77万人，占9.42%；完成义务教育人口为285.67万人，占77.38%；大学及以上人口为9.68万人，占2.62%，其中研究生315人，占0.009%。就“五普”数据来看，女性在未上过学比例上高于男性，其余指标均低于男性。

“六普”时，维吾尔族男性适学人口为450.67万人，其中未上过学的人口为14.7万人，占3.26%；完成义务教育的人口为380.11万人，占

❶ 国务院人口普查办公室、国家统计局人口和就业统计司编：《中国2010年人口普查资料》，中国统计出版社2012年版，第259～261页。

❷ F. 科普林、C. 格德沙尔德：《族群分层》，参见马戎编：《西方民族社会学经典读本——种族与族群关系研究》，北京大学出版社2010年版，第149页。

84.34%；大学及以上人口为26.61万人，占5.9%，其中研究生2419人，占0.05%。维吾尔族女性适学人口为440.46万人，其中未上过学的人口为16.53万人，占3.75%；完成义务教育的人口为364.55万人，占82.77%；大学及以上人口为29.49万人，占6.7%，其中研究生2147人，占0.05%。就“六普”数据来看，女性在未上过学比例上高于男性，大学及以上比例高于男性，研究生比例相当，仅完成义务教育指标低于男性。

将维吾尔族男性与女性的受教育水平各项指标与维吾尔族人口整体受教育水平的指标相比，“五普”时除未上过学这一指标男性低于平均值外，其余指标男性均高于平均值，女性的指标则均与男性指标相反；反映了“五普”时维吾尔族男性的受教育水平在各个阶段均优于女性受教育水平。至“六普”时，未上过学和大学及以上两项指标男性低于平均值，其余指标男性均高于平均值，而女性相对应指标与男性恰恰相反；反映了2000—2010年十年间维吾尔族女性教育在延续之前的教育传统与水平基础上，高等教育有了较大程度的提升，也是维吾尔族女性教育的亮点。

通过上述指标我们发现：（1）2000—2010年十年间维吾尔族男性与女性的受教育水平在各项发展指标上均有较大程度的提高；（2）维吾尔族女性的受教育水平十年间有了一定程度的提高，尤其在高等教育方面有了较大提升，且逐渐高于男性指标，性别比差异逐渐缩小。维吾尔族女性高等教育指标提升并超越男性指标，既与维吾尔族家庭传统教育观念的转变有关，更与当前中国社会转型期就业机会的性别差异、不均等所导致的女性延缓就业、继续深造密切相关，后者是导致维吾尔族女性高等教育相关指标较男性高的直接原因。

四、维吾尔族人口行业水平

2000年“五普”时，国家将行业分为16个大类。维吾尔族从业人口共计45.08万人，排名前五的行业依次为：农、林、牧、渔业从业人口36.26万人，占从业总人口的80.43%；批发和零售贸易、餐饮业从业人口1.86万人，占4.13%；制造业从业人口1.73万人，占3.84%；教育、文化艺术及广播电影电视业从业人口1.5万人，占3.33%；国家机关、政党机关和社会团体从业人口1.15万人，占2.55%。就上述比例来看，维吾尔族人口的绝大多数仍从事着与第一产业相关的行业，尽管其他四类，即从事商贸活动、传统手工业、文化教育事业及公务员序列的人口排名靠前，但总体数量较少。排名后五位的行业，除“其他行业”外，依次为：

房地产业从业人口185人，占从业总人口的0.04%；科学研究和综合技术服务业从业人口282人，占从业总人口的0.06%；金融、保险业从业人口1 162人，占从业总人口的0.26%；地质勘查业、水利管理业从业人口1 199人，占从业总人口的0.27%；采掘业从业人口1 781人，占从业总人口的0.4%。就行业排名后五位的基本情况来看，维吾尔族人口从事跟金融、高科技、专业技术服务相关行业的人口极少，这一比例与较长时期内维吾尔族人才培养现状有关，专业技术类人才严重缺乏。

至2010年“六普”时，国家对行业分类进行了调整，将行业重新划分为20个大类。维吾尔族从业人口共计54.83万人，排名前五的行业依次为：农、林、牧、渔业从业人口45.28万人，占从业总人口的82.58%；批发和零售业从业人口1.83万人，占从业总人口的3.34%；公共管理和社会组织从业人口1.32万人，占从业总人口的2.41%；从事教育的人口1.28万人，占从业总人口的2.33%；制造业从业人口1.24万人，占从业总人口的2.26%。排位前五名的行业基本与“五普”时保持一致，维吾尔族人口仍以第一产业作为最主要的行业支撑和生计依靠，且比例有所上升；其余四类行业中，由于“六普”时的行业分类是从“五普”时部分大类中剥离出组成一些新的类别，因而从事商贸活动、教育事业的比例有所下降；制造业从业的绝对人数和比例均有所降低；公共管理和社会组织类与“五普”的国家机关、政党机关和社会团体类相似，在从业人口与比例上基本与“五普”相当。后四类虽排名靠前，但绝对数量与比例仍相对较小。排名后五位的行业门类依次为：国际组织从业人员仅2人；科学研究、技术服务和地质勘查从业人口540人，占从业总人口的0.1%；房地产业从业人口686人，占从业总人口的0.13%；信息传输、计算机服务和软件业从业人口899人，占从业总人口的0.16%；金融业从业人口1063人，占从业总人口的0.19%。就统计数据来看，“六普”时，房地产业绝对人口比“五普”增加了3倍以上，比例也有所提升；科研服务类因增加了地质勘查从业人口，因此数量、比例均有增加；金融业类较“五普”减少了保险业从业人口，数量、比例有所减少；国际组织、信息软件类属于根据社会发展新增的行业门类，数量与比例均较低。以上排名后五位的行业相关数据同样反映了较长时期内维吾尔族人才培养体系存在的问题。

“五普”时行业的16个大类，在“六普”时半数行业门类得以保持，半数行业门类进行了重新分类组合。分析后我们发现，“六普”的行业分类除国际组织与信息传输、计算机服务和软件业两类属于全新的门类外，其他分类在组合后均可与“五普”相关数据进行对照。通过对比发现，首先，“六普”时无论是绝对数量还是所占比例，较“五普”数据均有所增长的行业门类包括：农、林、牧、渔业，建筑业，交通运输、仓储和邮政业，房地产业，水利、环境和公共设施管理业，批发和零售业，住宿和餐饮业，科学研究、技术服务和地质勘查从业等八类。表明2000—2010年十年间，维吾尔族一些传统行业从业人口保持增长态势，新疆基础设施的建设推动了相关行业从业人数的增加，而与时代发展同步的房地产业、住宿和餐饮业、科研等行业的人口也有所增加。其次，“六普”时从业人口的绝对数量和增长比例均下降的行业门类包括制造业，电力、燃气及水的生产和供应业，金融业，教育业，文化、体育和娱乐业等五大类。除金融业因在“六普”行业分类中去除了保险业而导致相关数据下降，其余四大类行业相关数据均出现绝对下降。除上述两类外，其余门类虽从业人口的绝对数量有所增加，但增幅不及维吾尔族从业总人口的增速，因此所占比例也有所下降。

以上数据表明维吾尔族人口的行业发展水平呈现出以下特点：其一，十年间，从事农业的维吾尔族人口一直维持着占绝对优势的比例，反映了新疆绿洲农业发展水平不高及农业机械化程度不足，并由此表明维吾尔族族群发展在行业发展方面的分化水平不高与高度集中化；其二，维吾尔族从业人口仍在传统行业门类中，与时代进步发展息息相关的金融业、信息软件业、房地产业、科研、技术服务业从业人口数量及所占比例均较低。维吾尔族从业人口的发展变化与人才培养现状，尚不能很好地适应今天全球化、现代化的发展；其三，维吾尔族人口行业水平的发展变化，与社会发育、发展程度直接相关，这两个因素影响了某一行业从业人口的增加或减少。随着社会现代化进程的推进，一些传统行业门类随着科技的进步其从业人口逐渐减少，如维吾尔族传统手工制造业等；同样源于社会发展，一些新兴行业从业人口得以逐渐增长，如计算机服务与软件业等。总体上，透过对行业水平的分析能够初步得出结论：从维吾尔族人口的行业水平角度看，新疆社会经济发展水平仍较低，[1] 与之关联的维吾尔族族群发展水平也不高。

五、结　语

基于人口发展之于族群发展的重要性，通过上述分析，我们得以初步

---

[1] 参见佟新：《人口社会学》（第四版），北京大学出版社2010年版，第208页。

发现维吾尔族人口在2000—2010年十年间的发展变化情况。笔者认为，无论从维吾尔族本身人口数量的发展变化去探究，还是从维吾尔族受教育水平、行业水平及与之相关的区域分布等角度考虑，“五普”至“六普”的相关统计数据和对比分析，均显示了2000—2010年十年间维吾尔族人口素质的进一步提升，包括维吾尔族人口的再生产以及个体乃至族群发展能力的提升，由此从人口发展角度展现了十年间维吾尔族发展的成效。

从上述分析中同样可见，维吾尔族人口分布呈现疆内高度集中、内地比重极低的态势，且存在高等教育水平发展不足与教育的性别差异，以及其行业水平中农业从业人口的绝对优势与新兴行业从业人口数量及比例均较低的实际对比。这些对比中的落差与不足，显示出维吾尔族人口在新时期发展的问题。因此，在继续普及维吾尔族义务教育的基础上，应进一步提升其高等教育水平和职业技术教育水平，着力培养维吾尔族高层次及专业技术人才，并在着力推动维吾尔族人口素质提升的基础上，有效促进维吾尔族族群发展，以促进新疆经济社会的发展和边疆安全与稳定。

民族文化的未来重在保护的制度化和参与化

——鄂伦春族狩猎文化保护方式探索

晓 兰

（内蒙古社会科学院民族研究所）

“文化保护”是一项意义深远的国家战略，在全球化的国际对接过程中，“文化”影响着每个国家的价值取向。从文化人类学的角度谈“文化保护”。首先，我们研究“文化”，就是研究人类如何适应环境，并以怎样的方式利用环境、改造环境而形成、打造文化的。我们研究“文化保护”就是深入探讨“文化”作为历史进程中不可或缺的要素是如何产生规律性影响的。其次，研究“文化保护”就是研究文化的价值所在，在人类历史进程中，特色不同、指向不同的“文化”，证明了“文化”对发展的推力和阻碍。只有深入研究和释解文化，思考不同特点的民族文化和地域文化，以及历史文化，探究与“文化”密不可分的“族群”的特质，研究“文化保护”中“人”的作用，才能实现多民族国家的和谐稳定发展。

一、狩猎文化是什么

狩猎文化是鄂伦春人千百年来在大、小兴安岭和外兴安岭地区的游猎生活中，与自然不断碰撞而形成的、与特定的自然环境相适应的文化行为。“敬畏自然而遵从自然”的思维观念，游动迁徙的生存方式，合作和分享的社会准则，遵守和豁达的平和心态，构成了狩猎文化的基本特征。它的价值是：在以发展为目标的现代化的今天，在处于各种追求中的人类放弃理解这些文化意义的今天，通过对狩猎文化的研究，求解这些独特的小民族群体的传统文化与现代文化共生的问题，应是中国构建和谐社会和文化创新的重要命题。在文明的历史链条中，朴素的狩猎文化以直白的方式告诫着人与自然的关系，如果丧失他们用生命传承下来的文化理念，不仅影响到民族的生存，也将在市场化时期和后工业阶段失去理性思考。

二、关于鄂伦春族

据史书记载，鄂伦春人在元、明时期主要分布在贝加尔湖沿岸、外兴安岭、黑龙江流域直至库页岛的广大地区，1689 年清政府与俄罗斯签订《尼布楚条约》后，鄂伦春人的猎场渐渐转到黑龙江以南的大、小兴安岭地区。鄂伦春人曾经游猎的地方人迹罕至，成片的莽莽林海、数以万计的河流湖泊，这里有马鹿、驼鹿、狍子、野猪、熊、灰鼠、飞龙、棒鸡、野鸭和多种鱼类，飞禽走兽种类繁多，数千种树木、植物在这片土地上生根发芽。

鄂伦春族有文字记载始于清代，在史料中被称为“摩凌阿鄂伦春”、“雅发罕鄂伦春”、“俄尔吞”、“俄乐春”、“毕拉尔”等。新中国成立后，中国政府在民族识别中根据本民族意愿，族名确定为“鄂伦春”。“鄂伦春”是自称，有“山岭上的人们”和“有驯鹿的人们”两种意思。

鄂伦春族获得政治权力和政治平等的标志是在 1951 年 10 月 31 日，经中央人民政府政务院批准成立的鄂伦春旗。这是中国第一个自治旗，行政区划为 6 镇 2 乡，其中 4 个乡镇是猎区乡镇；总人口 28 万人，其中鄂伦春族2 500人；总面积 59 880 平方公里。

建旗 60 多年中，自治旗的行政区划方式有一些变化——鄂伦春自治旗境内有内蒙古大兴安岭林管局所属 6 个林业局和内蒙古大兴安岭农场局所属 6 个国有农场，林管局的施业区占自治旗面积的 92.8%，农场局的事业区占自治旗面积的 5%，自治旗政府可管辖的面积仅为旗境的 2.2%。[1] 其中，又有 1/3、即 18 910 平方公里的土地被黑龙江省加格达奇区和松岭区占用。[2] 林业收入曾经是鄂伦春自治旗 GDP 的主要来源，随着 1998 年后的国家“天然林保护工程”的实施，天然林限伐，林业收入由原来占财政收入的 80% 下降为 18%。[3]

---

❶ 鄂伦春自治旗旗委副书记、政府旗长莫日根布库：《参加全区民族工作会议讨论提纲》，2005 年，第 4 ~5 页。

❷ 中共鄂伦春自治旗委员会、鄂伦春自治旗人民政应：《向全国人大民族委员会调研组汇报提纲》，2006 年，第 2 页。

❸ 鄂伦春自治旗旗委副书记、政府旗长莫日根布库：《参加全区民族工作会议讨论提纲》，2005 年，第 4 ~5 页。

开发、建设是创造、建构新的历史的主要手段，社会与文化转型是鄂伦春族19世纪50年代以后的关键词。受社会大环境影响，60年间，鄂伦春族的社会、文化一直处于变化、变迁中，仅生产发展方针就变化了20次，而狩猎文化则经历了两次重大变迁。第一次发生在1950年代。1953—1958年，政府动员鄂伦春人下山定居，猎民住进了政府提供的木刻楞房和板夹泥房，生产方式为捕鹿养鹿、护林防火、种植业等多种经营，但狩猎还是主业，此段时期的定居和不成规模的养鹿业、农业没有撼动狩猎生活的根本。第二次是随着国家《野生动物保护法》的颁布，1996年1月鄂伦春自治旗人民政府作出禁猎决定。首先，自治旗的鄂伦春人告别了传统的狩猎，走上了农业化道路；而其他地区的鄂伦春人也因转变生产方式而宣告狩猎文化的彻底解体。同时，鄂伦春猎民住房在政府组织的四次更新中，由于搬家而弃掉很多物品，使人们生活中传统文化的印记差不多消失殆尽。

表面上，是禁猎和生产转型改变了鄂伦春族的传统文化，而大家来到兴安岭后看到的则是：近60年间的森林过度开发，外来人口无节制的对野生动物滥捕滥杀的商业化活动，其结果必然是鄂伦春人的狩猎活动即使不自动禁止，客观上也难以为继。不得不说的是，生态危机导致了生计危机，而生计危机则导致了鄂伦春人狩猎文化的解体。作为很有个性、很有特色的森林民族，自然生态和文化生态是鄂伦春人和鄂伦春族地区得天独厚的资源。狩猎文化的现状是：支离破碎——被表演化、被博物馆化、被舞台化、被旅游点化。

今天的鄂伦春人，只有少数几位60岁以上的老人还熟知并掌握着狩猎技能，多数青年人对传统狩猎一问三不知，也没有太大的兴趣掌握农耕技术；民族语言的使用范围也越来越小，会讲本民族语言的人屈指可数；会原生态民歌、民间舞的人，会“熟皮”做皮活的人，会做桦皮活的人，屈指可数；特色鲜明的民俗事项只能在篝火节、旗庆等场合被表演；唯一在世的萨满已经年老体衰，只能用“前无古人后无来者”表示了；家庭中族际婚占到86.19%[1]；年轻人上大学、当公务员的难度很大，尤其是猎民子弟。鄂伦春人的生存现状是：尽管政府多有政策和资金的扶持，而失去了传统生计的猎民无所适从，大多以低保为生。

面对民族文化濒临流失的现状，各级政府、基金会和鄂伦春人都在做抢救工作。目前，内蒙古自治区和黑龙江省有国家级非遗项目6个，传承

---

[1] 李晓霞：《中国各民族间族际婚姻的现状分析》，载《人口研究》2004年第3期。

人3人；省、自治区级非遗项目18个，传承人8人。自治旗、各民族乡建设博物馆（展览室）7个。近10年，内蒙古和黑龙江省的“鄂伦春族研究会”、大学、社科院每年都在召开主题不同的研讨会，发表和出版论文、著作近百篇（部），内蒙古电视台、黑龙江电视台、中央电视台以及鄂伦春自治旗政府，拍摄专题片、纪录片有10余部。

三、保护狩猎文化的含义和方法

在文化消失速度加快的现实面前，有不少学者指出：载体缺失阻碍着文化保护。文化是自然—社会—经济复合而成的文化生态系统，这里面包含着两个内容——民族和环境。因此，文化保护需要民族，也需要在一定的地理环境和社会环境中实现。从新中国成立以后我国民族工作的整体经验来看，中国民族文化的保护始终是在政府主导下进行的，非物资文化遗产保护成为国家提升软实力的重要举措，鄂伦春族的多项狩猎文化和多个传承人被国家、省、自治区所命名，保护和传承工作正在实施。

（一）保护狩猎文化的含义

有学者这样概括鄂伦春族和鄂伦春狩猎文化：极端的偏僻质朴，极端的民族个性，与环境又极端地协调。

1. 自然资源

（1）森林。大、小兴安岭是我国最大林区，内蒙古大兴安岭林区所辖的1 067万公顷范围内，活立木总蓄积已达到8.873亿立方米，50多年来，这个林区已为国家提供各种林产品1.8亿立方米。而作为东北乃至华北地区的绿色屏障，大兴安岭山脉及森林植被抵御着西伯利亚寒流和蒙古高原旱风的侵袭，使太平洋暖湿气流在此涡旋，为松嫩平原营造了适宜的农业生产环境。大、小兴安岭也是黑龙江、松花江、嫩江等北方水系的重要源头和水源涵养区。大兴安岭是我国唯一的寒温带明亮针叶林区和生物基因库，保存着天然的、完整的寒温带森林和湿地生态系统。林内适生着各类植物966种、鸟类250种、兽类56种、鱼类84种、两栖动物17种、森林昆虫444种，更重要的是大、小兴安岭生态地位特殊，在维护区域生态安全方面发挥着重要的、不可替代的作用。据专家测算，每年仅纳碳、贮碳、制氧等方面创造的生态效益就高达1 130亿元，是国家生态安全的重要保障区。

（2）湿地。2010年7月29日，大兴安岭深处的根河湿地被确认为

“亚洲第一湿地”，是中国目前保持原状态最完好、面积最大的湿地。湿地是地球三大重要生态系统之一，是自然界最富生物多样性的生态景观和人类最重要的生存环境之一，被人们誉为“地球之肾”。它不仅为人类的生产、生活提供多种资源，而且具有巨大的环境功能和效益，在抵御洪水、调节径流、蓄洪防旱、控制污染、调节气候、控制土壤侵蚀、美化环境等方面有其他系统不可替代的作用。内蒙古大兴安岭林区湿地面积86万公顷(不包括河流)，占林区面积的8.1%。

（3）植物多样性。林区已知湿地植物79科178属384种。其中苔藓植物19科22属50种；蕨类植物3科3属6种；裸子植物1科1属1种；被子植物56科152属327种。由于湿地涉及多项资源要素，因此国土、林业、农业、环保、水利、海洋、建设等多个部门的职能均涉及湿地。

（4）冻土。我国高纬度多年冻土主要集中分布在大、小兴安岭，面积为38万～39万平方公里。由于人类活动大多集中在温暖地区或低海拔平原地带，所以对于冻土的认识不是很多，但是随着人类活动空间的扩大以及对资源需求的增多，人类逐渐将目光投向了太空、海洋和寒冷的极区。多年冻土在内的寒区有着自己独特的环境特性，它是一个很脆弱的环境体系，一旦遭到破坏就无法挽回。

（5）泰加林。泰加林原是指西西伯利亚带有沼泽化的针叶林，现在泛指寒温带的针叶林。在北半球的寒温带地区，泰加林几乎从大陆的东海岸一直分布到西海岸，形成壮观的茫茫林海。在我国的分布包括大兴安岭和伊勒呼里山以北的林区，以及新疆阿尔泰山北端的喀纳斯区域，这是亚北极植物向南延伸的极限位置。寒温性的针叶林主要分布于人迹罕至的山中，生物种类比较少，但该区域的针叶林中的生物物种资源比较珍稀。现在，兴安岭地区原来莽莽的松树林被越来越多的非常养眼的桦树林取代，林业学家和生态学家说，这是冻土带萎缩的缘故，阔叶林吃掉了针叶林。

经过50余年的砍伐，有数据表明，兴安岭的森林以每年5公里的速度向后退。我们知道，因森林的减少而产生的生态问题永远不可能修复。恩格斯说过，“我们不要过分陶醉在我们对自然的胜利。对每一次这样的胜利，自然界都报复了我们”。是的，对自然的开发必须以了解自然，以服从自然规律和自然的发展规律为前提，只有这样我们才能更好的养活自己，并给子孙后代留下一个没有伤疤的地球！更重要的是未来的国家安全，将越来越依赖于生态以及自然资源的安全。

2. 关于民族

民族文化生态保护区的建设，对激活民族文化的生命力，对激励各民族在飞速发展的现代社会中的开拓精神，参与世界文化的交流和文化的新建构，具有长远的文化建设意义，也具有民族经济社会发展的文化产业意义。

（二）保护狩猎文化的方法

不断的追寻猎物的踪迹是狩猎民族的生活状态，游猎区域是几十平方公里或大到几百平方公里，因此，文化保护的切入点应该在文化系统与生态环境系统的耦合中寻找。也就是说，狩猎文化的保护不仅仅是要保护“赞达仁”、“萨满舞”、“桦皮船制作技艺”或者“古伦木沓”（节日）等几近失传的项目，也不应该仅仅让几个传承人担当。中国政府提出了民族文化保护的主要思路——《国家“十一五”时期文化发展规划纲要·民族文化保护》，根据“纲要”提出的目标，2007 年启动了“文化生态保护实验区”建设，至今已有 15 个国家级“文化生态保护区”，各省、市、自治区又命名了数量不同的“文化生态保护区”。“鄂伦春族狩猎文化生态保护区”也在 2013 年得到内蒙古自治区的命名。

文化生态保护区是实现非物质文化遗产活态传承、整体性保护、可持续性保护的重要方式。2009 年，文化部副部长周和平指出，文化生态保护区建设的第一工作是对一个相对完整的文化形态进行确认和对构成其文化生态关系核心的非物质文化遗产进行特性分析，然后进行科学的区域划定。第二，民众是非物质文化遗产的持有者，是构建和调适文化生态保护区各种关系的主体。因此，尊重民众对文化权益的诉求，是开展文化生态保护区工作的基础。第三，在特定的区域中，通过采取有效的保护措施，保护和修复非物质文化遗产和与之互相依存的生态环境。2012 年 5 月 1 日起开始实施的《贵州省非物质文化遗产保护条例》是中国首例保护非物质文化遗产的地方性法规，给全国各民族的文化保护起到了示范作用。

1996 年，鄂伦春自治旗实施禁猎转向农耕，理由是“保护生态环境”。不过，公众的共识是“狩猎肯定不是生存环境恶化的主要原因”。鄂伦春人对自己赖以生存的自然环境有着天然的保护意识，生产生活中鄂伦春人有着约定俗成的规矩：不允许射杀怀孕或正在交配的动物，万不得已不许射杀带有幼仔的动物；除了搭盖“斜仁柱”和制作桦皮船，绝不能砍伐活树，生活所用烧材应该是枯死的站杆和散落在地的树枝；搬迁时必须把灰烬埋在土里；不能住在离河近的地方，以防弄脏水源，等等。这就是狩猎文化的核心价值——“敬畏自然而遵从自然”的理念。

我们要认识到，主体的发展决策参与权是人口较少民族文化保护的核心。自然资源开发中实际上存在着政府利益和当地猎民利益的不一致，存在着国家、当地政府、外来资源开发者和猎民之间的博弈，存在着当地猎民利益受到侵害的问题，同时也存在着不当的自然资源开发对于生态环境造成破坏的问题。在自然资源开发中，如何使法律和政策能够保护当地猎民群体的权益？这是需要深入探讨的问题，也是针对人口较少民族落实科学发展观的过程中亟须解决的问题。

自然生态是文化生存的基础，我们需要调动传统文化反思开发模式。大、小兴安岭是鄂伦春人的猎场，也是鄂伦春人的家园。今天的大、小兴安岭，不仅仅是鄂伦春族文化意义上的发源地，不仅仅是森工企业经济意义上的开发区，而是承载了环北极地区生态的地球生态意义上的保护区。我们要保护的狩猎文化，涵盖了文化、经济社会发展、生态保护的基本规律，这是无论科技如何发展人类社会都无法避开的三个要素。

问题的关键是，狩猎文化的保护必须与资源所有权和生存权联系起来，即把文化保护与鄂伦春人的未来发展联系起来。换言之，只有先保障他们的“环境资源权利”，才可能谈及他们的生存权和发展权，也才能谈及对这个小民族的文化保护。因此，狩猎文化生态保护区具有国家法律确认的自主权是非常必要的。民族区域自治制度的制度性安排，使鄂伦春族具有了特殊的社会资本，他们在社会财富、权利分配等方面具有优先权，可以得到很实惠的利益，但并能不保证他们就是这片土地资源的使用者和管理者。在政府的指导下，在文化保护和文化建设中，制定和实行有别于一般地区的方针政策、工作措施以及相应的评价体系，进行体制和机制创新，是保护鄂伦春族狩猎文化的具体方法。以鄂伦春族狩猎文化保护为例，研究文化保护的方法、措施，建立保护制度、条例等，探索具有中国特色的文化遗产保护与经济社会全面协调可持续发展之路，真正实现各民族共同繁荣发展的目标。

浅论彝族传统垃圾观和当前垃圾问题*

李金发

（红河学院人文学院）

在日常的生产、生活中，失去利用价值的废物、废料、废液等无用物俗称垃圾。人类文化具有适应性，这种适应包括对周围自然环境和所处社会环境的适应，因而决定了每个社会、每种文化对垃圾的认知、处理方式会有差异，反过来，垃圾对社会、环境的影响也会不同。认知人类学认为，应该以认知的方法和分类方法为焦点深入挖掘文化，本文对滇中、滇南彝族的传统垃圾观念和现代垃圾问题进行初步考察，以期发现两者的差异、关联及影响。滇中、滇南的彝族主要位于哀牢山脉和红河流域，这一地区现处在剧烈的社会变迁中，这里的彝族多为尼苏支系，属于彝语南部方言区，区域内的彝族在语言、信仰、习俗方面大体相同。这一地区的彝语中没有与汉语词汇“垃圾”直接对等的词汇，只有“不要的”、“废弃物”、“剩余废料”三个词汇，现在，这三个词汇的所指范围扩大，均可指代现代生活中的各种“垃圾”。

一、传统的垃圾观

农业生态系统是占据一定自然空间的客观实体，是以绿色植物为主体的生命系统（绿色植物、人、动物、微生物）与环境系统、经济—技术系统的有机组合。[1]滇中、滇南彝族传统文化中的垃圾，是地方农业生态系统中的一个重要方面。解放前，这里的彝族拥有浓厚的原始宗教信仰，已经进入封建地主制经济，过着自给自足的小农经济生活。传统的“垃圾”在观念及其实践中，与农业生产生活和生态环境有机联系，传统的垃圾可

---

* 本文为国家社科基金西部项目《红河流域彝族传统生态文化与生态文明建设研究》（项目编号：13XMZ061）的阶段性研究成果。

以分为许多类型，它们可分类、累积、分享、降解和再利用。

（一）传统垃圾的类型

（1）牲畜粪便。牲畜排泄物经过处理，使之成为粪土，变成固态有机肥。滇中、滇南彝族有饲养家禽畜的习惯，牛棚、马厩、猪圈都在主人家的旁边，多为单独一栋小房子。平时，家禽家畜的屎尿全都排泄在圈房里，但是圈房里一般不会湿漉漉的屎尿四流，因为，这些粪便在当地人眼里是“农家肥”，即有机肥料，是做了特殊处理的。出于提高农家肥的质量和保持圈房干燥的双重目的，人们会把玉米秆、松毛、麦秸秆以及干杂草等扔进圈房内，当地人把这叫作“踩粪”或“踩肥料”，这些杂质、杂草和着粪便被牛长时间踩踏，变成了质量上好的有机肥。农民一个月会清理一次这些农家肥，把踩好的粪便用锄头挖铲到圈房中的角落里，然后再放入新的秸秆和杂草，让家畜踩踏。这样循环下来，一个栽种季节里可以积累许多有机肥，在栽种时候将农家肥背到地里施肥。

（2）人的粪便。人的粪便经过处理，使之成为粪水，变成液态有机肥。滇中、滇南的彝族，传统上家家都有一个自用的厕所。厕所的构造比较简单，一般是在地面上挖一个长宽为 2m × 2m、深 1.5m 左右的坑。人的粪便入坑，就成了比较简单的厕所。厕所中的粪便经过长时间的发酵、粪化，就成为了液体形式的农家肥，即粪水。由于人的粪便，液体过少，臭味太大，粪化时间长，当地人去田埂地头割来许多蒿草，再倒入几桶水。蒿草的液汁很苦涩，但是又有一种清香气味，可以很好地减轻粪便的臭味，同时，泡烂了的蒿草加速了粪便的粪化过程。人们喜欢用厕所里的粪水来给蔬菜施肥。

（3）秸秆。秸秆既是饲料，也是制作有机肥的原料。过去当地人舍不得将秸秆扔掉，而是将其扔进牲畜的圈棚中，牲畜首先会将柔软的地方吃掉，坚硬的部位被牲畜不断踩踏，与牲畜粪便和在一起，最后成为了粪土。

（4）厨房垃圾。即做饭和吃饭过程中产生的垃圾。传统的习惯是，当地人会对这些厨房垃圾分类，坚硬的骨头一般会扔给狗吃，狗吃不完的会在门外和其他东西一起烧灰堆；剩汤、剩菜、剩饭一般喂猪狗，猪狗不吃的扔到厕所里。

（5）建筑垃圾。滇中、滇南的传统彝族民居是土掌房，为土木结构的建筑，在修建房屋的过程中产生的建筑垃圾主要是石头、木料。

（6）病死的牲畜。即染病死亡的牲畜。

（7）房前屋后的软性垃圾。所谓软性，是指非石头、金属类垃圾，这种垃圾当中掺杂着废弃的木质物、杂草、土块、灰尘、布料、骨头，等等，成碎片状。

（8）废水。滇中、滇南的彝族村寨，多数村寨的下方都会有一个小水塘，因为彝族村寨依山坡而建，所以家庭生活如洗菜、洗衣服等生活废水以及村落道路中间的积水，都会流向村寨下方的小水塘。这个小水塘也被称为滚牛塘，原因是水牛最喜欢在水塘中间打滚。

（9）废铁烂铜类垃圾。传统小农经济生活中，机械作业的工具还没有使用，只有铁器农具和铁器生活用具，铁器农具一般有斧头、犁头、镰刀、小刀、锄头、铲子等，铁器生活用具一般有门锁、铁锅、铜锅、火塘三脚架、猎枪、牛铃铛等。这些铁制物品报废后，就变成了废铁烂铜。

（10）巫术祭祀用品类垃圾。滇中、滇南的彝族信仰原始宗教，巫风盛行，寨子里有人受惊吓、去世、生病、遇事不顺、婚姻不幸等，人们都要进行巫术活动来禳解。常见的祭祀用品包括：木制的鬼板、纸张咒符、纸扎的人、一碗饭、一碗酒、染上牺牲血的祭物、松明制作的火把、衣物、果品等东西，由于这些东西是“神圣”物，与鬼、神有关，因而无人敢动，也就变成了垃圾。这类垃圾并不普遍，只是隔三差五会有，只出现在靠近寨头和寨尾的路边。

传统彝族村寨中，在以上几种垃圾中，最普遍和占多数的是粪便类垃圾，其次是建筑垃圾和房前屋后的软性垃圾。

（二）传统垃圾的处理方式

传统上，滇中、滇南的彝族村寨对垃圾的处理成为小农经济和农业生活中的一个重要的方面，可以说，一切垃圾都不被视为“垃圾”，而是被视为一种“生产资源”，因为垃圾等同于农家肥。因此，对这些垃圾的处理，人们都是精心和谨慎的对待，处理垃圾得当和处理出的垃圾最多的人家，往往也意味着拥有的农家肥（粪土、粪水、炭灰等有机肥）多，田地也肥沃，作物也丰收，常被村人公认为勤快，持家有方。反之，垃圾少的人家，也意味着懒惰和持家无方。传统上，滇中、滇南的彝族村寨，垃圾的存放主要是一家一户式的存放和堆积，除了滚牛塘外，公共垃圾场（坑、房）的观念还没有出现，垃圾是私人拥有的财产。

滇中、滇南的彝族传统文化中，“垃圾”就是“农家肥”，因而，对垃圾的处理方式也是围绕着如何使之变成农家肥这一目标而进行的。在传统农业中，很多垃圾都可以用以下的处理方式来处理。

（1）集中堆放式处理。这种处理方式主要用在圈房和房前屋后，就是将垃圾集中堆放、层层叠加，让其自然腐化、粪化，或是堆积到一定程度时用火焚烧，使垃圾变成粪土或炭灰。如在圈房中对牲畜粪便、秸秆、杂草的处理，基本上采用的就是这种处理方式。

（2）浸泡式处理。这种处理方式主要集中在厕所，人畜的粪便配合蒿草等植物在粪水中浸泡，就可以持续地将粪便处理成为粪水了。刚排泄出来的粪便具有屎尿的臭味，而粪化以后的粪水虽还具有一股臭味，但是已经没有令人作呕的生屎臭味了。

（3）焚烧式处理。这种方式主要用在灶台火炉里、火塘里和房前屋后的垃圾堆上。有些可焚烧的垃圾，如秸秆、玉米棒子、细碎垃圾等，可以直接铲进灶台的火炉中焚烧。房前屋后的垃圾堆通常也焚烧，当地人俗称烧灰堆。房前屋后不断堆积的垃圾，如果能自然风化、腐烂、降解，就可省却焚烧的过程，直接做粪土。如果不能粪化，就需要将其做焚烧处理，但是烧的时候，要求是粗糙的焚烧，不能烧得太彻底，如果烧得太彻底，垃圾烧成了粉末，容易被风吹走，所以烧垃圾堆的时候采用的是闷烧式，即明火焚烧得差不多的时候，用一些蒿草、宽叶子植物覆盖上去，把明火熄灭，变成暗火闷烧，这样可以保证垃圾被焚烧成颗粒而不是粉末。这种颗粒化的炭灰配合着粪土施肥，效果较好。

（4）共享式处理。建屋盖房是农民的头等大事，但谁家都不能精确估计建筑用料，建盖的时候总是会多出来一些或者少一些。因此，一些主人家用剩的建筑材料就可以送给或借给其他人家使用。这样，一来可以避免资源浪费，二来可以将暂时用不到的资源储存在给予—回报的乡村互惠体系中，以后自己家想用时，还有机会再次获得其他人家的建筑材料来用。此外，因为家庭人丁和所饲养的牲畜数量不一样，因此粪土、粪水有时也会进入互惠体系中。

（5）再利用方式。再利用方式可以分为直接再利用和间接再利用，集中堆放、浸泡、焚烧等方式都可以归为间接再利用。直接再利用，指在不改变物体的原有性质和基本用法的情况下，将物体挪到其他场所中使用。这种直接再利用的方式最典型的就是建筑垃圾，如将建筑剩余或废弃材料像石块、木头等拿来修建沟渠、田埂、修路铺路。

（6）自然风化、腐烂、降解的方式。露天存放的垃圾，人们一般将其集中堆放，像牲畜粪便、枯枝树叶、秸秆、杂草、木屑等，长时间遭受风吹日晒雨淋，层叠累积堆放，一般会自然风化、腐烂、降解，转变成为粪土。但这种处理方式所需要的时间较长，一般要 3 个月左右才能完成粪化过程。巫术祭祀用品类垃圾也采取这种处理方式，自然出现，自然消亡。

（7）深坑掩埋。这种方式使用较少，因为家禽、牲畜的死亡现象不是经常发生。偶尔出现家禽家畜中瘟疫死亡，禽畜的死尸人们不敢吃，通常的做法是在远离村子的向阳山坡上挖一个深坑掩埋，一方面很好的处理了垃圾，另一方面也避免了瘟疫的扩散。

（8）翻修、售卖。铁制的农具和生活用具报废后变成了废铁烂铜，农民们的通常做法是趁到山外赶集的时候，带到集镇上的铁匠那里，如果能修好，就出钱让铁匠修好；如果实在修不好，则折旧卖给铁匠，再买新的。

二、现代垃圾问题

民间分类是从自然界内部，从个人的角度，以自身和自然的关系为中心去分类身边的世界；而科学分类，是站在自然界之外进行的分类，其中隐藏着强烈的支配自然的欲望。[2]现代垃圾指的是现代社会生活中产生的垃圾。自从改革开放后，如同全国其他地区一样，滇中、滇南彝区的社会、经济、文化取得了长足的发展，彝族村落社会处于剧烈的社会变迁中，人们的生计方式、房屋建筑、生活模式、思想观念等也发生了巨大的转变。但是，在从小农经济生活向市场经济生活转变的过程中，多数人的观念还是旧的那一套思维模式，旧的观念不能应对所有新产生的事物。因此，对待新出现的现代垃圾，人们往往不知道该如何认识和处理，因此，一定程度上造成和加剧了彝族村落的垃圾污染问题。

（一）现代垃圾

从科学上来说，垃圾大致可分三类：一是有害垃圾，它们会对人体健康或自然环境造成现实或潜在的危害；二是有机垃圾，即在自然条件下易分解的垃圾；三是无机垃圾，主要指可回收利用的物资。现代垃圾多数是改革开放后才出现的，目前，彝族村寨中的现代垃圾主要有以下六类：

（1）电子、家电设备类垃圾。包括 DVD 光盘、电池、灯管、灯泡、收音机、录音机、电视机、电子元件板等报废品。

（2）塑料类垃圾。塑料制品类垃圾近年非常多，主要有塑料地膜、饮料瓶、药瓶等。

塑料地膜（又称塑料薄膜）。覆盖地膜种植，可以保温、保湿、防止乱草滋长，效果很好，是地方农业部门极力推广的一项技术。地膜是一次性用品，栽种一次就需要更换，所以，每次地里的作物收回后，就需要将地膜从地里清除，然后才能开始耕犁。这些从地里淘汰的地膜就成为了无用的垃圾。

矿泉水瓶、饮料瓶类垃圾。现在的彝族村寨，红白喜事时，桌面上都供应有矿泉水和饮料，仪式或宴席结束后，主人家就有上百个喝空的矿泉水瓶、饮料瓶。

药瓶。包括用完或过期的农药瓶、兽药瓶、人药瓶。现在，彝族村寨的农业生物链制衡体系多被破坏，农作物病虫害流行，种植业严重地依赖现代化学农药，人们习惯于用完就把农药瓶就地或随意扔掉。

（3）玻璃类垃圾。包括酒瓶、玻璃瓶、玻璃块等玻璃制品。随着人们生活方式和居住模式的改变，使用的玻璃类器物越来越多，这些器物在方便人们的同时，部分也成为了垃圾，一些村民家里有大大小小上百个废瓶子。

（4）橡胶皮革类垃圾。一般是穿坏了的鞋子，如布鞋、解放鞋、皮鞋等鞋类。

（5）废纸，包括纸张、纸箱等。

（6）新的建筑垃圾。滇中、滇南彝族的传统民居是土掌房，这是一种土木结构的房子，建筑材料不需到市场上购买，只需要使用人力从山上、地里获取即可。当前的彝族村寨，土掌房被钢混式建筑取代，水泥、钢筋、砖块、石头等建筑材料全都需要从市场上购买，建屋盖房时用剩下的材料一般就堆放在家门口或路边。

（二）无法归类和处理的现代垃圾

文化对所处的生态系统与社会环境均具有能动适应的巨大潜力，但这样的潜力并不是理性选择的结果，而是通过世代的经验积累建构起来的，致使其适应的价值往往隐而不显，人们总是按习惯办事。[3] 在传统的小农经济生活中，绝大多数垃圾可以在村落内进行处理和消化，保证了村落生态和人居环境的平衡和可持续发展。当前，现代垃圾超出了滇中、滇南彝族对“垃圾”的传统认知范围，人们不知道如何给现代垃圾分类，也不知道该如何妥善的处理。从文化角度来说，当地彝族没有捡破烂、拾垃圾卖的传统，人们认为，捡拾别人不用的废物来生财是一种羞耻之事，如果有人专门捡拾垃圾，会被村落舆论嘲笑，所以，在滇中、滇南彝区基本没有当地人捡拾垃圾来卖钱。目前当地存在的垃圾问题主要有如下几种：

（1）电子、家电设备类垃圾污染问题。电子产品、家电等一旦报废，基本毫无用处，成为一堆垃圾。用传统的堆积、浸泡、自然降解等方式处理不掉，焚烧方式也不行，因为这些垃圾焚烧过程中会产生刺鼻辛辣的气味，人们不愿意焚烧。因此，这些垃圾只能扔到村头寨尾的路边、沟边。这些垃圾里含有金属元件，久而久之会生锈变色，下雨时，从这类垃圾处流出乌黑的水，显然水受到了小范围的污染。

（2）塑料垃圾污染。塑料在城市里有人专门捡拾卖给收荒匠，而在滇中、滇南的彝族村寨，受传统观念的影响，很少有人捡拾去卖。农业栽种和社会生活中产生的各种塑料，对彝族村寨造成了一种污染。如同电子产品和家电设备类垃圾一样，塑料制品用传统的堆积、浸泡、自然降解、焚烧等方式处理不了。于是，人们便随便扔在田边地头，每年二三月刮风时节，塑料袋、塑料碎片漫天飞舞。其次，农药瓶人们也就地扔弃，造成残余农药流进水渠，甚至农药瓶顺水漂流，严重的时候堵塞和破坏水利设施。人们也喜欢将空饮料瓶扔到村头寨尾的路边，乱丢乱扔，造成了污染。

（3）玻璃类垃圾污染。玻璃瓶、碎玻璃等玻璃垃圾，用传统的处理方法也处理不了，人们只能选择扔到野外、路边，被雨水、山洪冲刷，冲散到四处，一方面污染了环境，另一方面对人畜造成了潜在的危险。经常有村民走路、干活时，手脚被玻璃割划受伤。

（4）橡胶皮革类垃圾污染。如同以上的几种垃圾，橡胶皮革也是无法处理，只能扔到野外和路边。

（5）纸张、纸箱污染。这种污染只是局部和少数现象，因为有的村民会使用焚烧的方式来处理，而随着现代家居生活模式的变化，有些村民家里已经完全使用电池炉、煤气罐来做饭，客厅也已经没有了火塘，所以这部分村民家中基本不再使用火来做饭，因而家里的废纸只能选择扔到路边或野外。

（6）新的建筑垃圾污染。新的建筑垃圾，由于当初是出钱在市场上购买的，而且这些材料每一年的价格有涨有跌，因此人们不再愿意借给或送给别人，而是喜欢堆积在家门口或路边，既阻碍交通，又造成污染。沙石、水泥、断砖块等经常被山洪冲到水沟里，对水利设施造成了破坏。

三、结　语

各民族的生存智慧与生存技能显然需要与现代科学接轨，但这种接轨却十分艰难，两者间需要探寻一种在不打乱任何一方思维方式的前提下，求得相互理解和相互接纳兼容的方法。[4]当前，滇中、滇南的彝族村寨经济方面获得了快速发展，生产力得到提升，生计方式呈现多样化，但是，彝族村寨的生态和民住环境出现了生态问题，其中垃圾问题尤为严重。彝族村寨的垃圾，既与传统意义上的垃圾，也有现代生产、生活中产生的垃圾。彝族村寨中的垃圾问题，既与村落缺乏现代垃圾处理设施有关，更多的是与传统的生态知识有关，受传统“垃圾”观念的影响。彝族传统的“垃圾”，在观念及其实践中，属于传统的农耕生活范畴，与周边生态环境融为一体。在地方性认知中，传统的“垃圾”可分类、累积、分享、降解和再利用，但现代“垃圾”难以分类、累积、分享、降解和再利用。文化观念与现实实践的脱节、矛盾，一定程度上造成和加剧了彝族村寨中的垃圾污染问题。文化适应了环境，同时也建构了环境，文化变迁与生态适应之间具有紧密联系，因此，垃圾问题是当前彝族村落新农村建设中需要注意和解决的一个问题。

参考文献

[1] 周鸿. 生态学的归宿——人类生态学 [M]. 合肥：安徽科学技术出版社，1989：154.

[2] [日] 秋道智弥，等. 生态人类学 [M]. 范广融，尹绍亭，译. 昆明：云南大学出版社，2005：66.

[3] 杨庭硕，等. 生态人类学导论 [M]. 北京：民族出版社，2007：84.

[4] 罗康隆. 文化适应与文化制衡——基于人类文化生活的思考 [M]. 北京：民族出版社，2007：220.

当前我国西部地区民族关系的五大新动向

何生海

（内蒙古大学民族学与社会学学院）

随着社会转型进入深水区，社会各种矛盾外化，其中影响我国民族关系的因素也出现了新的变化，导致当前我国西部民族关系出现五大新动向。

一、文化冲突引起的民族关系问题由精英层面走向民间层面

新世纪伊始，因文化差异引起的民族关系问题主要集中在文化界、思想界领域，因部分人有意或无意地在一些信息传媒上（如期刊、杂志、报纸、互联网等）对少数民族文化丑化、侮辱，在一定程度上伤害了民族感情，影响了民族团结。民族关系问题首起于民族知识精英获取并认知“不良”信息，此后因不良信息产生愤懑情绪，然后在族内传播，号召和动员民族群众通过游行、抗议、上访等手段维护民族自尊，如20世纪“性风俗事件”。这类事件中民族知识精英是民族自觉的主体，从认知信息、情绪产生、态度形成、实践付诸经历了一系列心理逻辑过程，因而维护民族自尊的行为是从上到下而展开的，民族精英无疑起着领头的作用。近年来，因我国加强民族团结的教育及对出版物的监管，以及学界、出版界对此事的警觉，这类事件引发的民族关系问题减少。

但是，民族因清晰的文化边界而存在，文化差异引发的民族关系问题可以说和民族的产生和发展是同步的。只要存在民族，就会有文化差异，文化冲突就不可避免。近年来，因文化差异引起的民族纠纷有两个特点：其一，与民族间的经济纠纷相比，文化差异引起的纠纷涉及人数多，甚至会升级为群体性事件；其二，由以前知识精英牵头转向了普通民众自觉的

行动。一方面，随着不同民族之间交往的加快，在民族成员在与“他者”互动中体认的民族自我意识更加显明，不仅是民族精英，普通民众的民族意识都有增强的趋势，他们更会关注本民族的自尊和民族权益。另一方面，随着我国法制建设不断加强，以及民族自治法的实施与完善，我国逐步走向民主与法制的社会，民族群体整体的法制意识提高，民族成员更自觉地追求民族自尊、利益、荣辱等合法权益，导致民族群体维护民族自尊意识由从上到下转向了从下到上，逐步走向大众化自觉层面。如下列案例。

案例1：2002年，西部G镇的汉族群众在南河滩修建了戏楼。根据当地汉族的习俗——“爷庙对戏楼”的说法，汉族庙会组织决定在戏楼的对面修建“三圣宫庙”。当庙地基础建好，在汉族“立木”之日，回族群众认为汉族群众的庙建在该镇最高处，汉族群众放炮、敬神会影响回族群众的日常生活和宗教生活，故有数百人进行阻拦，引发了回汉民族关系问题。最后由镇政府出面交涉，说服汉族群众不能在民族聚居区修建庙宇，汉族群众最后也认为在回族聚居区修建庙宇不利于自己的宗教生活。最后在该镇砖瓦厂西北侧修建了“三圣宫庙”，从而远离了回族聚居区，使得拖延近两年的问题得以解决。

二、城镇化进程中引发的民族关系问题增多

城镇化是农村的自然经济向商品经济的转化过程，不仅表现在城镇建筑结构的重新洗牌与重组，而且也是人口结构、文化特征的异质化过程，出现马赛克式社会，“马赛克式社会就会可能变成各种族群之间的竞技场”。[1] 在涉及少数民族聚居的区、片、街、村、镇的改造中，部分民族成员的利益因拆迁、安置、补偿受损，或因对新环境心理不适，民族关系问题就会出现。因此有学者把城镇化时期界定为“矛盾冲突多发期”。[2] 部分少数民族居民离开长期居住的地区经过拆迁和异地安置后，对习惯于从前空间“旧感”的他们而言，难免产生许多心理压力，表现为：（1）丧失传

---

[1] ［美］兹比格涅夫·布热津斯基：《大抉择—美国站在十字路口》，王振西译，北京：新华出版社2005年版，第218页。

[2] 卢守亭：《试论城市化进程中的民族关系及其评价指标体系》，载《贵州民族研究》2007年第5期。

统生活中的归属感；（2）旧社区的解体，熟人圈被破坏，原有的社会网络暂时中断；（3）在新环境中，异质性增强，信任感降低，产生了恐惧感、无助感、孤独感；（4）丧失历史感，而新的信任机制、心理归属机制暂时没有形成。当这些心理不适积聚到一定程度后，一旦出现诱因，便可能引发民族关系问题。轻者，部分少数民族群众不配合政府工作，使城镇化进程受阻；重者，就会出现民族群体性事件。

另外，城镇化中人口也是动态变化的。当少数民族成员步入城市后，由于部分人对少数民族缺乏了解或囿于刻板印象，导致他们在寻找工作或务工过程中遭受到排挤或拒绝。据一位汉族受访者（来自回汉混合村）告诉笔者，他和同村的几个回族同伴到西安打工，老板第一顿饭就用大肉做的，并且明确告诉工人"饭里有大肉"，几个回族老乡不得不中止干活到另外的工地找活，有意思的是，受访者之后在饭菜里再也没有见到肉。而回族老乡找活的结果都如出一辙，个个老板采用"高明"手段拒绝少数民族。

> 案例2：西部M镇政府决定拆迁西关旧村，在主道两侧修建商铺，实行"谁投资谁受益"的原则。拆迁后具有经济实力的本地或外地群众都积极购买。从此，单一的民族聚居区的格局被解体。社区人员构成开始出现异质化，族类上不再是单一信仰的少数民族，职业结构上既有职工干部，又有个体户和生意人，语言上出现不同地域的方言。从前，安逸的民族社区逐渐被频频出现的汉族群众的鞭炮声、锣鼓声、喝酒猜拳声所覆盖。新格局无疑颠覆了原有民族传统社区的特点和文化结构，周边的民族群众逐渐产生了积怨但无处发泄，矛盾的导火索终于被点燃了。
>
> 2010年，M镇某单位职工窦某（汉族）购买了西关村的地皮，开始修建门脸房（镇政府做了统一规划，是两层楼模式）。窦某的隔壁是少数民族群众马某，马某的楼房已经建好。纠纷起因于马某认为窦某夯实地基时由于震动过大，致使自己楼房的楼梯出现裂缝。但窦某的答复是楼梯裂缝与自己无关，遂对马某的要求置之不理，继续修建。当修到二层楼封顶时，马某家人及周边少数民族群众进行阻拦，导致建楼停滞至今，楼房成为"烂尾工程"。

上述案例看起来好像是两家之纠纷，但隐藏其后的是外来人口与本地居民、汉族与少数民族、传统的单一文化与新型的多元文化的博弈过程。

首先，外地汉族群众在当地属于“嵌入型”的移民人口。当人“嵌入”新社区后，伴随的是文化的“嵌入”。如汉族群众在开工、动土等仪式上有放鞭炮和用酒祭奠的习俗，在他们的集体意识中多放鞭炮是祈福行为，而惯于宁静生活的少数民族不太愿意接受汉族群众不绝于耳的鞭炮声，更不用说经常闻到扑鼻的酒味。加之，新社区内乱倒脏水、乱扔垃圾等破坏公共卫生的现象屡屡发生，导致少数民族群众对新入住的汉族群众产生了较大的不满。

其次，案例中隐含着传统社区在转型中的问题，这些问题与城镇化是同时出现的。“一些朴素和普通的文化差异问题、利益分配问题就会转变为民族情绪。”❶ 一方是一个赋予全新的、有别于旧传统的新事像；而另一方则为过着从前的生活，在这地盘上他们抵抗从遥远处影响他们生活的宏观力量，❷ 双方对此展开拉锯战，在各自发酵的认同的催化下隐然形成区隔的标签，埋下了矛盾的种子。同时，城镇化打破了原有的利益格局，各民族成员因为经济实力、社会资本、赋权等差异在“第二次利益分割”中并不均等，即在同一民族内部层化现象很突出，阶层情绪加之民族之间的情绪使不同成员对城镇化所持有的心情相当复杂，当遇到各种不适和他族的刺激遂引发了民族关系问题。

三、民族地区社会问题民族化，民族问题大众化

由于我国社会转型的步骤加快，近年来社会中诸多问题凸显出来，如看病难、就业难、挣钱难、住房难，等等，这些问题具有普遍性，但在民族地区此类问题很容易“民族化”。首先，在民族地区其活动的主体无疑是“少数民族群体”，在这一固定地域内所有的社会关系和社会活动都与这一“主体”有关。其次，由于当地政府对此类问题解决不够、宣传不够和认识不够，使得少数民族群体把就业难、挣钱难等普遍性问题认为是政府对自己的边缘化和汉族群众对自己排挤的结果，遂对当地政府和当地汉族群众产生不满情绪。长期积淀的不满情绪一旦出现治安、交通等事故的刺激，很容易使普遍的社会问题在民族地区“特殊化”，最终以民族问题

❶ 马戎：《当前中国民族问题的结症与出路》，载《理解民族关系的新思路：少数族群问题的去政治化》，北京：社会科学文献出版社 2010 年版，第 191 页。

❷ 中国社会科学杂志社编：《社会转型：多文化多民族社会》，北京：社会科学文献出版社，2000 年版，第 264 页。

表现出来，而且导致民族问题大众化。这类事件的特点是参与人数众多，拟解决问题的目的明确，“故事”先以悲剧色彩为序，后出现一些破坏正常的社会秩序作为向政府施压的极端行为，产生了“泪水中的重拳”效应，对国家治理和地方稳定产生的负面影响极大。

> 案例3：2011年9月6日，西部X县某镇一少数民族妇女，用自行车推着孩子在一座大桥上行走，一家当地矿业公司的车迎面开过来，由于双方距离太近，汽车产生的巨大气浪致使该妇女的车子倒地，孩子被摔在汽车后轮胎底下，当场碾死。
>
> 事发之后，此镇东关、西关数百名少数民族群众把该桥两端用钢管堵死。该道是315国道，系连接陕西和甘肃的重要通道，来往车辆较多，这导致所有穿行车辆全部滞留。该县政府、县交通局、交警队、镇派出所、矿业公司等相关单位均赶赴现场，就此问题进行处理。在协商中，由于部分群众情绪失控，肇事司机和部分公职人员受到不同程度的肢体冲撞。协商从下午三点一直进行到凌晨两点，才达成协议，矿业公司赔偿死者42万元，被堵了12个小时的公路得以开通。

从以上案例笔者可总结出以下几点认识：

第一，此事一方面反映了村落社会维权的艰难性，尤其作为弱势群体，当权利无法得以维护或不能及时得以补偿时便不按常规出牌，而以干扰正常的社会秩序作为向政府施压的砝码来获得维权的途径。另一方面，地方政府基于“维稳”考虑，在非常态下采取非正常的程序以消解民众积怨。这样的程序几乎抛开了法律，而成为一桩讨价还价的买卖。以本案为例，地方政府及有关部门并没有按交通法等司法程序进行处理，即讨论该司机应负的责任到底有多大，而是采取“花钱买平安”的安抚手段，尽量避免群体事件的升级。这样，国家的正常司法运作被凌驾于“维稳”之上的措施所替代。

第二，确实存在政府部门在公共管理中延误、专断、低效以及缺乏公正的行为，并已在群众中造成不良印象。一些事故发生后，涉事者会担忧“政府会重视自己的事吗”？于是进而导致“与其我找政府，不如政府找我”的思路酿成，而担忧政府和矿业公司“官官相卫”的想法更使他们肯定了自己的选择，遂采取干扰正常社会秩序的手段，以此提醒政府应该重视“自己的事”。此事本是一起交通事故，但很快升级为群体性事件。

从涉事者家庭而言，无论如何都是一场生死别离的人间悲剧，事态发展中是没有“赢家”可言的。

从政府角度而言，政府的办事低效或有失公正，降低了自身的公信力和权威性，在某种程度上，群体性事件主要针对政府办事不力、不公而产生的。当民族关系问题出现时，政府又采取了凌驾于法律之上的“维稳”措施，以非常态的手段解决，这一方面刺激了民族主义情绪，另一方面，从长远看，不仅没有达到“维稳”而是起到“降稳”效应，因为其处理手段脱离了法律准绳。法律是国家长治久安的依据和基石，任何“维稳”措施都应在法律框架下执行，才能公正、公平。对于交通事故，可以按交通法来处理，至于死者家属，可以通过社会福利或社会救助等手段安置。

从少数民族角度而言，在这次事件中他们通过冲击正常的社会秩序达到了解决问题的目的，产生了“泪水中的重拳”效应，但在一定程度上降低了民族的自我形象，加深了社会对少数民族的刻板印象和排斥态度，不利于少数民族更好地融入社会和民族关系的正常发展。

首先，从社会角度而言，“泪水中的重拳”加重了即将出现的类似问题的解决难度，因为已经有前车之鉴，这无论于国于民都是不可取的。如此反复，只会更加偏离国家法律，严重影响国家法制化建设的道路和当地民族关系的健康发展。其次，对于当地司机而言，过高的赔偿提高了运输成本，尤其打击当地的运输业，这一事件一度使当地运输业处于半瘫痪状态。因此，民族地区亟待加强国家法制化建设，让一切都在法律的框架内进行，以减少“泪水中的重拳”效应。

四、因生存资源引发的民族关系问题常态化

随着生态的恶化，民族地区人口剧增，可供人类生存的资源越来越有限，如土地、草场、水、森林等资源。人类在科技水平上提高了对自然资源的利用率，但并没有摆脱人类依赖于自然资源之上的生产，相反，有限的自然资源却日益沉重地负担着不断增长的人口，导致人类对自然资源的依赖性不是松弛，而是加剧。资源问题越敏感，越容易引发民族关系问题。族群理论中的工具论认为，族群意识产生于对有限资源的竞争，根据人们的出身来推定的族籍不过是人们为追逐集体利益而操弄的一种工具。[1]

---

[1] 庞金友：《族群身份与国家认同：多元文化主义与自由主义的当代论争》，载《浙江社会科学》2007 年第 4 期。

案例4：西部F乡的薛平里和梁家山分别是回族聚居村和汉族聚居村，这两个村处梁峁的两侧，梁峁东侧为汉族聚居村，西侧为回族聚居村，梁峁中间有一个豁岘，成为两个村的天然分界线。

对于背依梁峁的梁家山汉族群众而言，梁峁是龙脉，不允许任何人动土。而梁家山另一侧的回族则没有这样的说法，因在梁峁取土垫圈方便，很快回族群众一边的土被取完，逐渐取到汉族群众这一边，遂引发汉族群众的不满。2010年是梁家山一个流年不利的年景，村里的骡子死了几匹，几头牛在放牧中从山顶上滚坡摔死，更不幸的是一位村民在外出打工中因事故而亡。灾难让村民诚惶诚恐，也唤醒他们的避灾意识，最后在“阴阳先生”的掐算中认为龙脉山被挖得太严重。村里精英开始寻找解决问题的办法，一是尽快“安土”，禀告神灵饶恕；二是不让回族群众再在梁峁的这侧取土。

经过商议后，汉族群众认为“安土”，一则告慰神灵，另一则把声势造大，让回族群众知晓。事后，汉族聚居村里不断传言，在梁峁取土将会出现牲畜死亡，家遭不测。尔后，回族群众也恐遭灾难再不敢到汉族村落这边取土，从此再也没有发生“争土”纠纷。

但是，汉族老人告诫年轻人说：“我们和回族接连种地，人手几辈都没有发生纠纷，让回族没地方取土也不行，咱们得想点办法，你们要知道‘水深都难过’。”汉族人商议后，决定把梁峁的后半部分的路修开，让回族群众取土。

回族群众也感动于汉族群众的行为，决定不再在原来的地方上取土，而且努力做一些有利于两村和睦的事。如两村牛羊喝水要到沟里去喝，道路较远，较费周折，梁峁上有一水塘，但是面积太小，储水不多，不能满足两族牛羊的饮水量。回族群众商议后，进行全村动员，把水塘的面积挖大。汉族群众同样被回族群众的行动所感动，也全村动员进行水塘的完善工作，遂演绎了一场回汉团结的生动场面。当水塘挖好后，一有雨天，山水便注满了水塘，方便了两族牛羊的饮水。

经过这几次磨合，回汉族之间关系更融洽了，回族放羊或汉族放牛都非常注意不让牛羊跑到对方地里，尽量把牛羊赶到离田地较远的地方。

当然，这是一个成功的民族关系案例。但是，随着生态恶化，民族之间因为生存资源引发的民族关系问题日益常态化，这将成为今后长期影响民族关系的重要方面，也是民族研究者和民族工作者长期关注的问题。

五、族际通婚引发的民族关系问题

族际通婚一直以来成为学者衡量民族关系好坏的重要标志，马戎教授做了量化研究，认为族际通婚达到10%以上说明这两个民族的关系是融洽的。但是在新时期出现了另一种情况，《华尔街日报》2010 年刊登 Justin Lahart 的文章《中国重男轻女可能导致美国市场泡沫》，虽然此说法有点荒诞不经，但我国的性别比例失衡日益严重的事实不容忽视。中国社科院发布的《2008 年社会蓝皮书》显示，我国 20 周岁以下人口性别比例严重失衡，未来可能会有超过 2 500 万人面临“婚荒”。[1] 如果失衡情况得不到扭转，20 年后，可能每 5 个男孩就有一个找不到媳妇儿。[2] 我国人口比例失调的问题已经引起了国际社会的关注，不久前美国出版了一本书《光棍》，书中称人口性别比例不平衡问题将是今后中国可能面临的巨大挑战。由于婚姻市场可供选择的男性和可供选择的女性人数相差较大，由此导致了男性不能择偶，产生了婚姻挤压现象。就 2000 年的人口普查数据来看，全国有配偶夫妇中属于族际婚姻的有 1 625. 5 万人，占到全部有配偶夫妇的 3. 23%，其中汉族有配偶的族际婚姻人口占到全部族际婚姻人数的 44. 93%。满族、蒙古族与汉族的通婚率分别达到 41. 94% 和 37. 49%。2000 年时鄂伦春的族际通婚率已达到 86. 19%。[3] 在我国西部少数民族地区，城镇地区和县城地区的汉族群众因为婚姻成本原因，以及对国家给予少数民族优惠政策的考虑（如孩子考学可以得到照顾），多愿意娶少数民族姑娘为妻，这样造成婚姻的单向流动，产生了婚姻的民族挤压，导致边远山区的少数民族男性完成婚事的难度增加。如鄂温克族从狩猎转型到农耕后，相当数量的姑娘嫁给旗县或城市周边的汉族人，而无法娶妻的鄂温克族男子整日以酒度日，这种现象令人担忧。婚姻的民族挤压还呈现普适性的特点。如马健雄从云南拉祜族和佤族妇女的婚姻迁徙人口统计数据中看到，汉族地区农村出生性别比升高后，逐渐突出的婚姻挤压问题引发了

---

[1] 载《宁波日报》，2008 年 7 月 18 日。

[2] 专家解读：男女比例失调导致“婚姻挤压”，中国西藏新闻网，2008 年 07 月 05 日。

[3] 李晓霞：《试论中国族际通婚圈的形成》，载《广西民族研究》2004 年第 3 期。

边远少数民族妇女的婚姻迁徙，从而使得部分小规模的少数民族社会面临更大的婚姻挤压和其他社会问题。[1]

实际上，欠发达地区的人口性别偏离不是太严重（西藏是我国唯一出生性别中女多于男的省份），[2] 恰恰是较发达地区的县（市），及密集在大城市或特大城市周边的人口性别比例失衡最为严重，[3] 但这些发达地区并没有为此承担代价。拥有丰厚社会资本的人规避风险的能力强，导致的结果“事有必至，理有固然”地滑落到欠发达的民族地区，产生的不仅仅是贫困地区的婚姻问题，还有经济问题、城乡差距、地区差距的问题。这在本质上是社会资源占有的地区之间不平等的延伸，婚姻资源的分配并没有摆脱其“魔掌”，却进一步加速、固化了差距。[4]

无疑，族际通婚在历史上或在当前民族文化交流、技术的引进等方面功不可没。但是，随着我国的生育性别比例愈加失衡后，在婚姻市场上未婚女性逐渐成为“稀缺资源”，城镇地域的汉族人逐渐娶落后山区的少数民族姑娘为妻，使得族际通婚呈现出单向流动时，导致落后地区的少数民族男性因为婚姻市场资源匮乏无法完成婚姻事实时，族际通婚在某种意义上蜕变为一种“剥夺”方式，会导致民族之间的关系紧张。那么，我们就应该重新定位长期以来盖棺论定的“族际通婚”的含义，并框定在多大程度上族际通婚是合理的和可取的。

总之，以上五点是我国西部地区民族关系呈现的五大新动向，有些问题以前就存在，而在当前被放大或加重。其特点是问题燃点多、燃点低，而且渲染性很大，有些影响了社会的和谐。如何构建和谐的民族关系，笔者认为：

首先，从学理上，我们只有站在“中华民族”高度上，超越具体民族单位，才有可能理出问题的头绪，才能“在更高的层面上规范超越民族基本单位的民族现象和民族事实”。[5] 其次，构建各民族共同认同的文化是非常必要的。“如果没有民族—国家层面上的共同文化与观念，在族群层面

---

[1] 马健雄：《性别比、婚姻挤压与妇女迁移——以拉祜族和佤族之例看少数民族妇女的婚姻迁移问题》，载《广西民族学院学报》（哲学社会科学版）2004 年第 4 期。

[2] 郑维东、任强：《中国婚姻挤压的现状与未来》，载《人口学刊》1997 年第 5 期。

[3] 刘爽：《中国的出生性别比与性别偏好：现象、原因及后果》，社会文献出版社 2009 年版，第 126 页。

[4] 何生海：《婚姻地域挤压的社会学分析》，载《贵州大学学报》2012 年第 1 期。

[5] 何群：《内蒙古民族关系问题主要线索及反思》，载《中央民族大学学报》2010 年第 4 期。

上的不同文化就难免会彼此冲突，无法和谐相处。”[1] 再次，加强民族地区法制化建设，严格把民事、刑事、治安、交通等问题与民族问题区别开来。在法律面前人人平等的前提下，对弱势群体要高看一层，厚爱一分。最后，政府也要转变观念，构建服务性政府，做到“民有所呼，我有所应”，尽量避免把普遍的社会问题民族化。同时，认真对待族际通婚的问题，若某个地域族际通婚长期处于一种单向流动，就要对族际通婚适当调整，以促进民族关系的和谐发展。

---

[1] 马戎：《理解民族关系的新思路——少数族群问题的“去政治化”》，载《北京大学学报》2004 年第 11 期。

民族认同对回族基层社区平衡发展的影响

——以回族言语为视角

闪兰靖

（西北师范大学　马克思主义学院）

18世纪德国诗人兼哲学家赫尔德认为，语言唤醒了族群个别的存在意识，并使这种意识得以持续，同时“借此把自己与其他的族群区别开来”。语言“把一个民族的内在心灵与内在力量”具体化。[1]

一、语言与言语

语言是以语音为载体、以词为基本单位、以语法为建构规则的符号系统。语言是人类重要的交际工具，也是正常人赖以进行思维的工具。语言作为一种特殊的符号系统，它不是在人类的某一特定社会和某一特定时期内有意识地创造出来的，而是在人类社会生产和发展的漫长历史进程中形成的。

世界上目前使用的语言有5 500多种，每一种语言都是某一群体和某一民族发展历史的标志。尽管这些语言发音不同，语法规则有别，但是它们的基本功能是相同的。语言功能主要体现在三个方面：第一，语言是保存和传授社会历史经验的重要手段；第二，语言是人类个体之间进行交际和思想交流的有力工具；第三，语言是人类思维的武器和调节自身行为的手段。语言是一种社会现象，语言的语音系统、词汇系统和语法系统是从全体社会成员运用语言的过程中抽象出来的，因此，语言有较大的稳定性。

---

[1] ［美］哈罗德·罗伊生：《群氓之族》，邓伯宸译，桂林广西师范大学出版社2008年版，第128页。

言语，是指人们运用语言进行交际的活动过程。言语总是和个体的活动相关联的。如果说语言是交际的工具和手段，那么言语则是交际过程本身。日常生活中我们的“讲话”、“谈论”、“写作”等，都属于言语。

言语是个体运用语言进行的交际活动。语言是一种社会现象，运用语言进行交际活动的言语也应是一种社会现象。言语同时也是一种个体的活动，它和个体的生存发展的具体条件是分不开的，所以，言语又是一种个体现象。不但每个人都有自己的言语风格，而且同一个人在不同场合，其言语表达方式也会不同。

语言和言语有着密切的联系。言语是利用语言进行的个体交际活动，它不同于非言语的交际，言语离不开语言。个体要表达自己的思想和感情，就要借助于语言中的词汇和语法结构。尽管现代语言学比较强调语言行为的创造性，但是这种创造性只能在一定的语言材料范围内、在一定的词汇和语法规则的范围内才有意义。如果一个人生造一些只有自己才明白的词汇，也不按照基本的语法规则表述自己的思想，正常的语言就不能够达成。

语言也离不开言语。世界上有数千种语言，任何一种语言都必须通过人们的言语活动才能展现他的交际工具的作用，同时，语言也从言语中不断地吸收营养而得到充实和发展。因此，人们的言语活动及其产物是语言客观存在的基础。

二、回族语言与言语

“共同语言是民族的一个特征。它是组成一个民族的人们在生产、生活中，彼此交流思想感情、交往联系所使用的语言，它是稳定的、表露于外的最明显的特征，是民族统一性和继承性的最重要的反映之一。它在民族存在和发展中起着重要作用。”[1] 回族是我国分布最为分散的少数民族，回族的民族化过程是一种独特的族群现象。“回族形成于中国，但又不同于中国许多古老的民族，由古代的某个民族、部落融合、发展而成，也不是纯粹移植而来的外来民族，而基本上是由来自域内域外信仰伊斯兰教的各族人为主，在长期历史发展中吸收和融合了多种民族成分而形成的民族。”[2] 回族先民的由来，决定了回族语言文化的多元性。回族并没有独立

---

[1] 金炳镐：《民族理论通论》，北京：中央民族大学出版社 1994 年版，第 80 页。

[2] 杨圣敏：《中国民族志》，北京：中央民族大学出版社 2003 年版，第 53 页。

的民族语言，回族人无论民族内部交际，还是和其他民族成员交际，都以汉语为交际工具，但回族在使用汉语时，却打上了鲜明的民族语言烙印。这在回族聚居的社区表现得尤为突出。因为这种鲜明的民族语言特征主要表现在回族内部的口语交际中，所以称之为“回族话”。其实，回族话并不是简单的汉语方言现象，回族话是超越了地域界线而形成的特殊语言现象。回族在失去母语之后，虽然转用了汉语，但作为民族文化的重要表现形式和文化载体，回族语言在文化内部认同与整合下，在异质的汉文化语境下不同族群之间互动、边界刻画作用下反映出回族认同心理的独特性。

回族言语就是回族成员运用语言进行交际的活动过程。回族言语总是和回族个体的活动相关联的。如果说语言是交际的工具和手段，那么言语则是交际过程本身。日常生活中回族的“讲话”、“谈论”、“写作”、“聊天”等，都属于回族言语。回族言语过程通常包括言语表达过程、言语感知过程、言语理解过程。言语过程的各个方面是一个相互联系、相互依存又相互影响的过程。

三、回族言语的特征

回族言语是回族运用语言进行交际的活动过程。言语活动是回族最基本的人际交流和信息传输方式。通过言语活动，人们交流思想，表达情感，传递彼此的信息，建立共同的生活基础。

（一）入乡随俗，随地就音

由于历史和政治方面的原因，回族人口分布地域广，几乎遍布在全国各地。古来有“回回遍天下”的说法。大约在明代形成了“大分散，小集中”的居住特点。根据这种分布格局和特点，回族使用汉语是入乡随俗，随地就音，即居住在哪里的回民就使用哪里的汉语方言。正如回族谚语中所说“哪里的回回说哪里的话，哪里的回回唱哪里的歌”。青海的回族操青海话的口音，陕西的回族操陕西话的口音，甘肃的回族操甘肃话的口音。回族语言内部也和汉语一样，有着不同方言的区别，有北方方言、吴方言、湘方言、赣方言、粤方言、闽方言、客家方言等，其中讲北方方言的最多，大约占到回族总人口的90%。北方方言里讲西北支方言的回族人占了全国回族人口的一半。

例如，临夏市方言也是临夏方言，即“河州话”的代表。临夏市方言属北方方言，与现代汉语普通话比较接近，但也有其鲜明的独特性。临夏市汉族和回族通用汉语，并属同方言区域，但在部分语言上有明显的差异。其中，临夏的回族群众在长期的生产、生活中，形成了一套自己的语言体系，回族语言中的名词、动词、称谓词与汉族语言比较都有自己的特点。临夏方言中，回族语言与汉族语言有很大的区别，具体表现在音系、词汇、语法上的差异，其中在用词方面更为明显。

（二）回族言语中常用的称谓词

临夏回族群众在日常交流中，所使用的称谓词与普通话中的有很大不同，有些特殊词语很少在普通话中出现，如“尼哈”一词，在回族语中代表丫头、女孩的意思，“尕娃”则表示男孩。这类词就属于回族特殊用语，在汉语中没有这类词。有些看似与普通话中的用词一样，但发音不同，在语音、语调上与普通话有明显的区别。如：媳妇［xifu］一词在临夏回族语言中的发音为［xi fei］；兄弟［xiong di］，发音为［xiong qi］，但表示的意义相同。再如，父亲——阿大，母亲——阿娜，伯父——大大，叔父——阿爸，伯母——大娜，婶子——新阿姨，姨母——阿姨娜或阿姨个，舅妈——妗子，妯娌——相后，姑娘——尼哈，男孩——尕娃，夫之兄——阿背子，夫之妹——小规等。这些称谓词在回族群众日常交流中频繁使用，也就构成临夏回族言语与普通话的差异，在普通话中能找到与它意思相同或相近的词，但很少出现相同的用法。

（三）回族语言中常用名词

在临夏回族语言中，一些名词的用法与普通话也有着明显的区别，主要体现在用词的不同上。如“太阳”一词，在临夏回族语言中为“热头”，“头”为“多罗”。如，“太阳出来了”这句话，在回族口语中就是“看，热头出来了”，用词就明显不同，这些都是一种特殊用法。也有一部分名词与普通话的用词相同，但发音不同，也体现出别具风格的一面。如林凉——树阴，沟垴——山沟尽头，黑地尼——黑夜，热子——日子，阿溅——现在，牙行——经纪人，结子——口吃，垓塄——田地土塄，青物——泛指鲜瓜果或未成熟的青禾、豆类等，格叉——牛、羊角，头够——牲畜统称，灶火——厨房，炕桌——放在炕上的桌子，坛场——指活动的形式或场面等。这些名词是最常用的，主要在回族群众口语中出现。随着普通话宣传与汉语学习的影响，年轻一代对其中的一部分词语逐步遗忘，或不再使用，他们的用词与普通话更接近。

（四）回族言语中的常用动词

务劳——操作或耕作，木受活的——不舒服，飞展——快跑，缓——

调养或休息，康——咳嗽，撩乱——料理或办理，码捏——硬性将就或凑合等。

（五）回族言语中的常用形容词

连欢——态度亲昵或热忱，倒灶——倒霉，水紧——紧急而慌张，瓤——差劲不好，哈——坏（多指人品性格），榜肩——差不多或基本吻合，卧耶——顺利或如意，翘迁——健康等。

（六）常用副、代词等

癱些——待会儿，薛威——稍微、微小、少量，牙差——屡次、阿该、阿——个，阿是——谁或哪一个，啊木了——怎么了，指里、吾里——这里，多臧——什么时候，指苟、吾苟——这个、那个等。正如有的学者所说：回族散居在华夏大地的各个角落，也同样操着各个地区的汉语方言。同样是回族，或者南腔，或者北调，内部通话时汉族人一样不易听懂。这是一道独特、亮丽的语言风景线。我们可以这样说，回族语言具有多方言的性质。它的词汇、语法、语音、语调等都是多姿多彩的。

（七）阿拉伯语、波斯语语言成分的保留

回族在接受汉语、使用汉语作为自己民族的共同语的同时，保留了不少自己原有语言的成分，即阿拉伯语和波斯语的语言成分。这不仅是出于回族宗教信仰的需要，也是回族生活习俗和民族感情在异域他乡的表露。科学研究发现，“人类只有两样东西根深蒂固，一脉相传：一个是遗传代码，一个是语言”[1]。阿拉伯语、波斯语语言成分在汉语中的保留表现在回族语言的各个层面上，诸如语音、词汇、语法等，尤其是语音和词汇上。

回族语言中保留下来的阿拉伯词语有安拉（真主）、阿丹（《古兰经》中记载的人类始祖）、哈里发（代理人、继承人）、穆斯林（信仰伊斯兰教者）、尔林（学者、学问）等；回族语言中保留下来的波斯语有胡大（真主，与安拉同义）、阿訇（穆斯林对主持清真寺宗教事务人员的称呼）、满拉（通晓宗教知识的人，也用来称呼在清真寺里念经的学生）等。这些词语以前被人们称为“外来借词”，其实这种称谓是不科学的。正如有的学者所指出的，这在很大程度上是反历史主义的，回族在语言形成和发展过程中继承和保留下来的自己先民语言中的词语怎么能称之为“外来”和“借词”呢？

---

[1] 马平：《回族心理素质与行为方式》，宁夏人民出版社1998年版，第21页。

（八）语音方面

回族语音和汉语的最大区别是有回腔和汉腔的分别。在国内不管你走到哪里，只要是回汉杂居的地方，通常都能通过语言的腔调区分出他们是回族还是汉族。一般来讲，在“回回腔”里儿化韵比汉语的更多。回腔里的“er”音位在作儿化韵的时候，读卷舌音［r］，在单独使用或作辅音拼写外来词语时发舌尖中浊颤音［r］。这主要是回族在使用阿拉伯语、波斯语词汇时，一般都力图尽量保存这些词语原有的发音方式造成的。属于闪含语系闪语族的阿拉伯语、波斯语以及属于阿尔泰语系的突厥语族里都有这个音，所以就自然而然地保留在回族语言里了。同时回族话里把汉语韵母中的后鼻音多读做前鼻音。如把“耕”读做“根”，把“英”读做“因”，把“东”读做“敦”等。据有关研究成果介绍，这也是一种阿拉伯语、波斯语读音在我国回族话中的残留现象。据说阿拉伯语和波斯语里只有前鼻尾音而根本没有后鼻尾音，所以大多数回族在借用汉语的时候，往往将汉语的后鼻音一律读做前鼻音，这无疑是他们在借用汉语时保留了自己原有的发音习惯。当然回腔和汉腔的区别远不止于此。

回族言语除了在自己的语言中保留了为数不少的阿拉伯语、波斯语、突厥语词语以外，还充分运用各种造词方法和构词手段创造出了不少新词、经堂语以及由不同语言语素搭配而成的词组。其中，经堂语最富有特色。

（九）回族创造的新词

回族创造的新词，据杨占武先生研究，主要有四个方面：一是独造。回族人在使用汉语表达思想、交流感情时，遇到言不尽意的情况时，往往“另起炉灶”，独创出一种新词。这种新词，是用汉语的语素材料构成的，它有独特的语意内涵，但不见于普通汉语的词汇体系中。如“托靠”一词是依赖、仰仗的意思，但只限于对唯一的真主使用；“举意”表示要从事某项活动的心愿，并祈求真主接受或回赐。二是取意。回族话中有一类词，意义和汉语有联系，但词义或扩大、或缩小、或转移，与原来的词义已经有了差别，而被赋予了新的含义。如“穿衣”指读经的“满拉”升为阿訇的毕业仪式。满拉学完规定课程，教长认为已经达到阿訇的水平，准许其毕业，经过穿衣这一仪式后，方能独自开学掌教。这里的“穿衣”与汉语穿衣服的意义已经有了很大差异。“散学”在汉语里的意思是放学或放假；回族话中“散学”的意思是清真寺里任教的阿訇不再继续担任该寺的教职而向教众宣布退职的一种活动。三是拟古。为了表达的需要，回族话经常取用古代汉语或近代汉语中的一些词语。这些词语在现代汉语中已经消亡，但却为回族话所留用，表示一定的意思。如“知感”是知恩感激的意思，指知会真主恩典以及对自己目前状况的知足等意思。四是别同。从某种意义上讲，独造、取意、拟古这一系列是造词现象，都是为了达到和现代汉语不同的目的；而这里的别同，主要指的是在语用方面尽量和现代汉语免除混同，将意义区别开来。如“点香”，意思等同于焚香、烧香，但回族话禁用“烧香”、“香火”之类与佛教有关的词语，所以使用点香。“壮”意思等同于“肥”，但回族话中只习惯用“壮”来表示带脂的牛、羊肉及其他可食之肉，而非常忌讳用“肥”表达这一概念。这种译借方式的形成，没有语言规划所施加的影响因素，因而反映了译借者心理上对阿拉伯语、波斯语的亲近感及其力图保持其宗教不被汉化的强烈愿望。❶

（十）经堂语

自明代中叶以后回族穆斯林学者胡登洲等人兴办经堂教育，招收学生，讲授经典。在授课中，采用统一的阿拉伯文和波斯文教材，但讲课时使用汉语讲解，经常掺杂一些阿拉伯语、波斯语词语，有时候几种语言的语素交互组合，于是形成了大量具有创意和特色的回族语汇。这种语汇久而久之渗透到了回族群众的日常生活用语之中，为了有所区别，人们称这种语汇为“经堂语”。

经堂语大致分以下三类：一是回族民间使用的波斯语，如“乃玛子”（礼拜）、“阿布代斯”（小净）、“帮布达”（晨礼）、“撇申”（晌礼）、“底格尔”（晡礼）、“沙目”（昏礼）、“虎伏坦”（宵礼）等；二是阿拉伯语词汇，如“穆民”（信仰伊斯兰教者）、”伊斯俩目”（伊斯兰教）、“古若阿尼”（《古兰经》）、“哈吉”（朝觐者）、“主麻日”（星期五聚礼）、“哈俩里”（合法的）、“哈拉姆”（不合教法的）、“乌苏里”（大净）、“色瓦布”（奖赏、谢谢）、“泰斯比哈”（赞颂真主）等；三是回族经常使用的一些特殊词语，如“先知”（指穆罕默德）、“道堂”（苏菲派传教地）、“定夺”（决定）、“五功”（即念、礼、斋、课、朝）、“圣行”（穆罕默德做过的）、“老人家”（传播伊斯兰教的人）、“定然”（真主的安排）、“口唤”（同意、认可、死亡）、“口到”（吃）、“舍散”（施舍）、“有水”（有大净）、“没水”（没有大净）、“油香”（油饼）等。经堂语中的词汇在伊斯兰教化以后，负载着深厚的文化积淀，在使用和研究回族语言时不可忽视。尤其要注意的是经堂语的书写用字和经堂语词汇的语义。不少宋元语

---

❶ 杨占武、金立华：《回族经堂语的语言问题》，载《回族研究》1992年第2期。

汇和佛教儒家的用语，一旦进入经堂语后，便大都被赋予了伊斯兰教的内容。经堂语里还有一些用阿拉伯语或波斯语构成的词组，如“安拉乎艾克拜热”（真主最伟大）、“安拉洪麦算力”（主啊！你祝福吧）、“主麻”、“乜贴”等。但这类词组更多是由阿拉伯语、波斯语和汉语的语素按照汉语语法结构构成。如主谓词组“您伍玩儿务”（您吉祥如意），偏正词组“札米尔清真寺”（大清真寺）、法图麦忌日、伊斯兰教历、苏菲派、古尔邦节；动宾词组“朝罕志”、“给口唤”、“发散乜贴”、“道赛俩目”、“念尼卡哈”、“接都哇”、“穿卡凡”、“站者那则”、“下埋体”、“过尔麦里”等。这类将阿拉伯语、波斯语和汉语有机和谐地结合而成的词组大有中西合璧的风味。

回族语言是回族人共同使用的语言，它是我国汉语发展史上绽放出来的一朵绚烂的奇葩。在历史的长河中，回族融入了中华民族的大家庭，和其他民族一起风雨同舟、荣辱与共、和谐发展。回族在生存和发展中选择了使用汉语。“历史学家认为，共同选择汉语，是回族成为一个民族的重要标志之一。”❶ 回族选择使用汉语的同时，还在汉语中融入了自己先民的语言成分，保留了不少阿拉伯语和波斯语语汇，创造了经堂语、小儿锦、东干文等特色语言、文字。这不仅极大地丰富了中华文明，而且使自己的语言具有了许多鲜明的特点和风格。回族语言的产生和发展是有着一段漫长的历史演化过程的。

四、回族言语的民族认同特征

人的心理和动物的心理有着本质上的不同，原因就在于人有言语。人不仅会形成各种复杂的动作技能，而且具有言语交际的能力。人类特有的意识和自我意识，其生理学基础就是具有言语功能的人脑。所以，只有深入了解言语活动的规律，才能揭示人的心理的本质。

心理学指出“言语过程通常包括言语表达过程、言语感知过程、言语的理解过程等。言语的表达过程，是指个体通过发音器官或文字书写将要表达的思想运用语言说出或写出；言语感知过程，是指个体通过自己的感受器官对别的个体的言语进行接收的过程；言语理解过程，是指对言语所传达的信息进行分辨和处理，建立其意义的过程”。❷ 回族言语并不是简单

---

❶ 杨占武：《回族语言文化》，宁夏人民出版社1996年版，第2页。

❷ 冯鸿滔：《普通心理学》，中国人民公安大学出版社2006年版，第445页。

的汉语方言现象，回族言语是超越了地域界线而形成的特殊语言现象。回族在失去母语之后，虽然转用了汉语，但作为民族文化的重要表现形式和文化载体，回族语言代码在文化内部认同与整合下，在异质的汉文化语境下不同族群之间互动、边界刻画作用下，通过回族成员言语表达、感知、理解的过程反映出独特的民族认同心理。

（一）回族言语反映的文化适应心理

早在公元7世纪（唐代），回族先民从阿拉伯、波斯、中亚等处进入中华大地。当时他们所操语言非常复杂，有的讲阿拉伯语，有的讲波斯语，有的讲突厥语，也有的讲菲律宾语（南亚语）。这些从异域东来的穆斯林用汉族人所不能理解的“殊音”来“念礼斋课”。他们所到之处与当地群众进行商业贸易、经济往来，双方利用语言交流的时候，必须依靠“舌人”（翻译）的帮助。大约到了元末明初，一些生长在中国境内的“土生蕃客”中的上层人士开始学习和使用汉语，但其中绝大多数穆民仍然在使用阿拉伯语和波斯语。汉语被回族所借用，回族普遍使用汉语，大约开始于明清之际。由唐宋到元明清这段漫长的历史发展过程中，回族学习和使用汉语，是由于政治、经济、宗教、居住分散、与汉族通婚等多方面原因所致。归根结底是不同民族的文化适应问题，即民族之间文化上的吸收、借鉴，民族自然同化（融合）过程。回族语言代码发展到今天，回族除海南岛三亚羊栏区回辉乡和回新乡的4 300多回族在讲汉语海南话和广州话的同时，还保留有本民族的语言“回辉语”外，其他地区的回族在社会交际和日常生活中都在使用汉语，把汉语作为回族的民族共同语。

虽然，回族把汉语作为民族共同语，在族际交往中一般体会不出他们所使用汉语与一般大众所使用汉语的差别。但是，在一定的场域和群体特别是回族等穆斯林群体中，回族语言代码与一般汉语代码在语义上就会出现差别，体现出差异性和民族特性。例如，在回族社区，经常会听到“最近家里人都咋样”，回答“知感得很”。这句话表明被问者家里人一切平安，感谢真主的恩典。“知感”虽然用了汉语的词汇，但语言代码表达的语义却与汉语迥然不同（知感，专用以表示对真主的感激：知感胡达的恩典）。外族人从字面上很难判断出是何意。一些回民官名采用了“姓+经名”的独特形式，如马穆萨、田主玛、虎阿里等，在经名和官名的融合中，形成一种别具特色的回族官名。这种别具特色的官名不仅通过语言文字代码在不同族际间立体展现，而且通过语言代码生动传递。回族这种别具特色的官名使个人身份得以确立、族际归属得以凝固，这种外在称谓符号不仅通过语言代码在族群之间拉近了民族成员之间的亲近感，而且背后所承载着的语言、人文、心理、宗教、民族、社会等诸多文化要素又通过语言的传播功能播撒开来，深深刻印在每一个民族成员的心里。

因此，“文化一般具有适应性，而且大多数情况下是整合的，这两点都意味着文化是不断变迁的”❶。语言的改造利用和融合，使他们使用的汉语与一般汉语形成一定的差异，即语言文化的变迁。这种差异性一方面表现出“人或民族都具有天然的文化适应的本能，文化适应能力则意味着对自己、对自己民族文化以外的客观环境的顺应能力”❷。另一方面，这种差异性在族际交往、文化内外整合的作用下，通过回族几百年来的文化传承，在民族共同体的心理上已经认同和适应了这种差异的存在。同时，民族文化的适应心理又强化了回族语言代码的形成、发展和传承。如果没有民族文化的适应心理，回族语言文化的变迁就不会发生，也不会被民族成员所接受，不会产生具回族特点的语言代码，更不会形成具民族特点的民族共同语言的交流工具。所以，回族运用具有民族特质的语言代码进行交流和情感的表达，而语言代码的立体展现和生动传递不但佐证了回汉文化交融的结果和自身的族际归属，映射出了这些代码符号所屏蔽与隐含的回族生存、发展的历史场景，而且形象逼真地刻画了回族对异质文化（汉文化）适应心理的外在表象特征。

（二）回族言语反映的民族宗教认同心理

宗教是文化中真正能够持久的基质，它同本族的民族意识紧密结合。共同的伊斯兰教信仰是回族内部一种强大的文化聚合力，“是强化民族共同信仰的纽带，是回族等穆斯林民族内部认同、沟通、强化民族意识，硬化民族边界最强有力的行为文化符号”❸。回族全民信仰伊斯兰教，伊斯兰教是回族民族文化的核心部分，对宗教的强调在回族认同中具有重要地位，伊斯兰教的“纯正”是回族认同和“清真”表述的主要内容，在民族心理特征形成的过程中起着至关重要的作用。在回族人中流传着这样一句话，“回回人无论什么时候都不能忘了本，伊斯兰教就如同回回的命根子”。在回族人中，如果遇到意想不到的灾难或事情发生，经常会看到他们双手捧向胸前，嘴里或心理默念“胡达……”或“安拉乎……”，并向

---

❶ 冯鸿滔：《普通心理学》，中国人民公安大学出版社 2006 年版，第 445 页。

❷ 马平：《回族心理素质与行为方式》，宁夏人民出版社 1998 年版，第 18 页。

❸ 杨文炯：《Jamaat 地缘变迁及其文化影响——以兰州市回族穆斯林社区为例》，载《回族研究》2001 年第 3 期。

真主祈祷，以求真主赐福或给予恩典；而非在心底里呼喊“老天爷……”或“天哪……”。因为，“他们在心理结构深层，永远有一块无法争夺的精神世界”❶。

宗教的发展与语言的发展密切相关，宗教的需要在一定程度上对语言结构的发展变化产生影响。语言作为民族文化的重要表现形式和文化载体，在强烈的宗教认同心理作用下，回族保留使用具有伊斯兰教特点的波斯语、阿拉伯语，而且回族通过对汉语和外来语的改造利用或者同化、融合，他们使用的汉语词汇与一般汉语词汇通过外在语音和内在的语义形成语言代码的差异，从而构成了回族语言代码与他族的区别性特征，也深刻反映着回族文化的独立特性。而回族语言代码的差异性特征和独立特性是伊斯兰文化和伊斯兰教在回族深层心理结构的积淀和传承，并通过语言代码把这种心理表露于外。回族在与非穆斯林民族互动过程中，正是通过特定文化特征所包含的伊斯兰教因素的展现，才得以与非穆斯林民族相区别。这就使得初来乍到的非回族穆斯林与当地回族人交流或听其民族成员讲话时感到云山雾罩，不可理解，然而回族人却运用自如，在民族内部成员相互交流中心领神会，得心应手。伊斯兰教认为，人都要经历今世与后世，人死后还要复生，还要接受来日审判，今世是暂时的，后世是永久的，“死”即意味着“归真”，也就是归依了真主，特别称“死”为“口唤了”，“口唤”表示答应了要求，把人“死”称作“口唤了”，体现了宽容、通达的回族等穆斯林民族心理；在日常生活中，回族人经常会说，“百俩”（灾难）、“哈拉目”（非法的，如饮酒就是哈拉目）、“做乃玛孜”（即做礼拜）等，宗教文化因素影响下的民族宗教认同心理在语言代码上生动表现出来。所以说，回族人使用具有回族特质的民族语言，不仅是对回族文化内核的传承与认同，同样它具体反映了民族宗教认同心理特征。

（三）回族言语反映的民族禁忌心理

“个体组成的群体为了使他们之间的关系固定化而转向严格代码或某种隐语，以便（对他们自己或他人来说）标志着他们目前所提倡的正确的忠诚的和有目的性的交流要求。”❷ 由于回族全民信仰伊斯兰教，宗教信仰就成为回族民族文化的核心部分，宗教文化因素成为重要的禁忌心理的构成因素，而回族语言代码中严格代码或某种隐语的存在就是宗教禁忌心理

---

❶ 马平：《回族心理素质与行为方式》，宁夏人民出版社 1998 年版，第 53 页。

❷ ［美］罗德尼·斯达克（Rodney Stark）、威廉姆·希姆斯·本布里奇（Willam Sims Bainbridge）：《宗教的未来》，高师宁、张晓梅、刘殿利译，中国人民大学出版 2006 年版，第 39～40 页。

表露于外的特征[1]。

穆斯林语言禁忌主要由两大类构成：一类是因避讳而禁忌，避讳禁忌在特定的语言场域和语言群体中必须严格遵循。在回族成员中，人死了不能代码为“死”，而代之于“无常”、“口唤”、“归真”，等等。而对死者的尸体忌说“尸体”而称“埋体”。这些代用词的使用因地而异，但都是为了忌用“死”字。这种语言禁忌，在各个民族的语言中都程度不同地存在着，避讳的目的也各有不同，有的是为了尊重死者，有的是为了怀念死者，有的是为了赞美死者，有的是为了避免重提这个可怕而神秘的字眼。回族等穆斯林语言中忌用“死”字，除了以上原因外，宗教文化因素成为重要的禁忌心理的构成因素。在日常生活中，回族语言代码中“杀”也是严格代码，一般是禁用的，按伊斯兰教礼仪，宰鸡、鸭、鹅、牛、羊、驼一类可食的动物时，必须念“台斯米”，即诵读“奉其主之命”才合教法，所以，在语言代码使用上，忌讳用杀”字，也不大喜欢用“宰”字，通常称为“下刀”。

另一类是因别同而禁忌，别同禁忌则显得宽松一些，只在宗教生活或宗教意识较强的群体中才严格遵循。例如，“壮”和“肥”单从字义上分析有相近之处。“壮”指肌肉健壮，“肥”指脂肪多。在回族语言中使用这两个词却有严格的规范。回族等穆斯林民族语言代码中只用“壮”表示带脂肪的牛羊肉及一切可食动物的肉，十分禁忌用“肥”表示这个概念。回族等穆斯林民族禁食猪肉，回族等穆斯林民族语言中忌讳用“肥”这个代码表示牛羊肉，除人文的、伦理的、卫生的等各个方面的因素外，更多的表现在民族宗教心理上，回族等穆斯林民族禁食猪肉，为了从心理上严格区别牛羊肉与猪肉的界限，就忌用“肥”这个代码。《古兰经》中把禁食猪肉解释为因为不洁。这个不洁，即包括卫生意义上的不洁，也包括宗教意义上的不洁。不过随着社会发展和民族交往程度的日益加深，“肥”字禁忌已显得不是那么严格，语言的场域性和群体性限定已经逐步淡化，我们经常可以看到许多清真餐馆推出的“小肥羊”、“小肥牛”食品就是例证。

所以，回族语言代码中的严格代码或某种隐语即特殊词汇是基于宗教文化因素而特有的，把这些特殊词汇作为标志手段浸化在每一个民族成员心里，从而形成民族禁忌心理。这种民族心理对于回族来说，在“有目的

---

[1] ［美］威廉·A. 哈维兰：《文化人类学》（第十版），瞿铁鹏、张钰译，上海社会科学出版社 2006 年版，第 89 页。

性的交流要求”过程中，严格代码或隐语的表达使个体族际身份得以找寻、群体族际的归属和关系得以固化；在族际交往中，通过语言禁忌的外露使得基于伊斯兰教文化所积淀成型的宗教禁忌心理强化，民族边界得以形成，同时使“他们所提倡的正确的忠诚”信仰得以进一步传承。正如威廉·A. 哈维兰指出：“语言有阻碍交流的作用，在这种情况中，语言阻碍了不同群体之间的交流。这种语言隔阂有助于创造强有力的群体认同感。”❶

（四）回族言语反映的民族认同心理特征

民族语言同民族的一切生产活动、社会生活的各个领域都有着密切的直接的联系，是反映、保存与传播民族的物质生活、精神生活和民族文化的基本手段。不同的族群在不同的物质环境中创造了不同的文化内容，而不同族群的人们也正是从这些文化的不同中感悟自我、认识自我，寻求民族的归属。回族与非穆斯林民族特别是与汉族的区别性特征应该依附于回族与非穆斯林民族互动关系上的特定的文化特征。这些特定的文化特征表现在民族心理上就是民族认同，民族认同集中在其成员认为重要的那些特定的文化特征上，即使这些文化特征仅仅是民族整个文化中很小的一部分，所以民族文化的认同比其他认同有着更为持久的聚合力。

“语义代码是儿童时代习得的心理映像，同样它也是集体共享的代码。”❷ 对于回族来说，儿童时代所习的语言代码不仅通过图像、文献或各种集体活动来保存、强化和重温、传承集体共享的代码，而且语言代码背后的人文、心理、宗教、民族、社会等诸多文化要素又通过语言的传播功能播撒开来，深深刻印在每一个民族成员的记忆里，构成了回族族群认同的根基，成为凝聚、维系族群认同的外在黏合力。所以，作为民族文化的重要表现形式和文化载体，语言在民族构成诸要素中占有重要地位，它和民族中的每一个成员息息相关，最深刻地反映该民族的特征。因此，恩格斯指出：“民族的自然分界线，即语言的分界线。”❸ 譬如，回族“大分散小集中”的居住特点，构成了“回回”民族的独特的地域分布属性，但是，不管民族成员之间熟悉与否，相互之间一句“安赛俩目尔来空”的问候，这种带有民族文化特征的语义代码就拉近了民族成员之间的距离，产

❶ ［美］威廉·A. 哈维兰：《文化人类学》（第十版），瞿铁鹏、张钰译，上海社会科学出版社 2006 年版，第 111 页。

❷ ［美］保罗·康纳顿：《社会如何记忆》，那日碧力戈译，上海人民出版社 2000 年版，第 27 页。

❸ 中共中央马克思恩格斯列宁斯大林著作编译局：《马克思恩格斯全集》（第 16 卷），人民出版社 1965 年版，第 175 页。

生一种民族亲近感，民族认同心理油然而生。因为语言代码的规则都是民族文化特征背景下的一个重要组成部分。期间，语言代码成为了回族用以识别是否是本民族成员的首要工具。正如沃尔夫（Benjamin Lee Wholf）所说："因为我们的言说共同体（speech community）根据我们的语言模式形成了一项共同的协议，而我们全都是这项协议的当事人。"[1] 回族"言说共同体（speech community）"根据表现在文化上的民族认同心理这项"共同协议"，选择"安赛俩目尔来空"或"胡达"，而不是简单一句"你好"，其言语动机并不在于简单的意义的区别和语言的别同，而是选择民族内部情感沟通的语言方式和硬化民族文化的认同心理。

五、言语的民族认同对回族基层社区平衡发展的影响

共同的语言是促使一个民族形成的一个重要因素，是构成民族的特征之一。只有大致相近或相同的语言作为交流思想和情感的工具，才能使一定范围内的人们沟通思想、密切关系、加深情感，才能为一个稳定的民族共同体的形成创造条件。其次，共同语言是组成一个民族的人们在生产、生活中，进行思维、彼此交流感情、交往联系所使用的工具。正因为如此，民族成员从生产生活到社会生活等一切领域，一刻都离不开民族语言文字这一工具，它同本民族的发展和斗争紧密相连，民族成员对自己的语言文字具有深厚的情感。再次，民族语言文字是民族文化的重要表现形式。一个民族文化、政治、经济方面的遗产的继承，生产生活方面宝贵经验的传播，都要依靠使用本民族的语言文字。民族语言文字是促进民族社会发展和文明的一种重要力量。正因为民族语言文字同民族成员的政治社会和文化生活有着密切的关系，对民族发展进步起着极其重要的作用，因而各民族对本民族的语言文字怀有深厚的情感。在族际交往过程中，对民族语言文字是否尊重，往往被看成是是否尊重一个民族，是否以平等的态度对待一个民族的可视的、可感知的尺子。民族语言文字是也一个十分敏感的政治问题，它对民族关系有着重要的影响，是民族关系是否健康发展的晴雨表之一。[2]

态度概念是社会心理学中最古老的理论概念之一。在这方面，两位早期

---

[1] ［美］哈罗德·罗伊生：《群氓之旅—群体认同与政治变迁》，邓伯宸译，广西师范大学出版社 2008 年版，第 155 页。

[2] 金炳镐：《民族理论通论》，中央民族大学出版社 2007 年版，第 564 页。

的研究人员 W. L. 托马斯和弗罗伦·兹那尼埃开说，“社会心理学就是研究态度的科学”，因为“它在多个方面支撑起一个庞大的研究领域，该领域有时甚至是独立的”。所以，这一课题的重要性是不容忽视的。民族间的交往态度是比较持久的民族心理的内在结构，它是外界刺激与民族个体反应之间的中介因素，它是一个民族对他民族认知、情感和意向的综合体。[1] 交往态度无法被直接观察到，但可以从人们的言语、行动以及其他方面表现出来，它反映了民族成员之间的认知结果、民族情感和心理距离。

民族成员在与他民族交往过程中，总是以一定的社会角色参与其中，那么，民族个体对社会角色、社会团体、交往对象的选择以及民族之间交往方式的选择，可以反映不同民族之间交往的心理距离和尺度。

（一）言语的民族认同心理特性——和谐交流与沟通的障碍

中国作为一个多民族的发展中国家，正在努力建设全面、协调、均衡、可持续发展的，以人为本，实现人的全面发展的、公平正义、法制成熟的和谐社会，这其中就包括建设协调发展、以人为本、公平正义的和谐言语生活。作为民族文化的重要表现形式和文化载体，回族语言在长期的历史发展长河中通过文化内部认同与整合，在异质的汉文化语境下不同族群之间互动、边界刻画作用下反映出独特的民族认同心理。生活在资源竞争与分配关系多变的现实社会中，族际交往联系更加频繁和紧密，汉语已经成为回汉交际的工具，回汉民族和谐交流与沟通的和谐语境已经达成。但是，族际交往中“语言隔阂”是客观存在的，正如威廉·A. 哈维兰指出：“语言有阻碍交流的作用，在这种情况中，语言阻碍了不同群体之间的交流。”[2] 这种“语言阻碍交流的作用”在一定的语境下、在一定程度上影响着回汉民族的信赖度、亲密度和聚合力，同时，在一定程度上制约了回汉民族之间深层次的交往与联系，给回汉民族关系的和谐发展与维护共同的社区稳定带来一定程度的隐患。在对甘青两省的三个基层回族社区的实际调查发现，族际认知的偏差和交往态度成为回汉民族交流中“语言隔阂”导致民族和谐语境受损害的主要影响因素。

（二）族际认知

人类依靠认知认识客观世界，依靠认知有选择地收集周围世界的信

---

[1] 李静：《民族交往心理的跨文化比较研究》，社会科学文献出版社 2010 年版，第 201 页。

[2] ［美］威廉·A. 哈维兰：《文化人类学》（第十版），瞿铁鹏、张钰译，上海社会科学出版社 2006 年版，第 111 页。

息，对周围世界的各种刺激作出各种各样的反应。人的认知包括对自身环境的各种事物的认识，也包括社会环境中各种人及各种社会现象的认识。从人脑的高级心理活动过程讲，感觉、知觉、记忆、思维等是人的基本的认知过程。“从人的心理结构讲，人对外界刺激的反应总是建立在一定心理结构，即先前经验的基础上。因此，具有不同生活经验、不同生活环境的个体或团体，如民族，无疑会具有不同的认知方式。不同民族的不同认知，最突出的表现是对同一事物具有不同的选择性，在思维方面具有不同的思维方式，在社交方面则具有特殊的待人接物的内容和形式以及对同一行为，同一语言的不同理解。”❶ 而族际认知是指民族间相互了解的程度以及在此基础上形成的相互评价和相处态度。❷ 回族是我国少数民族中居住最为分散的一个民族，他们长期与包括汉族在内的其他民族杂居相处，通过言语活动，人们交流思想、表达情感，传递彼此的信息，促进彼此的族际认知，建立共同生活、共同发展、和谐相处的社区生活。与此同时，虽然回汉民族之间言语的交流已不存在障碍，但是，回族语言由于受其宗教信仰等因素的影响，其语言的民族性特点在一定程度上、在言语的交流过程中有所体现，在回汉民族交错杂居的地域环境下，如果回汉族际认知程度较高，即使有一些语言上的“障碍”，彼此之间也会体现出相互的包容与理解，当做加深彼此认知的桥梁，从而彼此增进情感认同和聚合力，为促进民族关系的和谐创造良好的语境；反之，如果回汉民族之间认知程度较弱，不但会把语言中的一些“障碍”当做彼此加深认知的阻碍，破坏和谐语境的构建，而且，会对民族关系的和谐发展和社会稳定带来消极的影响。所以，族际认知对回汉民族言语的交流与构建和谐的民族关系有着重要影响。

族际认知的偏差对回汉交流的影响是从临夏八坊、民和南庄子和窑街上窑街道办事处三个回族基层社区的调查展开的，以民族之间的了解程度、相互评价和民族分界意识三个层面进行分析。

1. 回汉之间相互了解的程度

民族之间的相互了解程度表现在诸如风俗习惯、文化特征、经济生活等多个方面，其中对于文化的了解最为重要。因为，文化是各民族心理的积淀，文化方面的彼此了解不但能加强民族之间的联系与交往，同时也会增进民族之间的相互理解相互尊重，积淀民族之间的包容心理，而且成为

---

❶ 孙玉兰、徐玉良：《民族心理学》，知识出版社 1990 年版，第 44 页。

❷ 马宗保：《多元一体格局中的回汉民族关系》，宁夏民族出版社 2002 年版，第 177 页。

和谐交流语境构建的基础。因此，从文化入手，按照认知程度依次递增的原则，选择饮食习惯、节日文化和宗教信仰三个文化层面来测度民族之间的认知程度，以此分析对回汉和谐交流的影响。

在临夏八坊、民和南庄子和窑街上窑街道办事处（表中简称“八坊”、“南庄子”、“办事处”）的户访，每组20人，通过个案访谈，了解到成年人在族际认知方面的程度。户访资料统计见表1和表2。

表1　八坊、南庄子、上窑街道办事处回族对汉族认知程度

（单位：人,%）

项目名称	受污单位	非常了解		比较了解		不太了解		不了解	
		人次	占比	人次	占比	人次	占比	人次	占比
饮食习惯	八　坊	5	25	13	65	1	5	1	5
		4	20	11	55	3	15	2	10
		6	30	12	60	1	10	1	10
节日文化	南庄子	3	15	9	45	7	35	1	5
		2	10	7	35	10	50	1	5
		4	20	12	60	3	15	1	5
宗教信仰	办事处	3	15	6	30	8	40	3	15
		2	10	7	35	7	35	4	20
		4	20	10	50	4	20	2	10

表2　八坊、南庄子、上窑街道办事处汉族对回族认知程度

（单位：人,%）

项目名称	受污单位	非常了解		比较了解		不太了解		不了解	
		人次	占比	人次	占比	人次	占比	人次	占比
饮食习惯	八　坊	5	25	11	55	3	15	1	15
		4	20	11	55	3	15	2	10
		3	15	9	45	5	25	3	15
节日文化	南庄子	6	30	12	60	1	5	1	5
		5	25	13	65	1	5	1	5
		4	20	9	45	6	30	1	5
宗教信仰	办事处	3	15	9	45	5	25	3	15
		2	10	8	40	8	40	2	10
		4	20	5	25	9	45	2	10

由表1和表2的统计数据可知：在饮食习惯方面，八坊、南庄子、上窑街道办事处回族对汉族比较了解的人分别为65%、55%、60%，三地中不了解的比例最高为10%；三地汉族对回族饮食习惯比较了解人数比例为55%、55%、45%，而不了解的人分别为5%、10%、15%。在节日文化方面，三地回族对汉族比较了解的人分别为45%、35%、60%，不了的人都是5%；三地汉族对回族节日比较了解的人分别为60%、65%、45%，不了解的人都是5%；在宗教信仰方面，三地回族有30%、35%和50%的人比较了解汉族，有15%、20%、10%的人不了解汉族；三地汉族对回族比较了解的人分别为45%、40%、25%，不了解的人为15%、10%、10%。

临夏八坊、民和南庄子和窑街上窑街道办事处都是回汉长期混居，总体上看，回汉民族之间相互认知的程度比较高。从回汉民族之间的比较来看，在饮食习惯、节日文化层面上，汉族对回族的认知程度相对比回族对汉族的认知程度高；而在宗教信仰方面，回族对汉族的认知程度相对汉族对回族的认知程度高，存在着一定的差异。

同时，尽管都是回汉混居的地区，但是由于地域不同，三地回汉之间的认知存在着较为明显的差异。在文化节日方面，作为城市化较高的社区——上窑街道办事处回族对汉族的认知程度比临夏八坊和民和南庄子高，分别高出20%和35%。这就说明，随着居住地城市化进程的加快，回族聚居格局被回汉混居格局所取代，族际交往频繁紧密，在节日文化方面回汉认知程度就越高；相反，在城市化水平相对较低的城市社区临夏八坊和乡村社区民和南庄子，回汉在节日文化方面的认知程度仍然不高。在宗教信仰方面，临夏八坊和民和南庄子汉族对回族宗教信仰的认知程度比上窑街道办事处分别高出5%和10%，这说明在回族聚居的行政区域中，八坊和南庄子虽然属于回汉混居，但是两个社区的共同点是回族人口比例占绝对优势，汉族人口占社区总人口的比例分别为2.4%和5%，汉族成为这两个社区的“少数”，并且被回族文化所包围。在现实生活中，与社区回族的交往联系首先涉及的是回族宗教信仰，了解和尊重其信仰成为汉族与回族交往与关系密切的前提，因此，在宗教信仰方面，这两个社区比上窑街道办事处社区汉族对回族宗教信仰的认知程度高。对于上窑街道办事处社区来说，回族社区以传统的清真寺为中心的公共空间逐渐被打破，人们居住的场所距清真寺远了，通过以清真寺为圆心的宗教生活方式——社区内部相互交流、互动的频率降低，回族成员之间的社会互动化已经弱化。回族居住形式被定格在单元化的楼房之中已经成为社会发展的趋势，除工作等交往联系之外，居住格局限定了回汉之间关系的密切，因此，作为回族文化的重要组成部分的宗教，对于汉族来说显然在认知上存在一定的偏差和程度上的减弱。

但是，通过调查我们发现，回汉民族之间长期居住在同一社区，在彼此交往中，回汉民族在认知和相互评价中仍然存在一定的偏差，这种偏差是深埋于彼此心理的。在一定的语境下，认知的偏差必然会在彼此的交往联系中通过言语的形式表露出来，不仅成为回汉交往联系和增进彼此深度情感交流与信任的言语“阻隔”，而且由言语形成的“阻隔”有时也会激发言语的心理效用，以个体行为引发彼此的群体行为来维护各自的话语空间，导致民族之间语言上的冲突甚至带来民族之间矛盾，给生活在共同社区的回汉社会稳定造成不利影响。

调查个案：

地点：民和南庄子村

马××，男，回族，41 岁。马××给笔者讲述了有关言语“伤害”的事件。马××的儿子马×，12 岁，上小学五年级，经名叫易卜拉欣，简称伊布拉。马××的儿子邻居李×（汉族）的儿子李××是同班同学，平时两个孩子和两家人关系很好。但是有一天，李××当着马×的面开玩笑说：“一不拉（易卜拉欣）二不拉（尔布都），你妈打开我不拉。”当时，马×由于气愤就和李××扭打起来，两家人闻讯赶忙出来问其原因，当李家知道后，有点不以为然地说：“这有啥嘛，不就叫了个名字嘛，你们咋教育孩子的，这么小就打人。”马家人听了此话非常生气，说：“先把自己的孩子管好再说，我们回族的经名是你们随便乱叫的吗？在胡乱叫，我们可不客气了，今天这个事还算轻的。”李家一听这话，也不示弱，说：“叫了，你能咋样。”于是两家大人从口角开始，一直发展到两家大人打起来，而且两家亲戚也赶来，卷入这场打斗中。最后，在该村村委会的调解下，这场由口角引起的打斗终于得以平息。从此，两家大人小孩不再往来。马××说：“我们回族的经名不是不能叫，但是，有些汉民胡乱叫，不光是男娃的经名，女娃的经名也乱叫，猫儿眼（莫丽耶），鸟（当地人念 qiao）儿蛋。甚至还当做玩笑，这怎么能够忍受。”

“当族群认同处于重新发现、改头换面与自我肯定之际，名字就会以不同的某种方式不断作祟。一个国家、一个个人、一个群体的名字，背负的是它整个过去的资产。在族群认同中，名字虽然不是核心部分，但却可以引导我们找到核心，引导我们深入核心的历史、渊源与情感。”[1] 回族由于全民信仰伊斯兰教，所以回族不论是男性还是女性，每一个回族在他（她）出生后，通常在婴儿出生后第三天或者第七天由阿訇赞念“拜克”（礼拜宣礼词）和“尕麦体”（礼拜招呼词）而获得。取经名的意义就在于，以真主的名义宣布初生者正式降临到人世间，并且一出世便聆听到真主的召唤成为一名穆斯林。男的一般选取《古兰经》中提到的那些先贤先圣的名字；女的一般用圣母圣妻的名字。以先圣先贤和圣母圣妻的名字命名，表示对受名者的尊敬，同时，也希望受名者能够成为先圣先贤、圣母圣妻那样具有完美的品行。如男性经名如穆萨、主玛、阿里、尔里、易卜拉欣、达吾、尔布都等，女性经名如索菲亚、海迪彻、海丽耶、丽娜、莱米斯，等等。在回族穆斯林心目中，这些人都是伊斯兰文化中“真、善、美”的化身，以这些名字命名，成为对受名者最理想、最美好、最崇高的祝福。经名的命取充分揭示了伊斯兰文化在回族文化中的主导作用，也从一个侧面告诉我们回族笃信宗教的虔诚程度。同时，回族穆斯林经名暗含着回族的伦理道德文化观念。坚忍是回族崇尚的主要道德行为。伊斯兰教倡导教民坚韧不拔，在逆境中毫不气馁。坚忍已成为回族的性格特征。经名巴齐尔（勇敢的人）、麦克尼（强壮、坚强）、盖斯（坚定的）、古达麦（勇气）等就表示了对这种坚忍品德的执着追求。顺从主要指回族穆斯林在宗教信仰和道德行为方面都顺从真主的意志。“穆斯林”就是顺从真主的意思。伊斯兰文化要求穆民要爱真主所爱，恶真主所恶。经名伊麻德丁（宗教的柱石）、穆耳台仪（顺从）以及哈法尼（忠诚的信徒）、依玛尼（信仰、相信）等都表现了这种宗教顺从观念。慷慨是伊斯兰文化中人际关际、心理调适、道德教化以及社会控制等多方面观念的综合品行。慷慨的伦理基础是宽容，慷慨的行为基础是大方、施舍。许多经名中就包含了这种品行观，如阿克弗（富于同情心）、希沙木（慷慨大方）、伊哈桑（善行）、穆哈希木（慈仁的、仁爱的）、赫伊里（仁慈的、慈善的）等。诚信是伊斯兰道德文化对穆斯林的基本要求，并把人与人之间的诚和信提到信仰的高度来认识。回族经名奈迪木（朋友）、拉米慈（信条）等就是这种诚信观的表现。所以，无论以伊斯兰先圣先贤、圣

---

[1] ［美］哈罗德·伊罗生：《群氓之族》，邓伯宸译，广西师范大学出版社 2008 年版，第 100 页。

母圣妻的名字取经名，还是以伊斯兰所喜爱的名字取经名，这些经名中都透视出了伊斯兰文化观念是回族的心理特质和宗教观念在命名文化中的具体表现。

这种极具民族特色的经名不仅通过语言文字在不同族际间立体展现，而且通过言语的表达在族际交往中生动传递。回族的经名使个人身份得以确立、族际归属得以凝固，这种外在称谓符号不仅通过言语的交流在族群之间拉近了民族成员之间的亲近感，而且背后所承载着的语言、人文、心理、宗教、民族、社会等诸多文化要素又通过语言的传播功能播撒开来，深深刻印在每一个民族成员的心里。所以，在现实生活中，生活在共同社区的不同民族成员，由于民族之间在各自文化等层面相互认知的偏差，在言语的交流过程中，哪怕是各自名字的称谓，都需要给予彼此尊重的言语表达空间，否则就会因为由于言语的不尊重引发民族之间的矛盾与冲突。

2. 民族之间的相互评价

相互评价是指各民族在长期的相处和交往中逐渐形成的对彼此的认识和态度。一个民族的生产生活方式、社会风尚和民族性格都会被与其相处的民族所感知并形成一定的看法和观念，这些看法和观念转化为民族之间相处和交往的态度，这些观念和态度有时会通过言语表达出来，从而为民族之间的和谐交往与密切联系带来一定的滞障，影响社区稳定，给民族关系的和谐蒙上阴影。

在田野调查中，笔者所听到的回汉民族之间的评价基本上都是积极的、对彼此肯定的。民族之间的评价在一定程度上也反映了不同的民族经济生活特点、民族性格特征和民族精神面貌。例如回族善于经商、聪明、豪爽，汉族重视教育、待人诚恳、容易相处等。这些回汉彼此间的良好评价反映了回汉民族在长期的接触、交往中能够充分认识到对方的优点，这些彼此间存于心理的积极看法和观念，在彼此的言语交流过程中，必然会增进彼此的理解和包容，相互学习、取长补短，促进民族团结，维护共同社区的平衡发展。

虽然，在笔者调查中回汉之间相互评价的负面选项没有被测度出来，但是，并不意味着他们之间没有负面的相互评价。而是有关负面的评价深埋于其各自的心里，不便于对笔者说明。但是，有关回汉民族之间的负面评价，从笔者在田野调查的过程中所经历的一些事件可见一斑（见表3）。

表3　八坊、南庄子、上窑街道办事处回汉间的相互评价　（单位：人）

	回族对汉族的评价		汉族对回族的评价	
	人次	比例	人次	比例
吃苦勤奋	24	12%	22	11%
勤俭节约	21	10.5%	28	14%
讲究卫生	25	12.5%	22	11%
善于经商	31	15.5%	38	19%
豪爽直率	26	13%	20	10%
平易随和	23	11.5	16	8%
重视教育	26	13%	17	8.5%
聪明智慧	22	11%	23	11.5%
其他	2	1%	14	7%
合计	200	100%	200	100%

（注：我们将八坊、南庄子和上窑回汉之间的相互评价的问卷调查合在一起统计。此外，在调查过程中我们发现，负面评价的选项几乎没有测度的功能，所以在调查中删去。）

事件一：2009年8月，笔者从海石湾前往民和县作田野调查。海石湾距民和县城十公里，票价是三元，都是可以乘坐七八人的面的。当笔者乘坐的车前往民和途中，路边有两个回族妇女招手要求乘车，这时司机摆手表示客满不拉。笔者迷惑不解，明明车上还空出三个座位，为啥不载客呢？随即问司机原因，司机回答道："你不知道，这儿的回回好难缠的，特别是一些女的和老汉（年龄大的人的统称），车票明明是三块钱，他们一上车非要给你讲价钱，有的还说，我们两个人给你五块咋样，有时候，又气又可笑，票价又不是我定的。就你们会做生意，聪明，别人都傻子。所以，一见到他们呢，就嫌破烦（当地语，意为麻烦），说以干脆不拉，虽然少挣了钱，但是省去心里的不痛快。"笔者问："都是这样的吗？"司机答道："那也不是，不过一见到他们，就不愿意拉。反正回回难缠，打交道要小心。"就在此时，车上的其他乘客也对司机的话表示了赞同。

事件二：2009年9月，笔者在西宁城东区路边打的，一位司机摇下车窗先打量了我一下，然后让我上车，笔者颇感纳闷，于是问司机："师傅，有啥不对吗？"司机笑答："没有啊。""为啥看我呢？"司机说："城东区大部分是回族居住，我一到这里就开始提防，只要是穿戴回族服饰的，一般都不拉。这里回族难缠而且坏得很。”我问司机：“出租车都是这样吗?”司机回答说：“我看你也不像是回回，我就直说，不光是我，大部分司机只要是见到回回，不管是去东城还是从东城去城里其他地方，一般都不拉，你不信，下次乘车你问别的司机我说的是不是事实。”笔者追问其原因，司机说“也没有具体原因，就是见到他们心里不舒服，不愿与他们打交道。”

事件三：笔者在临夏调研时，在临夏大十字附近一家清真锅盔店门口看到，有许多人在这里排队买这家的锅盔，据说这家店在这一带很有名气。就在这时，一位女顾客从人群中走出，显得非常生气，旁边人问其原因，她说：“都说回族讲究卫生，我看一点都不讲究。居然用手一边收钱，一边给顾客装锅盔。”笔者赶忙上前问那位女顾客：“大家都在买都不在意，你是不是太在意了。”女顾客看了看我说：“你没看见吗，他们都一样是回族，我可不行。总之，回族都不讲究。”说完扭头转身离开了。

据此，这种印象无疑给所有的回族成员都贴上了“标签”。这种“标签”反映了社会类化的结果并产生了外团体同质效应。社会类化结果是指“特定的外团体成员之间比自己内团体成员之间的相似性更高的趋势”❶。回汉民族生存在同一个自然生态环境下，由于各自文化的差异，在回汉之间就自然形成了外团体与内团体，即“我族”与“他族”的社会身份，同时确立了族际归属。但汉族群体与回族群体进行审视与比较时，回族的个体成员表现在心理文化方面的行为由于与主流的外团体，即汉族群体的目标与价值观相背离时，“这种沉浸在一种与主流外团体相对抗的方式所定义的自我身份”❷ 就会以群体的面貌映射在外群体的心里，形成同质性效应，刻画出这个群体刻板印象；同时群体刻板印象的负面功效通过内外团体的交往中外团体的偏见、戒备心理展现出来，从而增添了不同民族相互评价的负面成份。这些负面成份影响下的民族之间的评价，构筑起回汉民族言语沟通的心理壁垒，导致回汉言语交流在一定语境下出现某种程度的尴尬局面，有时引起言语上的冲突，甚至在言语冲突的作用下、在一定的

❶ 奈杰尔·拉波特、乔安娜·奥弗林：《社会文化人类学的关键概念》，鲍雯妍、张亚辉译，华夏出版社2005年版，第218页。

❷ 奈杰尔·拉波特、乔安娜·奥弗林：《社会文化人类学的关键概念》，鲍雯妍、张亚辉译，华夏出版社2005年版，第219页。

环境下导致不同民族群体的伤害和矛盾，给社会的稳定、和谐带来不利影响。

综合影响三个社区言语和谐构建的主要因素，即族际认知和民族间的相互评价的调查，三个回族基层社区回汉民族在多个文化层面上对彼此都有一定程度的认知，而且相互之间的评价在肯定的方面具有一致性，有利于回汉之间通过言语的交流，彼此增加好感，增进相互理解，促进民族团结，有利于构建和谐的话语空间，有利于共同社区社区的平衡发展，成为回汉民族关系发展的主流。

但是，在族际交往过程中，“言语，是人们运用语言进行交际的活动与过程。言语活动是人类最基本的人际交流与信息传输的方式。通过言语活动，人们交流思想、表达情感，传递彼此的信息，依此建立共同生活的基础”❶。所以，不同民族之间应该在言语的交流与沟通过程中，一方面通过言语的交流与沟通进一步增进彼此的了解和认知，深化彼此的情感；另一方面，通过言语的交流与共同情感的培育，使居于共同社区的民族成员“划分出哪个是他们‘传统上’的本土代码，哪个是从陌生人处引入的，哪个是‘普遍’使用与该地区的所有社会群体”❷，以便于“在同一社区内，社区成员之间将会有共同的知识交流的自由度与约束，也会有在特定条件下对传统交流策略进行控制的共同规则”❸。共同构建良好的社区话语环境，促进民族之间的团结，维护社区的稳定。

---

❶ 冯鸿滔：《普通心理学》，中国人民公安大学出版社 2006 年版，第 441 页。

❷ 奈杰尔·拉波特、乔安娜·奥弗林：《社会文化人类学的关键概念》，鲍雯妍、张亚辉译，华夏出版社 2005 年版，第 36 页。

❸ 奈杰尔·拉波特、乔安娜·奥弗林：《社会文化人类学的关键概念》，鲍雯妍、张亚辉译，华夏出版社 2005 年版，第 5 页。

中越“两廊一圈”跨国民族经济区研究

周光大

（广西民族大学民族学与社会学学院）

《中华人民共和国政府和越南社会主义共和国政府关于开展“两廊一圈”的合作谅解备忘录》于2006年11月16日在河内签订，标志着中越“两廊一圈”合作建设正式启动。2010年中国与东盟老成员，即文莱、印度尼西亚、马来西亚、新加坡和泰国，已建成自由贸易区；2015年中国和东盟新成员，即越南、老挝、柬埔寨和缅甸，将建成自由贸易区。2013年6月10日，中国（广西）—越南全面深化经贸合作论坛在越南河内举办。广西代表团团长、自治区党委书记、自治区人大常委会主任彭清华在致辞中提出，加快“两廊一圈”合作，在中越“两廊一圈”和泛北部湾区域合作框架下，广西愿意与越南一道，优先抓紧推进互联互通标志性重大建设；把中越“两廊一圈”建成边境自由贸易合作试验区，携手打造中越边境经济合作新高地。广西将规划建设集商贸区、物流区、工业区、金融区、新城区于一体，合作领域更广、产业层次更高、便利化更优的边境自由贸易合作试验区；共同推动双方园区规划对接、政策对接、产业对接，并以此为载体，打造成为中越边境经济新高地和边境自由贸易新城。❶

中越陆地边境线长2 373公里，其中广西与越南边境线长1 020公里、云南与越南边境线长1 353公里，在中越边境居住着14个跨国民族。这里民族相同、语言相通、文化和生活习俗一样，许多边民还有亲戚关系，对建成发展繁荣的边境有着强烈的愿望和要求，应创建中越“两廊一圈”跨国民族经济区，有利于毗邻国家互联互通、民族和睦往来、经济昌盛、人民生活幸福、边境发展繁荣，促进《中越两国政府落实中越全面战略伙伴关系行动计划》的实施，为中国—东盟自由贸易区和世界提供成功的

❶ 《中国（广西）—越南全面深化经贸合作论坛在越南河内举办》，载《广西日报》2013年6月11日，第1版。

范例。

中越两国早就是“同志加兄弟”的关系，应努力把“两廊一圈”打造成中国—东盟自由贸易区升级版的先行试验区和中国—东盟命运共同体的先行试验区。2013 年 11 月 24 ~27 日在广西举行的“第二届中越青年大联欢”，中越两国主席共致贺电，把中越合作推向了新阶段，有望建成以“两廊一圈”为基础的中国广西、云南、广东、海南四省区和越南全境的中越跨国民族经济区。

一、跨国民族与跨国民族经济区的概念

（一）跨国民族的概念

跨国民族，亦称跨界民族、跨境民族。民族是在历史上形成的一种具有共同语言、共同地域、共同经济生活以及表现于文化特点的共同心理素质的、稳定的人们共同体。跨国民族除具备民族四个特征外，还具有其特殊性，这就是“跨国境而居”，即同一民族跨境居住在两个或两个以上的国家。[1] 跨国民族，“既指紧靠边界两侧，居住地直接相连，分居于不同国家的同一民族，又指在相邻国家的边界附近地区活动的那些同一民族。多数跨界民族分布是连在一起的，也有少数同一民族之间可能会有其他民族相隔，居住地没有直接相连”[2]。跨国民族是民族历史发展过程和现代政治作用的产物。在当今世界上，同一民族散布在几个国家，一个国家包括有若干民族的现象十分普遍。由于国家是历史发展的产物，在大多数情况下，一个现代国家是在一定地域范围形成的。当今世界范围内国与国之间相分隔的界线是地域的，而非文化的和语言的，这条界线经常不是民族或文化群体的分界线。中国与越南均是多民族国家，历史联系十分紧密，均属中华文化圈。[3] 当今世界存在很多跨国民族；同一民族具有相同的历史来源、语言、文化、生活习俗。中国的主体民族是汉族，越南的主体民族是京族，这两个主体民族都跨国而居；除两个主体民族跨国而居外，还有 12 个少数民族或族群跨国而居，主要是壮族、傣族、布依族、苗族、瑶族、彝族、哈尼族、拉祜族、仡佬族、回族、莽人、克木人。这些跨国民

[1] 周光大、瞿明安主编：《现代民族学》，云南人民出版社 2009 年版，第 298 ~299 页。

[2] 金春子、王建民编著：《中国跨界民族》，中央民族学院出版社 1992 年版，第 1 页。

[3] 周光大：《弘扬中华文化 促“两廊一圈”经济区发展》，载《广西日报》2006 年 7 月 23 日，第 6 版。

族和族群，对中越两国有着特殊和深厚感情，是积极推动中越“两廊一圈”合作、跨境民族经济区合作建设的重要力量。

（二）跨国民族经济区的概念

跨国民族经济区，是跨国民族和民族经济与区域经济的有机结合；跨国民族经济区，以民族为桥梁和以区域为载体，促进该区域的经济发展。经济民族学或民族经济学，对民族经济和区域经济的研究具有不同寻常的意义。经济民族学或民族经济学兼有民族学科和经济学科的双重性质，有利于跨境民族经济的应用研究。[1]“区域经济学是以经济学观点，研究在资源不均匀分配且不能完全自由流动的世界中，各个地区的差异以及各地区之间关系的科学。”[2] 区域经济学所研究的“区域”，不是一个“纯自然地理区域”，一般也不是“行政区域”，而是具有某种经济特征和经济发展任务的“经济地理区域”。经济地理区域是拥有某些生产要素，分布着农业、工业等产业，拥有城镇、道路等客体，具有整体化、连成一片的空间。区域的“范围”有多大，因研究的目的、任务而异。它可以是跨越国家的“国际区域”，如中越“两廊一圈”跨国民族经济区。

（三）中越“两廊一圈”的合作范围

2006 年 11 月 16 日在河内签订的《中华人民共和国政府和越南社会主义共和国政府关于开展“两廊一圈”合作的谅解备忘录》指出：“中越‘两廊一圈’合作的范围包括中国的云南、广西、广东、海南四省区和越南的老街、谅山、海宁、河内、海防五省市。”实际上，中国广西、云南、广东、海南四省区不仅是与越南老街、谅山、海宁、河内、海防的合作，也包括与中越边境省高平、河江、莱州、奠边府的合作，还包括胡志明市在内以及越南全境。当然，应以构建昆明—河内经济走廊、南宁—河内经济走廊、环北部湾经济圈为重点，促进中越边境尽快建成多个自由贸易区、跨国民族经济区、经济发展小高地，实现中越边境合作与建设、发展与繁荣。

（四）跨国民族经济区的理论基础

现代民族学重视跨国民族与民族经济学、区域经济学结合进行研究，为建立跨国民族经济区提供理论基础。笔者等人主编的《现代民族学》一书上卷第一篇，对跨国民族、民族经济学、区域经济学进行了全面、深入、系统的论述。在掌握中越跨国民族资料的基础上，认真研究跨国民族

---

[1] 周光大、瞿明安主编：《现代民族学》，云南人民出版社 2009 年版，第 282 页。

[2] 转引自周光大、瞿明安主编：《现代民族学》，云南人民出版社 2009 年版，第 281 页。

因为他们跨国而居，与对方国的同一民族同胞有着天然的联系，许多边境地区的跨国民族与周邻国家的同民族同胞世代友好相处，在发展睦邻友好关系中有着得天独厚的条件。中越两国跨国民族均期待中越两国经济能跨越式发展，有利于促进民族经济发展和区域经济发展，提高人民的生活水平；而且，在国际经济发展的合作与竞争中，谋求更快的经济发展，各相邻国家成为区域合作、经济合作的最佳伙伴。加强与周邻国家的经济联系已经成为中越两国经济发展总战略中至关重要的一环。

二、创建中越“两廊一圈”跨国民族经济区观念的形成

（一）在辨证唯物主义和历史唯物主义指导下进行研究

社会在发展，历史在前进。和平、发展、合作、共赢是当今世界的主要趋势。列宁说：“现在我们才认识到，恩格斯无情地讥笑那种把‘自由’和‘国家’这两个名词连在一起的荒谬见解，是多么正确。还有国家的时候就不会有自由，有了自由就不会有国家。”[1] 辨证唯物主义和历史唯物主义告诉我们，人类社会发展的历史，先是国家的消亡，然后是民族的消亡。在国家消亡前，跨国民族是沟通物流、资金流、人流的重要纽带和桥梁。当今世界，在国际经济发展的合作与竞争中，利用地缘毗邻、优势互补和区域合作等长处谋求更快的经济发展，已经成为世界各国加速经济发展、增强综合国力的有效方式。广西京族地区的发展变化是个很好的实例。中国京族是广西世居的少数民族之一，是中国少有的主要以海为生的海洋少数民族，同时也是跨国民族。据京族民间传说，大约四百多年前，京族祖先在越南涂山（今越南海防附近）、宜安海面捕渔，追踪鱼群来到白龙尾和万尾、山心、巫头等岛屿，发现这里水深鱼多，是天然的优良渔场，岛上四季如春、花木常青，于是定居下来，繁衍生息，成为这里最早的拓荒者。中华人民共和国建立初期，这里还较贫困，住的是竹架低矮的茅草房、吃的是杂粮煮稀饭，出行是沙地，退潮时才能过海滩到陆地，生活十分困难。改革开放以后，这里的京族群众因与越南的主体民族京族是同一民族，语言相通、文化与生活习俗相同，大搞边境贸易和旅游，“金滩”成为了著名的旅游区，原来的小渔村，变成了繁华的小城镇，走上了富裕之路。我们跟踪调查了五十多年，亲眼目睹了这一变化过程。

---

[1] 列宁：《国家与革命》，载《列宁选集》（第三卷），人民出版社 1960 年版，第 253 页。

《中国—越南经贸合作专家组关于“两廊一圈”合作的研究报告》（草案）指出：“中越两国是当今世界上发展最成功的社会主义国家，都坚持共产党的领导，坚持走符合本国国情的社会主义道路，不仅保持了国家经济高速发展，而且保持了政治稳定和社会安宁，人民生活水平显著提高。”[1] 中越两国是山水相连的友好邻邦，毛泽东主席和胡志明主席等老一辈领导人亲手缔造和精心培育的中越友谊，深深地根植于两国人民心中。经过双方共同努力，这种友好合作关系进入一个新的发展阶段。两党两国领导人确定的战略合作伙伴关系和“长期稳定、面向未来、睦邻友好、全面合作”十六字方针，以及“好邻居、好朋友、好同志、好伙伴”四好精神，为深化中国与越南全方位合作关系、创建跨国民族经济区奠定了重要的政治基础。

《中华人民共和国政府和越南社会主义共和国政府关于开展“两廊一圈”合作的谅解备忘录》说：“双方同意，中越‘两廊一圈’合作在两国总体合作框架和中国—东盟自由贸易区、大湄公河次区域经济合作等多双边机制下进行，总体目标是在‘两廊一圈’范围内，为企业开展经贸合作创造便利条件，提高合作水平，促进两国边境地区经济繁荣和社会稳定，进一步推动中越经贸合作和两国全面友好合作关系的发展。”中国共产党第十八次全国代表大会的政治报告指出：“综观国际国内大势，我国发展仍处于可以大有作为的重要战略机遇期。我们要准确判断重要战略机遇期内涵和条件的变化，全面把握机遇，沉着应对挑战，赢得主动，赢得优势，赢得未来，确保到2020年实现全面建成小康社会宏伟目标。”[2] 越南共产党“十一大”政治报告认为：“新的国际国内形势使越南的革新事业面临新的机遇和新挑战，越南党和政府将继续以发展经济为中心任务，不断完善社会主义市场经济体制，大力推进工业化、现代化建设，促进社会的公平、民主、和文明。”[3] 中越两国党和政府都很重视发展经济、关注民生，使各民族人民群众过上美好的生活，应乘机把中越全面合作推向新阶段，这是创建中越跨国民族经济区的重要经济基础。

中越“两廊一圈”合作的主要宗旨是：“为了加强中越两国在‘两廊一圈’范围内的经贸合作，促进两国边境地区经济繁荣，推动双边经贸合

---

[1] 中国—越南经贸合作专家组：《关于“两廊一圈”合作的研究报告》（草案），第8页。

[2] 胡锦涛：《坚定不移沿着中国特色社会主义道路前进　为全面建成小康社会而奋斗——在中国共产党第十八次全国代表大会上的报告》（2012年11月8日），人民出版社2012年版，第16~17页。

[3] 《越南共产党“十一大”开幕》，载《广西日报》2011年1月13日，第12版。

作和两国全面友好合作关系进一步发展。”中华人民共和国主席习近平同越南社会主义共和国主席张晋创于2013年6月19日在北京会谈。两国元首在友好坦诚的气氛中，就新形势下深化中越全面战略合作深入交换意见，达成广泛共识。两国元首一致认为，中越均处在经济社会发展的关键时期，双方视对方发展为自身发展的机遇，要进一步深化全面战略合作。一是保持两国高层交往，加强战略沟通，就两国关系中重大问题及时交换意见，加强指导。推动党际交往和治国理政经验交流。二是继续发挥中越双边合作指导委员会机制重要作用，统筹推进各领域务实合作。执行好《中越两国政府落实中越全面战略合作伙伴关系行动计划》，提升外交、国防、执法等领域合作水平。三是加强两国经济发展战略协调，抓紧落实《中越2012—2016年经贸合作五年发展规划》，推进交通、能源、农业、加工制造、服务业等领域合作，探讨实施基础设施互联互通合作项目。采取有效措施，推动双边贸易平衡稳定增长，争取提前实现2015年双边贸易额600亿美元的目标。越方欢迎中国企业投资。四是扩大友好交往，共同办好今年下半年在华举办的“第二届中越青年大联欢”等活动。拓展文化、教育等领域合作，尽快启动互设文化中心。加大中越友好宣传，为两国关系发展营造良好氛围。五是加强多边合作，维护共同利益。双方愿同其他东盟国家一道，将中国—东盟战略伙伴关系提升到新高度。[1]

（二）调查研究是提升创建中越“两廊一圈”跨国民族经济区的认识基础

现代民族学继承传统民族学的优良传统，十分重视民族学田野调查。1958年、1959年、1960年，本课题负责人周光大参加了中国党和政府组织的民族大调查，先后到当时属于广东省管辖的东兴各族自治县、防城县、钦北壮族自治县、海南岛等地，调查京族、瑶族、壮族、苗族、黎族以及汉族的历史与文化、经济社会发展、革命斗争史；参加编写《京族简史简志合编》、《东兴各族自治县概况》等书，并参阅明峥（越南）著《越南史略》、陶维英（越南）著《越南古代史》，认识到，中国南方民族与越南各民族基本上是同根生民族；越南的文化在近代除受法国文化的影响较深外，基本上属于中华文化圈。周光大曾到过曾是越南广宁省省会的芒街市，观看文艺演出，备感亲切。而且，从直接观察和调查中得知，东

---

[1] 《中越双方要朝着友好合作的道路坚定不移往前走》，载《广西日报》2013年6月20日，第1、6版。

兴、江平、那良曾一度因自由贸易较发达，东兴和芒街来往方便，俨然像一个城市，东兴有过“小香港”之称。中越两国、中越两国共产党、中越两国各民族人民情谊深厚。中越两国跨国民族交往十分密切，亲如一家人。

1988 年 11 月，国家社会科学规划领导小组批准周光大为“中国少数民族传统文化与现代化建设”课题负责人。经研究决定，重点研究壮族传统文化与现代化建设，我们调查的足迹除遍布广西全区外，还到我国云南、越南部分省市进行了调查。特别应提到的是，我们到防城调查时，还从峒中口岸进入越南那蒙调查该地泰族的历史来源与语言、文化，并与我国广西的壮族进行比较研究。在东兴调查时，认真对万尾的壮族的历史与现状进行了调查，并且进一步调查了东兴京族的发展变化。

2005 年元月 14 日，广西壮族自治区人民政府陆兵主席批准成立“中越两国建立‘两廊一圈’可行性研究课题组”，课题组负责人周光大教授坚持深入调查，高标准高质量完成课题研究。我们课题组先后到北海市、合浦县，钦州市、灵山县，防城港市、防城港区、防城区，东兴市、上思县；崇左市及下辖的扶绥县、江州区、大新县、天等县、龙州县、宁明县、凭祥市；越南同登、谅山、河内、海防、下龙湾；南宁市及下辖的武鸣县、东盟工业园区、马山县、上林县、宾阳县、横县、隆安县；百色市及下辖的左江区、靖西县、那坡县；玉林市及下辖的福隆区、博白县、陆川县、容县；贵港市，桂平市；湛江市、廉江市、徐闻县，茂名市、高州市；海口市、洋浦开发区、东方市、三亚市、五指山市、琼海市、临高县；昆明市、玉溪市、通海县、红河州、蒙自县、个旧市、金平县、河口市；越南老街、沙巴；文山州、麻栗坡县、文山、富宁县；越南河江等地。中越两国建立“两廊一圈”可行性研究是中越党政领导高度重视的，我们到各地调查主要依靠当地政府和中国驻越南大使馆进行，每到一地之前先致公函，除说明调查的内容外，并列上参加调查人员的基本信息，各地区市、州、县、区和有关单位都作了认真准备。如由有关领导组织调查会，事先印好汇报材料，由有关领导和各局级的领导进行汇报，同时陪同调查人员到口岸、港口、企业、工厂、农村、海岛、哨所、学校、旅游景点进行实地考察；并有《广西日报》社东盟报导部两名记者跟踪报道。调查的收获很大、影响很大，推动了中越“两廊一圈”合作发展，推动中越两国政府签订了合作备忘录和新的合作协议。

（三）实践是完善创建中越“两廊一圈”跨国民族经济区的认识的重要途径

“两廊一圈”合作，最先是由越南政府领导提出的。2004 年 5 月，越南社会主义共和国政府总理潘文凯访华时，提出中越两国合作建设“昆明—老街—河内—海防”和“南宁—谅山—河内—海防”等“两个经济走廊”以及“环北部湾经济圈”（简称“两廊一圈”）的设想。中华人民共和国国务院总理温家宝予以积极回应并表示，中国政府将支持云南、广西、广东、海南等省区加强与越南有关省市的经贸合作，希望越方将有关建议具体化，以便两国政府主管部门和边境省区共同研究。2004 年 10 月温家宝总理访越期间，双方领导人达成共识，同意在中越两国政府经济贸易合作委员会框架下成立专家组，对“两廊一圈”设想的可行性进行考察和研究，提出具体实施方案。我们早就在这一地区进行了考察与研究，广西壮族自治区人民政府主席陆兵于 2005 年元月 14 日特批成立“中越两国建立‘两廊一圈’可行性研究课题组。《广西日报》东盟报导部记者杜蔚涛获此消息后，立即采访了周光大教授。《广西日报》2005 年 1 月 28 日第 6 版发表了《为政府决策提供依据和参考——访〈两廊一圈可行性〉研究课题组负责人广西民族学院教授周光大》，文中说：“周光大教授告诉记者，其实，对‘两廊一圈’的研究，很多人都在搞。但我们对《两廊一圈可行性》研究的范围更广，内容更全面，更有实用价值。这是因为广西本土的专家学者们在这方面具有很大的优势，已经在多方面取得了系列性的研究成果。他本人是从 1958 年就开始了对这一地区的社会经济与历史文化、传统文化与现代化的研究，出版了 280 多万字的论著。其中，1984 年由广西民族出版社出版的《京族简史》，获广西民族研究学会颁发的优秀科研成果奖一等奖；1987 年出版的《广西京族社会历史调查》，为研究中越‘两廊一圈’合作提供了重要的资料。近几年，周光大教授还对广西沿海地区在环北部湾经济圈的地位和作用进行了研究并取得了初步的科研成果，曾担任广西老社会科学工作者协会申报的《关于发挥南北钦防经济区域中作用研究》课题组组长；他撰写的《认真落实科学发展观——进一步加快南北钦防经济社会发展》一文，在 2004 年 9 月于北海召开的‘加快发展南北钦防经济社会发展’学术研讨会上得到与会专家学者的高度评价。”这几年来，在科研实践中，根据实际的需要，重点抓住三大问题进行研究。

1. 建设广西北部湾经济区，促进中越“两廊一圈”合作与发展

广西北部湾有海岸线 1 595 公里，分别由北海市、钦州市、防城港市管辖。我们课题组成立后，首先到广西沿海地区进行调查，发现由于体制上的原因，北海、钦州、防城港三个海港多年来各自为政、同类竞争，造成优势互抵而不是优势互补，这既无益于自身，也无益于广西及其周边地区。课题组于 2005 年 6 月 28 日编印了 2005 年自治区政府特批大型课题

《广西参加中越“两廊一圈”经济合作研究》调研信息（第1期）《我区沿海港口协调发展建议》，就提出了三港合一的问题。我们到崇左市、百色市、南宁市、玉林市、贵港市调研后，又于2006年4月7日编印了调研信息（第2期）《科学界定北部湾区域——建设广西开放新环境》，建议广西北部湾经济区除包括南北钦防外，还应包括崇左市、玉林市。2003年7月13日，自治区人民政府在南宁饭店召开广西沿海资源与一体化发展座谈会，诚邀周光大教授出席并发言。周光大在会上第一个发言，详细阐述了调查的材料和建议；并和课题组成员在《广西日报》和有关报刊发表不少的调研报告、论文、专家访谈、调研报道、今日时评，对促进广西北部湾经济区建设作出了很大的努力。2013年7月28日，广西壮族自治区人民政府主席陈武会见越南外交部副部长胡春山时说：“希望双方共同加强中越‘两廊一圈’建设和泛北部湾圈经济合作，推动中越跨境经济区合作建设，进一步深化和拓展广西与越南全方位、宽领域、多层次的交流与合作。”“胡春山表示，越南与广西山水相连，近年来广西，特别是北部湾经济区社会经济发展的成功经验非常值得越南学习。”❶ 其中一条重要的经验是，中国是个大国，有党中央、国务院和中央各部委、兄弟省市区的大力支持。

2. 加强中越“两廊一圈”经贸合作，实现边境发展繁荣

2007年5月17日，中国国家主席胡锦涛与越南国家主席阮明哲会谈时，提出“加快‘两廊一圈’建设进程”的建议。阮明哲说：“搞好‘两廊一圈’计划，加强边境省份的关系，使两国边境成为和平、友好和共同发展的边境。”❷ 我们课题组在我国广西省区与越南、我国云南省与越南边境各口岸、各市州县区进行了深入调研，每到一地均受到热情欢迎，除听取汇报、实地考察外，并共商合作发展大事。为了促进边境经济的发展，努力改善人民的生活，中越两国采取了一系列有力的措施：一是在广西与越南边境修建沿边公路，南宁到凭祥修建成高速公路，河内到河江修建高等级公路，百色至高平国际客货运输线路和边境旅线路开通。二是实行通关便利化。三是建立一系列跨国经济合作区，主要有东兴—芒街、凭祥—谅山、红河—老街、金水河—马鹿塘、龙邦—茶岭、爱店—峙马。2010年7月，中央西部大开发战略提出推进广西东兴国家重点开放开发试验区建设，它承担着我国探索沿边对东盟开放的历史重任。四是大力开发边境旅

❶ 载《广西日报》2013年7月29日，第6版。

❷ 转引自周光大、赵研开：《创建跨国区域经济共同发展繁荣新模式》，载《广西日报》2007年5月24日，第6版。

游，如德天—板约瀑布游。五是积极推进边境新城建设。六是推进边境地区农业合作。一个发展繁荣的中越边境已初步显现出来了。

3. 创建中越“两廊一圈”跨国民族经济区，实现经济一体化、文化相互涵化

经济全球化、区域经济一体化，是当今世界经济发展的必然趋势。经济一体化根据一体化的程度逐渐加深，分为特别关税区、自由贸易区、关税同盟、共同市场、经济与货币同盟等五个层次。而一体化程度的加深，一方面说明区域内国家间的贸易和经济联系越来越自由，另一方面也意味着国家经济主权的不断让渡和“丢失”。建立自由贸易区一般都以经济为出发点，但欧盟、北美、拉美、非洲等区域性经济组织也有非经济目的，即以经济为手段来达到政治上的联盟或伙伴关系，增加在国际上的地位和发言权。作为世界上最成功的一体化组织，欧盟早已向五个层次中最高级别的“经济与货币同盟”方向发展，并在力求通过欧盟的统一宪法。中国与越南都是成功的社会主义国家；我国广西、云南、广东、海南等省区与越南的汉族、京族、壮族、苗族、瑶族、黎族、傣族、泰族、岱族、侗族等基本上是同根生民族，都属汉藏语系、中华文化圈；创建中越“两廊一圈”跨国民族经济区，统一合作发展规划，会进一步加快经济的发展，使各民族人民过上更美好的生活，并促进中国—东盟自由贸易区向高层次迈进。我们撰写了论文《弘扬中华文化——促“两廊一圈”经济区发展》[1]、《创建中越“两廊一圈”跨国民族经济区》[2]，公开发表后，在社会上和学术界产生了很大的反响。

根据人类社会进步、国际形势发展和中越关系的历史和现状，进行这三大问题的研究，是交替进行的，均已取得一定的科研成果。

三、创建中越“两廊一圈”跨国民族经济区的功能与性质

中越“两廊一圈”合作的功能和性质是什么？我们认为，中越“两廊一圈”跨国民族经济区的功能和性质是：

（一）中越“两廊一圈”跨国民族经济区是自贸区

在毗邻国家和没有国界相连的国家之间废除关税壁垒，实行自由贸

[1] 载《广西日报》2006年7月23日，第6版；转载人民日报人民网“创新与发展”栏目。

[2] 荣获广西社会科学联合会、广西壮族自治区人民政府发展研究中心于2010年12月授予的优秀科研成果二等奖。

易，建立自由贸易区，是当今世界经济发展的一大趋势，它有利于发展经济、提高人民的生活水平。中国和越南依托“两廊一圈”而紧密相连，“两廊一圈”所涵盖的区域自古就是中越之间经济贸易和文化往来的主要区域和通道。汉武帝统一岭南设置合浦郡后，以合浦、徐闻和位于今越南中部的日南为始发港，开辟了远洋贸易的“海洋上的丝绸之路”。2002 年 11 月，中国—东盟全面经济合作框架协议的全面签定，确定了中越贸易自由化的行动方案和时间表。自 2004 年 1 月 1 日起，框架协议下的“早期收获”农副产品降税方案付诸实施，使越南人初尝贸易自由化带来的果实。越南领导层开始积极地构思中越贸易自由化方案。正是在这种背景下，越南政府领导率先提出了中越“两廊一圈”经济合作的构想。因此，中越“两廊一圈”是中国—东盟自由贸易区的一部分，是中国—东盟自贸区之下的特征性的称谓。

中越两国都是共产党领导的社会主义国家。根据中越“两廊一圈”合作谅解备忘录，进行一系列合作，定能建成跨国民族经济区。

（二）中越“两廊一圈”跨国民族经济区是物资流、资金流、人才流的无障碍区

在中越“两廊一圈”地区，历史上曾一度出现物资、资金、人才流动畅通无阻的情况，应认真发掘和弘扬。到 2015 年中国与东盟新成员——越南、老挝、缅甸、柬埔寨四国建成自贸区，大部分农产品实行零关税，但这些农产品进出口还需经过检验检疫；要使中越“两廊一圈”成为物资流、资金流、人才流的无障碍区，还有很长的路要走，需“两廊一圈”地区各民族人民作出巨大努力。

（三）中越“两廊一圈”跨国民族经济区是经济发展协作区

“中国—东盟合作是全球的样板。”[1] 中国与东盟早在 1991 年就建立了对话伙伴关系，2003 年建立面向和平与繁荣的战略伙伴关系后，双方合作进入了快车道。10 年来合作成就显著，为本区的和平稳定、繁荣发展作出了重要贡献。中国与越南是好邻居、好朋友、好同志、好伙伴，积极支持中国倡导的建立南宁—新加坡经济走廊、泛北部湾经济圈，加速了中越“两廊一圈”合作与发展，使之成为了真正的跨国民族经济区。中国—东盟博览会和商务与投资峰会促进了中国与东盟、中越“两廊一圈”交流和合作、协作的发展。

---

[1] 载《广西日报》2013 年 7 月 23 日，第 10 版。

（四）中越“两廊一圈”跨国民族经济区是民族团结进步区

中国和越南都是统一多民族国家，现阶段的民族问题主要是民族和民族地区发展的差距引起的。原居于中越边境的民族和民族地区经济文化较后进，建立“两廊一圈”后，加强通道经济建设，公路、铁路、水运都得到发展，由闭塞的边疆变成了开放的前沿，一些少数民族和民族地区经济文化得到飞速发展、人民生活明显改善，民族团结得到进一步加强。

（五）中越“两廊一圈”跨国民族经济区是共同发展繁荣区

中越“两廊一圈”合作提出后，有关地区加快了建设的步伐。主要体现在口岸、港口、公路、铁路、高速公路、高速铁路、中越边境经济合作区建设、广西北部湾经济区建设、中越边境新城建设、珠江—西江经济带开发与建设等。2013 年 8 月 5 日，广西崇左国际客运中心落成运营，崇左至越南下龙湾国际斑线正式开通，全长约 400 公里。此前，已开通崇左—河内、崇左—高平国际线路。经过共同努力，中越“两廊一圈”跨国民族经济区，一定会成为共同发展繁荣区。

四、创建中越“两廊一圈”跨国民族经济区的方法和步骤

越南各民族人民的领袖胡志明主席于 1945 年 9 月 2 日在河内巴亭广场宣读《独立宣言》第一句话就是：“世界上所有民族生来就是平等的，任何一个民族都有生存、自由和谋求幸福的权利。”[1] 在经济全球化、区域经济一体化的当今世界，应该把中越“两廊一圈”建成跨国民族经济区。如何才能把中越“两廊一圈”建成跨国民族经济区呢？

（一）认真总结中越边境干部和群众创造的好经验

中越两国签订了许多共同合作的项目，都是由政府主持的。中国广西、云南、广东、海南四省区参与“两廊一圈”合作，均与越南在陆地和海上相连，这些省区党政领导有权决定如何与越南开展合作。因此，创建中越“两廊一圈”跨国民族经济区，必须依靠政府起主导作用。

创建中越跨国民族经济区，既有自由贸易区建设需要解决的一般规律性、共同性的问题，更有一些特殊性的问题需要解决。涉及民族学、区域经济学、历史学、国际关系学的有关知识，需要专家们对这些问题进行深入的研究。越南的民族与我国广西、云南、广东、海南四省区有些民族名

---

[1] 转引自越南社会科学委员会编著：《越南历史》，北京人民出版社 1977 年版，第 1 页。

称相同；有些民族名称不同，但语言、历史来源、风俗习惯是相同的，原是同一民族；彼此有着深厚的感情，并有一定的联系。为了让这些民族过上更幸福的生活，应该建立跨国民族经济区。这样，中越在南海的岛屿岭土之争也就不存在了。

中越两国干部和群众对参与“两廊一圈”合作有着极大的积极性。对于两国开展各个行业的合作的内容与形式已进行了大量实践，中越两国政府十分重视，应认真总结，持之以恒，坚持下去，就会使中越“两廊一圈”合作上一个新台阶；建立真正意义上的跨国民族经济区，实现经济一体化，民族文化进一步涵化，中越两国各民族人民的共同的根本利益就会有了组织保障。

（二）积极推进中越跨国民族经济区以边境建设为重点的各个方面的发展与合作建设

《“两廊一圈”合作谅解备忘录》指出：“双方同意，在‘两廊一圈’范围内重点在下列领域加强合作：（1）基础设施，包括铁路、公路和港口；（2）货物和旅客运输；（3）资源开发与加工；（4）进出口贸易；（5）农业；（6）工业；（7）旅游业；（8）北部湾合作，包括渔业和油气合作；（9）双方同意的其他领域。”几年来，中越“两廊一圈”合作取得了重要的进展，特别在中越边境经济带建设方面取得了较大的成织，跨国民族成了合作的纽带与桥梁，它们对于中越边境地区合作开发的积极性很高，促进了“两廊一圈”合作的发展。实践证明：应把“两廊一圈”建成跨国民族经济区。但究竟如何建成跨国民族经济区呢?

首先，中越“两廊一圈”跨国民族经济区合作开发，应以边境地区为重点。在中越两国边境地区，各民族人民群众经贸往来是很密切的，边境贸易十分活跃，边贸在我国广西地区与越南经贸中占有一定的地位。2013年上半年，广西边境小额贸易增速达到46.8%，成为拉动广西外贸增长的主动力。据自治区发改委的消息，2013年上半年广西外贸出口额达76亿美元，同比增长21.2%，其中对东盟出口额大幅增长了44.4%。[1] 2013年7月下旬，中国人民银行南宁中心支行下发《广西边境个人跨境贸易人民币结算业务管理办法》，允许广西东兴试验区开展个人跨境贸易人民币结算业务。这一政策的实施，大大促进个人跨境贸易的发展。越南在近10多

[1] 黄信：《高低参半增长乐观——上半年东盟各国情况扫描》，载《广西日报》2013年8月2日，第10版。

年来，已成为广西最大的贸易伙伴。仅2006—2009年双方贸易额年均增长41.7%。2010年1~7月双方进出口贸易总额同比增长29.2%，占广西与东盟贸易总额的76.51%。[1] 这就是说，中越“两廊一圈”合作开发，应主要依靠中越边境各族人民的合作，重点建成广西北部湾经济区、发展繁荣的边境经济带。当前，应进一步建设好广西北部湾经济区、加快推进中越边境口岸、边贸点、跨国经济区建设，使东兴—芒街、凭祥—同登、龙邦—茶岭、红河—老街、金水河—马鹿塘经济合作区，德天—板约旅游合作区建设尽快取得进展和成效。积极推动凭祥边境自由贸易合作示范区等园区建设。党中央、国务院在2010年7月召开的全国西部大开发会议上，确定了新的政策和措施，明确提出了“积极建设广西东兴、云南瑞丽、内蒙古满洲里等重点开发开放试验区”。这个试验区在东兴包括经济、政治、传统文化与现代化等方面，近几年，东兴与芒街的发展比较，东兴的发展要慢一些，应努力建成我国沿海的“新型特区”，尽快实现“两国一市”。在历史上，东兴与芒街于1887年前曾属一城，[2] 早在1959年，周光大对这一问题进行过实地考察。这充分说明：中越“两廊一圈”建立跨国民族经济区有着深厚的历史基础。如能吃透当今世界经济发展的特点和中越两国的历史与现状，采取特殊的政策和措施，就会出现新的飞跃。

建设中越边境经济带，还应当积极发展边境地区高速公路、铁路交通，使之成为中国—东盟最便捷的通道；大力发展跨国旅游，促进民族经济发展。加快中越高速公路和铁路对接，尽快建设凭祥—河内高速公路；共同积极推进中越北仑河二桥建设，努力建设东兴—芒街—河内高速公路和铁路通道。越南很重视文化教育发展，应加强合作与交流，加速边境地区文化教育发展，提高各民族文化素质；加强边境地区工业化和城镇化建设，关注民生，扶贫开发，逐步提高各民族人民的生活水平，使之成为人们向往最适宜居住地区。近几年来，中越边境地区合作开发是多角度、全方位的，如随着中国—东盟自由贸易区经济合作的快速发展，“两廊一圈”合作开发的推进，中越双方经贸往来十分频繁，广西农垦糖业集团防城精制糖公司与越南广宁海河县合作种植糖料蔗，合作种植项目在稳步有序推进。[3]

其次，加速南宁—河内经济走廊、昆明—河内经济走廊建设。这两条经济走廊建设在公路、铁路、水运方面均取得了一定的成绩，但在某些地

---

[1] 参见《广西日报》2010年9月10日，第1版。

[2] 广西壮族自治区编辑组：《广西京族社会历史调查》，广西民族出版社1987年版，第79页。

[3] 参见《广西日报》2010年10月11日，第1版。

区还需要建设高速公路，铁路由米轨改准轨，疏通河床；加快工业化、城镇化建设；在南宁—扶绥—崇左—凭祥—谅山—河内，昆明—玉溪—蒙自—河口—老街—河内等地实行贸易便利化，使这两条经济走廊成为工业发达、城市崛起、商业繁荣昌盛、人口兴旺发达的地区。近几年来，南宁—河内经济走廊、昆明—河内经济走廊建设均有很大进展，南宁—凭祥高速公路已建成；据越南媒体2008年7月17日报道，越南政府分别投资14亿美元和12亿美元修建“河内—谅山”、“河内—海防”高速公路，并在年内动工兴建海防市沟县深水港码头。[1]

第三，建成以广西北部湾经济区、钦州港保税区、洋浦港保税区、湛江港、海防港为重点的环北部湾经济圈。广西北部湾经济区地理位置十分重要，岸线曲折，海岸线长1 595公里，深水条件好，港口资源丰富，开发潜力巨大。近几年，环北部湾经济圈建设在实践中凸显了出来，应以此为龙头，推动泛北部湾经济圈和泛珠三角经济区合作，建设中国—东盟合作发展新高地。主要发展港口经济、临海工业区、大旅游、文化产业、城乡一体化，如东兴市万尾村京族、汉族、壮族合力把该村打造成旅游区，渔民变成了市民。同时，应把环北部湾经济圈与泛北部湾经济区紧密结合起来；并促进泛珠三角经济区与泛北部湾经济区合作。

（三）充分发挥广西在中越“两廊一圈”合作中的骨干作用，加强广西、广东、海南、云南等省区经济发展与合作建设

在中越“两廊一圈“合作中，广西应发挥骨干作用，理由有三：(1) 广西与越南有1 020公里的陆地边境线接壤；广西又有1 595公里的海岸线与越南3 260公里的海岸线相连，在中越“两廊一圈”合作中有着绝对优势，占有重要地位。(2) 广西首府南宁是中国—东盟博览会、商务投资峰会永久举办地，已举行十届，对促进中国—东盟、中越“两廊一圈”合作起了重要作用。(3) 2013年7月8～10日，李克强总理在广西考察调研时指出：“把北部湾经济区建设好、发展好，不只对西南地区，而且对中南地区，甚至对全国都有战略意义，广西要成为西南、中南地区开放发展新的战略支点。”李克强总理还殷殷寄语：“该到广西腾跃的时候了！”这充分表明党中央、国务院对广西发展的高度重视和亲切关怀，赋予广西“腾跃”发展新的重大机遇。[2] 广西这一重要区位优势，能推动中

---

[1] 参见《广西日报》2008年7月18日，第1版。

[2] 参见《广西日报》2013年7月30日，第1版。

越“两廊一圈”合作进一步深入发展。

广西与广东、海南、云南在陆地上或海上紧密相连。在历史上，广东和广西被称为岭南地区，经济联系、人文关系十分密切。珠江流域和北部湾把广东省、广西壮族自治区、云南省、海南省联系在一起。云南的货物要借助广西的出海口走向东南亚。近几年，由于泛珠三角经济圈合作、中越“两廊一圈”合作、泛北部湾经济圈合作，推进了广西与广东、云南、海南合作与发展。如 2013 年 7 月 30 日，自治区主席陈武在南宁会见到访的广东省副省长刘志庚时说：“两广山水相连、人缘相亲，向来有着良好的合作基础和紧密互利合作关系。前段时间，李克强总理在广西考察时提出广西要成为西南、中南地区开放发展新的战略支点，广西又一次迎来了历史性的发展机遇，两广合作也必将更加紧密。今年 5 月，广西党政代表团赴粤学习考察期间，桂粤双方就加快产业、交通领域的合作步伐形成了许多共识，希望桂粤两省区充分发挥各自优势，尽快打通省区高速公路、高速铁路等交通节点，推进两广经济一体化。”刘志庚认为：“近年来，广西出省出边的交通路网建设成就显著，非常值得广东学习借鉴。广东将按照双方商定内容，加快推进交通对接等工作，把两广合作引向深入。”[1] 2013 年 8 月 18 日，广西、广东合作在南宁举行，双方赞同进一步推进桂粤务实合作，加快推进两广经济一体化。2013 年 9 月 3 ~6 日，云南省商务厅组织重点外经贸企业、高原特色产品企业以及高科技企业代表 150 余人，参加第十届中国—东盟博览会，是历届博览会中该省经贸代表团参会规格最高、人数最多的一次。

五、弘扬中华文化，促进中越“两廊一圈”合作深入发展

中越两国经济和文化联系源远流长，在当今的越南城乡，仍举目可见汉字书写的对联、碑文、店名，均属于中华文化圈。以文化资源整合经济、外交等多种社会资源，推动中越“两廊一圈”合作向较高领域发展，向更高的层次提升，促进中越“两廊一圈”加快建设跨国民族经济区，是 2015 年建成自贸区的重要特点。

民族是文化的载体。弘扬中华文化，会进一步增进跨国民族的感情，构筑新的经济利益共同体，更会自觉促进中越“两廊一圈”合作。其实，中国南方的汉族，越南和中国的京族，广西、云南、广东的壮族，海南的

---

[1] 参见《广西日报》2013 年 8 月 1 日，第 1 版。

黎族等都是同根生民族，文化的共性到处可见。语言是民族的重要特征。就京族语言的语系问题有过争论，中越很多专家认为：京族的语言还是属于汉藏语系。京族与壮族同是讲南部方言的族群，均是雒越的后裔。他们的先民早在秦代之前很长的时间里就已分别居住在现今越南北部的红河流域的中下游地区和广西左右江地区，与后来从中国内地迁移来的汉族移民融合成了今天的京族和壮族。因此，京族和壮族在语言的发音、词汇和语法结构上有更多的共同性。如中越边境上，有些村庄称为“板八”、“板里”、“板沟”等。在京语和壮语里的“板”都是“村屯”的意思。

文字是语言的载体。京族的“喃字”、壮族的“古壮文”都是根据汉字的六种规则创制，我国称之为六书，即象形、指事、转注、假借、形声、会意，于是有的地方或民族以此规则为依据创成一种新的文字，统称为“土俗字”。在越南和我国京族地区，历史上流行的“喃字”，与中国汉族粤语方言和平话方言区、壮族地区流行的土俗字性质基本相同。在越南城乡的汉文对联、碑文、店名至今还偶尔夹杂着“喃字”，可见汉语文对越南传统文化的影响力。[1] 据史书记载，汉武帝平定南越后，“遂以其地为儋耳、珠崖、南海、苍梧、郁林、合浦、交趾、九真、日南九郡”，“东汉光武（公元25—57年）中兴、锡光为交趾，任延守九真，于是教其耕稼，制为冠履，初设媒聘，始知姻娶；建立学校，导之礼义”。通过学校教育，汉文逐渐在交趾传播。唐代及其以前各朝代，交趾是中国封建统治者统辖的一部分，可知汉语文对越南的作用。929年，吴权建立政权，脱离中国的封建统治，但还保持宗藩关系。李朝是越南历史上最强盛，持续时间最长的朝代。从1010年至1224年，共214年之久。1070年，在河内建立了祭祀孔子的文庙；1076年，建立了国子监，即越南最早的国家大学，全是用汉文教学。现在河内还较好地保存着文庙和国子监，是越南重点文物保护单位。步入文庙，四处可见汉文写的对联、匾牌和碑文。有82块用汉文写的进士碑，刻有从1442年至1779年考中进士的1 036人的姓名、籍贯。至今孔庙的香火不断。陈朝（1225—1399年）时，崇尚儒学，越南叫儒教。因是用汉文传播儒学，越南人又把汉字叫儒字。越南历代封建王朝铸造的钱币，编修的史籍，文学作品、地方志、族谱、墓碑以及佛经均用汉文；诵经时用汉越语，直至现在。1916年，越南才完全废除用汉文教学的科举制度，但汉文还在使用中，还有人学习汉文。越南受汉文化的影响很

---

[1] 周光大：《弘扬中华文化　促“两廊一圈”经济区发展》，载《广西日报》2006年7月23日，第6版。

深，多信佛教；佛教自东汉末年传入越南，10世纪后，佛教被尊为国教，目前越南佛教徒约2 000万人。越南人和中国人一样，普遍奉行祖先崇拜，迷信城隍、财神；一般百姓家里设有供桌、香案，逢年过节在家中进行祭拜。越南人的饮食习惯与我国广东、广西、海南、云南一些民族相似，吃饭用筷子，喜吃清淡、冷酸辣食物。越南京族的节日基本上与中国汉族相同，主要有春节、清明、端午、中秋、重阳等，其中春节为最盛大节日。越南胡志明市穗城会馆天后庙是广州商人建立的会馆组织，建筑及装饰都是依照岭南风格，是中华文化在越南的又一个例证。

而且，远在2 100多年前的西汉时期，我国最早的对外贸易航路——海上丝绸之路的发祥地，就在蔚蓝的北部湾。据史书记载，自汉武帝元鼎六年（公元前111年）统一岭南后，环北部湾沿岸就和印度尼西亚、缅甸、印度、新加坡、马来西亚、斯里兰卡发生了贸易往来，形成了汉朝的“海上丝绸之路”。更往西延伸到跨欧、亚、非三大洲的罗马帝国。环北部湾沿岸与国内的中原和西南地区也建立了密切的贸易联系，由于国际国内贸易的繁荣，环北部湾沿岸成为中国古代最早的对外开放的沿海地区和汉王朝在南方的政治、经济和文化中心。环北部湾沿岸的对外贸易，也使中华文明和印度文明、罗马文明第一次实现了沟通和交流，促进了人类文明社会进步。我们应继承和发扬这一传统，建立中越“两廊一圈”跨国民族经济区，促进中越两国经济与世界经济更紧密联系与合作。

中越两国主体民族文化基本相同，早有合作开放开发的深厚基础，应深刻认识当今世界发展的趋势，建设好中越“两廊一圈”跨国民族经济区，促进中国—东盟自由贸易区向更高层次发展，使中华文化再创辉煌。

六、创建中越“两廊一圈”跨国民族经济区的学术价值、现实意义和历史意义

民族和国家都是历史的范畴，有其产生、发展、消亡的规律。经济一体化，有世界经济一体化和区域经济一体化，是不可抗拒的历史潮流。以现代民族学理论和方法为指导，与区域经济学、历史学、国际关系学等学科联合攻关，创建中越“两廊一圈”跨国民族经济区，有着重要的学术价值以及现实意义和历史意义。

（一）创建中越“两廊一圈”跨国民族经济区的学术价值

民族学是以研究民族为对象的学问。现代民族学是在弘扬传统民族学

的优点，吸收人类学各学派、马克思主义民族理论政策精华相融合后形成的。周光大、瞿明安主编的《现代民族学》一书，共四册、180 万字，被誉为创新之作，荣获教育部、国家民族事务委员会、广西壮族自治区人民政府等国家和省部级三个大奖，是这个新兴学派的代表作。这个学派的理论和方法，有利于促进民族关系和谐发展、民族发展繁荣和自然融合。国际人类学民族学联合会已接受讨论周光大申请成立现代民族学专业委员会，期望这个新兴学派在中国和世界进一步发展；其影响进一步扩大。《现代民族学》一书的编著，在中国有 20 多所高校和科研机构的 80 多位专家学者参加，其中博士生导师 9 人。该书包括上、下卷，共七篇、84 章。第一篇“现代民族学的基础理论和知识”；第二篇“民族学视野中的文化体系”（上）；第三篇“民族学视野中的文化体系”（下）；第四篇“现代民族学的理论取向”；第五篇“现代民族学的研究方法”；第六篇“现代民族学的应用研究”；第七篇“全球化时代的民族文化”。在中国已有很多高校把这部书作为教材或主要参考书。越南民族学博物馆武洪述博士很重视这一科研成果，希望能分享它。

我们以现代民族学理论和方法为指导，从传统民族学单纯研究跨国民族，把跨国民族研究与民族经济研究和区域经济研究结合起来，对创建中越“两廊一圈”跨国民族经济区有着重大的学术价值。

首先，中国和越南都是多民族国家，两国党政领导均重视发展经济，改善人民生活，使各民族人民生活得更幸福。从现代民族学的视角观察和处理中越“两廊一圈”合作发展有关问题，更能做到从实际出发，而不是生搬硬套别地的经验。胡志明主席很重视民族平等和民族利益，建立中越“两廊一圈”跨国民族经济区，就是适应越南领导人率先提出“两廊一圈”合作的建议，是为促进越南环北部湾沿海和北部山区与中越边境发展相符合。定会收到好的效果。

其次，民族文化是民族学研究的长处，经济全球化、文化多样性，是当今世界的重要特点。现代民族很重视民族认同、文化认同，有利于促进经济一体化。中越“两廊一圈”的主体民族是同根生民族，属中华文化圈。认真贯彻中越两国元首习近平和张晋创于 2013 年 6 月 19 日达成的共识：“拓展文化、教育领域合作，尽快启动互设文化中心。加大中越友好宣传，为两国关系营造良好氛围。”[1] 以文化认同，促成中越“两廊一圈”合作发展，提升在 2015 年建成自由贸易区的层次；把中国—东盟自由贸易

---

[1] 载《广西日报》2013 年 6 月 20 日，第 1、6 版。

区建设发展到像今日欧盟自由贸易区一样的水平。

第三，从中越“两廊一圈”实际情况出发，以民族学、区域经济学、历史学、国际关系学联合攻关，促进中越“两廊一圈”地区尽快建成跨国民族经济区，会有利于其成为自由贸易试验区。国际上已有很多自由贸易区，如欧盟自由贸易区、北美自由贸易区、中国与东盟老成员国建立的自由贸易区，但中越“两廊一圈”跨国民族基础上建立的经济区，有自身的特点和优势，是推动自贸区发展的强大动力。创建中越“两廊一圈”跨国民族经济区，是民族学、区域经济学、历史学、国际关系学等多学科联合攻关的最新成果。

（二）创建中越“两廊一圈”跨国民族经济区的现实意义

中越“两廊一圈”地区的地理是连成一片的，分属中越两国不同的省区市管辖，不同程度地影响商品和货物流通、资源开发和配置、金融流通、人才流动。在这一地区建成跨国民族经济区，成立相应的组织与机构，逐步实行统一管理，促进交通互联互通，实行经济一体化、文化相互涵化加深，会有利于经济的发展，提高人民的生活水平。异国通婚存在的一些不合理问题也可以得到更好地解决。使中越“两廊一圈”各民族人民都过上美满幸福的生活。而且，有利于建设和平、友好、稳定、和睦的边疆。

（三）创建中越“两廊一圈”跨国民族经济区的历史意义

经济全球化、区域经济一体化；和平、发展、合作、共赢，是当今世界发展的主流。美国著名民族学家摩尔根在《古代社会》一书中说：“政治中的民主，社会中的友爱、权利与特权的平等，以及教育的普及，预兆着行将到来的次一较高社会，而人类的经验、智能及知识，都是稳步朝着这一方向走去的。这将是古代氏族的自由、平等及博爱之在一种较高级形态中的复兴。”❶ 摩尔根是现代民族学的先驱，以现代民族学的理论和方法作指导，对创建中越“两廊一圈”跨国民族经济区有着重大的历史意义。

参考文献

[1] 中国（广西）—越南全面深化经贸合作论坛在越南河内举办［N］. 广西日报，2013-6-11（1）.

[2] 周光大，瞿明安. 现代民族学［M］. 云南人民出版社，2009：298-299.

❶ 摩尔根：《古代社会》，生活·读书·新知三联书店1957年版，第648页。

[3] 金春子，王建民．中国跨界民族［M］．北京：中央民族学院出版社，1992：1.
[4] 周光大．弘扬中华文化　促“两廊一圈”经济区发展［N］．广西日报，2006－7－23（6）.
[5] 周光大，瞿明安．现代民族学［M］．昆明：云南人民出版社，2009：282.
[6] 周光大，瞿明安．现代民族学［M］．昆明：云南人民出版社，2009：281.
[7] 列宁．国家与革命［M］//列宁选集（第三卷）．北京：人民出版社，1960：253.
[8] 中国—越南经贸合作专家组．关于“两廊一圈”合作的研究报告.
[9] 胡锦涛．坚定不移沿着中国特色社会主义道路前进　为全面建成小康社会而奋斗——在中国共产党第十八次全国代表大会上的报告［M］．北京：人民出版社，2012：16－17.
[10] 越南共产党“十一大”开幕［N］．广西日报，2011－1－13（12）.
[11] 中越双方要朝着友好合作的道路坚定不移往前走［N］．广西日报，2013－6－20（1、6）.
[12] 广西日报，2013－7－29（6）.
[13] 周光大，赵研开．创建跨国区域经济共同发展繁荣新模式［N］．广西日报，2007－5－24（6）.
[14] 广西日报，2006－7－23（6）．转载人民日报人民网“创新与发展”栏目。
[15] 广西日报，2013－7－23（10）.
[16] 越南社会科学委员会．越南历史［M］．北京：人民出版社，1977：1.
[17] 黄信．高低参半增长乐观——上半年东盟各国情况扫描［N］．广西日报，2013－8－2（10）.
[18] 广西日报，2010－9－10（1）.
[19] 广西京族社会历史调查［M］．南宁：广西民族出版社，1987：79.
[20] 广西日报，2010－10－11（1）.
[21] 广西日报，2008－7－18（1）.
[22] 广西日报，2013－7－30（1）.
[23] 广西日报，2013－8－1（1）.
[24] 周光大．弘扬中华文化　促“两廊一圈”经济区发展［N］．广西日报，2006－7－23（6）.
[25] 广西日报，2013－6－20（1、6）.
[26] 摩尔根．古代社会［M］．上海：上海三联书店，1957：648.

合作共赢，打造“两廊一圈”国际旅游区

陈　鸣　吴亚培

（广东技术师范学院）

现代旅游业的发展离不开区域合作，加强区域旅游合作是旅游产业发展的客观要求，亦是区域旅游发展的新动力。为此，世界各国均在极力利用当地的资源特点，塑造出具有自己鲜明个性和特色的旅游业，并通过国际联合招徕，开展短途国际旅游，在开展有益的区域旅游合作的基础上提升自身在旅游市场上的竞争力。

一、“两廊一圈”与“泛珠三角”的概念

2006 年 11 月 16 日《中华人民共和国政府与越南社会主义共和国政府关于开展“两廊一圈”的合作备忘录》在河内签订，这是中越两国长期经济合作的共同规划。建设好“两廊一圈”，不仅可以把中国南方和越南北方的经济连成一体，推动该地区的发展，也可以成为中国与东盟合作的桥梁。“两廊一圈”中的“南宁—谅山—河内—海防—广宁”走廊，包括中国广西的南宁、崇左、凭祥和越南的谅山、河内、海防、下龙等地市；“昆明—老街—河内—海防”经济走廊，包括中国云南省昆明、开远、蒙自、河口和越南的老街、河内、海防等地市；“环北部湾经济圈”包括中国广西的南宁、北海、钦州、防城港市，广东省的湛江、雷州、茂名市，海南省全部地市和越南的河内、海防、下龙等地。“两廊一圈”范围涉及越南 12 个省市（直辖市）和中国广西、海南、云南、广东 4 个省区，区域内民族文化多样，自然旅游资源丰富。

“泛珠三角”的概念缘起于珠江流域，福建、江西、广西、海南、湖南、四川、云南、贵州和广东九省、区，位于我国广大的华南、西南地区，直接间接、或多或少都跟珠江有关，与珠江流域的流向、与珠江最后流入南海而形成的经济流向和文化有关。这一区域地域辽阔，相互联系密

切，面积199.45万平方公里，人口4.46亿，占全国面积的20.78%，人口的34.76%。再加上香港、澳门地区，习惯称“九加二”，而从经济地理的概念可知，越南等东盟国家都在这个区域中。长期以来，越南与“泛珠三角”的民族文化与社会经济交往源远流长，并且各具特色，相得益彰。“泛珠三角”不仅是一个集不同自然旅游景观和民族特色风情、汇集了东西方文化浓厚气息的综合旅游资源富集地区，而且还是我国开放最早的地区，加之香港、澳门的特殊历史状况，使这里既具有独特的中国岭南和西南文化风情，还受东南亚文化和欧洲文化的影响，常给人一种万国风情之美感，是一个可吸引世界亿万旅游者的理想旅游胜地。因此，在“两廊一圈”与“泛珠三角”内开展旅游合作潜力巨大，具有广阔的发展前景。

二、“两廊一圈”区域旅游合作的基础

在“区域旅游合作”范畴内，无论采用何种合作形式，总要跨越“空间”进行。许多学者们已提出了“圈”、“网络”、“综合体”等概念来形象地表达了对旅游空间组织的设想。笔者认为其实质是基本一致的，即区域旅游联动的空间组织，要通过发展核心，带动边缘来完成。众所周知，中国的珠江三角洲是中国的经济增长极，越南河内既是首都又是区域的重要经济增长极，而“泛珠三角”则是面向越南市场的重要前沿地带。因此，要促进中国—越南的双边旅游合作，“两廊一圈”内的旅游合作势在必行。

从实践上看，粤港澳“大珠三角”旅游区成功合作所积累的经验，可为“两廊一圈”的旅游合作打下坚实基础，也必将成为发展“泛珠三角”与东盟旅游合作的龙头和前进基地。“大珠三角”旅游区是以广东的广州为圆心，以广州辐射至香港和澳门为半径形成的三角洲区域，香港、澳门以及广东各主要城市都在这个圈内形成了点对点串联起来的旅游网。多年来，大珠江三角洲各城市及港澳地区发展旅游业时，相互协作，根据各自的资源优势，均选择一些有自身特色又与周边区域旅游景点相协调的资源加以重点开发，形成本地的主体景点并相应建设若干配套辅助景点，使大珠江三角洲内所形成的一个个旅游景点均是有一定力度的、能反映当地特色的旅游景观。如香港主要塑造“中西文化交融”及“世界著名自由商港”的形象；澳门突出“博彩旅游”及“中葡文化旅游”；广州旅游以“岭南文化”及“中国南大门”等资源的开发为基础；佛山突出古镇、瓷都及秋色等；肇庆突出西江风光、卡斯特地貌、亚热带生态及历史名城；

深圳、珠海侧重特区风貌及中国“窗口”文化，等等，充分利用区域内各地社会制度、经济文化、生活方式的差异，造就了世界上唯一的“一国、两制、三地、四种文化（岭南、西方、都市、历史文化）”交融的世界性黄金旅游合作区域。目前，三地间的客源互动仍在进一步加强。港澳游客占广东接待的入境游客的80%以上，而广东游客则占港澳接待的国内游客的六成以上，“一条珠江，三颗明珠”的粤港澳“大珠三角”旅游区已成为国际旅游市场的知名品牌。由此可见，“大珠三角”区域旅游的合作既能发挥各地的旅游资源优势，又能增强区内各地旅游互补效应，是提升整体形象和打造品牌的最佳途径。

自然景观独特、民族风情绮丽的泛珠三角区域地处中国华南和西南边疆，与越南北部接壤，是中国通往东南亚、南亚的门户。目前广东、海南、云南和广西四省区已形成包括食、住、行、游、购、娱等在内的完整的旅游产业体系。从“两廊一圈”旅游区域来考虑，中国华南地区一带，如粤港澳地区经济发达，资金、技术、产品、设备充足，并且有很旺盛的旅游需求，而越南既有吸引外国投资的需要，也有与中国进行贸易、吸引中国游客的需要。如开展“两廊一圈”的旅游交通方面合作，走海路可走海南、广东和广西，走陆路可走广西和云南，但要求各方通力合作，加速两条经济走廊的交通建设，加快中越高速公路和铁路的对接，打通南宁—河内和昆明—河内的高速公路，铁路也要实现米轨改准轨，以便实现中越两国旅游交通的无缝连接，其优点是：距离相对来说比较短，旅游费用较低，可尽情游览沿途自然风光，领略各地的民族风情。

从理论上说，区域旅游合作的基础主要是协同效应与互补效应。协同效应是指旅游合作各方具有一定的共性，相互组合产生叠加作用，提高整体价值和效益。这一共性可能是地缘上的，也可能是文化上的和历史上的。从民族风情来讲，中越两国一衣带水，在两边居住的跨国民族有汉、京、苗、瑶、壮、傣、彝、回、布依、哈尼和仡佬等族，这些民族不仅语言相通，而且风俗习惯相同、具有一定的血缘亲戚关系。加之各地众多的历史古迹、多姿多彩的民俗风情以及神秘的宗教文化，更为区域旅游增添了无限魅力。如海南、广东、广西和云南等地区的许多少数民族与越南的少数民族同源同宗，其礼仪习惯、生活方式、人情风俗、民族情调等各有特色，争奇斗艳，生机蓬勃，情趣盎然。利用区域内民族风情各异的节庆活动，就可以一年四季地开展“民族风情游”。若统一开发这些资源，由点及面地形成特殊线路，开展一程多站式旅游，便能使其因叠加后得以强化，会产生特别的吸引力。此外，整体统一在国内外客源市场上做宣传，联合招徕的叠加作用与各自进行独立宣传相比，既能节省成本，又可收到更为显著的成效。互补效应是指旅游合作各方具有独特的难以替代的个性，组合在一起可以产生鲜明的特色。旅游资源赋存的空间差异是地区间分工与合作的必要条件。因为有旅游资源赋存上的空间差异，才会产生旅游活动方式和内容上的不同，也才会促使地区间进行优化组合。“两廊一圈”区域内有很多世界著名的景观，从自然景观来看，中国华南等地有奇特的火山景观——火山锥与火山岛，有风景秀丽的桂林山水，西南边陲的云南则显得山河壮丽，它拥有北半球最南端终年积雪的高山，茂密苍茫的原始森林，险峻深邃的峡谷，发育典型的喀斯特岩溶地貌，有自然风光的博物馆之称。而在越南“两廊一圈”范围内有著名的海上胜景——下龙湾（具有世界文化遗产的称号）和越南主要的旅游城市——河内、海防等。在区域旅游合作中，协同效应和互补效应往往同时起作用，共性是合作的基础，个性是合作的要求。而“两廊一圈”区域内大多与珠江水系有或多或少的联系，在文化上有着众多的相融性且自然旅游资源各具特色，一年四季都可以旅游，旅游合作内容必将十分丰富。

三、“两廊一圈”区域旅游的合作形式

区域旅游合作是不同地区之间的经济主体，依据一定的协议章程或合同自愿进行的自利性与互利性相统一的旅游经济活动。因此，寻求“合作共赢”、实现“互为客源地，互为旅游地”的目的，应是首先考虑的合作目标。众所周知，旅游业是以促进人的流动为基础而发展兴旺起来的产业，人流可以促进物流、资金流、技术流的形成。中越两国在“两廊一圈”区域进行客源和旅游目的地合作，互送客源，不仅投入成本低，而且经济效益显著，具有广阔的合作空间和巨大的合作潜力。

其次，要尽快实现无国界旅游。旅游专业人士认为，实现互免签证的无国界旅游是旅游业的自由贸易区，是一种无国界的客源流动。在“两廊一圈”区域内实现无国界旅游将会最大限度地减少旅游业人为阻碍，为游客在旅游合作区域内自由选择旅游目的地和旅游方式创造条件，实现中国与越南游客相互往来流量的大量增加，从而扩大各国的旅游收入和旅游业在国民经济中的比重。

再次，实现旅游线路的无缝对接，共同打造国际旅游黄金线路。如中越两国旅游线路云南省的“昆明—老街—河内—海防”和广西壮族自治区的“南宁—谅山—河内—海防”在越南海防实现对接，就可有效避免众多

游客走回头路。而且还可以此为契机，在我国云南省实现国家区域和地区旅游衔接及向昆明、丽江、大理等省内地区辐射的境内外两个旅游“金三角”的枢纽地带。在我国广西壮族自治区实现海陆与陆路无缝对接的国家区域与地区旅游线路，连接“大珠三角”旅游区以辐射整个华南地区。这要求中越两国相关的旅游企业积极参与跨国旅游线路的开发，以开拓新的客源市场，共同携手打造“两廊一圈”国际黄金旅游线。

总之，旅游业已成为全球最大的创汇产业。国际旅游市场竞争已经依次迈过了“景（区）点”、“线路”、“城市”等竞争阶段，发展到了第四阶段——“区域”间的竞争。为此，中越两国旅游业应在“两廊一圈”区域坚持区域协调发展、可持续发展，充分发挥各方优势和特色，在东盟自由贸易区的框架内，大力推进区域旅游合作，拓宽合作层面，形成资源共享、客源互动、共同发展的新格局，以尽快形成“两廊一圈”区域旅游的整体优势，进一步提升“两廊一圈”旅游在国际旅游市场上的竞争力，努力打造“两廊一圈”国际知名旅游区。

参考文献

[1] 任国才. 珠江流域旅游合作探讨 [N]. 中国旅游报，2004-09-29.
[2] 黄定嵩. 中国—东盟自由贸易区与西南民族经济 [M]. 北京：民族出版社，2004.
[3] 陈鸣. 实用旅游美学 [M]. 广州：华南理工大学出版社，2010.
[4] 任伟. “两廊一圈”旅游合作开发战略研究 [J]. 广西经济干部管理学院学报，2009 (1).
[5] 张玉明，陈鸣. 旅游市场营销 [M]. 广州：华南理工大学出版社，2005.
[6] 贺圣达，等. 走向21世纪的东南亚与中国 [M]. 昆明：云南大学出版社，1998.

从民间祭仪到民族节日：景颇族“目瑙纵歌”的演变

马居里　王晓艳

（云南大学西南边疆少数民族研究中心；
云南农业大学马克思主义学院“三农”问题研究中心）

景颇族是云南特有的少数民族之一，也是跨境而居的民族。其地理分布大致在中印半岛西北部，中缅边境地带的广大山区，即东起高黎贡山、怒江，西至更的宛河及印度阿萨姆边境，北起喜马拉雅南麓的坎底、岔角江，南至腊戍、摩哥克山区一带。[1] 居住在我国的称为景颇族，主要有四个支系，即景颇、载瓦、勒期、浪峨（浪速），在缅甸则称为克钦族。民族的迁徙和扩散使得景颇族跨境分布，国界并未阻断族群文化的交流与共同发展，中国境内景颇族“目瑙纵歌”的演变过程就是最好的例证。

目瑙纵歌是现代中国景颇族最盛大的传统节日，一般于每年农历正月十五以后的九天内择双日举行，节期二至四天不等。20 世纪 50 年代之前，目瑙纵歌活动由景颇族官家主办，带有浓郁的宗教色彩，是融合了宗教和文化习俗为一体的传统庆典。中华人民共和国成立后，随着山官制度的瓦解以及“文化大革命”的冲击，目瑙纵歌沉寂了一段时间。改革开放之后，民族节日文化在国家的支持下逐渐恢复，目瑙纵歌也在各种力量的作用下建构成为景颇族的民族节日。通过跨境民族之间的节日文化交流，这一传统的民族歌舞节日得到了继承和发展，在形式和内容上都有了拓新。在节日期间不仅有传统的目瑙舞会，还举办各类文艺演出、书展、土特产品交流等活动。现在的“目瑙纵歌”已成为加强民族内部团结并向外展示其丰富民族特色、为广大景颇群众所深深喜爱的民族文艺活动。

---

[1] 《景颇族简史》编写组、《景颇族简史》修订本编写组：《景颇族简史》，民族出版社 2008 年版，第 1 页。

一、目瑙纵歌的起源和内容

“目瑙纵歌”意为“大伙跳舞”，在现今过节时，村民习惯说“跳目瑙”或“目瑙纵”，“目瑙”即为一种舞蹈。据景颇族学者考察，目瑙纵歌的文化形式有两千多年的历史，目瑙是从太阳宫里的太阳目瑙到鸟类目瑙发展而来的，是所有景颇族拥有的文化。[1]

关于“目瑙”起源，有三种传说：其一，人类是向鸟儿学会了目瑙舞，而鸟儿的目瑙舞又是从太阳神那里学来的。其二，古时景颇族居住在一个遥远而美丽的地方，人们过着幸福安乐的日子，然而有一天来了一个饮血吃人的魔王，他专靠吃小孩为生，还常常施展魔法，呼风唤雨，淹没田地。人们从此陷入了深重的苦难。这时，一个名叫雷盼的景颇男子带领众人奋起反抗，经过激烈战斗，终于杀死了魔王，为民除了害。人们欣喜若狂，纵情歌舞，欢庆胜利。后来，人们为了纪念祖先降魔除邪的胜利，每年都要举行歌舞活动，并把这种歌舞活动称之为“目瑙”。其三，景颇人的创世人宁贯瓦的父母对宁贯瓦说：“我俩死后，你要举行丧礼目瑙，只有这样，我们才能变成大地，你也就能变成人，繁衍人类。”于是，宁贯瓦接受父母的旨意去太阳国学跳目瑙。在太阳国里，大家公推美丽的孔雀为目瑙舞的领舞人，孔雀不负众望，带领大家翩翩起舞，并悉心教会每个习舞者。宁贯瓦学成后，在人间也组织了目瑙舞会，他划定喜玛拉雅山脚为舞场，把目瑙舞的线路刻画在目瑙柱上，并规定领舞之人要戴上孔雀羽帽，以纪念孔雀的授舞之恩。从此，目瑙诞生了，并世世相传，延至今日。

根据起源传说可以看出，目瑙纵歌总是与舞蹈相关。在历史发展中，景颇族为了庆祝各种活动而举行“目瑙”，因此，目瑙也就因不同的场合和举办目的被分为不同的类别。现代以前，目瑙的种类相对较多，通常被景颇族熟知的有以下几种：（1）“岁目瑙”，在家庭财源茂盛、人丁兴旺时举行；（2）“布当目瑙”，在征战取得胜利时举行；（3）“贡冉目瑙”，在同胞兄弟分家自立门户时举行；（4）“腾肯目瑙”，在新建房屋住所落成时举行；（5）“空然目瑙”，在贵族家娶亲办婚礼时举行；（6）“达如目瑙”，在出征前举行；（7）“昔目瑙”，有名望的长者去世送葬时举行；（8）“柱

---

[1] 张么弄、金学文：《中国景颇族目瑙纵歌之乡——陇川》，德宏民族出版社2005年版，第29页。

目瑙”，祭奠“目代”神时举行。不同类别的“目瑙”都有特定的内容和表现形式，但都有一个共同点，即整个过程都要有“瑙双”（领舞）队和“瑙巴”（表演）队组成的舞队来表现和完成。到了现代，目瑙纵歌成为景颇族的重要民族节日，有固定的时间和地点，其举办的目的也不再是多种多样，节日的娱乐性更加增强。在中国，景颇族群众因为目瑙纵歌是自己的民族节日而过节；在缅甸，目瑙纵歌中传统的祭祀仪式已经消失，跳目瑙成为国庆等庆典活动中的重要娱乐形式。

从上述跳目瑙的内容来看，目瑙纵歌与景颇族生活密切相关，是为了庆祝、纪念或祭祀而举办的、以舞蹈为主要表达形式的集体活动。除了“为什么跳”之外，“怎么跳”的场景也反映了目瑙纵歌是景颇族表达自身民族历史发展与文化内涵的祭祀仪式。

从传统到现代，目瑙纵歌中都要举行祭祀仪式。在景颇族山官主办目瑙时期，首先，需要举行目瑙的“请神”仪式。参加人员只有山官、斋娃、董萨、瑙双、村寨头人，他们舞动着扇子并跳动着，祭拜“母带神”下凡，请求赐给景颇人跳目瑙的权利和幸福。这种祭拜求赐仪式，要按照程序规则从庭院慢步跳到里屋，以把太阳“目代”神请进堂屋供奉。其次，在跳目瑙之前，斋娃、董萨、山官、头人、瑙双等人要在山官家正堂做准备。其程序为：在董萨念辞祝福目瑙顺利举行的同时，先把瑙双冠帽“贡都如”很庄重地移交给目瑙主办人（山官），山官接过之后，又要很严肃庄重的交给瑙双。瑙双将“贡都如”戴在头上，在场的人就要同声唱起“哦让咯、让赛咯、作赛咯”。❶ 现代的目瑙纵歌节，主办者已不再是山官，但仍然会举行祭祀仪式。如 2013 年 2 月在云南省陇川县城举行的目瑙纵歌，人们开始跳目瑙之前，也举行了“贡都如”的仪式，还有三位董萨带着几位村民在目瑙广场旁的树林中杀鸡和猪来祭祀“目代”神。在目瑙庭努❷中，头人祈福之后，将 4 顶冠帽递给瑙双瑙巴，他们戴上后就在音乐声中开始领舞。两天的目瑙纵歌结束之后，瑙双瑙巴的“贡都如”以及领舞队中其他人所背的景颇族包包和长刀都要拿到目瑙庭努神堂中，由景颇族的头人祈祷祝福，驱除污秽，之后要把“贡都如”重新供在祭台上。❸

---

❶ 张么弄、金学文：《中国景颇族目瑙纵歌之乡——陇川》，德宏民族出版社 2005 年版，第 57 页。

❷ 目瑙庭努通常建在目瑙示栋的西南方位，与景颇族先民寻找美丽地方有关。其构造是景颇族的传统民居风格，一般包括 10 个房间以上，包括了堂屋、父母和子女的房间、祭祀神灵的神堂、粮食储物间等。

❸ 资料来源于笔者 2013 年 2 月 13 ~ 14 日的田野调查。

目瑙纵也并非是简单的集体舞蹈。人们围绕着目瑙广场中的目瑙示栋跳舞，且舞蹈按照一定的路线来跳，是景颇族对族源历史的纪念以及民间信仰的展示。广场中央有目瑙示栋，有竖着四根长约4米的目瑙柱，亦称雌雄柱，中间两根为阴，外面两根为阳，上面皆绘有精美而富有象征意义的图案：右边柱上往往绘以蕨菜花纹，象征团结奋进；左边常画回纹构成的若干个四方形，并涂以不同颜色，表示景颇族的迁徙路线；中间两根柱子之间，交叉着两把长刀，为景颇民族骁勇强悍、坚强刚毅性格的具体标志。目瑙柱的左侧立着一个方形架子，上层是吹唢呐的座位；前面挂着一个两米长的大皮鼓和一面直径一米多的大芒锣，供跳舞时伴奏用。广场四周用竹篱笆围起，目的是为了防止野鬼的侵入和牲畜的干扰。舞蹈开始时，鼓乐齐鸣，人们由两位德高望重且又熟悉目瑙舞路线的“瑙双”领头，后面跟着背铜炮和持长刀的队伍，妇女们拿着扇子或彩帕跟在最后，欢歌雀舞，热闹非凡。参舞者少则百多人，多则几千人，从清晨到日暮尽情歌舞，其间舞者跳累时可自动退场憩息片刻，而后又继续登场舞蹈。传统的目瑙舞，行进路线严格按照目瑙柱上所示的花纹线路进行，即俗成的舞蹈规则，跳完两圈后，就要变换队形，分成两路：一路仍由领舞人带领，按照花纹的线路往前跳；另一路则变换舞姿，跳起自由的舞式，由舞蹈水平较高的“瑙巴”领头；在跳舞的同时，还有两对武士绕着广场周围跳，其中两人拿盾，两人持刀，以示驱赶野鬼。

二、目瑙纵歌从民间祭仪到民族节日的演变历史

目瑙纵歌的起源和传统内容说明，它是作为一种祭祀仪式在景颇族社会中发展起来的。随着社会大环境的改变以及景颇族内部发生的变化，目瑙纵歌经历了从民间祭祀仪式到民族节日的演变过程，且在这一过程中，以中国一方为例，目瑙纵歌是在与缅甸景颇族相互交流的基础上得到延续和发展的。根据目瑙纵歌的主办者、举办规模和内容等的不同，可将其演变分为两个阶段，来展现中国景颇族与缅甸景颇族就目瑙纵歌而发生的文化交流历史。

（一）作为民间祭仪的目瑙纵歌

据文献资料和村民口述史，能够追溯到的目瑙纵歌举办场景的最早历史是从20世纪初开始。直至1980年之前，从目瑙纵歌呈现出的区别于后来节日的特征来看，这一时期的景颇族目瑙纵歌是作为一种民间祭祀仪式

在举办。考察其历史，其特征主要体现在三个方面：第一，举办者主要是山官；第二，举办目的涉及较多的目瑙纵歌类别；第三，景颇族跨国参加在中国或缅甸举办的目瑙纵歌。

现在举行目瑙纵歌的地方主要在中缅边境地区，在云南主要分布在德宏州景颇族较为集中的县市，如芒市、瑞丽市、陇川县、盈江县等。以陇川县为例，20世纪初至20世纪50年代，目瑙纵歌主要由山官来举办。

1911年，陇川县弄欠山官勒排早山家日子过得殷实，就举行了一次规模不小的目瑙纵。从1935年至1956年，以“目代”神为内容的陇川景颇族官种（贵族）和寨头（小山官）以及有名望的民主人士在陇川地域举办过各种形式的目瑙。但由于传承记载的原因，只能了解到1935年以后的历史。陇把镇帮外寨岳氏官家在1935年举行过一次以“目代”神为内容的目瑙。1941年帮瓦地区帮瓦早堵举行过一次叫“棚帮增纵”的目瑙纵歌。1938—1948年，陇川王子树乡帮角官家尚自贵和帮掌官家举行过官种目瑙。弄权、贺瓦地区的邦大官家等举行过各种形式与内涵的目瑙纵歌。1947年，邦角山官家举行了跳目瑙，一是为了敬“目代”神，二是为了庆祝尚家“拉事”胜利：尚自贵曾与小陇川（梁河县勐养、芒市一代）发生冲突，最后尚家打赢了，便跳了六天的目瑙来庆祝。解放初期，原在陇川广山寨开办景颇文学校的司拉山举办过两次目瑙：1951年在贺瓦寨举行（规模较小）；1952年在广山举行，这次目瑙盛会的规模比较隆重，主办者邀请了瑞丽、潞西、盈江和部分中缅国境线附近的景颇族群众多加。这是解放后陇川首次举办的比较盛大的目瑙纵歌活动，也是中国景颇族在五星红旗下举办的首次目瑙纵歌节，标志着景颇地区的解放。1953年，清平乡弄弄寨官家尚早腊也举办以“目代”神为主体的目瑙活动。之后清平乡帮拢寨的道拢诺巴也举办过一次以“目代”神为主的目瑙活动。解放后陇川的景颇族官家举办的最后一场目瑙是1956年6月在广瓦地区的石苗董举行的，这是官种的最后目瑙，主办者是石苗董官家小姐勒排南帕。至此，传统意义上的目瑙纵歌，即目瑙纵歌只能由山官、头人举办的历史结束了。

这一时期，中缅边境地区的景颇族们也跨越国界参与目瑙纵歌。1925年，缅甸励板坝一所教景颇文的教会学校校长德其诺在当地举行目瑙，缅甸许多处的景颇族，中国的陇川、瑞丽、耿马等处的景颇族都去参加。1936年2月，瑞丽弄贤的诺坎，请了八莫的宗教领袖早堵来参加在弄贤举行的非常气派的目瑙。举办的目的是诺坎他们改信基督教，为了把家堂鬼撵出去，让位给耶稣进家。缅甸八莫等地的教会很支持他们的行动，四处动员宣传，中国、缅甸的景颇族去了很多，约三四万人。这是许多景颇族人记忆中较大的一次目瑙。1945 年，为庆祝抗日战争胜利，聚居在中缅边境的景颇族连续举行了很多次规模很大的目瑙。1945 年 2 月 6 日，在缅甸八莫举办的目瑙，有泰、缅、华侨、印度人等参加，很隆重。紧接着举行的是南坎、木姬、勐板坝、密支那（均属缅甸）等地的目瑙，其中最大的是密支那县城的目瑙。缅甸元首吴山，盟军少将及英美文官武将、盟军战区司令杜聿明将军等亲临目瑙，气氛甚为热烈。

随着 20 世纪 50 年代中国边疆地区的解放，景颇族的山官制度被瓦解，没有了山官的主办，平民也没有财力来举办目瑙纵歌。缅甸一边，依然由山官来出资组织举办目瑙纵歌。据 20 世纪 60 年代的缅甸文献记载：“虽说每个克钦人都有举办目脑会之权，但举办一次大型的目脑需耗缅币万元至三万元之多，并且要大量屠宰耕牛，所以就是相当富有的杜瓦（即山官）也无经常举办的能力。”❶ 受 1966 年至 1976 年的十年“文化大革命”影响，国内的目瑙纵歌在这一期间停办，这使得与之相关的一些传统文化习俗和内涵消失在了历史当中。

（二）作为民族节日的目瑙纵歌

从民间宗教祭仪发展到民族节日，充分体现了现代多民族国家发展过程中对民族文化发展的重视。“民间”可作为一个文化场域，但“民族”却是对国家有重要意义的“实体”，“民族节日”的出现和他者对其的承认过程也正是国家追求民族平等和民族发展的实践。这也就说明，节日的发展与国家社会环境密切相关，这从目瑙纵歌在现代社会的发展历程中可得到证明。

党的十一届三中全会以后，民族政策逐步落实，一些民族活动开始恢复。景颇族目瑙纵歌恢复之后便从民间祭祀仪式转变成为民族节日，有了固定的节期和组织者，目瑙舞场的布局具有相似性，民众参与程度提高，不但是景颇族的节日，与景颇族杂居在一起的其他民族也参与到欢庆中来。在这一转变过程中，景颇族精英和各级政府是共同的促进者。另外，在“文化大革命”时目瑙文化的消失，增加了目瑙纵歌恢复的困难，其在现代的恢复源泉来自于民族对传统文化的记忆以及到景颇族跨境参加目瑙纵歌时的学习和交流。

1978—1979 年，景颇族精英张么弄用景颇文撰写了“改革创新目瑙文

---

❶ 林华雄、王介珍摘译自《缅甸联邦各民族文化和传统风俗》，1967 年 8 月仰光版。

化活动方案”。其主要内容为：一是针对专为山官贵族服务的目瑙名称进行“改革”，统称为“文荣文蚌统肯目瑙”，简称“统肯目瑙”（即传统目瑙）。这样改变的目的是为了符合新时代的发展和社会主义制度及宪法、法律的规定要求。二是确定和固定举办的时间，建议每年正月十五至十六日定为景颇族的统肯目瑙节日。三是关于上述两条要求政府写进德宏州自治州地方的自治法律、法规，作为法定节日。[1] 除此之外，他还组织了队伍，成立了目瑙“改革创新”领导小组，以向上级部门申请批准活动方案。

尽管1979年没有得到政府的回复，但在德宏州盈江县支那乡的崩懂村，由当地干部群众自发组织举办“目瑙纵歌”活动，这是文献记载中的国内首次景颇族目瑙纵歌。1980年，政府批准了张么弄等人的方案，在节日举办之前，缅甸仰观电台用景颇语播放了要在陇川举办这一节日的消息。于正月十四至十五，在陇川县县城中学运动场举办了陇川县首次景颇族“祝荣文蚌统肯目瑙”文化盛会，据县公安局统计，参加活动的共有六万六千多人。这是有史以来陇川县城最热闹的景颇族目瑙盛会，也是十一届三中全会后中国举办较盛大的“目瑙纵歌舞”活动，标志着民族政策的落实和景颇传统文化的恢复。在陇川县举办的第一届目瑙纵歌活动时，陇川县八个乡镇的各族群众，境外腊戍、滚开、木组、南坎、八莫、曼德勒、密支那以及洋人街等学校的部份景颇族学生都前来参加。德宏州内潞西、瑞丽、盈江、梁河等县的部分干部、群众前来观光学习和祝贺。

此后，1981年正月十五至十六在陇川朋生举行第二届景颇族统肯目瑙文化活动。1982年正月十五至十八，在朋生舞场举行了历时四天的第三届目瑙文化活动。1982年正月十五至十六潞西县景颇族以县为单位在西山地区首次举行隆重的统肯目瑙文化活动。通过陇川县1980年至1982年三届目瑙纵的成功举办和潞西西山目瑙纵的成功举办，德宏州革委会于1983年3月把景颇族的目瑙纵歌文化活动确定为民族节日。1983年，经德宏傣族景颇族自治州人民代表大会常委会讨论通过，确立“目瑙纵歌”为德宏州法定的民族节日，时间为每年的正月十五十六。陇川县派出瑙双、瑙巴对之进行培训指导工作。1993年，陇川县还派出以龚保为领队的瑙双、瑙巴组前往临沧地区耿马县贺派乡景颇新寨培训指导。随着目瑙纵歌活动的相继恢复，德宏州各景颇族聚居地纷纷举办各自的目瑙纵歌节。作为一种展

---

[1] 张么弄、金学文：《中国景颇族目瑙纵歌之乡——陇川》，德宏民族出版社2005年版，第29～30页。

示型的民族文化，各地在举办目瑙纵歌时或多或少的呈现出一种相互竞争的态势，这种竞争进一步加深了各地目瑙纵歌活动的交流和互动，对目瑙纵歌的传承和发展起到了促进作用。

陇川县经过1983—1985年三年分散举办传统目瑙纵的实践，从1986年起县里统一在朋生目瑙纵舞场举行，一直延续至今。2002年2月陇川县政府成功举行了“中国首届景颇族目瑙纵歌节”，标志着陇川打造“中国目瑙纵歌之乡”的启动。2006年1月31日~2月2日，陇川县在该县民族文化广场举行盛大的目瑙纵歌节，迎来了中外宾客及来自云南省内和缅甸密支那、迈扎央地区的代表团及祝贺团共两万多人。这是目瑙纵歌的一个新变化。此后，在陇川一地，每年的目瑙纵歌分别在两个时间、两个地点举办，每年阴历的正月初三至初五在陇川县章凤镇举办，正月十五至十七在城子镇的朋生举办，当地群众把这两个目瑙纵歌区分为政府的和民间的两种形式。

2006年5月20日，“目瑙纵歌”经国务院批准列入第一批国家级非物质文化遗产名录。保护非物质文化遗产，实际上是如何促成非物质文化遗产的传承和发展。正如文化从来都是处于流变之中的，社会结构也总是随着社会的发展而产生着变化的。社会文化的变迁必然使得文化事项的内涵、目的、意义及参与者等都发生新的变化。从景颇族目瑙纵歌传承与发展的历程看，特别是在1979年恢复该活动后，景颇族“目瑙纵歌”固然离不开广大景颇民众的参与，但现实中民族社区精英、政府、民间社团三者所起的作用也不容忽视。

（三）现代目瑙纵歌的节日特征

对比作为民间祭祀仪式和成为民族节日的目瑙纵歌，两者存在的差异也就凸显了现代民族节日的特征。

第一，目瑙纵歌的举办目的发生了变化。为了庆祝和纪念与景颇族生产生活相关的仪式活动转变成为更具娱乐性的活动。传统目瑙纵歌祭祀的内容和神灵各不相同，成为现代节日后，“目代”神是祭司们重点祭拜的神灵，宰杀牲畜虽然是传统的延续，但祭祀环节不一定被所有人所认知。大部分参与过节的人对目瑙纵歌举办目的的认识多停留在“聚会”、“过节”或“民族传统”的意识上。

第二，目瑙纵歌成为以景颇族为主且其他民族共同参与的节日。传统时期的目瑙纵歌具有显著的地域限制。因为举办者主要是山官，除了特别邀请来的人之外，参与者主要来自山官所管辖的区域。成为节日后的目瑙纵歌，跨越了“阶级”和“民族”界限，成为一个共享的庆典活动。节日之日，无论是景颇族还是其他民族，人们从四面八方赶来，共同分享着景颇族的文化，这其中也包括“偷渡”而来的缅甸景颇族群众。也因为参与者范围的扩大，节日中的各种活动也更加丰富。除了跳“目瑙纵”这一重要节日活动之外，节日中的商贸活动也颇引人注意。

第三，目瑙纵歌作为旅游项目而被政府支持。现代节日的某些发展形式让目瑙纵歌的举办脱离了其文化持有者——景颇族的“掌控”。以前山官家的目瑙纵歌完全靠自身的财力来支持，现在经济效益与民族文化相结合在一起的发展模式是目瑙纵歌得以每年顺利举办的重要支持。2013 年正月初三，笔者观察了在陇川县城举办的目瑙纵歌，虽然主办方是县景颇族学会，但飞扬在目瑙舞场四周的彩色气球和挺立在通往舞场道路上的拱形门说明，目瑙纵歌的举行来自商家集资的支持，而这一背后必然与政府的辅助密切相关。因此，目瑙纵歌作为节日在现代社会中的发展必须依靠政府的支持。

三、目瑙纵歌演变中的跨境民族文化交流

目瑙纵歌从民间祭仪演变成为民族节日的过程，不但体现了民族社会与文化的变迁，还凸显了民族交往的区域性特征。景颇族是跨境民族，其生活的中缅边境地区的历史发展和社会环境都决定了这一民族在社会生活和文化中的交往一定会表现出某种延续性。

据唐代文献记载，在云南澜沧江上游以西至缅甸克钦邦甘高山以东的地区居住着“寻传蛮”，在甘高山以西的地带居有“裸形蛮”。[1]“寻传蛮”和“裸形蛮”是有亲缘关系的两个羌人部落，“寻传蛮”以后形成了云南德宏地区的景颇族，“裸形蛮”则形成今缅甸克钦邦的景颇（又称克钦）族。[2] 民族早期的自主迁徙并不是整体性的移动，当迁徙到一个地方后，往往留下一部分人。这样的迁徙促使了景颇族在历史上就分布在中缅边境地区，也让今天德宏边境景颇族与缅甸景颇族形成了割不断的亲属族源关系和民族认同情感。尽管中缅国界线在 1961 年最终确定使得景颇族真正成

[1] （唐）樊绰：《蛮书》卷六《云南城镇》。转自方铁：《云南跨境民族的分布、来源及其特点》，载《广西民族大学学报》（哲学社会科学版）2007 年第 5 期。

[2] 方铁：《云南跨境民族的分布、来源及其特点》，载《广西民族大学学报》（哲学社会科学版）2007 年第 5 期。

为了跨境民族，但民族交往并未因此隔断。目瑙纵歌能够成为中国景颇族的民族节日，也是基于这一历史渊源而进行的民族文化跨境交流的结果。

从1958年到“文革”结束，国内没有举办过一次目瑙纵歌，这不仅不利于民族节日文化的传承和发展，而且对于国家安全也是极为不利的。这期间就发生过国内的部分景颇族偷偷跨越国界到缅甸去参与异国同族所举办的目瑙纵歌的情况。当中国景颇族在1978年开始恢复目瑙纵歌活动时，没有雕刻“目瑙示栋”图案的人才，陇川县目瑙改革领导小组派人到缅甸去学习。他们借鉴了缅甸目瑙示栋的形状、图案和意义，还根据中国的景颇族情况进行了革新。如缅甸的目瑙示栋有6根目瑙柱，代表的是缅甸克钦族的六个分支：大山，小山，茶山，浪速，傈僳，独龙。而在中国，建造时将目瑙柱减少为4根，代表了生活在中国的四个景颇族支系：景颇，载瓦，浪速，茶山。在陇川，1986年建造目瑙示栋和1987年建盖目瑙庭努时，有缅甸的景颇族商人和群众资助。1995年，节日经费不足时，克钦独立军中的一些军官给予了支持。[1]

随着国内目瑙纵歌的恢复，中国的景颇族和缅甸的克钦族在举行目瑙纵歌时相互邀请参与和互派祝贺，更进一步加强了目瑙纵歌这一双方共有的节日文化的传承和发展，跨境流动对于目瑙纵歌而言具有较强的互补性。现今，两国的景颇族依然有着密切的往来，如经济交往、相互通婚、文化交流等，其中也包括了目瑙纵歌中的联欢。近些年中，德宏州各个县市中，特别是芒市、瑞丽、陇川举行的目瑙纵歌节中，吸引了来自缅甸的景颇族。在陇川，有时还会由政府专门邀请缅甸的景颇族来过节，而相邻的缅甸政府部门也会组织能歌善舞的队伍来参加。根据笔者的田野调查，在2013年陇川县正月初二至初三举行的目瑙纵歌中，由于缅甸内部的军事动乱，来参加跳目瑙纵的缅甸边民与往年相比减少了许多，但节日集市中仍然可以看见很多缅甸商贩抓住这一时机做生意。在目瑙舞场中，陇川主要分布的各民族都组成方队来参加，从她们身着的服装，可分辨出不同的民族类型。其中，以景颇族最多，不但包括了中国的景颇族支系，还包括了缅甸才有的各支系。被访者告知笔者：“尽管这些支系在缅甸才有，但目瑙纵歌是景颇族的节日，所有景颇族都应该来庆祝，所以我们购买了那些缅甸特有支系才穿的衣服，让一些方队穿上。”可见，在当代，作为节日的目瑙纵歌，展现的是具有区域性特征的跨境民族的

---

[1] 张么弄、金学文：《中国景颇族目瑙纵歌之乡——陇川》，德宏民族出版社2005年版，第99页。

各种文化要素。

现代“目瑙纵歌”在发展中不仅传承了文化，加强了文化交流，还安定了边疆。节日中的跨境民族自由交往是中缅边境社会稳定与和谐的体现，反之，通过节日作为媒介，不但增强了跨境民族之间的交往和认同，还促进了边境社会的安定团结。作为一个特殊的案例，对景颇族“目瑙纵歌”传承和发展的分析和思考或许不具备普遍性意义，但其启示意义却是十分明显的，民族节日不仅只关乎非物质文化遗产的保护、传承，也关乎国家的稳定与发展。

“目瑙纵歌”作为一个民族的传统活动发展至今，宗教色彩和类别已日益淡化，它已成为景颇族约定俗成的、并写入德宏州相关自治法规中的传统节日，统称为“主荣文蚌统肯目瑙”。“目瑙纵歌”不仅记载着景颇人的历史，而且在族群认同中的维系力尤为突出。经过“目瑙纵歌”这种形式反复重现族群的历史记忆，拉近了生活在不同地区不同支系景颇人的心理距离，有效地把个体与群体联系起来，使之成为景颇民族与其他民族间认同与辨异的一个重要标准，从而凝聚起景颇族的族群认同。作为一种特殊形式的景颇族族界标识，“目瑙纵歌”具有重要的族群象征意义和强化景颇族族群认同的实际功效。

各个群体和团体随着其所处环境、与自然界的相互关系和历史条件的变化，使这种代代相传的文化习俗得到创新，同时使他们自己具有一种认同感和历史感，从而促进了文化多样性和人类的创造力。从现实层面来看，处于边疆地区的少数民族的文化事项的传承还具有稳定边疆，促使边疆少数民族地区和谐发展的重要意义。景颇族是云南省 16 个跨境民族之一，与缅甸的“克钦”为同一民族。地理上的亲缘关系，也加强了文化的亲缘性。由于同源，景颇族虽居不同国度，但双方相互往来较多，共同的地理环境，相同的民族特性，有着悠久的历史和共同渊远的文化背景，使得民族认同在一定程度上超越了国家认同，也就有可能导致边疆地区社会不稳定，从而最终损害当地少数民族生存发展的根本利益。当多民族国家已经成为了现代历史条件下社会发展的最为重要的单元，尊重跨境民族的传统文化，通过文化的交流来促使民族认同上升为有意义的国家认同将是边疆社会寻求稳定和发展的新路径，那么，跨国民族节日将是一个非常有意义的切入口。

参考文献

[1] 柳五三．陇川景颇族文化［M］．芒市：德宏民族出版社，2003.

[2] 张么弄，金学文．中国景颇族目瑙纵歌之乡——陇川［M］．芒市：德宏民族出版社，2005.
[3] 赵学先，岳坚．景颇族文化大观［M］．昆明：云南民族出版社，1999.
[4]《景颇族简史》编写组，《景颇族简史》修订本编写组．景颇族简史［M］．北京：民族出版社，2008.

从乞巧节到中国情人节*

——七夕节的当代重构及意义

张　勃

（北京联合大学北京学研究所）

当前，七夕节——这个历史悠久的传统节日，正发生从乞巧节到中国情人节的重要变化。本文旨在确认这种变化不是文化想象而是文化事实，并探讨其性质和意义。

一、从乞巧节到中国情人节：七夕节的当代蜕变是一种文化事实

笔者曾将节日的构成要素概括为如下五点：（1）节日名称的特殊性；（2）在历法中位置的特殊性；（3）活动内容的特殊性；（4）活动空间的特殊性；（5）参与主体体验和情感的特殊性。❶节日名称、节日时间、节日活动以及活动空间共同构成一整套节日规范，社会成员通过对这一套规范的实践形成自己的节日生活，产生特殊的体验和情感。这五种构成要素是节日与常日区别开来的标志，也可以用来作为区别不同节日以及同一节日不同历史形态的分析性工具。从这五个方面入手，能够发现，七夕节——这个历史悠久的传统节日在当代正发生重要的变化。

首先，从节日名称上说，传统社会的七夕节有许多专名，其中有根据节日所在历法中的位置命名的，如七月七、七夕；有根据节日活动主体命名的，如女儿节、小人节；有根据节日的活动内容命名的，如乞巧节、穿

* 本文为北京市哲学社会科学规划项目“北京文化日历构建研究”（项目编号：12ZHB013）、北京联合大学人才强校计划人才资助项目“国际比较视野下的北京文化日历构建研究”的系列成果之一。

❶ 张勃：《当前语境下传统节日的困境与出路——兼及建构新兴节庆活动的一点思考》，载《山东社会科学》2011年第3期。

针节、巧夕。但这些名称如今已在很大程度上让位于中国情人节、七夕情人节或中国爱情节。这不仅表现在商家的广告中，也表现在许多人的日常生活中。用这种专名称呼农历七月七日已是普遍现象。

其次，从活动内容方面说，传统七夕节习俗活动主要有乞巧（包括拜祷乞巧、穿针乞巧、观影占巧、用蜘蛛乞巧，看巧云、吃巧等）、乞美（包括用凤仙花染红指甲、采树叶洗头发、接露水洗浴等）、乞子、准备享用专门的饮食以及祭祀占卜等信仰活动。而当下，尽管乞巧等习俗仍在一定范围内存在，但发送手机短信、享受烛光晚宴、饮用香槟红酒、开始爱情之旅，赠送玫瑰、巧克力和珠宝首饰等成为七夕节的主要活动内容。

其三，从活动空间方面说，传统七夕节的活动主要是在庭院中进行，庭院本是私人空间，由于七夕节习俗活动往往由来自不同家庭的多人共同参与，私人空间便公共化了。又由于多有祭祀织女等信仰活动，本来的世俗活动空间便神圣化了。如今，七夕节的活动空间较少公共化，不仅如此，像酒店、咖啡馆等公共空间也因为活动主体主要是恋人而变得私人化了。由于信仰活动的缺失，活动空间也缺少了神圣的意味。

其四，从活动主体及其体验和情感而言，过去，尽管七夕节也有男性参与活动，但主要是一个以女性为主体的民俗节日，是女子们表达美好愿望的关键时刻，反映了女子们对心灵手巧的热盼、对生儿育女的祈愿和对美丽容貌的渴望。[1] 如今，七夕节的活动主体主要是具有婚姻恋爱关系的男女双方，七夕节主要成为他们表达爱情的重要场合，反映了人们对美好爱情的向往和追求。对此，当下流行的众多七夕节短信可以为证。比如“送祝福”网站的“七夕节短信”中，有“最新彩信”、“热门彩信”、“最新短信”、“搞笑短信”、“爱情短信”、“朋友短信”、“经典短信”栏目的设置，几乎全与爱情有关。[2] 节日所带来的体验和情感也多与男女爱情有关。比如“朗姆_可樂”在2013年7月25日16点左右发布的微博中这样说：“刚刚同事在讨论快七夕了，我突然觉得很失落，这些节日那些感情已经不再是我所能参与的话题，原本以为自己大大咧咧什么都可以不在乎，原来我也是个可以让伤心跟随这么久的人……越是刻意想去忘记一个人，那些发生过的事情越是清晰地回放……”[3]

---

[1] 张勃：《压力下的憧憬——七夕节俗中的女性心理和情感分析》，载《七夕文化论文集》，中国文联出版社2002年版，第71～83页。

[2] 参见网址：http：//m. szhufu. com/qixi/。

[3] 参见网址：http：//weibo. com/z/bdkzym/index. html? search = % E6% 88% 91% E7% 9A% 84% E4% B8% 83% E5% A4% 95&uid = 3298053125&refer = baidu。

在五个构成要素中，唯一没有改变的是节日的标志性时间。正是这个没有改变，提示我们上述的种种改变只是七夕节内部的变化。

七夕节的当下变化是人们可以看到、感知的文化事实，考虑到乞巧主题的退隐、爱情主题的凸显，这个文化事实可以概括为从乞巧节到中国情人节的变化。这个变化显著且具有质变意义，因而是一种“蜕变”。

从乞巧节到中国情人节的蜕变是进入21世纪以来发生的事情，这个蜕变的过程大致可以概括为：文化交流频繁的情况下圣瓦伦丁节以“情人节”的名称与玫瑰花、巧克力、烛光晚宴等文化符号进入中国社会（主要是城市社会）并为一些人所喜欢和践行。一种外来文化大行其道令国内一些具有较强民族主义情结、文化自觉意识和文化安全意识的人备受刺激，开始在本土文化中寻找可以与之相抗衡的“中国情人节”，一些传统节日如元宵节、清明节、三月三、七夕节的情爱要素被发现和被发掘。尽管在谁应该成为“中国情人节”方面存在着一些讨论，七夕节还是更受认可，成为“中国情人节”，圣瓦伦丁节也相应成为“西方情人节”。与此同时，已从西方情人节中获益的商家从中国情人节中看到巨大商机，他们采借西方情人节的过节方式和文化符号，在农历七月七日来临前，推出针对“有情人”的商品和服务。各种媒体也推波助澜，不断引发公众围绕七夕节进行辩论和思考，并组织以爱情为主题的大型活动，越来越多的人在观念上认可了七夕节作为中国情人节的正当性，并在行动上参与到和爱情有关的活动中。七夕节不仅拥有了情人节之名，而且拥有了情人节之实。

二、重新命名、发现爱情、活动内容的采借与发明：七夕节的蜕变是典型的文化重构

在七夕节从乞巧节向中国情人节的蜕变过程中，由河北省文联、河北省民间文艺家协会、石家庄市文联等单位于2002年联合发起的“七月七爱情节”起了十分重要的作用。一方面，它率先以七夕节为爱情节，组织开展了多项丰富多彩的文化活动，从而使“数十万人参与其中，沐浴了爱情的幸福与快乐”。[1] 另一方面，它举办了七夕节文化研讨会，引发了学者对七夕节作为爱情节合理性和正当性的系统思考，思考的部分成果呈现于

---

[1] 杨守勇：《河北：七月七爱情节演绎中国“情人节”》，参见 http：//news. sohu. com/20040719/n221073466. shtml。

由袁学骏等人编成的《七夕文化论文集》中。❶ 时任河北省文联主席的冯思德在河北省会首届“七月七爱情节”开幕式上的讲话中，回顾了倡办首届“七月七爱情节”的过程，并阐述了将七月七定位为爱情节的合理性与重要意义。

> 没想到牛郎织女的美丽传说竟可以打破国界，在异国异族（这里指在日本。——笔者注）中扎根，但我转而又有些黯然，七夕节（乞巧节）在我国早已被人们淡忘了，事实上它已经让位给了西方传过来的“情人节”。
>
> 去年12月，在中国文联第七次代表大会上，江泽民总书记在报告中再三强调了弘扬和振奋民族精神的问题。在讨论中，我重提了日本七夕节的话题。石家庄市文联主席袁学骏同志便找到我，说他想与省文联联手张罗一个节，与西方情人节相抗衡。想来想去，最好还是把我国的七月七乞巧节捡起来，重新定义一下，然后大张旗鼓搞一个中国的爱情节。我非常赞成学骏同志的意见，一拍即合，我们还征求了省会党、政、文各界一些人士的意见，大家普遍对这一想法予以肯定和支持。
>
> 过去，仅仅把七月七说成是乞巧节，定位是不准确、不全面的。我认为应当把七月七定位于爱情节。关于牛郎、织女的爱情故事，在我国可以说是家喻户晓，有着深厚的传统渊源和群众基础。
>
> 把七月七定位于爱情节，不单单是为了与西方情人节抗衡，更重要的是，可以倡导忠贞爱情、稳定家庭，符合我国《公民道德建设实施纲要》要求。大家知道，家庭是社会组成的细胞，家庭稳定是社会稳定的基础。改革开放以来，随着世界优秀文化的传入，一些腐朽没落文化也乘机侵入。诸如“包二奶”、“找情人”、“泡妞”之类丑恶行为严重妨害了我国家庭稳定。所以，搞“七月七爱情节”将是绝对适时的，十分有意义的。❷

上述讲话表明中国没有情人节，为了与“西方情人节相抗衡”，他们

---

❶ 袁学骏等编：《七夕文化论文集》，中国文联出版社2002年版。这次“七月七爱情节”还包括“七夕文化研讨会”，该论文集收录了研讨会的数十篇会议论文以及“首届省会七月七爱情节资料”。

❷ 冯思德：《弘扬民族节庆文化的一次尝试——在河北省会首届七月七爱情节开幕式上的讲话》，载《七夕文化论文集》，中国文联出版社2002年版，第199~200页。

就要“张罗一个节”，而“张罗”的策略和路径是对七夕节进行重新命名，并从中发现爱情。

（1）重新命名。正如前面已经说明的，农历七月七日作为节日，本来有自己的多个专名，但在抗衡西方情人节的诉求中，被进行了重新命名。2002年河北省文联的命名是“七月七爱情节”，2006年时，“根据中央有关领导的提议”这个名字被更改为“情侣节”。目前社会上比较流行的则是“中国情人节”、“七夕情人节”，不过已有专家明确指出这一命名并不合适，因为：“七夕节表达的是已婚男女之间恪守双方对爱的承诺，不离不弃、白头偕老的情感，不是表达婚前情人或恋人的情感，这是在不同人生阶段的两种感情，因此将七夕节作为‘中国情人节’并不妥当，‘七夕节’应称作‘中国爱情节’。”❶ 尽管围绕着七夕节的重新命名至今仍有争议，情侣节、情人节、爱情节的所指也有一些不同，但不可否认的是，新名称中都含有一个“情”字。新名字让七夕节更多与“男女之情”联系了起来。

中国人历来重视“名实”之辨，根据“取实予名”和“循名责实”的逻辑，对七夕节的重新命名既需要人们在七夕节传统中发现爱情，又需要人们在实际生活中运用表达爱情的文化符号、从事与爱情相关的节日活动，从而表明七夕节果然是一个“名副其实”的爱情节（情人节、情侣节）。

（2）发现爱情。从七夕节中发现爱情是一个多人参与的持续过程，早在1999年，汪玢玲就发表长文论证七夕本就是“中国的情人节”。❷ 冯思德更多从牛郎织女传说中发现了七夕节蕴含着的爱情元素。因为广为流传的牛郎织女传说讲述了两人被迫隔开但依然不离不弃、最终得以一年一度鹊桥相会的浪漫爱情故事。2002年年未能参加七夕文化研讨会，但积极支持“七月七爱情节”的乌丙安、冯骥才同样肯定这则附着于七夕节的传说与爱情相关。乌丙安说：“流传百世的牛郎织女鹊桥会的故事，始终颂扬着中华民族历代民众为爱情坚贞、婚姻自由而奋斗牺牲的壮丽精神。”冯骥才说：“若向爱情求真谛，且问牛郎织女星。”“牛郎织女身上寄托了中国人的爱情理想。”❸ 这次会议上，“还有大量的文章，是阐发弘扬七夕文

---

❶ 《今天不是“情人节”》，参见网址：http：//news. sina. com. cn/o/2006－07－31/09559614675s. shtml。

❷ 汪玢玲：《“七夕”——中国的情人节——牛郎织女传说考释》，载《七夕文化论文集》，中国文联出版社2002年版，第6～17页。

❸ 参见黄玉：《守望民间咏赞七夕——访中国民间文艺家协会主席冯骥才》，载《七夕文化论文集》，中国文联出版社2002年版，第1～3页。参见：乌丙安：《中华“七夕”爱情节的祝愿》，载《七夕文化论文集》，中国文联出版社2002年版，第4～5页。

化的社会意义和时代意义，呼吁要让古老的文化传统与时俱进，这与冯、乌二人论述形成了本次会议的最强音"[1]。之后，不少学者继续从传说、诗词、习俗、典籍中寻找、发掘，以发现七夕节与爱情的固有关联性，许多民众也参与其中。

在这个过程中，白居易的《长恨歌》、秦观的《鹊桥仙》得到反复吟咏，"两情若是久长时，又岂在朝朝暮暮"、"在天愿为比翼鸟，在地愿为连理枝，天长地久有时尽，此限绵绵无绝期"成为七夕节富含爱情因子的表征；在这个过程中，含有二人被迫分开却不离不弃的牛郎织女传说版本得到反复讲述，他们成为忠贞爱情的代表；牛郎织女传说的其他异文则被忽略，在这些异文中，或者织女与牛郎的生活并不怎么和谐，或者织女总是想方设法主动离开牛郎而终于成功。从七夕中发现爱情的过程，是将七夕节中原本零散的、潜在的爱情因子发掘出来，加以筛选、整合、阐释并集中呈现的过程。

（3）活动内容的采借与发明。"人类的姓名是建立在实践和认知基础上的分类系统，既是社会、文化和历史的产物，也直接或间接地参与了社会、文化和历史的生产和再生产。"[2] 七夕节的重新命名让七夕节在社会上有了新的定位、内涵和指称。按照循名责实的逻辑，重新命名必然引导和激发人们在节日期间从事与爱情有关的活动。由于中国节日体系中原本没有一个情人节，中国情人节的设置原本深受外来文化的影响，所以在如何过中国情人节方面，人们很自然地从西方情人节那里寻找合适的资源，采借西方情人节的文化符号，运用西方情人节的活动模式，将玫瑰、蛋糕、巧克力、烛光晚餐纳入自己的节日实践。与此同时，又发明出诸多具有中国元素的文化符号与节日活动，如彩虹鹊桥、相亲大会、情歌对唱、抛绣球、放飞许愿灯，等等。

七夕情人节因对抗西方情人节而生，本身却打上西方情人节的深深印痕，并以一种崭新的样态出现，不仅改变了活动主体，而且改变了活动内容、活动空间和活动情感，甚至改变了节日名称。如果我们将文化重构理解为一个社会群体对既有文化现象的再加工、再创造，那么七夕节从乞巧节到情人节的蜕变就是典型的文化重构。它是人们在外来文化的刺激下重新发现、发掘传统，并将其与外来文化结合在一起的结果。它融合本土资源与外来资源、传统资源与现代资源，并具有主动谋求的鲜明特征。

---

[1] 冯思德："序"，《七夕文化论文集》，中国文联出版社2002年版，第2页。

[2] 纳日碧力戈：《姓名》，中央民族大学出版社2000年版，第1页。

三、节日复兴与文化反思：七夕节当代重构的重要意义

七夕节的当代重构具有重要意义，大致可以概括为如下几点。

（一）有效地帮助七夕节摆脱生存困境，促进了节日的重振复兴

中国传统节日植根于农业社会，源远流长，是传统社会生活的有机组成部分。近代以来，在全球化、现代化的过程中，在多种因素的共同作用下，传统节日地位明显下降，七夕节也面临生存的危机。如果说节日的活态存在乃是在于特定时代、特定区域处于不同社会地位、承担不同社会角色的社会成员在特定情境下对节日习俗活动的全部或部分实践，或者简言之，在于社会中有一定数量的人把这段时间当做“节日”来度过，那么在20世纪末期，除了个别地方，七夕这个曾经广为流行的传统节日因没有多少过节主体已名存实亡。但十几年后的今天，我们可以从花店售卖鲜花的庞大数据中、从节日尚未到来而关于七夕活动的预告宣传就纷至沓来的现象中，看到这个节日的蓬勃生机。七夕节复兴态势明显，其生存状态已然今非昔比。尽管七夕节复兴背后有多种因素的共同作用，也并非只有七夕这一个传统节日经历着复兴的过程，但毫无疑问，文化重构对七夕节的命运逆转起了至关重要的作用。因为正是这一重构，使爱情成为七夕节的主题，它契合了当代人的价值观念和社会需求，并因此迅速吸引了众多商家和都市男女的注意力，迅速发展壮大了过节的群体。不仅如此，这一重构还使七夕节重新回到公众的视野，不仅勾起许多中老年人对七夕节的早年记忆，而且使个别地方如甘肃西和、温州石塘、广州珠河等地仍然活跃的传统七夕节俗得到更多关注，也促进了七夕节的当代复兴。

传统节日是一套与生活密切相关的文化，包括一系列何人在何时“应做何事”或“不应做何事”以及“应如何做”的规则，处于时间长河中的传统节日犹如一个生命体，有其自身生长发展演变的历史。它可以生，也可以死。由生而死通常被视为一个传统节日正常的生命历程。七夕节的蜕变表明，传统节日的命运其实更为复杂：不仅可以生，可以由生而死，而且可以死而复生；在一定条件下，能够在传承中断后以一种崭新的样态重新回归社会成员的日常生活，为其所遵循、操演和践行。七夕节的蜕变同时表明，在多元文化背景下，对于本土传统文化的传承而言，外来文化不仅是冲突的来源、竞争的对手，它还有可能成为激活本土传统的钥匙，并成为传统复兴过程中可以取用的重要资源。文化重构具有起死回生、化

腐朽为神奇的巨大力量。

（二）在中国节日体系中增加爱情节的设置，丰富了社会成员的生活内容

“中国人有爱情，但中国神话中没有爱神。中国有情人，但中国节日中没有情人节。”❶ 七夕节的文化重构填补了这一空白，凸显了爱情的意义和价值，为当代人坦率地表达爱情、寻求浪漫提供了时机。而围绕爱情主题采借和发明的多种节日活动，也极大地丰富了社会成员的生活内容。从最新的一些新闻报道中，我们已能够感知2013年七夕节（阳历8月13日）生活内容的丰富性。比如《七夕“浪漫经济”提前来袭玫瑰花预定异常火爆》一文中提到：“尽管距离七夕还有段时间，但各路商家却已提前备战七夕商机……除了传统的花店、蛋糕店、电影院，各大商场、超市的七夕节气氛也日渐浓厚，一股‘浪漫经济’悄然来袭。”除巧克力、蛋糕、毛绒玩具等常规礼物外，萤火虫、玫瑰香皂花、竹简情书等许多创意类礼物也非常受年轻情侣们的欢迎。❷ 又比如，北京通州区将于8月9日至8月13日期间举办首届北京七夕节，共包括“七夕歌会”、“相爱运河”婚礼文化展、“大美运河”七夕传统文化展等17项活动；❸ 而七夕节当晚七点零七分，首都体育馆也上演了一场盛大的“七夕中国2013情歌演唱会”，主办方向社会公开征选的77对情侣参与互动，现场万余名观众与众多明星共同见证爱的表达。❹

（三）多种社会力量共同参与了七夕节的文化重构，客观上起到了促进全社会进行文化反思的巨大作用

七夕节的文化重构归功于多种社会力量的共同参与。其中专家主要发挥了启动引领作用，并从学术角度承担了正当性的论证工作。商家也扮演了重要角色。由于传统节日往往是消费时间，以赢利为目的的商家总是会介入传统节日当中，繁荣的市场往往成为节日期间的动人景致。通常认为，商家主要是为人们按约定俗成的方式过节提供各种物品。但在七夕节

---

❶ 王善民、凡雨：《一个被权力扭曲的节日——“七夕”演变中民间叙事与主流话语的对抗》，载《七夕文化论文集》，中国文联出版社2002年版，第55页。

❷ 参见网址：http：//news. 163. com/13/0725/11/94KIRG5I00014Q4P. html。

❸ 参见《通州七夕节上演“皇室嫁女”》，http：//news. 163. com/13/0725/03/94JLF9HD00014AED. html。

❹ 参见《七夕对抗情人节2013情歌演唱会做爱情见证》，http：//news. xinhuanet. com/ent/2013－07/22/c_ 125046735. htm。

的蜕变过程中，商家不仅提供了节日主体在节日中需要的物品和服务，而且提供了节日活动的空间，尤其重要的是，它们还在引导节日主体如何过节、如何消费。通过引导如何消费，它们生产了人们对特定物品和服务的认可、偏好和需求，也便生产了节日的活动内容和文化符号，因而也就形塑了节日本身。当前七夕节在事实上成为情人节，鲜花、巧克力、红酒、香槟、烛光晚宴、浪漫之旅等成为七夕节的文化符号，很大程度上要归因于鲜花店、巧克力经营商、红酒经营商、餐饮店和旅行社等商家比其他行业的商家更加积极地以节日所需的名义推销自己的商品和服务。民众是七夕节蜕变的决定性力量，他们基于生活需要和文化自觉参与了七夕节的文化重构，不仅包括参与对正当性的讨论，更重要的是用自己的选择确证了七夕节的爱情主题，并基于追求个性、博取爱人欢心的目的而不断推陈出新，并不断要求推陈出新，由此促进了七夕节节日活动的采借和发明。大众媒体则关注舆论、传递信息、发表意见、引发思考，并为各种力量的作用发挥提供了交流碰撞的平台。总之，具有不同利益诉求和目标追求的学者、民众、商家、媒体等多种社会力量，通过共处在同一个中华文化空间里而互相影响，彼此激发，一起营造了七夕乞巧节向情人节蜕变所必需的文化氛围和文化空间，推动了这一蜕变所必需的正当性论证和主体性选择，为七夕节的文化重构发挥了各自独到的作用。

值得一提的是，七夕节的文化重构过程并非一团和气，在应该如何给七夕节重新命名、应不应该承认七夕节是中国情人节等方面，均存在不同意见。这些争议影响深远，颇具意义。

在中国人的观念中，“名不正则言不顺，言不顺则事不成”。关于七夕命名的争议，前文已有叙述。命名争议明显地延续了“必也正名”的思维逻辑，其背后，则是公众、尤其是知识分子对一度式微的传统节日能够复兴并长期传承下去的殷切希望，是对这个节日以何种状态复兴的设计与理想，是企盼复兴的节日能够经世致用、传递文化价值、解决社会问题、维护社会秩序的良苦用心。

在是否应该承认七夕节是中国情人节方面，争议更多。比如2006年有一位学者提出“把七夕当作情人节来过不合乎传统”的观点，[1] 就引起了许多民众的强烈反对，演化成一个文化事件，掀起一场轩然大波。又比如2009年8月14日腾讯QQ论坛上开设了一个帖子，“让七夕节PK情人节”。辩论设置了正反双方，正方的代表观点是：“我觉得无所谓，与时俱

[1] 刘宗迪：《七夕故事考》，载《民间文化论坛》2006年第5期。

进嘛！牛郎织女也是爱情的象征，只要有需求有市场，人们又喜欢这种氛围，就不要这么较真，毕竟传统也是人造出来的！”反方的代表观点是：“我觉得应该抵制这种崇洋的情节，原本七夕的内涵就不是情人节，因为商业利益而改变传统文化，那老祖宗留下的东西都要慢慢变味了！”❶ 无论是正方观点还是反方观点，都有不少跟帖。比如正方 11 辩的辩词如下：

> 自新中国成立以来，不断的与外界建交，更加入 WTO 后，与世界交流更加密切，随着社会发展，非主流和西方的思想也不断涌入进来，既然七夕节也能带动市场消费，我们又和乐而不为呢。而对于情人，特别是对于我国的情人而言，不是又增加了一次创造温馨、甜蜜的机会么。我们不能拒绝西风的文化，我们需要做的是发扬自己的文化。不闭门造车，要勇于交流。把我们的文化发扬光大。让七夕节能成为一个世界性的传统爱情节日。❷

反方 3 辩则说：

> 我们应该好好保护现有传统文化，并把“牛郎织女的爱情文化”进一步弘扬广大。这是祖先遗留下来的。我们就应该好好的接续历史、需要一代一代传下去，是世世代代都要做的事。增强我们民族凝聚力、增强祖国在世界竞争中的“软力量”，不要让 WAI GUO 人看笑话。❸

这些围绕着七夕节应不应该向情人节靠拢的跟帖，表述着普通中国人关于如何对待本土文化与外来文化、传统文化与现代文化的认知和理解。这是公众参与七夕节文化重构的过程，也是参与文化讨论进行文化反省和文化批判的过程，同时是公众文化自觉性、文化自信力、文化鉴赏力、文化反思力、生活自主性的培养过程。从不同观点的碰撞交锋中，我们看到这个时代的多元价值取向，纳异包容的与坚守民族本位的共同在场。我们也看到，碰撞交锋激发和推动不同观点的持有者对多元文化及其相互关系进行着更加深入的思考。而这些思考，无论对于七夕节的未来发展，还是对于所有传统节日的传承，乃至对于中国文化的当代建设，无疑都大有助益。可以说，七夕节的文化重构在客观上起到了促进全社会进行文化反思的作用，它所产生的实际影响已远远超出七夕节之外。

---

❶ 参见网址 http：//bbs. vip. qq. com/t – 30161 – 1. htm。
❷ 参见网址 http：//bbs. vip. qq. com/t – 30098 – 1. htm。
❸ 参见网址 http：//bbs. vip. qq. com/t – 30161 – 1. htm。

结　语

民众有权利过自己想要的节日生活，并有权利选择自己喜欢的方式。在当前中国人的生活方式、爱情观念已经发生重大变化、民族意识高涨、传统复兴已成大势的情况下，中国人要过情人节，而且要过自己的情人节的诉求理应得到充分表达，也理应受到充分尊重。七夕节向中国情人节的蜕变是这种诉求的现实化，是民众凭借一定的民族文化自觉意识和纳异包容的文化开放态度进行文化选择的自然结果，不仅无可厚非，而且值得珍视。不过，在笔者看来，这并非七夕节文化重构的终点，而只是一个阶段性成果，并且也应该只是一个阶段性成果。因为尽管七夕节由乞巧节向中国情人节蜕变的文化重构具有重要意义，但也有缺陷，即一定程度形成了对传统七夕活动的遮蔽。

有着两千年历史的七夕节在其不断发展演进的过程中，早已形成了丰富多彩的习俗活动，而且具有多样的地方性表现。比如甘肃西和仍然活跃的“乞巧节”是典型的女儿节，参加者主要是未婚的少女，节日历时七天八夜，包括迎巧、祭巧、唱巧、跳麻姐姐、拜巧、迎水、巧饭会餐、照瓣卜巧和送巧等一系列仪式，且有相应的仪式歌舞相伴。[1] 浙江温岭石塘箬山村的七夕节则是“小人节”，它的主要参加者是小于16岁的孩童及其家人，主要活动是祭祀七女神，祈愿小孩健康发展。[2] 七夕节的众多习俗活动及其地方性表现以及“七夕”这个具有诗意、浪漫气质的名字，具有重要的生活价值、历史价值、艺术价值和认同价值，应该有比当下更好的生存空间。换句话说，未来的七夕节应该是既吸纳外来文化的优长又有更多中国元素（不只是节日时间，还有节日活动及其具有的文化内涵）的有机融合，能够同时作为情人节、乞巧节乃至小人节等在更大空间里共生共荣。

目前来看，突破情人节遮蔽、实现共生共荣的重要路径，是七夕节历史记忆的日常生活化和目前仍然活跃的地方七夕节俗活动一定程度的普遍化。前者是指有意识采取一些措施，使曾经活态存在、目前仅仅保存于文

---

[1] 杨克栋：《仇池乞巧民俗录》，西和县文学艺术界合会印制。李凤鸣、韩宗坡、王亚红：《西和乞巧民俗研究》，甘肃人民出版社2013年版，第348～428页。

[2] 陈勤建：《当代七月七“小人节”的祭拜特色和源流——浙江温岭石塘箬山与台南、高雄七夕祭的比较》，载《广西师范学院学报》（哲学社会科学版）2005年第2期。

献和头脑中关于传统七夕节的历史记忆重回日常生活，得到实践。后者是指有意识采取一些措施，使当下为个别地方民众所传承享用的七夕习俗在更大的空间内被更多的人所共享和传承。这两种路径无疑都存在一定的障碍。前者需要克服的主要是时间变换所带来的挑战：毕竟历史记忆中的七夕节是传统社会的七夕节，更多体现了农耕社会的理想和追求，而我们目前所面临的是工业文明、现代社会。后者需要克服的主要是空间位移所带来的挑战：地方七夕节俗活动毕竟是特定空间内生长发育出来并适合其水土的节日文化，普遍化则意味着将其置于非本土的环境之中。而这也决定了无论选择哪一种路径，都不可能是传统七夕节俗和特定地方七夕节俗的全面照搬，而只能是以其为资源从中汲取若干元素、结合其他元素重新加以组织并应用实践的文化重构过程。

未来的七夕节重构仍然需要包括学者在内的多种力量共同参与。需要说明的是，学者既没有权利也没有能力要求民众选择专家学者偏爱的节日生活和过节方式，但专家学者可以通过研究提出自己的观点，从而为人们如何过节提供更多的选择项。这是学者的社会责任，也是学者的社会贡献所在。

符号：苗族和谐社会组构的链钮*

李一如

（华中科技大学）

苗族社会的安定和稳固主要靠苗族主体的意识与信仰凝结而成的符号链建构起来的习惯法体系来维系，而苗族和谐社会的组构是以鼓社为主轴的符号功能单位链来维持的。尽管在不同方言的苗族社会，都由一种特定的方式赋予一些特殊的符号来维系苗族社会的稳定与和谐。苗族社会似乎没有什么明显的宗教信仰和法律条文对社会生活进行调节和管理，但在苗族社会里，特殊的符号功能却在社会生活的方方面面都起到重要的约束和凝聚作用，本文从苗族社会中凸显的符号功能来对苗族社会的和谐组构进行探讨。

一、"草标"与习惯法

符号被认为是携带意义的感知：意义必须用符号才能表达，符号的用途是表达意义。❶ 符号是一种没有声音的语言，但它比语言的隐含力量要大。苗族社会处处呈现出的符号及其功能多胜于语言所表达的社会效力，它以不用言表的方式使苗族社会的和谐氛围格外突出。

"草标"（zod）在苗族社会中使用范围极其广泛，其被赋予的社会意义也非常复杂深厚；"草标"的出现和应用，让易于冲突和误读的事件，成于"此时无声胜有声"的默契和谐中，其暗含的社会意义就是，"草标"已经拥有了苗族社会的生活习惯和法律约束力的意义价值，它的使用意义

* 本文为2011年国家社科基金重大招标项目（第二批）《清水江文书整理与研究》（项目号：11&ZD096）的阶段性成果。本文曾参加中国人类学民族学2013学术年会报告，并荣获本次年会优秀论文。

❶ 赵毅衡：《符号学》，南京大学出版社2012年版，第1页。

在于告诫人们：不能违背某些规定或道德范畴。而这些意义与价值得益于苗族社会的习惯法，这些习惯法往往是以代代口耳相传的古歌形式存在于苗族社会的各个主体或主体间。徐晓光教授认为：对于世代依赖自己习惯规则办事的村民而言，法律是他们的“畏途”，相对于国家法律诉讼中必须提交的各种法律文书、必须严守的时效、必须符合法律规定的取证和举证、必须进行的法庭辩论以及无法预见的判决、漫长的上诉之路，等等，他们更多地会选择那些简单的、有把握的、更省事的、可以预见的习惯法来解决。❶ 苗族不愿诉诸法律，而愿因循习惯法。

在未用工业肥料之前，苗族地区的群众用于农作物的肥料全是家畜家禽的粪便以及烧制的草木灰，这些“农家肥”成为苗族社会生产生活的重要肥源。而早出晚归的家畜在路上屙洒的粪便就成为苗族群众争抢的肥料之一。在一般情况下，来往于山上山下、村前寨后干农活的苗家人，不会随时携带捡粪拾肥的工具，一旦他/她在路口或村头看见有牛或狗等留下的粪便，他/她便打一个草标插在粪便上，这一标记就意味这一粪便已经属于他/她拥有，第二人即使看见了，也不会再打第二个草标或者立即捡走。这就是“先见为得”的一种社会预设和潜在规约，大家不会因为互相抢这一小堆牛粪而引起纠纷或闹矛盾。就因为这一小小的草标，平息了不少不必要的争吵和冲突。更甚者，即使遇到倒了的一棵大树，只要有人打一个草标插在倒伏的树干上，也不会有人再去抢。如果没有草标的标示和作用，大家可能会互相争抢，以至大打出手。这些例子在苗族社会比比皆是，“草标”类符号应用非常广泛，作用凸显，起到促进邻里和睦共处、推进社会和谐发展的作用，“草标”类的符号在苗族社会的广泛运用和功能展现，暗含如下认知：符号的发现和运用，使得人们可以借助于当下可以感知的符号形式去认知当下不存在、不在场的对象客体，或者通过浓缩于符号形态之中的知识和经验，去认知目前所知不多、了解不够的客体对象。从这一意义上讲，符号是一种工具和媒介，是人类认知活动的手段和途径。❷ 通过这些符号及其功能的泛化，苗族社会得以和谐稳定，和睦相处。草标本身没有什么意义和功能，是苗族群众赋予了它特殊的功能，不是符号给使用以意义，而是使用给符号以意义，使用本身就是意义。❸

---

❶ 徐晓光：《小牛的DNA鉴定——黔东南苗族地区特殊案件审理中的证据与民间法参与》，载《广西民族大学学报》（哲学社会科学版）2011年第1期。

❷ 卢德平：《皮尔士的符号学理论：原点与延伸》，网址：http：//www.semiotics.net.cn/Articles_ Show.asp? UserID =235&Arti_ id =817。

❸ 赵毅衡：《符号学》，南京大学出版社2012年版，第246页。

苗族村落社会重和谐、讲情面，不会轻易为一点小事打官司，习惯上自家人、同寨人之间不可以“对簿公堂”。有时村寨社会矛盾纠纷虽然不可避免甚至不可调和，但人们宁可长期“耗着”，谁都不愿首先挑起“官司”。如果打起“官司”，就等于恩断义绝，从此断绝一切往来，即使是亲兄弟也不例外。人们认为，官司一起，就等于双方关系终止了，断无和好的可能。现在许多苗族村寨，虽然大小矛盾纠纷不断，但几十年却未有村寨内部的人互相打官司的事情。❶

正因如此，一个草标能够标示彼此的关系和产权的界限，这些符号功能得益于苗族社会根深蒂固的习惯法。苗族习惯法，苗语一般称为 lil lul lil ghot（即“古理、古法”），或称 sangs xit sangs ghed（即“历代议规约”），也可称 ghab seid ghed lul（即“故法典”，但此词在一般情况下是说“法理”“法典”，也有“谜底”或“掌故”之意）。这与“议榔”（ghed hlangb）的词意有些区别。议榔规约，一般系个别地区或个别事件的临时约法，但“议榔”议定的规约相沿久之，也就成为“古理古法”，亦即“世之常理”的“习惯法”。❷ 习惯法是苗族社会世世代代传承下来用以约束和调节各种社会矛盾与冲突的一种案例法则，此种习惯法与苗族历史文化息息相关，一般以神判与人判相结合，以此来对苗族社会予以规范和协调，也即苗族习惯法通过符号叙事的过程达到其功效。布鲁克·威廉姆斯（Williams，1985）指出：叙事是人类特有的符（指）号过程的基础；它在学习活动的积累性传承中超越了生物遗传性，只有叙事才使学习活动成为可能。❸ 苗族习惯法的运用和施行，靠的是神对人们的不轨行为的一种惩戒，尽管人的行为和他受到的惩戒（或遭受的不幸）没有直接的联系，但在苗族社会里人们总会把二者联系得“有声有色”，这样人们就不会“冒天下之大不韪”去行不义之道。

二、符号功能媒介或场域：苗族古歌、服饰与鼓社

（一）苗族古歌被誉为苗族社会的百科全书

苗族古歌是苗族古代先民在长期的迁徙与生产劳动中创造出来的史诗。它的内容包罗万象，从宇宙的诞生、人类和物种的起源、开天辟地、

---

❶ 杨正伟：《苗族古歌的传承研究》，载《贵州民族研究》1990 年第 1 期。

❷ 李廷贵：《苗族“习惯法”概论》，载《贵州社会科学》1981 年第 5 期。

❸ ［美］约翰·迪利：《符号学基础》，张祖建译，中国人民大学出版社 2012 年版，第 3 页。

初民时期的滔天洪水，到苗族的大迁徙、苗族的古代社会制度和日常生产生活等，无所不包，成为苗族古代神话的总汇，是苗族历史叙述的口语表达范式。苗族古歌因为其内容成为苗族社会必备知识和组构的重要成分，如果哪个支系没有古歌歌师，或者没有人能够唱诵古歌，那将是很丢人的事情，是被人瞧不起的。这就使古歌成为苗族口传的历史教科书，古歌能够使苗族了解到自己从哪里来，是什么样的人。这样的社会知识虽然经历着时间的磨蚀，古歌的内容也不断被传唱着，或更改或增色，但这种常识性的知识建构符号已经促使苗族社会把古歌视为组构社会的重要链钮。苗族以苗语为传承语言，一代代历久弥新传唱着作为精神支柱的古歌，以此作为精神交流和感情互动的媒介和方式。已经程式化的符号过程，成就了苗族社会的精神传播与和谐发展，因此研究苗族社会必先研究古歌，它的传承成为苗族社会组构的一个关键。

对苗族古歌的传承研究，是研究苗族古歌的基础，即将过去孤立的、平面的、表层的纯作品研究，扩展到更为广阔的领域去研究，把苗族古歌视为苗族的一个文化系统，一个有机体，将其创作者、传承者、受传者、传承渠道置于一个立体的三维空间中去进行宏观的综合考察，从而揭示出苗族人民的心理特征、生活习俗、审美意识以及苗族古歌在苗族人民社会生活中的作用和在苗族文化史的地位。……目的是为了深入一步研究苗族古歌提供材料和理论依据。[1] 对苗族古歌有了足够的了解和把握，对苗族社会及其建构机理才能知晓一二。苗族古歌这种古史符号成为苗族社会活动必不可少的精神支柱与常识工具，研究苗族历史和社会，就必须弄清古歌。李幼蒸认为：西方符号学和中国古史学的“融合”，象征着跨学科和跨文化的双维符号学实践的一次重要拓展[2]。研究苗族社会的拓展，应将符号学与历史学、民族学、民俗学、文化学等结合，如此才能更好地了解苗族社会的方方面面。

苗族古歌的传承过程就是一种符号功能的展示过程，也是一个符号教育的社会化过程。古歌的传承过程及其教育过程，经过苗族历代精英和文化人的历练，苗族古歌已经成为苗族社会建构的重要符号功能展演，也成为了苗族历史的一种“真相”，“真相就是一些可以运动的隐喻……经过长时期的使用，对于一个民族来说，它就成了固定性、规范性、具有约束性

[1] 杨正伟：《苗族古歌的传承研究》，载《贵州民族研究》（季刊）1990年第1期。

[2] 李幼蒸：《理论符号学导论》，中国人民大学出版社2007年版，第871页。

的东西”[1]。苗族传唱的古歌尽管是一种以口耳相传为叙事范式的历史叙述，但在苗族社会却是经典，被苗族祖祖辈辈传承与发扬。苗族古歌的演述与世界各地的很多史诗一样，具有特定的社会文化场景和演述氛围，演述过程中歌手与群众的互动，构建了和谐良好的文化场景，对激发歌手的演唱和创作激情具有重要作用。[2] 通过演述与传承，苗族古歌对和谐社会的组构越发起到促进与推动的作用。

文化靠符号传承而演化成为一种精神承载物，反映了社会变化的历程。苗族古歌文化涵盖下的苗族社会，在历史的进程中，尽管毋庸置疑地受到了多种外来文化的冲击，特别是现代文明的冲击，但就整体而论，迄今为止可说仍是一个发展着的文化连续系统。在这样的意义上，苗族古歌文化自古而今的一个首要功能就是，通过一桩非常事件的叙述，来构建一套完整的符号和行为系统，因为这桩事件的发生，“即从此建立了一个部落的社会秩序、经济组织、技术工艺，或宗教巫术的信仰和仪式”[3]，突出和强化其共同体成员的民族自我意识，从而激起无形而强大的民族内聚力，使这一“部落”在不断的内忧外患中始终保持文化心理的同一性，并在广延性方面巩固和拓宽群体自身。同时，它在自己特定的覆盖界域内，“用往事和前例来证明现存社会秩序的合理，并提供给现存社会以过去的道德价值的模式，社会关系的安排，以及巫术的信仰”[4]，从而塑造较为统一和鲜明的民族个体；其对于今日仍明显存在着的苗族文化圈的聚合与认同作用的“正值取向”的驱动力，是值得肯定的[5]。从此看出，苗族古歌的文化符号功能是极其重要与必不可少的。

苗族是在创造了苗族古歌文化并适应古歌文化的环境下进行其它精神文化创造的。反过来看，这个具有高度共同文化要素的社会对古歌的规范化、系统化也是显而易见的，可以这样说，没有社会的规范化，同样就没有古歌的系统化和统一化，甚至早就失传了。二者是相辅相成，

---

[1] Friedrich Nietzche, Philosophy and Truth: Select. ions of Nietzche's Notebooks of the Early 1870s, (ed.) Daniel Breadeale, Atlantic Highlands, NJ: Humanities Press, 1979, p. 84；转引自赵毅衡：《符号学》，南京大学出版社2012年版，第269页。

[2] 吴一文：《仪式与表演中的文化传承——苗族古歌演述的民俗背景》，载《贵州民族大学学报》（哲学社会科学版）2012年第5期。

[3] 马林诺夫斯基：《文化论》，中国民间文艺出版社1987年版；转引自周俊：《苗族的古歌文化与社会》，载《民族文学研究》2000年第3期。

[4] 马林诺夫斯基：《文化论》，中国民间文艺出版社1987年版；转引自周俊：《苗族的古歌文化与社会》，载《民族文学研究》2000年第3期。

[5] 周俊：《苗族的古歌文化与社会》，载《民族文学研究》2000年第3期。

缺一不可的。[1] 苗族社会的和谐氛围靠古歌的符号作用演化成为维护社会的符号化展演功能——约束效力，当然是以苗族的交流工具——苗语为承载体来实现目的。苗语是苗族古歌的表达载体和工具，可以说，苗族古歌是依附于苗语之上的；如果苗语作为第一交际工具弱化的现象日趋显露，则苗族古歌也就会失去了（作为）传承的语言载体。[2] 苗族古歌在当今社会也遇到前所未有的挑战和冲击，作为协调社会功能的符号化载体，苗族古歌处于严峻的境地，苗族社会的协调功能受到来自现代国家体制的统慑而使苗族传统的符号功能失语。

（二）苗族服饰是苗族的传统文化符号

苗族服饰是苗族传统文化中的一朵奇葩，在我国民族文化遗产中的一枝独秀，入选“第一批国家级非物质文化遗产名录”。其历史之悠久、底蕴之深厚、类型之繁多、工艺之精湛、银饰之精美，很早就引起各界专家学者关注和青睐。最早记述苗族服饰的文献典籍是《淮南子》，在其中《齐俗篇》就有“三苗髽首”的记载。而在重要的历史文献中也有大量记载，如《后汉书·南蛮传》、《搜神记》、《隋书·地理志》、《旧唐书·南蛮传》和《方舆胜览》、《百苗图》等，均有不同篇幅记述过苗族服饰。

如果将苗族文化看作是庞大且复杂的意义体系，那么服饰文化就是当中的一个重要的子系统。苗族传统服饰作为具有表征性的艺术，以建立视觉交流体系中所内涵的意义，勾勒出苗族传统文化。[3] 苗族服饰不仅是苗族人用以遮风挡雨的护体保暖工具，更是以一种别样的工艺展示苗族的传统文化，记述苗族的辛酸迁徙史，预示苗族人对社会生活的厚望。

服饰是一种图像符号语言，传递着特殊的苗族文化信息，传承苗族人对服饰结构、款式或色彩的特定审美取向。与现代日常服饰不同，苗族服饰除了呈现审美化外观外，还负载着特殊的民族文化内涵，凝结着特殊的民族情感。苗族服饰就是苗族先民记录其征战、迁徙历程的“史书”，其中蕴藏着民族文化的“密码”，民族的集体记忆及丰富的“地方性知识”，由此，苗族服饰被学界誉为穿在身上的亮丽“史书”。苗族的服饰，以女装式样最多，达一百三十多种，仅贵州就有一百零几种。这些差异的形成，既来源于支系间的原因，也有各民族的不同影响，还有地区文化的差别以及历史的因素。这些差异，主要表现在衣裙的长短、色彩的多寡、花

---

[1] 周俊：《苗族的古歌文化与社会》，载《民族文学研究》2000年第3期。

[2] 王曼利：《文本背后的文本》，华中师范大学硕士论文2008年5月，第25页。

[3] 周莹：《意义、想象与构建》，中央民族大学博士论文2012年11月，第56页。

饰风格和部位的不同及银饰和发髻的多样等方面。[1] 不同苗族支系，服饰差异性很大，目前粗略统计，苗族服饰有三百[2]多种，可见苗族服饰的多样性和复杂性。苗族服饰作为一种“符号化”的文化文本，突出其民族文化特色、显现特别的民族文化标签，具有丰富的内在文化蕴含和深厚的社会生活根基，通过表演展示，可以让世人了解苗族文化的独特性和人文性。苗族将服饰图案作为一种象征，作为体现文化精神和社会需要的特殊人文观念的载体。苗族传统盛装中的图案，其造形、色彩、构图、材质等外在的物态形式可视为符号的“能指”，在这些物态形式中所蕴含的丰富民族文化内涵则是“所指”。苗服图案物质属性的“能指”与意义层面的“所指”之间的意指过程，既是规则建立的过程，同时也成为符号意义的建构过程。[3] 现代语言学之父索绪尔认为，符号是由能指和所指构成的复合体，能指和所指好比一张纸的正反两面，只具有理论上的分割可能性，而实际上不能分开。因此，就具体的符号现象而言，在一定的符号载体内部，已经存在着能指和所指两个侧面。此外，符号的价值是由能指和所指之间的等价，以及不同能指、所指之间的差异所确定的。[4] 苗族服饰之所以如此蕴含丰富文化藏量，也就是因为其“所指”和“能指”都相互体现了苗族历史文化的正向取值，赋予服饰作为一种特殊符号的深刻内容，而不是简单平白的表面图案，正如符号学家皮尔士所看到，符号研究的方法论依据是三元的，即一切符号学的问题都不能回避符号、对象客体、解释项三个方面。[5] 服饰是一种外显的符号，其内蕴的文化信息是客体，只有通过人的阐释和展演才把苗族深厚的历史文化释读出来，让世人读懂苗族的社会生活与苗语世界。

苗族将服饰图案变成界定自身存在的符号，以服饰图案外显旳物态形式，反映出隐藏在其中的社会文化和精神思想，因而其盛装中指征图腾崇拜、祖先崇拜、生殖崇拜、族群历史、神话传说的服饰图案，可被作为一种文化符号来理解。[6] 只因为服饰成为一种明显的符号，苗族就利用这个

---

[1] 《苗族简史》，编写组：《苗族简史》，贵州民族出版社 1985 年版，第 313 页。

[2] 这个数据是贵州省博物馆的最新统计，包括全国及国外不同种类。

[3] 王曼利：《文本背后的文本》，华中师范大学硕士论文 2008 年 5 月，第 30 页。

[4] 卢德平：《皮尔士的符号学理论：原点与延伸》，网址：http：//www. semiotics. net. cn/Articles_ Show. asp？UserID = 235&Arti_ id = 817。

[5] 卢德平：《皮尔士的符号学理论：原点与延伸》，网址：http：//www. semiotics. net. cn/Articles_ Show. asp？UserID = 235&Arti_ id = 817。

[6] 周莹：《意义、想象与构建》，中央民族大学博士论文 2012 年 11 月，第 88 页。

外显的条件，对苗族社会进行划分和组构，苗族也因此划分成不同的支系或鼓社，[1] 确定了不同的婚姻圈或社会交流群，特别是建构了以鼓藏头或寨老为带头作用的鼓社单位组构，以服饰作为界别赋予了苗族社会特殊的组构方式，这在中国乃至世界是一种非常特殊的社会建构理念。服饰在苗族社会里的功能与作用，作为一种艺术符号，已经升华为精神世界的特殊产品，服饰的制作过程，就是一种特别的艺术生产活动。艺术是人类创造的最不可思议的一类；人类的技术和物质进步，有目共睹；但是艺术符号的巨大累积，才是最惊人的，这是人类文化的一大特征，艺术是“为符号而符号”的无用之物，却是最“人性”的符号，成为人类文化最引人注目的活动。[2] 苗族能够创造极具艺术价值的服饰，是因为苗族人具有创造艺术的智慧，也才以服饰作为划分社会的功能符号。

通过不同服饰这种历史文化符号对苗族社会进行不同的鼓社划分和区域划分，给苗族社会的块状分布区域以支系和血缘作为情感纽带联系与沟通，苗族社会依此构建了貌似无法约束却有据依存的比较松散的社会链接。苗族服饰——文化符号——成就了苗族社会因发展而导致的分割与异化的稳定与和谐。当然，民族认同的符号也许比服饰符号更重，但苗族服饰却成为苗族社会支系和婚姻礼俗的特定标签。

（三）苗族鼓社是苗族社会的基础单位

鼓社，苗语称为 jangd niel。在苗族社会的组构中，以什么样的单位来建构社会网络，搭建社会组织的重要框架呢？苗族社会里都是由熟人为个体，通过什么纽带来组构社会的呢？苗族社会的组构不同于汉人社会，苗族是以鼓社为单位来建构自己的社会关系和网络的。鼓社为氏族外婚制团体，一般由同宗的一个村或几个村组成，是苗族社会进入个体家庭以后的社会组织体制，为苗族的氏族——大氏族——部族或部族联盟——民族的结合体之社会基因，或苗族古代社会的基层单位。苗族立鼓为社的内容，主要通过“鼓社节”（有称“祭鼓节”“鼓藏节”）活动表现出来。[3] 这种重大的节日就是一种仪式化的符号功能展示过程。苗族古歌唱道：姜央兴鼓社，全疆得共和；倡笙歌鼓舞，订礼仪教化，立鼓为长官，团结众村寨。

---

[1] 苗族以服饰划分的只能是支系和鼓社，而不能据此把苗族分为不同种类的族群，那是一种不当的观念。

[2] 赵毅衡：《符号学》，南京大学出版社 2012 年版，第 294 页。

[3] 廷贵、酒素：《略论苗族古代社会结构的“三根支柱”——鼓社、议榔、理老》，载《贵州民族学院学报》（社会科学版）1998 年第 3 期。

可见，鼓社应是苗族进入父系个体家庭以后的社会组织，是苗族的氏族——大氏族（鼓社）——部族（或部族联盟）——民族的结合基础。“议榔”立法，“理老”司法，而由“鼓社”执法的制度，可以称为苗族的“鼓社体制”❶。

一个宗族就是一个大“鼓社”。随着人口的增多，一个宗族又分为许多支，向四面扩展，因而出现了许多分社。黔东南苗族古歌《跋山涉水》中《叙五支祖》这一章，说祖先西迁来到“松堂坳”时，有了较多的生活资料，较多的生产工具，人口繁多，牛马成群，结果形成耕地相对减少、人口拥挤的现象，于是只得分社向四处发展。他们迁到新地方以后，即以若干村社为一鼓，“立鼓为长官”，也就是选举鼓头，掌管社务。一个鼓社除选有“ghet niel”（鼓头）一人外，还选有“ghet xid”一人管祭祀，“ghet jax”一人管礼乐，“ghet dangk”一人管各种会议的仪式和座次，“ghet zas”一人管祭祀中杀牛仪式，“ghet hxib”一人负责会议祭祀活动时安排客人宿食，“dinx wangx”一人管保卫安全，“dinx baod”一人管行政命令的下达，“jas ngieex shangt”一人管全社钱粮，共称为“鼓社九鼓头”。鼓头都有一定任期，数年、十数年不等。鼓头选出后，全社都尊之如“长官”，听其约束。各鼓社均有自己的民主议事制度，根据古理和传统习惯，结合实际情况制定规约，以使人人遵守。其内容主要是保护公共的山林土地，不准任意破坏；管理集体生产生活，保护村社环境卫生；维持社会秩序，反对外来侵犯，等等。遇有大事，由鼓头召开全体社员大会解决。生产由“活路头”领导，宗教祭祀由巫师主持，调解纠纷由“理老”处断。鼓社数年举行一次盛大的祭祖活动，要杀很多牛和猪。祭祖在当时情况下并不是社会的消极产物，而是有其积极的意义，它起着号召全体成员团结一致，继承和发扬祖先艰苦创业精神、繁衍子孙、发展生产、创造美好生活的作用❷。

鼓社是苗族社会的组构单位，以一定的家（宗）族血缘为纽带，与议榔有一定的区别，但与议榔的规约有不少的相似和联系，因为议榔是以一定区域的民众作为主要的约束对象，而鼓社是某个有血缘关系的大家族作为主体，祭奠共同祖先，以祈求家族繁荣发达为目的，并且以此约束家族成员以促进苗族社会的和睦共处与和谐发展。因此鼓社是苗族社会的一大

---

❶ 李廷贵：《再论苗族习惯法的历史地位及其作用》，载《贵州民族学院学报》（社会科学版）1998 年第 3 期。

❷ 《苗族简史》编写组：《苗族简史》，贵州民族出版社 1985 年版，第 32 页。

支柱，是苗族社会三大支柱之一；[1] 它的祭祖仪式以一种符号的形式展演，又是一个重要的符号化教育过程，达到了教化和调节的符号功能。这种祭祖的符号化过程就是重要的社会管理和调节过程，就是对苗族社会宣示“权威和神圣”的一种特殊场域，以达到教化和威慑民众的目的。博德里亚认为，符号虽然一直存在于人类文化中，在传统社会中，符号是禁忌之物、象征之物，数量稀少而稳定，总是与权力结合在一起，神圣而不能随便使用。[2]“鼓藏节”以一种温和的符号化方式囊括了其辖域的所有民众，展示其威慑力量，呈现出管理和组织的巨大社会效力。

综上观之，苗族古歌是浓缩苗族历史的符号教育，服饰是苗族社会划分分支组构的符号体现，而鼓社却支撑着苗族社会稳定与和谐发展的组构关键链。其实，在苗族社会里，三者是融合贯通在一起的，祭祖时祭师念的祭词就是古歌中的一类，并且是极具神圣且不能随便唱说的那类；在鼓藏节，苗族民众穿上新制的服装，不仅展现节日的喜庆，更是对祖辈的敬重和敬仰，还展示了相互认同和友爱、尊重的情感，所有这一切就是一种“仪式性符号表意作用”的呈现。

三、苗族社会的符号功能

苗族社会处处都是符号功能展现的作用场域，以上第一节所论及的“草标”所体现的功能就是一种普遍功能的场域。这方面对苗族社会的组构是很多民族学家和社会学家经常忽略的问题，这种符号功能与其符号化过程就是苗族社会的建构与组织过程，其中最重要的就是对苗族社会民众的约束和管理，每种符号的出现与应用是在生活中对符号需要的一种社会约束作用的提升。这种提升的基础和建构根基是以苗族的习惯法为基本底线，也是为了协调苗族社会中的各种冲突而增设与预用的，这就体现在符号作为社会约束力的价值潜能，“符号作为传播媒介，就像货币作为流通媒介一样，只关心自身的增值潜能，而将其与物的关系通道全部切断”。这些被应用的符号，其本身没有什么真正（实用）价值，而被使用的过程是其价值得到展演的场域。

以上所论及的“草标”、苗族古歌、苗族服饰及鼓社，在苗族社会的组构中，它们以一种符号形式存在于苗族社会的各种活动或场合中，被人

[1] 李廷贵在《略论苗族古代社会结构的“三根支柱”——鼓社、议榔、理老》所论及。

[2] 赵毅衡：《符号学》，南京大学出版社 2012 年版，第 289 页。

们运用或借以协调、成就社会的某种目的。作为一种社会符号，其施行符号功能过程往往被淡化——苗族社会对教育或规范的过程、对象通常都轻描淡写，没有任何意图把这些促进人类社会和谐发展与进步的经验和智慧转化成为教育人类的知识和理论。之所以苗族被视为落后民族，一个原因可能就在于不善于总结自己的经验和智慧，没有把这些经验知识转化成系统的理论体系。

通过对古歌的仔细研读和分析，以上所言及的经验或知识，皆可在苗族古歌中找到源头。在苗族人民的许多生活事象所表现的文化心态中，每一个行为都必须有一系列的理论作基础，例如起房立屋要以枫木作中柱，春天开活路要以枫木插田打标；妇女服饰要有蝴蝶妈妈的绣花图案；祭鼓要祀姜央，包括衣、食、住、行、技术工艺，等等，都可在古歌中找到答案和依据。行文至此，又回到了前面的论题上，到底是苗族古歌塑造了（中部方言）苗族社会，还是这个特定的社会规范化、系统化了苗族的古歌文化呢？我们说这首先是一个互动的双向作用过程，并且苗族的古歌文化功能的基础地位，当是毫无疑义的。❶ 古歌文化的符号功能，在苗族社会的具体泛化，而是一种自然而然的叙述展演，淡而不宣，把文化释读转化为“润物细无声”的隐喻过程。

草标、古歌等作为一种符号存在于苗族社会中，它之所以被通过一定的形式系统代替，无非是由于符号的解释者依据一定的共同体或社会的规范所作的解释或认知。符号自身无所谓指称和表达，而是人把它作如是观，是人这样理解和规定的结果。也正是人赋予符号以生命，并以符号为工具发展了人自身。❷ 符号在苗族社会组织里不是一种抽象无意义的空洞之物，而是被赋予具体化的效力使用过程，“符号体系的构成，不是社会组织的抽象，而是其具体化”❸。苗族就是这样把符号赋予了生命意义，才让世界所有物种与苗族社会和谐共处，万物与人一样均具同样的生命价值。

美国著名人类学家、新进化论学派的主要代表人物莱斯利·怀特（Leslie A. White，1900—1975）认为：“全部人类行为起源于符号的使用。正是符号才使我们的类人猿祖先转变为人，并使他们成为人类。仅仅是由

---

❶ 周莹：《意义、想象与构建》，中央民族大学博士论文2012年11月，第112页。

❷ 卢德平：《皮尔士的符号学理论：原点与延伸》，网址：http：//www. semiotics. net. cn/Articles_ Show. asp? UserID =235&Arti_ id =817.

❸ 赵毅衡：《符号学》，南京大学出版社2012年版，第372页。

于符号的使用，人类的全部文化才得以产生并流传不绝。正是符号，才使得人类从一个幼儿转变为人。"❶ 苗族在其发展历程中懂得了符号的使用价值，利用符号的“魔力”来约束和管理社会。温和的苗族人创造了和谐、多彩的生态社会，也创造出多彩多姿的符号文化，并使其代代相传，经久不息。

综上述，符号及其功能在苗族社会的组构中起到的重要作用，经过上文的探讨和论证，挖掘了苗族社会的符号及其功能展演场域，为研究提供了新的视域和范式。再结合符号学、语言学、文化学和民俗学等学科进行深入分析，使苗族社会研究有了更为开阔的视野和方法，具有一定的理论价值和现实意义。

参考文献

[1] 赵毅衡. 符号学 [M]. 南京：南京大学出版社，2012.
[2] 徐晓光. 小牛的 DNA 鉴定——黔东南苗族地区特殊案件审理中的证据与民间法参与 [J]. 广西民族大学学报：哲学社会科学版，2011.
[3] 卢德平. 皮尔士的符号学理论：原点与延伸 [OL]. http：//www. semiotics. net. cn/Articles_ Show. asp? UserID = 235&Arti_ id = 817.
[4] 廷贵，酒素. 苗族“习惯法”概论 [J]. 贵州社会科学，1981 (5)：25.
[5] [美] 约翰·迪利. 符号学基础（第六版）[M]. 张祖建，译. 北京：中国人民大学出版社，2012：3.
[6] 杨正伟. 苗族古歌的传承研究 [J]. 贵阳：贵州民族研究（季刊），1990 (1)：46.
[7] 李幼蒸. 理论符号学导论（第 3 版） [M]. 北京：中国人民大学出版社，2007：871.
[8] 吴一文. 仪式与表演中的文化传承——苗族古歌演述的民俗背景 [J]. 贵州民族大学学报：哲学社会科学版，2012 (5)：9.
[9] 马林诺夫斯基. 文化论 [M]. 北京：中国民间文艺出版社，1987；周俊. 苗族的古歌文化与社会 [J]. 北京：民族文学研究，2000 (3)：22.
[10] 周俊. 苗族的古歌文化与社会 [J]. 北京：民族文学研究，2000 (3)：22 – 24.
[11] 王曼利. 文本背后的文本 [D]. 武汉：华中师范大学，2008.
[12] 周莹. 意义、想象与构建 [D]. 北京：中央民族大学，2012.
[13]《苗族简史》编写组. 苗族简史 [M]. 贵阳：贵州民族出版社，1985.
[14] 廷贵，酒素. 略论苗族古代社会结构的“三根支柱”——鼓社、议榔、理老 [J]. 贵州民族学院学报：社会科学版，1998 (3)：5.

---

❶ [美] 莱斯利·怀特：《文化的科学——人类与文明研究》，曹锦清等译，浙江人民出版社 1988 年版，第 21 页。

[15] 李廷贵．再论苗族习惯法的历史地位及其作用［J）．贵州民族学院学报：社会科学版，1998（3）：8.
[16]［美］莱斯利·怀特．文化的科学——人类与文明研究［M］．曹锦清，等，译．杭州：浙江人民出版社，1988：21.

苗族对歌起源考

李国栋

（贵州大学外国语学院）

一、“晤歌”与“倡和”

苗族自古就有对歌习俗，但因没有文字，其起源至今不甚明了。鉴于此，本文拟借助汉语文献，并佐以考古成果及民俗事象，对苗族对歌习俗作一考证。

“对歌”一词出现甚早，但最初并非正式称呼，而是对对歌习俗的解释。

> 东门之池，可以沤麻。彼美淑姬，可与晤歌。
>
> 东门之池，可以沤纻。彼美淑姬，可与晤语。
>
> 东门之池，可以沤菅。彼美淑姬，可与晤言。

这首《东门之池》引自《诗经·陈风》，其中“晤歌”值得特别注意。对于“晤歌”，东汉经学大师郑玄笺：“晤，犹对也。言淑姬贤女，君子宜与对歌，相切化也。”[1]隋唐经学大师孔颖达疏：“言彼美善之贤姬，实可与君对偶而歌也。”[1]现代国学大师高亨注：“晤歌，相对而歌。”[2]由此可知，“对歌”原本是对“晤歌”的解释。

《东门之池》中同时还使用了“晤语”和“晤言”。“晤语”即正式交谈，笔者推测，所谈应该涉及恋爱能否开始的前提条件。例如，是否已有婚约，家庭成员是否有恶疾或蛊，等等。谈这些话题自然很拘谨，所以用了表示正式问答的“语”。但过了这一关，就可以进入轻松而亲密的“晤言”阶段，再往后则可以正式提亲，谈婚论嫁了。

当然，从“彼美淑姬”来看，这首诗应该是男子所唱，采用“复沓迭唱”的方式唱出了相同的主题，由此我们也可以明了当时的对歌方式。

《东门之池》创作于周至春秋，地点是陈国（现河南省东南部）都城的东门之池。陈国的西北方是郑国，而《诗经·郑风》中也有一首《萚风》使我们联想到对歌。

萚兮萚兮，风吹其女。叔兮伯兮，倡予和女。
萚兮萚兮，风吹漂女。叔兮伯兮，倡予要女。

朱熹《诗集传》[3]曰："此淫女之词。"剔除理学褒贬之义后，笔者同意朱熹的意见。诗中的"倡"通"唱"，"要"通"和"，所以"倡"与"和"，"倡"与"要"合为一词，就是"对歌"的意思。

郑国也是周至春秋时代的国家，所以从以上两首诗中我们可以知晓，对歌是一种非常古老的习俗，在河南中东部以及安徽的部分地区，三千年前就已经蔚然成风了。当然，对歌肯定源于更为古老的民间习俗，三千年这个数字还仅仅是文献上的记录而已。

郑国的东北方是卫国，卫国也流行对歌，且看以下这首《芄兰》：

芄兰之支，童子佩觽。虽则佩觽，能不我知。容兮遂兮，垂带悸兮。
芄兰之叶，童子佩韘。虽则佩韘，能不我甲。容兮遂兮，垂带悸兮。

在这首诗中，女孩愉快地与男孩戏谑。"知"意"匹和"，"甲"通"狎"，"狎习"之义，对歌中女孩之大胆，与前面所引《郑风·萚风》相同。自古郑卫两国民歌或民间音乐被统称为"郑卫之音"，犹如今天所说的"靡靡之音"。卫国与郑国、陈国属于同一区域，可见这一区域与对歌习俗有着本质上的联系。

二、东门祭祀与对歌的起源

周至春秋时代，对歌的场地为什么要选在东门呢？当时的城池已经设有四门，但人们为什么不在西门、南门或北门对歌呢？

《诗经》中"东门"出现五次，"北门"出现一次，"西门"和"南门"没有出现。"东门"出现的次数最多，而且有趣的是，出现"东门"的五首诗都集中在《陈风》和《郑风》之中。《陈风》共三首，除了前面所引的《东门之池》外，还有以下两首：

东门之枌

东门之枌，宛丘之栩。子仲之子，婆娑其下。
榖旦于差，南方之原。不绩其麻，市也婆娑。
榖旦于逝，越以鬷迈，视尔如荍，贻我握椒。

东门之杨

东门之杨，其叶牂牂。昏以为期，明星煌煌。

东门之杨，其叶肺肺。昏以为期，明星晢晢。

《郑风》中还有两首：《东门之墠》

东门之墠，茹藘在阪。其室则迩，其人甚远。

东门之栗，有践家室。岂不尔思？子不我即！

出其东门

出其东门，有女如云。虽则如云，匪我思存。缟衣綦巾，聊乐我员。

出其闉阇，有女如荼。虽则如荼，匪我思且。缟衣茹藘，聊可与娱。

以上五首诗告诉我们，无论在陈国还是郑国，东门外都是男女谈情说爱的圣地，而且与宗教祭祀有关。《东门之枌》的“枌”指白榆树，此树多用于社木。《史记·封禅书》[4]云：“高祖初起，祷丰枌榆社。”可知刘邦在老家造反前曾去“枌榆社”祈祷。“宛丘”是举行宗教性祭祀歌舞的场所，《毛传》云：“四方高，中央下，曰宛丘。”[5]2012年11月初，笔者去贵州省赫章县可乐遗址考察，在将军山“锅罗包”附近看到一个保存基本完好的宛丘，四方高而中央分八级，逐级下洼，据当地人介绍，这里曾是古代瑶族举行“火把节”，载歌载舞以祭祀祖先的场所。关于宛丘，《陈风》中另有一首，题目就叫《宛丘》：

子之汤兮，宛丘之上兮。洵有情兮，而无望兮。

坎其击鼓，宛丘之下。无冬无夏，值其鹭羽。

坎其击缶，宛丘之道。无冬无夏，值其鹭翿。

这首诗被视为“淫声放荡，无所畏忌”[6]的典型，但笔者想问，到底是什么能使这些男孩女孩如此放荡而无所顾忌呢？“宛丘”是祭祖的圣地，在这里“淫声放荡”，对祖先似有大不敬之罪。但是，这好像只是华夏族的感觉，从“东夷”“南蛮”等稻作民族的文化传统来看，正是因为在宛丘祭祖的氛围当中，他们才敢如此“淫声放荡”。也就是说，在日常生活中他们还有所畏忌，甚至顾虑重重。但是，在“宛丘”祭祖这种特定的宗教迷狂当中，他们就会如此“淫声放荡，无所畏忌”；也只有如此奔放的男欢女爱，他们的祖宗看了才会对自己的后代满意，才能相信自己的氏族会人丁兴旺。《郑风·东门之墠》的“墠”也是祭祀之地。《康熙字典》[7]释：“《说文》野土也。一曰除地祭处，筑土为坛，除地为墠。”“墠”与“坛”通，但不筑土，仅平整地面，把杂草清除干净而已。不过，不管是“宛丘”还是“墠”，都是祭祀之地，而祭祀之地恰恰也是男孩女孩借助宗教力量摆脱日常束缚，直接对歌以求欢爱的绝佳场所。笔者认为，这就是对歌的起源，也是对歌歌词放荡无忌的根本原因。

三、东方祭坛与九黎集团

陈国的“枌”社、“宛丘”和郑国的“墠”都在都城东门之外，那里还有“池”和“牂牂”“肺肺”的杨柳树，这一现象反映出陈郑文化中的“尚东意识”，而“尚东意识”的本质就是太阳神崇拜。从文化类型学上讲，旱作文化崇拜龙神，稻作文化崇拜太阳神，由此我们则可以知晓，对歌原本是“东夷”“南蛮”等稻作民族的习俗，其源头可以追溯到太阳神崇拜的产生。

湖南省常德市澧水下游的城头山古稻遗址（6500—4800年前）是一座椭圆形古城，在其东门附近发现了一个椭圆形祭坛。祭坛由纯黄土夯筑，顶部中央供一石祖，呈东南→西北走向，与太阳运行轨道一致，而且附近有稻田，可知该遗址不仅“尚东”，而且“尚东”是与稻作文化密切相关的。

迄今为止，城头上遗址的族属尚未确定，但有一个事实值得我们特别重视。遗址内使用了大量木材，日本学者安田喜宪和米延仁志曾对其进行分析，发现枫香树木材的比例高达80%以上，而在遗址周围枫香树花粉的出现率却很低，不到10%。[8] 这就说明，城头山遗址周围并不存在大片的枫香树自然林，该遗址使用的大量的枫香树木材肯定是因神坛和神殿的建设需要而从其他地方搬运进来的。那么，当时是哪个民族在宗教活动中如此需要枫香树呢？答案只有一个，即苗族。《苗族古歌》告诉我们，从枫香树心飞出“蝴蝶妈妈”（Mais bangx Mais Lief），“蝴蝶妈妈”生下十二个蛋，由鹡宇鸟孵化，从其中的一个蛋中孵出了苗族始祖“姜央”。于是，苗族把枫香树视为祖神树，直至今日，贵州省黔东南州的许多苗寨寨口依然种植枫香树，以求祖神保佑。作为一个族群，苗族因何缘由、形成于何时何地，学界尚无定说。但是，如果从一个民族需要有一个统一的精神信仰来判断，苗族很可能就形成于6500年前的城头山遗址，所以我们可以进一步推断，“尚东意识”源自6500年前的苗族。

不仅“尚东意识”源自苗族，稻作文化亦然。根据考古发掘成果可知，湖南省道县的玉蟾岩遗址、江西省万年县的仙人洞遗址和吊桶环遗址是我国最古老的稻作遗址，其年代可以追溯到12000年前。这三处古稻遗址附近都有用苗语命名的河流。湖南省道县有一条“沱水”，“沱”源自苗语“dlex”（təu）。同时，“沱水”也是潇水的支流，潇水连接湘江，湘江连接洞庭湖，而洞庭湖则与常德澧水流域相接。由此判断，湖南西北部的稻作文化正是由古苗人从湖南南部传播过去的。

另一方面，江西省万年县的仙人洞遗址和吊桶环遗址都在“婺水”流域，“婺水”的“婺”是苗语“ub”（wu）的音译，本义为“水”。“婺水”离鄱阳湖不远，同时又与浙江的衢江相连。衢江与金华江相接，而金华江也称“婺水”，流向长江下游最古老的上山古稻遗址（11000 年前）方向。由此我们可以知晓，长江下游的稻作文化传自仙人洞遗址和吊桶环遗址。《战国策・魏策》[9]云：“昔者三苗之居，左彭蠡之波，右有洞庭之水，汶山在其南而衡山在其北。”“三苗”即苗族之古称，“彭蠡”即“鄱阳湖”。结合上述三处古稻遗址，我们不仅可以确认长江中游实为古苗人之故乡，同时也可以知晓是古苗人在那里创造了稻作文化，并把它传给了周边的古越人。

在 5300—4200 年前的良渚文化时代，苗族与古越族组成苗越族群，并在 4800 年前建立了良渚古国，[10]使长江下游的稻作文化达到鼎盛。4600年前，良渚远征军和开拓团将稻作文化传入山东半岛，[11]蒙山沂水一带便成了苗越族群的新领地。苗族学者认为，蒙山的“蒙”即苗族自称“hmong”的音译，笔者认为确有其可能性。在这块新领地上，苗越族群逐渐发展壮大，最终在山东西南部和河南东部建立了“九黎”，其首领就是“蚩尤”。“九黎”的“黎”不是汉语“黎民”的意思，而是苗语“lix”的音译，本义为“稻田”。因此，“九黎”可以理解为由“九块稻田”，即九个稻作村寨组成的稻作联盟。

1979 年，聊城地区文物工作者在景阳岗遗址北部清理出一个龙山文化中晚期（4400—4000 年）的灰坑和一座春秋时代的墓葬。[12]龙山文化灰坑底部有一副牛骨架，似祭祀牺牲，反映出该地区的稻作文化背景；在春秋墓葬底部有一条狗，头向东，清楚地显示出该地区的居民具有“尚东意识”。

1994 年，聊城文物管理委员会在景阳岗遗址又发掘出一座龙山文化中晚期的古城。[12]这座古城为东北→西南走向，呈椭圆形，不禁使我们想起湖南省常德市澧水下游的城头山古稻遗址，从稻作文化的传播以及“九黎”稻作联盟的势力范围推断，这座古城很可能就是“蚩尤”所在的都城，而陈国、郑国和卫国都离它不远，可见河南东部以及山东西部的远古文化都直接承袭着长江中下游古老的稻作文化。

从苗族祭祖大典“鼓藏节”的开鼓仪式来看，祖鼓象征太阳，同时也是飞出“蝴蝶妈妈”的枫香树树洞，而这个树洞又象征着女性的“阴门”。因此，“鼓藏节”开鼓仪式中鼓藏头向祖鼓泼米酒这一行为就明显地带有稻作文化和男女交合的意味，[13]从这个意义上讲，历代史书所说的陈国的巫神歌舞习俗源于陈国“大姬”好巫求子的说法也是可信的。

总而言之，通过以上分析，我们已经阐明了陈国和郑国“东门”对歌的历史脉络和文化渊源，从而我们也可以进一步断定，《诗经》中记载的陈国、郑国乃至卫国的对歌习俗实际上起源于苗族，并直接承袭于龙山文化时代的“九黎”稻作联盟。

四、上巳节与对歌

上巳节也与对歌习俗有关。《周礼·春宫》[14]上曰：“女巫掌岁时，祓除衅浴。”“衅浴”即牲血涂身，一说用香草熏身。“衅浴”之后，再在河水中沐浴清洗，这恐怕就是“祓禊之礼”的原貌。但是，春秋之后原始宗教色彩淡去，而青年男女在神前跳舞对歌、沐浴嬉戏的部分被民俗化，于是就产生了上巳节。

溱与洧，方涣涣兮。
士与女，方秉蕑兮。
女曰观乎？士曰既且，且往观乎？
洧之外，洵讦且乐。
维士与女，伊其相谑，赠之以勺药。
溱与洧，浏其清矣。
士与女，殷其盈兮。
女曰观乎？士曰既且，且往观乎？
洧之外，洵訏且乐。
维士与女，伊其相谑，赠之以勺药。

在这首《郑风·溱洧》中，原本应该羞涩的女孩却表现得异常大胆，这不禁使笔者联想到笔者考察过的苗寨、侗寨和布依寨。苗族、侗族和布依族自古都有对歌习俗，而且他们的情歌歌词也都很大胆直率。但是，当与村寨的女孩乃至中年妇女聊起有关恋爱的事时，他们却很害羞。起初，笔者还以为是受了汉族封建思想的影响，但考察过多个村寨以后终于明白，对歌原本并非日常行为，所以对歌中大胆直率的表白并不代表他们日常的生活态度。如上所述，对歌起源于宗教祭祀，所以对歌中那种直率的表白乃至大胆的求爱想必也只有在宗教氛围中才能脱口而出。从这个意义上讲，《郑风·溱洧》中的“士与女”完全是因为身处上巳节所营造出的宗教氛围之中，所以才会如此“相谑”而毫无羞色。

《论语·先进》[15]中有一段关于上巳节的记载："莫春者，春服既成，冠者五六人，童子六七人，浴乎沂，风乎舞雩，咏而归。""浴乎沂"的"沂"即前面所说的山东沂水上游，那里曾是苗越族群中古越族的聚居地。今天，壮族、侗族、瑶族和布依族都是古越族的后裔，所以每年上巳到来之际，壮族都要举行"歌墟"，侗族都要举行"花炮节"，瑶族都要举行"干巴节"，布依族都要举行"三月三"。"畲族"介于苗族与古越族之间，每年上巳也要举行"乌饭节"。综上所述，河边嬉戏对歌肯定是苗越族群的古老习俗，但从对歌的宗教性起源及其稻作文化背景来看，对歌习俗应该起源于苗族的"东门祭祖"。

参考文献

[1] 李学勤．十三经注疏［M］．北京：北京大学出版社，1999.
[2] 高亨注．诗经今注［M］．上海：上海古籍出版社，1980.
[3] 朱熹：诗集传（诗卷第四）［M］．上海：上海古籍出版社，1980.
[4] http：//www. sne. snnu. edu. cn/jpkc/zglswx/web/wszy/2/1/01/028. htm.
[5] http：//guji. artx. cn/article/42637. html？ key = % E5% 9B% 9B% E6% 96% B9% E9% AB% 98% E4% B8% AD% E5% A4% AE% E4% B8% 8B% E6% 9B% B0% E5% AE% 9B% E4% B8% 98.
[6] http：//www. xiexingcun. com/shisanjing/gmydoc039. htm.
[7] http：//tool. httpcn. com/Html/KangXi/23/PWPWTBXVXVUYXVAAZ. shtml.
[8] 稻盛和夫监修，梅原猛，安田喜宪．长江文明的探究［M］．北京：新思索社，2004.
[9] http：//wenxian. fanren8. com/06/14/11/18. htm.
[10] 2007 年 11 月 29 日，浙江省文物考古研究所召开新闻发布会，正式宣布他们发现了良渚国的都城。这个都城以反山遗址和莫角山遗址为中心，整体呈圆角长方形。城墙东西长 1 500 ~ 1 700 米，南北长 1 800 ~ 1 900 米，总面积 290 余万平方米。城墙年代上限距今 5 000 年左右，下限为良渚晚期。反山遗址是良渚最高等级的王侯贵族墓地，距今 4 500 ~ 4 800 年，由此推断，良渚古国肯定成立于这个时期。
[11] 李国栋．稻作背景下的贵州与日本［M］．贵阳：贵州人民出版社，2012.
[12] http：//baike. baidu. com/view/1865234. htm.
[13] 李国栋．"鼓藏节"祭鼓考［J］．贵州大学学报：社会科学版，2012（4）.
[14] http：//www. guoxue. com/jinbu/13jing/zhouli/zl_ 003. htm.
[15] 孙健筠，杨林译．论语（先进第十一）［M］．长春：吉林大学出版社，2005.

盐边县傈僳族文化旅游资源开发探析

鲁建彪　韩迎迎

（云南大学傈僳族研究中心）

文化主要是指包括知识、信仰、道德、法律、艺术、习惯以及作为社会成员的人所获得的其他任何才能和习性的复合体。不同的民族有着自己各具特色的文化体系，不同的文化体系又酝酿了不同民族之间不同的风俗习惯、价值观念。随着文化旅游的兴起，文化与旅游的关系越来越密切，文化旅游从本质上来说是一种间接的文化交流，可以使不同民族的文化相互借鉴，增加彼此的了解程度。具有民族特色的文化旅游也是带动少数民族经济发展、弘扬民族文化的重要途径。盐边县傈僳族是一个古老的民族，历史悠久，文化灿烂，特色鲜明。挖掘傈僳族特色民族文化，不仅能够促进傈僳族以及盐边县经济的发展，而且可以弘扬傈僳族文化，使凝聚着傈僳民族智慧的特色民族文化得以传承和保护。

一、傈僳族民俗旅游的优势

每个民族都有自己的特殊历史传统和风俗习惯，如果把这种历史传统和风俗习惯加以强调，赋予强烈的民族情感，并把它升华为民族标志，就形成了民俗。

傈僳族是个不断迁徙的民族，纵观其二千多年的历史，充满了顽强的生存、生活能力，是一个勇敢的、敢于抗争的民族，顽强的生存能力铸就了傈僳人的坚韧不拔，不屈的迁徙之路融铸了傈僳族的百折不挠。

盐边作为傈僳族祖先在迁徙过程中最早的居住地，是傈僳族在人类社会进程中的祖源圣地，现仍然有近七千人为傈僳同胞忠实地守望着故土。随着时代的变迁，古老的盐边傈僳人迎来了新生，他们融合的笮山若水是太阳升起的地方，他们向往着太阳，永远追赶着太阳。在这不断的迁徙变化中，傈僳人形成了独具特色的民间习俗、宗教信仰以及节日传统。傈僳族在民族文化旅游方面拥有天然的优势，在傈僳族的文化中，有各种各样与其他民族相异的民俗活动、风土人情。傈僳族旧时使用“十月太阳历”，即每月为三十六日，一年有十个月。他们用自然现象、生产生活现象来记月、称呼每月的名字，从一月到十月为：花开月、鸟叫月、烧山月、饥饿月、采集月、收获月、煮酒月、狩猎月、过年月和盖房月等十个季节月。传统的“阔时节”极具民族特色，傈僳族人用以招待客人的酒的饮用方式也各具特色，主要是“同心酒”。酒一般为自己所酿，主要有两种，一种是“布汁”，一种是“能汁”，这两种酒味道香甜，男女老少皆宜。在饮同心酒时，主人取一竹筒酒，与客人脸贴脸地一同喝光，不得有酒溢流滴地，否则就要从头来过。这碗“同心酒”表达他们患难与共、心心相连、共同战胜困难的民族文化心理。傈僳族各式各样的民俗活动，充满了民族色彩，正好满足了人们想要体验异域文化的心理。

二、发展傈僳族民族文化旅游的必要性

（一）社会潮流的推动

随着社会的发展，人们的猎奇心增强，民俗旅游成为了越来越多人追捧的新对象。民俗旅游是指人们离开惯常地到异地去，以地域民俗事项为主要观赏内容而进行的文化旅游活动的总和。由于它满足了游客“求新、求异、求乐、求知”的心理需求，已成为旅游行为和旅游开发的重要内容之一，同时也是当今时代风靡全球的一种高层次的文化型旅游。目前民俗旅游已经和自然风光、名胜古迹一起构成了颇具特色的旅游三大系列产品。在这种大潮流下，傈僳族以其显著的文化优势吸人眼球，因此发展傈僳族民族文化及民俗具有一定意义。

（二）旅游产业全面发展的要求

一提到盐边，大家首先想到的是百灵山风景区、库区风景区、格萨拉生态旅游区、箐河瀑布景区等。这些地方在政府的大力打造下已经成为了盐边旅游的一个品牌，但是一个不可忽视的事实是，它远没有形成一种旅游产业，更谈不上规模效应，无法达到带动整个盐边旅游业发展的整体旅游效应。除此之外，我们应该意识到，一个地方的旅游业要想得到全面的发展，必须是自然景观和人文景观相结合与相辅相成。游览自然景观，带给人们视觉上的享受，使游客陶醉在大自然的赠予之中；感受文化景观，让游客得到的则是异域文化的冲击，激起人们健康向上的审美情趣。自然

景观带给人们心旷神怡的轻松感受，而优秀的人文景观则使人体味到一种深刻的文化内涵，使人产生健康有益的心灵感受。因此只有更加充分地利用傈僳族的文化旅游景观，并形成一种旅游产业，才能使盐边旅游形成自然景观与社会人文景观全方位、多角度、共同开发的格局，才能形成真正意义上的具有地方特色和民族特色的旅游区，才能产生巨大的吸引力，得以招商引资、带动地方经济的发展。同时，也才能更有效地扩大盐边的知名度，促进地方经济的可持续协调发展。

（三）攀枝花市产业结构调整带来的机遇

在攀枝花加快资源型城市经济转型、推进攀枝花可持续发展的历史进程中，作为重要接续替代产业的旅游业，必将得到政府和社会的高度重视。打造傈僳文化已列入攀枝花市“十二五”规划中，盐边县也积极响应，制定各种旅游发展规划，为傈僳族文化旅游业提供了坚强的基础、更大的生存空间和更好的发展机遇，先后成立了盐边县傈僳族研究会，并正在积极申报成立四川傈僳文化研究会（或四川傈僳文化发展促进协会）。

三、可开发的旅游资源

（一）民间歌舞文化

傈僳族是“会说话就会唱歌，会走路就会跳舞”的民族，有“盐，不吃不行；歌，不唱不得”之说。盐边的傈僳族人能歌善舞，凡是结婚、打猎、盖房、收获和各种年节，都要尽情的歌舞。他们创作了大量的富有民族特色并极具感染力的歌曲和舞蹈，歌曲曲调内容可以分为《生产调》、《收获调》、《逃婚调》《盖房调》、《过年歌》、《种地歌》，等等。这些歌调有的高亢激昂，有的低沉感伤，有的悠扬婉转，有的明快奔放；尤其是祝酒歌最富特色，祝福客人身体健康、事事如意、幸福快乐，用各种美好的词语赞颂幸福的生活和美好的未来，祝愿友谊长存，等等。而情歌是最富感染力的，他们的情歌多是即兴发挥，见景生情，用大量的比喻、排比来表达自己的意思，生动活泼，意趣盎然。而舞蹈歌曲则根据功用的不同，分为舞蹈歌、器乐歌曲、童谣、儿歌、祭祀歌等。盐边的傈僳族舞蹈伴随音乐而起，矫健有力、生动活泼、节奏明快。一般在一支或者数支芦笙的伴奏下，欢快起舞，也有无伴奏的舞蹈，依靠相互碰脚跟，以脚跟的撞击来掌握节奏；他们的舞蹈中下肢动作变幻多端，臂上的动作也较多，号称有 72 种舞蹈，是民族舞蹈的一座宝库。总之，这些歌曲、舞蹈朴素感人，极具民族特色。

（二）原始狩猎文化

在历史上，傈僳族作为一个以狩猎为主的民族，拥有浓厚的原始狩猎文化氛围。其实，对于许多人来说，旅游是一种缅怀，一种印证，一种寻访，同时也是满足自己猎奇心的一种方式，在如今人们寄情于山水的同时，狩猎旅游越来越受到欢迎。傈僳族以前用于狩猎的工具有些现在仍存在，比如弩、枪药袋、刀等，可以建立一个射弩场，让游客体味一下射弩打猎的感觉，也可以设立一个狩猎工具陈列馆，宣传傈僳族的狩猎文化。

（三）特色饮食

盐边傈僳族的主食一般是以荞麦、玉米为主，主要食用糯玉米粑。盐边傈僳族的油茶也别具风格，不同于藏族的酥油茶，这里的油茶喝起来"香喷喷，油滋滋，咸兮兮，既有茶的浓醇，又有糖的回味"。傈僳山寨的红薯也有点与众不同，个头不大，经过火烧后又甜又细腻。喝着香喷喷的油茶，配上又甜又面的红薯，可以感受回归大自然的简单与淳朴。在饮食中，傈僳族最具特色的就是饮用"同心酒"，也称"贴面酒"，是用来招待客人的饮酒方式。"同心酒"又分为"三江并流"酒、"石月亮酒"，等等。"三江并流"称为"交杯酒"，传递着傈僳族人热情、忠实的民族特色；而"石月亮酒"称为"团圆酒"，主要是表达着傈僳族人追求团结，共创美好明天的愿望。

（四）节日文化

傈僳族有各种各样的节日，其中最隆重的是"阔时节"。"阔时节"也是傈僳族的新年，是傈僳族最为隆重的节日。阔时节的目的主要有四个：一是拜天拜地，祈求保佑；二是祭祖祭宗，祈求赐福；三是求达各玛（三角架）保护，驱赶天神地鬼；四是求天地在新的一年里风调雨顺，五谷丰登。节日现在成了人们休闲度假、歌舞狂欢的放松日。

过去的"拉歌节"也是一大特色，男女老少身穿盛装、宰猪杀羊，抬出酒坛互相馈赠。小伙子请出姑娘对歌跳舞、射弩竞赛，此时小伙子常常以高超的弩技去获取姑娘的青睐和爱情。对舞对歌则用悠扬的歌声、动人的歌词和优美的舞姿来表达爱慕之情。在拉歌节上，一旦双方有意则互赠礼品，许多姑娘小伙子在这天会定下终身。通过这些丰富多彩的节日，可以让外地游客领略盐边傈僳文化的古老和神秘。

（五）民俗商品

民俗商品即指以民俗物品的观赏、购买为主，包括器具、衣饰、民间食品、民间工艺品等，它借助于静态的民俗物品展现一时一地的民间风俗。盐边傈僳族与其他地区的傈僳族相比，在服饰上更具特色。盐边县傈僳族的服饰鲜艳且更为传统，以前，女子头缠三丈长的黑布，并且配以自织的飘带。成年妇女头包布帕，纹呈“人”字，宽大盈尺。现在改进为自制的帽子，由青布制作而成，并且配以五颜六色的珠子和花朵作为装饰，方便并且美观。古时缠的青布除保护头部作用外，还代表着长命百岁之意，所以称为百岁帽。因为久居于高山之上，峡谷之间，所以四季的衣服没有明显的差别，都为长袖上衣，花领、花袖口、花排边，颜色绚丽，一般由蓝布为底，用花布、花边、刺绣等手工裁剪和绣制而成。领口、胸襟、袖口等处，均用彩线相间绣上许多花边，自称为“七彩衣”。以前腰扎自己手工纺织的红色麻毛布腰带，留有流苏，而今为了方便和追求美观，多为刺绣，代表着吉祥如意，称为“吉祥带”。而裙子与其他几个地区有着较大的区别，一般以深蓝的布为底，绣以红、白相间的竖条纹。也多褶，并在裙摆上绣以精致的绣花，而在裙子上的绣花和条纹的条数、花纹形状都有讲究，代表着傈僳族人走过的千山万水，崎岖山路。手戴玉镯，耳缀银环，傈僳女子显得五彩缤纷，端庄高雅。每当逢年过节、婚嫁喜事之时，那些姑娘穿着美观的花衣裙走来走去，令人眼花缭乱，目不暇接。

傈僳族刺绣精美绝伦，堪称少数民族工艺品中一绝，令其他地方的民族难以望其项背。傈僳族刺绣过去以水波纹图案为主，现在水波纹主要保留在裙子下摆，图案异彩纷呈，以连接纹样为主，有的已经将现代装饰图案融入其中，色彩也很鲜艳。最有代表性的是他们的挎包上的刺绣，图案精美，个性突出，有的还将汉字绣入图案，这种挎包是男女老少的随身物件之一。因此，可以把这些独具一格的服饰和刺绣做成小巧便于携带的样式展示给游客。傈僳族热爱狩猎，狩猎的工具有弩、枪等，这些狩猎的工具也可以像服饰那样做成工艺品。同时，傈僳族的挎包也极具特色。古时这种斜挎包是由麻织成，简单的白色上绣上一朵美丽的花朵，连着包带，简洁而优雅。随着时代和经济以及族人审美的变化，包的绣制在保留传统工艺上增加新的元素，变得越来越讲究，也变得更加精致漂亮，这些都是由傈僳族妇女的巧手制作，具有较高的工艺美术价值。

四、盐边傈僳文化和旅游相结合开发大有前景

（一）百灵山风景区

百灵山地区以高山峡谷、高原草场、温泉瀑布、杜鹃林海和原始森林

为主，辅以潺潺溪流、大小洞穴、古盐道、形状各异的山峰和青翠欲滴的茶园。登高远望，盐源坝子一览无余，玉龙雪山“摇头摆尾”，横卧于莽原尽头。

位于百灵山的索玛杜鹃花海可谓是一大奇观，杜鹃花海于深山里悄悄绽放，开于山野，落于尘埃。从长梁子、干河梁子、正河坪子举目远眺，蓝天丽日下，杜鹃花开若狂，胭红万朵，千层连绵。数万亩杜鹃，成林连片，色彩斑斓，日起时云蒸霞蔚，日落处蔓延山野。它在每年4~5月盛开，花期延至7~8月。品种有大叶、小叶、大花、小花，错落别致；颜色分白色、粉色、红色、紫色和罕见的黄色，交相辉映。山上百年杜鹃比比皆是，不时有罕见的千年杜鹃跳入眼帘。百灵山杜鹃花的观赏价值极高，并有一定科研价值。专家认为，此地杜鹃林规模之大，品种之多，当为世界之最。“花到开时不寂寞，身入此山不思归。”百灵山千般丰韵，杜鹃花万朵风情，那是苍天的眷顾，是岁月的厚赠，是大峡谷留给攀西的一片净土。

被称为攀枝花“屋顶花园”和“高山花园”的百灵山穿洞子，是攀枝花最高点，这里高原突起，峡谷深切，沟壑纵横，山势陡峻，让人感到神秘莫测。

自古以来，一条运盐的古商道就穿越过这片高海拔区域，从盐源直达盐边渔门。马帮驮队或许在古道上活跃了数百年，直到20世纪50年代，这条古商道才冷落下来。时至今日，山谷中还能见到时隐时现的马道痕迹。

在如此迷人的景色中，隐藏着一道神秘的湾——傈僳湾，说明百灵山与傈僳之间有着密切的关联。人们生活在麻柳树遮天蔽日的山沟中，生活在古树参天的原始老林中。在领略了大自然的美好风光后，到这充满民族风情的地方走一走，何尝不是一种享受。如此一来，把自然景观和人文景观相结合将百灵山进行开发，具有更高的经济价值和文化价值。

（二）库区风景区

位于库区内的铜子陵水电站融湖光、山色为一体，集旅道于一身，可以将其开发成一个笑迎四海宾朋的旅游观光胜地。努力营造“泛舟潺潺流水、观湖中美景、尝野生江鱼”的画卷。同时，库区风景区周围的湖区是傈僳族居民的聚居区，保存了傈僳族的各种风俗习惯。在欣赏优美画卷的同时，感受多姿多彩的傈僳文化，让游客感受自然与人文的结合，这是旅游的最高境界。

五、盐边县傈僳文化旅游开发存在的主要问题和制约因素

（1）资金投入不足。盐边县要想发展旅游，需要投入更多的旅游资源开发资金，加大资金投入，挖掘整理民族文化，使盐边县傈僳族文化资源优势转化成经济优势。

（2）基础设施建设仍显薄弱和滞后，交通设施“瓶颈”制约明显。虽然现在已经在建丽攀高速（还未通车）、成昆高铁站等各种交通枢纽，但是从总体上来说交通条件还是受到限制。盐边县的主道216线弯多坡陡，路面窄，交通极不便利，并不能满足游客轻松旅游的需要，居住于大山间的傈僳族，交通更是不便。除此之外，虽然有金谷大酒店正在建设中，但是几乎就只有这一家星级酒店，其他酒店旅馆条件相对比较落后，远远不能满足游客的需求，百灵山基本上没有通路。

（3）景区推广、营销和宣传途径比较单一。盐边县的旅行社只有两家，这样就很难使傈僳族文化景区和旅行社之间形成密切的联系和协作，不能形成一条龙服务，缺少一个互利共赢的联动机制。

六、傈僳族文化旅游资源开发需要坚持的原则

要合理的开发和利用傈僳族民族文化旅游资源，必须遵循以下规律和原则。

（1）品牌战略原则。傈僳族民族文化内容丰富，形式多样，一定要在挖掘其文化内涵的基础上开发；不能依样画葫芦，不能照搬，要进行深加工、精包装，使其意蕴上档次，避免简单的低水平重复。

要注重傈僳族文化旅游品牌的塑造。将旅游理念融入至旅游形象标志设计之中，成为旅游形象标志组成的一部分，打破以前各地旅游形象标志语理念的简单组合的常规，使人们通过视觉的直观感受直接体验到理念所传达的喻意。可以尝试打破以往各地惯用的征集标志的作法，依托傈僳族研究机构，聘用傈僳族专家和专业公司，对当地进行充分的调查与研究，在对傈僳族文化定位和价值的深入了解之后，运用专业的手段进行设计创意，使整个标志与当地的城市品牌策略保持一致性与连贯性，较为准确地通过傈僳族元素将城市思想传递给目标受众。在这整个规划过程中，涉及诸多方面的内容，其中重中之重就是搞清楚盐边在傈僳族发展和迁徙过程中的定位问题，并以此来打造盐边县傈僳族文化。同时与盐边县的地区形

象规划（包括形象定位，视觉识别系统规划，行为识别形同规划，整合传播战略规划）有机结合。

（2）主体性原则。即一方面要尊重民俗文化的传承主体、地域主体，尊重意识形态的管理主体，充分调动民俗文化开发经营主体的积极性和创造性，处理好不同层面主题的相互关系，尤其是利益关系；另一方面要确保弘扬民族文化的准确性和正确性，显示傈僳族的显著特征但不失文化的原汁原味。

（3）原真审美性原则。要保留民俗文化古香古色的原生面貌，避免为了追求经济利益，乱用民俗文化资源，出现庸俗化、简单化的开发，散失民族特色，甚至于错误传播。在涉及族称等政治概念时，必须做到正确准确，如傈人、傈家、傈山等错误简化的族称必须避免出现。要依据傈僳族文化自身的古朴、凝重、粗犷、豪放，神秘、奇特等特点，从内容美和形式美的角度努力开发和创新傈僳族文化，力求使傈僳族文化给人以更美的享受。

盐边县傈僳族地区的民族文化旅游资源是丰富多彩的，我们只要从生产生活、衣食住行、娱乐游艺等方面，就可以大力综合开发，并取得可观的经济效益和长远的社会效益。另外，我们在开发傈僳族民族文化旅游资源时，不能片面狭隘地张贴民俗标签或者搞一些虚假的民俗包装和表演，更要反对不加选择地照搬、照抄历史上的恶习陋俗，而是要慎重处理传统与现实的相容关系，使傈僳族文化旅游开发在健康、文明、科学的理念下显示出独特的旅游文化个性。

中国陆疆安全问题的识别与界定

徐黎丽

（兰州大学西北少数民族研究中心）

中国陆疆作为传统疆域和硬边疆的组成部分，与国家主权、领土、人民和利益安全息息相关。但是不是陆疆所有问题都是安全问题，则需要通过对陆疆历史与现实存在的若干问题的梳理，分析这些问题与安全关联程度，然后才能将与安全关联度较高的问题划归边疆安全问题。这样既能避免边疆问题的泛安全化，又能对边疆安全形成威胁的实际问题进行归类，从而为解决这些问题提供参考。

一、“陆疆”、“安全”、“问题”的界定

（一）“陆疆”的界定

“陆疆”由“陆”和“疆”两个字组成。其中“陆”指高出水面的土地，即土地、大地之意❶；“疆”乃指被划定的某个区域，国家形成后则指国家管辖的土地，即所谓的疆域。❷ 陆疆之意，有狭义与广义之分。狭义的陆疆概念泛指“靠近国界的领土”❸ 或与陆地边界相近的地域。如马大正认为：“陆疆是指沿国界内侧一定宽度的地区，必须具备下述条件的地区才可称之为陆疆地区，即一是有与邻国相接的国界线，二具有自然、历史、人文诸多方面自身特点。据此，当代中国的陆疆省区包括黑龙江、吉林、辽宁、甘肃、云南、内蒙古自治区、新疆维吾尔自治区、西藏自治

---

❶ http：//dict. baidu. com/s？ wd = %E9%99%86，最后访问时间：2012 年 12 月 24 日。

❷ 周平：《我国边疆概念的历史演变》，载《云南行政学院学报》2008 年第 4 期。

❸ 中国社会科学语言研究所词典编辑室编：《现代汉语词典》，商务印书馆 2005 年版，第 79 页。

区、广西壮族自治区。”❶ 但这一陆疆范围则“是随着统一多民族国家的形成和发展逐渐形成和固定下来的。因此，在讨论历史上边疆问题时，应考虑如下两个相互关联的因素。首先是指与当今中国边界相连接的省区，其次则是以此为基础上溯古代，参照历代封建王朝边疆的实际情况予以综合考察”。❷ 杨建新则认为，应该把“中国历史上实现全国统一朝代的疆域作为确定中国历史疆域范围的主要标志”❸。白寿彝认为，在研究中国历史上的疆域时，“既要注意到疆域问题同祖国各族人民之间的密切关系，也要注意到中华民族和其他民族或国家间的历史关系”❹。因此，“凡是有国境线的边境县的总和是当代中国狭义的边疆地区”❺，即按照国务院办公厅颁发的《兴边富民行动“十一五”规划》所指，陆疆就是指136个陆地边境县（旗、市、市辖区）和新疆生产建设兵团58个边境团场。❻ 但这只是一个相对狭义的陆疆定义。

广义的陆疆概念则需要从国家的高度出发来界定。由于边疆是国家的边疆，它必须与国家相联系才有意义。国家的构成要素是领土、主权、人民和政权，那么从领土、主权范围来说，陆疆不仅指边疆县和团场，而且应扩大到自治区和省一级的地域范围，因为国家边疆的安全是自治区和省一级地方政权的首要政务，国家边疆的安全也正是国家中央政权通过省和区一级最高地方政府的治理得以实现；从人民和政权角度来说，如果没有生存于陆疆地区的各族人民和各职业群体，没有组织民众的陆疆各级地方政权根据中央政府的指示行使国家主权，陆疆也不存在。因此广义的边疆是由陆疆省区的地理范围及其相应的国家主权、生活在陆疆省区的人民及其政权组成的复合性边疆。

（二）“安全”的界定

中国古代思想家曾经提出过“居安思危”、“安不忘危”等追求安全的思想，但由于“安全”从古至今都是人类无法达到的身心免于威胁的境界，因此它只存在于生活实践中免于威胁的具体做法和想要达到的安全目标，如人类从最初寻找安全的衣食住行到现在在众多的满足人类需要的物质和精神产品中选择安全产品。但很少有人专门就安全研究安全。甚至有

---

❶ 马大正：《中国边疆研究论稿》，黑龙江教育出版社2002年版，第2页。

❷ 马大正：《中国边疆研究论稿》，黑龙江教育出版社2002年版，第3~4页。

❸ 杨建新：《中俄关系史论文集》，甘肃人民出版社1979年版，第21页。

❹ 白寿彝主编：《中国通史》，上海人民出版社1989年版，第81页。

❺ 马大正：《中国边疆研究论稿》，黑龙江教育出版社2002年版，第2页。

❻ 周平：《我国边疆概念的历史演变》，载《云南行政学院学报》2008年第4期。

学者指出，“在20世纪之前并不存在国际关系范畴的安全概念与安全研究”❶。“安全”一词的汉语解释有二：一是名词，指平安的、无危险的状态，可以被理解为避免受到攻击、侵犯、伤害乃至灾难等显在或潜在的危险；二是动词，指保护、保全，具体来说指消除种种由不确定感、不稳定感、无保障感等导致的恐惧心理，控制社会发展中出现的犯罪蔓延、瘟疫传播、毒品泛滥、移民过度、经济崩溃、环境恶化等现象，努力防止使用武力、扩散武器、种族冲突、爆发战争等。英语中“安全”词汇有Security与Safety，如《韦伯词典》所解释的“Security”主要有两种：作为名词，指安全的状态，即免于危险，没有恐惧；作为动词，有维护安全的含义，指安全机构为维护安全而实行的安全措施。由此可见，人类的安全从人类的发展历史过程来看，呈不断升级趋势。如今世界各国成立的安全机构和专职人员进行安全研究就是最明显的证据。研究的结果则因国情不一、人类不同群体面临的威胁不同而对安全的认识呈多元趋势。如丁建伟从安全的对象角度出发，认为“安全”的基本含义是指使个人、社会乃至国家处于被保护的状态，免受来自内外部的各种危险的威胁；❷ 徐华炳从安全涉及的主客体关系方面认为，“安全”指一种主观感觉，又指一种客观状态，主观上不存在恐惧，客观上不存在威胁❸；余潇枫则从安全的后果角度认为，“安全”是个人或社会共同体免于威胁的一种存在状态，表示个人或社会共同体生存危机的消解❹；本文认为，安全核心是人的安全。

人类作为地球的物种之一，要在地球上繁延与生存，不得不处理好三种关系：第一是人与自然的关系，第二是人与其他物种的关系，第三则是人与人的关系。第一种关系，是人作为地球的物种之一如何在“顺应”和“征服”不同自然环境的基础上找到因地制宜的生活方式。结果证明，顺应自然是免于安全威胁的最好方式。第二种关系，是在人与其他物种同时分享地球资源时建立结构性的需要关系还是冲突关系。结果证明，在消费自然赋予的资源时，人与其他物种建立结构性需要关系比冲突关系更能维持地球的平衡发展，从而使人类免于冲突带来的安全威胁。第三种关系则是人与人的关系。这种关系在人类生存的相当长的时期里表现为，人类作

---

❶ 李少军：《国际政治学概论》，上海人民出版社2002年版，第146页。

❷ 丁建伟：《地缘政治中的西北边疆安全》，民族出版社2004年版，第55页。

❸ 徐华炳：《危机与治理：中国非传统安全问题与战略选择》，上海三联书店2011年版，第8页。

❹ 余萧枫、徐黎丽：《边安学刍议》，载《浙江大学学报》（人文社会科学版）2009年第6期。

为物种之一与其他物种分享地球资源时必须是团结协作的关系；但当人类以压倒性的智力优势逐渐上升为地球的顶级物种时，只有那些给人类生活带来方便的动植物才能保存下来，且人类数量超过地球的承载力时，人与人之间的关系则由团结协作变为冲突与纠纷。因此从人类生存的安全需要、过程和后果来说，人的安全本质上是人与自然、人与其他物种、人与人之间关系的平衡和谐程度。一旦以上三种关系内部和三种关系之间的平衡和谐程度不断减弱，那么安全危机爆发，安全就会上升成为主要矛盾而危及人类的生存。

随着人类生存与发展的安全威胁程度不断加深，安全也从传统安全向非传统安全过渡。“如果说传统安全主要是指军事安全与政治安全，那么非传统安全所涉及的内容主要是非军事领域的，如生态环境、移民难民、毒品走私、恐怖主义等。”❶ 虽然二者内容不一，但二者之间既相互关联又相互区别。两者的关联性主要表现在三个方面。(1) “非传统安全”一词或概念本身就是从“传统安全”观和国家安全观的内涵与外延扩展而来的。保罗·斯代尔认为，所谓“新”是相对于冷战时期“旧”而言，事实上，多数非传统安全问题是从传统安全问题环境或问题中逐步演变或衍生而来、成为“新”安全问题，也就是说伴随着国际形势与时代背景的变迁，一些旧问题、老矛盾呈现出一些新花样、新特点，即老问题、新面孔、新危害，如当前的生态恶化、非法移民、毒品走私等。(2) 两者在一定的条件下可以相互转化：一方面，一些原本属于传统安全领域的问题可能演变为非传统安全问题，如国内的民族问题、宗教冲突、国家内乱等不可避免地影响到周边国家或者地区安全，从而使问题转化为跨国非传统安全问题，中东的一些国家就是最好的例证；另一方面，非传统安全问题被激发，可能会引发国家间的冲突，从而演变为传统安全问题，如美国出兵阿富汗、伊拉克。(3) 随着非传统安全威胁被纳入国家安全战略评估系统，传统安全部门与其他部门之间的联系必然加强❷。

传统安全与非传统安全的区别则是：(1) 关注对象与相关行为体存在差异，“传统安全”主要以国家为关注对象与主体，注重的是国家安全，侧重于政治与军事安全，地区安全与全球安全只是国家安全的“向外延伸”。“非传统安全”所关注的对象是多种主体而不仅仅是指国家，特别是包括了作为个体的人与整个人类以及我们赖以生存的地球的安全。它把国

---

❶ 余潇枫、潘一禾、王江丽：《非传统安全概论》，浙江人民出版社 2006 年版，第 41 页。

❷ 陈忠伟：《非传统安全论》，时事出版社 2003 年版，第 35 ~ 38 页。

家安全只是视为地区安全与全球安全的有机组成部分，而不能凌驾于其上。（2）威胁形式上存在差异，传统安全问题较为明确，集中表现为军事威胁与战争威胁；非传统安全问题则更为多样，且诸多问题还具有某种相互关联性，并非都是暴力性的。（3）成因与影响存在差异，传统安全威胁主要表现为国家间、来自外部的具有明确目的的威胁。非传统安全威胁既来自外部也源自内部，也可能是内外因素相互作用的结果；既可能是人有意或无意造成的，也可能是由国家、组织、团体、个人造成的。在影响上，前者的影响是有限的，后者则会有“内传”、“外溢”或“扩散”，如艾滋病、民族与宗教冲突。（4）解决途径上具有差异性，“传统安全”注重的是以军事实力、结盟、战争手段应付威胁，而“非传统安全”强调的解决之道是“综合性”以及国家双边与多边非对抗性背景下的合作❶。

（三）“问题”的界定

为了清晰地把握边疆安全问题，非常有必要再次对“问题”的概念进行分析，只有这样，才能更好地把握与边疆安全相关的问题，从而避免安全扩大化或泛安全的错误。“问”之意有以下六点：一是有不知道或不明白的事请人解答；二是为表关切而询问；三是审讯、追究；四是管、干预；五是向某人或某方面要东西；六是姓❷。“题”之意有以下四点：一是写作或演讲的总名目；二是练习或考试时要求解答的问题；三是写上、签署；四是姓❸。如果把“问”和“题”合起来，则有四种解释：（1）要求回答或解释的题目。《续资治通鉴·宋太宗太平兴国八年》：“进士免贴经，只试墨义二十道，皆以经中正文大义为问题。”（2）需要研究讨论并加以解决的矛盾、疑难。鲁迅《三闲集·怎么写》：“写什么是一个问题，怎么写又是一个问题。”毛泽东《反对党八股》：“什么叫问题？问题就是事物的矛盾。”（3）关键；重要之点。毛泽东《中国革命战争的战略问题》第一章第四节：“重要的问题在善于学习。”（4）事故或意外。蒋子龙《乔厂长上任记·出山》：“形势稳定可进到局一级，出了问题可上推下卸，躲在二道门内转发一下原则号令。”❹ 综合以上对于“问”、“题”及“问题”的解释，再联系本文需要解决的具体边疆安全的问题，我们认为，问题就

---

❶ 徐华炳：《危机与治理：中国非传统安全问题与战略选择》，上海三联书店 2011 年版，第 17～18 页。

❷ http：//dict. baidu. com/s？ wd = %E9%97%AE，最后访问时间：2012 年 12 月 26 日。

❸ http：//baike. baidu. com/view/301395. htm，最后访问时间：2012 年 12 月 26 日。

❹ http：//baike. baidu. com/view/58845. htm，最后访问时间：2012 年 12 月 26 日。中国社会科学语言研究所词典编辑室编：《现代汉语词典》，商务印书馆 2005 年版，第 1431 页。

是追究并解释的题目。除此之外，是不是构成问题则与人类生存不同时代面临的不同威胁相关。如在古代某种病是问题而现在就不成问题，食品安全在古代不成问题而现在就成为问题。问题也是人类客观存在与主观认识相结合的产物。安全问题就是人类现代生活面临的威胁和人类主观感受威胁的表现。边疆安全问题作为安全问题的组成部分也是如此。

在对“陆疆”、“安全”、“问题”三者进行概念界定的基础上，本文认为：“陆疆安全问题”就是指国与国边境地带发生的，源头上具有双源性、过程上具有突发性、区域上具有跨国性、内容具有传统与非传统安全交织性、后果具有显著破坏性的自然或人文威胁。

二、边疆安全问题的特征

从本文对边疆安全问题的界定来看，边疆安全问题的特征则由双源性、突发性、跨国性、传统与非传统安全交织性、显著破坏性等构成。细论如下。

（一）双源性

双源性指问题在源头上涉及国内和国外因素，即问题是在国内外因素的共同作用下而产生的。从边疆安全问题的产生来看，边疆安全问题产生的地域是边疆地区，边疆的地域特征就决定了边疆安全与国内、国外有着天然的联系，而这种天然的联系决定了边疆安全问题的产生与国内、国外有着必然的联系。在国内与国外双重因素的作用下，“边疆作为国家的边界地带就成为安全最敏感的地区”[1]，稍有不慎，就会形成边疆安全问题，在一些典型的边疆安全问题中我们不难看到二者的影子。在应对边疆安全问题上，当今各国在边界上犬牙交错，利益上休戚相关的客观存在，使得各国的执政者必须从影响边疆安全的两个源头出发来解决边疆安全问题。具体来说，在国内方面，必须确保国内稳定，提高人民生活水平，尤其是边民的生活水平，此外必须不断提升综合国力，巩固边防，增强对外的威慑力；国际方面，必须确保相邻国家的稳定，并且加强同利益各方的合作与对话，共同打击破坏边疆安全的敌对势力，只有同时控制了这两个动乱之源，才能真正解决边疆安全问题。无论是边疆安全问题的产生还是解决，双源性都贯穿其中，因而，双源性是边疆安全问题的首要特征。

---

[1] 徐黎丽、梁世甲：《论边疆与安全的关联性》，载《西北师大学报》2012 年第 2 期。

（二）跨国性

这是判断一个问题是否属于边疆安全问题的重要标准。从边疆的居住主体来看，当今世界绝大部分国家属于多民族国家，而国家疆界的划分是以自然地标为界而非民族，“这样划定国界的方式或国界变动就往往把同一民族划分到不同国度。另外，也由于政治原因或经济原因，民族的一部分被强迫迁徙或自愿迁徙到另一国度，而与同源民族分离，跨居不同国度，也是造成跨国民族的因素之一，这类民族现象，我们统称为‘跨国民族’”[1]。跨国民族是边疆的主体，跨国民族的跨国性决定了边疆安全问题的跨国性。从影响边疆安全的问题来看，诸如边界冲突、生态环境恶化、民族宗教冲突、恐怖主义、跨国犯罪、疾病流行、大规模杀伤性武器扩散、边疆重大自然灾害等，在产生与发展的过程中都具有扩散蔓延的特点，具有涉外性、外延性。而且这些问题不单单是一国独有或者只对一国的边疆安全构成威胁的少数问题，而是关系到他国甚至是整个人类安全与利益的全球性问题。从问题的解决上来看，这些问题并不是单单一国能够解决的，而是需要连同周边国家甚至是全球所有国家的共同努力，因而在问题的解决上也具有相当的跨国性。边疆安全问题的跨国性，使得边疆安全问题受到了各国、各地区、乃至于全球的关注，也使得边疆安全问题成为影响国与国之间、地区间以及全球关系的重大问题，在全球化的今天，我们必须正视边疆安全问题的跨国性。

（三）交织性

交织性，就是边疆安全的各种问题具有相互影响、传统安全与非传统安全相互交织的特点。以“金新月”地区的毒品泛滥为例，由于该地区局势动荡、政府控制力软弱，使得恐怖主义势力、极端宗教势力竞相渗透，造成了宗教、民族冲突频繁，极大地威胁到了周边国家的国家安全，形成了典型的传统安全问题；此外毒品的流行还给周边国家带来了贫困化、社会治安恶化以及流行性疾病的蔓延等非传统安全问题，在一定程度上这些传统安全问题与非传统安全问题会相互交织、叠加，极大地影响世界各国、特别是周边国家的边疆安全。概括来讲，恐怖主义往往与宗教极端势力、政局动荡、贫困化以及有组织犯罪联系紧密；走私贩毒与刑事犯罪形影不离；全球性的环境问题与人类的生存发展等问题都是密不可分的。由于这一特征使得边疆安全问题所构成的影响和造成的危害呈现逐级放大的

---

[1] 马曼丽：《中亚研究·中亚与中国同源跨国民族卷》，民族出版社1995年版，第32页。

效应，也增加了解决问题的复杂性。这些问题之间还形成了“问题—危机—冲突”的“环链”，导致了相互激发并造成更大范围的连锁性危害效应[1]。

（四）突发性

突发性，有时也可理解为无序性或未知性。突发性主要包括两层含义：一是事件的发生、发展速度很快，出乎意料，如 SARS 的流行；二是事件难以应付，必须采取非常规来处理，如核电站泄漏。突发性在疾病暴发、自然灾害、人为事故等方面表现得尤为突出[2]。边疆安全的突发性主要表现在事态发生的无序性、威胁来源的不可知性，具体来说，事态发生以及进展的无序性主要表现为有些问题是长期的、潜在积累形成，在达到临界值之后突然爆发的，如生态环境问题；有的是逐渐演变、变异，以本来面目或者是新面孔出现，让人不知所解，如民族宗教问题；有的则是突如其来地以一种危机形式爆发出来，从而对国家边疆安全造成严重威胁，如疾病流行、边疆突发自然灾害。威胁来源的不确定性也加剧了问题的突发性，威胁来源的不确定性在于制造威胁的行为体可能是某个主权国家，也可能是个人、组织或集团等非国家行为体。威胁边疆安全的行为因主体的多样化、过程的不确定性使得边疆安全具有明显的突发性。

（五）破坏性

边疆安全源头的双源性、过程的突发性、区域的跨国性、内容上的交织性必然会带来结果上的破坏性，双源性使得问题的源头更加复杂，突发性使得问题的发生难以预测、防不胜防，跨国性使得问题国际化，交织性使得各种问题缠绕、叠加，更加难于处理，这一切综合、叠加在一块，破坏性就可想而知了。这种破坏的严重性有时甚至比一些传统安全问题更为可怕、更具破坏力，对个人安全、国家稳定、地区安全乃至全球安全都可构成直接的威胁。1997 年的亚洲金融危机使一些国家的经济倒退了几十年，爆发于2008 年的全球性金融危机使得欧洲众多国家出现主权债务危机，冰岛、希腊深陷其中。旷日持久的巴以争端使得两国人民甚至整个中东人民都生活在战争的阴影中，席卷全球的 SARS 对经济的破坏不亚于一场局部的战争，2004 年的印度洋海啸使得近 30 万生命瞬间陨灭。肆掠的

---

[1] 徐华炳：《危机与治理：中国非传统安全问题与战略选择》，上海三联书店 2011 年版，第 19 页。

[2] 余萧枫、潘一禾、王江丽：《非传统安全概论》，浙江人民出版社 2006 年版，第 265 页。

艾滋病已经超越了国界成为世界各国应对的重点问题，艾滋病直接导致了当代非洲的一些国家民穷国困、国将不国的局面，更不用说对边疆安全的威胁。因而，破坏性是边疆安全问题的应有之义。

三、边疆安全问题的识别

从我国边疆地区的实际情况与当前的国际大环境来看，诱发边疆动乱、破坏边疆稳定的因素是存在的，破坏我国边疆安全的事情时有发生，主要问题表现如下。

（一）三股势力

所谓“三股势力”，是指宗教极端势力、民族分裂势力和国际恐怖势力。虽然“三股势力”各自的表现形式有所不同，但本质并无根本不同，主要表现在行为方式的同质性与合作方式的共体性。[1] 民族分裂主义主张建立单一的民族国家，实现民族自决。由于宗教与民族的密切联系，所以极端民族主义者常常借助宗教来发展、壮大自己；另外，宗教极端主义者也借助于民族主义来宣传自己的极端宗教思想。然而，宗教极端势力或民族分裂势力作为社会的非主流派，难以在当今的社会中寻找生存与发展的空间，于是恐怖活动常常成为它们扩大影响、达到目的的重要手段。由于恐怖主义难得人心，所以常常需要借助于一些具有煽动力和蛊惑力的招牌，如“宗教复兴”或“民族独立”等，恐怖主义一旦披上“宗教复兴”或“民族独立”的外衣，就具有更多的影响力和煽动力。[2] 三者之间相互交织，你中有我、我中有你。“三股势力”成因复杂，有历史与现实因素、国内与国际因素、民族与宗教因素等，无论从哪个角度来看都具有双源或是多源的特点。中亚、欧洲是“三股势力”的主要活动区域，而我国与中亚是近邻，双方不仅有3 000多公里的疆界，还有人口众多、宗教信仰相同的跨界民族，这让“三股势力”实施跨界作案有了可乘之机；地广人稀、民族众多、宗教复杂的社会背景使得各种破坏分子能够以各种身份为掩护进行破坏活动，让人防不胜防。多种原因的相互叠加，使得“三股势力”犯罪活动具有明显的跨国性与突发性。

---

[1] 丁建伟、赵波：《近代以来中国西北边疆安全问题研究》，民族出版社2009年版，第404页。

[2] 房炜：《关于“三股势力”的现状及对我国安全影响分析》，载《辽宁警专学报》2009年第6期。

"三股势力"对国家安全的危害是多元的，包括边疆安全、政治安全、经济安全等多个方面。从边疆安全的角度来看，一方面，在伊斯兰复兴运动兴起的国际大背景下，我国周边国家的宗教极端势力甚嚣尘上，直接威胁我国边疆安全；另一方面，狂热的宗教气焰与民族分裂势力和国际恐怖主义相互利用，破坏边疆稳定。"三股势力"对于政治安全的危害，主要表现为宣传极端宗教主义、散布民族分离言论、诋毁社会主义制度、破坏民族团结与国内政治稳定。"三股势力"在我国境内从事的一些恐怖暴力活动，必然会带来重大人员伤亡与财产损失，破坏国家经济建设成果。不论是现实的还是潜在的，"三股势力"都对我国边疆安全、国内稳定、民族团结与国家统一存在着巨大的威胁，因而必须严厉打击"三股势力"。

（二）边界重大自然灾害

"边界重大自然灾害"是指在边界地区发生在生态系统中的自然过程，可导致社会系统失去稳定与平衡的重大事件[1]。以其突发性、过程中的交织性、区域上的跨国性、后果上的强危害性著称，因而成为影响一个国家边疆安全的重大问题。边界重大自然灾害的突发性主要表现在作为"意外事件"预警难度比较大，虽然世界目前在灾害预警的技术上有了长足的进步，能够进行一些灾害的预警，但远没有达到抵消自然灾害突发性的程度；自然灾害瞬息万变的特质、人类监测手段的有限、应对能力的滞后，使得目前我们不得不承认自然灾害具有突发性的事实。边界自然灾害的交织性主要表现在自然灾害在发生的过程中会不断诱发、衍生其他的次生灾害，并且使自然灾害本身与次生灾害、传统安全问题与非传统安全问题交织，如边疆地震灾害过后，一方面可能引发山体滑坡、泥石流等次生灾害，另一方面还可能带来敌对分子趁机破坏、传染病的流行等传统安全与非传统安全问题，而这些问题交织在一起使得问题在处理上远非自然灾害问题那么简单。自然灾害的地区性与社会性决定了它的跨国性，从自然方面来说，自然灾害的地区性使得自然灾害不可能仅仅发生在某个国家的疆域内，世界上很多国家的疆域就涉及最大的两大自然灾害带；从社会方面来讲，自然灾害所导致的次生灾害、难民流动使得周边国家难以独善其身。[2] 强危害性是自然灾害最重要的特点，即给社会造成生命和财产损失或导致社会的各种原生的或有机的资源方面出现严重的供需不平衡，进而

---

[1] 谢礼立：《自然灾害的特点与管理》，载《群言》2004 年，总第 228 期。

[2] 梁必骐：《自然灾害研究的几个问题》，载《热带地理》1993 年，第 13 卷第 2 期。

造成社会正常秩序的中断或破坏，导致损失进一步加重。[1] 鉴于边界自然灾害对于边疆安全的巨大威胁，我们必须做好自然灾害的预警，提高边疆地区的防灾减灾能力。

（三）全球普遍性自然与人为危机

人与自然的关系问题自古有之，历史上多有人类因环境变化而遭灭顶之灾，以及国家间为了争夺自然资源而诉诸战争的记载，如楼兰古国消逝在茫茫黄沙中，对“煤都”阿尔萨斯、洛林的争夺成为近代德法交恶的重要原因，这些都是威胁着国家边疆安全的因素。但就总体而言，由于人类对于环境的影响有限，因而在历史上很长一段时间内全球普遍性的自然与人为危机并不存在。人与自然的相对和谐关系是在工业革命的机器轰鸣中被逐渐破坏的，其恶果在进入20世纪之后逐渐凸显。[2] 随着自然危机的加剧，到20世纪70年代，自然危机问题开始成为一个全球关注的问题，进入80年代后愈演愈烈的全球自然与人为危机演变为影响国家边疆安全的安全问题。[3] 全球普遍性自然与人为危机主要有人口增长过快、大气污染、水污染、自然资源匮乏、森林资源过度采伐、气候变暖、土地荒漠化等。全球普遍性自然与人为危机对于边疆安全的破坏主要表现为涉及地域的跨国性、内容的交织性与结果的强危害性。

首先，地球的生态系统为我们的生存与发展提供了良好的自然环境与物质供给，而生态系统与自然环境是全球一体的，如果形成全球性的自然与人为危机，所危及的并不是某一个国家，而是整个地球与人类；其次，从全球性自然与人为危机的解决上来看，问题的解决并不是一个国家能够解决的，而是需要全球所有国家的努力。内容的交织性主要表现在，全球性自然与人为危机所带来的问题既有传统安全问题也有非传统安全问题，如海平面上升威胁岛国图瓦卢的存在，使之不得不举国搬迁；再次，水资源污染、大气污染等问题影响到了个人的生活与社会的存在，属于典型的非传统安全问题。强危害性是全球性自然与人为危机最为显著的特点，自然安全是人类安全的基础，自然受到了破坏，那人类的安全将不复存在，如今，全球性的自然与人为危机已经向人类敲响了警钟，人类的某些行为已经导致了生态系统的大规模破坏，甚至可能导致生态灭绝；最后，生态破坏将难以恢复并且将遗祸下一代，影响子孙后代的生存，不仅如此，生

---

[1] 谢礼立：《自然灾害的特点与管理》，载《群言》2004年，总第228期。

[2] 余潇风、潘一禾、王江丽：《非传统安全概论》，浙江人民出版社2006年版，第126页。

[3] ［美］巴瑞·布赞等：《新安全论》，朱宁译，浙江人民出版社2003年版，第98页。

态与环境的恶化还会导致国家间的资源争夺、冲突、甚至引发战争，世界观察研究所就曾预言“环境生态问题已经成为21世纪战争的根源”[1]。正如国际生态安全科学院院长奥·尼·鲁萨克所言，“当今世界，生态问题已成为最重要的问题”[2]，因而，为了维护国家边疆安全，全球普遍性的自然与人为危机我们决不能小觑！

（四）边疆群体性事件

边疆群体性事件是指发生在边境地区的、由人民内部在一定利益基础上组成的群体，违反现行法律、法规的要求，为达到本群体的利益而聚众实施的、对边疆地区社会稳定产生不良影响甚至破坏作用的事件，有的甚至在周边国家造成有损国家声誉的影响，同周边国家边民发生利益冲突。[3]边疆群体性事件是把群体性事件的发生区域放到了边疆地区，进而与边疆地区的民族、宗教、社会等复杂问题相互糅合，使得问题更加复杂，成为影响一个国家边疆安全的重大问题，具有双源性、交织性、跨国性、突发性、破坏性等特点。以叙利亚问题为例，因南部边境城市达拉的15名学生画反政府涂鸦而遭到逮捕为导火线，引发了叙利亚旷日持久的骚乱，但这一切并不是偶然。从源头上来讲，国内的示威游行被国外的反对分子认为是推翻现政权的大好机会，从而迅速参与了进来，实现了“国内动乱分子”与“国外敌对势力”的合流；从问题的发展过程来看，具有很强的突发性，由逮捕15个学生进而突然演变为全国性的反政府游行，想来这是各方始料未及的；从问题发展实质上来看，这并不是一个单纯的事件，而是宗教问题、民族问题、国家利益博弈、国内社会矛盾等众多问题相互交织、叠加的结果，从而使问题愈演愈烈；从问题涉及的区域上来看，叙利亚问题本身就是在“阿拉伯之春”的国际大环境下爆发的，其他国家政治强人的下台必然会引发区域政治地震，叙利亚冲突爆发后，由于叙利亚本身在地缘上的特殊性，立即由国内问题演变为区域问题、国际问题；从后果上看，叙利亚连绵数月的冲突已造成大量人员伤亡、人民流离失所、经济发展停滞，具体损失难以估计。叙利亚目前全国陷于内战之中，何谈边疆安全？由此可见，处理好边疆群体性事件对于维护边疆安全至关重要。

---

[1] 余萧风、潘一禾、王江丽：《非传统安全概论》，浙江人民出版社2006年版，第134页。

[2] 周辉春：《拯救共同家园》，哈尔滨工业大学出版社、国际生态安全科学院出版社2002年版，序言。

[3] 徐祇朋：《当代民族主义与边疆安全》，民族出版社2009年版，第230页。

（五）边疆跨国民族的移民问题

跨国民族的存在是影响国际政治经济的一个举足轻重的因素，它可以成为动荡与冲突的根源，也可以成为其跨居国家间和平相处的纽带。[1] 这句话一针见血地指出了边疆与跨国民族对于维护边疆安全的重要作用，有学者说过，“边疆安全的实质就是边民安全”，而边民的最大安全莫过于生存安全，如果边民生存与发展问题都得不到保障，边疆安全便无从谈起。由边疆和跨国民族生存所引发的边界危机甚至战争的事例在历史上不胜枚举，如巴以冲突、库尔德人问题、魁北克问题、科索沃问题等，仔细分析这些问题会发现其中的一些共性，即问题源头上的双源性、区域上的跨国性、过程的交织性、后果的强危害性。从问题的源头上来看，源头上涉及两国或多国、国内与国际，巴以问题不光涉及阿拉伯人与犹太人的领土争端问题，还涉及美国与阿拉伯世界的利益争端；区域上的跨国性是天然存在的，如巴以问题涉及中东大部分国家，库尔德人问题涉及土耳其、伊拉克、伊朗等国，魁北克问题事涉加拿大与英法等国；交织性主要表现在边疆与跨国民族长期存在的生存问题，会被分裂势力、极端宗教主义、恐怖主义所利用，给民族国家带来传统安全与非传统安全相交织、叠加而形成的巨大威胁；强危害性主要表现在如若边疆与跨国民族的利益矛盾和经济生活差距长期存在，会被分裂势力所利用，势必引发民族心理上的离心力而导致民族国家分裂与战乱，[2] 目前日渐升级的巴以冲突就是最好的例证。由此可见，边疆及跨界民族的生存问题与边疆安全息息相关，解决好边疆与跨国民族的生存问题必定是构建安全边疆战略环节中的重要一环。

（六）边界冲突

在威胁边疆安全的诸多问题中，来自边界冲突的威胁更为直接、更为迅速。作为国际关系的主体，边界是一个国家领土主权的象征，国家边界不容侵犯这一点已经在国际社会达成了共识。[3] 边界冲突作为威胁边疆安全最为直接的问题，具有边疆安全问题的一般特征，其中双源性、跨国性、交织性、危害性最为突出。俗话说“一个巴掌拍不响”，边界冲突并不是单方面的行为，需要双方或多方的参与，而在全球的大部分边界冲突的参与方是两个国家或两个利益集团，具有一定的双源性。顾名思义，边

---

[1] 马曼丽等：《中国西北跨国民族文化变异研究》，民族出版社2009年版，第175页。

[2] 马曼丽、马磊：《论跨国民族提的发展及其对中国边疆安全的威胁与对策》，载《中南民族大学学报》2010年第1期。

[3] 白璐：《论非洲国家的边界冲突》，上海师范大学硕士学位论文2010年，第1页。

界冲突是在国与国的交界处所爆发的冲突，因而它的跨国性就不言而喻了。边界冲突本身是一个传统安全问题，但随着边界冲突的发展会带来一系列非传统问题，如难民问题、流行疾病、环境问题、社会治安问题等，随着事态的发展，这些传统安全问题将会与非传统安全问题相交织，形成巨大的破坏性。边界冲突在全球都有发生，以非洲最为突出。边界冲突破坏了冲突地区乃至冲突双方国家的和平环境，因此往往引发政局动荡、社会破坏；此外边界冲突消耗了大量人力、物力和财力，影响地区、国家经济发展。“据不完全统计，自 20 世纪 60 年代以来，非洲先后经历了 30 多场战争与冲突，造成 700 万人丧生，经济损失高达 2 500 多亿美元。”❶ 边界冲突、尤其是边界战争，破坏了和平环境，大量的居民为了躲避战乱，被迫逃离家乡，沦为难民，导致了难民问题的产生，“非洲人口仅占世界总人口的 12%，但 1998 年，非洲难民人数高达 700 多万，占世界难民总数的一半”❷，难民造成本国社会秩序的失控和混乱。此外，难民进入邻国，破坏邻国边疆安全，扰乱了邻国的社会安定，给邻国增加了沉重的经济负担。边界冲突是边疆安全的极大威胁，一旦发生，将会产生毁灭性的后果，为了维护边疆安全，应该努力避免边界冲突。

（七）国家利益冲突

国家利益，作为国家生存与发展的必要条件，是一种客观存在，国家利益冲突是边疆安全问题在“软边疆”的突出表现。从要素上看，国家利益可以分为国家的经济利益、政治利益、安全利益，等等。❸ 如果说边界冲突是对“硬边疆”安全的直接威胁，那么相对来说国家利益冲突主要是对于国家“软边疆”的安全威胁，国家利益冲突也具有边疆安全问题的一般特征。具体来说，参照王逸舟对于“国家利益”的定义——“民族国家追求主要好处、权利或主要受益点，反映这个国家全体国民及各种利益集团的需要与兴趣”❹，那么国家利益冲突可以理解为国家利益集团之间的冲突或矛盾，借用矛盾的两面性可知，国家利益冲突具有双源性。朱炳元先生认为国家利益是“主权国家在国际环境中生存与发展的综合体”❺，那么

---

❶ 赵世新、陶短房：《边界谈判，全球的难题》，载《环球时报》2008 年 7 月 23 日。

❷ 白璐：《论非洲国家的边界冲突》，上海师范大学硕士学位论文 2010 年，第 36 页。

❸ 丁建伟、赵波：《近代以来中国西北边疆安全问题研究》，民族出版社 2009 年版，第 214 页。

❹ 王逸舟：《国家利益再思考》，载《中国社会科学》2002 年第 2 期。

❺ 丁建伟、赵波：《近代以来中国西北边疆安全问题研究》，民族出版社 2009 年版，第 216 页。

国家利益冲突可以理解为主权国家综合体之间的冲突，既然是冲突，必然涉及冲突各方，那国家利益冲突的区域跨国性就自然而然了。国家利益包含甚广、内容丰富，其中既涉及以军事利益、政治利益为代表的传统安全问题，又涉及以个人利益、社会整体利益为代表的非传统安全问题，而在国家之间的利益冲突中，这些问题都不可能是相互独立的，它们往往相互交织、相互叠加。众所周知，国家的内政外交政策的制定都是以国家利益为导向的，国家利益冲突必然会产生国家矛盾，当两国之间的国家利益冲突不可调和时必然诉诸武力，可以说古今中外所有的战争都是由国家利益冲突所引发的，而战争所带来的人员伤亡、财产损失、社会倒退等都是危害性的具体表现。边疆安全问题的形成归根结底可以追溯到国家利益冲突，故国家利益冲突必然是边疆安全问题的应有之义。

四、小　结

边疆安全事关国家安危，边疆稳定事涉全国稳定，强化边疆安全，维护边疆稳定，营造和谐的周边环境，关系国家战略利益的全局。目前来说，我国边疆总体安全，但威胁边疆安全的因素、问题仍然存在，因此我们必须从各个方面加强边疆安全建设，维护边疆安宁，坚持睦邻友好的外交政策，为国家的繁荣发展创造和平的国际环境。

参考文献

[1] 马大正．中国边疆研究论稿［M］．哈尔滨：黑龙江教育出版社，2002.

[2] 张植荣．中国边疆与民族问题——当代中国挑战及其历史由来［M］．北京：北京大学出版社，2005.

[3] 丁建伟，赵波．近代以来中国西北边疆安全问题研究［M］．北京：民族出版社，2009.

[4] 马曼丽，安俭，艾买提．中国西北跨国民族文化变异研究［M］．北京：民族出版社，2009.

[5] 徐祇鹏．当代民族主义与边疆安全［M］．北京：民族出版社，2009.

[6] 丁建伟．地缘政治中的西北边疆安全［M］．北京：民族出版社，2004.

[7] 强晓云．移民对当代中俄关系的影响［M］．北京：时事出版社，2010.

[8] 查道炯．中国学者看世界·非传统安全卷［M］．北京：新世界出版社，2007.

[9] 徐华炳．危机与治理：中国非传统安全问题与战略抉择［M］．上海：三联书店，2011.

[10] 余萧枫，潘一禾，王江丽．非传统安全概论［M］．杭州：浙江人民出版

社，2006.
[11] 鲁刚．社会和谐与边疆稳定——基于地缘、民族、社会和宗教的实证研究［M］．北京：中国社会科学出版社，2011.
[12] 马大正．马大正文集［M］．上海：上海辞书出版社，2005.
[13] 郑汕．中国边疆学概论［M］．昆明：云南人民出版社，2012.
[14] 周平，等．中国边疆治理研究［M］．北京：经济科学出版社，2011.
[15] 王子今．秦汉边疆与民族问题［M］．北京：中国人民出版社，2011.
[16] 周辉春．拯救共同家园［M］．哈尔滨：哈尔滨工业大学出版社、国际生态安全科学院出版社，2002.
[17] 巴瑞·布赞，等．新安全论［M］．朱宁，译．杭州：浙江人民出版社，2003.
[18] 马曼丽．中国西北边疆发展史研究［M］．哈尔滨：黑龙江教育出版社，2001.
[19] 方铁．边疆民族史探究［M］．北京：中国文艺出版社，2005.
[20] 王晓莉．中国边疆社会调查报告集成［M］．桂林：广西师范大学出版社，2010.
[21] 雷家骕．国家经济安全——理论与分析方法［M］．北京：清华大学出版社，2011.
[22] 赵晓春．中国国家安全概览［M］．北京：时事出版社，2009.
[23] 李开盛．人、国家与安全治理［M］．北京：中国社会科学出版社，2012.
[24] 阿基姆别科夫．阿富汗症结与中亚安全［M］．汪金国，杨恕，译．兰州：兰州大学出版社，2010.
[25] 朱锋．国际关系理论与东亚安全［M］．北京：中国人民大学出版社，2007.
[26] 李琼．政府管理与边界冲突［M］．北京：新华出版社，2007.
[27] 田谢．西北边疆社会研究［M］．北京：中国社会科学出版社，2009.
[28] 徐黎丽．论民族关系与民族关系问题［M］．北京：民族出版社，2005.
[29] 杨建新，等．民族、国家与边界［M］．北京：中央民族大学出版社，2010.
[30] 杨建新．中俄关系史论文集［M］．兰州：甘肃人民出版社，1979.

民族文化遗产的国家认同价值[1]

马翀炜　戴　琳

（云南大学西南边疆少数民族研究中心；云南大学民族研究院）

民族国家因为“具有统一的政府、明确的疆界及保证政府权威得以执行的一整套强制力量”而成为最正式的政治组织。[2] 中国的各民族对国家的认同是有利于所有民族发展的。而国家认同既要有民族国家可以为其国民提供维护利益、保障自由及发展的权利的现实利益基础，又要有在历史上逐渐形成的主要是以历史记忆方式积淀下来的心理认同基础。任何现代民族国家的建立和发展除了要有制定政策和执行政策的各种形式的政府组织机构之外，还必须有一整套使其国民对国家进行认同的文化机制与之配合，以便达到国家认同和社会团结的目的。建立文化遗产名录制度以及保护和传承各民族的文化遗产活动，就是一项现代条件下达到国家认同目的的重要的文化机制建设工作。作为民族集体记忆的储存器，各民族的文化遗产都包含了具有民族特色的、丰富的文化内容，是人们处理人与自然、我者与他者以及人与自我等各种问题的智慧结晶。在漫长的历史生活中，各民族的集体记忆是依凭了诸如文化遗迹、文物、节日、仪式、文学、歌舞艺术、技艺、建筑以及文化空间等事象而存留下来，并在现实生活中发挥作用的。文化的历史性使各民族在国家认同中必然会发生影响的有关民族与民族以及民族与国家的关系的记忆变得十分重要；文化的创新性又使充分尊重传统，在当代的文化建构过程中发挥这些历史记忆的积极作用的任务变得十分紧迫。大量的民族文化遗产由于包含了久远和丰富的历史内涵，从而在民族国家认同问题上具有重要的意义。

---

[1] 本文为2013年国家社科基金西部项目“边境少数民族非物质文化遗产传承发展与国家软实力提升研究”的阶段性成果。

[2] 庄孔韶：《人类学通论》，山西教育出版社2007年版，第373页。

一、集体记忆：历史性的现实呈现

人的行动与其记忆有着重要的关系。记忆是人对以往活动、感受、经验的印象累积或者说就是人对经验的识记、保持和应用过程，是对信息的选择、编码、储存和提取过程。人有记忆能力也是文化得以产生的生理性条件，而同时，在社会文化中生存的人的记忆在对信息进行选择、编码、储存和提取的过程中又必然受到文化模式的影响，并且最终会对人的各种现实行动产生重要的影响。人们在分辨和确认自我、他者以及处理自我与他者的关系等诸多问题上，都必然要基于过去的经验。对人们赖以生存的自然环境的认识，以及相应的人与自然的关系等问题的理解，对于个人与集体的关系以及不同群体之间的社会关系的理解也都离不开记忆。确实，“记忆是自我以及生活的基础。我们总是浸泡在记忆中，没有记忆，就没有自我，也没有认同。没有记忆，世界在任何意义上都不存在……我们依靠记忆赋予我们的生活以意义，告诉自己我们是谁，我们需要做什么，怎么做，我们属于哪里以及我们如何与其他人相处”[1]。

当然，记忆并非是人们过去生活经验在头脑中的简单印迹或记录。每个人在其一生中所经历的事情无数，任何人都不可能使所有的事情都保存在记忆中。或者说，人的记忆只能是对过去经历的事情的有选择的保留，这些保留往往因为具有有关事情印象的叠加以及其他外来因素的影响而使人的记忆与过去实际发生过的事情产生变形乃至虚构，因而，记忆就成为了一种对过去经验的重构或者说重新编码。此外，虽然每个人的记忆都因每个个体的独特性经历而不可能与其他人的记忆完全一致，但人们的记忆中也会有许多因为是建基于与其他人共同的经验之上而成为相同或相近的记忆，从而也使人们相互之间可以进行相互交流、理解以及合作。在现实生活中，与人的社会关系有着密切关系的亲属、社区、宗教、政治组织、社会阶层和民族等社会制度和存在都会对人的记忆产生重要的影响。

人的记忆中有相当大一部分是与同属一个集体的其他人共享的集体记忆。集体记忆，所谓的“集体”可以是一个宗教集团、一个地域文化共同体，也可以是一个民族或是一个国家的所有国民。这种记忆可以是分散

---

[1] Maria. G. Cattell and Jacob J. Climo, Introduction: Meaning in Social Memory and History: Anthropological Perspectives, see Maria. G. Cattell and Jacob J. Climo, ed. Social Memory and History: Anthropological Perspectives. 2002 by ALTAMIRA PRESS. p. 1.

的，也可以是集中的，可以是对最近一个事件的回忆，也可以是对远古祖先事迹的追溯。集体记忆，对于一个组织来说，能够起到让组织成员心理上有归属感的作用。[1] 集体记忆在一定意义上讲是一个具有自己特定文化内聚力和同一性的群体对自己过去的、包括内部关系和外部关系的记忆。同时，一个民族或一个社会的集体记忆又是在面对现实情境下发生的，为了恰当地处理现实问题时而进行的对过去经验的集体性重构或重新编码。人们保存对各个时期所发生事情的记忆，但往往会根据现实的需要而不断地被唤醒并对现实中的行动产生影响。也如格罗塞所说，"'集体记忆'是后天的习得和传承，它通过家庭、阶层、学校和媒体来传承。它的内容取决于中介者和培养者对历史史实所做的取舍"[2]。集体记忆向集体内的成员不断传递影响来铸就各种身份。人们获得的身份概念又将影响到人类群体构思和组织其未来的方式，并对经济、政治、文化和社会等活动产生影响。

人是文化的存在，人的记忆不是仅仅保存在大脑中的意象行为和语言表述，记忆还必然存在于记忆性的场所和实践中，存在于歌舞、仪式、身体以及身体实践、一些特定的地方和事件中。记忆还与许多各式各样的无生命的物体，如从包含了个人意义的一般的屋舍到艺术物品，从纪念碑、博物馆到其他的具有集体意义的公共建筑相关联。[3] 作为一种心理现象的集体记忆因为是与集体相关的心理活动，因此往往都是和诸如文化遗迹、文物、节日庆典、人生礼仪、文学艺术、歌舞表演、技艺、建筑以及文化空间等这样一些与集体的社会文化事象相关联的。历史上保留至今的文化遗产，包括物质文化遗产和非物质文化遗产与集体记忆关系密切。大量集体记忆都存留在文化遗产中。

二、文化遗产：民族性的时代表达

一般而言，人们在不断使生产力水平得到提高的同时，也在不断扩展着社会交往活动空间，且同时也有可能通过各种调适手段强化着其内部的

---

[1] ［法］莫里斯·哈布瓦赫：《论集体记忆》，毕然、郭金华译，上海人民出版社 2002 年版。

[2] ［法］阿尔弗雷德·格罗塞：《身份认同的困境》王鲲译，社会科学文献出版社 2010 年版，第 34 页。

[3] Maria. G. Cattell and Jacob J. Climo, Introduction: Meaning in Social Memory and History: Anthropological Perspectives, see Maria. G. Cattell and Jacob J. Climo, ed. Social Memory and History: Anthropological Perspectives. 2002 by ALTAMIRA PRESS. p. 17.

各种社会联系。文化遗产不仅是人们的各种知识、技术的结晶，同时还是有关本民族的历史记忆的结果。物质文化遗产是具有历史、艺术和科学价值的文化存在物。被各群体、团体、甚至个人视为其文化遗产的各种实践、表演、表现形式、知识体系和技能，以及与此有关的工具、实物、工艺品和文化场所等非物质文化遗产，都包含了民族文化发展的记忆。可以说，文化遗产是民族集体记忆的一种储存器。

不同的研究者往往会根据其进行研究的目的以及分析问题的视角的不同而对内容十分丰富的文化遗产得出不同的特征认识，如将文化遗产的特征概括为历史性、艺术性、科学性、纪念性等[1]，将非物质文化遗产的特点概括为独特性、活态性、传承性、流变性、综合性与民族性等几个方面[2]。而从将文化遗产理解为集体记忆储存器的视角出发，就可以从众多的文化遗产中概括出基于历史而具有民族性以及面向未来而具有时代性两个方面的基本特征。进一步还可以得出文化遗产就是民族性在当代的具体表达的认识。

在思考民族到底是如盖尔纳所认为的是“真实的”[3]，还是如霍布斯鲍姆及安德森认为的是“发明的”和“想象的”[4][5]这一复杂异常的问题的时候，英国学者斯密斯认为，对于许多民族来说，族裔成分是民族形成的一个真实的基础，同时，民族也是一个“构建”的成果[6]。尽管这些英国学者所谓的民族概念（nation）与这里要说的中国 56 个民族的民族概念（Minzu）不完全是一回事，硬要用西方的话语来套用中国特有的现实只能是方枘圆凿的。但斯密斯提出用“族体—符号”的方法来理解民族（nation）的方法对于我们理解中国的民族（Minzu）问题是大有启发的。每个民族都有其历史的真实来源，但每个民族也是在不断地进行着各种文化符号的建构的。也如吉登斯所说，“即便是在那些最传统的文化中，‘传统’都通过反思而被利用，而且在某种意义上也‘通过话语而被理解’”[7]。这就意味着民族的文化遗产不仅是对传统的一种识记，而且也是

---

[1] 苑利：《文化遗产与文化遗产解读》，载《江西社会科学》2005 年第 3 期。

[2] 王文章：《非物质文化遗产概论》，文化艺术出版社 2006 年版。

[3] ［英］盖尔纳：《民族与民族主义》，韩红译，中央编译出版社 2002 年版.

[4] ［英］霍布斯鲍姆、兰格：《传统的发明》，顾杭、庞冠群译，译林出版社 2004 年版。

[5] ［英］安德森：《想象的共同体》，吴叡人译，上海人民出版社 2011 年版。

[6] ［英］安东尼·史密斯：《民族：是真实的还是想象的》，载《人民·民族·国家——族性与民族主义》，刘泓、黄海慧译，中央民族大学出版社 2009 年版，第 61 页。

[7] ［英］安东尼·吉登斯：《民族—国家与暴力》，胡宗泽、赵力涛译，生活·读书·新知三联书店 1998 年版，第 12 页。

一种“发明的传统”。包括与民族认同和国家认同相关的记忆等内容也是可以不断产生并在运用中得到加强的。

社会通过对物质文化进行有目的的选择来进行记忆的重新编码活动是十分重要的。人们经常精心地建造遗迹，以便使某一事件或某一人物不被遗忘。雕像及纪念碑就是这样的例子。这样的现象就是在前工业时代也已十分常见。埃及的金字塔和印度的泰姬陵都同样是为了特定记忆的目的。[1]也如卡特尔和克里莫所指出的，“记忆的场所对于声言真实、认同和人的生活的许多其他方面都是非常重要的。它们对于在族群、宗教、民族国家和其他群体的社会和文化的持续以及代际之间的、职业的分类以及其他方面的认同都十分重要”[2]。而且社会往往是通过对物质文化进行有目的的选择来实现对于整个记忆的重新编码的，而重新编码的目的就是为了现实生活的需要。此外，物质文化遗产虽然依凭于实体而存在，但其所具有的文化意义并不是一成不变地固定在实体之上。历史遗存之所以成为历史遗存，成为具有历史性、艺术性和纪念性等的纪念物，就是因为它们被赋予了特定的民族文化意义而呈现出民族性。同时，人们在不同的历史时期往往都会根据现实需要而强调乃至重新赋予其以特定的文化内涵，并通过对历史记忆的重新编码来获得新的记忆，从而赋予物质文化遗产以强烈的时代性特征。

与人们日常生活有着更为紧密联系的非物质文化遗产，是人类生产生活实践的经验总结，承载着人类社会文化的实践经验和文明成果，蕴含着深厚的民族集体记忆。在长期的生产生活实践中，不同的民族群体创造了与各自生活环境相适应的生产生活技艺，以及一系列的民族文字、民族文艺和相应的文化场所，等等。所有这些文化表现形式及文化空间，都可看做是具有一定稳定性的民族集体记忆的符号性表达，并且对于民族的传承和延续发挥着极其重要的作用。作为文化事象，非物质文化遗产总是与特定民族的社会生活紧密相关而具有民族性，其独特性就是其民族性的突出表现。非物质文化遗产由于不完全依附于某种物质载体，主要由人类以口头或动作方式世代相传，因在传承中发生流变而具有活态性是理所当然的，留存至今的非物质文化遗产是对历史经验的有选择的反映。而选择的

---

[1] Alan Barnard and Jonathan Spencer ed. Encyclopedia of Social and Cultural Anthropology [M]. Routledge. London and New York, 2005. p. 362.

[2] Maria. G. Cattell and Jacob J. Climo, Introduction: Meaning in Social Memory and History: Anthropological Perspectives, see Maria. G. Cattell and Jacob J. Climo, ed. Social Memory and History: Anthropological Perspectives. 2002 by ALTAMIRA PRESS. p. 18.

依据自然也是为了群体更好地生存与发展。

正如所有的历史都是当代史一样，所有的历史记忆也都是当代记忆。时代性也就必然要成为文化遗产的民族性特点之外的另一个更具现实意义的重要特征。如果说集体记忆还是“一个社会建构的概念”，是“一个特定社会群体之成员共享往事的过程和结果，保证集体记忆传承的条件是社会交往及群体意识需要提取该记忆的延续性”[1]，并且集体记忆是由群体或民族共同体所共享、传承和建构的，是被历史、文化、政治等外部力量塑造的，也是记忆主体主观能动地“发明”的结果，那么，文化遗产在今天要获得新的生命力就必然要求其能够包含历史经验的独特的民族性以及回应现代社会生活的时代性。而国家认同就是民族生存发展平台建设的重要基础。历史、现实以及未来发展的趋势是规制文化遗产中的记忆密码的编码程序。

三、国家认同：文化遗产与集体记忆的视域融合

国家认同包含一个国家内的国民“对自己的国家的历史文化传统、道德价值观、理想信念、国家主权的认同”[2]。国家认同包含在有其他国家存在的语境下人们对某一个特定国家的归属感以及在国家内与其他人群共享共同身份的内容。作为社会结构的重要要素，集体表征是存在于人们头脑中的信仰、观念、价值、符号和期望的精神现象。它们可以从一个个体传送给另一个个体，并且约束人们的行为。也正是通过这种交流的过程，各表征才可以被人们所共有，也因此才可以在一个社会中保持或多或少的普遍性。[3] 严格来讲，传统中国社会是不存在现代民族国家的“国家自觉”与“社会自觉”的，国家化进程也是在一种半自觉的状态下的自然“演化”。[4] 因此，在中国这个多民族国家中，对人的行动产生重要影响的各民族的国家认同意识就需要不断建立和完善。由于现代意义上的国家涵义不可能直接出现在历史的记忆中，丰富多样的各民族的文化遗产中所包含的

---

[1] ［法］莫里斯·哈布瓦赫：《论集体记忆》，毕然、郭金华译，上海人民出版社2002年版，第40页。

[2] 黄岩：《国家认同——民族发展政治的目标建构》，民族出版社2011年版，第148页。

[3] ［英］杰西·洛佩兹、约翰·斯科特：《社会结构》，允春喜译，吉林人民出版社2007年版，第22页。

[4] 周大鸣：《社会建设视野中的城市社区治理和多民族参与》，载《思想战线》2012年第5期。

民族团结的内涵就成为了国家认同集体表征的基础，需要引起特别的重视，并得到传承和强化。

集体记忆的存留要依赖于制度化的操作。或者说集体记忆只有在与现实生活的需要发生紧密联系的时候才能发挥作用。需要注意的是，文化事象和进入遗产名录的文化遗产是存在一定的差别的。虽然两者都是人类文明的成果，但进入各类遗产名录的文化遗产则是现代社会中传统与现代相遇而被制度化地建构出来的新的文化成果。进入遗产名录的文化遗产因为是在现代社会的正式制度下的产物，其所获得的地位和影响是一般文化事象不可比拟的。[1] 在现代社会中，传统文化不进入现代民族国家制度建设系统的制度框架内，不能在创新中有益于国家认同的建构，就有可能烟消云散，甚至会寂然消失于无形。

杜赞奇曾指出，在现代民族国家已经是世界的政治、经济、文化、社会活动的最重要的单元的现实条件下，“现代社会的历史意识无可争辩地为民族国家所支配”[2]。包括文化遗产中的所谓集体记忆也不例外。在中国，无论是进入国家主导建构的各种遗产名录，还是代表国家去申报进入联合国教科文组织的遗产名录，这些遗产都必然肩负着弘扬中华文化、增强国民的民族认同感的任务。国务院于2005年颁布实施的《国家级非物质文化遗产代表作申报评定暂行办法》，对建立国家级非物质文化遗产代表名录的目的有明确的说明。其中，“加强中华民族的文化自觉和文化认同，提高对中华文化整体性和历史连续性的认识”及“尊重和彰显有关社区、群体及个人对中华文化的贡献，展示中国人文传统的丰富性”是其中十分重要的两个目的。具体评审标准则有诸如“具有展现中华民族文化创造力的杰出价值”，“具有促进中华民族文化认同、增强社会凝聚力、增进民族团结和社会稳定的作用，是文化交流的重要纽带”以及“具有见证中华民族活的文化传统的独特价值”的规定。

事实上，有许多的少数民族非物质文化遗产本身就是中华多元文化和谐发展的历史结晶。这些遗产都表现了不同民族之间和谐相处、共同发展的历史进程。如国家非遗项目“喀左东蒙民间故事”，既描述了东蒙地区满、蒙民族在政治、经济及婚姻等方面交往互动的历史，也对蒙、汉民族

---

[1] 马翀炜、代世萤：《非物质文化遗产：日常生活事象的脱域、入域与发展》，载《思想战线》2012年第5期。

[2] ［美］杜赞奇：《从民族国家拯救历史》，王宪明等译，江苏人民出版社2008年版，第1页。

协力农耕开发辽西以及蒙、汉、满三个民族文化的融合历史作了广角度的展现[1]。非遗项目“藏戏”最早表演佛经故事，之后表演历史剧目和生活剧目。西藏和平解放以后，先后整理演出了一批很好地体现历史上的民族交往和国家认同意识的曲目[2]。“新疆曲子”在长期的传承发展中，为流行地的各民族传统文化的传承和伦理道德的教化发挥了重要的作用。新疆曲子的存在有力地证明了新疆自古以来就是各族人民共同开发建设的，这里的多姿多彩的文化艺术也是各族人民共同创造和发展的[3]。流传于蒙古、藏族、土族、裕固族等民族中的非遗项目《格萨（斯）尔》，是世界上迄今发现的史诗中演唱篇幅最长的，它既是族群文化多样性的熔炉，又是多民族民间文化可持续发展的见证[4]。进入国家非物质文化遗产名录的彝族史诗《查姆》和《梅葛》都提到，彝族、汉族以及其他许多民族在来到这个世界上的时候就都是一家人。[5][6] 既然各个民族原本就是一家，那么，现在也是一家人，一家人共同发展就是顺理成章的。这些文学作品都用独特的民族方式保存并强化了各民族是兄弟、是一家的记忆。

除了大量直接表达民族团结等集体记忆内容的民间文学、传统戏剧、曲艺之外，传统技艺遗产也有许多是体现了历史上存在的不同民族之间的密切交往以及共同进行文化创造的事实的。文成公主入藏，将中原造纸术传入西藏，迄今已有千余年的历史。非遗项目“藏族造纸技艺”是藏族人民不断学习、借鉴周边民族的造纸技艺，就地取材，生产出了独具地方特色的藏纸的文化结晶[7]。“维吾尔族花毡、印花布织染技艺”的花毡纹样及印花布纹样有百余种，其中既有受汉文化影响的寿字纹、回文等，也有阿拉伯风格的几何纹和花卉纹样及维吾尔族独特的日常用品和工具纹样，还有伊斯兰教风格的净壶、圣龛等纹样，甚至还有古代西域流传的一些纹样。花毡纹样图案丰富、色彩鲜艳，反映了维吾尔族人民的生活状态以及与其他民族文化，如汉文化交流的悠久历史，有着很高的人文和艺术价值[8]。

---

[1] http：//www. ihchina. cn/inc/guojiaminglunry. jsp？ gjml_ id＝019.

[2] http：//www. ihchina. cn/inc/guojiaminglunry. jsp？ gjml_ id＝224.

[3] http：//www. ihchina. cn/inc/guojiaminglunry. jsp？ gjml_ id＝266.

[4] http：//www. ihchina. cn/inc/guojiaminglunry. jsp？ gjml_ id＝027.

[5] 郭思九、陶学良整理：《查姆》，云南人民出版社 2009 年版。

[6] 云南省民族民间文学楚雄调查队：《梅葛》，云南人民出版社 2009 年版。

[7] http：//www. ihchina. cn/inc/guojiaminglunry. jsp？ gjml_ id＝419.

[8] http：//www. ihchina. cn/inc/guojiaminglunry. jsp？ gjml_ id＝373.

此外，尽管也有大量的并不直接表达民族之间和谐相处、共同发展之类内容的民族文化遗产，但这些文化遗产都不仅是少数民族文化中的重要内容，而且也是人类文明的重要成果。这些遗产的传承与发展也就是中华文化的繁荣发展，进而也必然会成为民族之间相互交往和理解的重要基础，也必然会是各民族未来的历史记忆，并成为国家认同的基础。

到2013年6月，中国有45个项目被联合国教科文组织列入《世界遗产名录》。联合国教科文组织分别于2008年、2009年、2010年、2011年命名了四批世界非物质文化遗产，其中中国涉及29项。中国目前是世界上拥有世界非物文化质遗产数量最多的国家。中国公布的国家级非物质文化遗产已达1 219项（不含扩展项目）。无论是文化遗产、自然遗产、文化景观遗产，还是非物质文化遗产，也无论是世界级、国家级、省级、州市级还是县级遗产，这些遗产都是中华民族奉献给人类的瑰宝。中国的每一个民族的文化遗产都有着自身的民族独特性，并一同组成了中华民族的共同的文化遗产，从而使中华文化丰富多彩。每一个民族都有文化项目进入国家非物质文化遗产名录的事实，本身就是56个民族都为多元一体的中华民族文化的兴盛做出了巨大贡献的现实表达。

综上所述，在经历了近年来的各种“申遗”热潮之后，中国已经进入所谓“后申遗时代”。当然，今后还会有许多的遗产会进入各种名录，这些申报工作依然是有意义的。但是，面对已经进入以及将来进入各种名录中的各种遗产，更为有意义的工作还是在遵守保护“第一”的前提下充分发挥这些遗产的现实作用。其中一个重要的方面应该是，在连接传统与现代的文化产业与文化事业中为这些遗产找到合适的位置，使这些遗产在面向未来的开放性中得到传承与发展。[1] 另一个重要的方面就是，在中国实践以民族区域自治、划定民族成分、实行民族平等以及针对少数民族采取差别化照顾政策为基本内容的民族政策，努力实现民族共同繁荣发展的目标，创建各民族平等、团结、互助、和谐民族关系的发展进程中，更充分认识各类民族遗产所包含的民族团结以及国家认同的集体记忆的意义，充分认识在中国这样一个多民族的国家中，与民族的发展历程，尤其是其心理历程具有紧密联系的文化遗产、特别是非物质文化遗产，应该、并且也可以在各民族群体对中华文化认同中发挥积极的作用。民族文化遗产的生命力就在于在中国认同基点上的保护传承与合理利用，在于各民族的文化

---

[1] 马翀炜、代世萤：《非物质文化遗产：日常生活事象的脱域、入域与发展》，载《思想战线》2012年第5期。

遗产都能够成为国家认同的社会文化符号体系的有机组成部分。

参考文献

[1] 庄孔韶. 人类学通论 [M]. 太原: 山西教育出版社, 2007.

[2] Maria. G. Cattell and Jacob J. Climo, Introduction: Meaning in Social Memory and History: Anthropological Perspectives, see Maria. G. Cattell and Jacob J. Climo, ed. Social Memory and History: Anthropological Perspectives. 2002 by ALTAMIRA PRESS.

[3] [法] 莫里斯·哈布瓦赫. 论集体记忆 [M]. 毕然, 郭金华, 译. 上海: 上海人民出版社, 2002.

[4] [法] 阿尔弗雷德·格罗塞. 身份认同的困境 [M]. 王鲲, 译. 北京: 社会科学文献出版社, 2010.

[5] 苑利. 文化遗产与文化遗产解读 [J]. 江西社会科学, 2005 (3).

[6] 王文章. 非物质文化遗产概论 [M]. 北京: 文化艺术出版社, 2006.

[7] 盖尔纳. 民族与民族主义 [M]. 韩红, 译. 北京: 中央编译出版社, 2002.

[8] 霍布斯鲍姆, 兰格. 传统的发明 [M]. 顾杭, 庞冠群, 译. 南京: 译林出版社, 2004.

[9] 安德森. 想象的共同体 [M]. 吴叡人, 译. 上海: 上海人民出版社, 2011.

[10] 安东尼·史密斯. 民族: 是真实的还是想象的 [M]. // [英] 爱德华·莫迪默, 罗伯特·法恩, 编. 人民·民族·国家——族性与民族主义. 刘泓, 黄海慧, 译. 北京: 中央民族大学出版社, 2009.

[11] 安东尼·吉登斯. 民族—国家与暴力 [M]. 胡宗泽, 赵力涛, 译. 北京: 生活·读书·新知三联书店, 1998.

[12] Alan Barnard and Jonathan Spencer ed. Encyclopedia of Social and Cultural Anthropology [M]. Routledge. London and New York, 2005.

[13] 黄岩. 国家认同——民族发展政治的目标建构 [M]. 北京: 民族出版社, 2011.

[14] 杰西·洛佩兹约翰·斯科特. 社会结构 [M]. 允春喜, 译. 长春: 吉林人民出版社, 2007.

[15] 周大鸣. 社会建设视野中的城市社区治理和多民族参与 [J]. 思想战线, 2012 (5).

[16] 马翀炜, 代世萤. 非物质文化遗产: 日常生活事象的脱域、入域与发展 [J]. 思想战线, 2012 (5).

[17] 杜赞奇. 从民族国家拯救历史 [M]. 王宪明, 等译. 南京: 江苏人民出版社, 2008.

[18] 郭思九, 陶学良整理. 查姆 [M]. 昆明: 云南人民出版社, 2009.

[19] 云南省民族民间文学楚雄调查队. 梅葛 [M]. 昆明: 云南人民出版社, 2009.